JN207185

徹底攻略

電験一種

一次試験

理論

塩沢孝則［著］

本書を発行するにあたって，内容に誤りのないようできる限りの注意を払いましたが，本書の内容を適用した結果生じたこと，また，適用できなかった結果について，著者，出版社とも一切の責任を負いませんのでご了承ください．

本書は，「著作権法」によって，著作権等の権利が保護されている著作物です．本書の複製権・翻訳権・上映権・譲渡権・公衆送信権（送信可能化権を含む）は著作権者が保有しています．本書の全部または一部につき，無断で転載，複写複製，電子的装置への入力等をされると，著作権等の権利侵害となる場合があります．また，代行業者等の第三者によるスキャンやデジタル化は，たとえ個人や家庭内での利用であっても著作権法上認められておりませんので，ご注意ください．

本書の無断複写は，著作権法上の制限事項を除き，禁じられています．本書の複写複製を希望される場合は，そのつど事前に下記へ連絡して許諾を得てください．

出版者著作権管理機構
（電話 03-5244-5088，FAX 03-5244-5089，e-mail : info@jcopy.or.jp）

JCOPY ＜出版者著作権管理機構 委託出版物＞

読者の皆さまへ

社会の生産活動や人々の暮らしを支えるエネルギーは，ますます重要性を増しています．特に，カーボンニュートラルを目指す動きの中で，電気はエネルギー源の中核を引き続き担っていくことでしょう．

このような情勢にあって，事業用電気工作物の安全で効率的な運用を行うため，その工事と維持，運用に関する保安と監督を担うのが電気主任技術者です．この役割は非常に重要になっており，人気のある国家資格となっています．第一種電気主任技術者試験は電験一種とも言われ，電験最高峰の試験です．一次試験は，理論，電力，機械，法規の4つがあり，二次試験は一次試験に合格した人だけが受験できる試験で，電力・管理と機械・制御の2つで実施されます．

本シリーズは，電験一種合格を目標とし，一次試験対策として「理論」,「電力」,「機械」,「法規」の4冊，二次試験対策として「電力・管理」,「機械・制御」の2冊，合計6冊からなる受験対策書シリーズで，次の配慮をしています．

①電験一種受験者は，参考書の解説を読んで学ぶよりも，問題を解きながら知識を補充して積み重ねる方が実践的で効率的だと考えます．このため，本シリーズは，電験一種の過去問題を分析したうえで，頻出分野から，良問，典型的な問題，新傾向の問題を選定し，図を取り入れながら詳細に解説を行っています．

②詳細解説では一種独自の分野や学ぶべき知識・技術を重点的に説明しています．

③過去問題を解きながら学習を進める場合，年度別に解くよりも，分野毎に過去問題を分類して解く方が学習効果は高いので，そうした配列にしています．

他方，電験一種といえども，基礎が重要であり，近年その傾向が強くなっています．「ガッツリ学ぶ電験二種シリーズ（理論，電力，機械，法規）」は電験二種一次試験と二次試験論説対策も考慮して執筆しているので，基礎事項の復習・整理の観点から，本書と併せてご愛読いただければ，より効果的です．

読者の皆様が，本書を活用し，電験一種の合格を勝ち取られることを心より祈念しております．

最後に，本書の編集にあたり，お世話になりましたオーム社の方々に厚く御礼申し上げます．

2025年3月

塩　沢　孝　則

目　次

第1章　電磁気

1　電界と電位

2　静電容量と静電エネルギー

3　影像法

4　磁界と磁束密度

5　インダクタンスと磁気エネルギー

第 2 章　電気回路

1　回路の諸定理

2　三相交流回路

3　過渡現象

4　分布定数回路

第 3 章　電子理論

1　真空電子理論

2　pn 接合ダイオード

3　バイポーラトランジスタ

4 MOS 形 FET（電界効果トランジスタ）

5 演算増幅器・負帰還増幅回路・発振回路

第 4 章 電気・電子計測

1 電力測定

2 抵抗・インピーダンス測定

3 電気・電子応用計測

第 1 章

電 磁 気

[学習のポイント]

○電験１種一次試験の理論は，三角関数・対数・ラプラス変換などの数学の知識を本格的に必要とすることに加え，電験２種一次試験と比べてもベクトル解析まで理解しておく必要がある．

○本書は，電験１種合格を目指す受験者を対象としていることから，電験２種相当の知識を問題の解法を通じて確認しながら，電験１種独自の内容については詳しく解説している．

○電磁気に関しては，電界と電位，静電容量と静電エネルギー，影像法，磁界と磁束密度，インダクタンスと磁気エネルギーの各分野から満遍なく出題されているが，静電容量と静電エネルギーに関する出題が比較的多い．また，従来は具体的な計算問題が多かったのに対し，最近，ベクトル解析（grad，rot，div）まで活用した電磁気の出題も見られる．

○電界に関しては，平行平板コンデンサ，同心球コンデンサ，同軸円筒などの電界や静電容量を求める出題などがされている．また，静電容量と抵抗の関係，平行平板コンデンサに働く力や静電エネルギーも重要なテーマである．影像法の出題は，電験２種よりも少し高度であるが，パターンが決まっているので良く学習すれば確実に解くことができる．

○磁界に関しては，直線状導体や有限長ソレノイドの電流が作り出す磁界や磁束密度の計算，自己インダクタンスや相互インダクタンスの計算に加えて，ベクトルポテンシャルやポインティングベクトルに関する出題もされている．

○電気・電子工学の基本となるのが電磁気と電気回路である．しっかりと学んでいこう．

1　電界と電位

問題１　リング状電荷が作る電界と電位　(R1–A1)

次の文章は，真空中のリング状電荷が作る電界に関する記述である．

図のように，xy 平面上に原点を中心とした半径 a のリング状電荷があり，その線電荷密度は λ である．なお，真空中の誘電率を ε_0 とする．

リング状電荷の微小角 $\mathrm{d}\theta$ の円弧の電荷 $\lambda a \cdot \mathrm{d}\theta$ により点 $\mathrm{P}(0, 0, z)$ に生じる電界の大きさは [(1)] である．この電界の z 方向成分を θ について積分することで，リング状電荷全体が点 P に作る電界の z 方向成分は [(2)] と求められる．$z \geqq 0$ において，その大きさが最も大きい点 P の z 座標は [(3)] である．また，原点の電界は [(4)] で，無限遠を基準とした原点の電位は [(5)] である．

z
P
−a
−a
0
a
y
a
λa・dθ
x

解答群

(イ) $\dfrac{\lambda \cdot \mathrm{d}\theta}{4\pi\varepsilon_0\sqrt{z^2+a^2}}$

(ロ) $\dfrac{\lambda z^2}{2\varepsilon_0(z^2+a^2)^{3/2}}$

(ハ) $\dfrac{\lambda a}{2\varepsilon_0\sqrt{z^2+a^2}}$

(ニ) $\dfrac{\lambda z \cdot \mathrm{d}\theta}{4\pi\varepsilon_0(z^2+a^2)}$　(ホ) $\dfrac{\lambda}{2\varepsilon_0}$　(ヘ) $\dfrac{\lambda}{2\varepsilon_0 a}$

(ト) $\dfrac{1}{2}a$　(チ) $\dfrac{\lambda a z}{2\varepsilon_0(z^2+a^2)^{3/2}}$　(リ) $\dfrac{\sqrt{2}}{2}a$

(ヌ) $\dfrac{\lambda}{4\varepsilon_0}$　(ル) a　(ヲ) 0

(ワ) $\dfrac{\lambda a \cdot \mathrm{d}\theta}{4\pi\varepsilon_0(z^2+a^2)}$　(カ) $\dfrac{\sqrt{2}\lambda}{2\varepsilon_0}$　(ヨ) $\dfrac{\lambda}{4\varepsilon_0 a}$

― 攻略ポイント ―

ガウスの定理および電位の定義に基づき，丁寧に計算する．リング状電荷は点電荷の集まりとみなし，点電荷が作る電界はベクトル量なので，方向に注意しながら，積分を用いて電界を合成する．

解説　(1) 解図のように，微小区間 $\lambda a\mathrm{d}\theta$ の電荷による点 P(0, 0, z) の電界の大きさ dE は

$$\mathrm{d}E=\boldsymbol{\frac{\lambda a\mathrm{d}\theta}{4\pi\varepsilon_0(z^2+a^2)}}$$

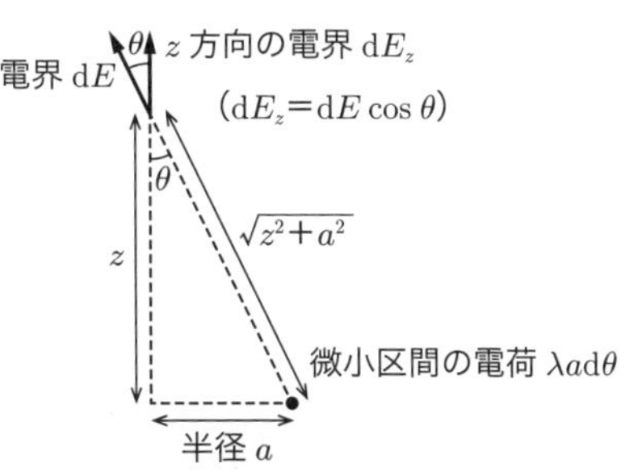

解図　微小電荷による電界

(2) 電界の大きさ dE の z 方向成分 dE_z は解図より

$$\begin{aligned}\mathrm{d}E_z&=\mathrm{d}E\cos\theta\\&=\frac{\lambda a\mathrm{d}\theta}{4\pi\varepsilon_0(z^2+a^2)}\cos\theta\\&=\frac{\lambda a\mathrm{d}\theta}{4\pi\varepsilon_0(z^2+a^2)}\times\frac{z}{\sqrt{z^2+a^2}}\\&=\frac{\lambda az}{4\pi\varepsilon_0(z^2+a^2)^{3/2}}\mathrm{d}\theta\quad\cdots\cdots ①\end{aligned}$$

リング状電荷全体による点 P の電界の大きさ E_z は，式①を θ について積分すればよいから

$$E_z=\oint\frac{\lambda az}{4\pi\varepsilon_0(z^2+a^2)^{3/2}}\mathrm{d}\theta=\frac{\lambda az}{4\pi\varepsilon_0(z^2+a^2)^{3/2}}\oint\mathrm{d}\theta=\boldsymbol{\frac{\lambda az}{2\varepsilon_0(z^2+a^2)^{3/2}}}\quad\cdots ②$$

(3) 電界 E_z を z の関数として考え，E_z を変数 z で微分すれば

$$\begin{aligned}\frac{\mathrm{d}E_z}{\mathrm{d}z}&=\frac{\mathrm{d}}{\mathrm{d}z}\left\{\frac{\lambda az}{2\varepsilon_0(z^2+a^2)^{3/2}}\right\}=\frac{\lambda a}{2\varepsilon_0}\frac{\mathrm{d}}{\mathrm{d}z}\left\{\frac{z}{(z^2+a^2)^{3/2}}\right\}\\&=\frac{\lambda a}{2\varepsilon_0}\times\frac{(z^2+a^2)^{3/2}-z\times\dfrac{3}{2}\{(z^2+a^2)^{1/2}\times 2z\}}{(z^2+a^2)^3}\\&=\frac{\lambda a}{2\varepsilon_0}\times\frac{a^2-2z^2}{(z^2+a^2)^{5/2}}\end{aligned}$$

そこで，$\mathrm{d}E_z/\mathrm{d}z=0$ とすれば

$$a^2-2z^2=0\qquad\therefore\quad z=\boldsymbol{\sqrt{2}\,a/2}\quad\cdots\cdots ③$$

さらに，$\mathrm{d}^2E_z/\mathrm{d}z^2$ を求めれば

$$\frac{\mathrm{d}^2 E_z}{\mathrm{d}z^2} = \frac{\lambda a}{2\varepsilon_0} \times \frac{-4z(z^2+a^2)^{5/2} - (a^2-2z^2) \times (5/2) \times 2z(z^2+a^2)^{3/2}}{(z^2+a^2)^5}$$

$$= \frac{\lambda a}{2\varepsilon_0} \times \frac{3z(2z^2-3a^2)}{(z^2+a^2)^{7/2}} \cdots\cdots ④$$

式③を満たす z のとき，式④に代入すれば $\mathrm{d}^2E_z/\mathrm{d}z^2<0$ となるから，式③は最大値を与える．

(4) 式②に，原点の座標として $z=0$ を代入すれば，$\boldsymbol{E_z=0}$ となる．

(5) 微小角 $\mathrm{d}\theta$ の円弧の電荷 $\lambda a\mathrm{d}\theta$ による原点の電位 $\mathrm{d}V$ は，距離を r として

$$\mathrm{d}V = \int_a^\infty \frac{\lambda a\mathrm{d}\theta}{4\pi\varepsilon_0 r^2} dr = \frac{\lambda a\mathrm{d}\theta}{4\pi\varepsilon_0}\int_a^\infty \frac{1}{r^2}\mathrm{d}r = \frac{\lambda a\mathrm{d}\theta}{4\pi\varepsilon_0}\left[-\frac{1}{r}\right]_a^\infty = \frac{\lambda\mathrm{d}\theta}{4\pi\varepsilon_0}$$

電位はスカラ量なので，リング状電荷全体による原点の電位は

$$V = \oint \mathrm{d}V = \int_0^{2\pi} \frac{\lambda}{4\pi\varepsilon_0}\mathrm{d}\theta = \frac{\lambda}{4\pi\varepsilon_0} \times 2\pi = \boldsymbol{\frac{\lambda}{2\varepsilon_0}}$$

解答　**(1)（ワ）　(2)（チ）　(3)（リ）　(4)（ヲ）　(5)（ホ）**

詳細解説 1　ガウスの定理

ガウスの定理を説明する前に，内積（またはスカラ積）について説明する．今，$\boldsymbol{A}$，$\boldsymbol{B}$ という二つのベクトルがあり，その間の角度が θ である場合，

$$C = AB\cos\theta \qquad (1\text{・}1)$$

で与えられる C（スカラ量）を表すのに，下記の記号を用い，**内積（スカラ積）**と呼ぶ（ベクトルを表すため，$\boldsymbol{A}$，$\boldsymbol{B}$ と太字で示す）．

$$C = \boldsymbol{A}\cdot\boldsymbol{B} \qquad (1\text{・}2)$$

さて，図1・1に示すように，電界内の任意の閉曲面 S を取り，$\boldsymbol{n}$ をその面上の一点の外向き法線の方向を持つ単位長ベクトルとすると，S に対して垂直に出ていく電気

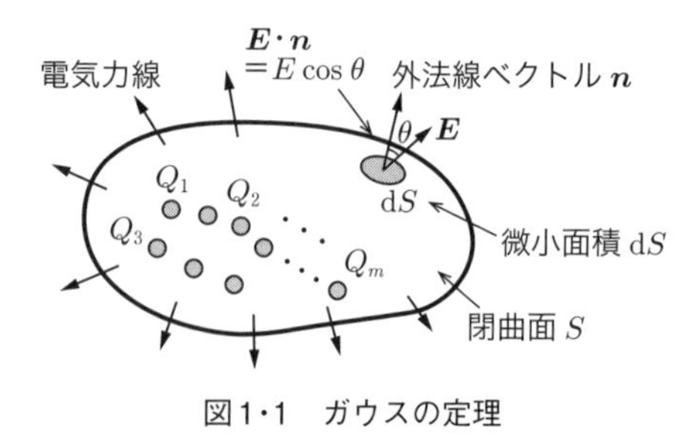

図1・1　ガウスの定理

力線総数は，S の内側に存在する電荷の代数和の $1/\varepsilon_0$ である．これを**ガウスの定理**という．

$$\int_S \boldsymbol{E}\cdot\mathrm{d}\boldsymbol{S} = \int_S \boldsymbol{E}\cdot\boldsymbol{n}\mathrm{d}S = \int_S E_n\cdot\mathrm{d}S = \int_S E\cos\theta\cdot\mathrm{d}S = \frac{1}{\varepsilon_0}\sum_{i=1}^{m} Q_i \tag{1・3}$$

($\int_S$：閉曲面 S 全体の面積分，$\mathrm{d}S$：閉曲面 S 上の任意の点の周りの微小面積，$\sum_{i=1}^{m} Q_i$：この閉曲面に取り囲まれた電荷の代数和)

問題2 円板状の電荷分布が作り出す電界・電位計算 (R2-A1)

次の文章は，円板状の電荷分布が作り出す電界に関する記述である．なお，電位は無限遠点を基準とする．

図1のように電荷が一様な面密度 σ（ただし $\sigma>0$ とする）で分布した半径 a の薄い円板が真空中（誘電率 ε_0）に存在している．円板の厚みはその半径に比べて十分に薄いものとし，円板の軸を z 軸とした円筒座標 (r, ϕ, z) を定め，円板の中心を原点 $\mathrm{O}(0, 0, 0)$ とする．

円板上の半径 r の位置における微小半径 $\mathrm{d}r$，微小角度 $\mathrm{d}\phi$ の領域（面素）の面積は $\mathrm{d}S = r\mathrm{d}r\mathrm{d}\phi$ と表されるので，この領域に含まれる電荷が z 軸上の点 $\mathrm{P}(0, 0, z)$（ただし $z>0$ とする）に作る電位は

$$\mathrm{d}V = \frac{\mathrm{d}r\mathrm{d}\phi}{4\pi\varepsilon_0}\times\boxed{\ (1)\ }$$

となる．よって，円板上の電荷全体が点Pに作る電位は

$$V = \frac{1}{4\pi\varepsilon_0}\times\int_0^{2\pi}\int_0^{a}\boxed{\ (1)\ }\,\mathrm{d}r\mathrm{d}\phi$$
$$= \boxed{\ (2)\ }$$

となる．なお，必要であれば

$$\frac{\mathrm{d}}{\mathrm{d}x}\sqrt{x^2+1} = \frac{x}{\sqrt{x^2+1}}$$

という関係式を用いてもよい．

$\boxed{\ (2)\ }$ の結果を用いると，このとき点Pに形成される z 方向電界は

$$E_{z1} = -\frac{\mathrm{d}V}{\mathrm{d}z} = \boxed{\ (3)\ }$$

と求められる.

次に，図2に示すように点 Q$(0, 0, d)$（ただし $d>0$ とする）を中心とした半径 a の十分に薄い円板上にも一様な面密度 $-\sigma$ で電荷が分布している場合を考える．点Pが点Oと点Qの間にあるとすると，点Pの z 方向電界は重ね合わせにより

$$E_{z2}=\boxed{\quad(4)\quad}$$

となる．二つの円板の半径 a が円板間距離 d に対して十分大きい場合には，円板間の電界は一様であるとみなせ，その大きさは $\boxed{\quad(5)\quad}$ となる.

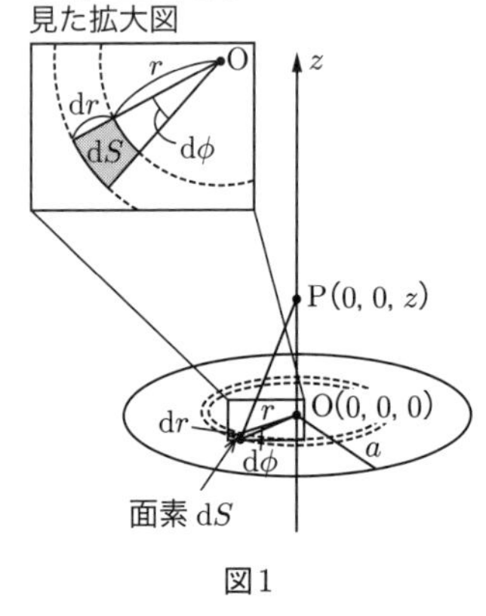

図1

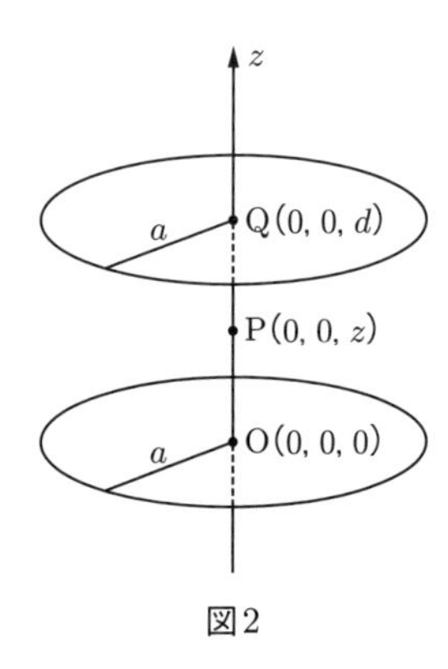

図2

解答群

（イ）$\dfrac{\sigma}{\varepsilon_0}$　（ロ）$\dfrac{\sigma}{2\varepsilon_0}\dfrac{z^2}{z^2+a^2}$

（ハ）$\dfrac{\sigma}{2\varepsilon_0}\left[2-\dfrac{z}{\sqrt{z^2+a^2}}-\dfrac{d-z}{\sqrt{(d-z)^2+a^2}}\right]$　（ニ）$\dfrac{\sigma r}{z^2+r^2}$

（ホ）$\dfrac{\sigma}{2\varepsilon_0}\dfrac{a^2}{z^2+a^2}$　（ヘ）$\dfrac{\sigma}{2\varepsilon_0}(\sqrt{z^2+a^2}-z)$　（ト）$\dfrac{\sigma r}{\sqrt{z^2+r^2}}$

（チ）$\dfrac{\sigma}{2\varepsilon_0}$　（リ）$\dfrac{\sigma}{2\varepsilon_0}\left[\dfrac{z^2}{z^2+a^2}-\dfrac{(d-z)^2}{(d-z)^2+a^2}\right]$　（ヌ）$\dfrac{\sigma}{2\varepsilon_0}z$

（ル）$\dfrac{\sigma r}{(z^2+r^2)^{3/2}}$　（ヲ）$\dfrac{\sigma}{2\varepsilon_0}\left[\dfrac{a^2}{z^2+a^2}-\dfrac{a^2}{(d-z)^2+a^2}\right]$　（ワ）0

（カ）$\dfrac{\sigma}{2\varepsilon_0}a$　（ヨ）$\dfrac{\sigma}{2\varepsilon_0}\left(1-\dfrac{z}{\sqrt{z^2+a^2}}\right)$

—攻略ポイント—

点電荷 Q が距離 r の点に作り出す電位 V は $V=-\int_{\infty}^{r}\boldsymbol{E}\cdot\mathrm{d}\boldsymbol{s}=-\int_{\infty}^{r}\frac{Q}{4\pi\varepsilon_0 r^2}\mathrm{d}r=\frac{Q}{4\pi\varepsilon_0 r}$ である．また，ある点Pにおいてある方向における電位の減少の割合を点Pにおける電位の傾きという．これはその方向の電界の強さを示し，電位の傾きの符号を反対にしたものに等しい．

解説　(1) 図1のように，円板状の微小面積 $\mathrm{d}S$ と面密度 σ より，微小面積に含まれる電荷 q は $q=\sigma\times\mathrm{d}S=\sigma r\mathrm{d}r\mathrm{d}\phi$ で表せる．面積 $\mathrm{d}S$ と点Pの距離 l は，図1をみれば，三平方の定理から $l=\sqrt{r^2+z^2}$ となる．面積 $\mathrm{d}S$ に含まれる電荷 q は点電荷とみなせるため，これが点Pに作り出す電位は

$$\mathrm{d}V=\frac{q}{4\pi\varepsilon_0 l}=\frac{\sigma r\mathrm{d}r\mathrm{d}\phi}{4\pi\varepsilon_0\sqrt{r^2+z^2}}=\frac{\mathrm{d}r\mathrm{d}\phi}{4\pi\varepsilon_0}\cdot\boldsymbol{\frac{\sigma r}{\sqrt{r^2+z^2}}}\cdots\cdots ①$$

(2) 円板状の電荷全体が作り出す電界は，式①を積分すれば

$$V=\frac{\sigma}{4\pi\varepsilon_0}\int_0^{2\pi}\int_0^{a}\frac{r}{\sqrt{r^2+z^2}}\mathrm{d}r\mathrm{d}\phi\cdots\cdots ②$$

ここで，$x=r/z$ とおけば，題意の関係式（$\mathrm{d}\sqrt{x^2+1}/\mathrm{d}x=x/\sqrt{x^2+1}$）の左辺は

$$\frac{\mathrm{d}}{\mathrm{d}x}\sqrt{x^2+1}=\frac{\mathrm{d}}{\mathrm{d}r}\sqrt{\left(\frac{r}{z}\right)^2+1}\cdot\frac{\mathrm{d}r}{\mathrm{d}x}=\frac{\mathrm{d}}{\mathrm{d}r}\left\{\frac{\sqrt{r^2+z^2}}{z}\right\}\cdot z=\frac{\mathrm{d}}{\mathrm{d}r}\sqrt{r^2+z^2}\cdots\cdots ③$$

であり，一方，題意で与えられた関係式の右辺は

$$\frac{x}{\sqrt{x^2+1}}=\frac{r/z}{\sqrt{(r/z)^2+1}}=\frac{r}{\sqrt{r^2+z^2}}\cdots\cdots ④$$

となるから，題意の関係式より式③と式④は等しいので

$$\int\frac{r}{\sqrt{r^2+z^2}}\mathrm{d}r=\sqrt{r^2+z^2}$$

となる．したがって，電位 V は

$$V=\frac{\sigma}{4\pi\varepsilon_0}\int_0^{2\pi}\left[\sqrt{r^2+z^2}\right]_0^a\mathrm{d}\phi=\frac{\sigma}{4\pi\varepsilon_0}\left(\sqrt{z^2+a^2}-\sqrt{z^2}\right)\int_0^{2\pi}\mathrm{d}\phi$$

$$=\boldsymbol{\frac{\sigma}{2\varepsilon_0}\left(\sqrt{z^2+a^2}-z\right)}$$

(3) 点Pにおける z 方向電界は，題意のように電位 V を変数 z で微分すればよいから

$$E_{z1} = -\frac{\mathrm{d}V}{\mathrm{d}z} = -\frac{\mathrm{d}}{\mathrm{d}z}\left\{\frac{\sigma}{2\varepsilon_0}(\sqrt{z^2+a^2}-z)\right\}$$

$$= \boldsymbol{\frac{\sigma}{2\varepsilon_0}\left(1-\frac{z}{\sqrt{z^2+a^2}}\right)} \cdots\cdots\cdots\cdots\cdots\cdots ⑤$$

(4) 解図に示すように，点Qを中心とした円板状の電荷の作る電位 V' は，上述 (1)～(3) と同様に計算すればよいから

面素 $\mathrm{d}S$, r, l', z, Q $(0, 0, d)$, $(d-z)$, P $(0, 0, z)$, O $(0, 0, 0)$

解図

$$V' = \frac{-\sigma}{4\pi\varepsilon_0}\int_0^{2\pi}\int_0^a \frac{r}{\sqrt{(\mathrm{d}-z)^2+r^2}}\mathrm{d}r\mathrm{d}\phi$$

$$= \frac{-\sigma}{4\pi\varepsilon_0}\int_0^{2\pi}\left[\sqrt{(\mathrm{d}-z)^2+r^2}\right]_0^a \mathrm{d}\phi$$

$$= \frac{-\sigma}{4\pi\varepsilon_0}\{\sqrt{(\mathrm{d}-z)^2+a^2}-(\mathrm{d}-z)\}\int_0^{2\pi}\mathrm{d}\phi = \frac{-\sigma}{2\varepsilon_0}(\sqrt{(\mathrm{d}-z)^2+a^2}-\mathrm{d}+z)$$

$$\therefore \quad E_{z2} = -\frac{\mathrm{d}V'}{\mathrm{d}z} = \frac{\sigma}{2\varepsilon_0}\left(1-\frac{\mathrm{d}-z}{\sqrt{(\mathrm{d}-z)^2+a^2}}\right)$$

(式⑤で，$z \to \mathrm{d}-z$ と置き換えてもよい)

そこで，点Pにおける電界は重ね合わせにより

$$E = E_{z1}+E_{z2} = \frac{\sigma}{2\varepsilon_0}\left(1-\frac{z}{\sqrt{z^2+a^2}}\right)+\frac{\sigma}{2\varepsilon_0}\left(1-\frac{\mathrm{d}-z}{\sqrt{(\mathrm{d}-z)^2+a^2}}\right)$$

$$= \boldsymbol{\frac{\sigma}{2\varepsilon_0}\left(2-\frac{z}{\sqrt{z^2+a^2}}-\frac{\mathrm{d}-z}{\sqrt{(\mathrm{d}-z)^2+a^2}}\right)}$$

(5) 題意より $a \gg \mathrm{d}$ として

$$E \fallingdotseq \frac{\sigma}{2\varepsilon_0}\left(2-\frac{z}{\sqrt{z^2+a^2}}-\frac{-z}{\sqrt{(-z)^2+a^2}}\right)$$

$$= \frac{\sigma}{2\varepsilon_0}\times 2 = \boldsymbol{\frac{\sigma}{\varepsilon_0}}$$

これはガウスの定理により求めた電気力線の密度と一致することがわかる．

解答　**(1) (ト)　(2) (ヘ)　(3) (ヨ)　(4) (ハ)　(5) (イ)**

詳細解説 2　電位と電界

電界の強さ $\boldsymbol{E}$ がベクトル量であるのに対し，電位 V はスカラ量である．そして，電界中のある点Pの電位を V とすれば次式の関係がある．

$$\boldsymbol{V} = -\int_{\infty}^{\mathrm{P}} \boldsymbol{E} \cdot \mathrm{d}\boldsymbol{s} \tag{1・4}$$

図1・2に示すように，正の点電荷による電気力線は放射状，等電位線（面）は円（球）となる．また，電位は，電荷を頂上とするような電気的な山を形成する．すなわち，電荷Q〔C〕は電位Vにおいて**クーロン力による電気的位置エネルギー**$W=QV$をもつ．これを**ポテンシャルエネルギー**ともいう．

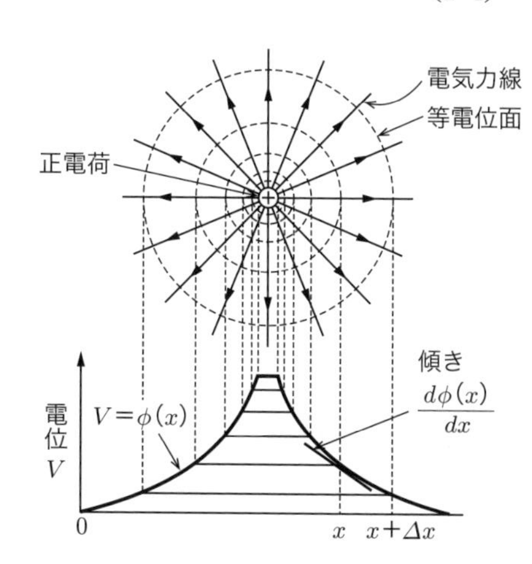

図1・2　電荷・電気力線・電位

ある点電荷Q〔C〕を一定のクーロン力F〔N〕に逆らって$x+\Delta x$〔m〕からx〔m〕まで距離Δxだけ動かしたときの仕事は$-F\Delta x$〔J〕である．外部から仕事をされた分だけ点電荷のもつエネルギーは増加するので，電位$V=\phi(x)$とすれば，エネルギー＝電荷×電位の関係より

$$-F\Delta x = Q\phi(x+\Delta x) - Q\phi(x) \qquad \therefore \quad F = -Q\frac{\phi(x+\Delta x)-\phi(x)}{\Delta x} \tag{1・5}$$

ここで，式(1・5)において$\Delta x \to 0$とすれば

$$F = \lim_{\Delta x \to 0}\left\{-Q\frac{\phi(x+\Delta x)-\phi(x)}{\Delta x}\right\} = -Q\frac{\mathrm{d}\phi(x)}{\mathrm{d}x}$$

となる．さらに，$F=QE$の関係を利用すれば次式となる．

$$\boldsymbol{E} = -\mathbf{grad}\,\phi(x) = -\nabla\phi(\boldsymbol{x}) = -\frac{\mathrm{d}\phi(\boldsymbol{x})}{\mathrm{d}\boldsymbol{x}} \tag{1・6}$$

まず，式(1・6)で用いている**grad（グラディエント）**は，ある点における接線（三次元では接平面）の傾きを示す微分演算子で，$\mathrm{grad}\,\phi(x,y,z) = \left(\frac{\partial\phi(x,y,z)}{\partial x}, \frac{\partial\phi(x,y,z)}{\partial y}, \frac{\partial\phi(x,y,z)}{\partial z}\right)$とベクトルで表すことができる．また，式(1・6)の負の符号に関して，図1・2のように，電界$\boldsymbol{E}$は電位$V=\phi(x)$が減少する方向を向いており，この方向が正と定義されているからである．さらに，これを三次元に拡張すれば次式となる．

$$\boldsymbol{E} = -\mathbf{grad}\,\phi(\boldsymbol{x},\boldsymbol{y},\boldsymbol{z}) = -\nabla\phi(\boldsymbol{x},\boldsymbol{y},\boldsymbol{z})$$

$$= -\left(\frac{\partial \phi(x, y, z)}{\partial x}, \frac{\partial \phi(x, y, z)}{\partial y}, \frac{\partial \phi(x, y, z)}{\partial z}\right) \tag{1·7}$$

式(1·7)で用いている**∇（ナブラ）は，**$\nabla = \left(\frac{\partial}{\partial x}, \frac{\partial}{\partial y}, \frac{\partial}{\partial z}\right)$であり，ベクトルと同様の扱いをすることができる微分演算子である．

問題3　複素数による二次元電界解析手法　（R4-A1）

次の文章は，複素数を用いて二次元の電界を解析的に求める手法に関する記述である．

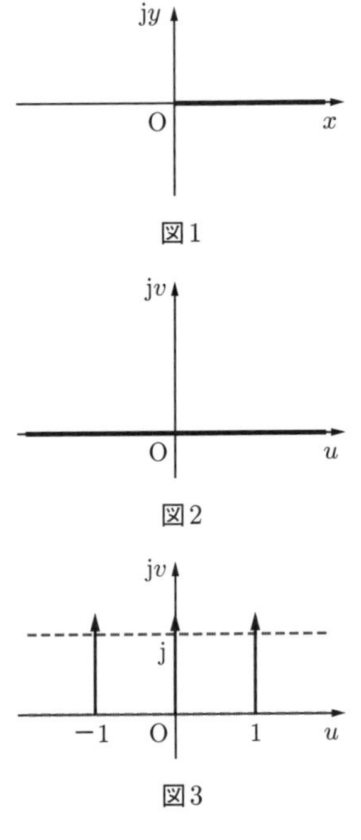

図1のように，$z = x + jy$で表される複素平面上で，$y = 0$，$x \geqq 0$で記述される原点が端で無限に長く細い電極に電圧が印加されているとき，等角写像法を用いて平面上の電界及び電位を解析的に求めることができる．

等角写像法では，電気力線と等電位線が既知である別の複素平面$w = u + jv$を考え，zに写像する写像関数$z = f(w)$を与える．$f(w)$が連続で微分可能であれば，電気力線と等電位線が［(1)］という関係が，写像を行っても保たれる．

ここで，図2のように，複素平面wの$v \geqq 0$の範囲において，u軸上に置かれた無限に長い電極は，$f(w) = w^2$により，$x + jy = (u + jv)^2$の関係が成り立つことより，z上において図1に示す電極に写像される．wには，u軸と平行に等電位線が，v軸と平行に電気力線が構成されるので，それらをz上に写像すればz上での等電位線と電気力線が解析的に求められることになる．

例えば，図3において$v = 1$の式で表される等電位線は，z上では［(2)］の式で表される．また，$u = 0$及び$u = 1$の式で表される2本の電気力線は，z上ではそれぞれ［(3)］及び［(4)］の式で表される．ただし，各図において，実線の矢印は電気力線，破線は等電位線を表す．

これらのことにより，図3に描かれた電気力線と等電位線を z 上に写像すると［（5）］の図が得られる．

解答群

（イ）　1点に収束する　　（ロ）　$x=|y|-2$

（ハ）　$x=-|y|+2,\ y\geqq 0$　　（ニ）　$x=\dfrac{y^2}{4}-1$

（ホ）　$x=1-\dfrac{y^2}{4},\ y\geqq 0$　　（ヘ）　$x=-\dfrac{y^2}{4},\ y\geqq 0$

（ト）　$y=0,\ x\leqq -1$　　（チ）　$x=\dfrac{y^2}{4}-2$

（リ）　$y=0,\ x\leqq 0$　　（ヌ）　直交する

（ル）　$x=-|y|$　　（ヲ）　交わらない

（ワ）

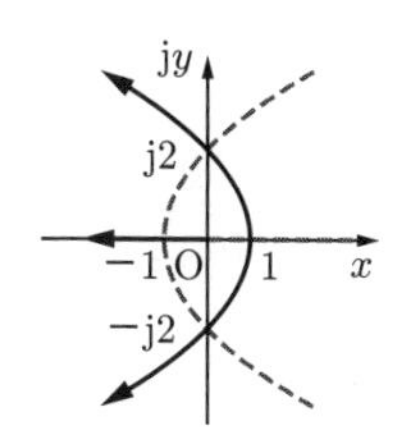

（カ）

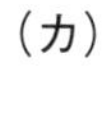

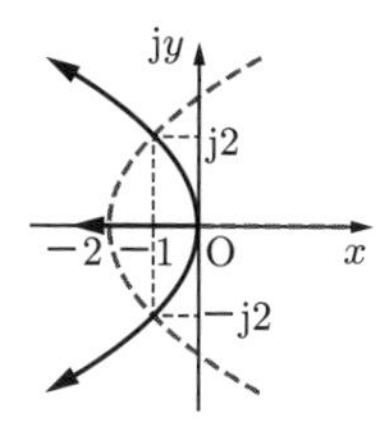

（ヨ）

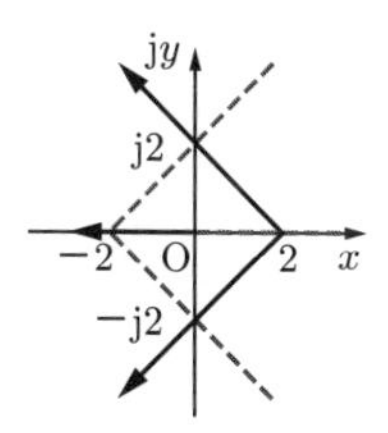

―攻略ポイント―

電気力線と等電位線は互いに直交することを念頭に置きながら，複素数の計算を問題の誘導にしたがって丁寧に行えばよい．

解説　(1) 二次元等角写像は，二次元座標内にある二つの線分を，互いの角度の関係を保ったまま別の二次元座標に変換する手法である．電気力線と等電位線は互いに**直交する**線分であるため，等角写像後の線分もこの関係が保たれる．

(2) $v=1$ の等電位線は $w=u+\mathrm{j}\cdot 1$ と表されるので，これを $z=w^2$ に代入すれば

$$z=(u+\mathrm{j})^2=u^2-1+\mathrm{j}2u=x+\mathrm{j}y$$

これより，$x=u^2-1$，$y=2u$ となり，$u=y/2$ と変形して

$$\boldsymbol{x}=\left(\frac{y}{2}\right)^2-1=\boldsymbol{\frac{y^2}{4}-1}$$

(3)　問題図3の $u=0$ の電気力線は，題意より $v \geqq 0$ の範囲で表されているから

$$w=0+\mathrm{j}v,\ \ v \geqq 0 \qquad \therefore \quad z=w^2=(\mathrm{j}v)^2=-v^2=x+\mathrm{j}y$$

$$\therefore \quad y=0,\ \ x=-v^2$$

したがって，$-v^2 \leqq 0$ より

$$\boldsymbol{y=0,\ \ x \leqq 0}$$

(4)　$u=1$ のとき，$v \geqq 0$ となるので

$$w=1+\mathrm{j}v$$

$$z=(1+\mathrm{j}v)^2=1-v^2+\mathrm{j}2v=x+\mathrm{j}y$$

$$x=1-v^2,\ \ y=2v \text{ で，} v=y/2 \text{より}$$

$$\boldsymbol{x=1-\frac{y^2}{4}}$$

$v \geqq 0$ のため，$y=2v$ だから，$\boldsymbol{y \geqq 0}$ となる．

(5)　$u=1$ の電気力線を写像すると $x=-y^2/4+1$ となるから，$y \geqq 0$ では解図のとおりとなる．

また，$u=0$，-1 のときも同様に考えれば，（ワ）の図に写像されることがわかる．

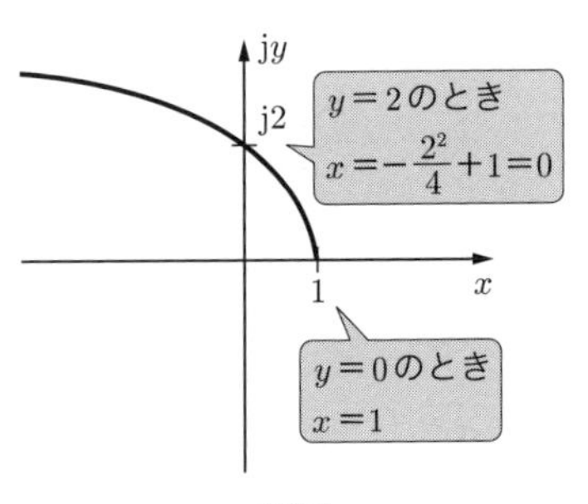

解図

(1)（ヌ）　(2)（ニ）　(3)（リ）　(4)（ホ）　(5)（ワ）

問題4　真空中の静電界に関する諸法則の微分形　(H25-A1)

次の文章は，真空中の静電界に関する諸法則の微分形に関する記述である．

図のように，直交座標系において電界の z 軸成分が零となるような電界について，xy 平面の二次元で電位や電界を考える．ここで，4点 $(h,0)$，$(0,h)$，$(-h,0)$，$(0,-h)$ の電位がそれぞれ ϕ_1，ϕ_2，ϕ_3，ϕ_4 であり，4点を頂点とする正方形の内側には電荷が存在せず，その電位 ϕ が次式のような二次関数で表されるとする．

$$\phi(x,y)=ax^2+bxy+cy^2+dx+ey+f \cdots\cdots\cdots\cdots\cdots\cdots ①$$

電界 $\boldsymbol{E}=(E_x,E_y,0)$ は $\boldsymbol{E}=-\mathrm{grad}\,\phi(x,y)$ で計算できる．このとき，電界

$\boldsymbol{E}$について，電界の保存性を表す式より，［(1)］が常に成り立つ．

また，［(2)］の法則を微分形で記述すると，電荷が存在しないため，次式となる．

$$\mathrm{div}\,\boldsymbol{E} = \boxed{(3)} = 0$$

この式から導かれる a～f の関係式は，

［(4)］……………………………②

である．

また，式①から原点の電位は，$\phi_0 = \phi(0, 0) = f$ で与えられる．そこで，4点の座標と電位 ϕ_1～ϕ_4 を式①に代入し，式②の関係を考慮して，f を ϕ_1～ϕ_4 を用いて表せば，$\phi_0 = f = \boxed{(5)}$ となる．

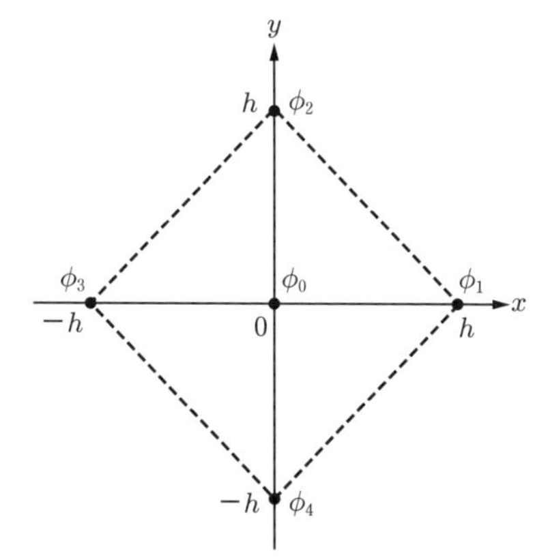

解答群

(イ)　$\mathrm{rot}\,\boldsymbol{E} = 0$　　(ロ)　$a + c = 0$　　(ハ)　$\dfrac{\phi_1 + \phi_2 + \phi_3 + \phi_4}{4}$

(ニ)　$\dfrac{\partial E_y}{\partial x} - \dfrac{\partial E_x}{\partial y}$　　(ホ)　$d + e = 0$　　(ヘ)　$b^2 = 4ac$

(ト)　$\dfrac{\partial E_y}{\partial x} + \dfrac{\partial E_x}{\partial y}$　　(チ)　$\dfrac{\partial E_x}{\partial x} + \dfrac{\partial E_y}{\partial y}$　　(リ)　$\dfrac{\phi_1\phi_3 - \phi_2\phi_4}{\phi_1 + \phi_2 + \phi_3 + \phi_4}$

(ヌ)　ガウス　　(ル)　$\boldsymbol{E} = 0$　　(ヲ)　アンペール

(ワ)　$\dfrac{\phi_1 + \phi_2 - \phi_3 - \phi_4}{2}$　　(カ)　クーロン

(ヨ)　$\boldsymbol{E}\left(\dfrac{\phi_1 - \phi_2}{h}, \dfrac{\phi_3 - \phi_4}{h}, 0\right)$

―攻略ポイント―

静電界は保存的であること，詳細解説1・2で説明した電界と電位の関係やガウスの定理，ストークスの定理を理解している必要がある．詳細解説3のベクトル解析にも慣れる．

解 説　(1) 静電界では，解図1のように，電荷を点Aから点Bまで移動させるとき，経路Ⅰでも経路Ⅱでも同じである．すなわち，電荷を経路Ⅰの往路で点A

から点Bまで運び，その後，復路として経路IIで点Bから点Aまで戻れば，仕事の合計は0である．このエネルギーの性質は保存性があるといい，静電界は保存的である．解図2のように任意の閉曲線Cで囲まれた曲面Sがあるとき，閉曲線Cに沿った電界$\boldsymbol{E}$の周回積分を考える．電界において単位正電荷に働く静電力は$\boldsymbol{E}$に等しいから，電界$\boldsymbol{E}$の周回積分は単位正電荷を閉曲線Cに沿って移動させて元の点までに戻るのに必要な仕事（エネルギー）であるから，0になる．数式で表現すれば次式となる．

$$\oint_{\mathrm{C}} \boldsymbol{E}\cdot\mathrm{d}\boldsymbol{l} = 0 \quad \cdots\cdots ①$$

式①をストークスの定理（詳細解説3を参照）により変形すれば，$\boldsymbol{n}$を曲面Sの単位法線ベクトルとして次式となる．

$$\oint_{\mathrm{C}} \boldsymbol{E}\cdot\mathrm{d}\boldsymbol{l} = \int_{\mathrm{S}} \mathrm{rot}\, \boldsymbol{E}\cdot\boldsymbol{n}\mathrm{d}S = 0 \quad \cdots\cdots ②$$

すなわち，$\mathbf{rot}\, \boldsymbol{E} = \mathbf{0}$であり，電界$\boldsymbol{E}$の回転は0になる．

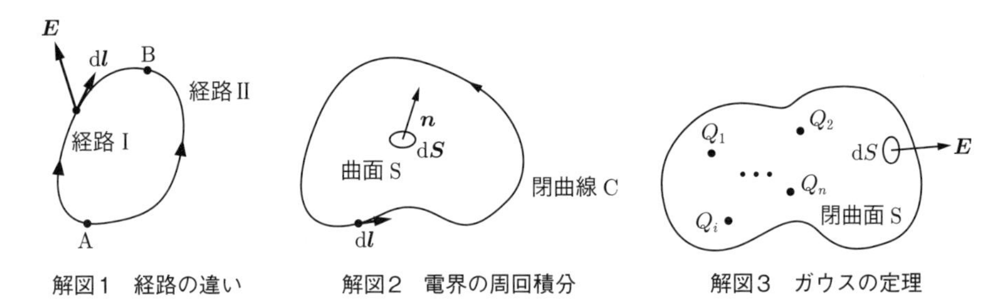

解図1　経路の違い　　解図2　電界の周回積分　　解図3　ガウスの定理

(2) **ガウス**の定理（法則）は，電界内の任意の閉曲面Sの内側から外側に向かってSに対して垂直に出ていく電気力線の総数は，Sの内側に存在する全電荷の$1/\varepsilon_0$であるというものである．次式がガウスの定理の積分形である．

$$\int_{\mathrm{S}} \boldsymbol{E}\cdot\mathrm{d}\boldsymbol{S} = \frac{1}{\varepsilon_0}\sum_{i=1}^{n} Q_i \quad \cdots\cdots ③$$

(3) 任意の点Pを含む体積vの微小領域をV，その境界の閉曲面をSとし，Vに関して点Pを含みながらその直径を0に収束させれば，式④のガウスの定理の微分形が得られる（詳細解説3を参照）．

$$\mathrm{div}\, \boldsymbol{E} = \lim_{V\to\mathrm{P}} \frac{\displaystyle\int_{\mathrm{S}} \boldsymbol{E}\cdot\mathrm{d}\boldsymbol{S}}{v} = \lim_{V\to\mathrm{P}} \frac{\displaystyle\frac{1}{\varepsilon_0}\sum_{i=1}^{n} Q_i}{v} = \frac{\rho}{\varepsilon_0} \quad \cdots\cdots ④$$

ここで，div $\boldsymbol{E}$ は電界 $\boldsymbol{E}$ の発散，ρ は空間電荷密度である．

さらに，$\mathrm{div}\,\boldsymbol{E}=\dfrac{\partial E_x}{\partial x}+\dfrac{\partial E_y}{\partial y}+\dfrac{\partial E_z}{\partial z}$ であるが，本問は二次元であること，そしてその二次元の正方形の中には電荷が存在しないことから

$$\mathrm{div}\,\boldsymbol{E}=\frac{\partial E_x}{\partial x}+\frac{\partial E_y}{\partial y}+\frac{\partial E_z}{\partial z}=\boldsymbol{\frac{\partial E_x}{\partial x}+\frac{\partial E_y}{\partial y}}=\frac{\rho}{\varepsilon_0}=0$$

(4)　詳細解説2に示すように，$\boldsymbol{E}=-\mathrm{grad}\,\phi(x,y,z)$ であるから

$$\boldsymbol{E}=-\mathrm{grad}\,\phi(x,y)=(-(2ax+by+d),\quad -(bx+2cy+e))$$

となる．したがって，div $\boldsymbol{E}$ すなわち $\boldsymbol{E}$ の発散は

$$\mathrm{div}\,\boldsymbol{E}=\frac{\partial E_x}{\partial x}+\frac{\partial E_y}{\partial y}=\frac{\partial}{\partial x}\{-(2ax+by+d)\}+\frac{\partial}{\partial y}\{-(bx+2cy+e)\}$$

$$=-2a-2c\qquad \therefore\quad \boldsymbol{a+c=0}\cdots\cdots⑤$$

(5)　設問中の ϕ の式に正方形の各頂点の座標を代入すれば

$$\phi_1=\phi(h,0)=ah^2+dh+f\cdots\cdots⑥$$

$$\phi_2=\phi(0,h)=ch^2+eh+f\cdots\cdots⑦$$

$$\phi_3=\phi(-h,0)=ah^2-dh+f\cdots\cdots⑧$$

$$\phi_4=\phi(0,-h)=ch^2-eh+f\cdots\cdots⑨$$

となる．式⑤および式⑥～⑨において未知数 a，c，d，e，f として連立方程式を解いて f を求める．まず，式⑥－式⑧とすれば $\phi_1-\phi_3=2dh$ から，$d=(\phi_1-\phi_3)/(2h)$ となる．また，式⑦－式⑨とすれば $\phi_2-\phi_4=2eh$ から，$e=(\phi_2-\phi_4)/(2h)$ となる．一方，式⑥＋式⑦から，$\phi_1+\phi_2=(a+c)h^2+(d+e)h+2f$ であり，式⑤を代入し

$$\phi_1+\phi_2=(a+c)h^2+(d+e)h+2f=(d+e)h+2f\cdots\cdots⑩$$

式⑩に，上で求めた d，e を代入すれば

$$\phi_1+\phi_2=\left(\frac{\phi_1-\phi_3}{2h}+\frac{\phi_2-\phi_4}{2h}\right)\times h+2f=\frac{\phi_1-\phi_3+\phi_2-\phi_4}{2}+2f$$

$$\therefore\quad \phi_0=f=\boldsymbol{\frac{\phi_1+\phi_2+\phi_3+\phi_4}{4}}$$

解答　(1)（イ）　(2)（ヌ）　(3)（チ）　(4)（ロ）　(5)（ハ）

詳細解説3　ベクトル解析（ベクトル場の回転とストークスの定理，ベクトル場の発散）

(1) ベクトル場の回転

図1•3(a)のように，あるベクトル場 $\boldsymbol{A}(x, y, z) = (A_x(x, y, z),\ A_y(x, y, z),\ A_z(x, y, z))$を想定する．ベクトル $\boldsymbol{A}$ の y 方向成分について考えると，位置 x における $A_y(x, y, z)$は Δy が微小であるため左側の辺の上では一定と考え，また，位置 $x+\Delta x$ における $A_y(x+\Delta x, y, z)$も右側の辺の上では一定と考えればよい．したがって，長方形を z 軸周りに左回転させようと作用するベクトル $\boldsymbol{A}$ の y 方向成分の総和は，左右の辺におけるベクトル $\boldsymbol{A}$ の線積分を足し合わせて

$$A_y(x+\Delta x, y, z)\Delta y - A_y(x, y, z)\Delta y$$

$$= \frac{A_y(x+\Delta x, y, z) - A_y(x, y, z)}{\Delta x}\Delta x\Delta y = \frac{\partial A_y}{\partial x}\Delta S \quad (\Delta x \to 0 のとき) \quad (1•8)$$

と表せる．同様に，図1•3(b)のように，長方形を z 軸周りに左回転させようと作用するベクトル $\boldsymbol{A}$ の x 方向成分の総和は，上下の辺におけるベクトル $\boldsymbol{A}$ の線積分を足し合わせて

$$-A_x(x, y+\Delta y, z)\Delta x + A_x(x, y, z)\Delta x$$

$$= -\frac{A_x(x, y+\Delta y, z) - A_x(x, y, z)}{\Delta y}\Delta x\Delta y = -\frac{\partial A_x}{\partial y}\Delta S (\Delta y \to 0 のとき) \quad (1•9)$$

となる．そこで，z 軸周りに左回転させようと作用するベクトル $\boldsymbol{A}$ の総和は，式(1•8)と式(1•9)を足し合わせれば

$$\frac{\partial A_y}{\partial x}\Delta S - \frac{\partial A_x}{\partial y}\Delta S \quad (1•10)$$

で表せる．つまり，単位面積当たりの z 軸周りのベクトル場の回転は式(1•10)を ΔS で割れば

$$\frac{\partial A_y}{\partial x} - \frac{\partial A_x}{\partial y} \quad (1•11)$$

と表すことができる．これらを x 軸周り，y 軸周りについても同様に考えれば，**ベクトル $\boldsymbol{A}$ の回転**は，微分演算子 rot（ローテーション）を用いて次式のように表すことができる．

$$\mathbf{rot}\ \boldsymbol{A}(x, y, z) = \left(\frac{\partial A_z}{\partial y} - \frac{\partial A_y}{\partial z},\ \frac{\partial A_x}{\partial z} - \frac{\partial A_z}{\partial x},\ \frac{\partial A_y}{\partial x} - \frac{\partial A_x}{\partial y}\right) \quad (1•12)$$

さらに，詳細解説2で説明した微分演算子$\nabla = \left(\frac{\partial}{\partial x}, \frac{\partial}{\partial y}, \frac{\partial}{\partial z}\right)$を用いて表すこともで

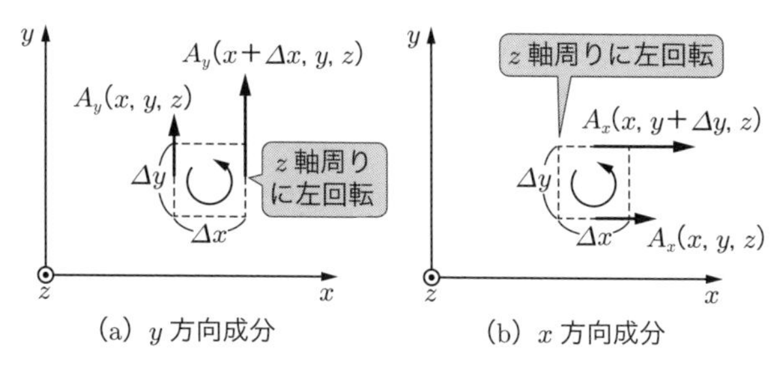

(a) y 方向成分　(b) x 方向成分

図1・3　ベクトル場の回転

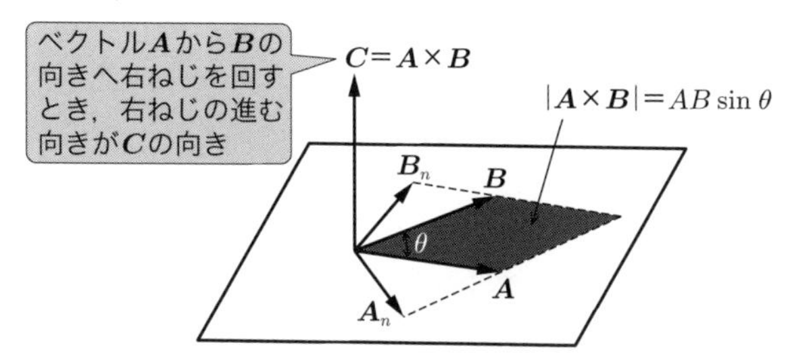

図1・4　ベクトル積（外積）

きる．ベクトル場の回転はベクトル場となり，$\nabla\times\boldsymbol{A}$ という**ベクトル積**（下記参照）を用いると

$$\nabla\times\boldsymbol{A}=\left(\frac{\partial A_z}{\partial y}-\frac{\partial A_y}{\partial z}, \frac{\partial A_x}{\partial z}-\frac{\partial A_z}{\partial x}, \frac{\partial A_y}{\partial x}-\frac{\partial A_x}{\partial y}\right) \qquad (1\cdot13)$$

となる．この左辺は，式(1・12)の左辺と等しいから，次式が成り立つ．

$$\mathrm{rot}\,\boldsymbol{A}=\nabla\times\boldsymbol{A} \qquad (1\cdot14)$$

(2) ベクトル積（外積）

二つのベクトル $\boldsymbol{A}$ と $\boldsymbol{B}$ とが与えられたとき，次の性質を持つベクトル $\boldsymbol{C}$ を，$\boldsymbol{A}$ と $\boldsymbol{B}$ のベクトルの**ベクトル積**（または**外積**）という（図 1・4 参照）．

①$C=AB\sin\theta$（θ はベクトル$\boldsymbol{A}$と$\boldsymbol{B}$のなす角）　(1・15)

②ベクトル $\boldsymbol{C}$ はベクトル $\boldsymbol{A}$，$\boldsymbol{B}$ いずれに対しても垂直（つまり，$\boldsymbol{A}$，$\boldsymbol{B}$ を含む面に垂直）

まず，①に関しては，ベクトルの外積の大きさは，ベクトル $\boldsymbol{A}$ と $\boldsymbol{B}$ が張る平行四辺形の面積に等しいことを意味している．また，②に関しては，ベクトル $\boldsymbol{A}$ の向きから $\boldsymbol{B}$ の向きへ右ねじを回すと，右ねじの進む向きがベクトル $\boldsymbol{C}$ の向きという関係である．ベクトル積は次式で表す．

$$\boldsymbol{C} = \boldsymbol{A} \times \boldsymbol{B} \tag{1・16}$$

さて，$\boldsymbol{i}$，$\boldsymbol{j}$，$\boldsymbol{k}$ を x，y，z 方向の単位ベクトルとすれば図1・5のように $\boldsymbol{k} = \boldsymbol{i} \times \boldsymbol{j}$，$\boldsymbol{i} = \boldsymbol{j} \times \boldsymbol{k}$，$\boldsymbol{j} = \boldsymbol{k} \times \boldsymbol{i}$ の関係がある（$\boldsymbol{i} \times \boldsymbol{i} = \boldsymbol{j} \times \boldsymbol{j} = \boldsymbol{k} \times \boldsymbol{k} = 0$）．このため，三次元ベクトル $\boldsymbol{A} = (A_x, A_y, A_z)$，$\boldsymbol{B} = (B_x, B_y, B_z)$ の外積は，上記の関係を用いて計算すれば

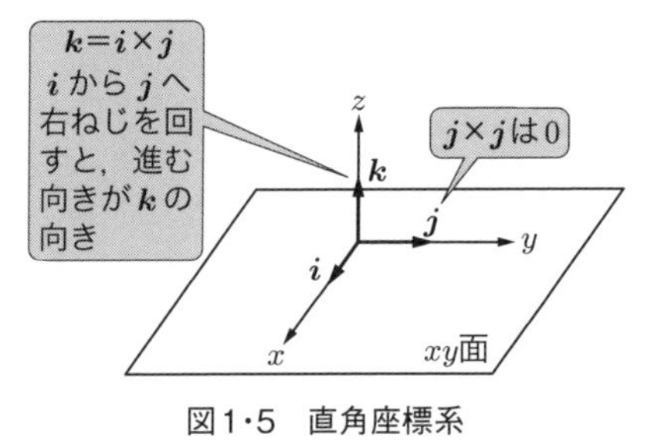

図1・5　直角座標系

$$\begin{aligned}
&\boldsymbol{A} \times \boldsymbol{B} \\
&= (A_x\boldsymbol{i} + A_y\boldsymbol{j} + A_z\boldsymbol{k}) \times (B_x\boldsymbol{i} + B_y\boldsymbol{j} + B_z\boldsymbol{k}) \\
&= (A_yB_z - A_zB_y)\boldsymbol{i} + (A_zB_x - A_xB_z)\boldsymbol{j} + (A_xB_y - A_yB_x)\boldsymbol{k} \\
&= (A_yB_z - A_zB_y, A_zB_x - A_xB_z, A_xB_y - A_yB_x)
\end{aligned} \tag{1・17}$$

で定義される．

(3) ストークスの定理

あるベクトル場があるとき，微小な長方形（Δx，Δy）におけるベクトル場 $\boldsymbol{A}$ の回転は式(1・10)と式(1・12)から，$(\mathrm{rot}\ \boldsymbol{A})_z \Delta S_{xy}$ となる．ここで，$(\mathrm{rot}\ \boldsymbol{A})_z$ は $\mathrm{rot}\ \boldsymbol{A}$ の z 成分を表し，$\Delta S_{xy} = \Delta x \Delta y$ である．そこで，図1・6のように，微小な長方形が多数並んで面 S_{xy} を形成しているとき，面 S_{xy} における回転の合計は

$$\sum (\mathrm{rot}\ \boldsymbol{A})_z \Delta S_{xy} \xrightarrow[\Delta S \to 0]{} \int_{S_{xy}} (\mathrm{rot}\ \boldsymbol{A})_z \mathrm{d}S_{xy} \tag{1・18}$$

となる．

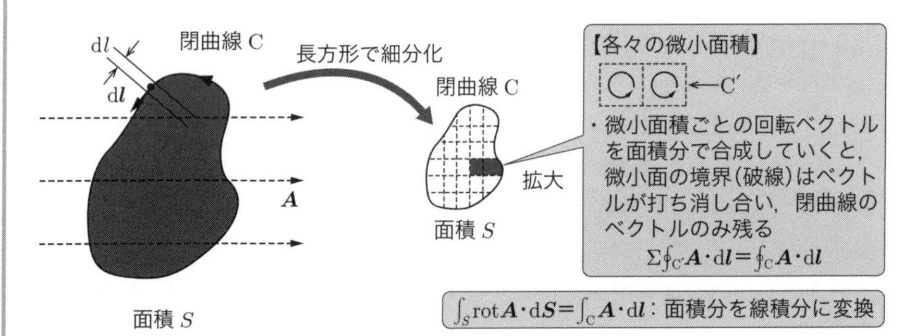

図1・6　ストークスの定理

図1・6で，各長方形におけるベクトル $\boldsymbol{A}$ の回転は，ベクトル $\boldsymbol{A}$ についてその長方形の4辺を反時計回りに周回積分したものに等しい．

一つの閉曲線Cを周辺とする面Sにおいて，長方形それぞれについて周回積分

$\oint_{C'} \boldsymbol{A}\cdot \mathrm{d}\boldsymbol{l}$ を求め，その和をとれば，長方形の辺についての積分は隣の長方形の積分が逆向きに通るから打ち消し合って，外周の閉曲線Cの部分についての積分だけが残る．これを数式で表せば，式(1・18)より

$$\sum \oint_{C'} \boldsymbol{A}\cdot \mathrm{d}\boldsymbol{l} = \oint_{C} \boldsymbol{A}\cdot \mathrm{d}\boldsymbol{l} \qquad \therefore \quad \oint_{C} \boldsymbol{A}\cdot \mathrm{d}\boldsymbol{l} = \int_{S_{xy}} (\mathrm{rot}\ \boldsymbol{A})_z \mathrm{d}S_{xy} \tag{1・19}$$

である．ここでは面 S_{xy} を xy 平面で考えたが，xyz 空間上の任意の面をS，その外周をCとするとき，微小な面のベクトルを d$\boldsymbol{S}$，外周Cの微小な長さのベクトルを d$\boldsymbol{l}$ として，式(1・19)は，次式のように一般化することができる．これが**ストークスの定理**である．

$$\int_{S} \mathrm{rot}\ \boldsymbol{A}\cdot \mathrm{d}\boldsymbol{S} = \int_{C} \boldsymbol{A}\cdot \mathrm{d}\boldsymbol{l} \tag{1・20}$$

(4) ベクトル場の発散とガウスの定理

電界や電束密度などのように，大きさと向きをもつ物理量はベクトル場で表される．これらの物理量は，ある空間に流入してから流出するまでにどの程度物理量が変化したのか，すなわち空間からの湧き出し量を考える．いわば，(空間からの湧き出し量)＝(流出量)－(流入量)である．そこで，あるベクトル場 $\boldsymbol{A}(x, y, z) = (A_x(x, y, z), A_y(x, y, z), A_z(x, y, z))$ について考える．図1・7のように，微小な面積 Δx，Δy，Δz からなる微小な直方体において，流出方向を正とすれば，湧き出し量の x 方向成分は次式となる（$\Delta v = \Delta x \Delta y \Delta z$）．

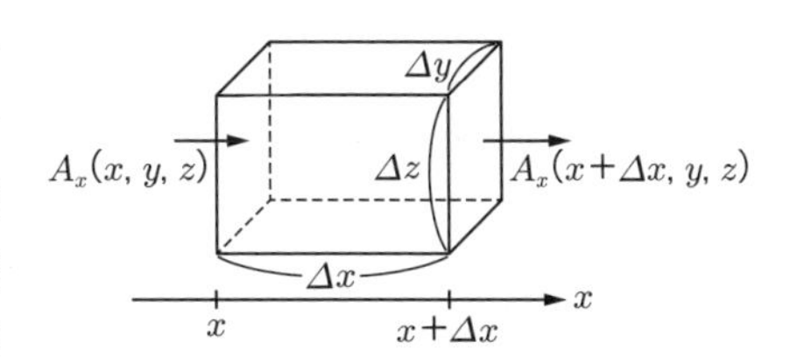

図1・7　ベクトル場の発散

$$\begin{aligned} &\{A_x(x+\Delta x, y, z) - A_x(x, y, z)\}\Delta y \Delta z \\ &\quad = \frac{A_x(x+\Delta x, y, z) - A_x(x, y, z)}{\Delta x}\Delta x \Delta y \Delta z = \frac{\partial A_x}{\partial x}\Delta v \end{aligned} \tag{1・21}$$

そして，式(1・21)と同様に，y 方向成分，z 方向成分も求めて足し合わせれば，湧き出し量は次式となる．

$$\left(\frac{\partial A_x}{\partial x} + \frac{\partial A_y}{\partial y} + \frac{\partial A_z}{\partial z}\right)\Delta v \tag{1・22}$$

したがって，単位体積当たりのベクトル場の湧き出し量は，式(1・22)を Δv で割ればよいから，微分演算子 div（ダイバージェンス）を用いて次式で表し，**ベクトル場の**

発散という．

$$\mathrm{div}\ \boldsymbol{A}(x, y, z) = \frac{\partial A_x}{\partial x} + \frac{\partial A_y}{\partial y} + \frac{\partial A_z}{\partial z} \qquad (1\cdot23)$$

ベクトル場の発散も，微分演算子$\nabla = \left(\frac{\partial}{\partial x}, \frac{\partial}{\partial y}, \frac{\partial}{\partial z}\right)$を用いて表現できる．ベクトル場の発散はスカラ場となるから，$\nabla\cdot\boldsymbol{A} = \frac{\partial A_x}{\partial x} + \frac{\partial A_y}{\partial y} + \frac{\partial A_z}{\partial z}$という内積によってスカラ場が得られる．これと式(1･23)を比べれば，次式となる．

$$\mathrm{div}\ \boldsymbol{A} = \nabla\cdot\boldsymbol{A} \qquad (1\cdot24)$$

さて，問題4の解説にも述べたが，ガウスの定理との関係についてまとめる．電荷密度がρの空間に微小体積Δvを取ると，閉曲面Sの内部の電荷ΣQは$\rho\Delta v$に等しいから，ガウスの定理は

$$\int_S \boldsymbol{E}\cdot\mathrm{d}\boldsymbol{S} = \frac{1}{\varepsilon_0}\rho\Delta v$$

$$\therefore\quad \frac{1}{\Delta v}\int_S \boldsymbol{E}\cdot\mathrm{d}\boldsymbol{S} = \frac{\rho}{\varepsilon_0} \qquad (1\cdot25)$$

となる．式(1･25)の左辺は，閉曲面Sから出ていく電気力線を単位体積当たりに換算したものである．Δvを零にする極限がその点の$\boldsymbol{E}$の発散であるから

$$\lim_{v\to0}\frac{1}{\Delta v}\int_S \boldsymbol{E}\cdot\mathrm{d}\boldsymbol{S} = \mathrm{div}\ \boldsymbol{E} = \nabla\cdot\boldsymbol{E} \qquad (1\cdot26)$$

となる．式(1･26)と式(1･25)から，ガウスの定理は次のように表現できる．

$$\mathrm{div}\ \boldsymbol{E} = \frac{\rho}{\varepsilon_0} \qquad (1\cdot27)$$

したがって，電荷が存在しない場所では次式となる．

$$\mathrm{div}\ \boldsymbol{E} = 0 \qquad (1\cdot28)$$

div $\boldsymbol{E}$は電気力線の発生を示すから，div $\boldsymbol{E} = 0$は電気力線が発生しないことを示す．言い換えれば，電荷が存在しない場所では，電気力線は連続した線で表すことができる．

電気力線が発生する所には必ず電荷がある．式(1･27)に示すように，ρという電荷密度があれば，単位体積当たりρ/ε_0本の電気力線が発生する．ρが正であれば電気力線が発生し，ρが負であれば消滅，すなわち電気力線が負電荷に終わることになる．

2　静電容量と静電エネルギー

問題 5　同軸円筒中の電界と静電容量　（H29-A2）

次の文章は，同軸円筒中の電界に関する記述である．なお，円筒の端部が電界に及ぼす効果は無視できるものとする．

図のような長さ L，外半径 a の内側導体と，長さ L，内半径 $4a$ の外側導体が中心軸を同じくして配置され，同軸円筒を構成している．内側導体と外側導体の間の空間は，図のように半径 $2a$ を境に，誘電率 ε の誘電体 1 と誘電率 0.2ε の誘電体 2 で満たされている．

このような誘電体の内部には，径方向の電界のみが発生する．内側導体に正の電荷 $+Q$，外側導体に負の電荷 $-Q$ を与えた場合の誘電体内部の電界分布を，円筒状の閉曲面にガウスの法則を適用して求めると，誘電体 1 の内部の電界の大きさは $E_1=$ (1)，誘電体 2 の内部の電界の大きさは $E_2=$ (2) と表され，電界の大きさが最大となるのは， (3) である．

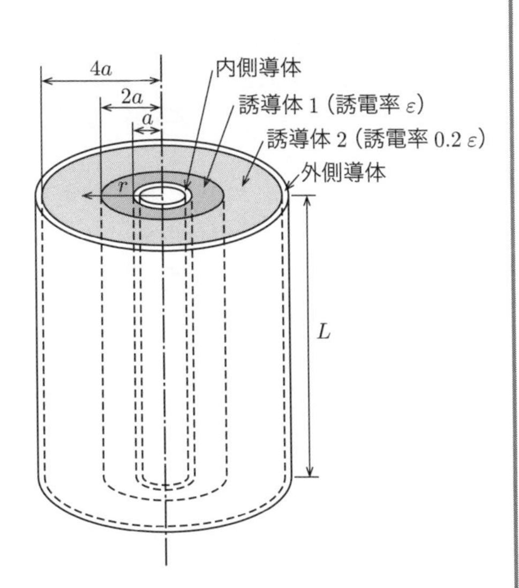

誘電体 1 の内側境界に対する外側境界の電位 V_1 は，電界を半径 r 方向に積分して

$$V_1=-\int_a^{2a} E_1 \mathrm{d}r= \text{(4)}$$

と求められる．同様に，誘電体 2 の内側境界に対する外側境界の電位 V_2 を求めると $V_2=5V_1$ となるので，この同軸円筒状の導体及び誘電体全体をコンデンサとみなしたときの容量は (5) と求められる．

解答群

（イ）$-\dfrac{Qa}{2\pi\varepsilon L}$　（ロ）$\dfrac{5Q}{2\pi\varepsilon L}$　（ハ）$\dfrac{\pi\varepsilon L}{3\ln 2}$

（ニ）誘電体1と誘電体2の境界　（ホ）$\dfrac{Q}{2\pi\varepsilon L}$

（ヘ）$-\dfrac{Q}{2\pi\varepsilon L}\ln 2$　（ト）誘電体2と外側導体の境界

（チ）$\dfrac{5Q}{4\pi\varepsilon L}\dfrac{1}{r^2}$　（リ）$\dfrac{Q}{4\pi\varepsilon L}\dfrac{1}{r^2}$

（ヌ）内側導体と誘電体1の境界　（ル）$\dfrac{Q}{2\pi\varepsilon L}\dfrac{1}{r}$

（ヲ）$\dfrac{\pi\varepsilon L}{3a}$　（ワ）$\dfrac{5Q}{2\pi\varepsilon L}\dfrac{1}{r}$　（カ）$-\dfrac{Q}{8\pi\varepsilon L}\dfrac{1}{a}$

（ヨ）$\dfrac{16\pi\varepsilon La}{7}$

ー攻略ポイントー

同軸円筒は，同心球と並んで，電験ではよく出題される．静電容量Cは，電荷Q，電位差Vから，$C=Q/V$で求める．まずは，復習をかねて肩慣らしから始める．

解説　(1) 題意より，円筒の端部が電界に及ぼす効果を無視できるので，無限長円筒と同じように，誘電体内部には径方向の電界のみが発生する．誘電体1の内部で半径（$a \leqq r < 2a$）の位置における電界$\boldsymbol{E}_1$の大きさは，底面の半径がr，長さがLの同軸円筒を閉曲面として，ガウスの定理より

$$\int_S \boldsymbol{E}_1 \cdot \mathrm{d}\boldsymbol{S} = 2\pi rL \cdot E_1 = \frac{Q}{\varepsilon} \qquad \therefore \quad E_1 = \boldsymbol{\frac{Q}{2\pi\varepsilon L} \cdot \frac{1}{r}} \quad \cdots\cdots ①$$

(2) 誘電体2の内部で半径r（$2a \leqq r < 4a$）の位置における電界$\boldsymbol{E}_2$の大きさは，ガウスの定理より

$$\int_S \boldsymbol{E}_2 \cdot \mathrm{d}\boldsymbol{S} = 2\pi rL \cdot E_2 = \frac{Q}{0.2\varepsilon} \qquad \therefore \quad E_2 = \boldsymbol{\frac{5Q}{2\pi\varepsilon L} \cdot \frac{1}{r}} \quad \cdots\cdots ②$$

(3) E_1，E_2は，式①，式②に示すように，半径rに反比例するので，半径が小さいほど電界は大きくなる．内側導体表面の電界は式①に$r=a$を代入して$E_1 = Q/(2\pi a\varepsilon L)$となる．一方，誘電体2の内側境界における電界は式②に$r=2a$を代

入すれば $E_2 = 5Q/(4\pi a\varepsilon L)$ となる．

したがって，$E_2 > E_1$ であるから，電界の大きさが最大になるのは，**誘電体1と誘電体2の境界**である．

(4) 誘電体1の内側境界に対する外側境界の電位 V_1 は，式①を利用して

$$V_1 = -\int_a^{2a} E_1 \mathrm{d}r = -\frac{Q}{2\pi\varepsilon L}\int_a^{2a}\frac{1}{r}\mathrm{d}r = -\frac{Q}{2\pi\varepsilon L}[\ln r]_a^{2a}$$

$$= -\frac{Q}{2\pi\varepsilon L}\ln 2 \quad \cdots\cdots ③$$

(5) 内側導体の外側導体に対する電位 V は，題意の $V_2 = 5V_1$ と式③を利用して

$$V = -(V_1 + V_2) = -6V_1 = \frac{3Q}{\pi\varepsilon L}\ln 2 \quad \cdots\cdots ④$$

となる．同軸円筒の導体・誘電体をコンデンサとみなした静電容量 C は，$Q = CV$ と式④より

$$C = \frac{Q}{V} = \frac{Q}{\dfrac{3Q}{\pi\varepsilon L}\ln 2} = \frac{\pi\varepsilon L}{3\ln 2}$$

解答　**(1)（ル）　(2)（ワ）　(3)（ニ）　(4)（ヘ）　(5)（ハ）**

問題6　同心球コンデンサの電位・電界・静電容量　（H28-A1）

次の文章は，三つの導体からなる同心球コンデンサに関する記述である．

図のように，半径 a，$2a$，$4a$ の三つの導体球面A，B，Cが同心となるように真空中に置かれている．その厚さは無視できる．導体B及びCには穴が開けられてそこから導線が引き出されていて，スイッチ S_1 を閉じると導体Bが接地され，スイッチ S_2 を閉じると導体A及びCが短絡されるようになっている．

ただし，穴は十分小さく，かつ導線及びスイッチは周りの空間と絶縁されており，その影響は無視できるものとする．また，真空中の誘電率は ε_0 とする．

最初に，スイッチ S_1 及び S_2 はともに開いており，導体Aには電荷 Q が与えられている．このとき，無限遠を接地電位（零）としたときの導体Aの電位は ［(1)］ であり，静電容量は ［(2)］ である．また，導体Aより内側の

空間における電界の大きさは $\boxed{(3)}$ である．

次に，スイッチ S_1 を閉じて十分時間が経ったとき，導体 A の電位は $\boxed{(4)}$ になる．

さらに，スイッチ S_1 を閉じたままスイッチ S_2 も閉じて十分時間が経ったとき，導体 A に存在する電荷は $\boxed{(5)}$ である．

解答群

（イ）$\dfrac{Q}{16\pi\varepsilon_0 a}$　（ロ）$\dfrac{1}{3}Q$

（ハ）$4\pi\varepsilon_0 a$　（ニ）0

（ホ）$\dfrac{3Q}{8\pi\varepsilon_0 a}$　（ヘ）$\dfrac{1}{5}Q$

（ト）$\dfrac{4}{3}\pi\varepsilon_0 a$　（チ）$\dfrac{Q}{8\pi\varepsilon_0 a}$

（リ）$\dfrac{Q}{4\pi\varepsilon_0 a}$　（ヌ）$\dfrac{3Q}{4\pi\varepsilon_0 a}$

（ル）$\dfrac{1}{4}Q$　（ヲ）$\dfrac{16}{3}\pi\varepsilon_0 a$

（ワ）$\dfrac{3Q}{4\pi\varepsilon_0 a^2}$　（カ）$\dfrac{Q}{4\pi\varepsilon_0 a^2}$　（ヨ）$\dfrac{3Q}{16\pi\varepsilon_0 a}$

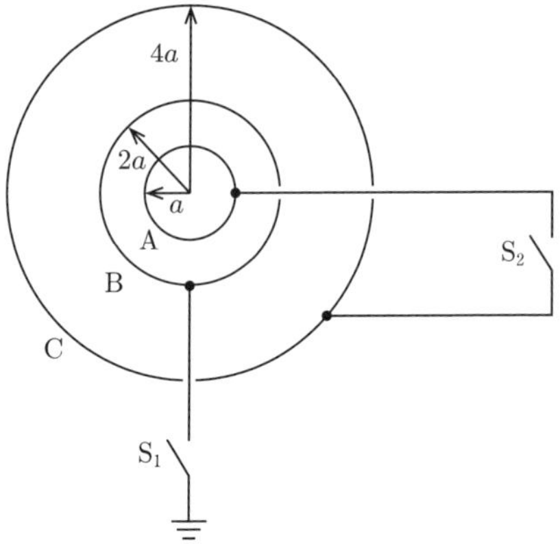

―攻略ポイント―

静電容量 C は，電荷 Q，電位差 V から，$C=Q/V$ で求める．2 つの同心球コンデンサの問題は電験 2 種でも出題されるが，本問は少し高度にした問題である．

解説　(1) 題意から，導体 A の電荷は Q で，導体 B，C の電荷は零である．ガウスの定理から，$r \leqq a$ では $E=0$，$r>a$ では $E=Q/(4\pi\varepsilon_0 r^2)$ であるから，導体 A の電位 V_A は

$$V_A = -\int_{\infty}^{a} E\mathrm{d}r = -\int_{\infty}^{a} \frac{Q}{4\pi\varepsilon_0 r^2}\mathrm{d}r = -\frac{Q}{4\pi\varepsilon_0}\left[-\frac{1}{r}\right]_{\infty}^{a} = \boldsymbol{\frac{Q}{4\pi\varepsilon_0 a}}$$

(2) 静電容量 C_A は

$$C_A = \frac{Q}{V_A} = \frac{Q}{Q/(4\pi\varepsilon_0 a)} = \boldsymbol{4\pi\varepsilon_0 a}$$

(3) 導体 A より内側の空間には電荷が存在しないので，ガウスの定理より，電界の大きさは**0**である．

(4) スイッチ S_1 を閉じて十分時間が経ったとき，解図1のように導体 B の電位は零になり，静電誘導により $-Q$ の電荷が吸い寄せられる．一方，導体 C は孤立系なので，零のまま変わらない．したがって，電界の大きさ E は，$r \leqq 2a$ の空間ではスイッチ S_1 を閉じる前と変わらない．一方，$2a < r$ の空間では，その内部電荷に関して導体 A が $+Q$，導体 B が $-Q$ なので総電荷が零になるから，電界 $E = (+Q-Q)/(4\pi\varepsilon_0 r^2) = 0$ となる．導体 A の電位 V_A は

$$V_A = -\int_{\infty}^{a} E \mathrm{d}r = -\int_{\infty}^{2a} 0 \times \mathrm{d}r - \int_{2a}^{a} \frac{Q}{4\pi\varepsilon_0 r^2} \mathrm{d}r = -\frac{Q}{4\pi\varepsilon_0}\left[-\frac{1}{r}\right]_{2a}^{a} = \boldsymbol{\frac{Q}{8\pi\varepsilon_0 a}}$$

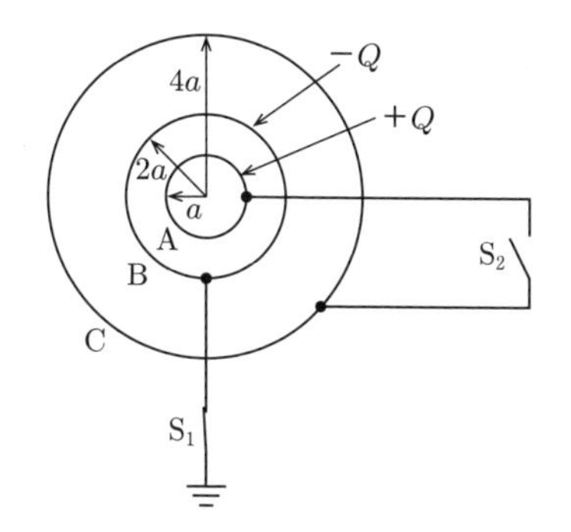

解図1　スイッチ S_1 を閉じたとき

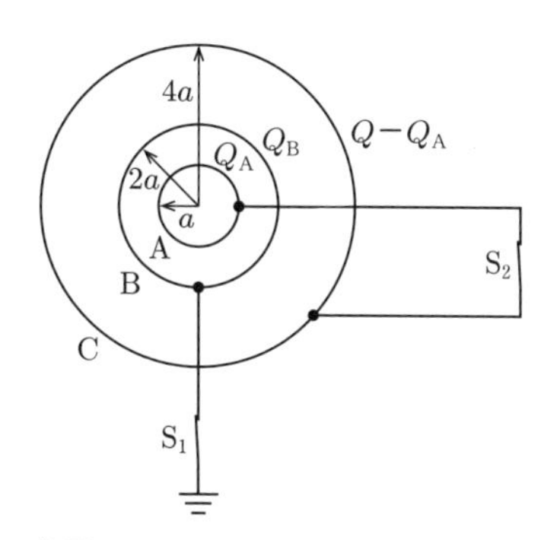

解図2　スイッチ S_1，S_2 の両方を閉じたとき

(5) スイッチ S_2 を閉じることにより，導体 A の電荷の一部は導体 C に移動する．解図2のように導体 A，B，C の電荷を仮定すれば，距離 r の点における電界は次式となる．

$r \leqq a$ では $E = 0$，$a < r \leqq 2a$ では

$$\int_S E \mathrm{d}S = Q_A/\varepsilon_0 \qquad \therefore \quad E = Q_A/(4\pi\varepsilon_0 r^2)$$

$2a < r \leqq 4a$ では $E = (Q_A + Q_B)/(4\pi\varepsilon_0 r^2)$，$4a < r$ では $E = (Q + Q_B)/(4\pi\varepsilon_0 r^2)$

導体 B は接地されているから，導体 B の電位 V_B は零である．

$$V_B = -\int_{\infty}^{2a} E \mathrm{d}r = -\int_{\infty}^{4a} \frac{Q_A + Q_B + (Q - Q_A)}{4\pi\varepsilon_0 r^2} \mathrm{d}r - \int_{4a}^{2a} \frac{Q_A + Q_B}{4\pi\varepsilon_0 r^2} \mathrm{d}r$$

$$= \frac{Q + Q_B}{16\pi\varepsilon_0 a} + \frac{Q_A + Q_B}{16\pi\varepsilon_0 a} = \frac{Q + Q_A + 2Q_B}{16\pi\varepsilon_0 a} = 0$$

$$\therefore \quad Q + Q_A + 2Q_B = 0 \quad \cdots\cdots ①$$

一方，導体Cの電位 V_C は，無限遠を零とすれば

$$V_C = -\int_{\infty}^{4a} E\mathrm{d}r = -\int_{\infty}^{4a} \frac{Q + Q_B}{4\pi\varepsilon_0 r^2}\mathrm{d}r = \frac{Q + Q_B}{16\pi\varepsilon_0 a}$$

他方，導体Aの電位 V_A は

$$V_A = V_B - \int_{2a}^{a} E\mathrm{d}r = 0 - \int_{2a}^{a} \frac{Q_A}{4\pi\varepsilon_0 r^2}\mathrm{d}r = \frac{Q_A}{8\pi\varepsilon_0 a}$$

スイッチ S_2 により導体Aと導体Cがつながっているため，これらの電位は等しいから

$$\frac{Q + Q_B}{16\pi\varepsilon_0 a} = \frac{Q_A}{8\pi\varepsilon_0 a} \qquad \therefore \quad Q + Q_B = 2Q_A \quad \cdots\cdots ②$$

そこで，式②より，$Q_B = 2Q_A - Q$ と変形し，式①に代入すれば

$$Q + Q_A + 2(2Q_A - Q) = 0 \qquad \therefore \quad Q_A = \boldsymbol{Q/5}$$

$$\therefore \quad Q_B = 2Q_A - Q = -3Q/5$$

解答　(1)（リ）　(2)（ハ）　(3)（ニ）　(4)（チ）　(5)（ヘ）

問題7　電束密度・電界・誘電分極の関係　(H27-A1)

次の文章は，誘電体中の静電界の基本性質に関する記述である．

長方形の導体平板を極板とする平行平板コンデンサが二つある．このコンデンサに，異なる誘電率をもつ2種類の直方体の誘電体を，隙間のないよう，かつ極板からはみ出さないように挿入する．一つは図1のように，二つの誘電体の境界面が極板と垂直になっており，もう一つは図2のように，二つの誘電体の境界面が極板と平行になっている．共に，極板間には電位差 V $(\neq 0)$ が与えられている．ただし，図1及び図2は横から見た図であり，端効果はないものとする．

これに対し，図1及び図2に示したように，紙面と平行に置かれた長方形の周回積分路 C_1～C_4 と，紙面と平行な面及び極板と平行な面をもつように置かれた直方体の閉曲面 S_1～S_4 を仮定する．C_1～C_4，S_1～S_4 は全て誘電体内に存在し，C_2，C_4，S_2，S_4 は二つの誘導体の境界面を横切っているものとする．

コンデンサ内の電界 $\boldsymbol{E}$，電束密度 $\boldsymbol{D}$ と分極 $\boldsymbol{P}$ を考える．これらの関係式

は，真空中の誘電率を ε_0 とすると， (1) となる．また，空間内の電界のエネルギー密度は， (2) で表される．

次に，$\boldsymbol{E}$，$\boldsymbol{D}$，$\boldsymbol{P}$ を長方形 C_1～C_4 でそれぞれ周回積分することを考える．このとき，C_1～C_4 のうちの (3) については，$\boldsymbol{D}$ と $\boldsymbol{P}$ の周回積分は零にならない．

今度は，$\boldsymbol{E}$，$\boldsymbol{D}$，$\boldsymbol{P}$ を直方体 S_1～S_4 でそれぞれ面積分することを考える．このとき，S_1～S_4 のうちの (4) については，$\boldsymbol{E}$，$\boldsymbol{D}$，$\boldsymbol{P}$ のうちの (5) の面積分は零にならない．

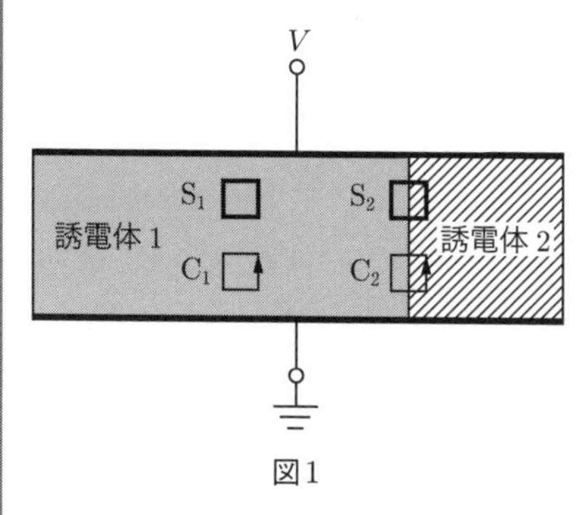

図1

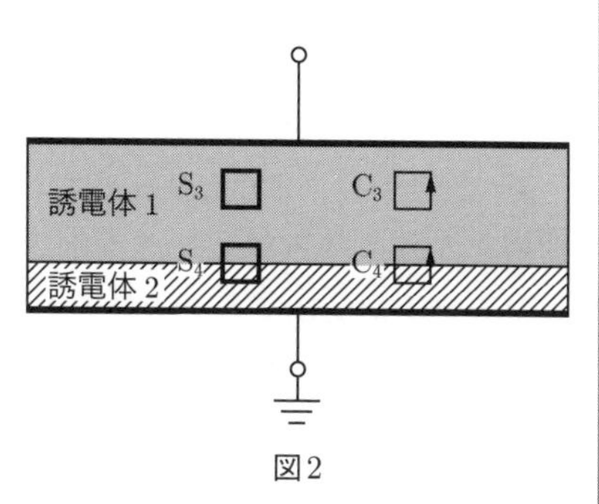

図2

解答群

(イ) $\boldsymbol{E}$ と $\boldsymbol{D}$	(ロ) $\boldsymbol{P}=\varepsilon_0\boldsymbol{E}+\boldsymbol{D}$	(ハ) S_1 と S_3
(ニ) S_2	(ホ) $\boldsymbol{D}=\varepsilon_0\boldsymbol{E}+\boldsymbol{P}$	(ヘ) S_4
(ト) C_1 と C_3	(チ) $\boldsymbol{D}$	(リ) C_4
(ヌ) $\dfrac{1}{2}\boldsymbol{E}^2$	(ル) C_2	(ヲ) $\boldsymbol{D}=\varepsilon_0(\boldsymbol{E}+\boldsymbol{P})$
(ワ) $\dfrac{1}{2}\boldsymbol{E}\cdot\boldsymbol{D}$	(カ) $\boldsymbol{E}$ と $\boldsymbol{P}$	(ヨ) $\dfrac{1}{2}\boldsymbol{E}\times\boldsymbol{D}$

ー攻略ポイントー

誘電体中では，電界を加えると分極が生じ，電束密度 $\boldsymbol{D}$〔C/m²〕，電界 $\boldsymbol{E}$〔V/m〕，分極電荷密度 $\boldsymbol{\sigma}_P$〔C/m²〕の間に $\varepsilon_0\boldsymbol{E}+\boldsymbol{\sigma}_P=\boldsymbol{\sigma}=\boldsymbol{D}$ の関係が成り立つ．また，誘電体はその内部に $\dfrac{1}{2}\boldsymbol{E}\cdot\boldsymbol{D}$〔J/m³〕のエネルギーを蓄える性質をもつ．詳細解説4で説明する．

解説　(1) コンデンサ極板間に誘電体を挿入するとき，誘電体内部に分極 $\boldsymbol{P}$ が発生し，電界は極板の真電荷による電界と，その電界の一部を打ち消す誘電体の分極電荷による電界との合成になり，$\boldsymbol{D}=\varepsilon_0\boldsymbol{E}+\boldsymbol{P}$ が成り立つ．

(2) 誘電体内に蓄えられるエネルギー密度 W は $W=\frac{1}{2}\boldsymbol{E}\cdot\boldsymbol{D}$ である．

(3) 図1では，電界 $\boldsymbol{E}$ は極板間の任意の位置で一定であり，その大きさ E は電位差を V，間隔を d とすれば，$E=V/d$ となる．誘電体1の電束密度，分極，比誘電率を $\boldsymbol{D}_1$，$\boldsymbol{P}_1$，ε_1，誘電体2の電束密度，分極，比誘電率を $\boldsymbol{D}_2$，$\boldsymbol{P}_2$，ε_2 とすれば次式が成り立つ．

$$\boldsymbol{D}_1=\varepsilon_0\boldsymbol{E}+\boldsymbol{P}_1=\varepsilon_0\varepsilon_1\boldsymbol{E} \qquad \therefore \quad \boldsymbol{P}_1=\varepsilon_0(\varepsilon_1-1)\boldsymbol{E}$$

$$\boldsymbol{D}_2=\varepsilon_0\boldsymbol{E}+\boldsymbol{P}_2=\varepsilon_0\varepsilon_2\boldsymbol{E} \qquad \therefore \quad \boldsymbol{P}_2=\varepsilon_0(\varepsilon_2-1)\boldsymbol{E}$$

一方，図2では，電束は真電荷だけから出入りするため，電束密度 $\boldsymbol{D}$ は極板間で連続となり，誘電体1と誘電体2で等しい．誘電体1の電界，分極，比誘電率，厚さを $\boldsymbol{E}_1$，$\boldsymbol{P}_1$，ε_1，d_1，誘電体2の電界，分極，比誘電率，厚さを $\boldsymbol{E}_2$，$\boldsymbol{P}_2$，ε_2，d_2 とする．電界 $\boldsymbol{E}_1$，$\boldsymbol{E}_2$ は電束密度 $\boldsymbol{D}$ と同じ向きで極板に垂直なので，次式が成り立つ．

$$E_1=\frac{D}{\varepsilon_0\varepsilon_1},\ E_2=\frac{D}{\varepsilon_0\varepsilon_2},\quad \therefore \quad V=E_1d_1+E_2d_2=\left(\frac{d_1}{\varepsilon_0\varepsilon_1}+\frac{d_2}{\varepsilon_0\varepsilon_2}\right)D$$

$$D=\frac{\varepsilon_0\varepsilon_1 V}{d_1+\dfrac{\varepsilon_1}{\varepsilon_2}d_2}$$

$$\boldsymbol{P}_1=\varepsilon_0(\varepsilon_1-1)\boldsymbol{E}_1 \qquad \boldsymbol{P}_2=\varepsilon_0(\varepsilon_2-1)\boldsymbol{E}_2$$

$\boldsymbol{E}$，$\boldsymbol{D}$，$\boldsymbol{P}$ は，いずれも極板に垂直な成分のみで，極板に平行な成分は零である．

さて，長方形の周回積分を考えるとき，まず，長方形 C_1 と C_3 の経路については誘電体の境界を含まない．経路内の $\boldsymbol{E}$，$\boldsymbol{D}$，$\boldsymbol{P}$ は一定で極板と垂直な向きである．極板と平行な区間の線積分は零，垂直な区間の線積分はたどる経路の向きが逆となって両側で打ち消し合う．したがって，周回積分すれば零になる．

次に，長方形 C_2 に関しては，電界 $\boldsymbol{E}$ は誘電体1，2とも同じ大きさなので，零になる．しかし，電束密度 $\boldsymbol{D}$ と分極 $\boldsymbol{P}$ は，誘電体1，2で値が異なるため，零にはならない．

他方，長方形 C_4 に関しては，$\boldsymbol{E}$，$\boldsymbol{D}$，$\boldsymbol{P}$ は極板と平行な上下の区間の線積分は零，極板と垂直な左右の区間では $\boldsymbol{E}$，$\boldsymbol{D}$，$\boldsymbol{P}$ が同じ大きさなので，線積分すると極性が逆になって打ち消し合うため，零になる．

したがって，長方形$\mathbf{C_2}$の$\boldsymbol{D}$と$\boldsymbol{P}$の周回積分だけが零にならない．

(4) (5) 閉曲面S_1とS_3の面積分は，$\boldsymbol{E}$，$\boldsymbol{D}$，$\boldsymbol{P}$が極板と垂直で一定であるから，閉曲面の各面とも平行または垂直になり，零である．

閉曲面S_2に関しては，誘電体1と誘電体2の両方ともに，$\boldsymbol{E}$，$\boldsymbol{D}$，$\boldsymbol{P}$は極板と平行な上下の面と直交し，上面から入って下面から出ていくため，上面の面積分と下面の面積分が打ち消し合うことから，零になる．

閉曲面S_4に関しては，$\boldsymbol{D}$は誘電体1と誘電体2では連続であるから，面積分は零になる．$\boldsymbol{E}$，$\boldsymbol{P}$は極板と平行な閉曲面の上面と下面とで異なるため，閉曲面$\mathbf{S_4}$の$\boldsymbol{E}$と$\boldsymbol{P}$の面積分は零にならない．

(1)（ホ） (2)（ワ） (3)（ル） (4)（ヘ） (5)（カ）

詳細解説 4　誘電体における分極ならびに誘電体に蓄えられるエネルギー密度

(1) 誘電体における分極

誘電体（絶縁体）は電子が自由に動けないものであるが，電界を加えると，原子中の原子核の電子の中心が少し移動する．これを**分極**という．図1･8のように，平行平板電極の平等電界の中で一様に分極が生じている場合，⊕電極側の誘電体の表面には負電荷，⊖電極側には正電荷が現れる．これを**分極電荷**といい，外部には取り出せない．これに対して，初めに電極に与えられた電荷を**真電荷**という．

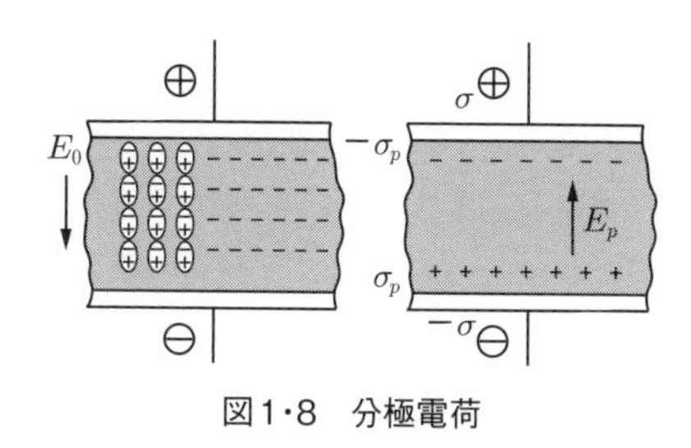

図1･8　分極電荷

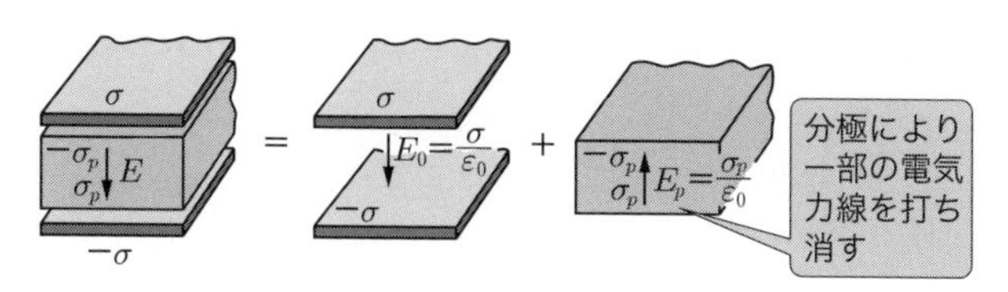

図1･9　誘電体中の電界

図1･9のように，真電荷密度σ〔C/m^2〕，分極電荷密度σ_p〔C/m^2〕として，ガウスの定理を用いれば，合成電界Eは次式となる．

$$E=\frac{\sigma-\sigma_p}{\varepsilon_0} \tag{1･29}$$

そこで，式(1・29)を変形すれば，電束密度 D〔C/m^2〕となる．

$$\varepsilon_0 \boldsymbol{E} + \boldsymbol{\sigma}_p = \boldsymbol{\sigma} = \boldsymbol{D} \tag{1・30}$$

(2) 誘電体（真空も含む）に蓄えられるエネルギー密度

図1・10のように，導体の表面に微小な面積 ΔS を取って ΔS の周辺の各点を通る電束を考える．この電束によって囲まれた一つの管を**力管**といい，ΔS 内にある電荷が単位の大きさになるものを**ファラデー管**という．そこで，一つのファラデー管の単位電位差の部分を取り，長さを Δl，断面積を ΔS とすれば，体積は $\Delta S \Delta l$ になるから，エネルギーの体積密度 w は次式となる．

$$w = \frac{1}{2} \times 1 \times 1 \times \frac{1}{\Delta S \Delta l} = \frac{1}{2}\frac{1}{\Delta S}\frac{1}{\Delta l} \tag{1・31}$$

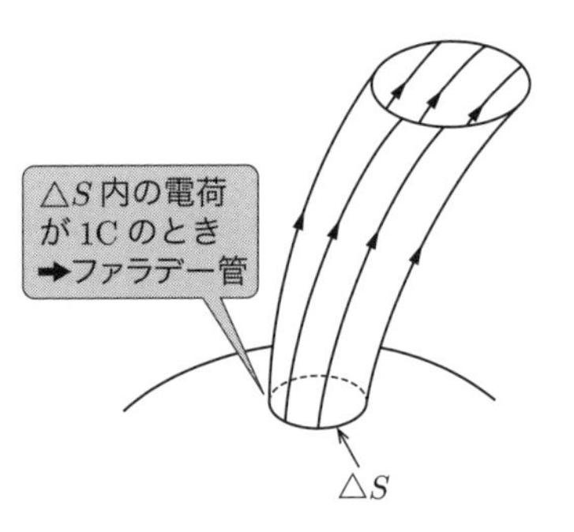

図1・10　電束の力管

ここで，$1/\Delta S$ はファラデー管の密度であって電束密度 D に等しく，$1/\Delta l$ はこの部分の電位の傾き，すなわち電界の大きさ E に等しい．したがって，エネルギー密度 w は

$$\boldsymbol{w} = \frac{\mathbf{1}}{\mathbf{2}}\boldsymbol{ED} = \frac{\mathbf{1}}{\mathbf{2}}\boldsymbol{E} \cdot \boldsymbol{D} \quad \text{〔J/m}^3\text{〕} \tag{1・32}$$

となる．平行平板電極の具体例を用いて解説する．電極面積が S〔m^2〕，電極間距離が d〔m〕，誘電体の誘電率が ε〔F/m〕の平行平板電極があり，それぞれに $+Q$〔C〕，$-Q$〔C〕を与える．電極間の静電容量 C は $C = \varepsilon S/d$〔F〕であり，平行平板電極に蓄えられるエネルギー W は

$$W = \frac{1}{2}\frac{Q^2}{C} = \frac{1}{2} \cdot \frac{dQ^2}{\varepsilon S} \quad \text{〔J〕}$$

コンデンサの体積は Sd〔m^3〕なので，誘電体（真空も含む）に蓄えられるエネルギー密度 w は

$$\boldsymbol{w} = \frac{W}{Sd} = \frac{1}{2} \cdot \frac{dQ^2}{\varepsilon S} \cdot \frac{1}{Sd} = \frac{1}{2}\varepsilon\left(\frac{Q}{\varepsilon S}\right)^2 = \frac{\mathbf{1}}{\mathbf{2}}\varepsilon \boldsymbol{E}^2 = \frac{\mathbf{1}}{\mathbf{2}}\boldsymbol{ED} \quad \text{〔J/m}^3\text{〕} \tag{1・33}$$

と求めることができる．

問題8　静電容量と接地抵抗の関係　(H23-B5)

次の文章は，静電容量と接地抵抗に関する記述である．

図1で示すように，半径 a の導体球の周囲は，誘電率 ε の一様な誘電体で

満たされている．導体球は電荷$+Q$に帯電している．球の周囲の電界Eは，球の中心からの距離をr $(r>a)$とすると，[(1)]であり，無限遠を零としたときの導体球の電位Vは[(2)]と求められるから，無限遠と導体球間の静電容量Cは[(3)]である．これらの式の導出は，以下の三つの基本式

$$Q=CV \qquad Q=\int_S \boldsymbol{D}\cdot \mathrm{d}\boldsymbol{S} \qquad \boldsymbol{D}=\varepsilon \boldsymbol{E}$$

のもとに導出される結果である．ただし，$\boldsymbol{D}$は電束密度ベクトル，$\boldsymbol{E}$は電界ベクトルであり，導体球を囲む任意の閉曲面S上の面素ベクトルを$\mathrm{d}\boldsymbol{S}$とする．

次に，図2に示すように，導体球の周囲が導電率σの一様な抵抗体で満たされているとすると，抵抗体には以下の三つの基本式が成り立つ．

$$V=RI \qquad I=\int_S \boldsymbol{J}\cdot \mathrm{d}\boldsymbol{S} \qquad \boldsymbol{J}=\sigma \boldsymbol{E}$$

ただし，Rは抵抗，Iは電流，$\boldsymbol{J}$は電流密度ベクトルである．これらの基本式の相似性から，無限遠と導体球間の抵抗Rは[(4)]と求めることができる．

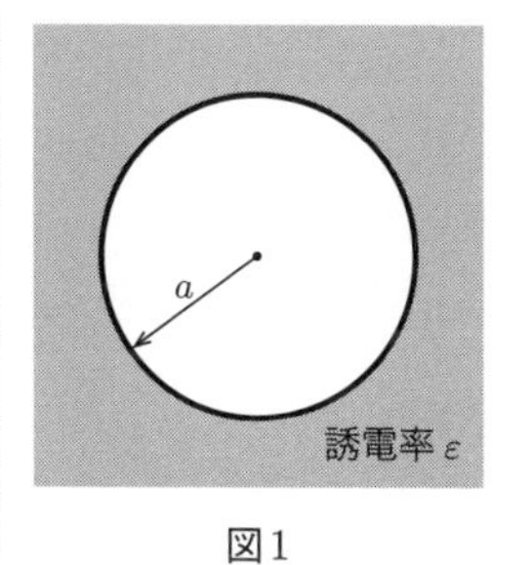

図1

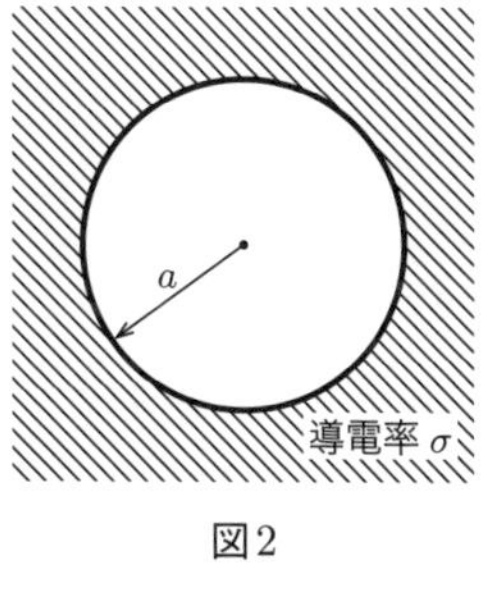

図2

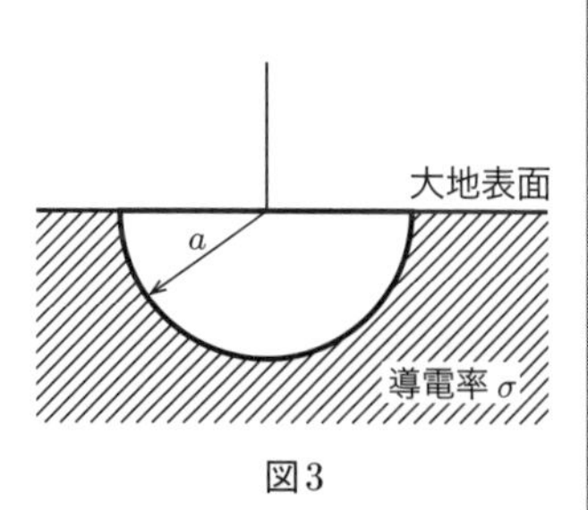

図3

この結果より，導電率2.0×10^{-2}〔S/m〕の大地表面に図3のように半径1.25 mの導体半球電極を埋め込んだときの接地抵抗は[(5)]〔Ω〕である．半球の場合，有効な表面積は半分になることに注意せよ．

解答群

(イ) $\dfrac{Q}{2\pi\varepsilon a}$　(ロ) $\dfrac{Q}{2\pi\varepsilon}\ln\dfrac{r}{a}$　(ハ) $4\pi\varepsilon a$　(ニ) 6.4

(ホ) $4\pi\sigma a$　(ヘ) $\dfrac{1}{4\pi\sigma a}$　(ト) $2\pi\varepsilon\ln\dfrac{r}{a}$　(チ) $\dfrac{Q}{2\pi\varepsilon r}$

(リ) $\dfrac{1}{2\pi\sigma a}$　(ヌ) $\dfrac{Q}{2\pi\varepsilon r^2}$　(ル) $2\pi\varepsilon a$　(ヲ) 3.2

(ワ) $\dfrac{Q}{4\pi\varepsilon r^2}$　(カ) 0.16　(ヨ) $\dfrac{Q}{4\pi\varepsilon a}$

―攻略ポイント―

同じ形の電極間の静電容量 C と抵抗 R との間には $RC=\varepsilon/\sigma$ の関係がある．このため，静電容量がわかれば抵抗が求められ，抵抗がわかれば静電容量が求められる．

解説　(1) 題意で与えられた式から，$Q=\int_S \boldsymbol{D}\cdot\mathrm{d}\boldsymbol{S}=\int_S \varepsilon\boldsymbol{E}\cdot\mathrm{d}\boldsymbol{S}$ となるから

$$\int_S \boldsymbol{E}\cdot\mathrm{d}\boldsymbol{S}=\frac{Q}{\varepsilon}$$

導体球の外側で半径 r の球面を取れば，球の表面積は $4\pi r^2$ であるから，上式より

$$E\cdot 4\pi r^2=\frac{Q}{\varepsilon}\qquad\therefore\quad E=\boldsymbol{\frac{Q}{4\pi\varepsilon r^2}}$$

(2) 導体球の電位 V は

$$V=-\int_\infty^a E\mathrm{d}r=-\int_\infty^a \frac{Q}{4\pi\varepsilon r^2}\mathrm{d}r=\frac{Q}{4\pi\varepsilon}\left[\frac{1}{r}\right]_\infty^a=\boldsymbol{\frac{Q}{4\pi\varepsilon a}}$$

(3) 静電容量は $C=Q/V$ で求められるから

$$C=\frac{Q}{V}=\frac{Q}{Q/(4\pi\varepsilon a)}=\boldsymbol{4\pi\varepsilon a}$$

(4) 題意で与えられた式から，次式のように変形することができる．

$$I=\int_S \boldsymbol{J}\cdot\mathrm{d}\boldsymbol{S}=\int_S \sigma\boldsymbol{E}\cdot\mathrm{d}\boldsymbol{S}$$

導体球の外側で半径 r の球面を取れば表面積は $4\pi r^2$ であるから，電界の大きさ E や導体表面の電位 V，抵抗 R は，次式となる（電流界も静電界の (1)～(3) と同様）．

$$E=\frac{I}{4\pi r^2\sigma},\quad V=\frac{I}{4\pi\sigma a},\quad R=\frac{V}{I}=\boldsymbol{\frac{1}{4\pi\sigma a}}$$

(5) そこで，静電容量 C と抵抗 R の間には次の関係式が成り立つ．

$$RC=\frac{1}{4\pi\sigma a}\times 4\pi\varepsilon a=\frac{\varepsilon}{\sigma}$$

この関係式を用いれば，図3のように導体半球電極を大地表面に埋め込んだと

きの接地抵抗 R' は，有効面積が半分で静電容量 $C' = C/2 = 2\pi\varepsilon a$ となるから

$$R' = \frac{1}{C'}\cdot\frac{\varepsilon}{\sigma} = \frac{\varepsilon}{2\pi\varepsilon a\sigma} = \frac{1}{2\pi a\sigma}$$

この式に $\sigma = 2.0\times10^{-2}$，$a = 1.25$ を代入すれば，接地抵抗 R' は

$$R' = \frac{1}{2\pi\times1.25\times2.0\times10^{-2}} = 6.36 \fallingdotseq \mathbf{6.4}\ \Omega$$

解答　(1)（ワ）　(2)（ヨ）　(3)（ハ）　(4)（ヘ）　(5)（ニ）

詳細解説 5　抵抗 R と静電容量 C の関係（$RC = \varepsilon/\sigma$）

(1) 電流密度と電界の強さ

図1･11のように，電流の流れている1点において，その点の電荷の動きに垂直な面に微小面積 ΔS を取り，単位時間にこれを通り抜ける電荷，つまり電流を ΔI とすれば，単位面積当たりの電流 J は

$$\boldsymbol{J} = \frac{\Delta I}{\Delta S} \tag{1･34}$$

となる．この J の大きさを持ち，考えている点の電流の向きを持つベクトル $\boldsymbol{J}$ を**電流密度**という．

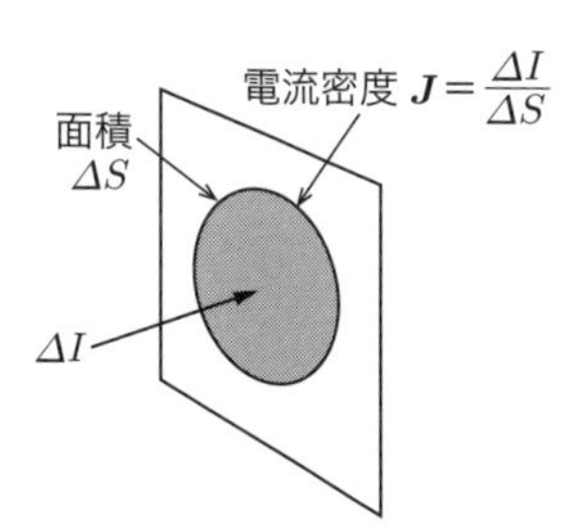

図1･11　電流密度

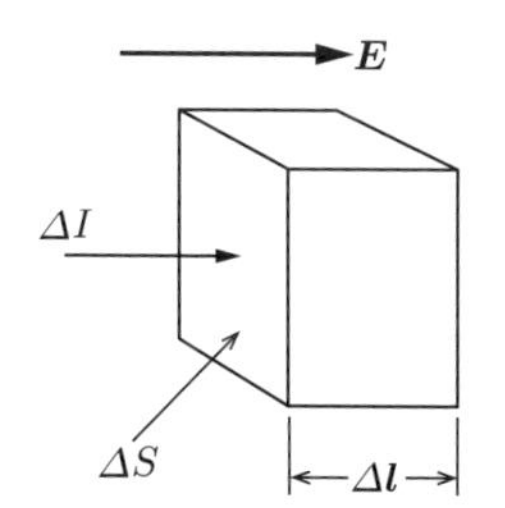

図1･12　微小体積に流れる電流

図1･12に示すように，微小体積に電流 ΔI が流れるとき，抵抗は導電率を σ とすれば $\frac{1}{\sigma}\cdot\frac{\Delta l}{\Delta S}$ であるから，$\frac{1}{\sigma}\cdot\frac{\Delta l}{\Delta S}\Delta I$ の電位差が現れる．単位長当たりの電位差が電界の強さであるから

$$E = \frac{\Delta V}{\Delta l} = \frac{1}{\sigma}\cdot\frac{\Delta I}{\Delta S} \tag{1･35}$$

となる．ここで，$\Delta I/\Delta S$ は電流密度であるから

$$\boldsymbol{E}=\frac{1}{\sigma}\boldsymbol{J}\qquad\therefore\quad \boldsymbol{J}=\sigma\boldsymbol{E}\tag{1・36}$$

(2) 抵抗 R と静電容量 C の関係

図1・13のように，二つの導体電極があり，それぞれ正負同量の電荷を持ち，空間は誘電率 ε の誘電体である場合を考える．

導体1について，$\int_1 E_n \mathrm{d}S$ は，ガウスの定理より，この面から出る全電気力線数であるため，$\varepsilon\int_1 E_n \mathrm{d}S$ はこの面から出る全電束数，つまり導体1の全電荷 Q に等しい．一方，$-\int_2^1(\boldsymbol{E}\cdot\mathrm{d}\boldsymbol{r})$ は二つの導体間の電位差であるから，二つの導体間の静電容量 C は

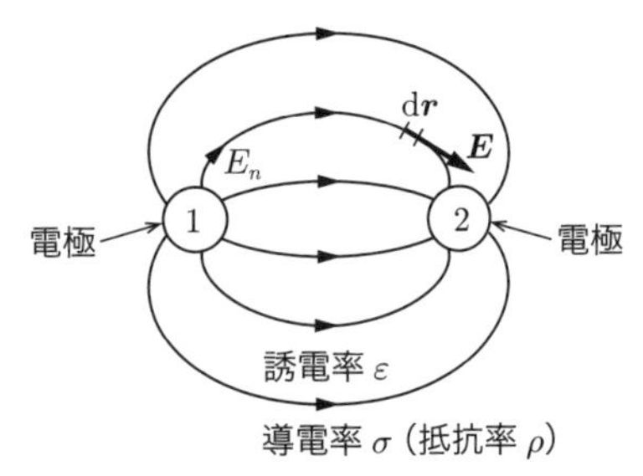

図1・13　静電容量と抵抗

$$C=\frac{\varepsilon\int_1 E_n \mathrm{d}S}{-\int_2^1(\boldsymbol{E}\cdot\mathrm{d}\boldsymbol{r})}\tag{1・37}$$

一方，これを電流の場に入れ換える．すなわち，空間は導電率 σ（抵抗率 ρ）の導体であるとする．$\sigma\int_1 E_n \mathrm{d}S$ は導体1から出る全電流 I であるから，二つの導体表面間の抵抗 R は

$$R=\frac{V}{I}=\frac{-\int_2^1(\boldsymbol{E}\cdot\mathrm{d}\boldsymbol{r})}{\sigma\int_1 E_n \mathrm{d}S}\tag{1・38}$$

したがって，式(1・37)と式(1・38)を右辺・左辺ごとに乗じると

$$RC=\frac{\varepsilon}{\sigma}=\varepsilon\rho\tag{1・39}$$

となる．これにより，**静電容量がわかっていれば抵抗がわかり，逆に抵抗がわかっていれば静電容量がわかる**．

問題 9　平行平板コンデンサの電極に働く力　（R5-A1）

次の文章は，平行平板コンデンサの電極に働く力に関する記述である．

平行平板コンデンサの 2 枚の電極間の距離が x のとき，静電容量が C であるとする．このとき，仮想変位法を用いて，電極間の距離を $\mathrm{d}x$ だけ微小に広げることにより，電極に働く力 F を求めることを考える．なお，C，F は x の関数である．

まず，電極間の距離を $\mathrm{d}x$ だけ広げるためにコンデンサがした力学的仕事は，$F\mathrm{d}x$ で表される．これにより，コンデンサに蓄えられた電界のエネルギー W_{E} が，$\mathrm{d}W_{\mathrm{E}}$ だけ増えるとする．

ここで，次の二つの場合について考える．

(a)　定電荷の場合

2 枚の電極にそれぞれ $+Q$，$-Q$（$Q>0$）の電荷を与え，電極を電源に接続していないとする．エネルギー保存則により，$\mathrm{d}W_{\mathrm{E}}$ と $F\mathrm{d}x$ との間に $\mathrm{d}W_{\mathrm{E}}+F\mathrm{d}x=0$ の関係が成り立つ．W_{E} を C，Q で表すと （1） であるので，$F=-\dfrac{\mathrm{d}W_{\mathrm{E}}}{\mathrm{d}x}$ を計算すれば，力 F が （2） と求められる．

(b)　定電圧の場合

2 枚の電極を電圧 V（$V>0$）の定電圧源に接続しているとする．電極間の距離を $\mathrm{d}x$ だけ広げることによる静電容量の変化を $\mathrm{d}C$ とするとき，電極に存在する電荷の大きさの変化は $\mathrm{d}Q=V\mathrm{d}C$ となる．また，コンデンサから電源に流入したエネルギーは，$\mathrm{d}W_{\mathrm{S}}=-V\mathrm{d}Q=-V^2\mathrm{d}C$ となる．

一方，コンデンサに蓄えられた電界のエネルギーを C，V で表すと，$W_{\mathrm{E}}=\dfrac{CV^2}{2}$ であり，その変化 $\mathrm{d}W_{\mathrm{E}}$ は （3） である．

エネルギー保存則により，$\mathrm{d}W_{\mathrm{E}}$，$\mathrm{d}W_{\mathrm{S}}$ と $F\mathrm{d}x$ との間には，$\mathrm{d}W_{\mathrm{E}}+\mathrm{d}W_{\mathrm{S}}+F\mathrm{d}x=0$ の関係が成り立つ．よって，力 F は （4） と求められる．

ここで，電極間の距離が x のときに（a）の電荷 Q と（b）の電圧 V の間に $V=\dfrac{Q}{C}$ が成立する場合，（a）と（b）からそれぞれ求めた力 F を比較すると，（5） ことがわかる．

解答群

（イ）$\dfrac{V^2}{3}\mathrm{d}C$　（ロ）$\dfrac{Q^2}{C^2}\dfrac{\mathrm{d}C}{\mathrm{d}x}$　（ハ）$\dfrac{Q^2}{2C}$

（ニ）$\dfrac{Q^2}{C}$　（ホ）$\dfrac{V^2}{2}\mathrm{d}C$　（ヘ）$V^2\dfrac{\mathrm{d}C}{\mathrm{d}x}$

（ト）$\dfrac{Q^2}{2C^2}\dfrac{\mathrm{d}C}{\mathrm{d}x}$　（チ）$\dfrac{Q^2}{3C^2}\dfrac{\mathrm{d}C}{\mathrm{d}x}$　（リ）$\dfrac{V^2}{2}\dfrac{\mathrm{d}C}{\mathrm{d}x}$

（ヌ）$V^2\mathrm{d}C$　（ル）$\dfrac{V^2}{3}\dfrac{\mathrm{d}C}{\mathrm{d}x}$　（ヲ）$\dfrac{Q^2}{3C}$

（ワ）定電圧源に接続されている方が強い力が働く
（カ）定電圧源に接続されていない方が強い力が働く
（ヨ）定電圧源に接続されているかどうかに関わらず同じ力が働く

─ 攻略ポイント ─

仮想変位法により，導体を微小距離 Δx だけ動かして導体のエネルギーが ΔW だけ増加する場合，導体の電荷が一定の前提では，外部とのエネルギーの出入りがないから，$F\Delta x + \Delta W = 0$ から，導体に働く力 F は $F = -\dfrac{\Delta W}{\Delta x} = -\dfrac{\partial W}{\partial x}$ となる．

しかし，導体の電位を一定にして変位させた前提では，導体が動くときに電位を常に一定にするために導体の電荷を変えなければならないから，(電位)×(電荷変化)だけのエネルギーの出入りが生ずる．外力がした仕事は $F\Delta x$，静電エネルギーは ΔW だけ増加し，この間，電荷が ΔQ だけ移動すれば外部からは $V\Delta Q$ のエネルギーが加えられているので，$F\Delta x + \Delta W = V\Delta Q$ となる．∴　$F\Delta x = V(\Delta CV) - \dfrac{1}{2}\Delta CV^2 = \dfrac{1}{2}\Delta CV^2 = \Delta W$

すなわち，$F = \dfrac{\Delta W}{\Delta x} = \dfrac{\partial W}{\partial x}$ であり，電荷一定の前提とは力の式の符号が逆になる．

解説　(1) コンデンサに蓄えられた電界のエネルギー W_E は

$$W_\mathrm{E} = \boldsymbol{\frac{Q^2}{2C}} \quad \cdots\cdots ①$$

(2) 定電荷の場合，式①の Q は一定であり，静電容量 C のみが変数である．

$$力F = -\frac{\mathrm{d}W_\mathrm{E}}{\mathrm{d}x} = -\frac{\mathrm{d}}{\mathrm{d}x}\left(\frac{Q^2}{2C}\right) = -\frac{Q^2}{2}\frac{\mathrm{d}}{\mathrm{d}x}(C^{-1}) = -\frac{Q^2}{2}\left(-C^{-2}\frac{\mathrm{d}C}{\mathrm{d}x}\right)$$

$$= \boldsymbol{\frac{Q^2}{2C^2}\frac{\mathrm{d}C}{\mathrm{d}x}} \cdots\cdots ②$$

(3) 式①に $Q = CV$ を代入すれば，エネルギー $W_\mathrm{E} = \dfrac{(CV)^2}{2C} = \dfrac{CV^2}{2}$ となるから，定電圧の場合，V は一定で，C のみが変数である．

$$\mathrm{d}W_\mathrm{E} = \mathrm{d}\left(\frac{CV^2}{2}\right) = \boldsymbol{\frac{V^2}{2}\mathrm{d}C} \cdots\cdots ③$$

(4) コンデンサから電源に流入したエネルギー $\mathrm{d}W_\mathrm{S}$ は，題意より次式となる．

$$\mathrm{d}W_\mathrm{S} = -V\mathrm{d}Q = -V^2\mathrm{d}C \cdots\cdots ④$$

エネルギー保存則 $\mathrm{d}W_\mathrm{E} + \mathrm{d}W_\mathrm{S} + F\mathrm{d}x = 0$ の関係式を変形し，式③，式④を代入すれば

$$F = -\frac{\mathrm{d}W_\mathrm{E}}{\mathrm{d}x} - \frac{\mathrm{d}W_\mathrm{S}}{\mathrm{d}x} = -\frac{V^2}{2}\frac{\mathrm{d}C}{\mathrm{d}x} - (-V^2)\frac{\mathrm{d}C}{\mathrm{d}x} = \boldsymbol{\frac{V^2}{2}\frac{\mathrm{d}C}{\mathrm{d}x}} \cdots\cdots ⑤$$

(5) 式⑤に $V = Q/C$ を代入すれば

$$F = \frac{1}{2}\left(\frac{Q}{C}\right)^2\frac{\mathrm{d}C}{\mathrm{d}x} = \frac{Q^2}{2C^2}\frac{\mathrm{d}C}{\mathrm{d}x}$$

となって，式②と一致する．すなわち，$V = Q/C$ が成立する場合，**定電圧源に接続されているかどうかにかかわらず同じ力が働く**．

(1)（ハ）　(2)（ト）　(3)（ホ）　(4)（リ）　(5)（ヨ）

詳細解説6　導体の静電エネルギーおよび誘電体に働く力（仮想変位法の適用）

(1) 導体の静電エネルギー

電位 V〔V〕の位置へ微小電荷 Δq〔C〕を運ぶ仕事 Δw は，電位の定義から，$\Delta w = V\Delta q$〔J〕である．静電容量 C〔F〕に電荷 Δq〔C〕を与えれば，電位 V は $\Delta V = \Delta q/C$〔V〕だけ上昇する．そこで，電位0の状態から電荷を少しずつ運んで充電すると，電位は少しずつ上昇する．したがって，電荷の総量が Q〔C〕で電位 V〔V〕になるまでに要する仕事は

$$\boldsymbol{W = \int \mathrm{d}w = \int_0^Q V\mathrm{d}q = \int_0^Q \frac{q}{C}\mathrm{d}q = \frac{Q^2}{2C} = \frac{1}{2}CV^2 = \frac{1}{2}QV} \ \text{〔J〕} \qquad (1\cdot40)$$

となる．これが**静電エネルギー**であり，帯電導体にエネルギーとして蓄えられる．

さらに，導体を真空中ではなく誘電体の中においても，微小電荷を電荷の総量が Q

〔C〕になるまで運ぶプロセスは同じなので，誘電体のもつ静電エネルギーとして，式(1･40)は成り立つ．

(2) 仮想変位法の適用による誘電体に働く力

仮想変位法の応用として，電界中にある誘電体に働く力を求めてみよう．

①電界が界面に垂直なケース

図 1･14 のように二つの誘電体の境界面が電界に垂直な場合を考え，界面が Δx だけ右に変化すると仮想すれば，網掛けを施した部分のエネルギーが変化する．これは，変化前には w_2 のエネルギー密度であったものが w_1 のエネルギー密度に変化するから，界面の単位面積について $(w_1 - w_2)\Delta x$ となる．すなわち，界面の単位面積当たりに働く垂直力 F_n は

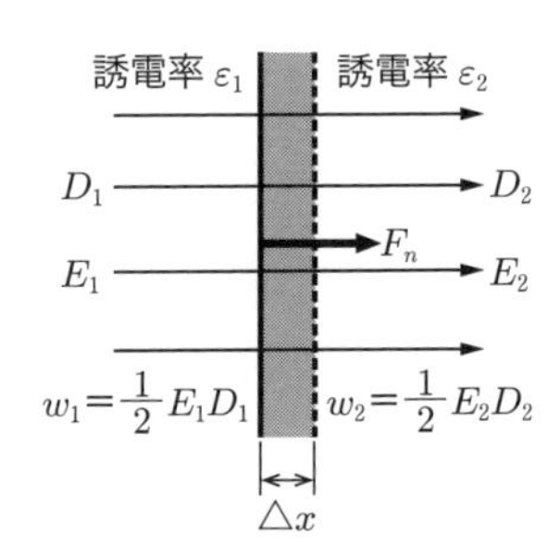

図1･14　電界が界面に垂直な場合

$$F_n = -\frac{(w_1 - w_2)\Delta x}{\Delta x} = w_2 - w_1 = \frac{1}{2}E_2D_2 - \frac{1}{2}E_1D_1 \tag{1･41}$$

ここで，電束密度 $D_1 = D_2$ であるから，これを電束密度 D とおけば

$$\boldsymbol{F_n = \frac{1}{2}(E_2 - E_1)D = \frac{1}{2}\left(\frac{1}{\varepsilon_2} - \frac{1}{\varepsilon_1}\right)D^2} \tag{1･42}$$

したがって，$\varepsilon_2 < \varepsilon_1$ ならば $F_n > 0$ である．すなわち，誘電率の大きい誘電体が誘電率の小さい誘電体の方に引き込まれるような力が働く．

②電界が界面に平行なケース

図 1･15 のように平行な電極の間に 2 種類の誘電体が置かれている場合，電界と界面とが平行になる．界面が右に Δx だけ変位すると仮想すれば，網掛け部分のエネルギーが①と同様に $(w_1 - w_2)\Delta x$ だけ変化する．しかし，この場合，電極に存在する電荷が変化するので注意しなければならない．つまり，Δx の部分の電束密度すなわち電荷密度が D_2 から D_1 に変化する．

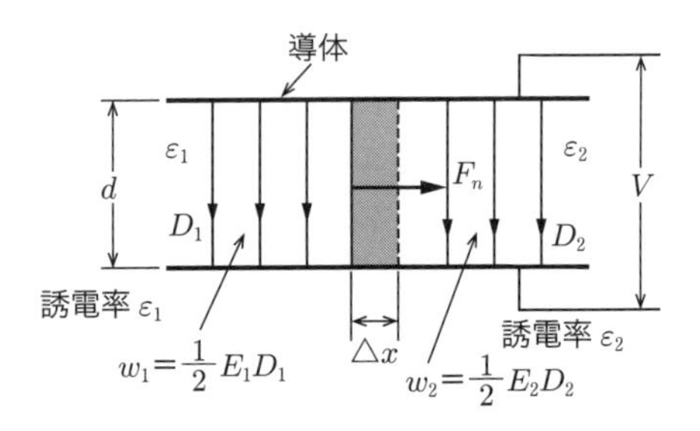

図1･15　電界が界面に平行な場合

そこで，紙面に垂直な単位長さだけを考えることとし，電極間の電位差を V とすれば，この電荷の変化のために外部から供給されるエネルギーは $V(D_1 - D_2)\Delta x$ である．

電界の大きさは $E_1 = E_2 = E$ とすれば，電極間隔を d として $V = Ed$ なので，外部から供給されるエネルギーは $V(D_1 - D_2)\Delta x = E(D_1 - D_2)d\Delta x$ となる．これは界面の単位面積でいえば，$E(D_1 - D_2)$に相当する．そこで，界面単位面積当たりに働く力は

$$\boldsymbol{F_n} = E(D_1 - D_2) - (w_1 - w_2) = E(D_1 - D_2) - \frac{1}{2}(E_1 D_1 - E_2 D_2)$$

$$= \frac{1}{2}(E_1 D_1 - E_2 D_2) = \boldsymbol{\frac{1}{2}(\varepsilon_1 - \varepsilon_2)E^2} \qquad (1\cdot 43)$$

つまり，電界が界面に平行なケースでも，$\varepsilon_2 < \varepsilon_1$ のとき $F_n > 0$ なので，誘電率の大きい誘電体が誘電率の小さい誘電体の方へ引き込まれるような力を受ける．

(3) 導体表面に働く力

この変化ケースとして，導体の表面に働く力は，図1･14において，誘電体1が導体であると考えればよい．この場合，電界は界面に垂直で $E_1 = 0$ であるから，導体表面の電荷密度を σ とすれば，式(1･42)から

$$\boldsymbol{F_n} = \frac{1}{2}E_2 D_2 = \frac{1}{2\varepsilon_2}D_2{}^2 = \boldsymbol{\frac{\sigma^2}{2\varepsilon_2}} \qquad (1\cdot 44)$$

問題 10　平行平板コンデンサの静電力・静電容量　(H22-B6)

次の文章は，平行平板電極と誘電体に関する記述である．

図1のように，真空中に極板面積が S，極板間隔が d の平行平板電極があり，S は d に比べて十分大きいとする．この電極間の電圧が V になるまで充電し，電源から切り離した．これを初期状態とする．真空の誘電率を ε_0 とするとき，以下の関係が成り立つ．ただし，端部の影響は無視できるものとする．

a.　初期状態で一方の極板に蓄えられる電荷量は [(1)] であり，電極間に働く力の大きさは [(2)] である．

b.　初期状態にある平行平板電極間に，図2のように厚さが d，比誘電率が ε_r の誘電体を，極板と接する面積が S になるように挿入した．このときの電極間の電圧は [(3)] となる．

c.　初期状態にある平行平板電極間に，図3のように厚さが d，比誘電率が ε_r の誘電体を，極板と接する面積が $\dfrac{S}{3}$ になるように挿入した．このとき，電極間の電圧は [(4)] となり，全体の静電容量は [(5)] となる．

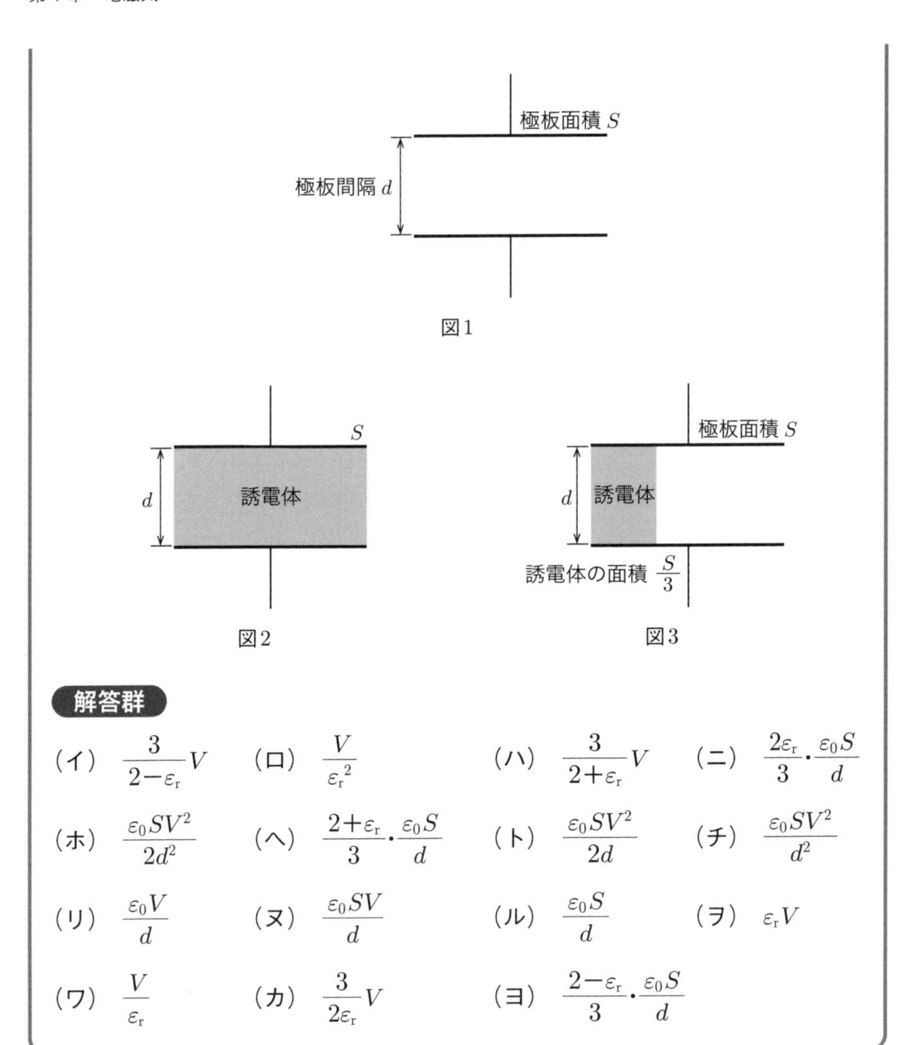

図1

図2

図3

解答群

(イ) $\dfrac{3}{2-\varepsilon_r}V$　(ロ) $\dfrac{V}{\varepsilon_r{}^2}$　(ハ) $\dfrac{3}{2+\varepsilon_r}V$　(ニ) $\dfrac{2\varepsilon_r}{3}\cdot\dfrac{\varepsilon_0 S}{d}$

(ホ) $\dfrac{\varepsilon_0 SV^2}{2d^2}$　(ヘ) $\dfrac{2+\varepsilon_r}{3}\cdot\dfrac{\varepsilon_0 S}{d}$　(ト) $\dfrac{\varepsilon_0 SV^2}{2d}$　(チ) $\dfrac{\varepsilon_0 SV^2}{d^2}$

(リ) $\dfrac{\varepsilon_0 V}{d}$　(ヌ) $\dfrac{\varepsilon_0 SV}{d}$　(ル) $\dfrac{\varepsilon_0 S}{d}$　(ヲ) $\varepsilon_r V$

(ワ) $\dfrac{V}{\varepsilon_r}$　(カ) $\dfrac{3}{2\varepsilon_r}V$　(ヨ) $\dfrac{2-\varepsilon_r}{3}\cdot\dfrac{\varepsilon_0 S}{d}$

―攻略ポイント―

問題9の攻略ポイントに示すように，電極の電荷が一定の前提では，仮想変位法により，電極に働く力 F は $F=-\partial W/\partial x$ である．一方，図3のように電極の一部に誘電体を挿入する場合，誘電体部分のコンデンサと真空部分のコンデンサの並列接続とみなして合成静電容量を計算すればよい．

解説　(1) 平行平板コンデンサの静電容量 C は極板面積 S と誘電率 ε に比例

し，極板間隔 d に反比例するから，図1のコンデンサでは $C = \varepsilon_0 S/d$ となる．このコンデンサを電圧 V で充電したとき，蓄えられる電荷量 Q は $Q = CV = \boldsymbol{\varepsilon_0 SV/d}$ である．

(2) このコンデンサが蓄えるエネルギー $W = QV/2 = \varepsilon_0 SV^2/(2d)$ である．

仮想変位法によれば，導体を微小距離 Δx だけ動かして導体のエネルギーが ΔW だけ増加する場合，導体の電荷が一定の前提では，外部とのエネルギーの出入りがないから，$F\Delta x + \Delta W = 0$ より，導体に働く力 F は $F = -\dfrac{\Delta W}{\Delta x} = -\dfrac{\partial W}{\partial x}$ となる．したがって，電極間に働く力 F は

$$F = -\frac{\partial W}{\partial d} = \boldsymbol{\frac{\varepsilon_0 SV^2}{2d^2}}$$

(3) 問題図2のように，比誘電率 ε_r の誘電体を挿入すると，コンデンサの静電容量 $C' = \varepsilon_r C$ となるが，電荷量 Q は一定であるため，電圧 V' は

$$V' = \frac{Q}{C'} = \frac{CV}{\varepsilon_r C} = \boldsymbol{\frac{V}{\varepsilon_r}}$$

(4) (5) 問題図3のように，比誘電率 ε_r の誘電体を面積 S の 1/3 だけ挿入すると，解図のように，二つのコンデンサの並列接続とみなすことができるので，全体の静電容量 C'' は

$$C'' = \frac{1}{3}C' + \frac{2}{3}C = \frac{\varepsilon_r \varepsilon_0 S}{3d} + \frac{2\varepsilon_0 S}{3d}$$

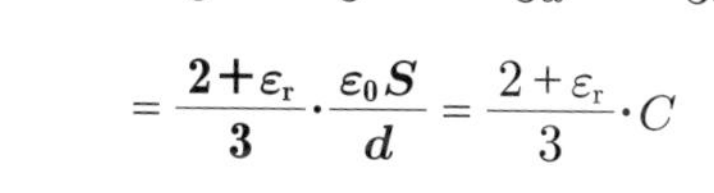

$$= \boldsymbol{\frac{2+\varepsilon_r}{3} \cdot \frac{\varepsilon_0 S}{d}} = \frac{2+\varepsilon_r}{3} \cdot C$$

解図　図3のコンデンサの等価回路

電荷量 Q は変化しないので，電圧 V'' は

$$V'' = \frac{Q}{C''} = \frac{C}{C''}V = \boldsymbol{\frac{3}{2+\varepsilon_r}V}$$

解答　(1) (ヌ)　(2) (ホ)　(3) (ワ)　(4) (ハ)　(5) (ヘ)

問題 11　平行平板コンデンサの静電エネルギー　(H30-B6)

次の文章は，平行平板コンデンサに関する記述である．

面積 S で同形の導体板2枚からなる平行平板コンデンサが真空中に置かれている．真空の誘電率は ε_0 である．電極間の距離 d は変更することができる．最初，電極間の距離を $d=d_0$ とし，図のようにコンデンサ，電圧 V の電源，スイッチSW，負荷抵抗が直列に接続され，SWを閉じて十分な時間が経過している．これを［状態1］としたとき，コンデンサの静電容量は (1) で，そこに蓄えられた電荷は (2) である．

ここで，［状態2］のようにSWを開いて電源を切り離した状態とし，電極に外力を加えながら，電極間の距離をゆっくりと $d=3d_0$ まで広げ，［状態3］にした．このとき，外力がコンデンサにした仕事量は (3) であり，それがそのままコンデンサにエネルギーとして蓄えられた．

次に，［状態4］のようにSWを閉じて電源を接続すると，電流が流れ，十分な時間が経過するとコンデンサの電圧が電源電圧 V になる．このとき，コンデンサに蓄えられている電荷は (4) で，負荷抵抗で消費したエネルギーは $\dfrac{2\varepsilon_0 S}{3d_0}V^2$ であった．

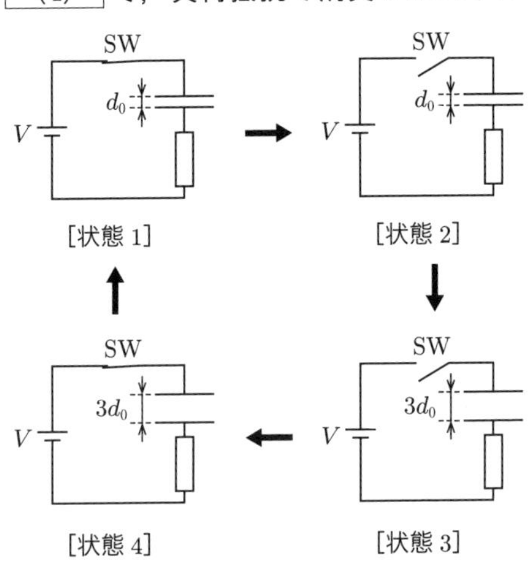

最後に，SWを閉じたまま，電極に外力を加えながら，電極間の距離をゆっくりと $d=d_0$ まで狭め，［状態1］まで戻した．ただし，この操作における電流は極めて小さいため，負荷抵抗における消費電力は無視できるとみなしてよい．$d=d_0$ に至るまでに電源が供給したエネルギーは (5) である．

［状態1］から［状態2］，［状態3］，［状態4］を経て再び［状態1］に戻す操作を1サイクルと呼ぶ．1サイクルで電源が供給した電荷の合計は0であり，電源が供給したエネルギーは (6) である．よって，このサイクルでは，コンデンサが，機械エネルギーを電気エネルギーに変換して負荷抵抗に供給する発電機の役割をしていることがわかる．

解答群

（イ）$\dfrac{\varepsilon_0 S}{2d_0}$　（ロ）$\dfrac{\varepsilon_0 S}{2d_0}V^2$　（ハ）$\dfrac{3\varepsilon_0 S}{2d_0}V^2$　（ニ）0

(ホ)	$\dfrac{\varepsilon_0 S}{d_0}V^2$	(ヘ)	$\dfrac{\varepsilon_0 S}{6d_0}V^2$	(ト)	$\dfrac{\varepsilon_0 S}{3d_0}V$	(チ)	$\dfrac{\varepsilon_0 S}{d_0}V$
(リ)	$\dfrac{\varepsilon_0 S}{6d_0}V$	(ヌ)	$\dfrac{\varepsilon_0 S}{d_0}$	(ル)	$\dfrac{2\varepsilon_0 S}{3d_0}V$	(ヲ)	$\dfrac{2\varepsilon_0 S}{d_0}V$
(ワ)	$\dfrac{4\varepsilon_0 S}{3d_0}V^2$	(カ)	$\dfrac{2\varepsilon_0 S}{d_0}$	(ヨ)	$\dfrac{\varepsilon_0 S}{2d_0}V$	(タ)	$\dfrac{2\varepsilon_0 S}{3d_0}V^2$
(レ)	$\dfrac{\varepsilon_0 S}{3d_0}V^2$						

―攻略ポイント―

静電容量 C〔F〕，電位差 V〔V〕，電荷 Q〔C〕のコンデンサに蓄えられるエネルギー W は $W=\dfrac{1}{2}QV=\dfrac{1}{2}CV^2=\dfrac{Q^2}{2C}$〔J〕である.

　(1) 電極面積 S，電極間隔 $d=d_0$ のコンデンサが真空中に置かれているため

静電容量 $C_1=\boldsymbol{\varepsilon_0 S/d_0}$

(2) 状態1で，コンデンサは電圧 V の直流電源に接続されているので

電荷 $Q_1=C_1V=\boldsymbol{\varepsilon_0 SV/d_0}$

(3) まず，状態1においてコンデンサに蓄えられるエネルギー E_1 は

$$E_1=\frac{1}{2}C_1V^2=\frac{\varepsilon_0 S}{2d_0}V^2$$

次に，状態2では，SW を開いており，状態1から状態2の過程で電荷の移動がなく，電極に外力も加えられていないことから，状態2のエネルギー $E_2=E_1$ である.

一方，状態3において，電荷保存の法則から，電荷 $Q_3=Q_1=\varepsilon_0 SV/d_0$ である. 静電容量 C_3 は電極間距離を $3d_0$ に広げているため，$C_3=\varepsilon_0 S/(3d_0)$ であるから，

コンデンサ電圧 V_3 は $V_3=Q_3/C_3=\dfrac{\varepsilon_0 S}{d_0}V\times\dfrac{3d_0}{\varepsilon_0 S}=3V$ となる.

したがって，コンデンサに蓄えられるエネルギー E_3 は

$$E_3=\frac{1}{2}C_3V_3{}^2=\frac{1}{2}\cdot\frac{\varepsilon_0 S}{3d_0}(3V)^2=\frac{3\varepsilon_0 S}{2d_0}V^2$$

そこで，状態2から状態3の間に外力がコンデンサにした仕事量 W は，状態2

および状態3においてコンデンサに蓄えられるエネルギーの差に等しいため

$$W = E_3 - E_2 = \frac{3\varepsilon_0 S}{2d_0}V^2 - \frac{\varepsilon_0 S}{2d_0}V^2 = \boldsymbol{\frac{\varepsilon_0 S}{d_0}V^2}$$

(4) 状態4において，コンデンサの静電容量は状態3と同じであり，コンデンサに印加される電圧はVであるから，

$$\text{電荷}Q_4 = C_3 V = \boldsymbol{\frac{\varepsilon_0 S}{3d_0}V}$$

(5) 状態4から状態1に戻すとき，電圧はVに保たれたままで，静電容量は$\frac{\varepsilon_0 S}{3d_0}$から$\frac{\varepsilon_0 S}{d_0}$に増加するため，電荷の増加量は$\frac{\varepsilon_0 S}{d_0}V - \frac{\varepsilon_0 S}{3d_0}V = \frac{2\varepsilon_0 S}{3d_0}V$となる．

したがって，電源が供給したエネルギーは

$$\frac{2\varepsilon_0 S}{3d_0}V \times V = \boldsymbol{\frac{2\varepsilon_0 S}{3d_0}V^2}$$

(6) 電源が供給したエネルギーE_Sは，電源電圧Vと，供給した電荷の合計Q_{total}を掛け合わせたものであるから，$E_S = Q_{\text{total}}V$

ここで，1サイクルで電源が供給した電荷の合計$Q_{\text{total}} = 0$であるから，$E_S = \mathbf{0}$

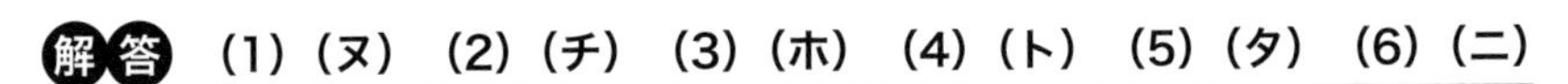

解答　**(1)(ヌ)　(2)(チ)　(3)(ホ)　(4)(ト)　(5)(タ)　(6)(ニ)**

3　影像法

問題12　無限長線電荷が作る電界と力　(H24-A1)

次の文章は，線電荷周囲の電界に関する記述である．ただし，空間の誘電率は ε_0 とし，各図は断面図である．

図1のように，線電荷密度の大きさが λ であり，極性が異なる2本の無限長線電荷が互いに平行に距離 $2a$ を隔てて置かれている場合，中間点Pでの電界の大きさは [(1)] である．またこのとき，線電荷に生じる単位長さ当たりの力の大きさは [(2)] となる．

次に，図2のように，線電荷密度が λ である無限長線電荷が，接地平面と平行に距離 a を隔てて置かれている場合を考える．このとき，電界の境界条件より，接地面には電気力線が面に垂直に入射することに留意して，影像線電荷を考えると，線電荷と接地面との中間点Qでの電界の大きさは [(3)] と求めることができる．

さらに，図3のように直交する2枚の接地平面があり，両平面と平行に距離 a を隔てて，線電荷密度が λ である無限長線電荷が置かれている．この場合，電界の境界条件を考えると，点Oにおける電界の大きさは [(4)] になる．この場合の境界条件を満たす影像線電荷を考えると，線電荷に生じる単位長さ当たりの力の大きさは [(5)] と求めることができる．

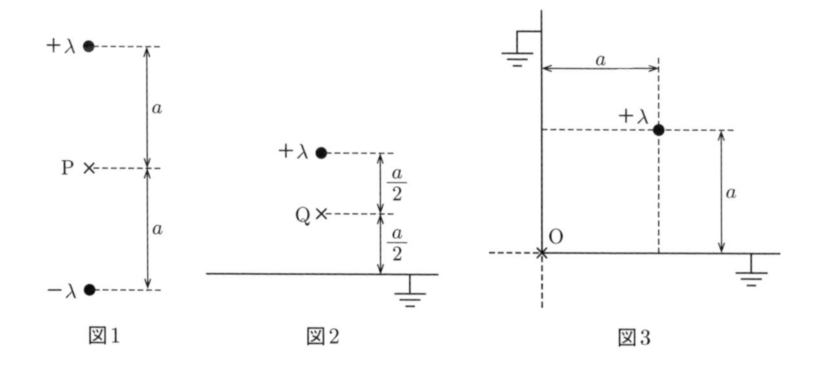

図1　図2　図3

解答群

(イ)	$\dfrac{2\lambda}{3\pi\varepsilon_0 a}$	(ロ)	$\dfrac{\lambda}{\pi\varepsilon_0 a}$	(ハ)	$\dfrac{3\lambda}{4\pi\varepsilon_0 a}$	(ニ)	$\dfrac{\sqrt{2}\lambda^2}{8\pi\varepsilon_0 a}$
(ホ)	$\dfrac{\sqrt{2}\lambda^2}{4\pi\varepsilon_0 a}$	(ヘ)	$\dfrac{\sqrt{2}\lambda}{2\pi\varepsilon_0 a}$	(ト)	$\dfrac{\lambda^2}{2\pi\varepsilon_0 a}$	(チ)	$\dfrac{\sqrt{2}\lambda^2}{2\pi\varepsilon_0 a}$
(リ)	$\dfrac{4\lambda}{3\pi\varepsilon_0 a}$	(ヌ)	$\dfrac{\lambda}{4\pi\varepsilon_0 a}$	(ル)	$\dfrac{\lambda^2}{8\pi\varepsilon_0 a}$	(ヲ)	0
(ワ)	$\dfrac{\sqrt{2}\lambda}{4\pi\varepsilon_0 a}$	(カ)	$\dfrac{\lambda^2}{4\pi\varepsilon_0 a}$	(ヨ)	$\dfrac{\lambda}{2\pi\varepsilon_0 a}$		

―攻略ポイント―

影像法（鏡像法）を適用する場合，境界条件を明確にし，それを満足するような影像電荷を置くことがポイントである．

解説　(1) まず，解図1の無限長線電荷が作る電界を求める．線電荷密度がλ〔C/m〕の無限長線電荷から距離a〔m〕の位置の電界を求めるには，線電荷が作る電界は直線を軸に半径方向に放射状に広がることから，半径a〔m〕の単位長の円筒を考えてガウスの定理を適用すれば

$$(2\pi a\times 1)E=\frac{\lambda}{\varepsilon_0}$$

$$\therefore\quad E=\frac{\lambda}{2\pi\varepsilon_0 a}\text{〔V/m〕}\cdots\cdots①$$

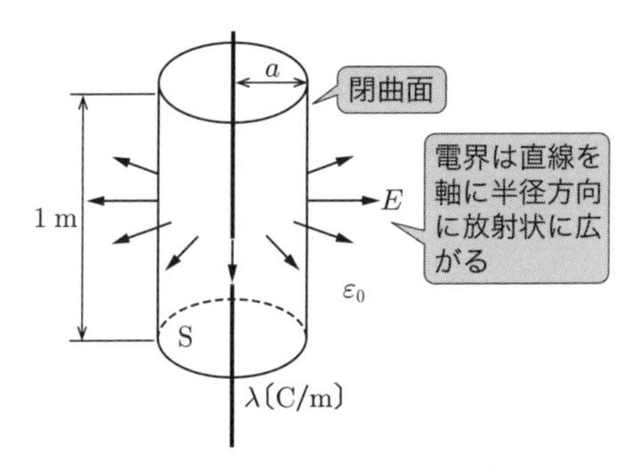

解図1　無限長線電荷の電界

さて，図1において，まず，$+\lambda$の線電荷が中間点Pに作る電界の大きさE_{P1}は式①より

$$E_{P1}=\frac{\lambda}{2\pi\varepsilon_0 a}$$

となる．また，$-\lambda$の線電荷が中間点Pに作る電界の大きさE_{P2}は式①より

$$E_{P2}=\frac{\lambda}{2\pi\varepsilon_0 a}$$

となる．解図2のように，電界$\boldsymbol{E}_{P1}$と電界$\boldsymbol{E}_{P2}$は同じ向きであり，ベクトル合成すれば，中間点Pでの電界の大きさEは次式となる．

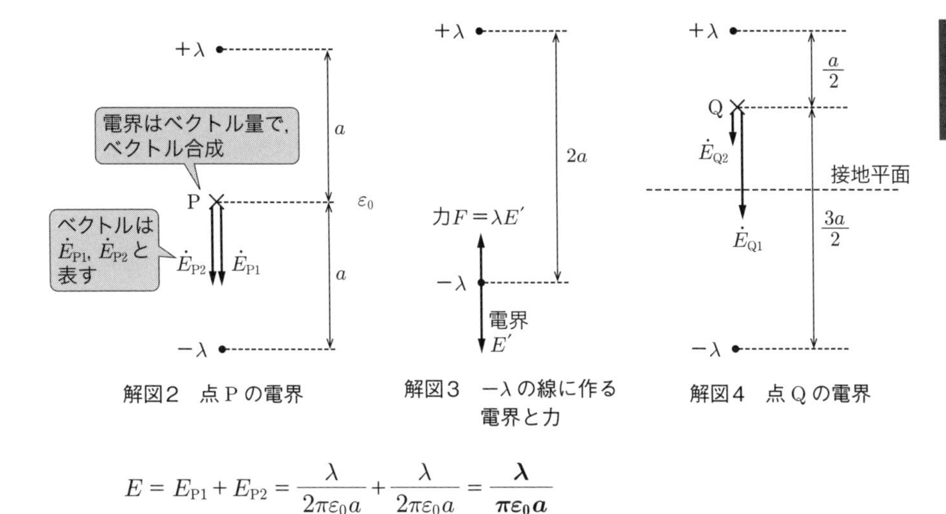

解図2　点Pの電界

解図3　−λの線に作る電界と力

解図4　点Qの電界

$$E = E_{P1} + E_{P2} = \frac{\lambda}{2\pi\varepsilon_0 a} + \frac{\lambda}{2\pi\varepsilon_0 a} = \boldsymbol{\frac{\lambda}{\pi\varepsilon_0 a}}$$

(2) 解図3のように，λの線電荷が距離 $2a$ を隔てて置いた極性の異なる線電荷のところに作る電界の大きさ E' は $E' = \frac{\lambda}{2\pi\varepsilon_0(2a)} = \frac{\lambda}{4\pi\varepsilon_0 a}$ であるから，線電荷に生じる単位長当たりの力の大きさ F_P は，電界の大きさに単位長当たりの電荷λを乗じれば

$$F_P = \lambda E' = \boldsymbol{\frac{\lambda^2}{4\pi\varepsilon_0 a}}$$

(3) 図2では，無限長線電荷が接地平面と平行に距離 a を隔てて置かれている．考える対象は接地平面より上側の空間であるが，次の二つの境界条件を満たす必要がある．

a. 接地平面より上に存在する電荷は無限長線電荷だけである．

b. 接地平面は等電位面であるから，電界は接地面に垂直である．

そこで，無限長線電荷の接地平面に対して影像となる線電荷（−λ）を接地平面から下方の距離 a のところに置いて，接地平面を除き，誘電率が一様な空間中に+λの無限長線電荷と−λの無限長線電荷が作る電界を考えれば，上述の二つの境界条件を満たすことは自明である．すなわち，接地平面より上側を考える限り，求める電界と一致する．このとき，+λの線電荷が点Qに作る電界の大きさ E_{Q1}，−λの影像線電荷が点Qに作る電界の大きさ E_{Q2} はそれぞれ次式となる．

$$E_{Q1} = \frac{\lambda}{2\pi\varepsilon_0\left(\dfrac{a}{2}\right)} = \frac{\lambda}{\pi\varepsilon_0 a},\quad E_{Q2} = \frac{\lambda}{2\pi\varepsilon_0\left(\dfrac{3a}{2}\right)} = \frac{\lambda}{3\pi\varepsilon_0 a}$$

解図4のように，これらの電界の向きは同じだから，点Qの合成電界 E_Q は

$$E_Q = E_{Q1} + E_{Q2} = \frac{\lambda}{\pi\varepsilon_0 a} + \frac{\lambda}{3\pi\varepsilon_0 a} = \boldsymbol{\frac{4\lambda}{3\pi\varepsilon_0 a}}$$

(4) 直交する2枚の接地平面と平行に置かれた無限長線電荷が作る電界を考えるとき，解図5のように，点Aにある $+\lambda$ の無限長線電荷に対する三つの影像線電荷（点Bと点Dには $-\lambda$ の無限長線電荷，点Cには $+\lambda$ の無限長線電荷）を考えれば，境界条件を満足する．

まず，解図5に示すように，点Aの $+\lambda$ が点Oに作る電界の大きさ E_{OA} と，点Cの $+\lambda$ が点Oに作る電界の大きさ E_{OC} は等しくて $E_{OA} = E_{OC} = \dfrac{\lambda}{2\pi\varepsilon_0(\sqrt{2}a)}$ であり，向きが逆であるため，合成すれば零になる．

一方，点Bの $-\lambda$ が点Oに作る電界の大きさ E_{OB} と，点Dの $-\lambda$ が点Oに作る電界の大きさ E_{OD} は等しくて $E_{OB} = E_{OD} = \dfrac{\lambda}{2\pi\varepsilon_0(\sqrt{2}a)}$ であり，向きが逆であるため，合成すれば零になる．したがって，点Oにおける電界の大きさ E_O は

$$E_O = |\dot{E}_{OA} + \dot{E}_{OB} + \dot{E}_{OC} + \dot{E}_{OD}| = \mathbf{0}$$

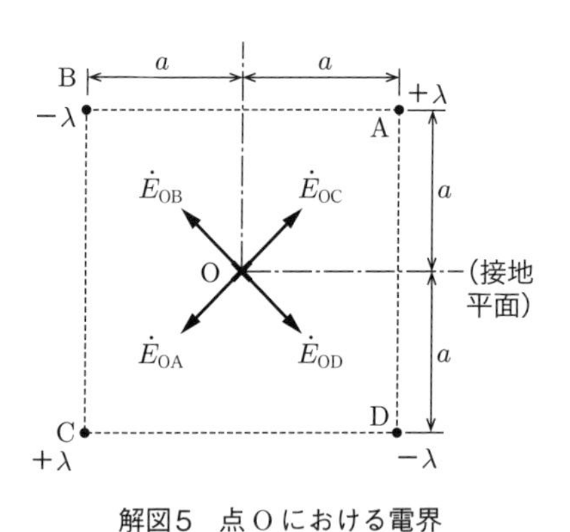

解図5　点Oにおける電界

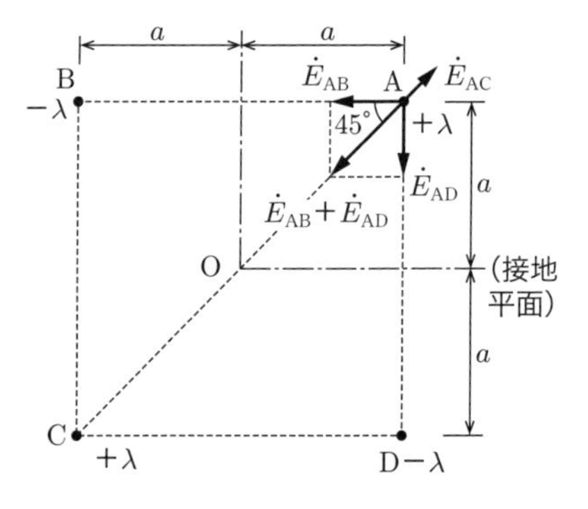

解図6　線電荷に生じる力

(5) 点Aの無限長線電荷に生じる単位長さ当たりの力は，この電荷と三つの影像線電荷との間に働く力から求めればよい．このため，三つの影像電荷が点Aに作る電界を算出する．

点Bの$-\lambda$の線電荷による点Aの電界の大きさE_{AB}と，点Dの$-\lambda$の線電荷による点Aの電界の大きさE_{AD}は等しくて$E_{\mathrm{AB}}=E_{\mathrm{AD}}=\dfrac{\lambda}{2\pi\varepsilon_0(2a)}=\dfrac{\lambda}{4\pi\varepsilon_0 a}$

また，点Cの$+\lambda$の線電荷による点Aの電界の大きさE_{AC}は距離が$2\sqrt{2}a$だから

$$E_{\mathrm{AC}}=\frac{\lambda}{2\pi\varepsilon_0(2\sqrt{2}a)}=\frac{\sqrt{2}\lambda}{8\pi\varepsilon_0 a}$$

したがって，これらの電界$\dot{E}_{\mathrm{AB}}$，$\dot{E}_{\mathrm{AC}}$，$\dot{E}_{\mathrm{AD}}$をベクトル合成すれば

$$E_{\mathrm{A}}=|\dot{E}_{\mathrm{AB}}+\dot{E}_{\mathrm{AC}}+\dot{E}_{\mathrm{AD}}|=2E_{\mathrm{AB}}\cos 45°-E_{\mathrm{AC}}=2\times\frac{\lambda}{4\pi\varepsilon_0 a}\times\frac{\sqrt{2}}{2}-\frac{\sqrt{2}\lambda}{8\pi\varepsilon_0 a}$$
$$=\frac{\sqrt{2}\lambda}{8\pi\varepsilon_0 a}$$

となるから，線電荷に生じる単位長さ当たりの力の大きさF_{A}は次式となる．

$$F_{\mathrm{A}}=\lambda E_{\mathrm{A}}=\boldsymbol{\frac{\sqrt{2}\lambda^2}{8\pi\varepsilon_0 a}}$$

(1)（ロ）　(2)（カ）　(3)（リ）　(4)（ヲ）　(5)（ニ）

問題13　真空と誘電体が接する場合の点電荷が作る電界　(R3-A1)

次の文章は，誘電体の近くに存在する電荷に関する記述である．

図1のように，平面βから上方に距離a離れた真空中に点電荷Qを置く．βより上側は誘電率ε_0の真空であり，下側は誘電率$2\varepsilon_0$の誘電体で完全に満たされている．このとき，空間中の電界を求めるために，影像電荷の考え方を用いる．

βより上側の電界は，図2のように，誘電体を取り除き，βに対して電荷Qと対称な位置に電荷Q'を置くことで求める．βより下側の電界は，図3のように，全空間を誘電体で満たし，電荷Qの位置の電荷をQ''とすることで求める．

Q'及びQ''は，β上の任意の点において，βに平行な電界の成分が同じであることと，βに［(1)］な電束密度の成分が同じであることにより求められる．ただし，ここでは簡単のため，電荷Qよりβに下ろした垂線の足Hから距離a離れた点Pを考える．

図2で，電荷 Q と Q' が点Pに作る電界 E_0 において，β に平行な成分 $E_{0\mathrm{h}}$ と垂直な成分 $E_{0\mathrm{v}}$ はそれぞれ

$$E_{0\mathrm{h}}=\frac{Q+Q'}{8\sqrt{2}\pi\varepsilon_0 a^2},\quad E_{0\mathrm{v}}=\boxed{\ (2)\ }$$

である．ただし，$E_{0\mathrm{h}}$ と $E_{0\mathrm{v}}$ は，それぞれ点Hから点Pへ向かう方向と誘電体に進入する方向を正とする．また，図3で，電荷 Q'' が点Pに作る電界 E において，β に平行な成分 E_h と垂直な成分 E_v はそれぞれ

$$E_\mathrm{h}=E_\mathrm{v}=\frac{Q''}{4\pi\cdot 2\varepsilon_0\cdot 2a^2}\cdot\frac{1}{\sqrt{2}}=\frac{Q''}{16\sqrt{2}\pi\varepsilon_0 a^2}$$

である．ただし，E_h と E_v の向きの定義は，$E_{0\mathrm{h}}$ と $E_{0\mathrm{v}}$ と同様である．

ここで，β に平行な電界の成分が同じであることにより $E_{0\mathrm{h}}=E_\mathrm{h}$ が成り立ち，β に $\boxed{\ (1)\ }$ な電束密度の成分が同じであることにより，$\boxed{\ (3)\ }$ が成り立つ．これらから導かれる方程式を解くことで，置くべき影像電荷 Q' と Q'' をそれぞれ $\boxed{\ (4)\ }$，$\boxed{\ (5)\ }$ と定められる．

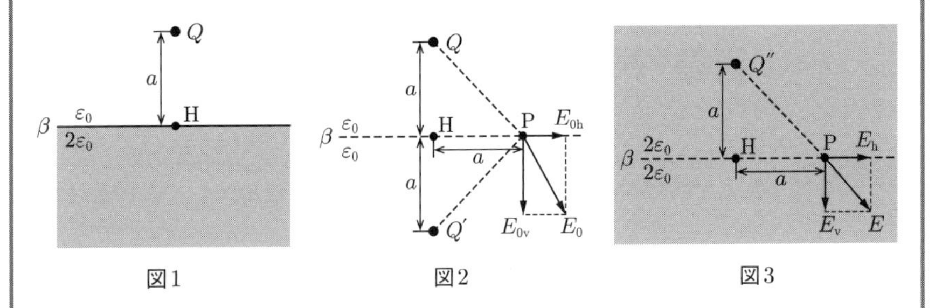

図1　図2　図3

解答群

(イ) $\dfrac{E_{0\mathrm{v}}}{\varepsilon_0}=\dfrac{E_\mathrm{v}}{2\varepsilon_0}$　(ロ) $\dfrac{\dfrac{QQ'}{Q+Q'}}{8\sqrt{2}\pi\varepsilon_0 a^2}$　(ハ) $2Q$

(ニ) $\dfrac{2}{3}Q$　(ホ) $-\dfrac{1}{3}Q$　(ヘ) $\varepsilon_0 E_{0\mathrm{h}}=2\varepsilon_0 E_\mathrm{h}$

(ト) $\dfrac{Q+Q'}{8\sqrt{2}\pi\varepsilon_0 a^2}$　(チ) 0　(リ) $\dfrac{E_{0\mathrm{h}}}{\varepsilon_0}=\dfrac{E_\mathrm{h}}{2\varepsilon_0}$

(ヌ) 垂　直　(ル) 平　行　(ヲ) $\varepsilon_0 E_{0\mathrm{v}}=2\varepsilon_0 E_\mathrm{v}$

(ワ) $\dfrac{4}{3}Q$　(カ) $-Q$　(ヨ) $\dfrac{Q-Q'}{8\sqrt{2}\pi\varepsilon_0 a^2}$

ー攻略ポイントー

真空と誘電体がある平面で接する場合の電界を考えるとき，境界条件として，「電束が連続すなわち電束密度の垂直成分は境界面の両側において等しいこと」，「電界の大きさの境界面に平行な成分は等しいこと」を満足しなければならない．

解説 (1) 電束は真電荷からのみ発生し，真電荷が存在しない境界平面 β において連続であるから，境界平面 β に**垂直**な電束密度の成分は境界平面 β の両側において等しい．

(2) 解図において，電荷 Q および Q' が点Pに作る電界をそれぞれ $\dot{E}_Q$，$\dot{E}_{Q'}$ とすれば，その大きさは

$$E_Q = \frac{Q}{4\pi\varepsilon_0(\sqrt{2}a)^2} = \frac{Q}{8\pi\varepsilon_0 a^2}$$

$$E_{Q'} = \frac{Q'}{8\pi\varepsilon_0 a^2}$$

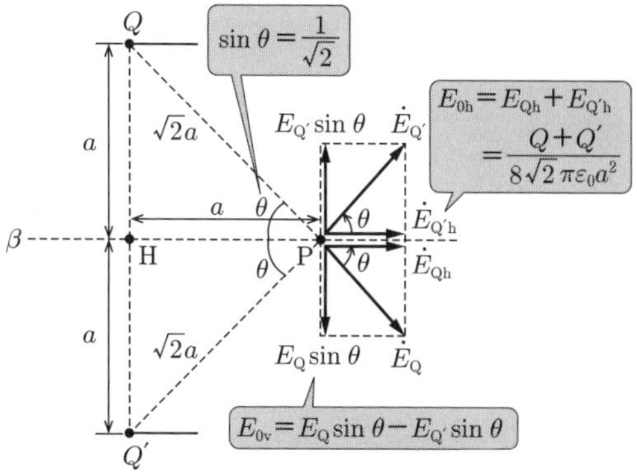

解図　点Pに作る電界

$\dot{E}_Q$，$\dot{E}_{Q'}$ の平面 β に垂直な成分は逆向きであるから図2の E_{0v} を求めると

$$E_{0v} = E_Q\sin\theta - E_{Q'}\sin\theta$$

$$= \frac{Q}{8\pi\varepsilon_0 a^2}\cdot\frac{1}{\sqrt{2}} - \frac{Q'}{8\pi\varepsilon_0 a^2}\cdot\frac{1}{\sqrt{2}} = \boldsymbol{\frac{Q-Q'}{8\sqrt{2}\pi\varepsilon_0 a^2}} \quad \text{①}$$

(3) 図3において，点Pにおける電束密度の垂直成分 D_v は，電束密度 D と電界 E の関係式である $D = \varepsilon E$ を利用すれば，$D_v = 2\varepsilon_0 E_v$ となる．これが図2の電界 E_{0v} から導出する電束密度 $D_{0v} = \varepsilon_0 E_{0v}$ と等しくなるから

$$\boldsymbol{\varepsilon_0 E_{0v} = 2\varepsilon_0 E_v} \quad \text{②}$$

(4) (5) 他方，図2と図3において，境界平面 β の両側で電界の水平方向成分は等しくなければならないため

$$E_{0h} = E_h \qquad \therefore \quad \frac{Q+Q'}{8\sqrt{2}\pi\varepsilon_0 a^2} = \frac{Q''}{16\sqrt{2}\pi\varepsilon_0 a^2}$$

$$\therefore \quad Q + Q' = \frac{Q''}{2} \quad \text{③}$$

ここで，式②に，式①と設問中に与えられた平面 β と垂直な成分 E_{v} を代入すれば

$$\varepsilon_0 \frac{Q-Q'}{8\sqrt{2}\pi\varepsilon_0 a^2} = 2\varepsilon_0 \frac{Q''}{16\sqrt{2}\pi\varepsilon_0 a^2} \qquad \therefore \quad Q-Q' = Q'' \cdots\cdots ④$$

式③と式④の連立方程式を解けば，式③＋式④から

$$2Q = \frac{3}{2}Q'' \qquad \therefore \quad Q'' = \boldsymbol{\frac{4}{3}Q} \qquad \therefore \quad Q' = \frac{Q''}{2} - Q = \frac{2}{3}Q - Q = \boldsymbol{-\frac{1}{3}Q}$$

解答　**(1)（ヌ）　(2)（ヨ）　(3)（ヲ）　(4)（ホ）　(5)（ワ）**

問題 14　2種類の誘電体が接する場合の点電荷と誘電体との間の力

(H21-B5)

次の文章は，二つの誘電体が平面で接しているとき，一方の誘電体中にある点電荷と他方の誘電体との間の力に関する記述である．なお，図1は誘電体中の点電荷と電気力線の概略図を表した図である．また，図2，図3は影像電荷による電界を示す．

図1のように，誘電率が ε_1 と ε_2（$\varepsilon_2 > \varepsilon_1$ とする）の誘電体が無限に広がる平面で接しているとする．境界面から距離が a である点Aに点電荷 $+Q$ が存在しているときに境界面での電束密度，電位を考える．この場合，誘電率が ε_1 の誘電体内の電界は，境界面に関する点Aの影像点を点Bとしたとき，図2のように全空間が ε_1 の誘電体で満たされているとして，点A，点Bにそれぞれ点電荷 $+Q$，未知の点電荷 $-Q_1$ がある場合の境界に等しい．図2で，点A，点Bから距離が r である境界面上の点Pの $+Q$，$-Q_1$ の点電荷による電界をそれぞれ E（ベクトル），E_1（ベクトル）とする．この場合，点Pの電位 V_{p1} は ［(1)］ である．また，この点における電束密度の境界面に垂直な成分 D_{h1} は ［(2)］ である．

次に，図1の ε_2 の誘電体内の電界は図3のように全空間が ε_2 の誘電体で満たされているとし，点Aに未知の点電荷 $+Q_2$ があるとしたときの電界 E_2（ベクトル）に等しい．この場合，点Pの電束密度で，境界面に垂直な成分 D_{h2} は ［(3)］ である．ここで，未知量 Q_1，Q_2 は次の境界条件によって求めることができる．すなわち，境界面で電束は連続でなければならないから $D_{h1} = D_{h2}$ である．また，境界面で電位は連続でなければならない．

この二つの条件から Q_1 及び Q_2 は [(4)] となる．また，点Aにある点電荷 $+Q$ と誘電率 ε_2 の誘電体との間の力の大きさは点電荷 $+Q$ と $-Q_1$ との間の力 F の大きさに等しい．したがって，その力の大きさは [(5)] となる．

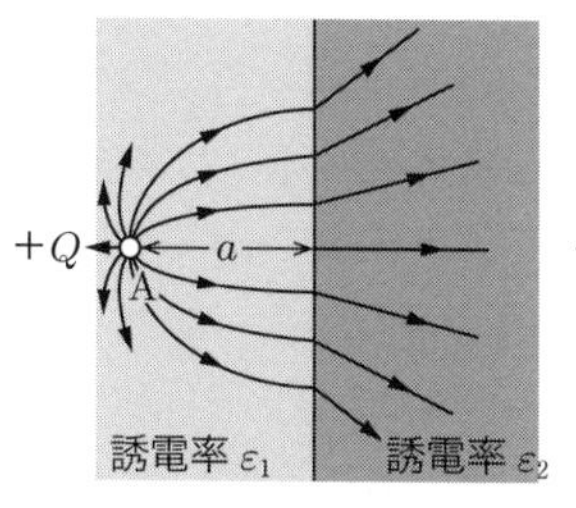

図1　点電荷と電気力線

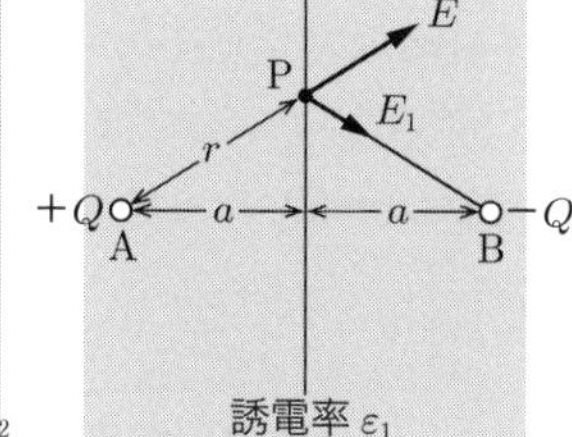

図2　点電荷 $+Q$，$-Q_1$ による点Pの電界

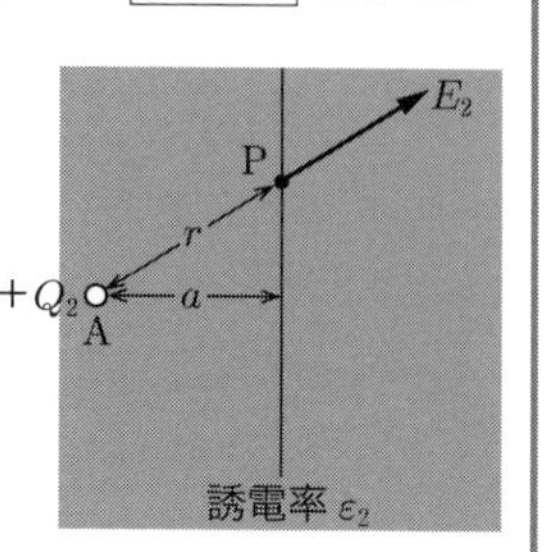

図3　点電荷 $+Q_2$ による点Pの電界

解答群

（イ）$\dfrac{Q_2 a}{4\pi r^2}$　（ロ）$\dfrac{Q-Q_1}{4\pi\varepsilon_1 r}$　（ハ）$\dfrac{Q+Q_1}{4\pi r^2}$

（ニ）$\dfrac{(Q+Q_1)a}{4\pi r^3}$　（ホ）$\dfrac{Q+Q_1}{4\pi\varepsilon_1 r}$　（ヘ）$\left|\dfrac{(\varepsilon_1-\varepsilon_2)Q^2}{8\pi\varepsilon_1(\varepsilon_1+\varepsilon_2)a^2}\right|$

（ト）$\dfrac{Q_2 a}{4\pi r^3}$　（チ）$\dfrac{Q_2}{4\pi r^2}$　（リ）$\left|\dfrac{(\varepsilon_1-\varepsilon_2)Q^2}{16\pi\varepsilon_1(\varepsilon_1+\varepsilon_2)a^2}\right|$

（ヌ）$\left|\dfrac{(\varepsilon_1+\varepsilon_2)Q^2}{16\pi\varepsilon_1(\varepsilon_1-\varepsilon_2)a^2}\right|$　（ル）$\dfrac{Q+Q_1}{4\pi\varepsilon_1 r^2}$　（ヲ）$\dfrac{Q-Q_1}{4\pi r^2}$

（ワ）$\begin{cases} Q_1=\dfrac{\varepsilon_1+\varepsilon_2}{\varepsilon_1-\varepsilon_2}Q \\ Q_2=\dfrac{2\varepsilon_2}{\varepsilon_1-\varepsilon_2}Q \end{cases}$　（カ）$\begin{cases} Q_1=\dfrac{\varepsilon_1-\varepsilon_2}{\varepsilon_1+\varepsilon_2}Q \\ Q_2=\dfrac{\varepsilon_2}{\varepsilon_1+\varepsilon_2}Q \end{cases}$　（ヨ）$\begin{cases} Q_1=\dfrac{\varepsilon_2-\varepsilon_1}{\varepsilon_1+\varepsilon_2}Q \\ Q_2=\dfrac{2\varepsilon_2}{\varepsilon_1+\varepsilon_2}Q \end{cases}$

―攻略ポイント―

2種類の誘電体が平面で接する場合の電界を考えるとき，境界条件として，「電束が連続すなわち電束密度の垂直成分は境界面の両側において等しいこと」，「電界の大きさの境界面に平行な成分は等しいこと（または境界面で電位は連続）」を満足しなければならない．誘電体中の点電荷と他方の誘電体との間の力は，点電荷と影像電荷の間の力と考える．

解説　(1) 図2において，全空間が誘電率 ε_1 の誘電体で満たされているとき，点Pの電位 V_{p1} は，$+Q$ および $-Q_1$ の点電荷による電位のスカラ和（代数和）となる．

$$V_{p1}=\frac{Q}{4\pi\varepsilon_1 r}+\frac{-Q_1}{4\pi\varepsilon_1 r}=\boldsymbol{\frac{Q-Q_1}{4\pi\varepsilon_1 r}}$$

(2) 点Pの電束密度の境界面に垂直な成分 D_{h1} は，θ を境界面に垂直な方向と電界ベクトルの向きとのなす角（$\cos\theta=a/r$）とすれば

$$D_{h1}=\frac{Q}{4\pi r^2}\cos\theta-\frac{-Q_1}{4\pi r^2}\cos\theta=\frac{Q+Q_1}{4\pi r^2}\cos\theta=\boldsymbol{\frac{(Q+Q_1)a}{4\pi r^3}}$$

(3) 図3のように全空間が誘電率 ε_2 の誘電体で満たされているとし，点Aに点電荷 $+Q_2$ があるとしたときの点Pの電束密度の境界面に垂直な成分 D_{h2} は

$$D_{h2}=\frac{Q_2}{4\pi r^2}\cos\theta=\boldsymbol{\frac{Q_2 a}{4\pi r^3}}$$

(4) 境界面で電束は連続であり，電束密度の垂直成分は境界面の両側において等しいから

$$D_{h1}=D_{h2}\qquad\therefore\quad\frac{(Q+Q_1)a}{4\pi r^3}=\frac{Q_2 a}{4\pi r^3}\qquad\therefore\quad Q+Q_1=Q_2\cdots\cdots\text{①}$$

一方，図3において点Pの電位 V_{p2} は $V_{p2}=Q_2/(4\pi\varepsilon_2 r)$ であり，電位は境界面で連続であるから，$V_{p1}=V_{p2}$ が成り立つ．

$$\frac{Q-Q_1}{4\pi\varepsilon_1 r}=\frac{Q_2}{4\pi\varepsilon_2 r}\qquad\therefore\quad Q-Q_1=\frac{\varepsilon_1}{\varepsilon_2}Q_2\cdots\cdots\text{②}$$

式①と式②の連立方程式を解けばよい．式①＋式②より

$$2Q=\left(1+\frac{\varepsilon_1}{\varepsilon_2}\right)Q_2=\frac{\varepsilon_1+\varepsilon_2}{\varepsilon_2}Q_2\qquad\therefore\quad Q_2=\boldsymbol{\frac{2\varepsilon_2}{\varepsilon_1+\varepsilon_2}Q}$$

これを式①へ代入して Q_1 を求めると

$$Q_1=Q_2-Q=\frac{2\varepsilon_2}{\varepsilon_1+\varepsilon_2}Q-Q=\boldsymbol{\frac{\varepsilon_2-\varepsilon_1}{\varepsilon_1+\varepsilon_2}Q}$$

(5) 点Aにある点電荷 $+Q$ と誘電率 ε_2 の誘電体との間の力の大きさは，点電荷 $+Q$ と $-Q_1$ との間の力の大きさに等しいから

$$|F|=\left|\frac{QQ_1}{4\pi\varepsilon_1(2a)^2}\right|=\boldsymbol{\frac{(\varepsilon_2-\varepsilon_1)Q^2}{16\pi\varepsilon_1 a^2(\varepsilon_1+\varepsilon_2)}}\quad(\varepsilon_2>\varepsilon_1)$$

解答　**(1) (ロ)　(2) (ニ)　(3) (ト)　(4) (ヨ)　(5) (リ)**

詳細解説 7　接地球形導体と点電荷および絶縁球形導体と点電荷による電界と力（影像法）

電験２種では，過去，接地球形導体と点電荷による電界なども出題されていることから，接地球形導体や絶縁球形導体に関する影像法の考え方をまとめておく．

（1）接地球形導体と点電荷

図1・16のように，点Oを中心とし，接地された球形導体がある．中心Oからfだけ離れた点Pに電荷Qがあるときの電界を求める．

境界条件は次の二つである．

① 球の外側にはQ以外の電荷がない．

② 球の表面の電位は零である．

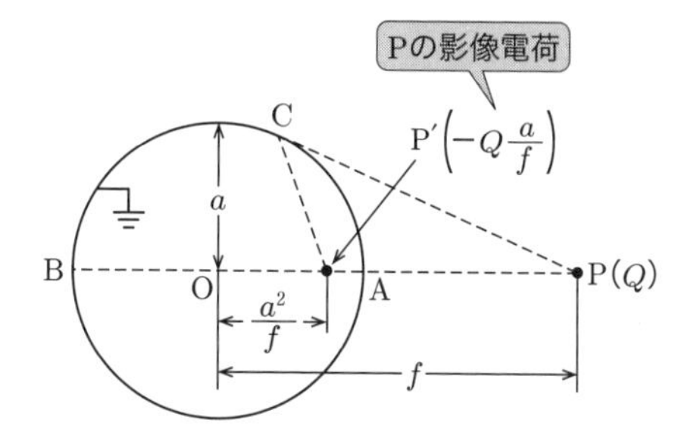

図1・16　接地球形導体と点電荷

そこで，中心Oからa^2/fだけ離れた点P′に$-Q\dfrac{a}{f}$の電荷をおいて，導体球を取り去る．①の条件を満たすことは自明である．②を満たすことは次のように証明できる．P′A/APおよびP′B/BPを求めると

$$\frac{\mathrm{P'A}}{\mathrm{AP}}=\frac{a-\dfrac{a^2}{f}}{f-a}=\frac{a}{f}\qquad \frac{\mathrm{P'B}}{\mathrm{BP}}=\frac{a+\dfrac{a^2}{f}}{f+a}=\frac{a}{f}$$

つまり，A，B両点はP′Pを$\dfrac{a}{f}$の比に内分および外分する点である．このため，ABを通る円上の点Cでは常に次の関係がある．

$$\frac{\mathrm{P'C}}{\mathrm{CP}}=\frac{a}{f}\tag{1・45}$$

そこで，点Cの電位は次のようになり，式(1・45)を代入すれば

$$V=\frac{1}{4\pi\varepsilon}\left\{\frac{Q}{\mathrm{CP}}+\frac{1}{\mathrm{CP'}}\left(-Q\frac{a}{f}\right)\right\}=\frac{1}{4\pi\varepsilon}\cdot\frac{Q}{\mathrm{CP}}\left(1-\frac{\mathrm{CP}}{\mathrm{CP'}}\cdot\frac{a}{f}\right)=0\tag{1・46}$$

になる．すなわち，境界条件②を満たす．このため，Pにある電荷QとP′にある影像の電荷$-Q\dfrac{a}{f}$の二つの点電荷による電界を考えればよい．

他方，点電荷Qと影像電荷$-Q\dfrac{a}{f}$との間に働く力は

$$F=\frac{Q\times\dfrac{a}{f}Q}{4\pi\varepsilon\left(f-\dfrac{a^2}{f}\right)^2}=\frac{afQ^2}{4\pi\varepsilon(f^2-a^2)^2} \tag{1・47}$$

となる．すなわち，点電荷は，静電誘導によって球面に現れる電荷のために，式(1・47)の力で球形導体に引っ張られる．

（2）絶縁球形導体と点電荷

図1・17のように導体球が絶縁されている場合は，他から電荷が供給されないため，その全電荷は零である．

境界条件は次の三つである．

① 球の外側には Q 以外の電荷はない．

② 球面は等電位である．

③ 球面に入る全電束数は零である．

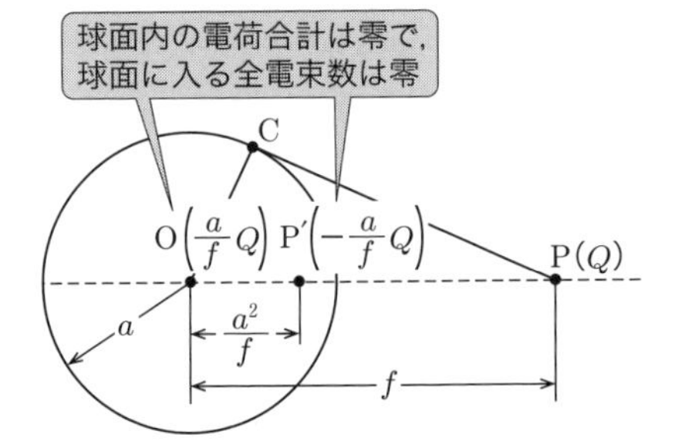

図1・17　絶縁球形導体と点電荷

そこで，点Pの球に対する影像P′に $-\dfrac{a}{f}Q$ の電荷を置くとともに，中心Oに $\dfrac{a}{f}Q$ の電荷を置く．境界条件①は満足している．次に，球面の電位 V は

$$V=\frac{1}{4\pi\varepsilon}\left\{\frac{Q}{\mathrm{PC}}+\frac{-\left(\dfrac{a}{f}\right)Q}{\mathrm{P'C}}+\frac{\left(\dfrac{a}{f}\right)Q}{\mathrm{OC}}\right\}$$

となるが，初めの二つの項は式(1・46)より零である．また，OCは球の半径 a に等しいので

$$V=\frac{Q}{4\pi\varepsilon f}=一定$$

となり，球面は等電位で境界条件②を満たす．球面内にある全電荷は零であり，球面に入る全電束数は零となるから，境界条件③も満たす．つまり，図1・17の場合は，中心Oと点P′にある点電荷の二つが影像電荷になる．電荷 Q に働く力 F は

$$F=\frac{1}{4\pi\varepsilon}\left\{\frac{Q\left(\dfrac{a}{f}Q\right)}{\left(f-\dfrac{a^2}{f}\right)^2}-\frac{Q\left(\dfrac{a}{f}Q\right)}{f^2}\right\}=\frac{aQ^2}{4\pi\varepsilon}\left\{\frac{f}{(f^2-a^2)^2}-\frac{1}{f^3}\right\} \tag{1・48}$$

となる．この式(1・48)の力は，式(1・47)の力よりも，第2項の分だけ小さくなる．

問題 15　2枚の接地導体上の誘導電荷密度　(H19-B6)

次の文章は，点電荷による直交する2枚の接地導体上の誘導電荷密度に関する記述である．

互いに直交している2枚の無限に広い導体平面を接地し，図のようにOを原点としたXY二次元座標(a, b)の点Aに点電荷$+Q$を置いたとき，導体平面のOX及びOY軸上の誘導電荷密度を求めてみよう．

点Aに点電荷$+Q$を置くとき，導体平面上のOY，OXに関する点Aの鏡像になる点B，C及びDにはそれぞれ$-Q$，$+Q$及び$-Q$の点電荷が存在しているとみなして誘導電荷密度を計算することができる．したがって，XY二次元平面上の任意の点$P(x, y)$の電位Vは ［(1)］ となる．また，そこでの電界Eのx軸方向成分E_x，y軸方向成分E_yはそれぞれ ［(2)］ として求められる．そこで，導体平面のOX軸上の誘導電荷密度σ_x並びにOY軸上の誘導電荷密度σ_yは ［(2)］ を使って ［(3)］ として計算される．ところで，導体平面のOX軸上では$r_1=r_4$，$r_2=r_3$であることに注目すれば，OX軸上の誘導電荷密度σ_xは ［(4)］ となる．例えば，導体平面のOX軸上で点Aの真下の点$(a, 0)$の誘導電荷密度は ［(5)］ と計算される．ただし，導体の置かれている空間の誘電率をεとする．また，$r_1=\sqrt{(x-a)^2+(y-b)^2}$，$r_2=\sqrt{(x+a)^2+(y-b)^2}$，$r_3=\sqrt{(x+a)^2+(y+b)^2}$，$r_4=\sqrt{(x-a)^2+(y+b)^2}$とする．

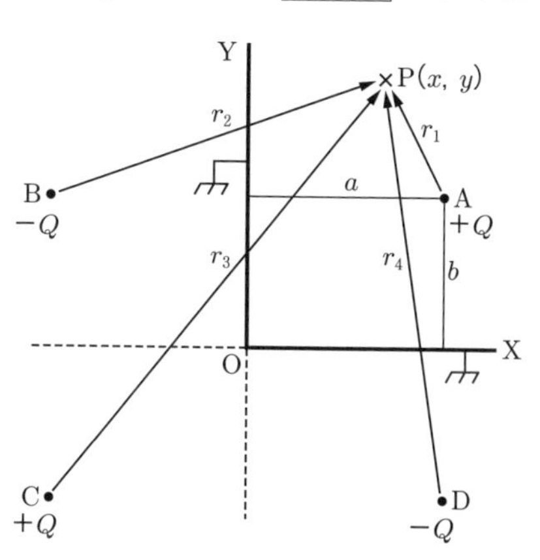

解答群

(イ)　$\dfrac{bQ}{2\pi}\left[\dfrac{1}{b^3}-\dfrac{1}{(\sqrt{4a^2+b^2})^3}\right]$　　(ロ)　$E_x=-\dfrac{\partial V}{\partial x}$，$E_y=-\dfrac{\partial V}{\partial y}$

(ハ)　$\dfrac{Q}{4\pi\varepsilon}\left(\dfrac{1}{r_1}-\dfrac{1}{r_2}+\dfrac{1}{r_3}-\dfrac{1}{r_4}\right)$　　(ニ)　$\sigma_x=\varepsilon\left(\dfrac{\partial V}{\partial y}\right)_{y=0}$，$\sigma_y=\varepsilon\left(\dfrac{\partial V}{\partial x}\right)_{x=0}$

(ホ)　$-\dfrac{bQ}{2\pi}\left(\dfrac{1}{{r_1}^3}-\dfrac{1}{{r_2}^3}\right)$　　(ヘ)　$E_x=-\dfrac{\partial V}{\partial y}$，$E_y=-\dfrac{\partial V}{\partial x}$

（ト）　$\sigma_x = -\varepsilon\left(\dfrac{\partial V}{\partial x}\right)_{y=0}$，$\sigma_y = -\varepsilon\left(\dfrac{\partial V}{\partial y}\right)_{x=0}$

（チ）　$\dfrac{Q^2}{4\pi\varepsilon}\left(\dfrac{1}{r_1} - \dfrac{1}{r_2} + \dfrac{1}{r_3} - \dfrac{1}{r_4}\right)$　　（リ）　$-\dfrac{bQ}{2\pi}\left[\dfrac{1}{b^3} - \dfrac{1}{(\sqrt{4a^2+b^2})^3}\right]$

（ヌ）　$\dfrac{bQ}{2\pi}\left(\dfrac{1}{{r_1}^3} - \dfrac{1}{{r_2}^3}\right)$　　（ル）　$\sigma_x = -\varepsilon\left(\dfrac{\partial V}{\partial y}\right)_{y=0}$，$\sigma_y = -\varepsilon\left(\dfrac{\partial V}{\partial x}\right)_{x=0}$

（ヲ）　$E_x = \dfrac{\partial V}{\partial x}$，$E_y = \dfrac{\partial V}{\partial y}$　　（ワ）　$-\dfrac{bQ}{2\pi\varepsilon}\left[\dfrac{1}{b^3} - \dfrac{1}{(\sqrt{4a^2+b^2})^3}\right]$

（カ）　$-\dfrac{bQ}{2\pi\varepsilon}\left(\dfrac{1}{{r_1}^3} - \dfrac{1}{{r_2}^3}\right)$　　（ヨ）　$\dfrac{Q}{4\pi\varepsilon}\left(\dfrac{1}{{r_1}^2} - \dfrac{1}{{r_2}^2} + \dfrac{1}{{r_3}^2} - \dfrac{1}{{r_4}^2}\right)$

―攻略ポイント―

帯電した導体表面の電界 E〔V/m〕は，電荷密度を σ〔C/m²〕とすれば，解図のように，導体表面上に底面積 ΔS〔m²〕の微小直方体を想定すると直方体内部の電荷は $\sigma\Delta S$〔C〕で電気力線は直方体上部を垂直に出るものだけであるから，ガウスの定理より，$E\Delta S = \sigma\Delta S/\varepsilon_0$ となる．

$$E = \frac{\sigma}{\varepsilon_0}\text{〔V/m〕}$$

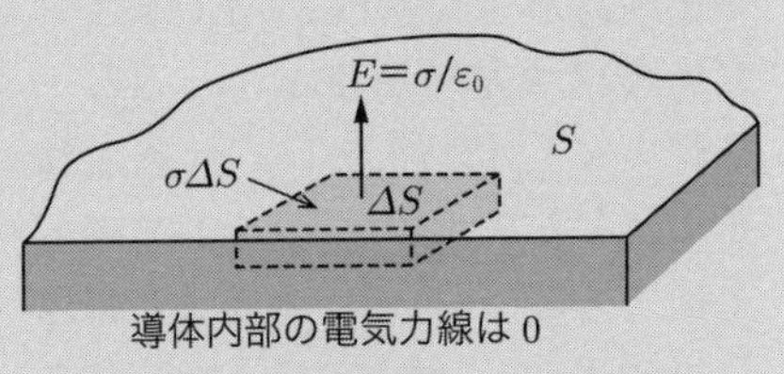

解図　導体表面上の電界

　(1) 点Aにある点電荷 Q による距離 r_1 の点Pの電位 V_1 は

$$V_1 = \frac{Q}{4\pi\varepsilon r_1}$$

となる．同様に，点B，点C，点Dにある影像電荷による点Pの電位はそれぞれ

$$V_2 = -\frac{Q}{4\pi\varepsilon r_2},\quad V_3 = \frac{Q}{4\pi\varepsilon r_3},\quad V_4 = -\frac{Q}{4\pi\varepsilon r_4}$$

となる．したがって，点Pの電位は，これらの電位のスカラ和となるため

$$V = V_1 + V_2 + V_3 + V_4 = \boldsymbol{\frac{Q}{4\pi\varepsilon}\left(\frac{1}{r_1} - \frac{1}{r_2} + \frac{1}{r_3} - \frac{1}{r_4}\right)} \cdots\cdots ①$$

(2) 電界 $\boldsymbol{E}$ の x 軸方向成分 E_x，y 軸方向成分 E_y は，詳細解説2に示すように，電界と電位の関係から，次式として求められる．

$$\boldsymbol{E_x = -\frac{\partial V}{\partial x}} \qquad \boldsymbol{E_y = -\frac{\partial V}{\partial y}} \cdots\cdots ②$$

(3) 導体表面の OX 軸上 ($y=0$) の電界は，導体表面に垂直であるから，誘導電荷密度を σ_x とすれば，上述の攻略ポイントより

$$E_y = -\left(\frac{\partial V}{\partial y}\right)_{y=0} = \frac{\sigma_x}{\varepsilon} \qquad \therefore \quad \boldsymbol{\sigma_x = \varepsilon E_y = -\varepsilon\left(\frac{\partial V}{\partial y}\right)_{y=0}} \quad \cdots\cdots ③$$

また，OY 軸上 ($x=0$) の誘導電荷密度 σ_y も，同様に計算すれば

$$\boldsymbol{\sigma_y = \varepsilon E_x = -\varepsilon\left(\frac{\partial V}{\partial x}\right)_{x=0}}$$

(4) 式①に，$r_1=\sqrt{(x-a)^2+(y-b)^2}$ などの設問中の距離の式を代入すれば

$$V=\frac{Q}{4\pi\varepsilon}\left\{\frac{1}{\sqrt{(x-a)^2+(y-b)^2}}-\frac{1}{\sqrt{(x+a)^2+(y-b)^2}}+\frac{1}{\sqrt{(x+a)^2+(y+b)^2}}-\frac{1}{\sqrt{(x-a)^2+(y+b)^2}}\right\}$$

次に，式②に基づいて E_y を計算すれば

$$E_y=-\frac{\partial V}{\partial y}$$

$$=-\frac{Q}{4\pi\varepsilon}\left[-\frac{(y-b)}{\{(x-a)^2+(y-b)^2\}^{3/2}}+\frac{(y-b)}{\{(x+a)^2+(y-b)^2\}^{3/2}}-\frac{(y+b)}{\{(x+a)^2+(y+b)^2\}^{3/2}}+\frac{(y+b)}{\{(x-a)^2+(y+b)^2\}^{3/2}}\right] \quad \cdots\cdots ④$$

導体表面上の OX 軸上では $y=0$ で，また $r_1=r_4$，$r_2=r_3$ であるから，式④へ代入し

$$E_y=-\frac{bQ}{2\pi\varepsilon}\left(\frac{1}{{r_1}^3}-\frac{1}{{r_2}^3}\right)$$

したがって，導体表面の OX 軸上の誘導電荷密度 σ_x は式③より

$$\sigma_x=-\varepsilon\left(\frac{\partial V}{\partial y}\right)_{y=0}=\boldsymbol{-\frac{bQ}{2\pi}\left(\frac{1}{{r_1}^3}-\frac{1}{{r_2}^3}\right)} \quad \cdots\cdots ⑤$$

(5) 導体表面の OX 軸上で点 A の真下の点 $(a, 0)$ の誘導電荷密度は，式⑤において，r_1 および r_2 に $x=a$，$y=0$ を代入すれば

$$\sigma_x=-\frac{bQ}{2\pi}\left\{\frac{1}{b^3}-\frac{1}{\{(a+a)^2+b^2\}^{3/2}}\right\}=\boldsymbol{-\frac{bQ}{2\pi}\left\{\frac{1}{b^3}-\frac{1}{(\sqrt{4a^2+b^2})^3}\right\}}$$

解答　(1) (ハ)　(2) (ロ)　(3) (ル)　(4) (ホ)　(5) (リ)

4　磁界と磁束密度

問題16　アンペアの法則（微分形）　(R2-A2)

次の文章は，アンペア（アンペール）の周回積分の法則に関する記述である．

一般に，空間上の磁界ベクトルを $\boldsymbol{H}$，C を閉曲線，$\mathrm{d}\boldsymbol{l}$ を C 上の微小区間ベクトル，I を C と鎖交する電流の総量とすると，アンペアの周回積分の法則は式①のようになる．

$$\oint_{\mathrm{C}} \boldsymbol{H} \cdot \mathrm{d}\boldsymbol{l} = I \quad \cdots\cdots ①$$

ここで，直交座標空間上において，z 軸の正方向に一様な電流が流れている時の磁界 $\boldsymbol{H}$ を考える．電流の面密度は J_z である．図のように，z 軸と垂直で微小な長方形の積分路を仮定する．積分路は点 $\mathrm{P}(x, y)$ から点 Q，R，S を経て点 P に戻る閉路であり，辺 PQ 及び RS の長さは Δx，辺 QR 及び SP の長さは Δy である．また，z 軸方向の磁界は 0 であるので，$\boldsymbol{H} = (H_x(x, y), H_y(x, y), 0)$ とし，x-y 平面上で考える．

このとき，積分路 PQRS を閉曲線 C として式①を適用する．まず辺 PQ を考え，PQ に平行な PQ 上の磁界を $H_x(x, y)$ と近似すると，PQ に沿った $\boldsymbol{H}$ の線積分は [(1)] である．同様に，辺 QR，RS，SP に平行な磁界をそれぞれ $H_y(x+\Delta x, y)$，$-H_x(x, y+\Delta y)$，$-H_y(x, y)$ と近似すると，式①の左辺は [(2)] である．一方，式①の右辺は，この積分路に鎖交する電流 I なので [(3)] である．したがって，式①より [(4)] が導かれる．

Δx，Δy をともに 0 に近づけると，電流密度ベクトルを $\boldsymbol{J}$ としたときに [(5)] のように表されるアンペアの法則の微分形における z 方向成分と同じ式になる．

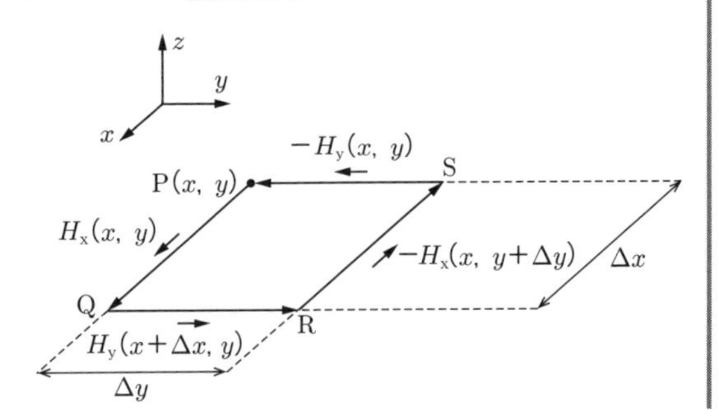

解答群

(イ) $\dfrac{H_y(x+\Delta x, y)-H_y(x, y)}{\Delta y}-\dfrac{H_x(x, y+\Delta y)-H_x(x, y)}{\Delta x}=J_z$

(ロ) $\dfrac{H_x(x, y)}{\Delta x}+\dfrac{H_y(x+\Delta x, y)}{\Delta y}-\dfrac{H_x(x, y+\Delta y)}{\Delta x}-\dfrac{H_y(x, y)}{\Delta y}$

(ハ) $H_x(x, y)\cdot\Delta y+H_y(x+\Delta x, y)\cdot\Delta x-H_x(x, y+\Delta y)\cdot\Delta y-H_y(x, y)\cdot\Delta x$

(ニ) $H_x(x, y)\cdot\Delta x+H_y(x+\Delta x, y)\cdot\Delta y-H_x(x, y+\Delta y)\cdot\Delta x-H_y(x, y)\cdot\Delta y$

(ホ) $\dfrac{H_y(x+\Delta x, y)-H_y(x, y)}{\Delta x}-\dfrac{H_x(x, y+\Delta y)-H_x(x, y)}{\Delta y}=J_z$

(ヘ) $\dfrac{H_y(x+\Delta x, y)-H_y(x, y)}{\Delta x\cdot\Delta y}-\dfrac{H_x(x, y+\Delta y)-H_x(x, y)}{\Delta x\cdot\Delta y}=J_z$

(ト) $H_x(x, y)\cdot\Delta x$　(チ) $\mathrm{div}\,\boldsymbol{H}=0$　(リ) $J_z\cdot\Delta x\cdot\Delta y$

(ヌ) J_z　(ル) $\dfrac{H_x(x, y)}{\Delta x}$　(ヲ) $\mathrm{rot}\,\boldsymbol{H}=\boldsymbol{J}$

(ワ) $\mathrm{rot}\,\boldsymbol{J}=\boldsymbol{H}$　(カ) $\dfrac{J_z}{\Delta x\cdot\Delta y}$　(ヨ) $H_x(x, y)\cdot\Delta y$

―攻略ポイント―

アンペアの周回積分の法則および詳細解説 3 で説明したベクトル解析（ベクトル場の回転とストークスの定理）を理解していることが鍵である.

解説　(1) 辺 PQ に沿った磁界の線積分は PQ 上の磁界の強さを $H_x(x, y)$ で近似するから

$$\int_{P\to Q}\boldsymbol{H}\cdot d\boldsymbol{l}=\int_0^{\Delta x}H_x(x, y)\,dl=\boldsymbol{H_x(x, y)\Delta x}$$

(2) 同様に, 題意より, 辺 QR, 辺 RS, 辺 SP の磁界をそれぞれ点 Q, 点 S, 点 P の磁界の強さで近似するとともに, (1) の結果を含めて, 問題中の式①へ代入すれば

$$\oint_C\boldsymbol{H}\cdot d\boldsymbol{l}=\int_{P\to Q}\boldsymbol{H}\cdot d\boldsymbol{l}+\int_{Q\to R}\boldsymbol{H}\cdot d\boldsymbol{l}+\int_{R\to S}\boldsymbol{H}\cdot d\boldsymbol{l}+\int_{S\to P}\boldsymbol{H}\cdot d\boldsymbol{l}$$
$$=\boldsymbol{H_x(x, y)\Delta x+H_y(x+\Delta x, y)\Delta y-H_x(x, y+\Delta y)\Delta x}$$
$$\boldsymbol{-H_y(x, y)\Delta y}\cdots\cdots①$$

(3) 題意より, 電流は z 軸方向に一様に流れ, 電流の面密度が J_z で, 閉曲線 C が

作る面積は $S = \Delta x \Delta y$ であるから，積分路に鎖交する電流 I は

$$I = J_z \cdot S = \boldsymbol{J_z \Delta x \Delta y} \cdots\cdots ②$$

(4) 問題中の式①に式①および式②を代入すれば

$$H_x(x, y)\Delta x + H_y(x + \Delta x, y)\Delta y - H_x(x, y + \Delta y)\Delta x - H_y(x, y)\Delta y = J_z \Delta x \Delta y$$

$$\boldsymbol{\frac{H_y(x+\Delta x, y) - H_y(x, y)}{\Delta x} - \frac{H_x(x, y+\Delta y) - H_x(x, y)}{\Delta y} = J_z} \cdots\cdots ③$$

(5) Δx，Δy を 0 に近づけると，式③の左辺 $= \dfrac{\partial H_y}{\partial x} - \dfrac{\partial H_x}{\partial y}$ と表すことができる．これは，x 軸，y 軸，z 軸方向の基本ベクトルを $\boldsymbol{i}$，$\boldsymbol{j}$，$\boldsymbol{k}$ とすれば，$H_z = 0$ なので

$$\mathrm{rot}\,\boldsymbol{H} = \begin{vmatrix} \boldsymbol{i} & \boldsymbol{j} & \boldsymbol{k} \\ \dfrac{\partial}{\partial x} & \dfrac{\partial}{\partial y} & \dfrac{\partial}{\partial z} \\ H_x & H_y & 0 \end{vmatrix} = \boldsymbol{k}\left(\frac{\partial H_y}{\partial x} - \frac{\partial H_x}{\partial y}\right)$$

より，磁界ベクトル $\boldsymbol{H}$ の回転の z 成分に等しい．また，電流密度ベクトル $\boldsymbol{J}$ は $\boldsymbol{J} = \boldsymbol{k}J_z$ と表すことができる．したがって，$\mathbf{rot}\,\boldsymbol{H} = \boldsymbol{J}$ である．

解答　(1)（ト）　(2)（ニ）　(3)（リ）　(4)（ホ）　(5)（ヲ）

詳細解説８　アンペアの法則の微分形

問題 16 の問題中の式①ならびに磁束密度と磁界との関係 $\boldsymbol{B} = \mu \boldsymbol{H}$ から，**アンペアの周回積分の法則**は次式となる．

$$\oint_C \boldsymbol{B} \cdot \mathrm{d}\boldsymbol{l} = \mu I \qquad (1 \cdot 49)$$

さて，電流は，空間上に分布する電荷が動いた場合も電流とみなすことができる．そこで，単位面積当たりの電流すなわち電流密度ベクトルを $\boldsymbol{J}$ とするとき，ある微小な面を通過する電流 I は，その微小な面積ベクトルを $\mathrm{d}\boldsymbol{S}$ として

$$I = \boldsymbol{J} \cdot \mathrm{d}\boldsymbol{S} \qquad (1 \cdot 50)$$

と表すことができる．式(1・50)を式(1・49)に代入すれば，次式となる．

$$\oint_C \boldsymbol{B} \cdot \mathrm{d}\boldsymbol{l} = \mu \int_S \boldsymbol{J} \cdot \mathrm{d}\boldsymbol{S} \qquad (1 \cdot 51)$$

この式(1・51)の左辺に，式(1・20)のストークスの定理を適用すれば次式となる．

$$\int_C \boldsymbol{B} \cdot \mathrm{d}\boldsymbol{l} = \int_S \mathrm{rot}\,\boldsymbol{B} \cdot \mathrm{d}\boldsymbol{S} \qquad (1 \cdot 52)$$

このため，式(1･51)と式(1･52)の右辺どうしが等しいから

$$\int_{\mathrm{S}} \mathrm{rot}\, \boldsymbol{B} \cdot \mathrm{d}\boldsymbol{S} = \mu \int_{\mathrm{S}} \boldsymbol{J} \cdot \mathrm{d}\boldsymbol{S} \qquad \therefore \quad \mathbf{rot}\, \boldsymbol{B} = \mu \boldsymbol{J} \qquad (1\cdot 53)$$

これが**アンペアの法則の微分形**である．

問題 17 円電流，有限長ソレノイドが作り出す磁束密度 (H30-A1)

次の文章は，円電流が作り出す磁束密度に関する記述である．なお，μ_0 は真空の透磁率である．

図1に示すように z 軸を中心とし，$z=\zeta$ の位置に中心をもつ半径 a の円電流 I が原点（z 軸上の $z=0$ の点）に作る磁束密度をビオ・サバールの法則を用いて求める．円電流上の電流素片 $I\mathrm{d}s$（$\mathrm{d}s$ は円電流に沿った微小区間の長さ）と原点を結んだ直線と z 軸とのなす角度を θ とすると，$\sin\theta = \dfrac{a}{\sqrt{a^2+\zeta^2}}$ が成立することから，電流素片が原点に作る磁束密度の z 方向の成分は θ を用いて

$$\mathrm{d}B_{\mathrm{z}} = \frac{\mu_0 I}{4\pi}\frac{\sin^3\theta}{a^2}\mathrm{d}s$$

と表される．これを円周方向に線積分すると，円電流 I が原点に作る磁束密度の z 方向成分は

$$B_{\mathrm{z}}(\theta) = \boxed{\quad (1) \quad}$$

と求められる．一方，原点における磁束密度の z 軸に直交する成分は，対称性から

$$B_{\perp}(\theta) = \boxed{\quad (2) \quad}$$

となる．

次に，図2に示すように z 軸を中心軸とし，原点を中心とする半径 a，長さ $2a$ の有限長ソレノイドを考える．$z=\zeta$ の位置に中心をもつ円電流 I が原点に作る磁束密度の z 方向成分を $B_{\mathrm{z}}(\zeta)$ と置くと，単位長当たりの巻き数 n が十分に大きい場合には，ソレノイドに流れる電流 I がソレノイドの中心に作る磁束密度は

$$B_1 = \int_{-a}^{a} nB_{\mathrm{z}}(\zeta)\,\mathrm{d}\zeta$$

と表される．いま，ソレノイド上の電流素片と原点を結んだ直線と z 軸との

なす角度をθとすると，$\zeta=\dfrac{a}{\tan\theta}$の関係が成り立つので，$\mathrm{d}\zeta=-\dfrac{a}{\sin^2\theta}\mathrm{d}\theta$を利用して変数変換すると

$$B_1=\int_{3\pi/4}^{\pi/4}\boxed{\ (3)\ }\,\mathrm{d}\theta=\boxed{\ (4)\ }$$

となる．

同様に，無限長ソレノイドの軸上の磁束密度は

$$B_2=\boxed{\ (5)\ }$$

と求められる．

解答群

（イ）　$\mu_0 I$

（ロ）　$\dfrac{\mu_0 I}{2}\dfrac{\sin^3\theta}{a}$

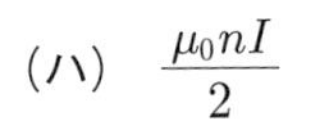

（ハ）　$\dfrac{\mu_0 nI}{2}$

（ニ）　$2\mu_0 nI$

（ホ）　$\mu_0 nI$

（ヘ）　$-\dfrac{\mu_0 nI}{2}\sin\theta$

（ト）　$\dfrac{\mu_0 nI}{\sqrt{2}}$

（チ）　$-\dfrac{\mu_0 nI}{2}$

（リ）　$4\mu_0 nI$　　（ヌ）　$\sqrt{2}\mu_0 nI$　　（ル）　$\dfrac{\mu_0 I}{2}\dfrac{\sin^2\theta}{a}$

（ヲ）　$\dfrac{\mu_0 I}{2a}$　　（ワ）　0　　（カ）　$-\mu_0 nI\dfrac{a}{\sin\theta}$　　（ヨ）　$\mu_0 I\sin\theta$

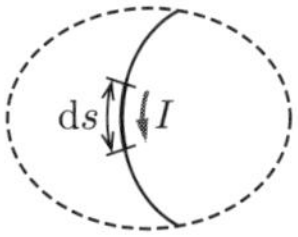

電流素片の周辺拡大図

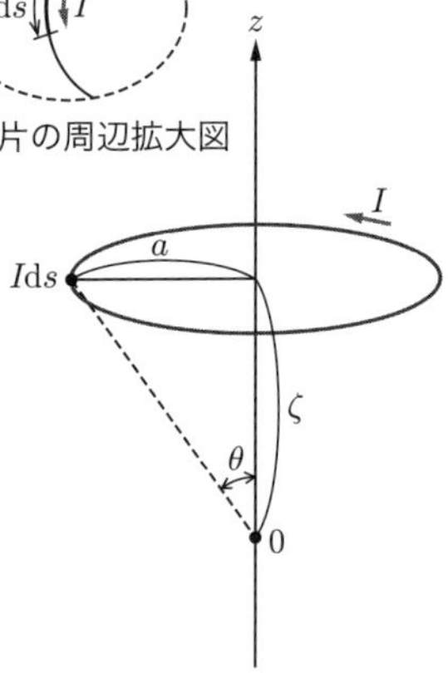

図1

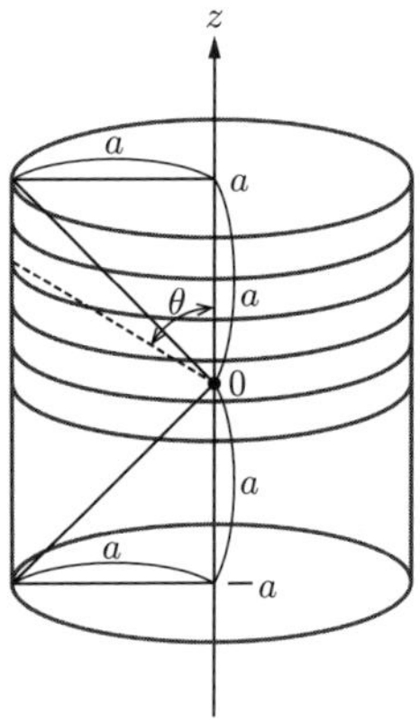

図2

―攻略ポイント―

平成25年にもビオ・サバールの法則に基づいて円電流が円中心に作る磁束密度を求める別解法の計算（問題18）が出題されている．三角関数に関する微積分に慣れておく．

解説　(1) 解図のように，電流素片 Ids が原点に作る磁束密度は電流素片の位置によって向きが変わるので，z 軸方向の成分 $B_z(\theta)$ と z 軸に垂直な成分 $B_\perp(\theta)$ とに分解する．電流素片 Ids が原点に作る磁束密度の z 軸方向の成分 $\mathrm{d}B_z$ の式を利用し，円電流 I が原点に作る磁束密度 B_z は

$$B_z(\theta) = \int \mathrm{d}B_z = \int_0^{2\pi a} \frac{\mu_0 I}{4\pi}\frac{\sin^3\theta}{a^2}\mathrm{d}s = \frac{\mu_0 I}{4\pi}\frac{\sin^3\theta}{a^2}\int_0^{2\pi a}\mathrm{d}s$$

$$= \boldsymbol{\frac{\mu_0 I}{2}\frac{\sin^3\theta}{a}} \quad \cdots\cdots ①$$

(2) 解図のように，z 軸に垂直な成分は電流素片 Ids の位置によってその向きが変わり，円電流の全円周を考えると，$B_\perp(\theta)$ の総和は **0** になる．

(3) 題意より，z 軸上の位置 ζ と，電流素片と原点を結んだ直線が z 軸とのなす角度 θ との間には

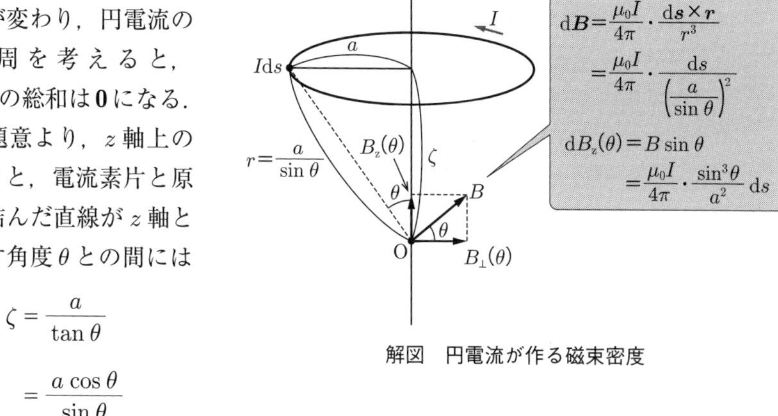

解図　円電流が作る磁束密度

$$\zeta = \frac{a}{\tan\theta}$$

$$= \frac{a\cos\theta}{\sin\theta}$$

$$\frac{\mathrm{d}\zeta}{\mathrm{d}\theta} = \frac{a(-\sin^2\theta - \cos^2\theta)}{\sin^2\theta} = \frac{-a}{\sin^2\theta}$$

の関係が成り立つから

$$B_1 = \int_{-a}^{a} nB_z(\zeta)\mathrm{d}\zeta = \int_{\frac{3}{4}\pi}^{\frac{\pi}{4}} nB_z(\theta)\left(-\frac{a}{\sin^2\theta}\right)\mathrm{d}\theta$$

これに式①を代入すれば

$$B_1 = \int_{\frac{3}{4}\pi}^{\frac{\pi}{4}} n\frac{\mu_0 I}{2}\frac{\sin^3\theta}{a}\left(-\frac{a}{\sin^2\theta}\right)\mathrm{d}\theta = \int_{\frac{3}{4}\pi}^{\frac{\pi}{4}}\left(\boldsymbol{-\frac{\mu_0 n I}{2}\sin\theta}\right)\mathrm{d}\theta \quad \cdots\cdots ②$$

(4) 式②の積分計算を行うと

$$B_1 = -\frac{\mu_0 n I}{2}\int_{\frac{3}{4}\pi}^{\frac{\pi}{4}}\sin\theta\mathrm{d}\theta = -\frac{\mu_0 n I}{2}[-\cos\theta]_{\frac{3}{4}\pi}^{\frac{\pi}{4}} = \boldsymbol{\frac{\mu_0 n I}{\sqrt{2}}}$$

(5) 無限長ソレノイドの場合，ζ は $-\infty$ から ∞ まで変化する．これを θ に置き換えると，π から 0 まで変化することに相当するので

$$B_2 = \int_{\pi}^{0}\left(-\frac{\mu_0 nI}{2}\sin\theta\right)\mathrm{d}\theta = -\frac{\mu_0 nI}{2}[-\cos\theta]_{\pi}^{0} = \boldsymbol{\mu_0 nI}$$

解答　**(1) (ロ)　(2) (ワ)　(3) (ヘ)　(4) (ト)　(5) (ホ)**

問題 18　有限長直線電流による磁界と正 n 角形の中心磁界の導出

(H25-B6)

次の文章は，電流が作る磁界に関する記述である．

透磁率 μ_0 の真空中において，半径 R の円環状の回路に流れる電流 I が円環中心点に作る磁束密度の大きさは　(1)　である．これを，ビオ・サバールの法則を用いて導出することを考える．

まず，図 1 に示すような長さ $2l$ の線分 A-B の部分を流れる電流 I が点 O にもたらす磁界の大きさを求める．このとき，点 O は点 A 及び点 B から等距離にあり，線分 A-B から距離 a の位置にあるとする．また，線分 A-B 上に図 1 に示すように x 軸を考える．

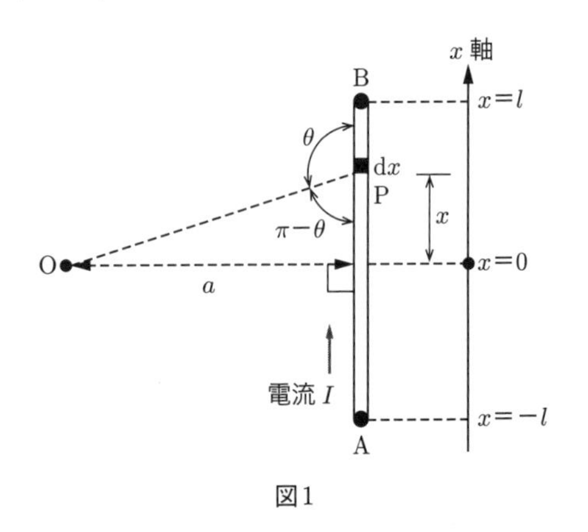

図1

線分 A-B 上の点 P について，x を a と θ を用いて表すと，$x=$　(2)　と表すことができる．このとき，$\cos\theta = -\cos(\pi-\theta)$ であることなどを参考とされたい．よって，これを θ で微分することにより，次式を得る．

$$\frac{\mathrm{d}x}{\mathrm{d}\theta} = \boxed{\quad(3)\quad}$$

ここで，微小部分 $\mathrm{d}x$ を流れる電流 I が点Oに作る磁束密度は，線分O-Pの長さを r とすると，ビオ・サバールの法則により，次式で与えられる．

$$\mathrm{d}B = \frac{\mu_0}{4\pi}\frac{I\mathrm{d}x\sin\theta}{r^2} = \frac{\mu_0 I}{4\pi}\boxed{\quad(4)\quad}\mathrm{d}\theta$$

$\angle\mathrm{OAB} = \angle\mathrm{OBA} = \theta_1$ とすると，線分A-B全体を流れる電流 I が点Oに作る磁束密度は，これを積分して，次式のように求まる．

$$B_{\mathrm{AB}} = \int_{\theta_1}^{\pi-\theta_1}\frac{\mu_0 I}{4\pi}\boxed{\quad(4)\quad}\mathrm{d}\theta = \boxed{\quad(5)\quad}$$

ただし，$\cos\theta_1 = \dfrac{l}{\sqrt{a^2+l^2}}$ であることを用いた．

次にこれを用いて，図2に示すような，半径 R の円の内接する正 n 角形状の電気回路に流れる電流 I が，その中心点Oに作る磁束密度を求める．

線分A-Bの部分が点Oに作る磁束密度 B_{AB} を R により表すことを考える．このとき，$\boxed{\quad(5)\quad}$ で求めた結果において，$a = R\cos\dfrac{\pi}{n}$，$l = R\sin\dfrac{\pi}{n}$ と表すことができるから，$B_{\mathrm{AB}} = \dfrac{\mu_0 I}{2\pi R}\tan\dfrac{\pi}{n}$ と求まる．

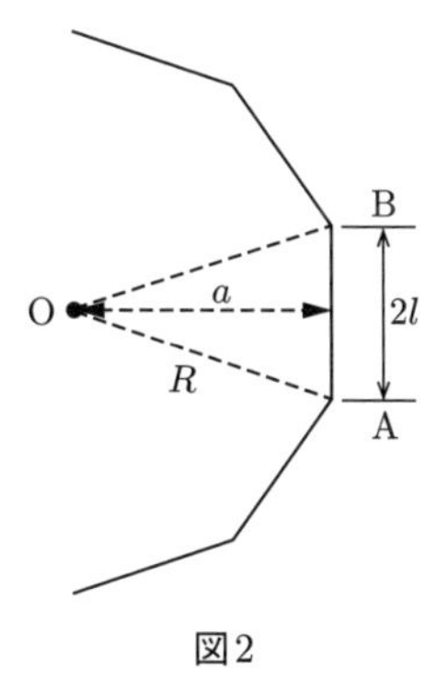

図2

よって，これを n 倍することで，正 n 角形状の電気回路に流れる電流 I が中央に作る磁束密度 B_{total} を求めることができる．ここで，$n\to\infty$ の極限値を考えると，$B_{\mathrm{total}} = \boxed{\quad(1)\quad}$ となり，円環状の回路に流れる電流が中心点に作る磁束密度の大きさと一致する．このとき，$\lim_{n\to\infty}\frac{n}{\pi}\tan\frac{\pi}{n}=1$ であることを用いた．

解答群

（イ）$a\sin\theta$	（ロ）$\frac{\mu_0 I}{2R}$	（ハ）$-a\frac{\sin\theta}{\cos\theta}$
（ニ）$-a\frac{\cos\theta}{\sin\theta}$	（ホ）$\frac{I}{2\pi R}$	（ヘ）$-\frac{a}{\cos^2\theta}$
（ト）$\frac{\mu_0 I}{2\pi R}$	（チ）$\frac{a}{\sin^2\theta}$	（リ）$\frac{\mu_0 Il}{2\pi a\sqrt{a^2+l^2}}$
（ヌ）$a\cos\theta$	（ル）$\frac{\mu_0 Il^2}{4\pi a(a^2+l^2)}$	（ヲ）$\frac{\cos^2\theta}{a}$
（ワ）$\frac{\sin\theta}{a}$	（カ）$\frac{\cos\theta}{a}$	（ヨ）$\frac{\mu_0 Il}{4\pi a\sqrt{a^2+l^2}}$

―攻略ポイント―

（1）ではビオ・サバールの法則を用いた簡単な手法で解く．（2）〜（5）は有限長直線電流が作る磁界であり，これを正 n 角形に展開し，円の中心の磁界を求める．

解説　（1）解図 1 に示すように，半径 R の円環状回路の任意の微小部分 $\mathrm{d}l$ を流れる電流 I により，円環の中心点に作る磁束密度 $\mathrm{d}B$ は，ビオ・サバールの法則の式において，$\mathrm{d}l$ と半径とがなす角度が $90°$ であるから

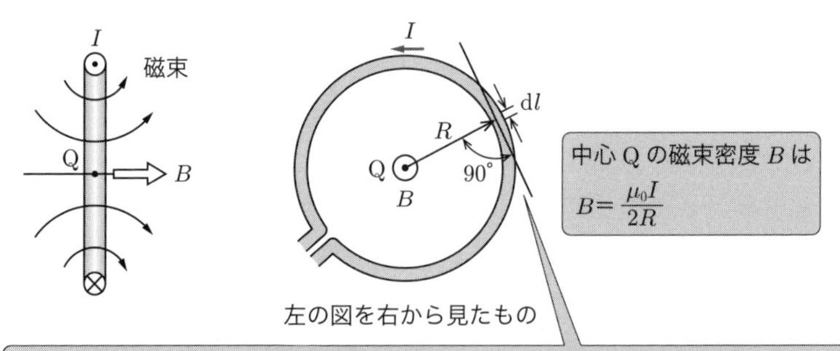

解図　円環状回路による磁束密度

$$\mathrm{d}B=\frac{\mu_0 I\mathrm{d}l\sin 90^\circ}{4\pi R^2}=\frac{\mu_0 I\mathrm{d}l}{4\pi R^2}$$

ここで，円環状のどの $I\mathrm{d}l$ に対しても，中心点 Q における $\mathrm{d}B$ は同じ向きであるため，中心点 Q における磁束密度 B は $\mathrm{d}B$ を加え合わせればよい．

$$B=\int \mathrm{d}B=\frac{\mu_0 I}{4\pi R^2}\int \mathrm{d}l=\frac{\mu_0 I}{4\pi R^2}\cdot 2\pi R=\boldsymbol{\frac{\mu_0 I}{2R}}$$

(2) 図 1 において，点 O から線分 AB に下ろした垂線の足を点 C とし，三角形 OPC に着目すると

$$x=\frac{a}{\tan(\pi-\theta)}=a\frac{\cos(\pi-\theta)}{\sin(\pi-\theta)}=\boldsymbol{-a\frac{\cos\theta}{\sin\theta}} \quad \cdots\cdots ①$$

(3) 式①を θ で微分すると，次式となる．

$$\frac{\mathrm{d}x}{\mathrm{d}\theta}=-a\frac{-\sin^2\theta-\cos^2\theta}{\sin^2\theta}=a\frac{\sin^2\theta+\cos^2\theta}{\sin^2\theta}=\boldsymbol{\frac{a}{\sin^2\theta}} \quad \cdots\cdots ②$$

(4) 微小部分 $\mathrm{d}x$ を流れる電流 I が点 O に作る磁束密度 $\mathrm{d}B$ は，線分 OP の長さを r とすれば，ビオ・サバールの法則より，次式となる．

$$\mathrm{d}B=\frac{\mu_0}{4\pi}\cdot\frac{I\mathrm{d}x}{r^2}\sin\theta \quad \cdots\cdots ③$$

ここで，r と a および θ には次式が成り立つ．

$$r^2=a^2+x^2=a^2+a^2\frac{\cos^2\theta}{\sin^2\theta}=\frac{a^2(\sin^2\theta+\cos^2\theta)}{\sin^2\theta}=\frac{a^2}{\sin^2\theta} \quad \cdots\cdots ④$$

したがって，式③に式②および式④を代入すれば

$$\mathrm{d}B=\frac{\mu_0}{4\pi}\cdot\frac{I\cdot\dfrac{a}{\sin^2\theta}\mathrm{d}\theta}{\dfrac{a^2}{\sin^2\theta}}\cdot\sin\theta=\frac{\mu_0 I}{4\pi}\cdot\boldsymbol{\frac{\sin\theta}{a}}\mathrm{d}\theta \quad \cdots\cdots ⑤$$

(5) $\angle\mathrm{OAB}=\angle\mathrm{OBA}=\theta_1$ とすれば，線分 AB 全体を流れる電流 I が点 O に作る磁束密度は，式⑤を θ_1 から $\pi-\theta_1$ まで積分して

$$B_{\mathrm{AB}}=\int_{\theta_1}^{\pi-\theta_1}\frac{\mu_0 I}{4\pi}\cdot\boldsymbol{\frac{\sin\theta}{a}}\mathrm{d}\theta=\frac{\mu_0 I}{4\pi a}\int_{\theta_1}^{\pi-\theta_1}\sin\theta\mathrm{d}\theta=\frac{\mu_0 I}{4\pi a}[-\cos\theta]_{\theta_1}^{\pi-\theta_1}$$

$$=\frac{\mu_0 I}{4\pi a}\{-\cos(\pi-\theta_1)+\cos\theta_1\}=\frac{\mu_0 I}{2\pi a}\cos\theta_1=\boldsymbol{\frac{\mu_0 Il}{2\pi a\sqrt{a^2+l^2}}}$$

これを活用して，半径 R の円に内接する正 n 角形状の電気回路に流れる電流 I がその中心点に作る磁界を求める．線分 AB が点 O に作る磁束密度 B_{AB} は $a=$

$R\cos(\pi/n)$，$l=R\sin(\pi/n)$ と表すことができるので，次式となる．

$$B_{\mathrm{AB}}=\frac{\mu_0 IR\sin\dfrac{\pi}{n}}{2\pi R\cos\dfrac{\pi}{n}\sqrt{R^2\cos^2\dfrac{\pi}{n}+R^2\sin^2\dfrac{\pi}{n}}}=\frac{\mu_0 I\sin\dfrac{\pi}{n}}{2\pi R\cos\dfrac{\pi}{n}}=\frac{\mu_0 I}{2\pi R}\tan\frac{\pi}{n}$$

したがって，これを n 倍することにより，電流 I が中央に作る磁束密度 B_{total} を求めることができる．ここで，n の極限値を考えれば

$$B_{\mathrm{total}}=\lim_{n\to\infty}\left[n\times\frac{\mu_0 I}{2\pi R}\tan\frac{\pi}{n}\right]=\frac{\mu_0 I}{2R}\times\lim_{n\to\infty}\left[\frac{n}{\pi}\tan\frac{\pi}{n}\right]=\frac{\mu_0 I}{2R}$$

解答　(1)（ロ）　(2)（ニ）　(3)（チ）　(4)（ワ）　(5)（リ）

問題19　ベクトルポテンシャルによる磁束密度の計算　(H22-A1)

次の文章は，直線状の無限長導体に流れる電流が作る磁界に関する記述である．

xyz 直角座標系において磁束密度 $\boldsymbol{B}=(B_{\mathrm{x}}, B_{\mathrm{y}}, B_{\mathrm{z}})$ に対して，次の式を満足するベクトル $\boldsymbol{A}=(A_{\mathrm{x}}, A_{\mathrm{y}}, A_{\mathrm{z}})$ を，$\boldsymbol{B}$ のベクトルポテンシャルという．

$$\boldsymbol{B}=\mathrm{rot}\,\boldsymbol{A}=\left(\frac{\partial A_{\mathrm{z}}}{\partial y}-\frac{\partial A_{\mathrm{y}}}{\partial z},\frac{\partial A_{\mathrm{x}}}{\partial z}-\frac{\partial A_{\mathrm{z}}}{\partial x},\frac{\partial A_{\mathrm{y}}}{\partial x}-\frac{\partial A_{\mathrm{x}}}{\partial y}\right)\cdots\cdots①$$

図に示すように，真空中において，z 軸上の無限長導体を正方向に流れる電流 I による点 P におけるベクトルポテンシャルを求めてみる．

図中の電流素片 $I\mathrm{d}\boldsymbol{l}$ による点 $\mathrm{P}(x, y, 0)$ における磁束密度 $\mathrm{d}\boldsymbol{B}$ のベクトルポテンシャル $\mathrm{d}\boldsymbol{A}$ は，点 P の $I\mathrm{d}\boldsymbol{l}$ からの距離を r として，次式で与えられる．ここで，μ_0 は真空の透磁率である．

$$\mathrm{d}\boldsymbol{A}=\frac{\mu_0 I\mathrm{d}\boldsymbol{l}}{4\pi r}\cdots\cdots②$$

電流が z 軸方向成分しか持たないことから，ベクトルポテンシャルは [(1)] 方向成分だけを持つ．

点 z_1 から点 z_2 に流れる電流による，点 P におけるベクトルポテンシャルの [(1)] 方向成分 $A_{(1)\text{成分}}{}^{z_1z_2}$ は，式②から次式で表される．

$$A_{(1)\text{成分}}{}^{z_1z_2}=\frac{\mu_0 I}{4\pi}\int_{z_1}^{z_2}\boxed{\ (2)\ }\,\mathrm{d}z\cdots\cdots③$$

$$=\frac{\mu_0 I}{4\pi}\ln\frac{z_2+\sqrt{x^2+y^2+z_2{}^2}}{z_1+\sqrt{x^2+y^2+z_1{}^2}} \cdots\cdots ④$$

ここで，$z_1\to-\infty$，$z_2\to+\infty$とすると，ベクトルポテンシャルは発散してしまう．

そこで，z軸からの距離1 mの点のベクトルポテンシャルを基準として，点Pのベクトルポテンシャルを表すことを考える．すなわち，式③で表される任意の点のベクトルポテンシャルと，基準のベクトルポテンシャルとの差として新たにベクトルポテンシャルを表すことを考える．また，対称性を考慮して，$-\infty$から$+\infty$までの積分の代わりに0から$+\infty$までの積分値を2倍することで，次式を得る．

$$A_{(1)成分}=2\times\frac{\mu_0 I}{4\pi}\int_0^{\infty}\left(\boxed{\ (2)\ }-\boxed{\ (3)\ }\right)\mathrm{d}z \cdots\cdots ⑤$$

この積分計算を行うと，$A_{(1)成分}$は次式のように求めることができる．

$$A_{(1)成分}=-\frac{\mu_0 I}{4\pi}\ln(x^2+y^2) \cdots\cdots ⑥$$

これを式①に代入することで，点Pの磁束密度の各成分を求めることができる．例えば，磁束密度のx軸方向成分B_xは次式のとおり求まる．

$$B_x=-\frac{\mu_0 I}{2\pi}\times\boxed{\ (4)\ } \cdots ⑦$$

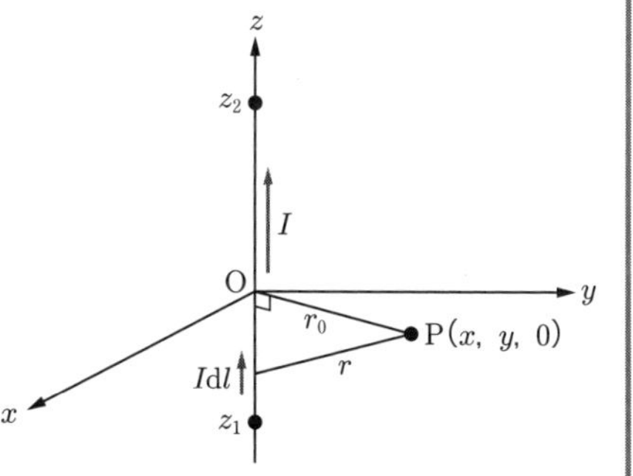

同様にして，B_y，B_zを求めることができ，これらより点Pにおける磁束密度Bの大きさは以下のように表すことができる．

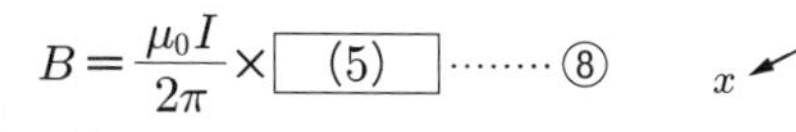

$$B=\frac{\mu_0 I}{2\pi}\times\boxed{\ (5)\ } \cdots\cdots ⑧$$

解答群

（イ）$\sqrt{x^2+y^2}$　（ロ）$\dfrac{y}{x^2+y^2}$　（ハ）$\dfrac{1}{z+\sqrt{x^2+y^2}}$

（ニ）$\dfrac{1}{x^2+y^2}$　（ホ）y　軸　（ヘ）$\sqrt{1+z^2}$

（ト）$\dfrac{y}{\sqrt{x^2+y^2}}$　（チ）$z+\sqrt{x^2+y^2+z^2}$　（リ）$\dfrac{1}{\sqrt{x^2+y^2+z^2}}$

(ヌ) $\dfrac{x}{x^2+y^2}$	(ル) $\dfrac{1}{\sqrt{1+z^2}}$	(ヲ) z 軸
(ワ) $z+\sqrt{1+z^2}$	(カ) x 軸	(ヨ) $\dfrac{1}{\sqrt{x^2+y^2}}$

— 攻略ポイント —

平成22，28年にベクトルポテンシャルに関する出題がされている．問題が考え方を丁寧に誘導しているため，その誘導にしたがって確実に計算する．

解説　(1) 問題中の式②を見れば，ベクトルポテンシャル $\mathrm{d}\boldsymbol{A}$ は，電流素片 $I\mathrm{d}\boldsymbol{l}$ と同じ方向をもつことがわかる．問題図に示すように，電流は z 軸上を流れているので，ベクトルポテンシャルは x 軸および y 軸方向には成分をもたず，**z 軸**方向成分だけをもつ．

$$A_{\mathrm{x}}=0,\quad A_{\mathrm{y}}=0$$

(2) 問題中の式②と式③を見比べれば，r に相当する式を入れればよい．問題図を見れば，r は三平方の定理より，$r=\sqrt{{r_0}^2+z^2}=\sqrt{x^2+y^2+z^2}$

点 z_1 から点 z_2 に流れる電流による点Pのベクトルポテンシャルの z 軸方向成分 ${A_{(1)\text{成分}}}^{z_1z_2}$ は

$$\begin{aligned}
{A_{(1)\text{成分}}}^{z_1z_2}&=\frac{\mu_0 I}{4\pi}\int_{z_1}^{z_2}\frac{1}{r}\mathrm{d}z=\frac{\mu_0 I}{4\pi}\int_{z_1}^{z_2}\boldsymbol{\frac{1}{\sqrt{x^2+y^2+z^2}}}\mathrm{d}z\\
&=\frac{\mu_0 I}{4\pi}\left[\ln\left(z+\sqrt{x^2+y^2+z^2}\right)\right]_{z_1}^{z_2}\\
&=\frac{\mu_0 I}{4\pi}\left\{\ln\left(z_2+\sqrt{x^2+y^2+{z_2}^2}\right)-\ln\left(z_1+\sqrt{x^2+y^2+{z_1}^2}\right)\right\}\\
&=\frac{\mu_0 I}{4\pi}\ln\frac{z_2+\sqrt{x^2+y^2+{z_2}^2}}{z_1+\sqrt{x^2+y^2+{z_1}^2}}
\end{aligned}$$

(ここでは，積分の公式 $\displaystyle\int\frac{\mathrm{d}z}{\sqrt{z^2+A}}=\ln\left(z+\sqrt{z^2+A}\right)$ $(A\neq 0)$ を活用)

(3) 問題の誘導にしたがって，任意の点のベクトルポテンシャルと基準のベクトルポテンシャルとの差として定義する新たなベクトルポテンシャル $A_{(1)\text{成分}}$ は

$$A_{(1)\text{成分}}=\frac{\mu_0 I}{4\pi}\int_{-\infty}^{\infty}\left(\frac{1}{\sqrt{x^2+y^2+z^2}}-\frac{1}{\sqrt{1+z^2}}\right)\mathrm{d}z$$

$$= 2 \times \frac{\mu_0 I}{4\pi} \int_0^{\infty} \left(\frac{\mathbf{1}}{\sqrt{\boldsymbol{x^2+y^2+z^2}}} - \frac{\mathbf{1}}{\sqrt{\mathbf{1}+\boldsymbol{z^2}}} \right) \mathrm{d}z$$

となる．上述の公式を活用し，この積分計算を行うと

$$A_{(1)成分} = 2 \times \frac{\mu_0 I}{4\pi} \left[\ln\left(z+\sqrt{x^2+y^2+z^2}\right) - \ln\left(z+\sqrt{1+z^2}\right) \right]_0^{\infty}$$

$$= \frac{\mu_0 I}{2\pi} \left[\ln \frac{z+\sqrt{x^2+y^2+z^2}}{z+\sqrt{1+z^2}} \right]_0^{\infty}$$

$$= \frac{\mu_0 I}{2\pi} \left\{ \lim_{z\to\infty} \left(\ln \frac{1+\sqrt{\dfrac{x^2+y^2}{z^2}+1}}{1+\sqrt{\dfrac{1}{z^2}+1}} \right) - \ln \frac{0+\sqrt{x^2+y^2+0^2}}{0+\sqrt{1+0^2}} \right\}$$

$$= \frac{\mu_0 I}{2\pi} \left(\ln 1 - \ln\sqrt{x^2+y^2} \right)$$

$$= -\frac{\mu_0 I}{4\pi} \ln\left(x^2+y^2\right)$$

(4) 磁束密度 $\boldsymbol{B}$ は，問題中の式①のようにベクトルポテンシャル $\boldsymbol{A}$ の回転（rot）なので，その式①に問題中の式⑥を代入して計算すればよい．点 P における磁束密度の各成分は次式となる．

$$\boldsymbol{B} = \mathrm{rot}\ \boldsymbol{A} = \left(\frac{\partial A_{\mathrm{z}}}{\partial y} - \frac{\partial A_{\mathrm{y}}}{\partial z}, \frac{\partial A_{\mathrm{x}}}{\partial z} - \frac{\partial A_{\mathrm{z}}}{\partial x}, \frac{\partial A_{\mathrm{y}}}{\partial x} - \frac{\partial A_{\mathrm{x}}}{\partial y} \right)$$

$$B_{\mathrm{x}} = \frac{\partial A_{\mathrm{z}}}{\partial y} - \frac{\partial A_{\mathrm{y}}}{\partial z} = \frac{\partial}{\partial y} \left\{ -\frac{\mu_0 I}{4\pi} \ln\left(x^2+y^2\right) \right\} - 0 = -\frac{\mu_0 I}{4\pi} \cdot \frac{2y}{x^2+y^2}$$

$$= -\frac{\mu_0 I}{2\pi} \cdot \frac{\boldsymbol{y}}{\boldsymbol{x^2+y^2}}$$

$$B_{\mathrm{y}} = \frac{\partial A_{\mathrm{x}}}{\partial z} - \frac{\partial A_{\mathrm{z}}}{\partial x} = 0 - \frac{\partial}{\partial x} \left\{ -\frac{\mu_0 I}{4\pi} \ln\left(x^2+y^2\right) \right\} = \frac{\mu_0 I}{4\pi} \cdot \frac{2x}{x^2+y^2}$$

$$= \frac{\mu_0 I}{2\pi} \cdot \frac{x}{x^2+y^2}$$

$$B_{\mathrm{z}} = \frac{\partial A_{\mathrm{y}}}{\partial x} - \frac{\partial A_{\mathrm{x}}}{\partial y} = 0 - 0 = 0$$

(5) 点 P の磁束密度 B の大きさは，(4) の B_{x}，B_{y}，B_{z} を利用して

$$B = \sqrt{{B_{\mathrm{x}}}^2 + {B_{\mathrm{y}}}^2 + {B_{\mathrm{z}}}^2} = \sqrt{\left(-\frac{\mu_0 I}{2\pi} \cdot \frac{y}{x^2+y^2} \right)^2 + \left(\frac{\mu_0 I}{2\pi} \cdot \frac{x}{x^2+y^2} \right)^2 + 0^2}$$

$$= \frac{\mu_0 I}{2\pi} \cdot \frac{\sqrt{x^2+y^2}}{x^2+y^2} = \frac{\mu_0 I}{2\pi} \cdot \frac{1}{\sqrt{x^2+y^2}}$$

解答　(1) (ヲ)　(2) (リ)　(3) (ル)　(4) (ロ)　(5) (ヨ)

詳細解説9　ベクトルポテンシャル

(1) 磁界における基本的な式

真空中で電流の作る磁界について，次の二つの式が成り立つ．

$$\mathrm{div}\,\boldsymbol{B} = 0 \qquad (1 \cdot 54)$$

$$\mathrm{rot}\,\boldsymbol{B} = \mu \boldsymbol{J} \qquad (1 \cdot 55)$$

式(1･54)は，**磁束が常に連続**であることを表している．また，式(1･55)は，式(1･53)に示したアンペアの法則の微分形である．

(2) ベクトルポテンシャル

静電界は保存的であり，単位電荷がもつ位置エネルギーを電位として定義し，式(1･7)に示すように電界 $\boldsymbol{E}$ は $\boldsymbol{E} = -\mathrm{grad}\,\phi(x) = -\nabla\phi(x)$ として求めることができる．電位はスカラ量であり，位置エネルギーがポテンシャルエネルギーとも呼ばれるため，電位はスカラポテンシャルと呼ばれることもある．そして，電位は，図1･2に示すように，電界の発生源である電荷の周りに放射状に発生する．

これに対して，磁束密度 $\boldsymbol{B}$ を求められるようなポテンシャルがベクトルポテンシャルである．

本問題中に示すように，ベクトルポテンシャルを $\boldsymbol{A}$ とすれば，磁束密度 $\boldsymbol{B}$ は

$$\boldsymbol{B} = \mathrm{rot}\,\boldsymbol{A} \qquad (1 \cdot 56)$$

として求められる．ベクトルポテンシャルは，図1･18に示すように磁界の発生源である電流の周りに発生する．そして，ベクトルポテンシャルは電流と同じ y 軸方向を

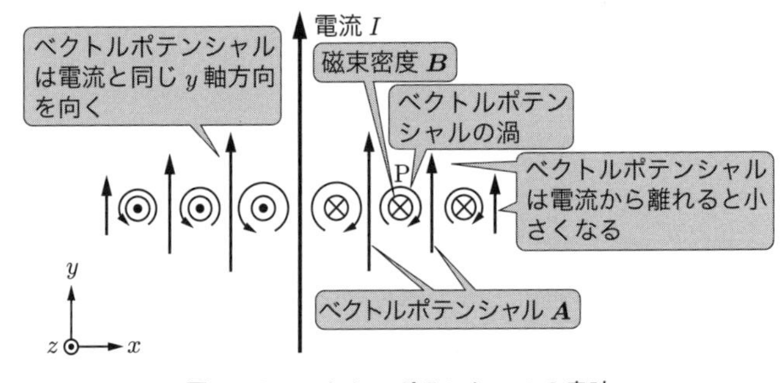

図1･18　ベクトルポテンシャルの意味

向いており，電流から離れるにしたがって小さくなる．そこで，点Pにはベクトルポテンシャルによって右回りの渦ができる．すなわち，点Pにおけるベクトルポテンシャル $\boldsymbol{A}$ の回転 rot $\boldsymbol{A}$ は，z 軸の負の方向を向く．

一方，磁束密度 $\boldsymbol{B}$ は，電流 $\boldsymbol{I}$ の周りに右ねじの向きに発生するから，rot $\boldsymbol{A}$ と同様に z 軸の負の方向を向く．すなわち，ベクトルポテンシャルは，その回転が磁束密度と一致するように定義したものである．このことは，式(1･56)を表している．

問題 20　円筒座標系におけるベクトルポテンシャルと磁束密度 (H28-A2)

次の文章は，ベクトルポテンシャル，磁界及び電流に関する記述である．

なお，ベクトルポテンシャルとは磁束密度 $\boldsymbol{B}$ に対して $\boldsymbol{B}=\nabla\times\boldsymbol{A}$ を満たすベクトル $\boldsymbol{A}$ のことであり，円筒座標系では，

$$\begin{pmatrix} B_{\mathrm{r}} \\ B_{\theta} \\ B_{\mathrm{z}} \end{pmatrix} = \nabla\times\begin{pmatrix} A_{\mathrm{r}} \\ A_{\theta} \\ A_{\mathrm{z}} \end{pmatrix} = \begin{pmatrix} \dfrac{1}{r}\dfrac{\partial A_{\mathrm{z}}}{\partial\theta}-\dfrac{\partial A_{\theta}}{\partial z} \\ \dfrac{\partial A_{\mathrm{r}}}{\partial z}-\dfrac{\partial A_{\mathrm{z}}}{\partial r} \\ \dfrac{1}{r}\dfrac{\partial(rA_{\theta})}{\partial r}-\dfrac{1}{r}\dfrac{\partial A_{\mathrm{r}}}{\partial\theta} \end{pmatrix}$$

と与えられる．

図のような円筒座標系において，以下の式①及び式②のように半径 r の関数として定義されたベクトルポテンシャル $\boldsymbol{A}$ を考える．なお，k は定数であり，μ_0 は真空の透磁率である．

$$A_{\mathrm{r}}(r,\theta,z)=A_{\mathrm{z}}(r,\theta,z)=0 \quad \cdots\cdots ①$$

$$A_{\theta}(r,\theta,z)=\begin{cases} kr & (r\leqq a) \\ \dfrac{ka^2}{r} & (r>a) \end{cases} \quad \cdots\cdots ②$$

$r<a$ における磁束密度は

$B_{\mathrm{r}}=0$，$B_{\theta}=$ (1)，$B_{\mathrm{z}}=$ (2)

$r>a$ における磁束密度は

$B_{\mathrm{r}}=0$，$B_{\theta}=$ (1)，$B_{\mathrm{z}}=$ (1)

となる．

次に，このような磁界分布を形成する電流を考える．図中の閉路Cについてアンペールの法則を適用すると，電流は $r=a$ の円筒面を (3) 方向に

流れていることになり，上記の分布は $\boxed{(4)}$ に流れる電流が作り出す磁界を表していることがわかる．

z 方向単位長当たりの電流密度が J である $\boxed{(4)}$ に流れる電流の内部には磁束密度 $\mu_0 J$ の一様な磁界が形成されることから，ベクトルポテンシャル $\boldsymbol{A}$ は z 方向単位長当たりの電流密度 $\boxed{(5)}$ の $\boxed{(3)}$ 方向電流によって形成されていることがわかる．

解答群

(イ) $\dfrac{1}{k}$　(ロ) θ

(ハ) $\dfrac{2k}{\mu_0}$　(ニ) 直線状

(ホ) $\mu_0 k$　(へ) r

(ト) $2k$　(チ) k

(リ) $\dfrac{k}{r}$　(ヌ) $\dfrac{k}{r^2}$

(ル) 無限長直線状ソレノイド

(ヲ) $\dfrac{k}{2\pi\mu_0}$　(ワ) 0

(カ) 円環状ソレノイド　(ヨ) z

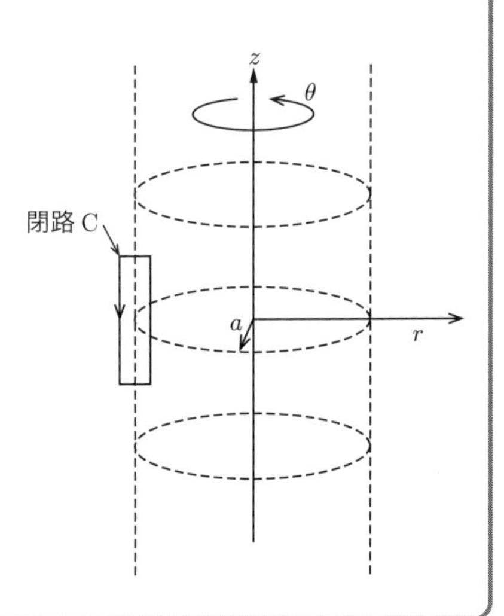

— 攻略ポイント —

問題19と詳細解説9で学んだベクトルポテンシャルを思い浮かべながら，問題の誘導に従って丁寧に計算すればよい．

解説　(1)(2) 問題中の式①と式②を，磁束密度とベクトルポテンシャルの関係式へ代入する．

$$(B_{\mathrm{r}}, B_\theta, B_{\mathrm{z}}) = \left(\frac{1}{r}\frac{\partial A_{\mathrm{z}}}{\partial \theta} - \frac{\partial A_\theta}{\partial z}, \frac{\partial A_{\mathrm{r}}}{\partial z} - \frac{\partial A_{\mathrm{z}}}{\partial r}, \frac{1}{r}\frac{\partial (rA_\theta)}{\partial r} - \frac{1}{r}\frac{\partial A_{\mathrm{r}}}{\partial \theta}\right)$$

① $r \leqq a$ のとき

$$\begin{pmatrix} B_r \\ B_\theta \\ B_z \end{pmatrix} = \begin{pmatrix} \dfrac{1}{r}\dfrac{\partial(0)}{\partial\theta} - \dfrac{\partial(kr)}{\partial z} \\ \dfrac{\partial(0)}{\partial z} - \dfrac{\partial(0)}{\partial r} \\ \dfrac{1}{r}\dfrac{\partial(r \times kr)}{\partial r} - \dfrac{1}{r}\dfrac{\partial(0)}{\partial\theta} \end{pmatrix} = \begin{pmatrix} -\dfrac{\partial(kr)}{\partial z} \\ 0 \\ \dfrac{1}{r}\dfrac{\partial(kr^2)}{\partial r} \end{pmatrix} = \begin{pmatrix} 0 \\ \mathbf{0} \\ \mathbf{2k} \end{pmatrix}$$

② $r>a$ のとき

$$\begin{pmatrix} B_r \\ B_\theta \\ B_z \end{pmatrix} = \begin{pmatrix} \dfrac{1}{r}\dfrac{\partial(0)}{\partial\theta} - \dfrac{\partial\left(\dfrac{ka^2}{r}\right)}{\partial z} \\ \dfrac{\partial(0)}{\partial z} - \dfrac{\partial(0)}{\partial r} \\ \dfrac{1}{r}\dfrac{\partial\left(r \times \dfrac{ka^2}{r}\right)}{\partial r} - \dfrac{1}{r}\dfrac{\partial(0)}{\partial\theta} \end{pmatrix} = \begin{pmatrix} -\dfrac{\partial\left(\dfrac{ka^2}{r}\right)}{\partial z} \\ 0 \\ \dfrac{1}{r}\dfrac{\partial(ka^2)}{\partial r} \end{pmatrix} = \begin{pmatrix} 0 \\ \mathbf{0} \\ \mathbf{0} \end{pmatrix}$$

(3)（4）（5）上述の結果より，磁束密度 B は $r>a$ のときには零，$r \leqq a$ のときには z 方向成分のみで r に依存せず一様である．したがって，電流は円柱内を円周上に $\boldsymbol{\theta}$ の方向に流れるとともに円柱側面の表面上を流れる**無限長直線状ソレノイド**の電流となることがわかる．

アンペアの周回積分の法則により，分析する．題意から，電流密度 J は z 方向の単位長当たりの電流である．解図において，長方形の閉路 C を想定して磁束密度 B の線積分を求めると，辺 CD は円筒外部で磁束密度が零なので線積分は零，辺 BC と辺 DA は磁束と閉路が直交するので零になる．このため，磁束と閉路が平行で同方向の辺 AB の線積分だけ考えればよい．単位断面積当たりの電流密度を i とすれば，アンペアの周回積分の法則より

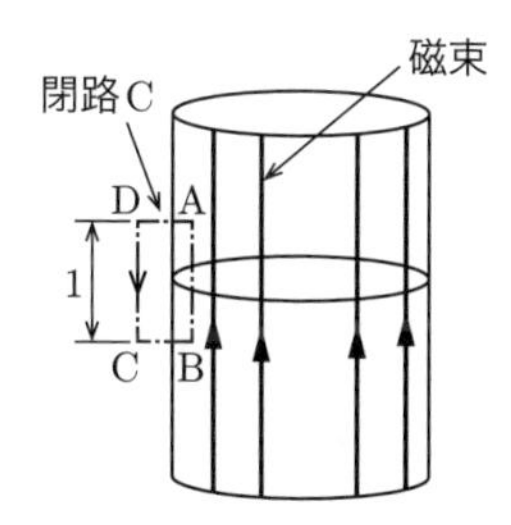

解図　アンペアの周回積分の経路

$$\oint_C \boldsymbol{B} \cdot d\boldsymbol{l} = B_z \times 1 = \mu_0 \int_S i dS$$

$$\therefore \quad \int_S i dS = \frac{B_z}{\mu_0} = \frac{\mathbf{2k}}{\boldsymbol{\mu_0}}$$

上式に示すように，z 方向の磁束密度 B_z は円筒内で一様である．仮に，電流が円筒側面の表面だけでなく，円筒内部にも分布して流れると仮定すれば，閉路 C

の辺ABの取り方によって貫通する電流$\int_S i\mathrm{d}S$が変化するので，磁束密度は一様にならない．すなわち，電流は円筒内部には流れず，円筒表面のみに流れる．

解答　(1) (ワ)　(2) (ト)　(3) (ロ)　(4) (ル)　(5) (ハ)

問題21　直流遮断器開放機構に応用される磁気回路　(R27-A2)

次の文章は，直流遮断器の開放機構などに応用される磁気回路に関する記述である．

図1は固定された鉄心Bに鉄心Aが吸着されている電磁石を示している．鉄心Bには巻線1及び巻線2が巻かれており，直流電流I_1及びI_2で励磁されている．鉄心Aにはばねの力が図の左方向に作用しており，電磁石の吸着力がばねのけん引力よりも弱まると，鉄心Aが鉄心Bから離れる仕組みとなっている．

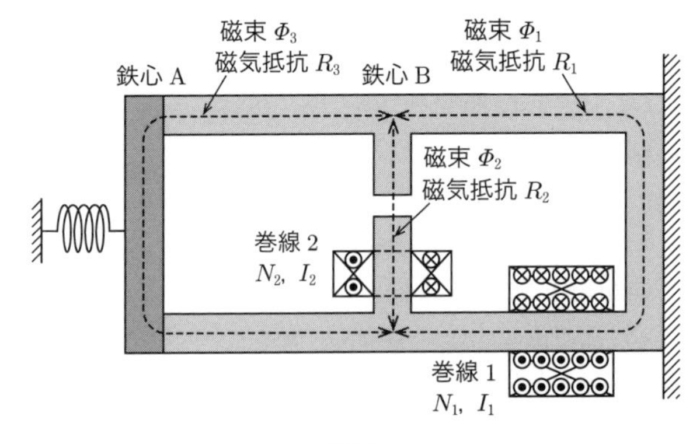

図1

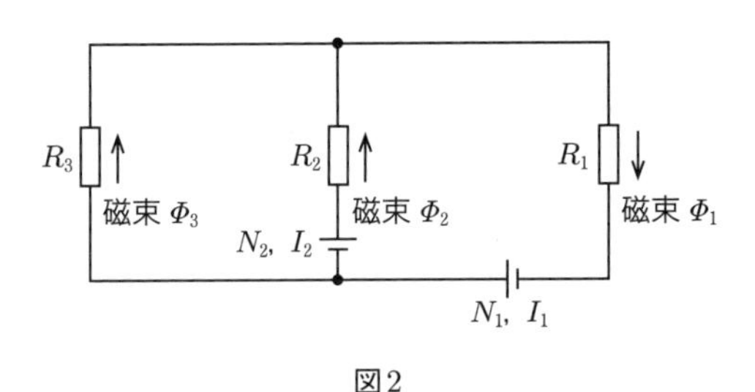

図2

図1の電磁石を磁気回路で示したのが図2である．磁気抵抗 R_1 は，鉄心Bの右側部分の磁路の磁気抵抗で，断面積 S，長さ L とすると $R_1=$ (1) と表される．磁気抵抗 R_2 は，鉄心Bの中央部分の磁路の磁気抵抗で，断面積 S，長さ l（空隙部分を含む），空隙部分の長さを g（$g \ll l$）とすると $R_2=$ (2) と表される．このとき，鉄心A，Bの比透磁率を μ_r，空気の透磁率を μ_0 とする．

鉄心Bの左側と鉄心Aからなる部分の磁路の磁気抵抗を R_3 とし，図2で示すように各部の磁束を Φ_1，Φ_2，Φ_3 とするとき，以下の磁気回路の方程式が得られる．

$$\Phi_1=\Phi_2+\Phi_3 \quad \cdots\cdots ①$$

$$N_1I_1= \boxed{(3)} \quad \cdots\cdots ②$$

$$N_1I_1+N_2I_2=R_1\Phi_1+R_2\Phi_2 \quad \cdots\cdots ③$$

このとき，式①～式③を用いて磁束 Φ_3 を求めると，磁気抵抗 R_1，R_2，R_3 及び N_1，N_2，I_1，I_2 を用いて磁束 Φ_3 は次式で表され，主回路電流 I_2 が増すと磁束 Φ_3 が減少することがわかる．

$$\Phi_3= \boxed{(4)}$$

磁気抵抗 R_1，R_2，R_3 をそれぞれ，$R_1=R_3=2.0\times10^5$ A/Wb，$R_2=1.0\times10^7$ A/Wb，巻線1の巻数を $N_1=500$，電流を $I_1=0.9$ A，巻数2の巻数を $N_2=2$ とする．また，鉄心Aの部分の磁束 Φ_3 が 0.5 mWb まで減少したとき，鉄心Aが鉄心Bから離れることとする．このとき，巻線2を流れる主回路電流 I_2 が (5)〔kA〕に達したときに直流遮断器を自動的に開放させる機構として，この電磁石を利用することができる．

解答群

（イ）$\dfrac{R_1N_1I_1-R_2N_2I_2}{R_1R_2+R_2R_3+R_3R_1}$　（ロ）$R_1\Phi_1+R_2\Phi_2$

（ハ）$\dfrac{L}{\mu_r\mu_0S}$　（ニ）$\dfrac{\mu_r\mu_0S}{L}$

（ホ）$\dfrac{R_1R_2+R_2R_3+R_3R_1}{R_2N_2I_2-R_1N_1I_1}$　（ヘ）0.23

（ト）$\dfrac{\mu_r\mu_0(l-g)}{S}+\dfrac{\mu_0g}{S}$　（チ）$\dfrac{R_2N_1I_1-R_1N_2I_2}{R_1R_2+R_2R_3+R_3R_1}$

（リ）$\dfrac{\mu_r\mu_0L}{S}$　（ヌ）$\dfrac{l-g}{\mu_r\mu_0S}+\dfrac{g}{\mu_0S}$

(ル)　$R_1\Phi_1+R_3\Phi_3$　　(ヲ)　6.2

(ワ)　$\dfrac{g(l-g)}{\mu_0 S(l-g)+\mu_r\mu_0 Sg}$　　(カ)　1.5

(ヨ)　$R_2\Phi_2+R_3\Phi_3$

─ 攻略ポイント ─

磁気回路においては，起磁力 nI〔A〕，磁束 Φ〔Wb〕，磁気抵抗 R_m〔1/H，A/Wb〕($R_m=l/(\mu S)$；磁路の断面積 S，磁路の長さ l，透磁率 μ) の間に，磁気回路のオームの法則 $nI=\Phi R_m$ が成り立つ．

解説　(1) 鉄心Bの右側部分の磁路の磁気抵抗 R_1 は $R_1=L/(\mu S)=\boldsymbol{L/(\mu_r\mu_0 S)}$

(2) 鉄心Bの中央部分の磁路は，鉄心部分と空隙部分とが直列に接続されている．直列接続された磁気抵抗はそれぞれの磁気抵抗の和で求められるので，磁気抵抗 R_2 は

$$R_2=\boldsymbol{\frac{l-g}{\mu_r\mu_0 S}+\frac{g}{\mu_0 S}}$$

(3) まず，図2において，巻線1と巻線2に電流を流して作られる磁束は磁気回路だけを通ると考えることができるので，問題中の式①が成り立つことは理解できるであろう．次に，解図1のように回路の外周の閉回路に着眼して式を作れば

$$N_1I_1=\boldsymbol{R_1\Phi_1+R_3\Phi_3} \quad \cdots\cdots ①$$

一方，解図2のように右側の閉回路に着眼すれば，問題中の式③が成り立つことがわかる．

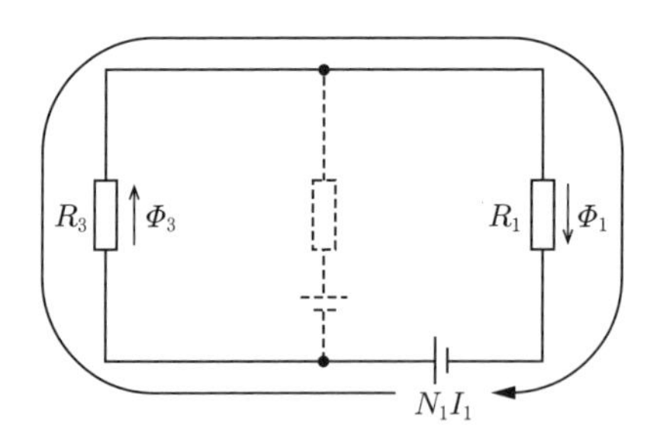

解図1　回路の外周の閉回路に着眼する場合

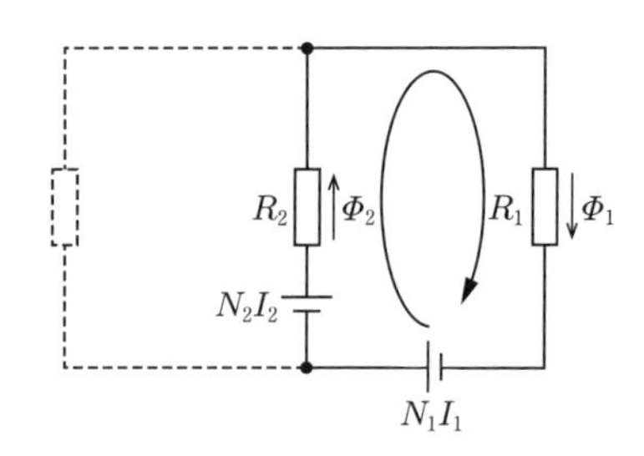

解図2　右側の閉回路に着眼する場合

(4) 問題中の式①を式①に代入すれば

$$N_1I_1 = R_1(\Phi_2+\Phi_3) + R_3\Phi_3 = R_1\Phi_2 + (R_1+R_3)\Phi_3$$

$$\therefore\quad \Phi_2 = \frac{N_1I_1-(R_1+R_3)\Phi_3}{R_1} \cdots\cdots ②$$

式②を問題中の式①に代入すれば

$$\Phi_1 = \frac{N_1I_1-(R_1+R_3)\Phi_3}{R_1} + \Phi_3 = \frac{N_1I_1-R_3\Phi_3}{R_1} \cdots\cdots ③$$

式②，式③を問題中の式③へ代入すれば

$$N_1I_1+N_2I_2 = R_1\Phi_1+R_2\Phi_2 = N_1I_1-R_3\Phi_3+\frac{R_2\{N_1I_1-(R_1+R_3)\Phi_3\}}{R_1}$$

$$= N_1I_1+\frac{R_2N_1I_1-(R_1R_2+R_2R_3+R_3R_1)\Phi_3}{R_1}$$

$$\therefore\quad \Phi_3 = \boldsymbol{\frac{R_2N_1I_1-R_1N_2I_2}{R_1R_2+R_2R_3+R_3R_1}} \cdots\cdots ④$$

(5) 式④を電流 I_2 について解いて，数値を代入すれば

$$I_2 = \frac{R_2N_1I_1-(R_1R_2+R_2R_3+R_3R_1)\Phi_3}{R_1N_2}$$

$$= \frac{1}{2.0\times10^5\times2}\times\{1.0\times10^7\times500\times0.9-(2.0\times10^5\times1.0\times10^7+1.0\times10^7 \times2.0\times10^5+2.0\times10^5\times2.0\times10^5)\times0.5\times10^{-3}\}$$

$= \mathbf{6.2}$ kA

(1)（ハ）　(2)（ヌ）　(3)（ル）　(4)（チ）　(5)（ヲ）

5　インダクタンスと磁気エネルギー

問題22　コイルに鉄片を近づけたときの磁気エネルギー　(H29-A1)

次の文章は，コイルに関する記述である．

空気中の広い空間にインダクタンス L_0 のコイルがあり，理想的な電流源に接続され，常に一定の電流 I が流れている．コイルの巻線抵抗は無視できるものとする．このとき，コイルに蓄えられているエネルギーは $\boxed{\;(1)\;}$ である．

次に，十分遠方にある鉄片を，図のように時刻 $t=0$ からコイルにゆっくりと近付けることでコイルのインダクタンス $L(t)$ を時間変化させ，$t=T$ で鉄片の動きを止めた．ただし，鉄片の磁束の飽和やヒステリシス特性は無視できるものとする．$t=0$～T の間，図に示された向きでコイルの電圧 $v(t)$ を測定すれば，電磁誘導の法則から $v(t)=\boxed{\;(2)\;}$ が成り立つので，インダクタンス $L(t)$ は $v(t)$ を用いて $L(t)=\boxed{\;(3)\;}$ の式で計算できることがわかる．

$L(T)=L_1$ とすると，$t=0$～T の間に電流源から供給されるエネルギーは $\boxed{\;(4)\;}$ であり，鉄片の動きによりコイルが外部にした仕事量は $\boxed{\;(5)\;}$ である．

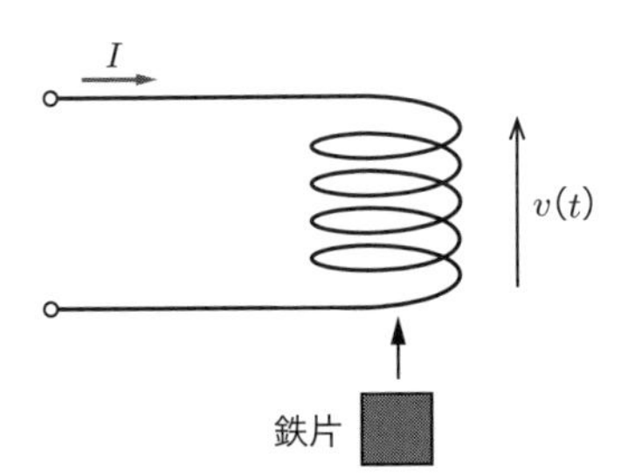

解答群

(イ)　$\dfrac{1}{2}(L_1-L_0)I^2$　　(ロ)　$\dfrac{v(t)T}{I}$　　(ハ)　$\dfrac{2}{3}(L_1-L_0)I^2$

(ニ)　$L_0+\dfrac{1}{I}\displaystyle\int_0^t v(\tau)\,\mathrm{d}\tau$　　(ホ)　$\dfrac{L(t)I}{T}$　　(ヘ)　$\dfrac{3}{2}(L_1-L_0)I^2$

(ト)　$\dfrac{1}{2}L_0I^2$	(チ)　$\dfrac{1}{I}\displaystyle\int_0^t v(\tau)\mathrm{d}\tau$	(リ)　0
(ヌ)　$2(L_1-L_0)I^2$	(ル)　$2L_0I^2$	(ヲ)　L_0I^2
(ワ)　$\dfrac{\mathrm{d}}{\mathrm{d}t}[L(t)I]$	(カ)　$(L_1-L_0)I^2$	(ヨ)　$\dfrac{\mathrm{d}^2}{\mathrm{d}t^2}[L(t)TI]$

一攻略ポイント一

コイルのインダクタンスや蓄えられるエネルギーに関する基礎的な理解を問う問題である．問題文を丁寧に読み，現象をイメージしながら，解けばよい．

解説　(1)（1）インダクタンス L_0 のコイルに一定の電流 I を流したとき，コイルに蓄えられるエネルギー U_0 は，次のようになる．

$$U_0 = \boldsymbol{L_0I^2/2} \quad \cdots\cdots ①$$

(2) インダクタンス $L(t)$ のコイルに一定の電流 I を流したとき，コイルの磁束鎖交数 $\Phi(t)$ は，$\Phi(t) = L(t)I$ と表される．したがって，コイルに誘導される起電力 $v(t)$ は，ファラデーの電磁誘導の法則から，次のようになる．

$$v(t) = \frac{\mathrm{d}\Phi(t)}{\mathrm{d}t} = \boldsymbol{\frac{\mathrm{d}}{\mathrm{d}t}[L(t)I]} \quad \cdots\cdots ②$$

(3) 式②の変数を t から τ に置き換えて変形すれば $v(\tau)\mathrm{d}\tau = \mathrm{d}[L(\tau)I]$ となるので，これを $\tau = 0$ から $\tau = t$ まで積分すると，インダクタンスは L_0 から $L(t)$ に変化する．

$$\int_0^t v(\tau)\mathrm{d}\tau = I\int_{L_0}^{L(t)} \mathrm{d}L(\tau)$$

$$\therefore\quad L(t) - L_0 = \frac{1}{I}\int_0^t v(\tau)\mathrm{d}\tau \qquad \therefore\quad L(t) = \boldsymbol{L_0 + \frac{1}{I}\int_0^t v(\tau)\mathrm{d}\tau}$$

(4) 電流源からコイルに供給される電力を $P(t)$ とすれば

$$P(t) = v(t)I \quad \cdots\cdots ③$$

となる．そして，式②を式③に代入すれば

$$P(t) = \frac{\mathrm{d}}{\mathrm{d}t}[L(t)I]\cdot I = I^2\frac{\mathrm{d}L(t)}{\mathrm{d}t} \qquad \therefore\quad P(t)\mathrm{d}t = I^2\cdot\mathrm{d}L(t) \quad \cdots\cdots ④$$

となる．電力を時間積分すればエネルギーになるので，式④の両辺を $t = 0$ から T まで積分すると，インダクタンスは $L(0) = L_0$，$L(T) = L_1$ なので

$$\int_0^T P(t)\,\mathrm{d}t = I^2\int_{L_0}^{L_1}\mathrm{d}L(t) = \boldsymbol{(L_1 - L_0)I^2} \cdots\cdots ⑤$$

となる．

(5) $t = T$のときにコイルに蓄えられているエネルギーをU_1とすれば

$$U_1 = L_1 I^2/2 \cdots\cdots ⑥$$

となる．そこで，$t = 0$からTまで変化する間にコイルに蓄えられるエネルギーは式①，式⑥より

$$U_1 - U_0 = \frac{1}{2}L_1 I^2 - \frac{1}{2}L_0 I^2 = \frac{1}{2}(L_1 - L_0)I^2 \cdots\cdots ⑦$$

となる．これに対して電源からコイルに供給されたエネルギーは式⑤で表されるから，その差分はコイルが外部にした仕事量Wになる．したがって，仕事量Wは

$$W = (L_1 - L_0)I^2 - \frac{1}{2}(L_1 - L_0)I^2 = \boldsymbol{\frac{1}{2}(L_1 - L_0)I^2}$$

(1)（ト）　(2)（ワ）　(3)（ニ）　(4)（カ）　(5)（イ）

問題23　平行往復回路の外部自己インダクタンス　（H21-A1）

次の文章は，2本の導線より成る平行往復回路の外部自己インダクタンスに関する記述である．なお，空気の透磁率をμ_0とする．

図のように，半径がaで，無限に長い2本の導線が線間距離dを隔てて構成される一つの平行往復回路がある．ただし，$a \ll d$とする．このとき，導線外部の磁束による自己インダクタンスは次のように求めることができる．

$a \ll d$であるから，電流は中心軸に集中しているとしてよい．したがって，導線1の電流Iによる導体外の磁界は，rをその中心軸からの距離とすれば，$r > a$として，[(1)]となる．そこで，中心軸からrのところにあって，幅が$\mathrm{d}r$，長さがlの帯状面積$l\mathrm{d}r$を貫く磁束$\mathrm{d}\phi$は[(2)]となる．

平行往復回路の外部自己インダクタンスは2本の導線間を通過している磁束から計算できる．したがって，導線1の電流Iによる長さlの部分に関係する外部磁束Φは$\mathrm{d}\phi$をrについて[(3)]まで積分すれば，$a \ll d$として[(4)]となる．同じく導線2の電流Iによる長さlの部分に関係する外部磁束も[(4)]と大きさも全く相等しいことに注意すれば，結局，求める外

部磁束は ［(4)］ の2倍となる.

したがって，無限に長い2本の平行往復回路の長さlについての導線外部の磁束による導線外部自己インダクタンスは ［(5)］ となる.

解答群

(イ) $\dfrac{\mu_0 I}{2\pi r}l\mathrm{d}r$　(ロ) $\dfrac{\mu_0 lI}{2\pi}\log_e\dfrac{d}{a}$

(ハ) $\dfrac{\mu_0 l}{3\pi d^3}$　(ニ) $\dfrac{\mu_0 l}{\pi}\log_e\dfrac{d}{a}$

(ホ) $\dfrac{I}{2\pi r}$　(ヘ) $\dfrac{I}{\pi r^2}$

(ト) $\dfrac{2\mu_0 l}{3\pi d^3}$　(チ) $\dfrac{\mu_0 lI}{3\pi d^3}$

(リ) $\dfrac{I}{2\pi r^2}$　(ヌ) $\dfrac{\mu_0 I}{2\pi r^2}l\mathrm{d}r$　(ル) a から $d-2a$

(ヲ) a から $d-a$　(ワ) 0 から $d-a$　(カ) $\dfrac{\mu_0 I}{\pi r^2}l\mathrm{d}r$　(ヨ) $\dfrac{\mu_0 lI}{6\pi d^3}$

—攻略ポイント—

アンペアの周回積分の法則から磁界の大きさHを求め，さらに磁束Φを算出すれば，自己インダクタンスLは$L=\Phi/I$の関係から求められる.

解説 (1) 導線1の電流による導体外の磁界は，問題図に示すように，中心からの距離rを半径とする円Cを考えれば，磁界はこの円に接する向き（紙面の表から裏に向かう向き）となり，アンペアの周回積分の法則より

$$\oint_C \boldsymbol{H}\cdot \mathrm{d}\boldsymbol{l} = 2\pi r H = I \qquad \therefore \quad H = \boldsymbol{\frac{I}{2\pi r}}$$

(2) 中心軸から距離rのところにあって幅が$\mathrm{d}r$，長さがlの帯状面積$\mathrm{d}S = l\mathrm{d}r$を貫く磁束密度$B$は$B = \mu_0 H = \mu_0 I/(2\pi r)$であるから，磁束は

$$\mathrm{d}\phi = B\mathrm{d}S = \boldsymbol{\frac{\mu_0 I}{2\pi r}l\mathrm{d}r}$$

(3) (4) 導線1の電流による外部磁束は，上式を導体の表面間で積分すればよいので，積分範囲は **a から $d-a$** となる．そこで，導線1の電流による外部磁束ϕ_1は

$$\phi_1 = \int_a^{d-a} \frac{\mu_0 I}{2\pi r} l\mathrm{d}r = \frac{\mu_0 l I}{2\pi} \int_a^{d-a} \frac{1}{r} \mathrm{d}r = \frac{\mu_0 l I}{2\pi} \log_e \frac{d-a}{a}$$

題意から，$a \ll d$ より

$$\boldsymbol{\phi_1 = \frac{\mu_0 l I}{2\pi} \log_e \frac{d}{a}} \cdots\cdots\cdots\cdots\cdots\cdots\cdots\cdots\cdots\cdots ①$$

(5) 同様に，導線2に流れる電流による磁界も，上記の帯状面積 $l\mathrm{d}r$ のところで同じ向きの磁界 $H = \dfrac{I}{2\pi(d-r)}$ を作るから

$$\phi_2 = \int_a^{d-a} \frac{\mu_0 I}{2\pi(d-r)} l\mathrm{d}r = \frac{\mu_0 l I}{2\pi} \log_e \frac{d-a}{a} = \frac{\mu_0 l I}{2\pi} \log_e \frac{d}{a} \cdots\cdots\cdots\cdots ②$$

式①と式②を合成すれば，全体の外部磁束 Φ は

$$\Phi = \phi_1 + \phi_2 = \frac{\mu_0 l I}{2\pi} \log_e \frac{d}{a} + \frac{\mu_0 l I}{2\pi} \log_e \frac{d}{a} = \frac{\mu_0 l I}{\pi} \log_e \frac{d}{a}$$

外部の自己インダクタンス L_{ex} は $L_{ex} = \Phi/I$ であるから

$$L_{ex} = \Phi/I = \boldsymbol{\frac{\mu_0 l}{\pi} \log_e \frac{d}{a}}$$

解答　(1) (ホ)　(2) (イ)　(3) (ヲ)　(4) (ロ)　(5) (ニ)

詳細解説 10　導体内部のインダクタンスも考慮した平行往復導体の自己インダクタンス

問題23では，平行往復導体の外部インダクタンスだけを取り上げている．低周波電流のケースのように導体内部にも鎖交磁束がある場合には，内部にもインダクタンスがある（直線導体の内部インダクタンスの計算は，平成16年の電験1種一次試験に出題されている）．そこで，導体の内部インダクタンスおよび平行往復導体全体の自己インダクタンスを求めてみよう．

まず，内部インダクタンス L_{in} を求める．本問の外部インダクタンスのように全鎖交磁束を積分により求めて $L = \Phi/I$ から内部インダクタンスを求めることもできるが，ここでは平成16年の電験1種一次試験で出題された磁気エネルギーから計算する別解法を示す．

図1･19のように，導体の内部に半径 r，幅 $\mathrm{d}r$，長さ l〔m〕の円筒を考える．r の内部に含まれる電流 I_r〔A〕は，導体内部に平等に分布すると仮定すれば

$$I_r = I \times \frac{\pi r^2}{\pi a^2} = \frac{Ir^2}{a^2}$$

となるから，アンペアの周回積分の法則より

$$H_r = \frac{I_r}{2\pi r} = \frac{I}{2\pi a^2} r$$

導体の中心から r の点のエネルギー密度は

$$w = \frac{1}{2} B_r H_r = \frac{1}{2}\mu H_r{}^2 = \frac{1}{2}\mu\left(\frac{I}{2\pi a^2} r\right)^2 = \frac{\mu I^2}{8\pi^2 a^4} r^2$$

図1・19の円筒の体積 ΔV は $\Delta V = 2\pi r \times \Delta r \times l = 2\pi l r \Delta r$ となるので，これに蓄えられるエネルギーは

$$\Delta W = w \times \Delta V = \frac{\mu I^2}{8\pi^2 a^4} r^2 \times 2\pi l r \Delta r = \frac{\mu I^2 l}{4\pi a^4} r^3 \Delta r$$

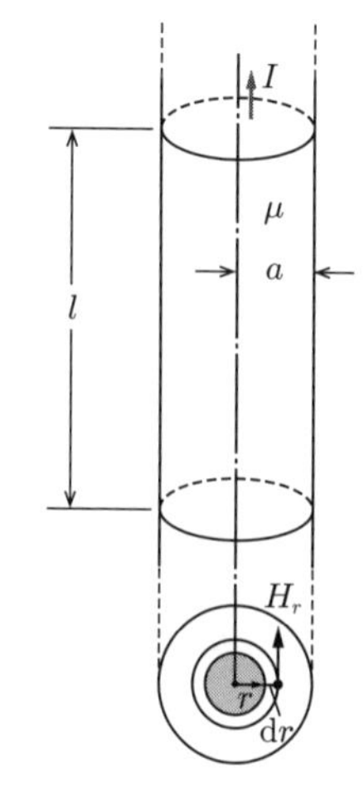

図1・19　導体内部

そこで，電流 I が流れる長さ l の導体内部に蓄えられるエネルギーは

$$W = \int_0^a \frac{\mu I^2 l}{4\pi a^4} r^3 \mathrm{d}r = \frac{\mu I^2 l}{4\pi a^4} \int_0^a r^3 \mathrm{d}r = \frac{\mu I^2 l}{16\pi} \qquad (1\cdot57)$$

内部自己インダクタンス L_{in} を用いたエネルギーの式 $W = \frac{1}{2} L_{\mathrm{in}} I^2$ と比べれば，長さ l の導体内部の自己インダクタンス L_{in} は

$$\boldsymbol{L_{\mathrm{in}}} = \frac{2}{I^2} \times \frac{\mu I^2 l}{16\pi} = \boldsymbol{\frac{\mu l}{8\pi}} \qquad (1\cdot58)$$

下部導体の内部インダクタンスも同じだから，平行往復導体の自己インダクタンス L_{total} は

$$\boldsymbol{L_{\mathrm{total}} = L_{ex} + 2L_{\mathrm{in}} = \frac{\mu_0 l}{\pi} \log_e \frac{d}{a} + \frac{\mu l}{4\pi}} \qquad (1\cdot59)$$

単位長の1線当たりの自己インダクタンス L は，式(1・59)を1/2とすれば

$$\boldsymbol{L = \frac{1}{2\pi}\left(\mu_0 \log_e \frac{d}{a} + \frac{\mu}{4}\right)} \ \text{〔H/m〕} \qquad (1\cdot60)$$

問題24　直線導体と三角形状導体の相互インダクタンス　(H23-A1)

次の文章は，相互インダクタンスに関する記述である．

図のような，直線状の無限長導体に流れる電流と正三角形状の導体ABCに流れる電流を考える．ここで，辺ACは無限長導体と平行で，無限長導体

との距離を a，頂点Bの無限長導体との距離を b，正三角形の一辺の長さを l とする．このとき，二つの導体間の相互インダクタンスを求めたい．なお，無限長導体と正三角形状の導体ABCは同一平面上に存在し，導体の太さは無視できるものとする．

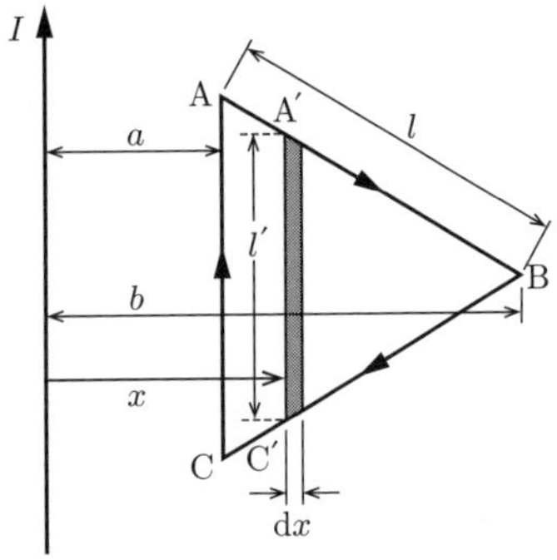

三角形ABCは正三角形で，辺ACは無限長導体と平行であるから，b を a 及び l で表すと，次式となる．

$$b=\boxed{\quad(1)\quad}$$

また，辺AB及び辺BC上に，無限長導体から距離 x（$a \leqq x \leqq b$）の位置の点A′及びC′を考えると，線分A′C′の長さ l' は，次式で表される．

$$l'=\boxed{\quad(2)\quad}$$

これより，無限長導体に流れる電流 I による磁束のうち，図中の網掛け部分（長さ l'，幅 $\mathrm{d}x$）に鎖交する磁束 $\mathrm{d}\Phi$ は次式で表される．ここで，空間の透磁率を μ_0 とする．

$$\mathrm{d}\Phi=\frac{\mu_0 I}{2\pi}\left(\boxed{\quad(3)\quad}\right)\mathrm{d}x$$

これを x について a から b まで積分することで，無限長導体に流れる電流が作る磁束のうち，正三角形ABCの内部に鎖交する磁束 Φ は次式で与えられる．

$$\Phi=\int_{\mathrm{a}}^{b}\frac{\mu_0 I}{2\pi}\left(\boxed{\quad(3)\quad}\right)\mathrm{d}x=\frac{\mu_0 I}{2\pi}\left(\boxed{\quad(4)\quad}\right)$$

相互インダクタンス M は，Φ と I を用いた定義式

$$M=\boxed{\quad(5)\quad}$$

より，求めることができる．

解答群

（イ）$\left(l+\dfrac{2}{\sqrt{3}}a\right)\ln\left(1+\dfrac{\sqrt{3}l}{2a}\right)-l$　　（ロ）$\dfrac{2}{\sqrt{3}}-\dfrac{2a}{\sqrt{3}x}$

（ハ）$\dfrac{1}{x^2}\left(l-\dfrac{2}{\sqrt{3}}x+\dfrac{2}{\sqrt{3}}a\right)$　　（ニ）$\dfrac{\sqrt{3}l}{2}\left(l+\dfrac{2}{\sqrt{3}}a-\dfrac{2}{\sqrt{3}}x\right)$

（ホ）$a+\dfrac{\sqrt{3}}{2}l$　　（ヘ）$\dfrac{1}{x}\left(l+\dfrac{2}{\sqrt{3}}a\right)-\dfrac{2}{\sqrt{3}}$

（ト）　$\frac{1}{2}\Phi I^2$　　（チ）　$\frac{2}{\sqrt{3}}a+l$

（リ）　ΦI　　（ヌ）　$l-\frac{2}{\sqrt{3}}(x-a)$

（ル）　$\frac{2}{\sqrt{3}}(x-a)$　　（ヲ）　$a+\frac{1}{2}l$

（ワ）　$\left(l+\frac{2}{\sqrt{3}}a\right)\ln\left(1+\frac{\sqrt{3}l}{2a}\right)-\frac{1}{\sqrt{3}}$　　（カ）　$\frac{\Phi}{I}$

（ヨ）　$\frac{al}{x}$

―攻略ポイント―

アンペアの周回積分の法則から磁界の大きさ H を求め，さらに磁束 Φ を算出すれば，相互インダクタンス M は $M=\Phi/I$ の関係から求められる.

解説　(1) 三角形 ABC は正三角形であるから

$$b=a+l\sin\frac{\pi}{3}=\boldsymbol{a+\frac{\sqrt{3}}{2}l} \quad \cdots\cdots ①$$

(2) 正三角形 ABC と正三角形 A′BC′ は相似なので

$$l:l'=(b-a):(b-x)=\left(a+\frac{\sqrt{3}}{2}l-a\right):\left(a+\frac{\sqrt{3}}{2}l-x\right)$$

$$\therefore \quad l'=\frac{\left(a+\frac{\sqrt{3}}{2}l-x\right)l}{\sqrt{3}l/2}$$

$$=\boldsymbol{l-\frac{2}{\sqrt{3}}(x-a)} \cdots ②$$

(3) 解図のように，無限長導体と同軸の半径 x，高さ l の円筒を考える．無限長導体に流れる電流 I が作る磁界は，アンペアの周回積分の法則より

$$2\pi x H_x=I$$

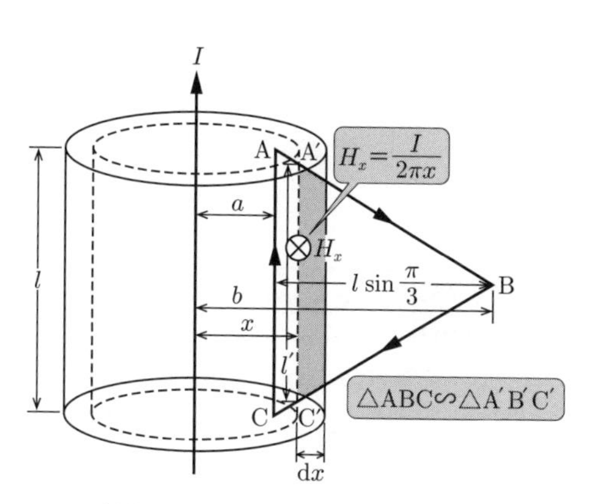

解図　無限長導体の電流による磁界

$$\therefore \quad H_x = \frac{I}{2\pi x}$$

問題図の網掛け部分に鎖交する磁束 $\mathrm{d}\Phi$ は

$$\mathrm{d}\Phi = \mu_0 H_x \times l' \mathrm{d}x = \mu_0 \times \frac{I}{2\pi x} \times \left\{ l - \frac{2}{\sqrt{3}}(x-a) \right\} \mathrm{d}x$$

$$= \frac{\mu_0 I}{2\pi} \times \left\{ \boldsymbol{\frac{1}{x}\left(l + \frac{2}{\sqrt{3}}a\right) - \frac{2}{\sqrt{3}}} \right\} \mathrm{d}x$$

(4)（5）正三角形 ABC の内部に鎖交する磁束は，x について a から b まで積分して

$$\Phi = \int_a^b \mathrm{d}\Phi = \int_a^b \frac{\mu_0 I}{2\pi} \left\{ \frac{1}{x}\left(l + \frac{2}{\sqrt{3}}a\right) - \frac{2}{\sqrt{3}} \right\} \mathrm{d}x$$

$$= \frac{\mu_0 I}{2\pi} \times \left[\left(l + \frac{2}{\sqrt{3}}a\right) \ln x - \frac{2}{\sqrt{3}} x \right]_a^b$$

$$= \frac{\mu_0 I}{2\pi} \left[\left(l + \frac{2}{\sqrt{3}}a\right) \ln \frac{b}{a} - \frac{2}{\sqrt{3}}(b-a) \right]$$

ここで，式①を代入すれば

$$\Phi = \frac{\mu_0 I}{2\pi} \left[\left(l + \frac{2}{\sqrt{3}}a\right) \ln \frac{a + \frac{\sqrt{3}}{2}l}{a} - \frac{2}{\sqrt{3}}\left(a + \frac{\sqrt{3}}{2}l - a\right) \right]$$

$$= \frac{\mu_0 I}{2\pi} \left[\boldsymbol{\left(l + \frac{2}{\sqrt{3}}a\right) \ln\left(1 + \frac{\sqrt{3}l}{2a}\right) - l} \right]$$

相互インダクタンス M は $M = \boldsymbol{\Phi/I}$ で求められるから

$$M = \frac{\Phi}{I} = \frac{\mu_0}{2\pi} \left[\left(l + \frac{2}{\sqrt{3}}a\right) \cdot \ln\left(1 + \frac{\sqrt{3}l}{2a}\right) - l \right]$$

解答　**(1)（ホ）　(2)（ヌ）　(3)（ヘ）　(4)（イ）　(5)（カ）**

問題25　コイルの自己インダクタンスと相互インダクタンス　（R3-A2）

次の文章は，コイルのインダクタンスに関する記述である．

図1のように，環状鉄心にコイル1とコイル2が巻かれており，コイル1の巻数とコイル2の巻数の比は1：a である．各コイルに電流が流れたときには鉄心の内部にのみ磁界が発生するものとする．

コイル1の自己インダクタンスを L_1 とすると，コイル2の自己インダクタンス L_2 は [(1)]，コイル1の端子abとコイル2の端子cdの間の相互インダクタンス M は [(2)] と表される．図1に示す向きに I_1，I_2 の電流が各コイルに流れている場合には，蓄積された磁界のエネルギーは

$$W=\frac{1}{2}L_1I_1^2+\frac{1}{2}L_2I_2^2+MI_1I_2$$

と表されるので，$I_1=-aI_2$ の場合には磁界のエネルギーは [(3)] となる．

図1のコイル1の端子bとコイル2の端子cを接続すると，端子ad間の自己インダクタンスは [(4)] となる．これに対して図2のように，図1で用いたものと同じ特性を有する2個の環状鉄心にそれぞれ巻かれているコイル1の端子bとコイル2の端子cを接続した場合には，端子ad間の自己インダクタンスは [(5)] となる．

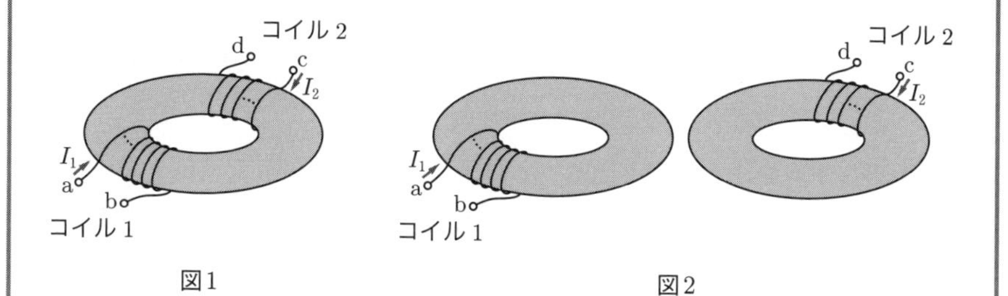

図1　　図2

解答群

(イ)	aL_1	(ロ)	$\frac{L_1}{\sqrt{a}}$	(ハ)	$\frac{L_1}{a^2}$
(ニ)	a^2L_1	(ホ)	$(a+1)^2L_1$	(ヘ)	$2L_1I_1^2$
(ト)	$(a+1)L_1$	(チ)	a^3L_1	(リ)	$(a^3+1)L_1$
(ヌ)	$(a^2+1)L_1$	(ル)	$\sqrt{a+1}L_1$	(ヲ)	0
(ワ)	$4a^2L_1I_1^2$	(カ)	$\frac{L_1}{a}$	(ヨ)	$\sqrt{\lvert a-1\rvert}L_1$

ー攻略ポイントー

環状コイルの自己インダクタンス L は，コイルの断面積を S〔m²〕，長さを l〔m〕，透磁率を μ，コイルの巻数を n とすれば，$L=\frac{n\Phi}{I}=\frac{\mu Sn^2}{l}$〔H〕となる．また，

相互インダクタンス M は，2つのコイルの巻数を n_1，n_2 とすれば $M=\dfrac{n_2\Phi}{I_1}=\dfrac{\mu S n_1 n_2}{l}$〔H〕となる．

解説 (1) コイル1の巻数を n_1，コイル2の巻数を n_2 とすれば，コイル1の自己インダクタンス L_1，コイル2の自己インダクタンス L_2 は

$$L_1=\frac{\mu S{n_1}^2}{l},\ L_2=\frac{\mu S{n_2}^2}{l}=\frac{\mu S{n_1}^2}{l}\cdot\left(\frac{n_2}{n_1}\right)^2=\boldsymbol{a^2L_1}\cdots\cdots①$$

(2) 題意より，各コイルに電流が流れたときには鉄心の内部にのみ磁界が発生するので，漏れ磁束は零である．したがって，相互インダクタンス M は

$$M=\frac{\mu S n_1 n_2}{l}=\frac{\mu S{n_1}^2}{l}\times\frac{n_2}{n_1}=\boldsymbol{aL_1}\cdots\cdots②$$

(3) 問題文中の磁気エネルギーの式に，$I_2=-I_1/a$ と式①，式②を代入して

$$W=\frac{1}{2}L_1{I_1}^2+\frac{1}{2}L_2{I_2}^2+MI_1I_2=\frac{1}{2}L_1{I_1}^2+\frac{1}{2}a^2L_1\left(-\frac{I_1}{a}\right)^2+aL_1I_1\left(-\frac{I_1}{a}\right)$$

$$=\boldsymbol{0}$$

(4) 図1のコイルを上から見たとき，コイル1の端子aから電流 I を流すことによって鉄心に生じる磁束は右回りとなる．そして，その電流 I は，コイル1の端子bを経由してコイル2の端子cから流入するため，コイル2に流れる電流による鉄心内の磁束も右回りとなる．すなわち，磁束は加わり合う方向となるから，コイル1とコイル2は和動接続である．したがって，端子ad間の自己インダクタンス L は，式①，式②を利用して

$$L=L_1+L_2+2M=L_1+a^2L_1+2aL_1=\boldsymbol{(a+1)^2L_1}$$

(5) 図2から，コイル1とコイル2の鉄心は完全に分離されているので，相互インダクタンスを考慮する必要がない．端子ad間の自己インダクタンス L は，式①から

$$L=L_1+L_2=L_1+a^2L_1=\boldsymbol{(a^2+1)L_1}$$

解答　**(1)（ニ）　(2)（イ）　(3)（ヲ）　(4)（ホ）　(5)（ヌ）**

問題26　空心ソレノイドにおける磁界によって生じる力　(R1-A2)

次の文章は，磁界によって生じる力に関する記述である．なお，μ_0 は真空

の透磁率である．

図に示すような半径 a，長さ b，巻数 N の空心ソレノイドを考える．ただし，$a \ll b$ であり，ソレノイドには一定の電流 I が流れている．ソレノイドの内部には軸方向の磁束密度が一様に形成されており，ソレノイドの外部では磁束密度は零と仮定する．ソレノイド内部の磁束密度の大きさ B は

$$B = \boxed{\ (1)\ }$$

と表されるので，ソレノイドのインダクタンスは $L = \boxed{\ (2)\ }$ となる．

仮想変位の原理を用いて，ソレノイドを流れる電流に働く磁界の力を求める．ソレノイド内部に蓄積された磁界のエネルギーは $W = \boxed{\ (3)\ }$ となるので，ソレノイドの軸方向に働く力 F は，電流一定の条件下で磁界のエネルギーを長さ b で偏微分することで求められる．この力は磁束密度 B を用いて

$$F = \frac{\partial W}{\partial b} = \frac{B^2}{2\mu_0} \times \boxed{\ (4)\ }$$

と表され，ソレノイドの $\boxed{\ (5)\ }$ 方向に働く．$\dfrac{B^2}{2\mu_0}$ は単位面積当たりに働くマクスウェルの応力とよばれる．

解答群

(イ) $\dfrac{\mu_0 \pi a^2 N}{b}$　　(ロ) $\dfrac{\mu_0 NI}{2b}$

(ハ) $\dfrac{\mu_0 NI}{b}$　　(ニ) $\dfrac{\mu_0 \pi a^2 N^2 I^2}{2b^2}$

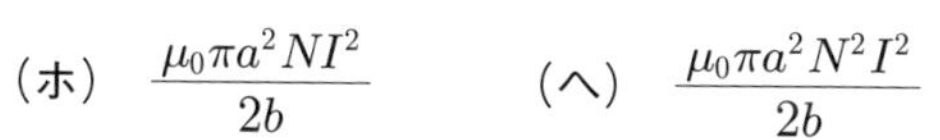

(ホ) $\dfrac{\mu_0 \pi a^2 NI^2}{2b}$　　(ヘ) $\dfrac{\mu_0 \pi a^2 N^2 I^2}{2b}$

(ト) $2\pi ab$　　(チ) 径を拡げる

(リ) 長さを伸ばす　　(ヌ) $\dfrac{2\mu_0 NI}{b}$

(ル) $\dfrac{\mu_0 \pi a^2 N^2}{b}$　　(ヲ) πa^2　　(ワ) 長さを縮める

(カ) $-\pi a^2$　　(ヨ) $\dfrac{\mu_0 \pi a^2 N^2}{b^2}$

―攻略ポイント―

経路を設定し，アンペアの周回積分の法則を適用する．また，問題の誘導にしたがって，磁界によって生じる力を偏微分を用いて計算すればよい．

解説　(1) 解図に示すように，空心ソレノイドを跨いだ幅 d，長さ h の長方形の経路 abcd を取る．この閉じた経路を貫く電流 I_0 は，単位長当たりの電流密度が $i = NI/b$ であるから

$$I_0 = ih = \frac{hNI}{b}$$

アンペアの周回積分の法則を適用するとき，経路 d → a はソレノイド外部の磁束密度が零なので，この線積分は零，経路 a → b および経路 c → d は線積分の方向と磁束密度が直交するため，これらの線積分も零である．したがって，a → b → c → d → a の経路で線積分を行うと，

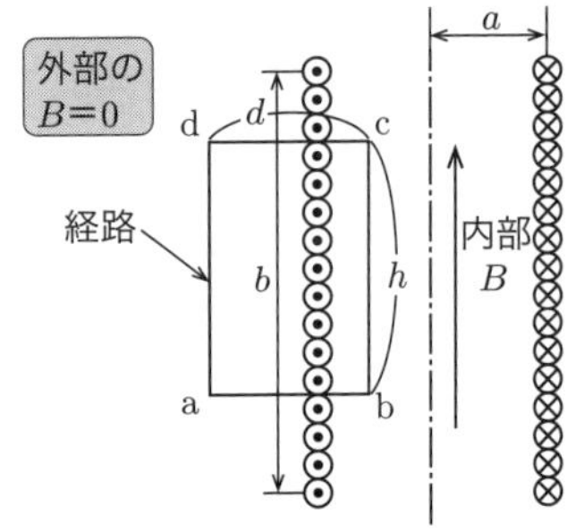

解図　アンペアの法則適用の経路

経路 b → c だけが残って $h \cdot B = \mu_0 I_0 = \dfrac{\mu_0 hNI}{b}$ となる．

$$\therefore \quad B = \boldsymbol{\frac{\mu_0 NI}{b}}$$

(2) コイルに鎖交する磁束 Φ は，コイル内の磁束 $\phi = BS$，コイルの断面積 $S = \pi a^2$ であることを利用すれば次式となる．

$$\Phi = N\phi = NBS = \frac{\mu_0 \pi a^2 N^2 I}{b}$$

ソレノイドの自己インダクタンス L は

$$L = \frac{\Phi}{I} = \boldsymbol{\frac{\mu_0 \pi a^2 N^2}{b}}$$

(3) ソレノイド内部に蓄積される磁界のエネルギー W は

$$W = \frac{1}{2}LI^2 = \boldsymbol{\frac{\mu_0 \pi a^2 N^2 I^2}{2b}} \quad \cdots\cdots ①$$

(4) ソレノイドの軸方向に働く力は，式①を b について偏微分すれば

$$F = \frac{\partial W}{\partial b} = -\frac{\mu_0 \pi a^2 N^2 I^2}{2b^2} = \frac{B^2}{2\mu_0} \cdot \boldsymbol{(-\pi a^2)} \quad \cdots\cdots ②$$

(5) 式②の符号が負であるから，仮想変位法によって b が大きくなる方向，すな

わちソレノイドの長さを伸ばす方向にわずかに変位させると，それに反発する力が働くことを意味する．したがって，ソレノイドの軸方向に働く力は，ソレノイドの**長さを縮める**方向に働く．

解答 (1) (ハ)　(2) (ル)　(3) (ヘ)　(4) (カ)　(5) (ワ)

問題 27 電磁誘導 (R4-A2)

次の文章は，電磁誘導に関する記述である．ただし，$\boldsymbol{E}$，$\boldsymbol{B}$ はそれぞれ電界ベクトル及び磁束密度ベクトルを表す．

一般に，空間に固定されたループ（閉曲線）C に発生する起電力 V は，

$$V=\oint_C \boldsymbol{E}\cdot \mathrm{d}\boldsymbol{l} \quad \cdots\cdots ①$$

と表される．ここで，$\mathrm{d}\boldsymbol{l}$ はループに沿った線素ベクトルである．[(1)] の定理を適用すると，①式は，

$$V=\int_S (\nabla\times\boldsymbol{E})\cdot\boldsymbol{n}\mathrm{d}S \quad \cdots\cdots ①'$$

と変形できる．ただし，S はループ C に囲まれた面，$\boldsymbol{n}$ はその面の単位法線ベクトル，$\mathrm{d}S$ は面素である．磁束密度 $\boldsymbol{B}$ が時間 t に応じて変化する場合には，マクスウェル方程式

$$\nabla\times\boldsymbol{E}=\boxed{(2)} \quad \cdots\cdots ②$$

を①′式に代入し，面 S を貫く磁束は $\Phi=\int_S \boldsymbol{B}\cdot\boldsymbol{n}\mathrm{d}S$ と表せることを用いると，

$$V=\boxed{(3)} \quad \cdots\cdots ①''$$

のようにファラデーの法則が得られる．

図のように，座標原点を中心として対向する永久磁石が形成する一様な磁束密度 B_0 の中に，一辺の長さが a の正方形状の 1 ターンコイルが設置されており，コイル面の法線ベクトルは x 軸の方向を向いている．永久磁石対は座標原点を中心として xy 平面内を角速度 ω で回転しており，磁界と x 軸とのなす角は $\theta=\omega t$ と表される．このとき，磁束密度のコイル面法線方向成分は $\boldsymbol{B}\cdot\boldsymbol{n}=\boxed{(4)}$ となるので，上記の関係式を用いてコイルに発生する交流起電力を求めることができる．

例えば，1 T の磁束密度を発生する永久磁石対が毎分 3 000 回転している

場合を考えると，一辺の長さ $a = 10\,\mathrm{cm}$ の正方形状の1ターンコイルに発生する交流起電力の振幅はおよそ［(5)］〔V〕となる．

解答群

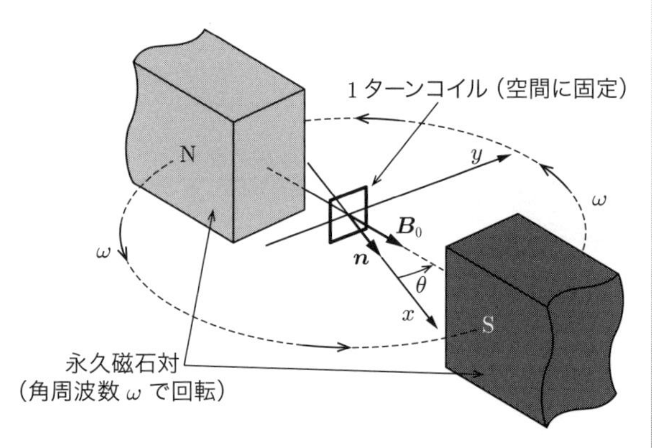

（イ）$B_0 \sin \omega t$
（ロ）$\boldsymbol{E} \times \boldsymbol{B}$
（ハ）$B_0 \cos \omega t$
（ニ）$B_0 \tan \omega t$
（ホ）300
（ヘ）ガウス
（ト）3
（チ） $-\int \Phi \mathrm{d}t$
（リ）$-\dfrac{\mathrm{d}\Phi}{\mathrm{d}t}$　（ヌ）$\nabla \cdot \boldsymbol{B}$　（ル）ストークス
（ヲ）ヘルムホルツ　（ワ）$\nabla \times \boldsymbol{B}$　（カ）0.03　（ヨ）$-\dfrac{\partial \boldsymbol{B}}{\partial t}$

―攻略ポイント―

詳細解説3でストークスの定理やベクトル解析について説明しているが，この基本的な考え方と電磁誘導を理解していることが鍵となる．

解説　(1) 問題中の式①は $V = \oint_C \boldsymbol{E} \cdot \mathrm{d}\boldsymbol{l}$ と周回積分（線積分）で示されている．

詳細解説3に示すように，**ストークス**の定理は，この線積分は，ベクトル場の微小面積における回転ベクトル（$\mathrm{rot}\,\boldsymbol{E} = \nabla \times \boldsymbol{E}$）と，ベクトル場に対する法線ベクトル $\boldsymbol{n}$ との内積の面積分に等しいというものである．したがって，問題中の式①は式①′に書き換えることができる．

(2) マクスウェル方程式は次の四つの式で表される（詳細解説11で説明する）．

$$\mathrm{div}\,\boldsymbol{D} = \rho,\ \ \mathrm{div}\,\boldsymbol{B} = 0,\ \ \mathrm{rot}\,\boldsymbol{H} = \boldsymbol{J} + \frac{\partial \boldsymbol{D}}{\partial t},\ \ \mathrm{rot}\,\boldsymbol{E} = -\frac{\partial \boldsymbol{B}}{\partial t}$$

この最後の式が問題中の式②に該当する．

(3) 問題の誘導にしたがって問題中の式②を式①′に代入し，$\mathrm{rot}\,\boldsymbol{E} = \nabla \times \boldsymbol{E}$ を用いれば

$$V=\int_S(\nabla\times\boldsymbol{E})\cdot\boldsymbol{n}\mathrm{d}S=-\int_S\frac{\partial\boldsymbol{B}}{\partial t}\cdot\boldsymbol{n}\mathrm{d}S=-\frac{\partial}{\partial t}\int_S\boldsymbol{B}\cdot\boldsymbol{n}\mathrm{d}S=-\frac{\partial}{\partial t}\varPhi=\boldsymbol{-\frac{\mathrm{d}\varPhi}{\mathrm{d}t}}$$

(4) 問題図から，コイルの法線ベクトル $\boldsymbol{n}$ と磁束密度 $\boldsymbol{B}$ との関係を抽出すると，解図のようになる．

$$\boldsymbol{B}\cdot\boldsymbol{n}=B_0\cos\theta=\boldsymbol{B_0\cos\omega t}$$

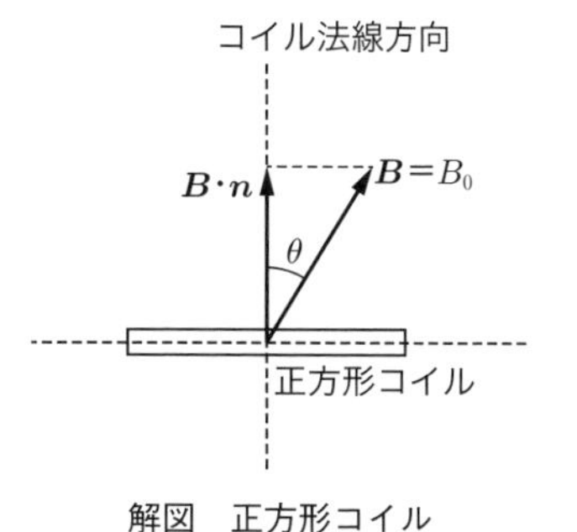

解図　正方形コイル

(5) 正方形コイルの面積 $S=a^2$ なので，磁束 $\varPhi$ は

$$\varPhi=\int_S\boldsymbol{B}\cdot\boldsymbol{n}\mathrm{d}S=\boldsymbol{B}\cdot\boldsymbol{n}S=B_0a^2\cos\omega t$$

そこで，問題中式①″より起電力 V，振幅 $V_{\max}$ は次式となる．

$$V=-\frac{\mathrm{d}\varPhi}{\mathrm{d}t}=\omega B_0a^2\sin\omega t,$$

$$V_{\max}=\omega B_0a^2=2\pi\times\frac{3\,000}{60}\times1\times0.1^2\fallingdotseq\boldsymbol{3}\ \mathrm{V}$$

解答　(1)（ル）　(2)（ヨ）　(3)（リ）　(4)（ハ）　(5)（ト）

詳細解説 11　マクスウェルの方程式

マクスウェルの方程式は，次の四つの式である．

$$\mathbf{div}\ \boldsymbol{D}=\boldsymbol{\rho} \qquad (1\cdot61)$$

$$\mathbf{div}\ \boldsymbol{B}=\mathbf{0} \qquad (1\cdot62)$$

$$\mathbf{rot}\ \boldsymbol{H}=\boldsymbol{J}+\frac{\partial\boldsymbol{D}}{\partial t} \qquad (1\cdot63)$$

$$\mathbf{rot}\ \boldsymbol{E}=-\frac{\partial\boldsymbol{B}}{\partial t} \qquad (1\cdot64)$$

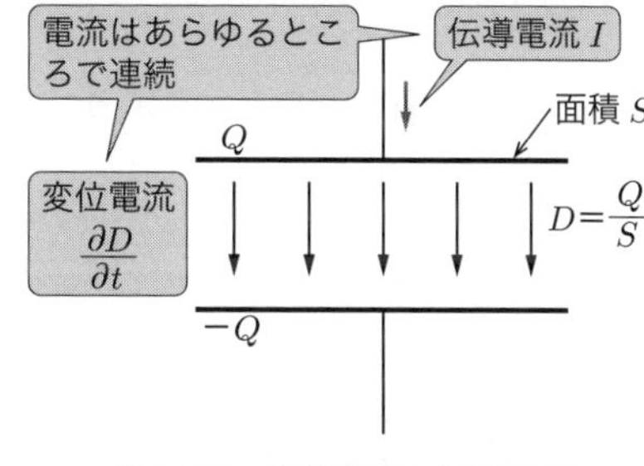

図1·20　変位電流と伝導電流

式(1·61)の意味に関しては，電界は電荷があるところから湧いて出てくることを示す．電束密度 $\boldsymbol{D}$ と電界 $\boldsymbol{E}$，誘電率 ε との間には $\boldsymbol{D}=\varepsilon\boldsymbol{E}$ という関係があるので，これを代入して積分すれば，式(1·61)はガウスの定理を表していることが理解できるであろう．

次に，式(1·62)の意味は，磁場がどこかから湧き出ることはないということである．例えば，磁石を例に取れば，必ずN極とS極がペアになって存在しており，磁場は必ずN極から出てS極に入るのであって，途中で湧き出ることはないということである．したがって，任意の領域を取れば，その領域に入ってくる磁力線と出ていく磁力線は必ず等しい．

そして，式(1･63)は，式(1･53)のアンペアの法則を表しており，電流 $\boldsymbol{J}+\dfrac{\partial \boldsymbol{D}}{\partial t}$ の周りに磁界 $\boldsymbol{H}$ ができることを表している．式(1･63)の第1項が真の電流 $\boldsymbol{J}$ を表し，第2項が誘電体中で電束密度 $\boldsymbol{D}$ が時間的に変化することによる**変位電流**を表している．

この変位電流を解説する．まず，導体の中で電流 $\boldsymbol{J}$ は連続で $\mathrm{div}\,\boldsymbol{J}=0$ である．次に，図1･20のように，回路に直列にコンデンサが接続されている場合を考える．このコンデンサの上側の電極を考えると，電流となってコンデンサに流れ込む電荷はここに蓄えられ，電流はここで終わった形になっている．しかし，電極に電荷が増加していくと，電極から発散する電束は増加する．電束は単位電荷について1本ずつ出るから，電流がコンデンサ電極にたどり着くと，ちょうどそれだけ電束が増加する．電束密度を $\boldsymbol{D}$ とすれば，$\dfrac{\partial \boldsymbol{D}}{\partial t}$ は電束密度の増加の割合である．そこで，誘電体の中で，この $\dfrac{\partial \boldsymbol{D}}{\partial t}$ だけの密度を持つ仮想的な電流が流れるとすると，電極表面ではちょうど電荷の増加した分だけ，この仮想的な電流が流れ出すことになる．すなわち，導体内の電流（伝導電流）とこの仮想的な電流は等しいと考えることができ，伝導電流と仮想的な電流を一緒にして電流とすれば，電流は常にあらゆる場所で連続であると言える．この $\dfrac{\partial \boldsymbol{D}}{\partial t}$ を密度とする電流が**変位電流**または**電束電流**と呼ばれるものである．

最後に，式(1･64)はファラデーの電磁誘導の法則を表す式であり，右辺の負符号はレンツの法則を表している．これは，問題27で扱っているので，解説は省略する．

問題28　ポインティングベクトル　(R5−A2)

次の文章は，ポインティングベクトルに関する記述である．

誘電率，透磁率及び導電率がそれぞれ ε，μ 及び σ で一様な微小領域 V を想定する．V 内において電界及び磁界は一様であり，時刻 t における電界ベクトルが $\vec{E}$，磁界ベクトルが $\vec{H}$ であるとき，V 内の単位体積当たりの電磁界エネルギー u は [(1)] と表される．

ここで，$\sigma=0$ のとき，u の単位時間当たりの変化量 $\dfrac{\partial u}{\partial t}$ は，単位面積当た

りのエネルギーの流れ$\vec{S}$を用いて$\frac{\partial u}{\partial t}=$ (2) と表される．$\vec{S}$はポインティングベクトルと呼ばれ，$\vec{S}=$ (3) と表される．$\vec{E}$及び$\vec{H}$が直交座標系(x, y, z)において，それぞれ$\vec{E}=(E_x, 0, 0)$，$\vec{H}=(0, H_y, 0)$と表されるとき，$\vec{S}$は (4) 軸と平行である．

また，$\sigma \fallingdotseq 0$のときは，$\frac{\partial u}{\partial t}=$ (2) − (5) と表される．

解答群

(イ)	$\vec{E}\cdot\vec{H}$	(ロ)	$\vec{H}\times\vec{E}$	(ハ)	$\sigma\lvert\vec{E}\rvert^2$
(ニ)	$-\nabla\cdot\vec{S}$	(ホ)	$\vec{E}\times\vec{H}$	(ヘ)	x
(ト)	$\sigma\vec{E}\cdot\vec{H}$	(チ)	$\nabla\cdot\vec{S}$	(リ)	$\frac{1}{2}\sigma\lvert\vec{E}\rvert^2+\frac{1}{2}\mu\lvert\vec{H}\rvert^2$
(ヌ)	$\frac{1}{2}\varepsilon\lvert\vec{E}\rvert^2+\frac{1}{2}\mu\lvert\vec{H}\rvert^2$	(ル)	$\frac{1}{2}\vec{E}\cdot\vec{H}$	(ヲ)	y
(ワ)	$\nabla\times\vec{S}$	(カ)	$\sigma\lvert\vec{E}\rvert$	(ヨ)	z

ー攻略ポイントー

本問を通じて，ポインティングベクトルやマクスウェルの方程式の理解を深めよう．

解説 (1) 題意より，微小領域Vにおいて，誘電率ε，透磁率μ，導電率σは一様で，電界，磁界も一様である．時刻tにおける電界ベクトルが$\vec{E}$，磁界ベクトルが$\vec{H}$であるとき，電束密度$\vec{D}$，磁束密度$\vec{B}$，電流密度$\vec{i}$は次式で表すことができる．

$$\vec{D}=\varepsilon\vec{E},\ \vec{B}=\mu\vec{H},\ \vec{i}=\sigma\vec{E} \quad \cdots\cdots ①$$

微小領域V内で電磁界の保有する単位体積当たりの電界エネルギーu_e，磁界エネルギーu_mは，式①を用いれば次式となる．

$$u_e=\frac{1}{2}\vec{D}\cdot\vec{E}=\frac{1}{2}\varepsilon\vec{E}\cdot\vec{E}=\frac{1}{2}\varepsilon|\vec{E}|^2,\ u_m=\frac{1}{2}\vec{B}\cdot\vec{H}=\frac{1}{2}\mu\vec{H}\cdot\vec{H}=\frac{1}{2}\mu|\vec{H}|^2$$

単位体積当たりの電磁界エネルギーuは，上の二つの式の和であるから

$$u=u_e+u_m=\boldsymbol{\frac{1}{2}\varepsilon|\vec{E}|^2+\frac{1}{2}\mu|\vec{H}|^2} \quad \cdots\cdots ②$$

(2) (3) 詳細解説 11 に示すように，電磁界に関するマクスウェル方程式は次式となる．

$$\text{div}\ \vec{D} = \rho \cdots ③, \qquad \text{div}\ \vec{B} = 0 \cdots ④, \qquad \text{rot}\ \vec{H} = \vec{i} + \frac{\partial \vec{D}}{\partial t} \cdots ⑤$$

$$\text{rot}\ \vec{E} = -\frac{\partial \vec{B}}{\partial t} \cdots ⑥$$

ここで，導電率 $\sigma = 0$ のときは $\vec{i} = \sigma\vec{E} = 0$ であるから，式⑤を次式のように簡略化する．

$$\text{rot}\ \vec{H} = \frac{\partial \vec{D}}{\partial t} \cdots\cdots ⑦$$

領域 V 内では透磁率 μ は一定なので，式⑥と式①より

$$\vec{H}\cdot\text{rot}\ \vec{E} = \vec{H}\cdot\left\{-\frac{\partial(\mu\vec{H})}{\partial t}\right\} = -\frac{1}{2}\mu\frac{\partial}{\partial t}(\vec{H}\cdot\vec{H}) = -\frac{1}{2}\frac{\partial}{\partial t}(\mu|\vec{H}|^2) \cdots\cdots ⑧$$

領域 V 内では誘電率 ε は一定なので，式⑦と式①より

$$\vec{E}\cdot\text{rot}\ \vec{H} = \vec{E}\cdot\left\{-\frac{\partial(\varepsilon\vec{E})}{\partial t}\right\} = -\frac{1}{2}\varepsilon\frac{\partial}{\partial t}(\vec{E}\cdot\vec{E}) = -\frac{1}{2}\frac{\partial}{\partial t}(\varepsilon|\vec{E}|^2) \cdots\cdots ⑨$$

ここで，ベクトル解析の公式 $\nabla\cdot(\vec{E}\times\vec{H}) = \vec{H}\cdot\text{rot}\ \vec{E} - \vec{E}\ \text{rot}\ \vec{H}$ に式⑧と式⑨を代入し

$$\nabla\cdot(\vec{E}\times\vec{H}) = -\frac{1}{2}\frac{\partial}{\partial t}(\mu|\vec{H}|^2) - \frac{1}{2}\frac{\partial}{\partial t}(\varepsilon|\vec{E}|^2)$$

$$= -\frac{\partial}{\partial t}\left\{\frac{1}{2}\mu|\vec{H}|^2 + \frac{1}{2}\varepsilon|\vec{E}|^2\right\} = -\frac{\partial u}{\partial t}$$

$$\therefore\quad \frac{\partial u}{\partial t} = -\nabla\cdot(\boldsymbol{\vec{E}}\times\boldsymbol{\vec{H}}) = -\nabla\cdot\boldsymbol{\vec{S}} \cdots\cdots ⑩$$

式⑩に示される $\boldsymbol{\vec{S}} = \boldsymbol{\vec{E}}\times\boldsymbol{\vec{H}}$ はポインティングベクトルであり，電界ベクトル $\vec{E}$ と磁界ベクトル $\vec{H}$ のベクトル積で表されるベクトル量である．

(4) 詳細解説3でベクトル積について解説しているが，ベクトル積の定義から，ポインティングベクトル $\vec{S} = \vec{E}\times\vec{H}$ の向きは，x 軸方向のベクトル量 $\vec{E}$ から y 軸方向のベクトル量 $\vec{H}$ に右ねじを回すとき，右ねじの進む向きである．したがって，$\boldsymbol{z}$ 軸と平行の向きである．

(5) $\sigma \neq 0$ のとき，式⑤に式①を代入すれば

$$\text{rot}\ \vec{H} = \vec{i} + \frac{\partial \vec{D}}{\partial t} = \vec{i} + \frac{\partial(\varepsilon\vec{E})}{\partial t} = \sigma\vec{E} + \varepsilon\frac{\partial \vec{E}}{\partial t}$$

$$\therefore\quad \vec{E}\cdot\text{rot}\ \vec{H} = \vec{E}\cdot\left(\sigma\vec{E} + \varepsilon\frac{\partial \vec{E}}{\partial t}\right) = \sigma|\vec{E}|^2 + \frac{1}{2}\cdot\frac{\partial}{\partial t}(\varepsilon|\vec{E}|^2) \cdots\cdots ⑪$$

したがって，式⑧と式⑪を公式 $\nabla\cdot(\vec{E}\times\vec{H}) = \vec{H}\cdot\mathrm{rot}\,\vec{E} - \vec{E}\,\mathrm{rot}\,\vec{H}$ に代入し

$$\nabla\cdot(\vec{E}\times\vec{H}) = -\frac{1}{2}\frac{\partial}{\partial t}(\mu|\vec{H}|^2) - \left\{\sigma|\vec{E}|^2 + \frac{1}{2}\frac{\partial}{\partial t}(\varepsilon|\vec{E}|^2)\right\}$$

$$= -\frac{\partial u}{\partial t} - \sigma|\vec{E}|^2 \qquad \therefore \quad \frac{\partial u}{\partial t} = -\nabla\cdot\vec{S} - \boldsymbol{\sigma}|\vec{E}|^2 \cdots\cdots ⑫$$

式⑫を式⑩と比較すると，式⑫の第2項（$-\sigma|\vec{E}|^2$）が媒質中に流れる真の電流 $\vec{i}$ によるジュール損に相当する分で，この分だけ単位体積当たりの電磁界エネルギーが減少するといえる．

解答　(1)（ヌ）　(2)（ニ）　(3)（ホ）　(4)（ヨ）　(5)（ハ）

詳細解説 12　ポインティングベクトルの意味

問題28の問題および解説において，式②と式⑩を見れば，$\partial u/\partial t$ は単位時間に電界単位体積に与えられるエネルギーと単位時間に磁界単位体積に与えられるエネルギーの和，すなわち微小領域 V に蓄えらえるエネルギーの増加の割合を示している．言い換えれば，単位時間にこれだけのエネルギーつまり電力を外部から与える必要がある．したがって，$\vec{E}\times\vec{H}$ **は電力の流れを表すベクトル**であることを示す．要するに，$\vec{E}\times\vec{H}$ は**ある1点を通るエネルギーの流れの面積密度を示すベクトル**であるから，**ポインティングベクトル**と呼ばれる．

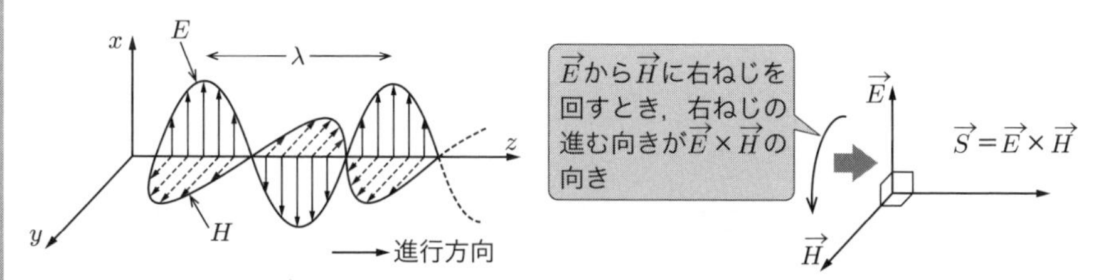

図1・21　正弦平面電磁波（瞬時値）

図1・22　電磁界とポインティングベクトル

図1・21は，z 方向に伝搬する電界と磁界が作る波動の様子を示す．z 軸に垂直な面上では電界も磁界も一様で変化がない．このような波を平面波という．電界と磁界は，時間 t と場所 z について次のように表すことができる．

$$\left.\begin{aligned} E &= \sqrt{2}E_0\cos(\omega t - kz) \\ H &= \sqrt{2}H_0\cos(\omega t - kz) \end{aligned}\right\} \qquad (1\cdot65)$$

ここで，ω は角周波数，k は位相定数である．k は z 軸方向の単位長当たりの波の位

相変化を表し，真空中では次式で与えられる．

$$k=\omega\sqrt{\varepsilon_0\mu_0} \tag{1・66}$$

同位相の点は，時間と場所について

$$\omega t-kz=一定 \tag{1・67}$$

の関係があり，これから，一定位相の点は

$$v=\frac{dz}{dt}=\frac{\omega}{k}=\frac{1}{\sqrt{\varepsilon_0\mu_0}}=c$$

の速度で伝搬することがわかる．c は光速で $c\fallingdotseq 2.998\times10^8$〔m/s〕である．電磁波の波長 λ は

$$\lambda=2\pi/k=c/f\ 〔\mathrm{m}〕 \tag{1・68}$$

と表すことができる．

このような平面波（電磁波）を考えるとき，電界，磁界が c の速度で進行する．電界に蓄えられているエネルギーが $\varepsilon E^2/2$，磁界に蓄えられているエネルギーが $B^2/(2\mu)$ である．したがって，単位面積当たりのエネルギーの流れを P とすると，次式が得られる．

$$P=c\left(\frac{1}{2}\varepsilon E^2+\frac{1}{2\mu}B^2\right) \tag{1・69}$$

ここで，$c=1/\sqrt{\varepsilon\mu}$，$E=\sqrt{\mu/\varepsilon}H$ という関係があるから，式(1・69)に代入して

$$P=\frac{1}{\sqrt{\varepsilon\mu}}\left\{\frac{1}{2}\varepsilon E\left(\sqrt{\frac{\mu}{\varepsilon}}H\right)+\frac{1}{2}\mu H\left(\sqrt{\frac{\varepsilon}{\mu}}E\right)\right\}=EH \tag{1・70}$$

だけの電力が進行方向に流れることになる．つまり，図 1・22 に示すように，電磁波が電界エネルギーと磁界エネルギーの和の形で運ぶ電力であり，ポインティングベクトルである．$\vec{E}\times\vec{H}$ は電磁波の進行方向を向き（ベクトル $\vec{E}$ からベクトル $\vec{H}$ に右ねじを回すとき，右ねじの進む向きが $\vec{E}\times\vec{H}$ の向き），大きさは式(1・70)の EH のベクトルである．

問題 29　導体周辺における電界・磁界（ポインティングベクトル）（H26–A2）

次の文章は，導体及び抵抗体周辺における電界・磁界に関する記述である．

導体 A と導体 B の間に円柱状の抵抗体が挿入されており，導体 A から導体 B に向けて直流電流 I が一様に流れている図 1 のような状態を考える．ここで，導体 A の電位 V_A と導体 B の電位 V_B は $V_A>V_B>0$ とし，導体 A，B で

の電圧降下は零とする．

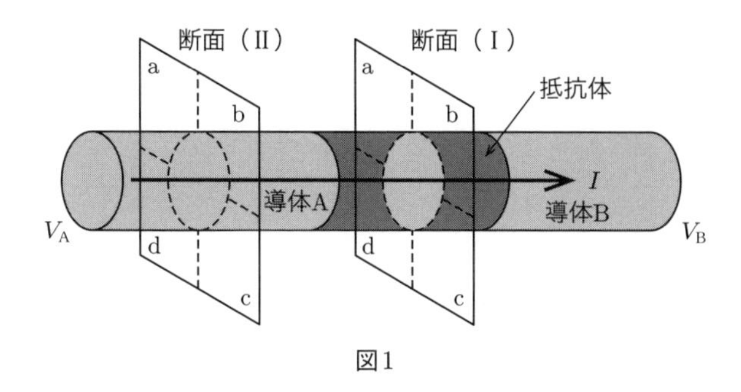

図1

このとき，図中の断面（Ⅰ）において，断面と垂直な方向の電界成分を模式的に描いたものとしてふさわしいのは (1) である．また，断面と平行な方向の磁界成分を磁力線を用いて模式的に描いたものとしてふさわしいのは (2) である．

ポインティングベクトル $\vec{S}$ は電界 $\vec{E}$ 及び磁界 $\vec{H}$ を用いて $\vec{S}=\vec{E}\times\vec{H}$ と表されるため，断面（Ⅰ）における断面と平行な方向のポインティングベクトルの様子を模式的に描くと，(3) のようになる．

次に，断面（Ⅱ）における断面と平行な方向の電界成分を電気力線を用いて模式的に描いたものとしてふさわしいのは (4) である．断面と平行な方向の磁界成分を磁力線を用いて模式的に描いたものとしてふさわしいのは (2) なので，断面と垂直な方向のポインティングベクトルの様子を模式的に描くと (5) のようになる．

このように，ポインティングベクトルを用いてエネルギーの流れを考察すると，抵抗体周辺の空間から抵抗体に向けてエネルギーの一部が流入していることがわかる．

なお，解答群（イ）～（ヨ）の図において，⊗は図1において左から右に断面を横切る向きを，⊙は図1において右から左に断面を横切る向きを示す．また，円の内部に何も記していないものは，その成分が導体内あるいは抵抗体内で零であることを意味している．導体A，Bは十分長いものとし，電位 V_A，V_B の基準としては，導体A，Bと同軸で半径が十分大きい円筒の電位を零とする．

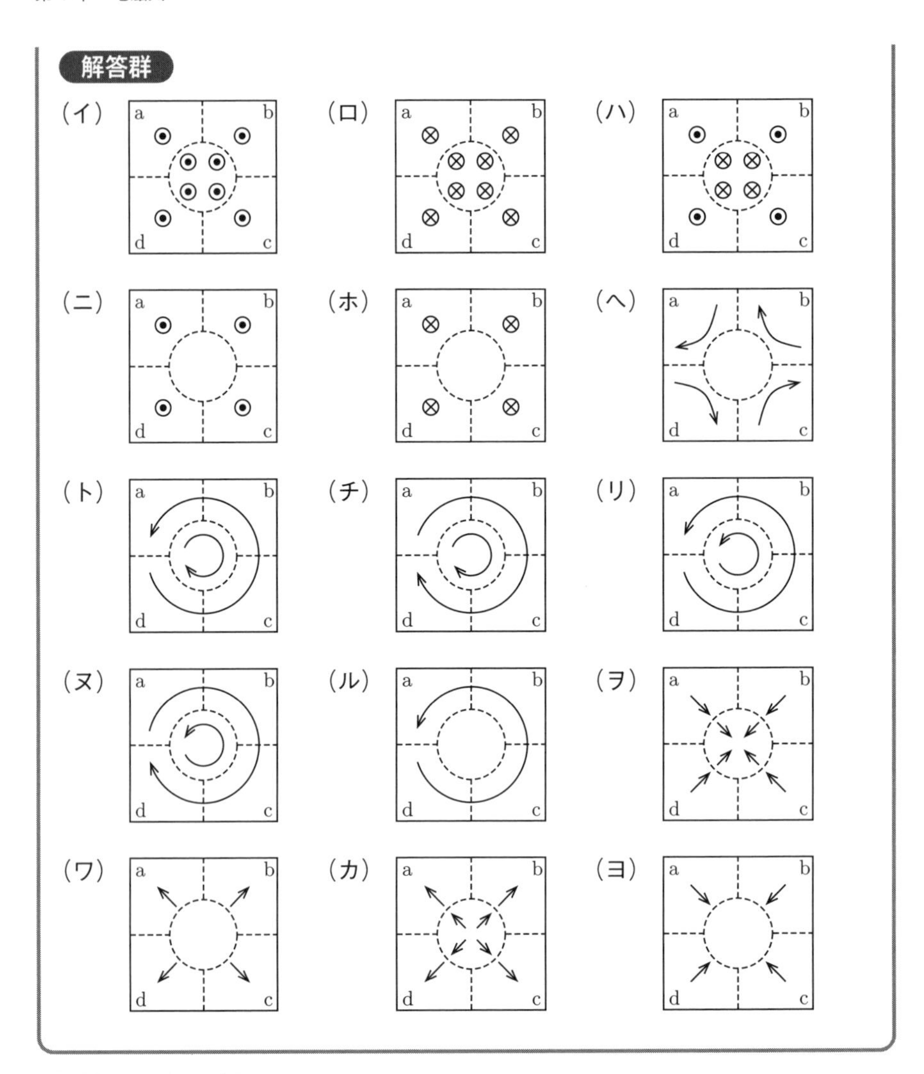

―攻略ポイント―

電界と電位，ベクトル積，アンペアの右ねじの法則を理解していればよい．

解説　(1) 電界の分布すなわち電気力線を考える場合，まず物質や空間に広がる等電位面の分布を考える．導体内部は等電位であり，抵抗体内部では電流の流れる向きに垂直に等電位面が存在する．また，導体および抵抗体の外部の空間側では，題意より，導体 A，B と同軸で半径が十分に大きい電位零の円筒が存在するので，導体や抵抗体から離れるほど電位が低くなる．これらをもとに，等電位面の分布を図示すれば，解図１となる．そして，電気力線は，等電位面に直交するので，解図１の等電位面に直交するように電気力線の分布を描くと解図２となる．

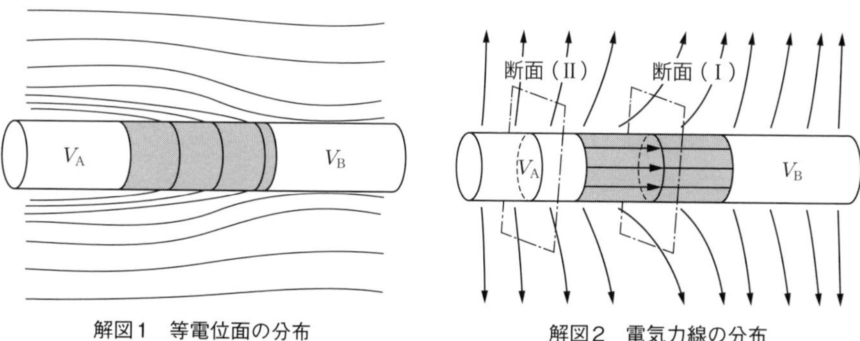

解図１　等電位面の分布

解図２　電気力線の分布

解図２において，電気力線は抵抗体内部で断面（Ⅰ）を左から右に垂直に貫通している．空間側では断面（Ⅰ）を斜めに貫通しているが，断面と垂直な方向の成分でみると，左から右へ貫通している．任意の点における電界の向きは電気力線の接線の向きと一致するから，この電界を表すのが選択肢の **(ロ)** となる．

(2)　断面に平行な磁界成分は，電流 I によって生じるから，アンペアの右ねじの法則により，解図３となる．したがって，磁力線は選択肢の **(チ)** となる．

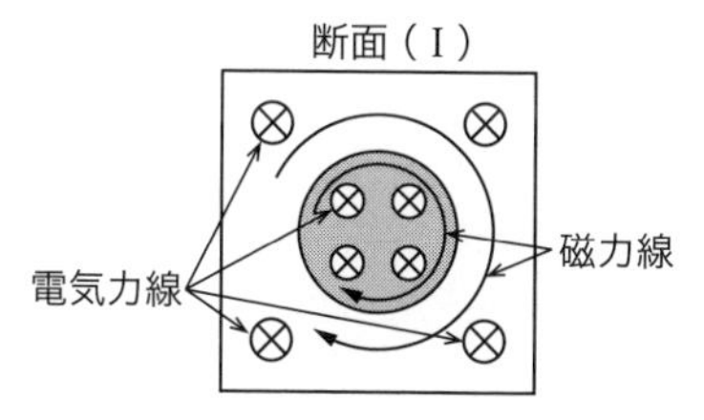

解図３　断面に垂直な電界成分と平行な磁界成分

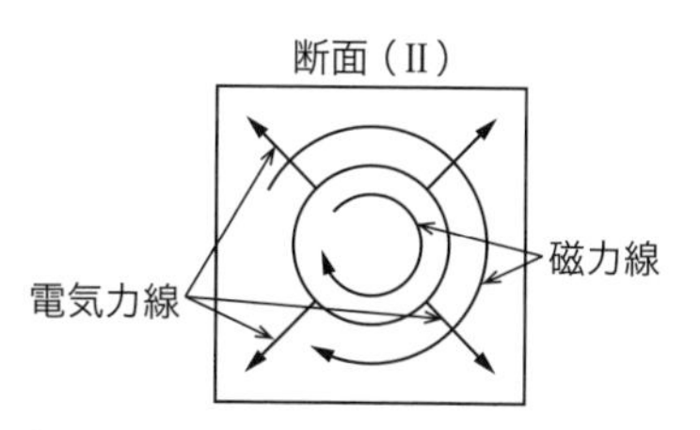

解図４　断面に平行な電界成分と磁界成分

(3)　ポインティングベクトル $\vec{S}$ は $\vec{S}=\vec{E}\times\vec{H}$ で表されるので，図1･4のベクトル積の考え方より，解図３において，電界 $\vec{E}$ から磁界 $\vec{H}$ の方向に右ねじを回すときに右ねじの進む向きがポインティングベクトル $\vec{S}$ になる．したがって，選択肢の **(ヲ)** の向きとなる．

(4)　解図２において断面（Ⅱ）に着目すると，導体内部では電位が一定であり，電気力線は存在していない．一方，空間中では，導体からの距離が大きくなるほど電位は低くなるので，断面に平行な電界成分は解図４のようになり，選択肢の**（ワ）**となる．

(5) 断面と平行な方向の磁界成分は解図4のように右回りとなるから，断面（Ⅱ）に垂直なポインティングベクトルは，電界 $\vec{E}$ から磁界 $\vec{H}$（磁力線の接線の向き）の方向に右ねじを回すときに右ねじの進む向きがポインティングベクトル $\vec{S}$ になる．したがって，選択肢の**（ホ）**となる．

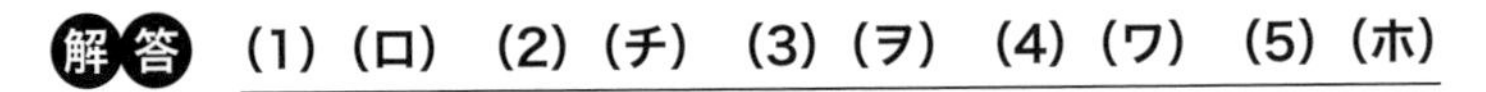

解答　**(1)（ロ）　(2)（チ）　(3)（ヲ）　(4)（ワ）　(5)（ホ）**

第 2 章

電気回路

[学習のポイント]

○電気回路の頻出分野は，回路の諸定理を活用した回路計算，非対称三相交流回路，過渡現象，分布定数回路である．

○回路の諸定理に関しては，電圧源と電流源の等価回路変換，閉路方程式，2 端子対回路（四端子回路），テブナンの定理，ミルマンの定理，重ね合わせの定理，補償定理などが出題されている．これらは，主に直流回路をテーマに出題されているが，交流回路でも使える上に，回路解析上の必須の事項であるから，よく学習する．

○三相交流回路に関しては，電験 3 種では対称三相交流回路計算がよく出題され，2 種では出題数は少ないものの，1 種では，負荷が不平衡の場合を主体に，電源が非対称な場合も含め，非対称三相交流回路計算は超頻出分野である．電気計測の問題として，非対称三相交流回路の電力測定も時々出題（第 4 章で扱う）される．本書でも様々なパターンを取り上げたので，自分の手で計算することによって，徹底的に学習してほしい．

○過渡現象も，非対称三相交流回路計算と並んで，超頻出分野である．問題の詳細解説において，ラプラス変換，定数係数線形 1 階微分方程式における特性方程式を用いた解法，2 階微分方程式における解法を取り上げて重点的に解説している．本書の内容よりももう少し基本的な内容を学びたい読者は，拙著『ガッツリ学ぶ 電験二種 理論』で詳しく解説しているので，是非参考にしてほしい．

○分布定数回路は，電験 2 種ではほとんど出題されないが，1 種では時々出題されている．いずれも進行波の入射波・反射波・透過波の電圧・電流の関係を問う問題である．本書では，分布定数回路の重点事項を問題の詳細解説に示したので，十分に学習する．

1　回路の諸定理

問題1　電圧源回路と電流源回路の等価変換　(H25-A2)

次の文章は，直流回路の電流計算（等価変換）に関する記述である．

図1において，抵抗 R_2 に流れる電流 I が最小になる条件を求めたい．ただし，図の可変抵抗のA-C間の抵抗を R，A-B間の抵抗を R_x，B-C間の抵抗を $(R-R_x)$ とする．

まず，図1の端子a-bより左側部分を図2に示す抵抗 r と電圧源 E に等価変換すると，それぞれ $r=$ (1) 〔Ω〕，$E=$ (2) 〔V〕となる．

ところで，図2について考えると，R_2 に流れる電流 I は，

$$I=\frac{R_1E}{\boxed{(3)}+R_1(R_2+R)+r(R_1+R_2+R)} \quad \cdots\cdots ①$$

となる．ここで，電流 I が最小となる条件は式①の分母が最大の場合であるから，$R_x=$ (4) となるように可変抵抗を調整した場合に電流が最小となる．このとき，$(r+R_x)$ と $(R-R_x+R_2)$ の関係は，$(r+R_x)$ (5) $(R-R_x+R_2)$ となる．ただし，$(R_2+R)>r$ であるとする．

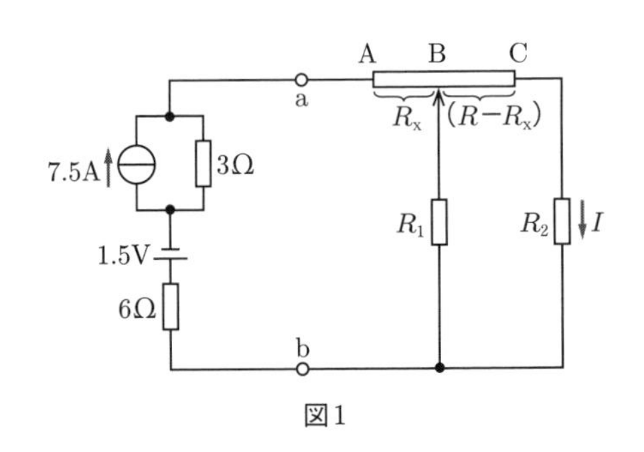

図1

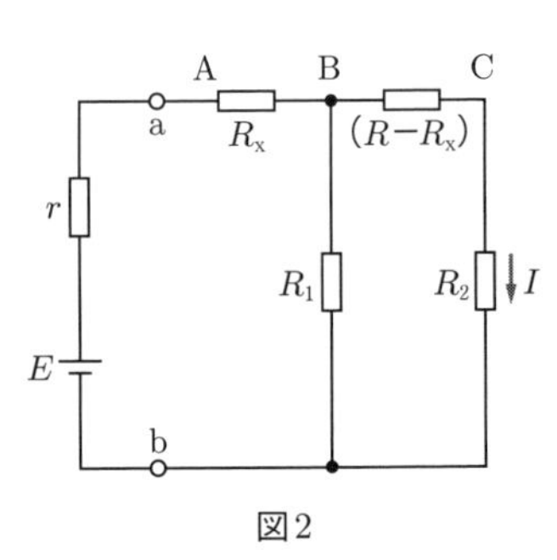

図2

解答群

(イ)　R_2+R-r	(ロ)　$>$	(ハ)　$=$	(ニ)　4.5
(ホ)　21	(ヘ)　$R_x(R_2+R-r-R_x)$		(ト)　2
(チ)　9	(リ)　$R_x(R_1+R_2+R-r-R_x)$		(ヌ)　$<$

(ル)　$\dfrac{R_2+R-r}{2}$　(ヲ)　$\dfrac{R_1+R_2+R-r}{2}$　(ワ)　1

(カ)　24　(ヨ)　$R_x(R_2+R-r)$

—攻略ポイント—

解図1に示すように，定電圧源と定電流源は相互に変換することができる．

$$\boldsymbol{E=\frac{J}{G_i},\ G_i=\frac{1}{R_i}}$$

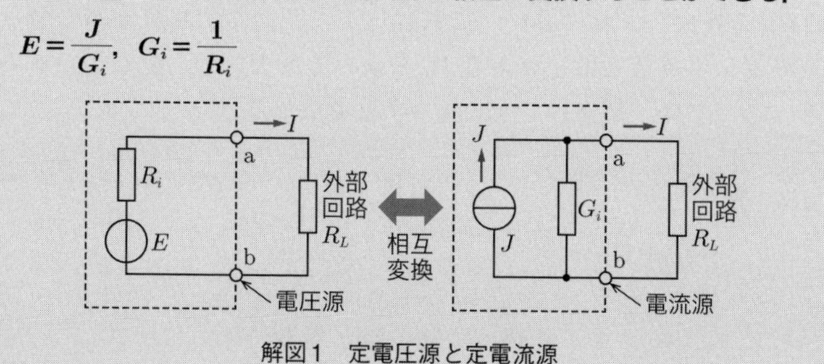

解図1　定電圧源と定電流源

解説　(1)（2）図1の電流源7.5 Aと抵抗3 Ωの並列回路を解図1の考え方に基づいて定電流源から定電圧源に変換する．この場合，電圧 7.5×3 = 21.5 V の定電圧源と抵抗3 Ωの直列回路になる．したがって，図1の端子a–bより左側部分を図2の電圧源 E と抵抗 r に変換すれば

$$E=7.5\times3-1.5=\mathbf{21}\ \mathrm{V},\quad r=3+6=\mathbf{9}\ \Omega$$

(2) 図2において，回路の合成抵抗 R_0 および電源から流れる電流 I_0 は

$$R_0=r+R_x+\frac{R_1\{(R-R_x)+R_2\}}{R_1+(R-R_x)+R_2}\ [\Omega]$$

$$I_0=\frac{E}{R_0}=\frac{E}{r+R_x+\dfrac{R_1\{(R-R_x)+R_2\}}{R_1+(R-R_x)+R_2}}\ [\mathrm{A}]$$

抵抗 R_2 に流れる電流 I は，電源からの電流 I_0 が R_1 と $(R-R_x+R_2)$ に分流するから

$$I=I_0\times\frac{R_1}{R_1+(R-R_x)+R_2}$$

$$=\frac{E}{r+R_x+\dfrac{R_1\{(R-R_x)+R_2\}}{R_1+(R-R_x)+R_2}}\times\frac{R_1}{R_1+(R-R_x)+R_2}$$

$$= \frac{R_1 E}{(r+R_x)\{R_1+(R-R_x)+R_2\}+R_1\{(R-R_x)+R_2\}}$$

$$= \frac{R_1 E}{\boldsymbol{R_x(R_2+R-r-R_x)}+R_1(R_2+R)+r(R_1+R_2+R)} \text{〔A〕}$$

ここで，電流 I を最小にするためには，上式の分子が一定なので，分母を最大にすればよい．分母の変数は R_x のみであるから，R_x を含む第一項 $R_x(R_2+R-r-R_x)=f(R_x)$ を最大にすればよい．これは，上に凸の二次関数であるから，二次関数の式変形により最大値を与える R_x を求めてもよいし，微分して求めることもできる．ここでは，微分して0とする手法で求めると

$$\frac{df}{dR_x}=R_2+R-r-2R_x=0$$

$$\therefore \quad R_x=\boldsymbol{\frac{R_2+R-r}{2}} \cdots\cdots ①$$

したがって，式①のとき，電流 I は最小値となる．さらに，式①の R_x の値を $(r+R_x)$ と $(R-R_x+R_2)$ に代入すれば

$$r+R_x=r+\frac{R_2+R-r}{2}=\frac{R_2+R+r}{2}$$

$$R-R_x+R_2=R-\frac{R_2+R-r}{2}+R_2=\frac{R_2+R+r}{2}$$

上記の式から，$r+R_x=R-R_x+R_2$ が成り立つことがわかる．

解答　(1)（チ）　(2)（ホ）　(3)（ヘ）　(4)（ル）　(5)（ハ）

問題2　2端子対回路と閉路方程式　(H30-B5)

次の文章は，直流電圧源に接続された2端子対抵抗回路に関する記述である．

図のように未知抵抗 R を含む2端子対抵抗回路の端子対1-1′に直流電圧源 E_1 を接続し，端子対2-2′に可変直流電圧源 E_2 を接続した．図の回路の抵抗で消費される電力を P とする．

図のように閉路電流 I_1，I_2 を定めると，閉路方程式は，

$$\begin{bmatrix} E_1 \\ E_2 \end{bmatrix} = \boxed{\quad (1) \quad} \begin{bmatrix} I_1 \\ I_2 \end{bmatrix}$$

となる．[(1)]の行列は図の 2 端子対抵抗回路の Z 行列と一致する．

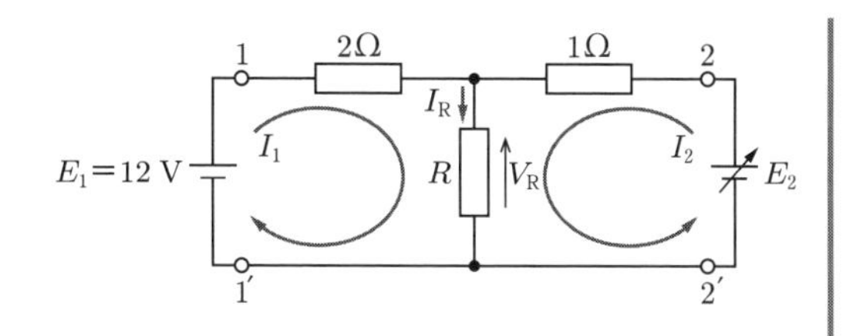

$E_1=12$ V とし，可変直流電圧源の電圧 E_2 を変化させると以下の結果が得られた．

(a)　$E_2=15$ V のとき，I_1 は零となった．

(b)　$E_2=8$ V のとき，P は最小値 24 W となった．

(c)　E_2 を 8 V より小さなある値にすると，$I_R=1$ A となった．

(a) のときの電流 I_2 は，$V_R=E_1$ であるから $I_2=$ [(2)]〔A〕となる．また，未知抵抗 R の値は $R=$ [(3)]〔Ω〕となる．

(b) のときの電流 I_1，I_2 は，閉路方程式と $R=$ [(3)]〔Ω〕より，

$$\begin{bmatrix} I_1 \\ I_2 \end{bmatrix} = \boxed{(4)}〔A〕$$

となる．

(c) のときの E_2 は，V_R，I_1 及び I_2 を計算すると，$E_2=$ [(5)]〔V〕となる．このときの消費電力 P を計算すると，(a) と同じ値になることがわかる．

解答群

(イ)　2　　(ロ)　$\begin{bmatrix} 2+R & R \\ -R & 1+R \end{bmatrix}$　　(ハ)　$\begin{bmatrix} 3 \\ -1.5 \end{bmatrix}$　　(ニ)　$\begin{bmatrix} 1 \\ 1.5 \end{bmatrix}$

(ホ)　−3　　(ヘ)　$\begin{bmatrix} 2+R & R \\ R & 1+R \end{bmatrix}$　　(ト)　4　　(チ)　6

(リ)　1　　(ヌ)　5　　(ル)　$\begin{bmatrix} 2 \\ 0 \end{bmatrix}$　　(ヲ)　$\begin{bmatrix} 2+R & -R \\ -R & 1+R \end{bmatrix}$

(ワ)　3　　(カ)　−2　　(ヨ)　−1

―攻略ポイント―

閉回路ごとにループ電流を仮定すると，キルヒホッフの第 1 法則は自動的に満足されているので，キルヒホッフの第 2 法則を適用して式を立てる．閉路方程式に関しては，回路を見て直ちに閉路方程式の Z 行列の係数を作成できるようにしておく（詳細解説 1 を参照）．

解説　(1) 問題図の回路において，キルヒホッフの第２法則を用い，閉路電流 I_1 および I_2 の経路について起電力と電圧降下の関係式を求める（なお，$I_R = I_1 + I_2$）．

$$E_1 = 2I_1 + R(I_1 + I_2) = (2+R)I_1 + RI_2$$
$$E_2 = 1 \times I_2 + R(I_1 + I_2) = RI_1 + (1+R)I_2$$

電圧，電流を行列で表現すると，Z 行列を用いた閉路方程式は次式となる．

$$\begin{pmatrix} E_1 \\ E_2 \end{pmatrix} = \begin{pmatrix} \mathbf{2+R} & \mathbf{R} \\ \mathbf{R} & \mathbf{1+R} \end{pmatrix} \begin{pmatrix} I_1 \\ I_2 \end{pmatrix} \quad \cdots\cdots ①$$

詳細解説１の手法を使えば，式①の Z 行列の係数は回路を見て直ちに作成できる．

(2) (3) 設問の条件（a）に関して，$E_1 = 12$ V，$E_2 = 15$ V のとき，$I_1 = 0$ A になる．このため 2 Ω の抵抗では電圧降下が発生せず，$V_R = E_1$ となる．解図１で，電流 I_2 の経路に着眼してキルヒホッフの第２法則を適用すれば

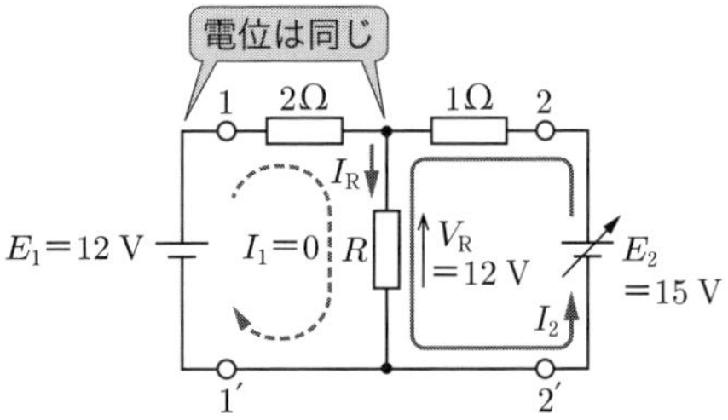

解図１　設問の条件（a）の回路

$$E_2 = 1 \times I_2 + V_R$$

$$\therefore \quad I_2 = \frac{E_2 - V_R}{1} = 15 - 12$$
$$= \mathbf{3}\ \text{A}$$

さらに，$I_R = I_1 + I_2 = I_2 = 3$ であるから，抵抗 R は

$$R = V_R / I_R = 12/3 = \mathbf{4}\ \Omega$$

(4) 設問（b）のとき，$E_2 = 8$ V，(3) で求めた抵抗 $R = 4\ \Omega$ を式①へ代入すれば

$$\begin{pmatrix} E_1 \\ E_2 \end{pmatrix} = \begin{pmatrix} 12 \\ 8 \end{pmatrix} = \begin{pmatrix} 6 & 4 \\ 4 & 5 \end{pmatrix} \begin{pmatrix} I_1 \\ I_2 \end{pmatrix} = \boldsymbol{Z} \begin{pmatrix} I_1 \\ I_2 \end{pmatrix}$$

したがって，逆行列 $\boldsymbol{Z}^{-1}$ を用いれば，電流 I_1 と I_2 を求めることができる．

$$\begin{pmatrix} I_1 \\ I_2 \end{pmatrix} = \frac{1}{6\times5-4\times4} \begin{pmatrix} 5 & -4 \\ -4 & 6 \end{pmatrix} \begin{pmatrix} 12 \\ 8 \end{pmatrix} = \frac{1}{14} \begin{pmatrix} 5\times12-4\times8 \\ -4\times12+6\times8 \end{pmatrix} = \begin{pmatrix} \mathbf{2} \\ \mathbf{0} \end{pmatrix}$$

(5) 設問（c）のとき，$I_2 = I_R - I_1 = 1 - I_1$ なので，式①は次式となり E_2 が求まる．

$$\begin{pmatrix} 12 \\ E_2 \end{pmatrix} = \begin{pmatrix} 6 & 4 \\ 4 & 5 \end{pmatrix} \begin{pmatrix} I_1 \\ 1-I_1 \end{pmatrix} \quad \therefore \begin{cases} 12 = 6I_1 + 4(1-I_1) \\ E_2 = 4I_1 + 5(1-I_1) \end{cases} \quad \therefore \begin{cases} I_1 = 4\ \text{A} \\ E_2 = \mathbf{1}\ \text{V} \end{cases}$$

(1) (へ)　(2) (ワ)　(3) (ト)　(4) (ル)　(5) (リ)

詳細解説 1　閉路方程式と節点方程式

(1) 閉路電流法（閉路方程式）

閉回路ごとにループ電流を仮定し，キルヒホッフの第2法則を適用する．第1法則は自動的に満足されている．ループ電流が求まれば，各枝路の電流はループ電流の重畳により求まる．閉路方程式は次のように係数を作れば，回路を見て直ちに作成できる．例えば，図2･1において I_1 の閉路について作った式(2･1)は次のとおり作成する．

I_1 の係数：I_1 の閉路に含まれる全抵抗

I_2 の係数：I_1 の閉路と I_2 の閉路に共通に含まれる抵抗．その抵抗を二つの閉路が同じ向きに通れば＋，逆の向きに通れば－の符号とする．

右辺　　：I_1 の閉路に含まれ，I_1 の方向に電流を流そうとする電源の電圧

一方，I_2 の閉路について作る式(2･2)も同様である．

$$(R_1+R_3)I_1+R_3I_2=E_1 \qquad (2\cdot1)$$

$$R_3I_2+(R_2+R_3)I_2=E_2 \qquad (2\cdot2)$$

Z（インピーダンス）行列を用いて表現すると下記になる．

$$\begin{pmatrix} R_1+R_3 & R_3 \\ R_3 & R_2+R_3 \end{pmatrix}\begin{pmatrix} I_1 \\ I_2 \end{pmatrix}=\begin{pmatrix} E_1 \\ E_2 \end{pmatrix} \qquad (2\cdot3)$$

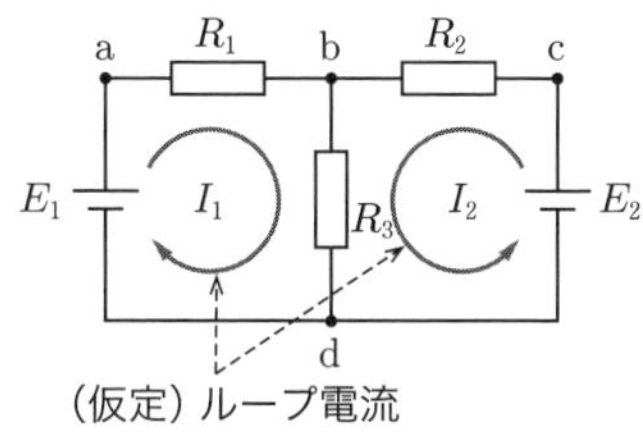

図2･1　閉路電流法の回路例

(2) 節点電圧法（節点方程式）

節点の電圧を未知数とし，節点におけるキルヒホッフの第1法則を適用する．電圧源を含んでいる場合は，電圧源を電流源に等価変換して適用すればよい．

まず，回路の節点（ノード）数を n とするとき，基準点以外の（$n-1$）個の節点に順に番号をつける．節点方程式は，$\boldsymbol{Y}$をアドミタンス行列，$\boldsymbol{V}$を電圧ベクトル，$\boldsymbol{I}$を電流源ベクトルとすれば

$$\boldsymbol{YV}=\boldsymbol{I} \qquad (2\cdot4)$$

で表現できる．**アドミタンス行列の対角成分（第(k, k)成分）は，k番目の節点に接続しているコンダクタンスの和**である．**非対角成分（第(k, l)成分）はk番目の節点とl番目の節点の間に接続しているコンダクタンスの和に負の符号をつけ**

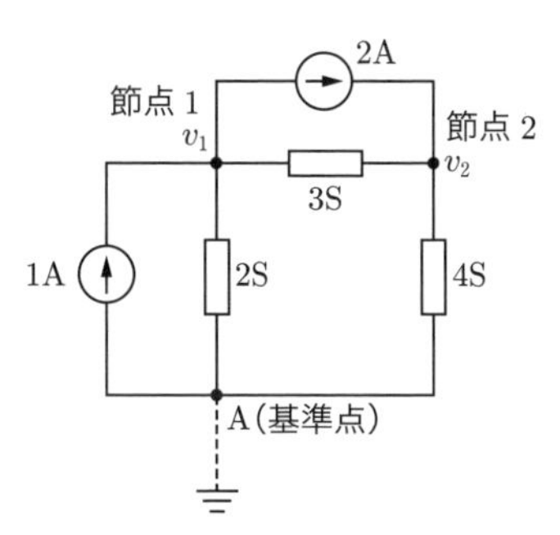

図2･2　節点方程式の回路例

たものになる．一方，**右辺の電流源ベクトルは各節点における流入電流（流入なら符号は＋，流出は－）**とする．

図 2・2 の回路例で，節点方程式は

$$\begin{cases}(2+3)v_1-3v_2=1-2\\-3v_1+(3+4)v_2=2\end{cases}$$

$$\therefore\quad\begin{cases}5v_1-3v_2=-1\\-3v_1+7v_2=2\end{cases}\tag{2・5}$$

となる．節点方程式も回路を見れば直接的に方程式を立てることができる．

問題 3　閉路方程式による回路解析　(H21-B6)

次の文章は，直流抵抗回路に関する記述である．

図のように，抵抗 R_1，R_2，R_3，R_4 及び電圧源，電流源を接続した回路がある．図のように網目電流（閉路電流）I_1，I_2，I_3 をとる．これらに関する方程式を求めると次式のようになった．

$$\begin{pmatrix}6 & \boxed{(1)} & \boxed{(3)}\\ \boxed{(1)} & 5 & \boxed{(2)}\\ \boxed{(3)} & \boxed{(2)} & 4\end{pmatrix}\begin{pmatrix}I_1\\I_2\\I_3\end{pmatrix}=\begin{pmatrix}4\\7\\3\end{pmatrix}$$

このとき，電流 I_2 は $\boxed{(4)}$〔A〕，I_3 は $\boxed{(5)}$〔A〕となる．

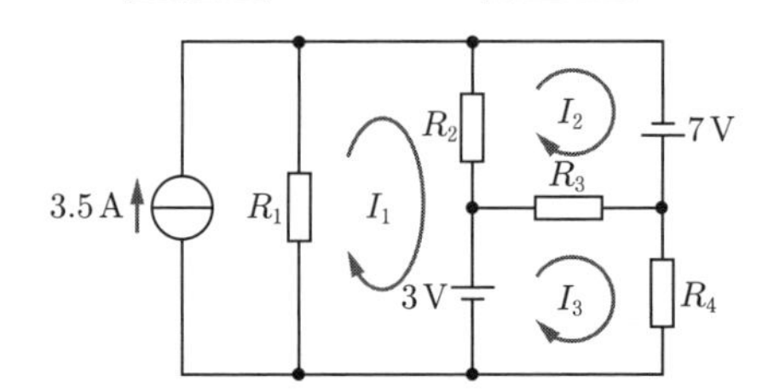

解答群

(イ)　4　(ロ)　$\frac{43}{25}$　(ハ)　3　(ニ)　2　(ホ)　$\frac{139}{29}$

(ヘ)　0　(ト)　-2　(チ)　$-\frac{40}{7}$　(リ)　-1　(ヌ)　$-\frac{44}{29}$

(ル)　5　(ヲ)　1　(ワ)　$\frac{5}{7}$　(カ)　-4　(ヨ)　$\frac{8}{25}$

ー攻略ポイントー

電流源を電圧源に変換した上で，閉路方程式を回路図から直接立てればよい．

解説　(1) 回路の左側を見ると，3.5 A の電流源と抵抗 R_1 の並列回路になっているから，解図のように $3.5R_1$ の電圧源と抵抗 R_1 の直列回路に等価変換することができる．この場合，回路全体は解図２のように表すことができる．

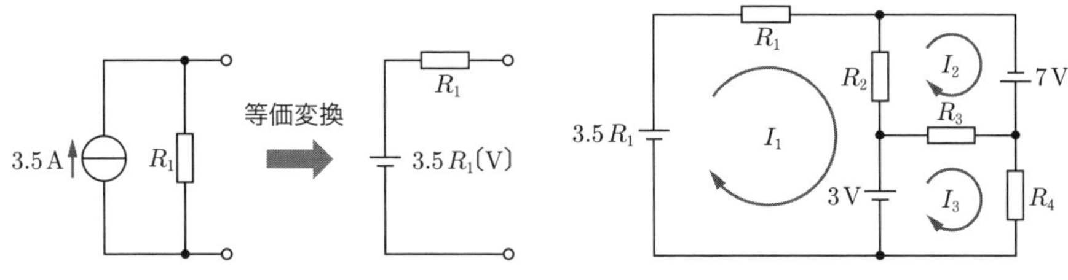

解図１　電流源→電圧源の変換　　　解図２　回路全体の等価回路

詳細解説１に示した閉路方程式の立て方から，解図２を見れば，直接，式①を書き下すことができる．例えば，閉路（ループ）電流 I_1 に関しては，その閉路にて抵抗 R_1 と抵抗 R_2 を通過するので，閉路方程式の左辺の行列の１行１列目の要素はこれらを足し合わせて R_1+R_2 とすればよい．また，閉路電流 I_1 は閉路電流 I_2 とは抵抗 R_2 にて逆向きになっているから，閉路方程式の左辺の行列の１行２列目は負の符号をつけて $-R_2$ とする．そして，閉路電流 I_3 とは抵抗を介して通過しないので，閉路方程式の左辺の行列の１行３列目は０となる．一方，閉路方程式の右辺の行列は I_1 の閉路に含まれ，閉路電流 I_1 を流す向きの起電力とすればよいので，$3.5R_1-3$ となる．他の閉路方程式の行列の各要素も同様に考えればよい．

$$\begin{pmatrix} R_1+R_2 & -R_2 & 0 \\ -R_2 & R_2+R_3 & -R_3 \\ 0 & -R_3 & R_3+R_4 \end{pmatrix}\begin{pmatrix} I_1 \\ I_2 \\ I_3 \end{pmatrix} = \begin{pmatrix} 3.5R_1-3 \\ 7 \\ 3 \end{pmatrix} \cdots\cdots ①$$

式①と題意で与えられた閉路方程式の行列を比較すれば，次式が得られる．

$$3.5R_1-3=4, \quad R_1+R_2=6, \quad R_2+R_3=5, \quad R_3+R_4=4 \cdots\cdots ②$$

これらを解けば，$R_1=2$，$R_2=4$，$R_3=1$，$R_4=3$

したがって，式①の閉路方程式は次式となる．

$$\begin{pmatrix} 6 & \mathbf{-4} & \mathbf{0} \\ \mathbf{-4} & 5 & \mathbf{-1} \\ \mathbf{0} & \mathbf{-1} & 4 \end{pmatrix}\begin{pmatrix} I_1 \\ I_2 \\ I_3 \end{pmatrix} = \begin{pmatrix} 4 \\ 7 \\ 3 \end{pmatrix} \quad \cdots\cdots ③$$

式③の行列の１行目と３行目から，$I_1=(2I_2+2)/3$，$I_3=(I_2+3)/4$ となり，これを２行目の式に代入して I_1 と I_3 を消去すれば

$$-4\times\frac{2I_2+2}{3}+5I_2-\frac{I_2+3}{4}=7 \qquad \therefore \quad I_2=\mathbf{5}\ \mathrm{A}$$

$$I_1=\frac{2I_2+2}{3}=\frac{2\times5+2}{3}=4\ \mathrm{A},\quad I_3=\frac{5+3}{4}=\mathbf{2}\ \mathrm{A}$$

解答　(1) (カ)　(2) (リ)　(3) (ヘ)　(4) (ル)　(5) (ニ)

問題４　２端子対回路と *F* 行列　(H29-B6)

次の文章は，直流電源と２端子対抵抗回路に関する記述である．

図のように，３種類の直流電圧源 αE，$(1-\alpha)E$，E に同一の２端子対回路 N を２段接続し，それぞれ異なる抵抗で終端した．図１，図２の回路では，

$$\frac{V_0'}{I_0'}=\frac{V_1'}{I_1'}=\frac{V_2'}{I_2'}=5\ \Omega,\quad \frac{V_0''}{I_0''}=\frac{V_1''}{I_1''}=\frac{V_2''}{I_2''}=-4\ \Omega \quad \cdots\cdots ①$$

が成立する．さらに，分圧比，分流比の計算から，定数 λ を用いて，式①の電圧，電流は，以下の等比数列で表すことができる．

$$V_k'=\lambda^{-k}\alpha E,\quad I_k'=\lambda^{-k}\frac{\alpha E}{5},\quad k=0,1,2 \quad \cdots\cdots ②$$

$$V_k''=\lambda^{k}(1-\alpha)E,\quad I_k''=-\lambda^{k}\frac{(1-\alpha)E}{4},\quad k=0,1,2 \quad \cdots\cdots ③$$

ここで，$\lambda=$ [(1)] であり，λ とその逆数 λ^{-1} は，図の２端子対回路 N の [(2)] の固有値である．

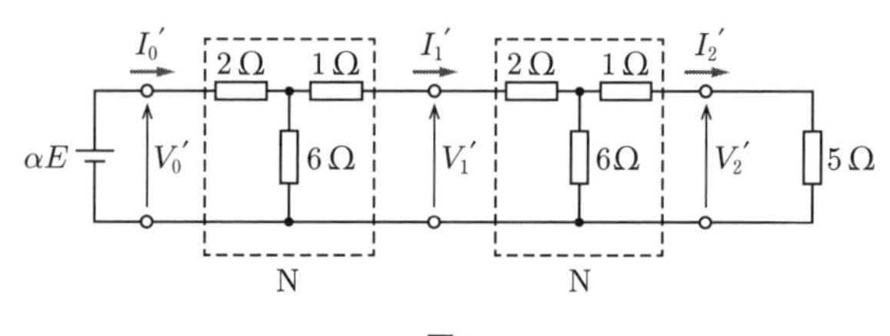

図１

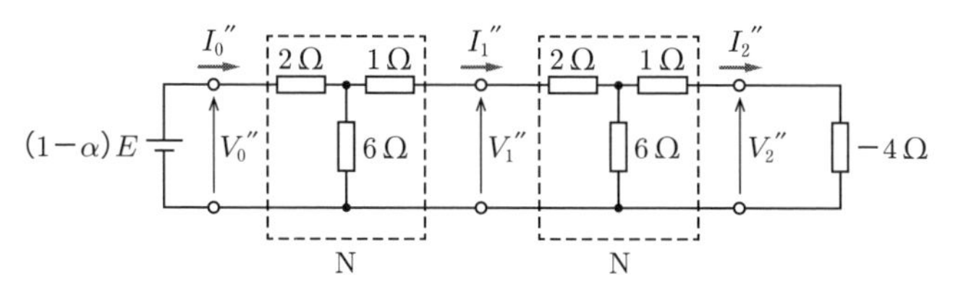

図2

次に図3の回路を解析する．任意の抵抗 R に対し，図3の電圧 V_k は図1の電圧 V_k' と図2の電圧 V_k'' の和で，図3の電流 I_k は図1の電流 I_k' と図2の電流 I_k'' の和で，それぞれ表すことができる．

$$V_k = V_k' + V_k'',\ I_k = I_k' + I_k'',\ k = 0, 1, 2 \cdots\cdots ④$$

ただし，α は，図3の終端で式④の V_2 と I_2 が (3) の法則を満たす定数であり，

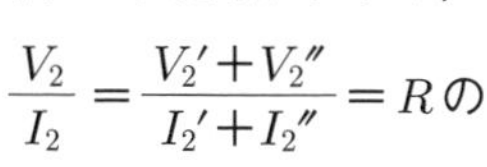

$\dfrac{V_2}{I_2} = \dfrac{V_2' + V_2''}{I_2' + I_2''} = R$ の式から一意に決定できる．例えば，$R = 0\,\Omega$（短絡）のときは，式④で $V_2 = V_2' + V_2'' = 0$ となる．この式に $\lambda =$ (1) と，$k = 2$ のときの式②及び式③を代入すると，$\alpha =$ (4) を得る．これにより電流 I_0 は，$I_0 = I_0' + I_0'' =$ (5) 〔A〕となる．

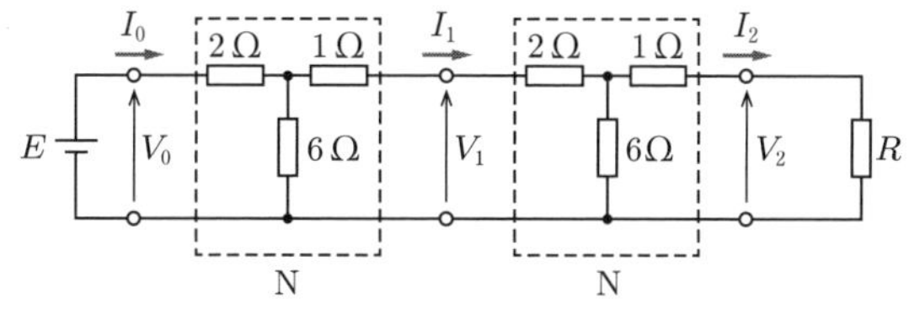

図3

なお，以上の解析法は，回路の段数が3段以上の場合にも適用できる．

解答群

(イ) $\dfrac{15}{13}$	(ロ) オーム	(ハ) 3	(ニ) $\boldsymbol{Z}$ 行列
(ホ) $\dfrac{23}{100}E$	(ヘ) ジュール	(ト) 4	(チ) アンペール
(リ) $\dfrac{16}{15}$	(ヌ) $-\dfrac{13}{16}$	(ル) $\boldsymbol{F}$ 行列	(ヲ) $\dfrac{19}{100}E$
(ワ) $\dfrac{21}{100}E$	(カ) $\boldsymbol{S}$ 行列	(ヨ) 2	

— 攻略ポイント —

任意の2組の端子をもつ回路を2端子対回路または四端子回路という．詳細解説1で示す $\boldsymbol{Z}$（インピーダンス）行列，$\boldsymbol{Y}$（アドミタンス）行列のほかに，詳細解説2の $\boldsymbol{F}$ 行列がよく用いられる．

解説　(1) 解図1に示すように，図1の回路を右から左に追いかけていくと，電流 I_2' が流れている部分は1Ωと5Ωの直列回路になっており，この部分は合成抵抗6Ωである．これは，別の6Ωの抵抗と並列になっているから，この別の6Ωに流れる電流も I_2' である．したがって，$I_1' = 2I_2'$ になる．同様に，解図1のように，a，bの端子から回路の右側を見ると題意から5Ωであるので，I_1' は1Ωと5Ωの直列回路を流れる．このため，これと並列になっている6Ωの抵抗には I_1' の電流が流れているから，$I_0' = 2I_1'$ となる．ゆえに，次式が成立する．

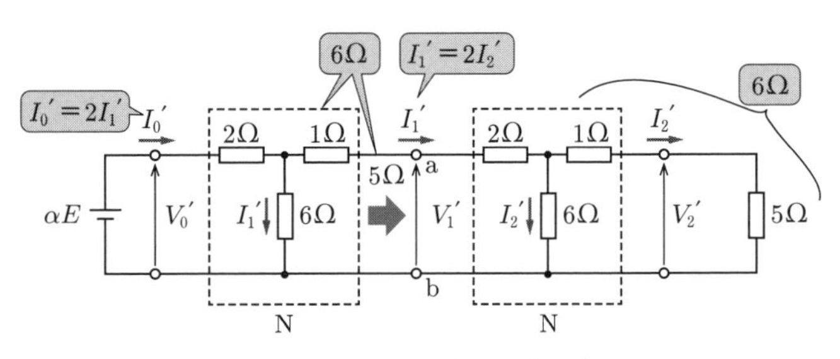

解図1　図1の回路の電流分布

$$I_0' = 2I_1' = 4I_2' \quad \cdots\cdots ①$$

一方，V_1' は

$$V_1' = V_0' - 2I_0' - I_1' \quad \cdots\cdots ②$$

であるから，問題中の式①と式②および式①，$V_0' = \alpha E$，$V_1' = \alpha E/\lambda$ を用いて式を変形すれば

$$V_1' = V_0' - 2I_0' - \frac{I_0'}{2} = V_0' - \frac{5}{2}I_0' = V_0' - \frac{1}{2}V_0' = \frac{1}{2}V_0' = \frac{1}{\lambda}V_0'$$

したがって，$\lambda = \mathbf{2}$ となる．

（別解）一方，詳細解説2で説明する $\boldsymbol{F}$ 行列を用いて解くこともできる．2端子対回路Nの $\boldsymbol{F}$ 行列を $\boldsymbol{F} = \begin{pmatrix} A & B \\ C & D \end{pmatrix}$ とすれば，$\begin{pmatrix} V_0' \\ I_0' \end{pmatrix} = \begin{pmatrix} A & B \\ C & D \end{pmatrix}\begin{pmatrix} V_1' \\ I_1' \end{pmatrix}$ の関係があるので

$$A = \left.\frac{V_0'}{V_1'}\right|_{I_1'=0} = \frac{2+6}{6} = \frac{4}{3}$$

$I_1' = 0$ は受電端側を開放することを意味する

$$B=\left.\frac{V_0'}{I_1'}\right|_{V_1'=0}=\frac{V_0'}{\dfrac{V_0'}{2+\dfrac{1\times 6}{1+6}}\times\dfrac{6}{1+6}}=\frac{10}{3}$$

$V_1'=0$ は受電端側を短絡することを意味する

$$C=\left.\frac{I_0'}{V_1'}\right|_{I_1'=0}=\frac{I_0'}{6I_0'}=\frac{1}{6},\quad D=\left.\frac{I_0'}{I_1'}\right|_{V_1'=0}=\frac{I_0'}{I_0'\times\dfrac{6}{6+1}}=\frac{7}{6}$$

$$\therefore\quad \boldsymbol{F}=\begin{pmatrix}A & B\\ C & D\end{pmatrix}=\begin{pmatrix}\dfrac{4}{3} & \dfrac{10}{3}\\ \dfrac{1}{6} & \dfrac{7}{6}\end{pmatrix}\quad\left(\text{確認：}AD-BC=\frac{4}{3}\times\frac{7}{6}-\frac{10}{3}\times\frac{1}{6}=1\right)$$

したがって，$\begin{pmatrix}V_0'\\ I_0'\end{pmatrix}=\begin{pmatrix}\dfrac{4}{3} & \dfrac{10}{3}\\ \dfrac{1}{6} & \dfrac{7}{6}\end{pmatrix}\begin{pmatrix}V_1'\\ I_1'\end{pmatrix}$

次に，回路 N の $\boldsymbol{F}$ 行列の逆行列 $\boldsymbol{F}^{-1}$ を求めれば，次式となる.

$$\begin{pmatrix}V_1'\\ I_1'\end{pmatrix}=\begin{pmatrix}\dfrac{4}{3} & \dfrac{10}{3}\\ \dfrac{1}{6} & \dfrac{7}{6}\end{pmatrix}^{-1}\begin{pmatrix}V_0'\\ I_0'\end{pmatrix}=\frac{1}{\dfrac{4}{3}\times\dfrac{7}{6}-\dfrac{10}{3}\times\dfrac{1}{6}}\begin{pmatrix}\dfrac{7}{6} & -\dfrac{10}{3}\\ -\dfrac{1}{6} & \dfrac{4}{3}\end{pmatrix}\begin{pmatrix}V_0'\\ I_0'\end{pmatrix}$$

$$=\begin{pmatrix}\dfrac{7}{6} & -\dfrac{10}{3}\\ -\dfrac{1}{6} & \dfrac{4}{3}\end{pmatrix}\begin{pmatrix}V_0'\\ I_0'\end{pmatrix}$$

したがって，$V_1'=\dfrac{7}{6}V_0'-\dfrac{10}{3}I_0'$ ……………………………………③

ここで問題中の式②に $k=0$ を代入すれば $V_0'=\alpha E$，$I_0'=\alpha E/5$ なので，これを式③へ代入し

$$V_1'=\frac{7}{6}\alpha E-\frac{10}{3}\times\frac{\alpha E}{5}=\frac{1}{2}\alpha E$$

これが $V_1'=\alpha E/\lambda$ に等しいので，$\lambda=\mathbf{2}$ となる.

(2) 2 端子対回路 N の $\boldsymbol{F}$ 行列の固有値を λ とすれば

$$\det(\lambda \boldsymbol{I}-\boldsymbol{F})=\det\begin{pmatrix}\lambda-\dfrac{4}{3} & -\dfrac{10}{3}\\ -\dfrac{1}{6} & \lambda-\dfrac{7}{6}\end{pmatrix}=0$$

$\mathbf{X}=\begin{pmatrix}a & b\\ c & d\end{pmatrix}$の行列式は
$\det \mathbf{X}=ad-bc$

$$\therefore\quad \left(\lambda-\frac{4}{3}\right)\left(\lambda-\frac{7}{6}\right)-\frac{10}{3}\times\frac{1}{6}=0$$

$$\therefore\quad \lambda^2-\frac{5}{2}\lambda+1=0 \qquad \therefore\quad (\lambda-2)\left(\lambda-\frac{1}{2}\right)=0 \qquad \therefore\quad \lambda=2,\ \frac{1}{2}$$

したがって，(1) で求めた λ および λ^{-1} は２端子対回路 N の $\boldsymbol{F}$ **行列**の固有値である．

(3) 図３の右端における V_2，I_2，R の間には $V_2=RI_2$ が成り立ち，**オーム**の法則を表していることは自明である．

(4) $R=0$，$k=2$ の場合，$\lambda=2$，問題中の式②と式③を $V_2=V_2'+V_2''=0$ へ代入して

$$V_2=V_2'+V_2''=2^{-2}\alpha E+2^2(1-\alpha)E=0 \qquad \therefore\quad \alpha=\boldsymbol{\frac{16}{15}}$$

(5) 問題中の式②と式③，$R=0$，$\alpha=16/15$ を問題中の式④へ代入すれば

$$I_0=I_0'+I_0''=\frac{1}{5}\alpha E-\frac{1-\alpha}{4}E=\frac{9}{20}\alpha E-\frac{1}{4}E=\frac{9}{20}\times\frac{16}{15}E-\frac{1}{4}E$$

$$=\boldsymbol{\frac{23}{100}E}$$

(1)（ヨ）　(2)（ル）　(3)（ロ）　(4)（リ）　(5)（ホ）

詳細解説２　四端子回路と $\boldsymbol{F}$ 行列および固有値

(1) 四端子回路と $\boldsymbol{F}$ 行列

図 2･3 に示すように，四つの端子が出ている回路を**四端子回路**という．入力電圧を $\dot{E}_s$，入力電流を $\dot{I}_s$，出力電圧を $\dot{E}_r$，出力電流を $\dot{I}_r$ とすれば，$\dot{A}$～$\dot{D}$ の四端子定数（一般的には複素数）により

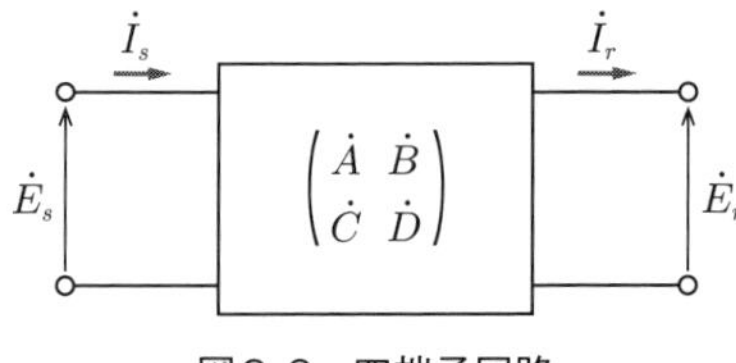

図2･3　四端子回路

$$\dot{\boldsymbol{E}}_s=\dot{\boldsymbol{A}}\dot{\boldsymbol{E}}_r+\dot{\boldsymbol{B}}\dot{\boldsymbol{I}}_r \qquad (2\cdot6)$$

$$\dot{\boldsymbol{I}}_s=\dot{\boldsymbol{C}}\dot{\boldsymbol{E}}_r+\dot{\boldsymbol{D}}\dot{\boldsymbol{I}}_r \qquad (2\cdot7)$$

で表すことができる．

上式は，行列を使って

$$\begin{pmatrix}\dot{\boldsymbol{E}}_s\\ \dot{\boldsymbol{I}}_s\end{pmatrix}=\begin{pmatrix}\dot{\boldsymbol{A}} & \dot{\boldsymbol{B}}\\ \dot{\boldsymbol{C}} & \dot{\boldsymbol{D}}\end{pmatrix}\begin{pmatrix}\dot{\boldsymbol{E}}_r\\ \dot{\boldsymbol{I}}_r\end{pmatrix} \qquad (2\cdot8)$$

のように書くことも多い．これを***F*行列**という．

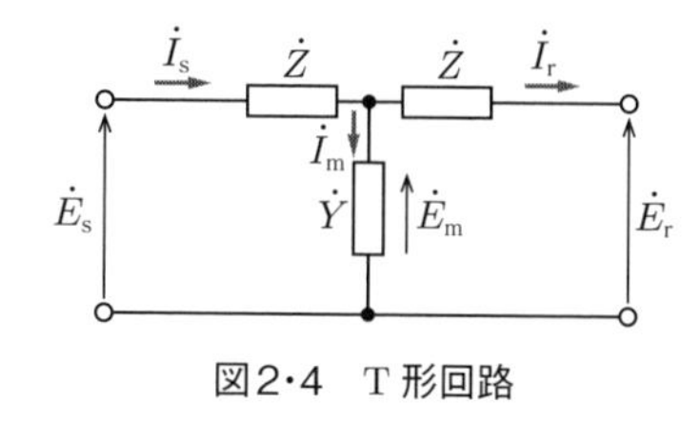

図2・4 T 形回路

式(2・6)～式(2・8)を見れば，F行列のパラメータ $\dot{A}$～$\dot{D}$ は次のように求まる．

$$\dot{\boldsymbol{A}}=\left.\frac{\dot{\boldsymbol{E}}_s}{\dot{\boldsymbol{E}}_r}\right|_{\dot{I}_r=0},\quad \dot{\boldsymbol{B}}=\left.\frac{\dot{\boldsymbol{E}}_s}{\dot{\boldsymbol{I}}_r}\right|_{\dot{E}_r=0},\quad \dot{\boldsymbol{C}}=\left.\frac{\dot{\boldsymbol{I}}_s}{\dot{\boldsymbol{E}}_r}\right|_{\dot{I}_r=0},\quad \dot{\boldsymbol{D}}=\left.\frac{\dot{\boldsymbol{I}}_s}{\dot{\boldsymbol{I}}_r}\right|_{\dot{E}_r=0} \qquad (2\cdot9)$$

次に，図 2・4 の T 形回路の四端子定数を求める．同図では $\dot{E}_m=\dot{E}_r+\dot{Z}\dot{I}_r$，$\dot{I}_m=\dot{Y}\dot{E}_m=\dot{Y}(\dot{E}_r+\dot{Z}\dot{I}_r)$が成り立つので

$$\dot{E}_s=\dot{E}_m+\dot{Z}\dot{I}_s=\dot{E}_r+\dot{Z}\dot{I}_r+\dot{Z}(\dot{I}_r+\dot{Y}\dot{E}_r+\dot{Z}\dot{Y}\dot{I}_r)=(1+\dot{Z}\dot{Y})\dot{E}_r+(2+\dot{Z}\dot{Y})\dot{Z}\dot{I}_r \qquad (2\cdot10)$$

$$\dot{I}_s=\dot{I}_r+\dot{I}_m=\dot{I}_r+\dot{Y}(\dot{E}_r+\dot{Z}\dot{I}_r)=\dot{Y}\dot{E}_r+(1+\dot{Z}\dot{Y})\dot{I}_r \qquad (2\cdot11)$$

式(2・6)，式(2・7)と式(2・10)，式(2・11)を比較すれば，$\dot{A}=1+\dot{Z}\dot{Y}$，$\dot{B}=(2+\dot{Z}\dot{Y})\dot{Z}$，$\dot{C}=\dot{Y}$，$\dot{D}=1+\dot{Z}\dot{Y}$となる．この四端子定数は次の関係式が成り立つ．

$$\dot{\boldsymbol{A}}\dot{\boldsymbol{D}}-\dot{\boldsymbol{B}}\dot{\boldsymbol{C}}=\boldsymbol{1} \qquad (2\cdot12)$$

また，図 2・4 のように，入力側から見た回路と出力側から見た回路が等しい対称回路では

$$\dot{\boldsymbol{A}}=\dot{\boldsymbol{D}} \qquad (2\cdot13)$$

という関係も成り立つ．

次に，四端子回路の縦続接続について説明する．四端子回路の F 行列は，図 2・5 のように縦続接続する場合の計算が容易である特徴がある．この縦続接続とは，1 段目の四端子回路の出力端子を，2 段目の四端子回路の入力端子に接続するものである．

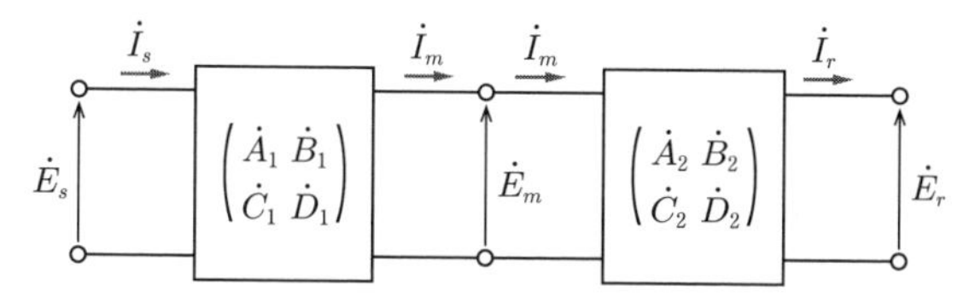

図2・5 F行列の四端子回路の縦続接続

そこで，図 2・5 において，1 段目，2 段目の四端子回路ではそれぞれ次式が成り立つ．

$$\begin{pmatrix}\dot{E}_s\\ \dot{I}_s\end{pmatrix}=\begin{pmatrix}\dot{A}_1 & \dot{B}_1\\ \dot{C}_1 & \dot{D}_1\end{pmatrix}\begin{pmatrix}\dot{E}_m\\ \dot{I}_m\end{pmatrix}\qquad \begin{pmatrix}\dot{E}_m\\ \dot{I}_m\end{pmatrix}=\begin{pmatrix}\dot{A}_2 & \dot{B}_2\\ \dot{C}_2 & \dot{D}_2\end{pmatrix}\begin{pmatrix}\dot{E}_r\\ \dot{I}_r\end{pmatrix}$$

2 段目の四端子回路の式を 1 段目の四端子回路の式に代入すれば

$$\begin{pmatrix}\dot{\boldsymbol{E}}_s\\ \dot{\boldsymbol{I}}_s\end{pmatrix}=\begin{pmatrix}\dot{\boldsymbol{A}}_1 & \dot{\boldsymbol{B}}_1\\ \dot{\boldsymbol{C}}_1 & \dot{\boldsymbol{D}}_1\end{pmatrix}\begin{pmatrix}\dot{\boldsymbol{A}}_2 & \dot{\boldsymbol{B}}_2\\ \dot{\boldsymbol{C}}_2 & \dot{\boldsymbol{D}}_2\end{pmatrix}\begin{pmatrix}\dot{\boldsymbol{E}}_r\\ \dot{\boldsymbol{I}}_r\end{pmatrix}$$

となるから，縦続接続における四端子定数は行列の乗算をすればよい．

$$\begin{pmatrix}\dot{\boldsymbol{A}}_1 & \dot{\boldsymbol{B}}_1\\ \dot{\boldsymbol{C}}_1 & \dot{\boldsymbol{D}}_1\end{pmatrix}\begin{pmatrix}\dot{\boldsymbol{A}}_2 & \dot{\boldsymbol{B}}_2\\ \dot{\boldsymbol{C}}_2 & \dot{\boldsymbol{D}}_2\end{pmatrix}=\begin{pmatrix}\dot{\boldsymbol{A}}_1\dot{\boldsymbol{A}}_2+\dot{\boldsymbol{B}}_1\dot{\boldsymbol{C}}_2 & \dot{\boldsymbol{A}}_1\dot{\boldsymbol{B}}_2+\dot{\boldsymbol{B}}_1\dot{\boldsymbol{D}}_2\\ \dot{\boldsymbol{C}}_1\dot{\boldsymbol{A}}_2+\dot{\boldsymbol{D}}_1\dot{\boldsymbol{C}}_2 & \dot{\boldsymbol{C}}_1\dot{\boldsymbol{B}}_2+\dot{\boldsymbol{D}}_1\dot{\boldsymbol{D}}_2\end{pmatrix}\tag{2·14}$$

そこで，この練習のために，図 2･6 の π 形回路の $\boldsymbol{F}$ 行列を求めよう．この回路は，図 2･7 のアドミタンス回路，図 2･8 のインピーダンス回路，図 2･7 のアドミタンス回路が 3 段の縦続接続になっていると考えればよい．まず，図 2･7 におけるアドミタンス回路の $\boldsymbol{F}$ 行列 $\boldsymbol{F}_1$，図 2･8 のインピーダンス回路における $\boldsymbol{F}$ 行列 $\boldsymbol{F}_2$ は，回路図を見れば次式であることは容易にわかる．

$$\begin{pmatrix}\dot{E}_s\\ \dot{I}_s\end{pmatrix}=\begin{pmatrix}1 & 0\\ \dot{Y} & 1\end{pmatrix}\begin{pmatrix}\dot{E}_r\\ \dot{I}_r\end{pmatrix}\quad \therefore\quad \boldsymbol{F}_1=\begin{pmatrix}1 & 0\\ \dot{Y} & 1\end{pmatrix},\ \begin{pmatrix}\dot{E}_s\\ \dot{I}_s\end{pmatrix}=\begin{pmatrix}1 & \dot{Z}\\ 0 & 1\end{pmatrix}\begin{pmatrix}\dot{E}_r\\ \dot{I}_r\end{pmatrix}\quad \therefore\quad \boldsymbol{F}_2=\begin{pmatrix}1 & \dot{Z}\\ 0 & 1\end{pmatrix}$$

そこで，図 2･6 の π 形回路の $\boldsymbol{F}$ 行列 $\boldsymbol{F}$ は，$\boldsymbol{F}_1$，$\boldsymbol{F}_2$，$\boldsymbol{F}_1$ を 3 段掛け合わせれば

$$\boldsymbol{F}=\boldsymbol{F}_1\boldsymbol{F}_2\boldsymbol{F}_1=\begin{pmatrix}1 & 0\\ \dot{Y} & 1\end{pmatrix}\begin{pmatrix}1 & \dot{Z}\\ 0 & 1\end{pmatrix}\begin{pmatrix}1 & 0\\ \dot{Y} & 1\end{pmatrix}=\begin{pmatrix}1 & 0\\ \dot{Y} & 1\end{pmatrix}\begin{pmatrix}1+\dot{Z}\dot{Y} & \dot{Z}\\ \dot{Y} & 1\end{pmatrix}$$

$$=\begin{pmatrix}1+\dot{Z}\dot{Y} & \dot{Z}\\ (2+\dot{Z}\dot{Y})\dot{Y} & 1+\dot{Z}\dot{Y}\end{pmatrix}$$

したがって，図2･6の π 形回路における入力・出力の電圧・電流の関係式は次式となる．

$$\begin{pmatrix}\dot{E}_s\\ \dot{I}_s\end{pmatrix}=\begin{pmatrix}1+\dot{Z}\dot{Y} & \dot{Z}\\ (2+\dot{Z}\dot{Y})\dot{Y} & 1+\dot{Z}\dot{Y}\end{pmatrix}\begin{pmatrix}\dot{E}_r\\ \dot{I}_r\end{pmatrix}\tag{2·15}$$

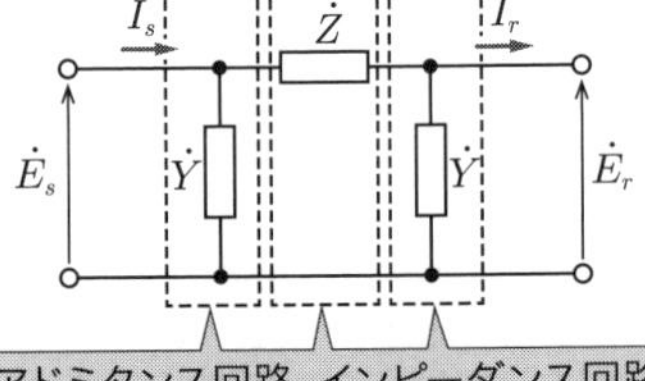

図2･6　π 形回路

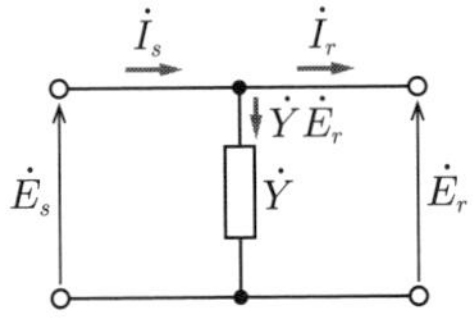

図2･7　アドミタンス回路

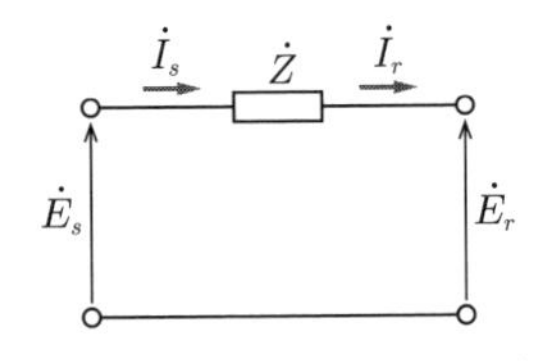

図2･8　インピーダンス回路

(2) 固有値と固有ベクトル

固有値，固有ベクトルは，線形代数で重要な概念であるとともに，微分方程式，制

御系の安定性判別などにも使われるため，基本的な事項について解説する．

①行列に対する固有値と固有ベクトルの定義

$n \times n$ の正方行列を $\boldsymbol{A}$ とする．スカラーλ（実数または複素数）に対して

$$\boldsymbol{A}\boldsymbol{x} = \lambda\boldsymbol{x} \tag{2·16}$$

を満たす零ベクトルでないベクトル $\boldsymbol{x}$ があるとき，スカラーλ は行列 $\boldsymbol{A}$ の**固有値**であるという．そして，ベクトル $\boldsymbol{x}$ は固有値 λ に属する行列 $\boldsymbol{A}$ の**固有ベクトル**という．

式(2·16)の左辺の $\boldsymbol{A}\boldsymbol{x}$ は行列 $\boldsymbol{A}$ によるベクトルの写像を表している．一方，右辺の λ はベクトル $\boldsymbol{x}$ のスカラー倍であることを示す．したがって，式(2·16)は行列 $\boldsymbol{A}$ によるベクトル $\boldsymbol{x}$ の写像先 $\boldsymbol{A}\boldsymbol{x}$ が写像元のベクトル $\boldsymbol{x}$ と同じ方向であることを意味している．

②固有値と固有ベクトルの求め方

まず，固有値を求めて，その後，固有ベクトルを求めることになる．固有値を求めるためには，固有多項式と固有方程式の概念が重要である．まず，n 次元の単位行列を

$$\boldsymbol{I} = \begin{pmatrix} 1 & 0 & \cdots & 0 \\ 0 & 1 & & \vdots \\ \vdots & & \ddots & 0 \\ 0 & \cdots & 0 & 1 \end{pmatrix} \tag{2·17}$$

と表し，$\boldsymbol{A} = (a_{ij})$を n 次の正方行列とすれば，スカラーλ の n 次多項式

$$\boldsymbol{\varphi_A}(\lambda) = \det(\lambda\boldsymbol{I} - \boldsymbol{A}) = \begin{vmatrix} \lambda - a_{11} & -a_{12} & \cdots & -a_{1n} \\ -a_{21} & \lambda - a_{22} & & \vdots \\ \vdots & & \ddots & \\ -a_{n1} & \cdots & & \lambda - a_{nn} \end{vmatrix} \tag{2·18}$$

を行列 $\boldsymbol{A}$ の固有多項式（あるいは特性多項式）という．そして，方程式

$$\det(\lambda\boldsymbol{I} - \boldsymbol{A}) = 0 \tag{2·19}$$

を行列 $\boldsymbol{A}$ の**固有方程式**または**特性方程式**という．$\det(\lambda\boldsymbol{I} - \boldsymbol{A})$は，行列$(\lambda\boldsymbol{I} - \boldsymbol{A})$の行列式であり，det は determinant（デターミナント）の略である．λ が行列 $\boldsymbol{A}$ の固有値であるための必要十分条件は，λ が固有方程式 $\det(\lambda\boldsymbol{I} - \boldsymbol{A}) = 0$ の解であることである．

次に，固有値がわかれば，各固有値に属する固有ベクトルを式(2·16)の定義に基づいて求めればよい．つまり，固有値 λ に対する固有ベクトルは，連立一次方程式 $(\lambda_i\boldsymbol{I} - \boldsymbol{A})\boldsymbol{x}_i = \boldsymbol{0}$ の非自明解を求めればよい．

具体例として，行列 $\boldsymbol{A} = \begin{pmatrix} 2 & 1 \\ 1 & 2 \end{pmatrix}$の固有値と固有ベクトルを求めよう．

この行列に対する固有多項式は次式となる．

$$\varphi_{A}=\det(\lambda \boldsymbol{I}-\boldsymbol{A})=\begin{vmatrix}\lambda-2 & -1\\ -1 & \lambda-2\end{vmatrix}=(\lambda-2)(\lambda-2)-(-1)^2=\lambda^2-4\lambda+3$$

したがって，特性方程式は $\lambda^2-4\lambda+3=0$ で，これを変形すると $(\lambda-1)(\lambda-3)=0$

したがって，行列 $\boldsymbol{A}$ の固有値は特性方程式の解であるから，$\lambda_1=1$，$\lambda_2=3$

次に，固有ベクトルを求めると，固有値 $\lambda_1=1$ に対する固有ベクトル $\boldsymbol{x}_1=\begin{pmatrix}x_{11}\\ x_{21}\end{pmatrix}$ を求める．

$$(\lambda_1\boldsymbol{I}-\boldsymbol{A})\boldsymbol{x}_1=\boldsymbol{0}\qquad \therefore\ \begin{pmatrix}1-2 & -1\\ -1 & 1-2\end{pmatrix}\begin{pmatrix}x_{11}\\ x_{21}\end{pmatrix}=\begin{pmatrix}0\\ 0\end{pmatrix}\qquad \therefore\ x_{11}+x_{21}=0$$

$$\therefore\ \begin{pmatrix}x_{11}\\ x_{21}\end{pmatrix}=k_1\begin{pmatrix}1\\ -1\end{pmatrix}\quad\begin{pmatrix}k_1\text{は}\\ \text{定数}\end{pmatrix}$$

したがって，$\boldsymbol{x}_1=\begin{pmatrix}1\\ -1\end{pmatrix}$ が固有値 $\lambda_1=1$ の固有ベクトルである．

同様に，固有値 $\lambda_2=3$ に対する固有ベクトル $\boldsymbol{x}_2$ は $\boldsymbol{x}_2=\begin{pmatrix}x_{12}\\ x_{22}\end{pmatrix}$ を求める．

$$(\lambda_2\boldsymbol{I}-\boldsymbol{A})\boldsymbol{x}_2=\boldsymbol{0}\qquad \therefore\ \begin{pmatrix}3-2 & -1\\ -1 & 3-2\end{pmatrix}\begin{pmatrix}x_{12}\\ x_{22}\end{pmatrix}=\begin{pmatrix}0\\ 0\end{pmatrix}\qquad \therefore\ x_{12}-x_{22}=0$$

$$\therefore\ \begin{pmatrix}x_{12}\\ x_{22}\end{pmatrix}=k_2\begin{pmatrix}1\\ 1\end{pmatrix}\quad\begin{pmatrix}k_2\text{は}\\ \text{定数}\end{pmatrix}$$

したがって，$\boldsymbol{x}_2=\begin{pmatrix}1\\ 1\end{pmatrix}$ が固有値 $\lambda_2=3$ の固有ベクトルである．

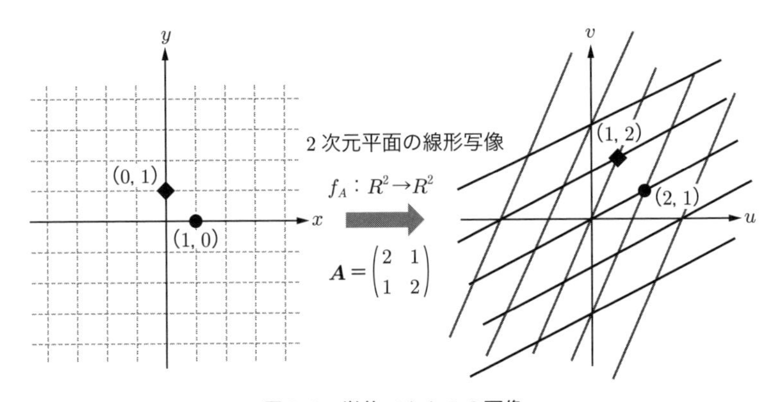

図2･9　単位ベクトルの写像

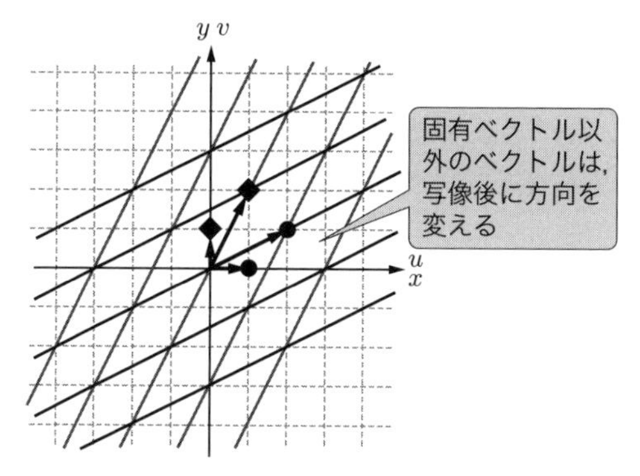

図2・10　直交座標系と斜交座標系

③固有値と固有ベクトルの意味

上述の行列 $\boldsymbol{A} = \begin{pmatrix} 2 & 1 \\ 1 & 2 \end{pmatrix}$ を例に，固有値や固有ベクトルの意味を解説する．まず，単位ベクトル（1, 0），（0, 1）の像を求めると次式となる．

$$\boldsymbol{A}\begin{pmatrix} 1 \\ 0 \end{pmatrix} = \begin{pmatrix} 2 & 1 \\ 1 & 2 \end{pmatrix}\begin{pmatrix} 1 \\ 0 \end{pmatrix} = \begin{pmatrix} 2 \\ 1 \end{pmatrix},$$

$$\boldsymbol{A}\begin{pmatrix} 0 \\ 1 \end{pmatrix} = \begin{pmatrix} 2 & 1 \\ 1 & 2 \end{pmatrix}\begin{pmatrix} 0 \\ 1 \end{pmatrix} = \begin{pmatrix} 1 \\ 2 \end{pmatrix}$$

これは，図2・9のように，行列 $\boldsymbol{A}$ による写像によって新しい斜交座標系に変換していることを意味する．元の xy 座標系と uv 斜交座標系を重ねて描けば図2・10のようになる．通常，ベクトル（1, 0）がベクトル（2, 1）に変換されるように，行列 $\boldsymbol{A}$ による写像後には方向を変える．

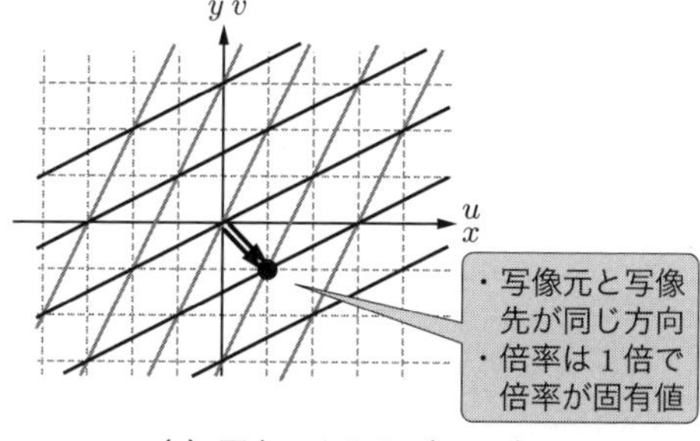

(a) 固有ベクトル（1, −1）

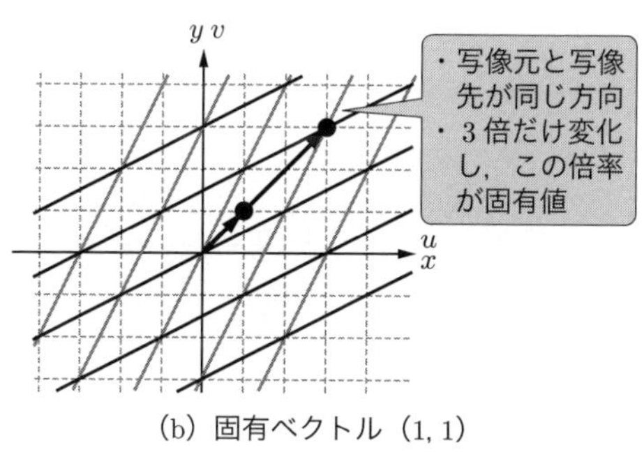

(b) 固有ベクトル（1, 1）

図2・11　固有ベクトルの写像

しかし，行列 $\boldsymbol{A}$ の固有ベクトルである（1, −1）と（1, 1）は，図2・11に示すように行列 $\boldsymbol{A}$ による写像後でもベクトルの方向は同じである．これが式(2・16)の意味することである．

問題5　2端子対回路の電圧・電流　(R3-A3)

次の文章は，2端子対抵抗回路の電流，電圧に関する記述である．

図のように2端子対抵抗回路の電流と電圧を定義する．オームの法則とキルヒホッフの法則を使って，$\dfrac{V_1}{I_1}$ と $\dfrac{V_2}{I_2}$ を求めてみる．

端子対a-b間の電位差 V_1 は，経路a→c→bでの電圧降下の和で表すと，

$$V_1 = R_a I_a + R_b(\boxed{(1)}) \quad \cdots\cdots ①$$

となり，経路a→d→bでの電圧降下の和で表すと，

$$V_1 = R_a I_b + R_b(\boxed{(2)}) \quad \cdots\cdots ②$$

となる．$I_1 = I_a + I_b$ を利用すると，式①と式②より $\dfrac{V_1}{I_1} = \boxed{(3)}$ となる．

一方，端子対c-d間の電位差 V_2 は経路c→a→dでの電圧降下の和で表すと，

$$V_2 = R_a(-I_a) + R_a I_b \quad \cdots\cdots ③$$

となり，経路c→b→dでの電圧降下の和で表すと，

$$V_2 = R_b(\boxed{(1)}) + R_b(\boxed{(4)}) \quad \cdots\cdots ④$$

となる．式③から $\dfrac{V_2}{R_a}$ を求め，式④から $\dfrac{V_2}{R_b}$ を求めて加算すると，$\dfrac{V_2}{I_2} = \boxed{(5)}$ となる．

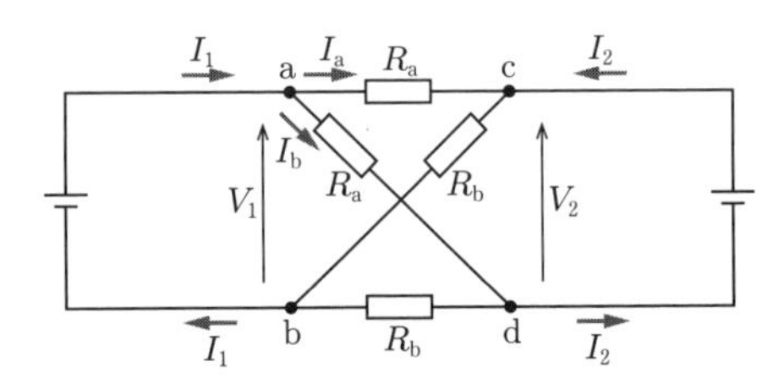

解答群

(イ) $R_a + R_b$	(ロ) I_b	(ハ) $I_a - I_2$
(ニ) R_a	(ホ) $I_b + I_2$	(ヘ) $I_a + I_2$
(ト) $I_b - I_2$	(チ) I_a	(リ) $-I_b$
(ヌ) $I_2 - I_b$	(ル) $-I_a$	(ヲ) $\dfrac{1}{2}(R_a + R_b)$
(ワ) $\dfrac{2R_a R_b}{R_a + R_b}$	(カ) $\dfrac{R_a R_b}{R_a + R_b}$	(ヨ) R_b

―攻略ポイント―

問題の誘導に従って，キルヒホッフの第1法則，第2法則を丁寧に適用すればよい．最近，基礎的な出題が増えているので，基本をしっかりと復習しておく．

解説　(1)～(3) キルヒホッフの第1法則から，経路 c → b 上の抵抗 R_b に流れる電流は I_a+I_2 だから，端子対 a–b 間の電位差 V_1 は，経路 a → c → b における電圧降下を考えれば

$$V_1 = R_aI_a + R_b(\boldsymbol{I_a+I_2}) \quad \cdots\cdots ①$$

となる．同様に，経路 a → d → b における電圧降下を考えれば，解図より

$$V_1 = R_aI_b + R_b(\boldsymbol{I_b-I_2}) \quad \cdots\cdots ②$$

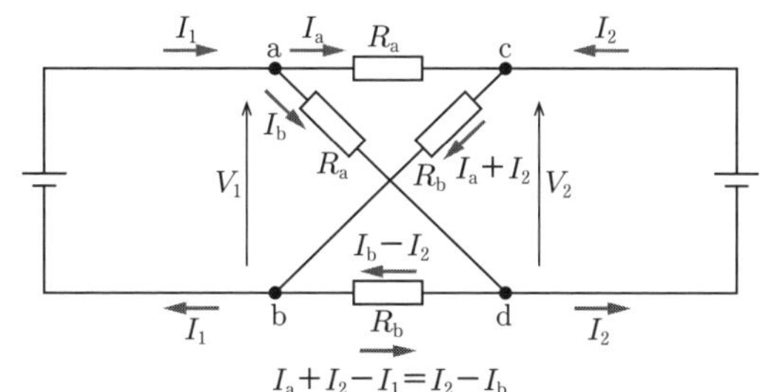

解図　回路の電圧と電流

となる．そこで，式①＋式②を求めれば

$$2V_1 = (R_a+R_b)(I_a+I_b)$$

となる．ここで，$I_a+I_b=I_1$ であるから，これを上式に代入して

$$2V_1 = (R_a+R_b)I_1 \qquad \therefore \quad \frac{V_1}{I_1} = \boldsymbol{\frac{1}{2}(R_a+R_b)}$$

(4) 端子対 c–d 間の電位差 V_2 は，経路 c → b → d を考えるとき，経路 c → b を流れる電流が I_a+I_2，経路 b → d を流れる電流が $I_a+I_2-I_1=I_a+I_2-(I_a+I_b)=I_2-I_b$ なので，電圧降下を求めれば

$$V_2 = R_b(\boldsymbol{I_a+I_2}) + R_b(\boldsymbol{I_2-I_b}) \quad \cdots\cdots ③$$

(5) 問題中の式③の両辺を R_a で割るとともに，式③の両辺を R_b で割れば

$$\frac{V_2}{R_a} = -I_a+I_b \quad \cdots\cdots ④ \qquad \frac{V_2}{R_b} = I_a-I_b+2I_2 \quad \cdots\cdots ⑤$$

式④＋式⑤を求めれば

$$\frac{V_2}{R_a}+\frac{V_2}{R_b} = 2I_2 \qquad \therefore \quad \frac{V_2}{I_2} = \frac{2}{1/R_a+1/R_b} = \boldsymbol{\frac{2R_aR_b}{R_a+R_b}}$$

解答　**(1)（ヘ）　(2)（ト）　(3)（ヲ）　(4)（ヌ）　(5)（ワ）**

問題６　ラダー形ディジタル・アナログコンバータ回路　(R2-A3)

次の文章は，直流回路に関する記述である．

図のように R と $2R$ の２種類の抵抗を用いた回路がある．まず，すべてのスイッチは０側に接続されているとする．図中の電流 I は節点 a で分流するが，このとき I_0 は (1) ．

また，図中の破線より右側の回路の合成抵抗 R_a は，

$R_a =$ (2)

であることから，I_1 と I_0 の関係は，

$I_1 =$ (3)

となることがわかる．同様に計算すると，I_{in} と I_0 の関係は，$I_{in} =$ (4) となる．

次に，各スイッチをディジタル信号により制御する．入力された３ビットの２進数の最上位ビットから順にスイッチ A，B，C に対応させ，各ビットの値に応じてスイッチを１側または０側に接続する．例えば，２進数 $(110)_2$ が入力された場合，スイッチ A を１側に，スイッチ B を１側に，スイッチ C を０側にそれぞれ接続する．スイッチの１側と０側はいずれも接地であるから，このときの I_{out} と I_0 の関係は，$I_{out} =$ (5) となる．このことから図の回路は入力されたディジタル信号に応じた電流を出力する回路であることがわかる．

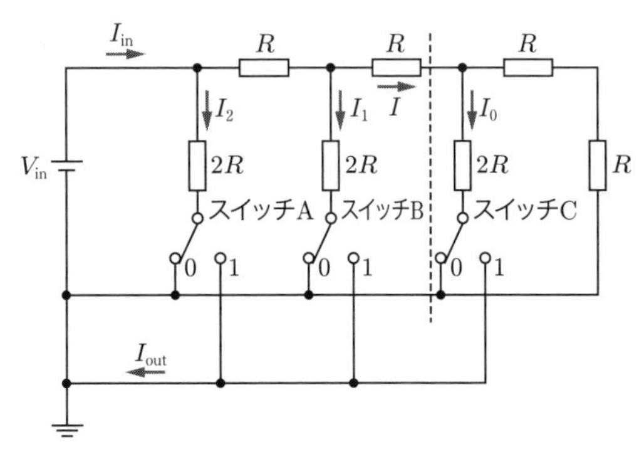

解答群

(イ)　$9I_0$　　(ロ)　$4I_0$　　(ハ)　$5I_0$

(ニ)　$8I_0$　　(ホ)　$3I_0$　　(ヘ)　R

（ト）Iと等しい　（チ）$7I_0$　（リ）$\frac{1}{2}R$

（ヌ）Iの$\frac{1}{3}$となる　（ル）Iの$\frac{1}{2}$となる　（ヲ）$2I_0$

（ワ）$2R$　（カ）$16I_0$　（ヨ）$6I_0$

―攻略ポイント―

問題5に続き，最近出題された直流回路の問題である．抵抗の直列接続，並列接続，並列回路における電流の分流を理解していれば，簡単に解くことができる．

解説　(1) 節点aについて，接続された抵抗$2R$と，抵抗Rが2個直列接続された回路の抵抗の大きさ（$2R$）は同じであるから，分流する電流の大きさも同じである．したがって，電流Iと電流I_0の関係は，$\boldsymbol{I_0 = I/2}$となる．

(2) 問題図の破線より右側の回路の合成抵抗R_aは，抵抗$2R$と，抵抗Rが2個直列接続された回路が並列接続になっているから

$$R_a = \frac{2R \times 2R}{2R + 2R} = \boldsymbol{R}$$

(3) 解図1で，節点bから右側の回路を見ると，抵抗$2R$と，抵抗Rが2個直列接続された回路が並列接続になっているので，その並列接続部分に流れる電流は等しい．$I_1 = I = \boldsymbol{2I_0}$

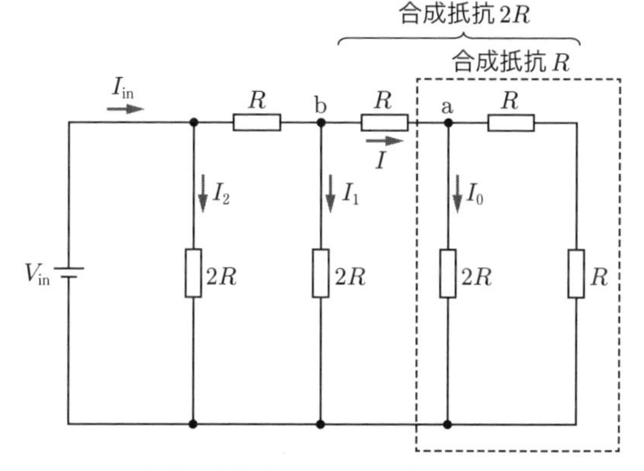

解図1　節点bとその右側の回路

(4) (2) や (3) と同様に考えれば解図2の等価回路になるため，I_{in}は次式で表される．

$$I_{in} = I_2 + I' = 4I_0 + 4I_0$$

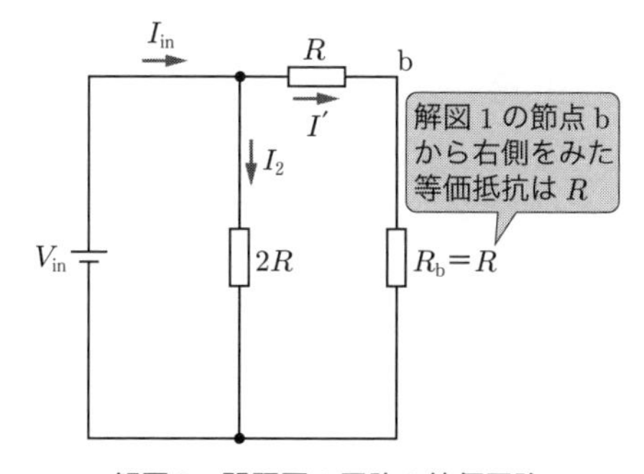

解図2　問題図の回路の等価回路

$= \boldsymbol{8I_0}$　（∵　$I' = 2I_1 = 4I_0$）

(5) 問題図はラダー（はしご）形のディジタル・アナログコンバータである．入力されたビット列に対し，値が「1」ならばスイッチを「1」に接続し，値が「0」ならばスイッチを「0」に接続する．出力電流 I_{out} はスイッチを「1」に接続した電流だけの和となり，アナログ値を求めることができる．

題意で示された 2 進数 $(110)_2$ の値は $2^2 \times 1 + 2^1 \times 1 + 2^0 \times 0 = 4 + 2 + 0 = 6$ と計算できる．

問題図の回路では，スイッチ A とスイッチ B が 1 側に接続されるため，電流 I_{out} は (3) や (4) の計算結果を活用すれば，次式のように求めることができる．

$$I_{out} = I_2 + I_1 = 4I_0 + 2I_0 = \boldsymbol{6I_0}$$

解答　(1) (ル)　(2) (ヘ)　(3) (ヲ)　(4) (ニ)　(5) (ヨ)

問題 7　テブナンの定理と最大電力供給定理　(R1–A3)

次の文章は，直流回路に関する記述である．

図の回路において，テブナンの定理に基づいて端子 a-b から見た等価回路を考えれば，可変抵抗 R の値が $R =$ (1) 〔Ω〕のとき可変抵抗 R を流れる電流は 0.5 A となり，また，可変抵抗 R の値が $R =$ (2) 〔Ω〕のとき可変抵抗 R で消費される電力は最大となることがわかる．

図の回路において，電圧源から見た回路の合成抵抗 R_0 は，可変抵抗 R を用いて $R_0 =$ (3) 〔Ω〕と表せる．また，可変抵抗 R の値を $R =$ (4) 〔Ω〕とすれば，電圧源から見た回路の合成抵抗 R_0 の値は可変抵抗 R の値と同じ値，すなわち $R_0 =$ (4) 〔Ω〕となる．可変抵抗 R の値を $R =$ (4) 〔Ω〕としたとき，図に示す電流 I_1 は，$I_1 =$ (5) 〔A〕となる．

解答群

(イ) 1　(ロ) $\dfrac{2}{3}$

(ハ) $\dfrac{4}{5}$　(ニ) $\dfrac{5R+1}{R+5}$

(ホ) $\dfrac{8}{5}$　(ヘ) 8

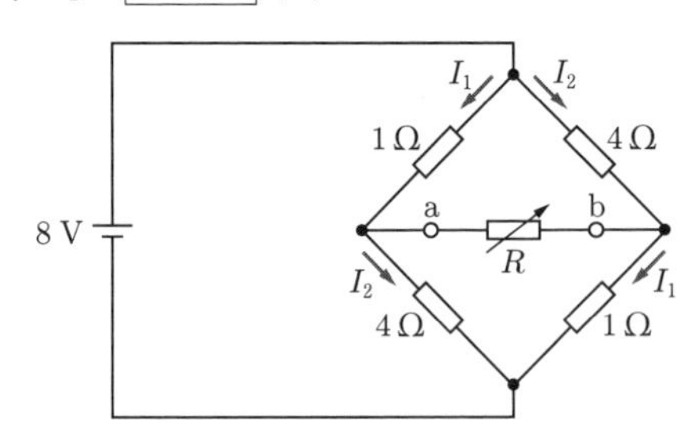

（ト）$\dfrac{4}{3}$　（チ）$\dfrac{2R+9}{R+2}$　（リ）$\dfrac{5R+8}{2R+5}$　（ヌ）$\dfrac{6}{5}$　（ル）2

（ヲ）$\dfrac{8}{3}$　（ワ）12　（カ）3　（ヨ）10

― 攻略ポイント ―

テブナンの定理：回路網の中の任意の 2 端子 a，b に現れる電圧を E とし，回路網の中の電圧源をすべて短絡（ただし電流源は開放）したときの端子 a，b から見た回路網内部の合成抵抗を R_0 とすれば，端子 a，b に抵抗 R を接続したとき，R に流れる電流 I は

$$I=\frac{E}{R_0+R}$$

である（解図 1 参照）．

最大電力供給定理：負荷抵抗 R が負荷端子から見た電源の内部抵抗 R_i と等しいとき，電源から負荷に供給する電力が最大になる（解図 2 参照）．

このRを整合抵抗という．

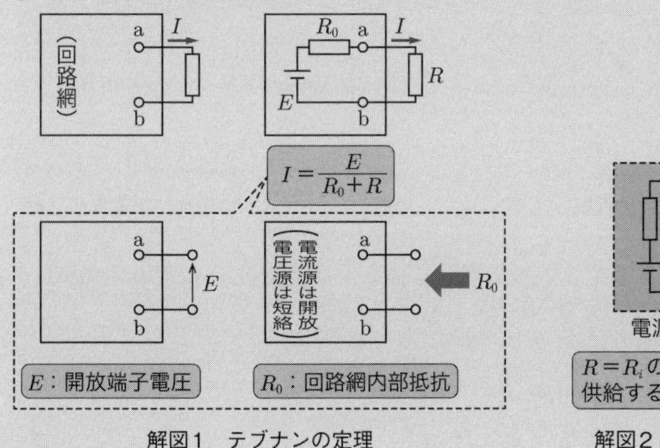

解図1　テブナンの定理

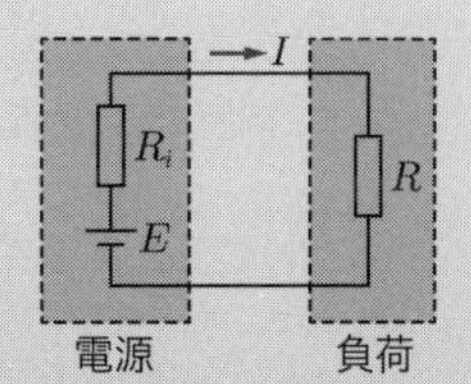

解図2　最大電力供給定理

解説　(1) 可変抵抗 R を外したときの a，b 端子の開放端子電圧 V_{ab} と，a，b 端子から電源側を見たときの抵抗 R_{ab} を求めて，テブナンの定理を適用する．解図 3 で，開放端子 a，b の電圧 V_{ab} は V_a，V_b が直列抵抗の分担電圧であるから

$$V_{ab}=V_a-V_b=\frac{R_2}{R_1+R_2}E-\frac{R_4}{R_3+R_4}E=\left(\frac{4}{1+4}-\frac{1}{4+1}\right)\times 8=4.8\ \mathrm{V}$$

端子a，bから電源側を見たときの抵抗 R_{ab} は，解図4に示すように，電圧源を短絡すれば，1Ωと4Ωの抵抗の並列接続が2つ直列接続されているので

$$R_{ab}=\frac{R_1R_2}{R_1+R_2}+\frac{R_3R_4}{R_3+R_4}=\frac{1\times4}{1+4}+\frac{4\times1}{4+1}=1.6\,\Omega$$

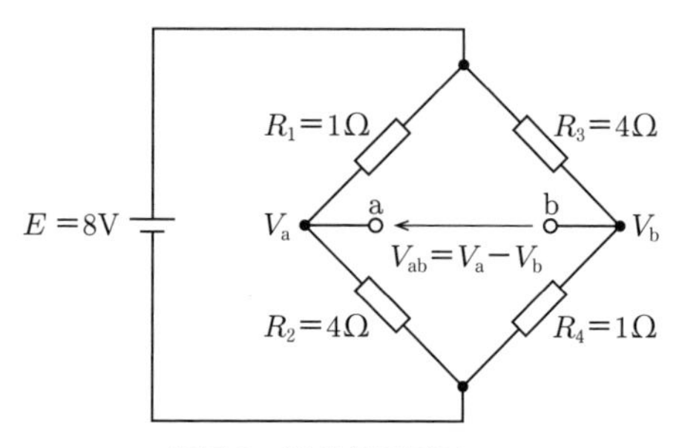

解図3　開放端子電圧 V_{ab}

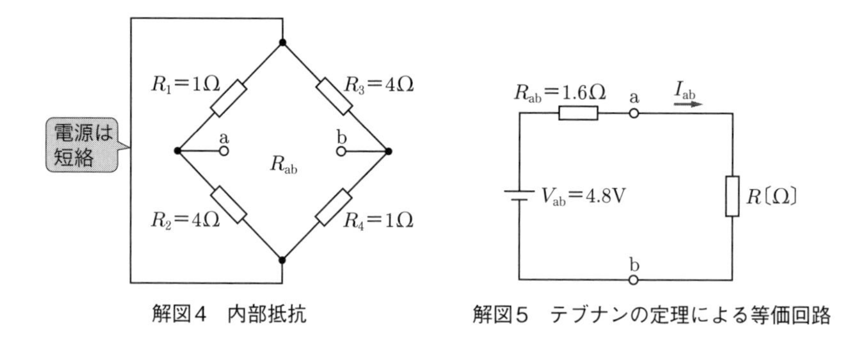

解図4　内部抵抗　　　　解図5　テブナンの定理による等価回路

テブナンの定理より解図5の等価回路を描き，可変抵抗 R に流れる電流 I_{ab} が0.5 A だから

$$I_{ab}=\frac{V_{ab}}{R_{ab}+R}=\frac{4.8}{1.6+R}=0.5\qquad\therefore\quad R=\mathbf{8}\,\Omega$$

(2)　可変抵抗 R で消費される電力 P は

$$P=RI_{ab}{}^2=R\left(\frac{4.8}{1.6+R}\right)^2=\frac{4.8^2R}{1.6^2+3.2R+R^2}=\frac{4.8^2}{\left(R+\dfrac{1.6^2}{R}\right)+3.2}\cdots\cdots①$$

ここで，式①の分母の（　　）内が最小となるとき，式①は最大となるため，最小の定理より＜正の実数a，bがa･b＝一定ならば y＝a＋bはa＝bのときに最小となる

$$R = \frac{1.6^2}{R} \qquad \therefore \quad R = 1.6 = \mathbf{\frac{8}{5}}\,\Omega$$

(3) 端子 a から b に流れる電流を I_{ab} とし，抵抗 R_1（$= 1\,\Omega$）と抵抗 R_2（$= 4\,\Omega$）の接続点についてキルヒホッフの第 1 法則を適用すれば

$$I_1 = I_2 + I_{ab} \cdots\cdots ②$$

となる．問題図の上側の三角形ループに着目して

$$4I_2 = 1 \times I_1 + RI_{ab} \qquad \therefore \quad 4I_2 = I_1 + RI_{ab} \cdots\cdots ③$$

となる．この式②と式③を I_1 と I_2 との連立方程式として解けば

$$I_1 = \frac{4+R}{3} I_{ab}, \quad I_2 = \frac{1+R}{3} I_{ab} \cdots\cdots ④$$

電源から流れる電流 I は $I = I_1 + I_2$ なので，合成抵抗 R_0 は式④と (1) の結果より

$$R_0 = \frac{E}{I} = \frac{8}{\dfrac{4+R}{3} I_{ab} + \dfrac{1+R}{3} I_{ab}} = \frac{8}{\dfrac{5+2R}{3} \cdot \dfrac{4.8}{1.6+R}} = \mathbf{\frac{5R+8}{2R+5}}$$

(4) 題意より，R_0 と R が等しくなるとき

$$R_0 = \frac{5R+8}{2R+5} = R \qquad \therefore \quad 5R+8 = R(2R+5) \qquad \therefore \quad R = \mathbf{2} \cdots\cdots ⑤$$

(5) 式④に式⑤を代入し，(1) の結果を用いれば

$$I_1 = \frac{4+R}{3} I_{ab} = \frac{4+R}{3} \cdot \frac{4.8}{1.6+R} = \frac{(4+2)}{3} \times \frac{4.8}{1.6+2} = \mathbf{\frac{8}{3}}\,\mathrm{A}$$

解答 **(1)（へ） (2)（ホ） (3)（リ） (4)（ル） (5)（ヲ）**

問題 8　ミルマンの定理および最大消費電力　(H22-A2)

次の文章は，直流回路に関する記述である．

図において，抵抗 R_4 に流れる電流 I をミルマンの定理を用いて求めたい．

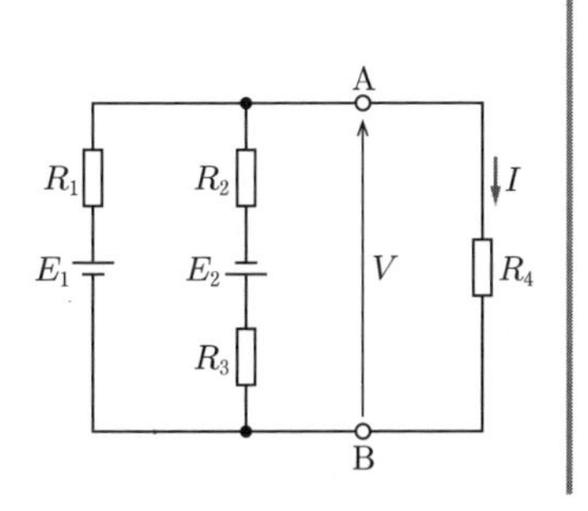

まず，電圧源を短絡除去して端子 A-B 間からみた回路全体のコンダクタンスを求めると [(1)] となる．次に，端子 A-B 間を短絡したときに，端子 B から抵抗 R_1 と R_2 を介して端子 A に流れる電流の和を求

め，[(1)] で割れば，$V=$ [(2)] となる．したがって，$I=$ [(3)] となる．

さらに，R_4 で消費される電力が最大となる R_4 の値を求めてみよう．R_4 で消費される電力 P は $P=I^2R_4$ で求められるから，R_4 の値が $R_4=$ [(4)] の条件を満足する場合に電力は最大となり，最大電力 P_m は $P_m=$ [(5)] となる．

解答群

(イ) $\dfrac{(R_2+R_3)E_1-R_1E_2}{R_1(R_2+R_3)+R_4(R_1+R_2+R_3)}$　(ロ) $\dfrac{R_2R_3}{R_1+R_2+R_3}$

(ハ) $\dfrac{R_1(R_2+R_3)}{R_1+R_2+R_3}$　(ニ) $\dfrac{[(R_2+R_3)E_1-R_1E_2]^2}{2(R_1+R_2+R_3)}$

(ホ) $\dfrac{R_2R_3[(R_2+R_3)E_1-R_1E_2]}{R_4(R_2+R_3)(R_1R_2+R_1R_3+R_2R_3)+R_1R_2R_3(R_2+R_3)}$

(ヘ) $\dfrac{1}{R_1}+\dfrac{1}{R_2}+\dfrac{1}{R_3}+\dfrac{1}{R_4}$　(ト) $\dfrac{1}{R_1}+\dfrac{1}{R_2+R_3}$

(チ) $\dfrac{1}{R_1}+\dfrac{1}{R_4}+\dfrac{1}{R_2+R_3}$　(リ) $\dfrac{(R_2+R_3)E_1-R_1E_2}{(R_1+R_2+R_3)R_4}$

(ヌ) $\dfrac{(R_2+R_3)E_1-R_1E_2}{R_1(R_2+R_3)+R_4(R_1+R_2+R_3)}R_4$

(ル) $\dfrac{(R_2+R_3)E_1-R_1E_2}{R_1+R_2+R_3}$　(ヲ) $\dfrac{[(R_2+R_3)E_1-R_1E_2]^2}{4R_1(R_2+R_3)(R_1+R_2+R_3)}$

(ワ) $\dfrac{R_2R_3R_4[(R_2+R_3)E_1-R_1E_2]}{R_4(R_2+R_3)(R_1R_2+R_1R_3+R_2R_3)+R_1R_2R_3(R_2+R_3)}$

(カ) $\dfrac{R_2R_3[(R_2+R_3)E_1-R_1E_2]^2}{4R_1(R_2+R_3)^2(R_1R_2+R_1R_3+R_2R_3)}$

(ヨ) $\dfrac{R_1R_2R_3}{R_1R_2+R_1R_3+R_2R_3}$

ー攻略ポイントー

ミルマンの定理は，解図１(a)の回路において，ab 間の電圧 V_{ab} を求めるため，等価電圧源と等価電流源の変換を行って解図１(b)の回路に変換し，次式で求める（$E_3=0$ が接続として変形）．

$$V_{ab}=\frac{\dfrac{E_1}{R_1}+\dfrac{E_2}{R_2}+\dfrac{E_3}{R_3}}{\dfrac{1}{R_1}+\dfrac{1}{R_2}+\dfrac{1}{R_3}}=\frac{G_1E_1+G_2E_2+G_3E_3}{G_1+G_2+G_3}\quad\left(\text{ただし}\quad G_i=\frac{1}{R_i},\ i=1\sim3\right)$$

(a) 回路例

(b) (a)の等価回路

解図1　ミルマンの定理

解説　(1) 電圧源を短絡除去して端子 A–B 間から見た回路全体のコンダクタンスは，抵抗 R_1，R_2 と R_3 の直列部分，R_4 が並列に接続されているので，回路全体のコンダクタンス G は

$$G=\frac{1}{R_1}+\frac{1}{R_4}+\frac{1}{R_2+R_3}$$

(2) 問題図の電圧源を電流源に等価変換すると，解図2となる．端子 A–B 間を短絡したときに端子 B から抵抗 R_1 と R_2 を介して端子 A に流れる電流の和 I_{AB} は

$$I_{AB}=\frac{E_1}{R_1}-\frac{E_2}{R_2+R_3}$$
$$=\frac{(R_2+R_3)E_1-R_1E_2}{R_1(R_2+R_3)}$$

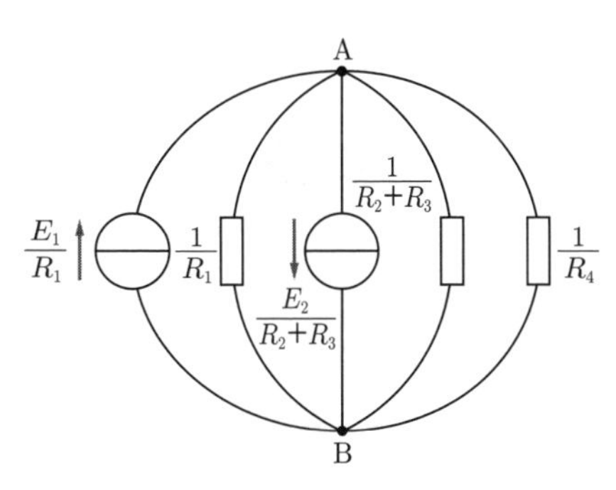

解図2　問題図の等価回路

となる．これは解図2の電流源から流れ出す電流の合計を求めていることに相当する．そこで，ミルマンの定理に基づき，この電流の和を回路全体のコンダクタンスで割れば，端子 A–B 間の電圧 V は

$$V=\frac{I_{\mathrm{AB}}}{G}=\frac{\dfrac{(R_2+R_3)E_1-R_1E_2}{R_1(R_2+R_3)}}{\dfrac{1}{R_1}+\dfrac{1}{R_4}+\dfrac{1}{R_2+R_3}}=\boldsymbol{\frac{(R_2+R_3)E_1-R_1E_2}{R_1(R_2+R_3)+R_4(R_1+R_2+R_3)}R_4}$$

(3) したがって，抵抗 R_4 を流れる電流 I は

$$I=\frac{V}{R_4}=\boldsymbol{\frac{(R_2+R_3)E_1-R_1E_2}{R_1(R_2+R_3)+R_4(R_1+R_2+R_3)}}\quad\cdots\cdots ①$$

(4) 最大電力供給定理より，抵抗 R_4 で消費される電力 P が最大となるためには，抵抗 R_4 と，端子 A–B 間から左側を見た合成抵抗が等しくなればよい．問題図で端子 A–B から左側を見た合成抵抗は，電圧源を短絡すれば抵抗 R_1 と抵抗 (R_2+R_3) の直列部分が並列になっているから

$$R_4=\frac{1}{\dfrac{1}{R_1}+\dfrac{1}{R_2+R_3}}=\boldsymbol{\frac{R_1(R_2+R_3)}{R_1+R_2+R_3}}\quad\cdots\cdots ②$$

(5) 抵抗 R_4 で消費される電力 P の式に，式①，式②を代入して変形すれば

$$P_{\mathrm{m}}=I^2R_4=\left\{\frac{(R_2+R_3)E_1-R_1E_2}{R_1(R_2+R_3)+R_4(R_1+R_2+R_3)}\right\}^2R_4$$

$$=\left\{\frac{(R_2+R_3)E_1-R_1E_2}{R_1(R_2+R_3)+R_1(R_2+R_3)}\right\}^2\times\frac{R_1(R_2+R_3)}{R_1+R_2+R_3}$$

$$=\boldsymbol{\frac{\{(R_2+R_3)E_1-R_1E_2\}^2}{4R_1(R_2+R_3)(R_1+R_2+R_3)}}$$

解答　**(1) (チ)　(2) (ヌ)　(3) (イ)　(4) (ハ)　(5) (ヲ)**

問題９　補償定理　(H23–A2)

次の文章は，直流回路に関する記述である．

図１に示す平衡条件を満たすブリッジ回路において，抵抗 R_2 に抵抗 $3R_2$ を直列または並列に接続したときに，電流計に流れる電流を補償定理を使って求めてみよう．ただし，E は直流電圧源の大きさであり，電圧源と電流計の内部抵抗は無視できるものとする．

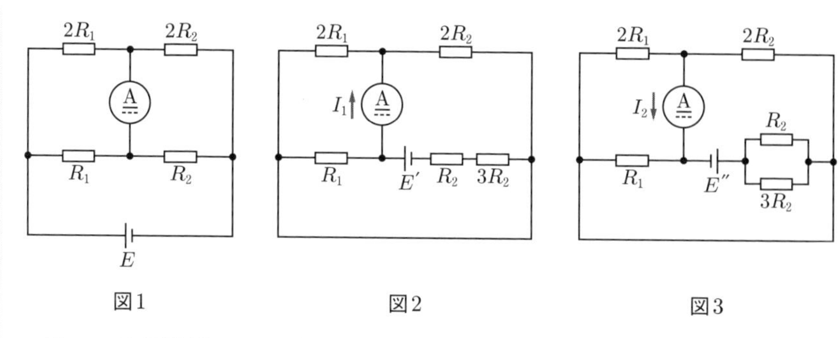

図1　図2　図3

図1では電流計には電流は流れていない．したがって，題意の電流を求めるとき，$3R_2$ を接続したことによる変化分を考えればよい．

補償定理によれば，$3R_2$ を直列に接続したことによる電流の変化分は，図2に示す回路で計算できる．R_2 と $3R_2$ に接続される電圧源の大きさ E' は［(1)］となるから，電流計に流れる電流 I_1 は［(2)］となる．

同様に，R_2 と並列に $3R_2$ を接続したときに電流計に流れる電流 I_2 は，図3に示す回路で計算できる．R_2 に $3R_2$ を並列に接続したことによる R_2 に対する抵抗の変化分の絶対値は［(3)］となる．したがって，電圧源の大きさ E'' は［(4)］となり，I_2 は［(5)］となる．

解答群

(イ) $\dfrac{E}{11R_1+9R_2}$　(ロ) $\dfrac{E}{16R_1+12R_2}$　(ハ) $\dfrac{E}{R_1+2R_2}$

(ニ) $\dfrac{3R_2}{R_1+4R_2}E$　(ホ) $\dfrac{E}{2R_1+4R_2}$　(ヘ) $\dfrac{E}{8R_1+6R_2}$

(ト) $\dfrac{R_2E}{2R_1+4R_2}$　(チ) $\dfrac{R_2}{4}$　(リ) $\dfrac{3}{4}E$

(ヌ) $\dfrac{3R_2}{R_1+R_2}E$　(ル) $2R_2$　(ヲ) $\dfrac{3R_2}{4}$

(ワ) $\dfrac{R_2E}{11R_1+9R_2}$　(カ) $\dfrac{2R_2E}{R_1+R_2}$　(ヨ) $\dfrac{R_2E}{4(R_1+R_2)}$

― 攻略ポイント ―

補償定理は，重ね合わせの定理から導かれる定理であり，回路のパラメータが変化したときの回路のふるまいの変化を調べるのに便利な定理である．電験2種，3種では出題されていないので，詳細解説3で説明する．

解 説　(1) 補償電圧源 E' の大きさは，抵抗 $3R_2$ を直列に接続する前に R_2 を流れていた電流が $E/(R_1+R_2)$ であることから

$$E' = \frac{E}{R_1+R_2}\times 3R_2 = \boldsymbol{\frac{3R_2}{R_1+R_2}E} \quad \cdots\cdots ①$$

(2) 図２を解図１のように書き換えて，電流計に流れる電流 I_1 を求める．抵抗 $2R_1$ と抵抗 $2R_2$ の並列回路の合成抵抗 R_0 は $R_0=(2R_1\times 2R_2)/(2R_1+2R_2)=2R_1R_2/(R_1+R_2)$ だから，電流 I_1 は合成抵抗 R_0 と抵抗 R_1 の並列回路の R_0 側に分流する電流である．式①を利用して

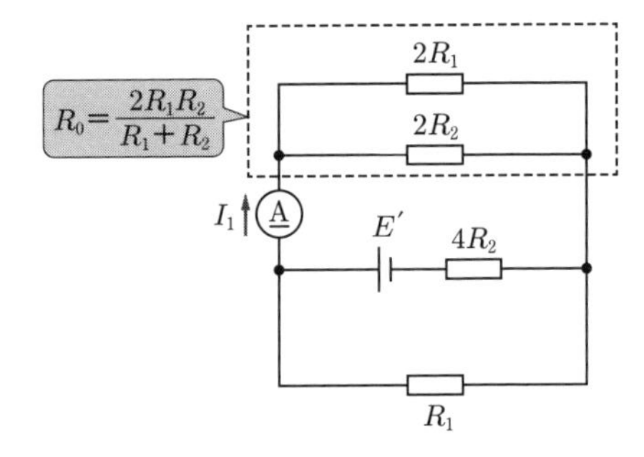

解図１　図２の等価回路

$$I_1 = \frac{E'}{4R_2+\dfrac{R_1R_0}{R_1+R_0}}\times\frac{R_1}{R_1+R_0}$$

$$= \frac{E'}{4R_2+\dfrac{R_1\times\dfrac{2R_1R_2}{R_1+R_2}}{R_1+\dfrac{2R_1R_2}{R_1+R_2}}}\times\frac{R_1}{R_1+\dfrac{2R_1R_2}{R_1+R_2}} = \frac{R_1+R_2}{6R_1R_2+12R_2{}^2}\times\frac{3R_2E}{R_1+R_2}$$

$$= \boldsymbol{\frac{E}{2R_1+4R_2}}$$

(3) 抵抗 R_2 に $3R_2$ を並列に接続したことによる R_2 に対する変化分の絶対値は

$$\left|\frac{R_2\times 3R_2}{R_2+3R_2}-R_2\right| = \left|\frac{3}{4}R_2-R_2\right|$$

$$= \boldsymbol{\frac{R_2}{4}} \quad \cdots\cdots ②$$

(4) 解図２に示すように，補償電圧源 E'' の大きさは，式②を利用して

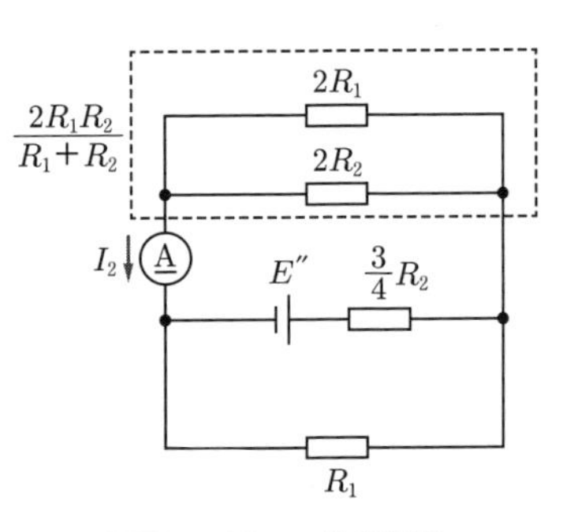

解図２　図３の等価回路

$$E'' = \frac{R_2}{4}\times\frac{E}{R_1+R_2} = \boldsymbol{\frac{R_2E}{4(R_1+R_2)}}$$

($3R_2$ を並列接続して元の抵抗 R_2 よりも抵抗が $R_2/4$ だけ小さくなっているから，電圧源

E'' の向きが電圧源 E' とは逆向きになっていることに注意）

（5） 解図2において，電流計に流れる電流 I_2 は

$$I_2 = \frac{E''}{\dfrac{3}{4}R_2 + \dfrac{R_1 \times \dfrac{2R_1R_2}{R_1+R_2}}{R_1 + \dfrac{2R_1R_2}{R_1+R_2}}} \times \frac{R_1}{R_1 + \dfrac{2R_1R_2}{R_1+R_2}}$$

$$= \frac{4(R_1+R_2)}{3R_2(R_1+R_2)+6R_2{}^2+8R_1R_2} \times \frac{R_2}{4(R_1+R_2)}E = \boldsymbol{\frac{E}{11R_1+9R_2}}$$

解答　**(1)（ヌ）　(2)（ホ）　(3)（チ）　(4)（ヨ）　(5)（イ）**

詳細解説 3　補償定理

図2･12(a)が元の回路で，抵抗 R に電流 I が，注目しているある部分に電流 I' が流れていたものとする．箱の中の回路は，任意の線形回路とする．そこで，同図(b)のように，抵抗 R が $R+\Delta R$ に変化する場合，電流 I' がどのように変化するかを調べる問題である．この図2･12(b)の回路は，同図(c)と同図(d)を重ねたものに等しいことは，重ね合わせの定理を思い浮かべれば理解できるであろう．この図2･12(c)は，R

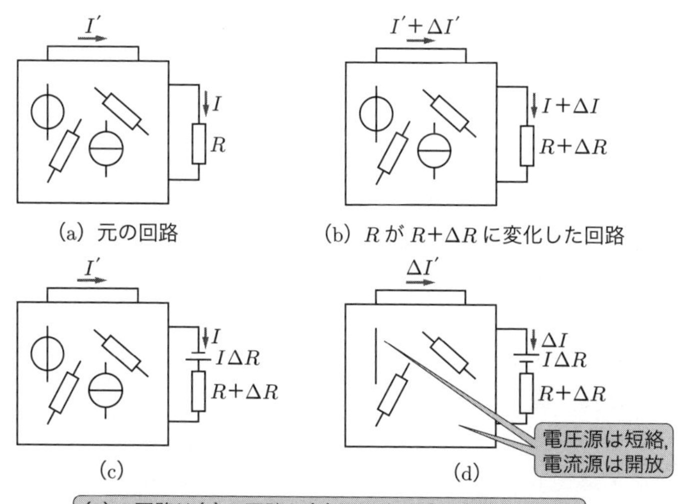

図2･12　補償定理とその意味

$+\Delta R$ に流れる電流が I に等しくなるように ΔR での電圧降下 $I\Delta R$ を補償するように電圧源を加えたものであるから，同図(a)の回路とは異なるものの，電流分布は等しい．したがって，図 2･12(d)の電流は，同図(a)から同図(b)への変化分に相当することになり，$\Delta I'$ を求めるときには便利である．このように，図 2･12(a)から同図(b)へと回路のパラメータが変化するとき，同図(d)のような電源を同図(c)の電源と逆向きに入れて，他の電源を取り去った回路（ただし，他の電圧源は短絡，電流源は開放）の電流が変化分の電流になるというのが**補償定理**である．

問題 10　交流回路における重ね合わせの定理　(H17-B6)

次の文章は，交流回路に関する記述である．文中の [(1)] から [(5)] までに当てはまる式を解答群から選び，[(6)] 及び [(7)] に当てはまる式を記入しなさい．

図の交流回路において，定常状態における抵抗 R を流れる電流 i を重ね合わせの理（重ねの理）を用いて求めたい．

まず，電圧源のみに着目した回路について，抵抗 R を流れる電流 i_1 を求める．電圧源は 3 倍角の公式 $\left(\sin^3 x = \dfrac{3}{4}\sin x - \dfrac{1}{4}\sin 3x\right)$ を用いて角周波数 ω の基本波とその高調波に分解する．

以上をもとに i_1 を計算すると

$$i_1 = (\boxed{(1)}) \times \sin(\omega t + \theta_1) + (\boxed{(2)}) \times \sin(3\omega t + \theta_2)$$

ただし，

$$\theta_1 = \boxed{(3)},\quad \theta_2 = \boxed{(4)}$$

となる．

次に，電流源のみに着目した回路について，抵抗 R を流れる電流 i_2 を求めると $i_2 = \boxed{(5)}$ となる．

以上より，電流 i の基本波成分の実効値は [(6)] となり，高調波成分の実効値は [(7)] となる．

解答群

(イ) $-\tan^{-1}\dfrac{\omega L}{R(1-\omega^2 LC)}$

(ロ) $-\tan^{-1}\omega CR$

(ハ) $\dfrac{-V}{4\sqrt{1+9\omega^2 C^2 R^2}}$

(ニ) $\dfrac{3V}{4\sqrt{R^2+\omega^2 L^2}}$

(ホ) $-\tan^{-1}\dfrac{3\omega L}{R}$

(ヘ) $\dfrac{3V}{4\sqrt{R^2(1-\omega^2 LC)^2+\omega^2 L^2}}$

(ト) $\dfrac{-V}{4\sqrt{R^2+9\omega^2 L^2}}$

(チ) $\dfrac{3V}{4\sqrt{1+\omega^2 C^2 R^2}}$

(リ) $\dfrac{3\omega LI}{\sqrt{R^2+9\omega^2 L^2}}\cos(3\omega t+\theta_2)$

(ヌ) $-\tan^{-1}3\omega CR$

(ル) $-\tan^{-1}\dfrac{\omega L}{R}$

(ヲ) $I\sin 3\omega t$

(ワ) $\dfrac{3\omega LI}{\sqrt{R^2+9\omega^2 L^2}}\sin(3\omega t+\theta_2)$

(カ) $-\tan^{-1}\dfrac{3\omega L}{R(1-9\omega^2 LC)}$

(ヨ) $\dfrac{-V}{4\sqrt{R^2(1-9\omega^2 LC)^2+9\omega^2 L^2}}$

一攻略ポイント一

重ね合わせの定理：解図1のように，多数の起電力を含む回路の電流分布は，各起電力がそれぞれ単独で存在する場合の電流分布のベクトル和に等しい．

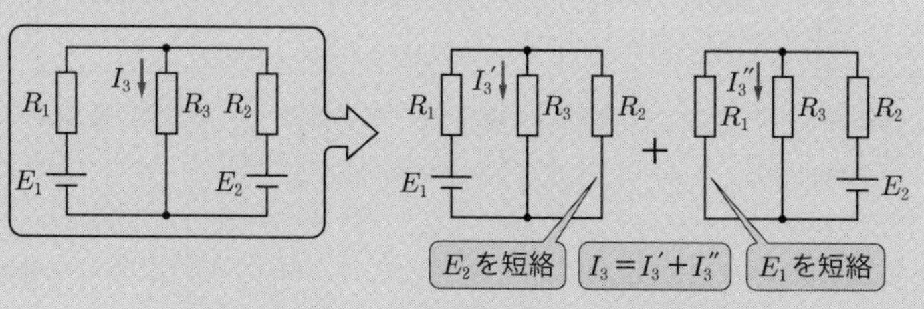

解図1　重ね合わせの定理（2つの電圧源の例）

解 説　(1) 重ね合わせの定理に基づいて，まず，電圧源のみに着目した回路を考えるとき，電流源を開放し，抵抗 R に流れる電流 i_1 を求める．電圧源の電圧は $\dfrac{3}{4}V\sin\omega t$ と $-\dfrac{1}{4}V\sin 3\omega t$ との重ね合わせなので，i_1 は解図2の $i_1(\omega)$ と解図3

の $i_1(3\omega)$ との和となる．

解図２で，$\dfrac{3}{4}V\sin\omega t$ を位相の基準として $\dot{V}=3V/4$ とすれば，抵抗 R を流れる電流はベクトル表示で $\dot{V}/(R+j\omega L)$ だから，大きさは $\dfrac{3}{4}\dfrac{V}{\sqrt{R^2+\omega^2L^2}}$ で，位相が $\tan^{-1}\left(\dfrac{\omega L}{R}\right)$ だけ基準ベクトル $\dot{V}$ より遅れている．したがって

$$i_1(\omega)=\boldsymbol{\frac{3V}{4\sqrt{R^2+\omega^2L^2}}}\sin(\omega t+\theta_1)\qquad \theta_1=\boldsymbol{-\tan^{-1}\left(\frac{\omega L}{R}\right)}$$

解図３において，３次高調波分でインダクタンス L のインピーダンスが $j3\omega L$ であり，抵抗 R を流れる電流は $\dfrac{-V/4}{R+j3\omega L}$ だから

$$i_1(3\omega)=\boldsymbol{-\frac{V}{4\sqrt{R^2+9\omega^2L^2}}}\sin(3\omega t+\theta_2)\qquad \theta_2=\boldsymbol{-\tan^{-1}\left(\frac{3\omega L}{R}\right)}$$

$$\therefore\quad i_1=i_1(\omega)+i_1(3\omega)$$

$$=\frac{3}{4}\cdot\frac{V}{\sqrt{R^2+\omega^2L^2}}\sin(\omega t+\theta_1)-\frac{1}{4}\cdot\frac{V}{\sqrt{R^2+9\omega^2L^2}}\sin(3\omega t+\theta_2)\cdots①$$

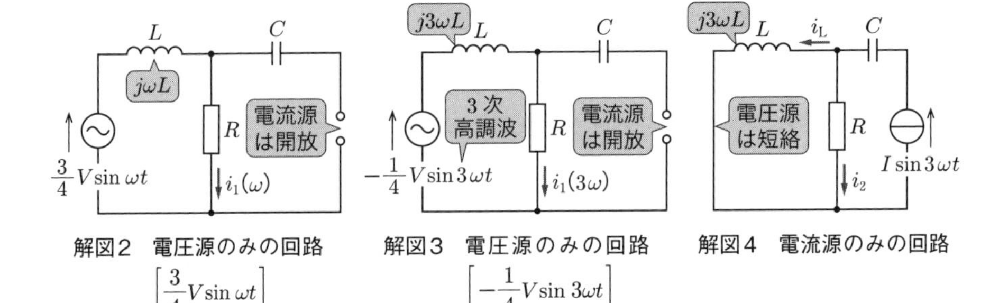

解図２　電圧源のみの回路 $\left[\dfrac{3}{4}V\sin\omega t\right]$

解図３　電圧源のみの回路 $\left[-\dfrac{1}{4}V\sin 3\omega t\right]$

解図４　電流源のみの回路

次に，電流源のみに着目した回路を考えるとき，解図４のように，電圧源を短絡し，抵抗 R に流れる電流 i_2 を求める．$I\sin(3\omega t)$ を基準ベクトル $\dot{I}=I$ として選び，抵抗 R，インダクタンス L を流れる電流をそれぞれベクトル表示で $\dot{I}_2$，$\dot{I}_L$ とすれば

$$\dot{I}=\dot{I}_L+\dot{I}_2\cdots\cdots②$$

インダクタンス L と抵抗 R は並列接続だから

$$j3\omega L\dot{I}_L=R\dot{I}_2\cdots\cdots③$$

そこで，式②と式③から，$\dot{I}_{\rm L}$ を消去して

$$\dot{I}_2 = \frac{j3\omega L}{R + j3\omega L}\dot{I}$$

したがって，$\dot{I}_2$ の大きさは $\dfrac{3\omega LI}{\sqrt{R^2 + 9\omega^2 L^2}}$ であり，その位相は基準ベクトル $\dot{I}$ に対し

$$\frac{\pi}{2} - \tan^{-1}\left(\frac{3\omega L}{R}\right) = \frac{\pi}{2} + \theta_2$$

だけ進んでいる．そこで，電流 i_2 は

$$i_2 = \frac{3\omega LI}{\sqrt{R^2 + 9\omega^2 L^2}}\sin\left(3\omega t + \frac{\pi}{2} + \theta_2\right) = \boldsymbol{\frac{3\omega LI}{\sqrt{R^2+9\omega^2 L^2}}\cos(3\omega t+\theta_2)} \cdots\cdots ④$$

電流 $\dot{I} = \dot{I}_1 + \dot{I}_2$ の基本波成分は式①と式④のうち式①の第一項が相当するから実効値は

$$\boldsymbol{\frac{1}{\sqrt{2}}\cdot\frac{3}{4}\cdot\frac{V}{\sqrt{R^2+\omega^2 L^2}}}$$

また，高調波成分は式①の第二項と式④が相当するので，その実効値は

$A\sin\theta + B\cos\theta = \sqrt{A^2 + B^2}\sin(\theta + \alpha)$，$\alpha = \tan^{-1}\left(\dfrac{B}{A}\right)$ より

$$\frac{1}{\sqrt{2}}\sqrt{\left\{-\frac{1}{4}\cdot\frac{V}{\sqrt{R^2 + 9\omega^2 L^2}}\right\}^2 + \left\{\frac{3\omega LI}{\sqrt{R^2 + 9\omega^2 L^2}}\right\}^2} = \boldsymbol{\frac{1}{4\sqrt{2}}\sqrt{\frac{V^2+144\omega^2 L^2 I^2}{R^2+9\omega^2 L^2}}}$$

解答　**(1)（ニ）　(2)（ト）　(3)（ル）　(4)（ホ）　(5)（リ）**

(6) $\boldsymbol{\dfrac{3V}{4\sqrt{2}\sqrt{R^2+\omega^2 L^2}}}$　**(7)** $\boldsymbol{\dfrac{1}{4\sqrt{2}}\sqrt{\dfrac{V^2+144\omega^2 L^2 I^2}{V^2+9\omega^2 L^2}}}$

2　三相交流回路

問題 11　対称三相電源，Y形不平衡負荷の電流・有効電力　(H29-B5)

次の文章は，三相交流回路に関する記述である．

図のように，対称三相交流電源がY形不平衡負荷と 12 Ω の誘導性リアクタンスからなる回路に接続されている．図の各線間電圧は $\dot{E}_{ab} = 100\angle 0°$〔V〕を基準に，$\dot{E}_{bc} = a^2\dot{E}_{ab}$，$\dot{E}_{ca} = a\dot{E}_{ab}$ とする．ただし，a は複素数で $a = e^{j2\pi/3}$ である．

いま，スイッチSが開いている状態で線電流を求めると，$\dot{I}_a =$ (1) 〔A〕，$\dot{I}_b =$ (2) A，$\dot{I}_c =$ (3) 〔A〕となる．また，負荷で消費される電力は (4) 〔W〕となる．

次に，スイッチSを閉じ，12 Ω の誘導性リアクタンスが端子 a-b 間に並列に接続されたとすると，線電流 $\dot{I}_a$ は $\dot{I}_a =$ (5) 〔A〕となる．

解答群

(イ)　2 800
(ロ)　$5.20-j1.41$
(ハ)　$-11.68-j4.23$
(ニ)　$-6.71+j4.23$
(ホ)　$13.20-j9.26$
(ヘ)　$13.20-j0.93$
(ト)　$5.20+j6.92$
(チ)　$11.68+j1.41$
(リ)　$-6.48-j3.30$
(ヌ)　1 350
(ル)　$-5.20-j6.92$
(ヲ)　$-1.52-j3.30$
(ワ)　$-6.71+j3.62$
(カ)　$1.52+j2.70$
(ヨ)　950

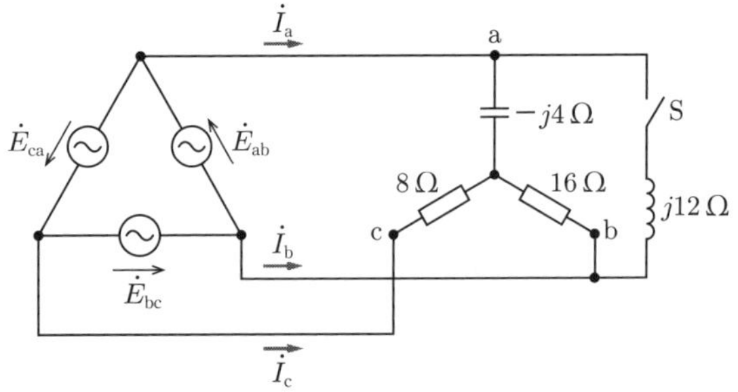

―攻略ポイント―

電源または負荷をY⇔△変換して結線方式をあわせて解けばよい．非対称三相交流回路では，$\dot{I}_a+\dot{I}_b+\dot{I}_c \fallingdotseq 0$ となるため，負荷側をY結線に変換した場合，ミルマンの定理を用いて電源側の中性点と負荷側の中性点の電位差（残留電圧）を求める必要

がある（問題 15，18 で解説）ことから，負荷をＹ→△変換して解いたほうが計算量はやや少ない．

解説　(1)～(3) 攻略ポイントを踏まえ，負荷側のＹ結線を△結線に変換する．

解図 1 のＹ→△変換の公式に，$\dot{Z}_a = -j4\ \Omega$，$\dot{Z}_b = 16\ \Omega$，$\dot{Z}_c = 8\ \Omega$ を代入すれば

$$\dot{Z}_{ab} = \frac{(-j4)\times 16 + 16\times 8 + 8\times(-j4)}{8} = \frac{128-j96}{8} = 16-j12\ \Omega,$$

$$\dot{Z}_{bc} = 24+j32\ \Omega,\ \ \dot{Z}_{ca} = 8-j6\ \Omega$$

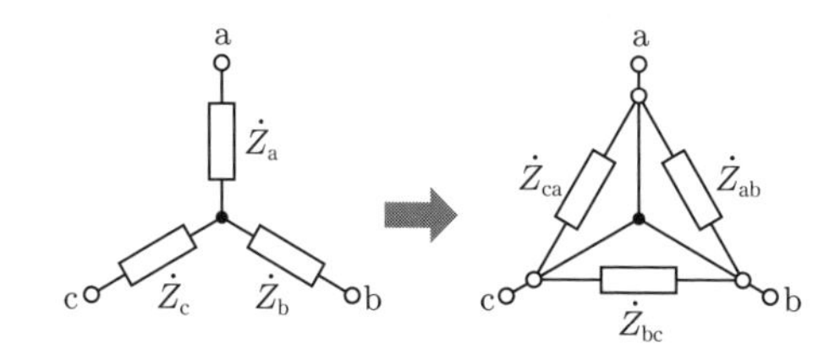

$$\dot{Z}_{ab} = \frac{\dot{Z}_a\dot{Z}_b + \dot{Z}_b\dot{Z}_c + \dot{Z}_c\dot{Z}_a}{\dot{Z}_c}\quad \dot{Z}_{bc} = \frac{\dot{Z}_a\dot{Z}_b + \dot{Z}_b\dot{Z}_c + \dot{Z}_c\dot{Z}_a}{\dot{Z}_a}\quad \dot{Z}_{ca} = \frac{\dot{Z}_a\dot{Z}_b + \dot{Z}_b\dot{Z}_c + \dot{Z}_c\dot{Z}_a}{\dot{Z}_b}$$

解図1　Ｙ→△変換の回路と公式

$\dot{Z}_{ab}$，$\dot{Z}_{bc}$，$\dot{Z}_{ca}$ に流れる電流を $\dot{I}_{ab}$，$\dot{I}_{bc}$，$\dot{I}_{ca}$ とすれば，それぞれ次式となる．

$$\dot{I}_{ab} = \frac{\dot{E}_{ab}}{\dot{Z}_{ab}} = \frac{100}{16-j12} = \frac{100(16+j12)}{(16-j12)(16+j12)} = \frac{100}{400}(16+j12) = 4+j3\ \mathrm{A}$$

$$\dot{I}_{bc} = \frac{\dot{E}_{bc}}{\dot{Z}_{bc}} = \frac{100a^2}{24+j32} = \frac{100\left(-\frac{1}{2}-j\frac{\sqrt{3}}{2}\right)(3-j4)}{8(3+j4)(3-j4)}$$

$$= \frac{1}{2}\left(-\frac{1}{2}-j\frac{\sqrt{3}}{2}\right)(3-j4) = -\frac{3}{4}-\sqrt{3}+j\left(1-\frac{3\sqrt{3}}{4}\right)\ \mathrm{A}$$

$$\dot{I}_{ca} = \frac{\dot{E}_{ca}}{\dot{Z}_{ca}} = \frac{100a}{8-j6} = \frac{100\left(-\frac{1}{2}+j\frac{\sqrt{3}}{2}\right)(4+j3)}{2(4-j3)(4+j3)} = 2\left(-\frac{1}{2}+j\frac{\sqrt{3}}{2}\right)(4+j3)$$

$$= -4-3\sqrt{3}+j(4\sqrt{3}-3)\ \mathrm{A}$$

したがって，$\dot{I}_a$，$\dot{I}_b$，$\dot{I}_c$ は次式で求めることができる．

$$\dot{I}_a = \dot{I}_{ab} - \dot{I}_{ca} = 4+j3+4+3\sqrt{3}-j(4\sqrt{3}-3) = 8+3\sqrt{3}+j(6-4\sqrt{3})$$

$$\fallingdotseq \mathbf{13.20-\mathit{j}0.93}\ \mathrm{A}$$

$$\dot{I}_b = \dot{I}_{bc} - \dot{I}_{ab} = -\frac{3}{4} - \sqrt{3} + j\left(1 - \frac{3\sqrt{3}}{4}\right) - 4 - j3 = -\frac{19}{4} - \sqrt{3} - j\left(2 + \frac{3}{4}\sqrt{3}\right)$$

$$\fallingdotseq \mathbf{-6.48 - j3.30}\ \mathrm{A}$$

$$\dot{I}_c = \dot{I}_{ca} - \dot{I}_{bc} = -4 - 3\sqrt{3} + j(4\sqrt{3} - 3) + \frac{3}{4} + \sqrt{3} - j\left(1 - \frac{3\sqrt{3}}{4}\right)$$

$$= -\frac{13}{4} - 2\sqrt{3} + j\left(-4 + \frac{19}{4}\sqrt{3}\right) \fallingdotseq \mathbf{-6.71 + j4.23}\ \mathrm{A}$$

(4) 負荷で消費される電力は，問題図のY結線負荷の抵抗（8 Ω，16 Ω）で消費されるから

$$P = 16|\dot{I}_b|^2 + 8|\dot{I}_c|^2 = 16 \times (6.48^2 + 3.30^2) + 8 \times (6.71^2 + 4.23^2) = \mathbf{1\,350}\ \mathrm{W}$$

(5) スイッチSを閉じても，Y結線負荷に印加される電圧は変わらず，Y結線負荷の各相に流れる電流も変わらない．そして，$\dot{I}_a$ は，その元の電流に，端子a–b相間に並列に接続した誘導性リアクタンス $j12\ \Omega$ に流れる電流が加わる．端子a–bに加わる電圧 $\dot{E}_{ab} = 100\angle 0°$ V だから

$$\dot{I}_a = 13.20 - j0.93 + \frac{100}{j12} \fallingdotseq \mathbf{13.20 - j9.26}\ \mathrm{A}$$

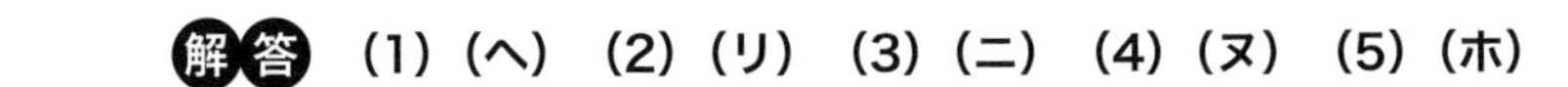

問題12　対称三相電源と△形不平衡負荷の電流・複素電力　(H25–B5)

次の文章は，三相交流回路に関する記述である．ただし，a は複素数で $a = e^{j2\pi/3}$ とする．

図1と図2に示すように，対称三相交流電源に△形不平衡負荷を接続した．図1と図2では，△形不平衡負荷のアドミタンス $\dot{Y}_{ab}$ と $\dot{Y}_{ca}$ の配置が入れ替わっている．各相の電圧は $\dot{E}_a = 100\angle 0°$〔V〕に対し，$\dot{E}_b = a^2\dot{E}_a$，$\dot{E}_c = a\dot{E}_a$ である．図1と図2の△形不平衡負荷のベクトル（複素）電力をそれぞれ $\dot{S}_1$，$\dot{S}_2$ とする．このとき，以下の結果を得た．

① 図1の線電流 $\dot{I}_a$ は $\dot{I}_a = 10(1 - a^2)$〔A〕，$\dot{I}_b$ は $\dot{E}_b$ と同相，$\dot{I}_c$ は $\dot{E}_a$ と逆相であった．

② 図2の線電流 $\dot{I}_a'$ は 0 A であった．

③ 図1の△形不平衡負荷のベクトル（複素）電力は $\dot{S}_1 = 2\,000(1 - a)$（実部は有効電力〔W〕，虚部は無効電力〔var〕）であった．

①の結果にキルヒホッフの電流則を適用し，線電流 $\dot{I}_{\mathrm{a}}$，$\dot{I}_{\mathrm{b}}$，$\dot{I}_{\mathrm{c}}$ のベクトル図を描くと，$\dot{I}_{\mathrm{b}}$ と $\dot{I}_{\mathrm{c}}$ の値は，$(\dot{I}_{\mathrm{b}}, \dot{I}_{\mathrm{c}})=$ [(1)]〔A〕となる．

②の結果，$\dot{I}_{\mathrm{a}}'=0\,\mathrm{A}$ より，$\dot{Y}_{\mathrm{ab}}=$ [(2)] $\times\dot{Y}_{\mathrm{ca}}$ となる．ただし，複素数 a の性質 $a^3=1$，$1+a+a^2=0$ に注意する．この関係式と図1の線電流 $\dot{I}_{\mathrm{a}}$，$\dot{I}_{\mathrm{b}}$ から $\dot{Y}_{\mathrm{ab}}$，$\dot{Y}_{\mathrm{bc}}$，$\dot{Y}_{\mathrm{ca}}$ が順次求められる．

一方，③の結果を利用すると，アドミタンスの和 $\dot{Y}_{\mathrm{ab}}+\dot{Y}_{\mathrm{bc}}+\dot{Y}_{\mathrm{ca}}$ の値は，ベクトル（複素）電力 $\dot{S}_1=$ [(3)] $\times|\dot{E}_{\mathrm{a}}|^2\overline{(\dot{Y}_{\mathrm{ab}}+\dot{Y}_{\mathrm{bc}}+\dot{Y}_{\mathrm{ca}})}$ の式から直接求めることができる．また，②の結果とキルヒホッフの電流則を利用すると図2のベクトル（複素）電力 $\dot{S}_2$ は，$\dot{S}_2=($ [(4)] $)\times\overline{\dot{I}_{\mathrm{c}}'}$ と表せる．$\dot{S}_2$ の式と③の結果を利用すると，$\dot{I}_{\mathrm{c}}'=$ [(5)]〔A〕となる．

（注）$\overline{\dot{Z}}$ は複素数 $\dot{Z}$ の共役複素数を表す．

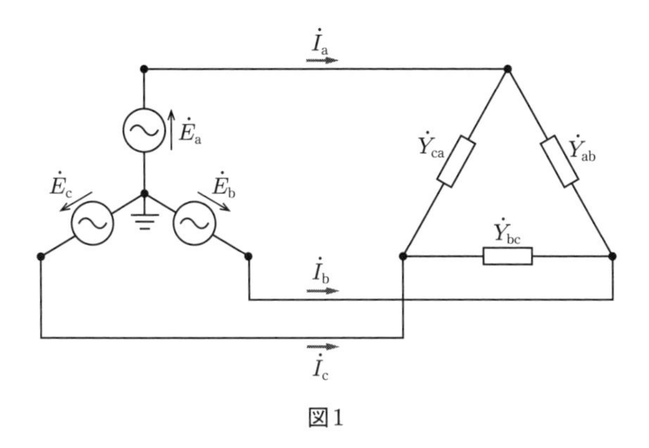

図1

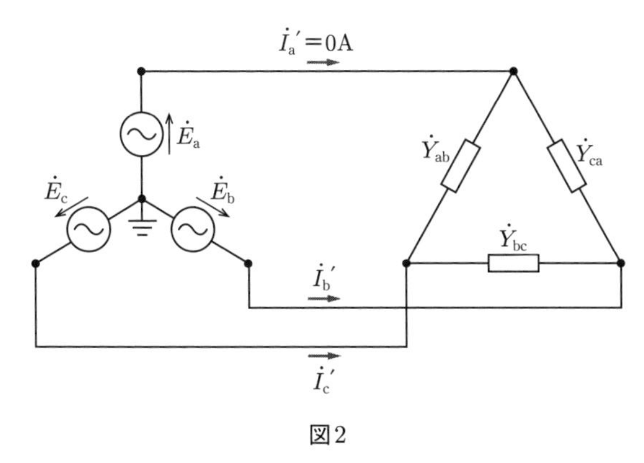

図2

解答群

(イ)	1	(ロ)	$\dot{E}_c-\dot{E}_a$	(ハ)	$(20a^2, -10)$	(ニ)	$3a$
(ホ)	a^2	(ヘ)	$(10a^2, -20)$	(ト)	$20a$	(チ)	$\dot{E}_c-\dot{E}_b$
(リ)	3	(ヌ)	$2a$	(ル)	$30a^2$	(ヲ)	$25a^2$
(ワ)	$(10a^2, -10)$			(カ)	$\dot{E}_a-\dot{E}_b$	(ヨ)	$\sqrt{3}$

ー攻略ポイントー

題意を丁寧に数式に置き換えながら，キルヒホッフの第１法則より，$\dot{I}_a+\dot{I}_b+\dot{I}_c=0$ を利用することがポイントである.

解説　(1) (2) $\dot{I}_b$ は $\dot{E}_b$ と同相，$\dot{I}_c$ は $\dot{E}_a$ と逆相であるから，$\dot{I}_b=a^2B$，$\dot{I}_c=-C$ (B，C は実数) とおける．キルヒホッフの第１法則（電流則）より，$\dot{I}_a+\dot{I}_b+\dot{I}_c=0$ なので，$\dot{I}_a$，$\dot{I}_b$，$\dot{I}_c$ の式をこれに代入すれば

$$10(1-a^2)+a^2B-C=0$$

$$\therefore\quad (B-10)a^2+(10-C)=0$$

この等式が常に成り立つ条件は，$B=10$，$C=10$ であるから，$\dot{I}_b=\mathbf{10a^2}$，$\dot{I}_c=\mathbf{-10}$ となる．したがって，ベクトル図は解図となる．

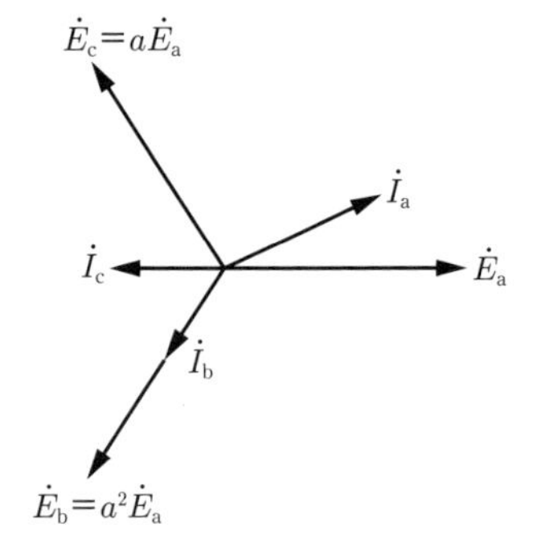

解図　ベクトル図

次に，図２で $\dot{I}_a'=0$ より，$\dot{Y}_{ab}$ を流れる電流と $\dot{Y}_{ca}$ を流れる電流は等しいから

$$\dot{Y}_{ab}(\dot{E}_a-\dot{E}_c)=\dot{Y}_{ca}(\dot{E}_b-\dot{E}_a)$$

$$\dot{Y}_{ab}(\dot{E}_a-a\dot{E}_a)=\dot{Y}_{ca}(a^2\dot{E}_a-\dot{E}_a)$$

$$\dot{Y}_{ab}(1-a)=\dot{Y}_{ca}(a^2-1)$$

$$\dot{Y}_{ab}=\frac{(a^2-1)\dot{Y}_{ca}}{1-a}=\frac{(a+1)(a-1)\dot{Y}_{ca}}{1-a}$$

$$\dot{Y}_{ab}=-(a+1)\dot{Y}_{ca}=\boldsymbol{a^2}\dot{Y}_{ca}$$

(3) 図１の△形不平衡負荷の複素電力は，各相の線間電圧と電流より，遅れ無効電力を正とし

$$\begin{aligned}\dot{S}_1&=(\dot{E}_a-\dot{E}_b)\overline{\dot{I}_{ab}}+(\dot{E}_b-\dot{E}_c)\overline{\dot{I}_{bc}}+(\dot{E}_c-\dot{E}_a)\overline{\dot{I}_{ca}}\\&=(\dot{E}_a-\dot{E}_b)\overline{(\dot{E}_a-\dot{E}_b)\dot{Y}_{ab}}+(\dot{E}_b-\dot{E}_c)\overline{(\dot{E}_b-\dot{E}_c)\dot{Y}_{bc}}+(\dot{E}_c-\dot{E}_a)\overline{(\dot{E}_c-\dot{E}_a)\dot{Y}_{ca}}\\&=(\dot{E}_a-\dot{E}_b)\overline{(\dot{E}_a-\dot{E}_b)}\cdot\overline{\dot{Y}_{ab}}+(\dot{E}_b-\dot{E}_c)\overline{(\dot{E}_b-\dot{E}_c)}\cdot\overline{\dot{Y}_{bc}}\\&\quad+(\dot{E}_c-\dot{E}_a)\overline{(\dot{E}_c-\dot{E}_a)}\cdot\overline{\dot{Y}_{ca}}\end{aligned}$$

$$= |\dot{E}_a - \dot{E}_b|^2 \cdot \overline{\dot{Y}_{ab}} + |\dot{E}_b - \dot{E}_c|^2 \cdot \overline{\dot{Y}_{bc}} + |\dot{E}_c - \dot{E}_a|^2 \cdot \overline{\dot{Y}_{ca}}$$
$$= |\sqrt{3}\dot{E}_a|^2 (\overline{\dot{Y}_{ab}} + \overline{\dot{Y}_{bc}} + \overline{\dot{Y}_{ca}})$$
$$= \mathbf{3}|\dot{E}_a|^2 (\overline{\dot{Y}_{ab}} + \overline{\dot{Y}_{bc}} + \overline{\dot{Y}_{ca}})$$

この式より，図2は図1のアドミタンス$\dot{Y}_{ab}$とアドミタンス$\dot{Y}_{ca}$を入れ替えただけなので，図2の負荷電力も同じ結果となるため，$\dot{S}_2 = \dot{S}_1$となる．図2の負荷の複素電力$\dot{S}_2$は，$\dot{I}_a' = 0$より$\dot{I}_b' = -\dot{I}_c'$となるから，各相電源電圧と相電流を用いて

$$\dot{S}_2 = \dot{E}_b \overline{\dot{I}_b'} + \dot{E}_c \overline{\dot{I}_c'} = (\boldsymbol{\dot{E}_c - \dot{E}_b}) \overline{\dot{I}_c'}$$

$\dot{S}_2 = \dot{S}_1 = 2\,000(1-a)$なので，

$$2\,000 \times (1-a) = (\dot{E}_c - \dot{E}_b) \overline{\dot{I}_c'}$$

$$\dot{I}_c' = \frac{2\,000 \times \overline{(1-a)}}{\overline{\dot{E}_c - \dot{E}_b}} = \frac{2\,000 \times (1-\bar{a})}{100 \times \overline{(a-a^2)}} = \frac{2\,000 \times \dfrac{3+j\sqrt{3}}{2}}{100 \times (-j\sqrt{3})}$$
$$= 20 \times \frac{-1+j\sqrt{3}}{2} = \mathbf{20}\boldsymbol{a}$$

解答　(1)（ワ）　(2)（ホ）　(3)（リ）　(4)（チ）　(5)（ト）

問題 13　対称三相電源と△形不平衡負荷の並列回路の電流・有効電力
（R3-A4）

次の文章は，三相交流回路に関する記述である．

図1のように，実効値が1Vである対称三相交流電源に，二つの△形不平衡負荷が並列接続されている．図1の各線間電圧は$\dot{E}_{ab} = 1\angle 0°$〔V〕を基準に，$\dot{E}_{bc} = a^2\dot{E}_{ab}$，$\dot{E}_{ca} = a\dot{E}_{ab}$とする．ただし，$a = e^{j2\pi/3}$である．

図2は，アドミタンス$\dot{Y}_{ab}$，$\dot{Y}_{bc}$及び$\dot{Y}_{ca}$を用いて表した図1の等価回路であり，$\dot{Y}_{ab}$及び$\dot{Y}_{ca}$は［(1)］〔S〕，$\dot{Y}_{bc}$は［(2)］〔S〕となる．

線電流$\dot{I}_a$の実効値及び位相角を求めると，それぞれ［(3)］〔A〕及び［(4)］〔°〕となる．ただし，位相角の符号は進みを正とする．

図1で消費する有効電力は［(5)］〔W〕である．

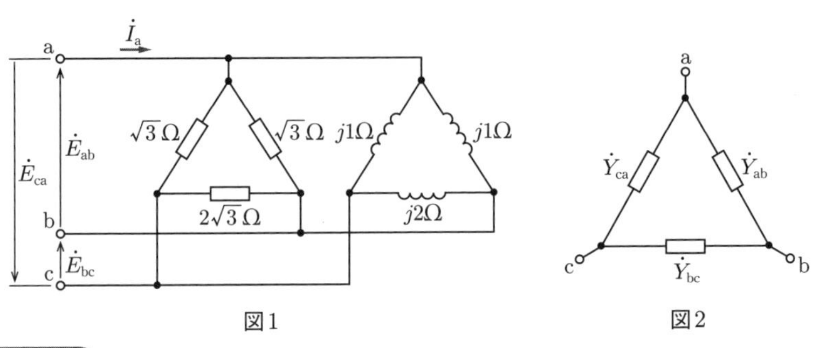

図１　　　　図２

解答群

（イ）$\dfrac{5\sqrt{3}}{3}$	（ロ）-45	（ハ）$\dfrac{\sqrt{3}}{3}e^{-j\frac{1}{3}\pi}$
（ニ）$2\sqrt{3}e^{-j\frac{1}{3}\pi}$	（ホ）$\sqrt{3}e^{-j\frac{1}{3}\pi}$	（ヘ）$\sqrt{3}$
（ト）$\dfrac{5\sqrt{3}}{2}$	（チ）$\dfrac{\sqrt{3}}{3}e^{-j\frac{1}{3}\pi}$	（リ）2
（ヌ）-90	（ル）$\dfrac{2\sqrt{3}}{3}e^{-j\frac{2}{3}\pi}$	（ヲ）$\dfrac{5\sqrt{3}}{6}$
（ワ）-60	（カ）$2\sqrt{3}$	（ヨ）$\dfrac{2\sqrt{3}}{3}e^{-j\frac{1}{3}\pi}$

ー攻略ポイントー

問題の誘導にも示されているが，二つの△形不平衡負荷が並列接続されているので，アドミタンスで計算すれば和として求められる．

解説　(1) 図１から，ab 相間には抵抗$\sqrt{3}\,\Omega$とコイル $j1\,\Omega$ が並列接続されているので

$$\dot{Y}_{ab} = \frac{1}{\sqrt{3}} + \frac{1}{j} = \frac{1}{\sqrt{3}} - j = \frac{2}{\sqrt{3}}\left(\frac{1}{2} - \frac{\sqrt{3}}{2}j\right) = \boldsymbol{\frac{2\sqrt{3}}{3}e^{-j\frac{1}{3}\pi}}$$

(2) bc 相間は抵抗 $2\sqrt{3}\,\Omega$ とコイル $j2\,\Omega$ が並列接続されているので

$$\dot{Y}_{bc} = \frac{1}{2\sqrt{3}} + \frac{1}{j2} = \frac{1}{\sqrt{3}}\left(\frac{1}{2} - j\frac{\sqrt{3}}{2}\right) = \boldsymbol{\frac{\sqrt{3}}{3}e^{-j\frac{1}{3}\pi}}$$

(3) (4) 解図１に示すように，線電流 $\dot{I}_a$ は $\dot{I}_{ca1}$，$\dot{I}_{ab1}$，$\dot{I}_{ca2}$，$\dot{I}_{ab2}$ に分流し，その合計である．抵抗やコイルには，それぞれ $-\dot{E}_{ca}$，$\dot{E}_{ab}$，$-\dot{E}_{ca}$，$\dot{E}_{ab}$ の電圧が印加されているから

$$\begin{aligned}\dot{I}_{\mathrm{a}} &= \dot{I}_{\mathrm{ca1}}+\dot{I}_{\mathrm{ab1}}+\dot{I}_{\mathrm{ca2}}+\dot{I}_{\mathrm{ab2}}\\ &= \frac{-\dot{E}_{\mathrm{ca}}}{\sqrt{3}}+\frac{\dot{E}_{\mathrm{ab}}}{\sqrt{3}}+\frac{-\dot{E}_{\mathrm{ca}}}{j}+\frac{\dot{E}_{\mathrm{ab}}}{j}\\ &= -\frac{a}{\sqrt{3}}+\frac{1}{\sqrt{3}}-\frac{a}{j}+\frac{1}{j}=(1-a)\left(\frac{1}{\sqrt{3}}+\frac{1}{j}\right)\\ &= \left\{\left(1-\left(-\frac{1}{2}+j\frac{\sqrt{3}}{2}\right)\right)\right\}\left(\frac{1}{\sqrt{3}}-j\right)=\frac{\sqrt{3}}{2}-\frac{\sqrt{3}}{2}-j\frac{3}{2}-j\frac{1}{2}=-j2\end{aligned}$$

したがって，線電流の実効値は **2** A，位相角は **−90°** である．

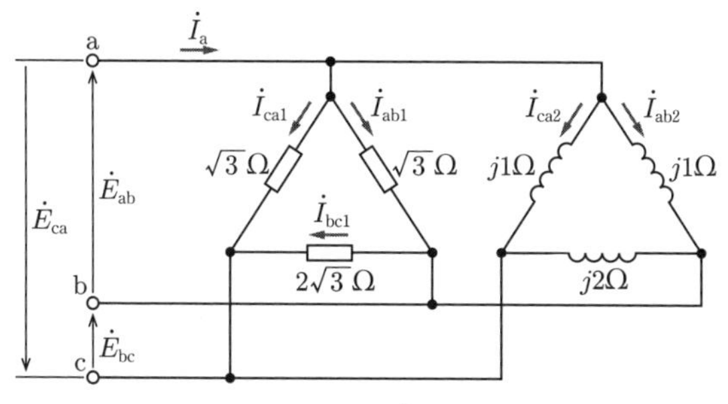

解図1　電流 $\dot{I}_{\mathrm{a}}$ の分流

(5) 図1で消費する有効電力 P は，3個の抵抗で消費される電力の合計であるから

$$\begin{aligned}P &= \sqrt{3}\,|\dot{I}_{\mathrm{ab1}}|^2+2\sqrt{3}\,|\dot{I}_{\mathrm{bc1}}|^2+\sqrt{3}\,|\dot{I}_{\mathrm{ca1}}|^2=\sqrt{3}\left|\frac{\dot{E}_{\mathrm{ab}}}{\sqrt{3}}\right|^2+2\sqrt{3}\left|\frac{\dot{E}_{\mathrm{bc}}}{2\sqrt{3}}\right|^2+\sqrt{3}\left|\frac{\dot{E}_{\mathrm{ca}}}{\sqrt{3}}\right|^2\\ &= \sqrt{3}\left|\frac{1}{\sqrt{3}}\right|^2+2\sqrt{3}\left|\frac{a^2}{2\sqrt{3}}\right|^2+\sqrt{3}\left|\frac{a}{\sqrt{3}}\right|^2=\frac{1}{\sqrt{3}}+\frac{1}{2\sqrt{3}}+\frac{1}{\sqrt{3}}=\boldsymbol{\frac{5\sqrt{3}}{6}}\end{aligned}$$

$(\because\quad |a|=|a^2|=1)$

 **(1)（ヨ）　(2)（ハ）　(3)（リ）　(4)（ヌ）　(5)（ヲ）**

問題 14　△形不平衡負荷とY形平衡負荷の電流・有効電力　(R1-B5)

次の文章は，三相交流回路に関する記述である．

図のように，実効値が 100 V である対称三相交流電圧が△形不平衡負荷とY形平衡負荷からなる回路に印加されている．図の各線間電圧は $\dot{E}_{\mathrm{ab}}=100\angle 0°$〔V〕を基準に，$\dot{E}_{\mathrm{bc}}=a^2\dot{E}_{\mathrm{ab}}$，$\dot{E}_{\mathrm{ca}}=a\dot{E}_{\mathrm{ab}}$ とする．ただし，a は複素数で

$a = e^{j\frac{2\pi}{3}}$ である．

スイッチSを開き，Y形平衡負荷が接続されていない状態で△形不平衡負荷の無効電力の大きさ Q を求めると，$Q =$ (1) 〔kvar〕となる．

次に，スイッチSを閉じ，△形不平衡負荷にY形平衡負荷が接続された場合の線電流を求める．Y形平衡負荷を△形に変換して解くと，$\dot{I}_a =$ (2) 〔A〕，$\dot{I}_b =$ (3) 〔A〕，$\dot{I}_c =$ (4) 〔A〕となる．また，回路全体で消費される有効電力 P は $P =$ (5) 〔kW〕となる．

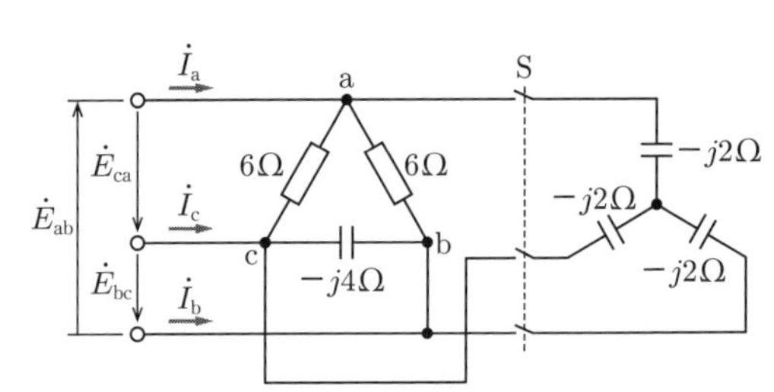

解答群

(イ)	1.4	(ロ)	$4.1 - j19.4$	(ハ)	$39.4 + j10.6$
(ニ)	3.7	(ホ)	$-26.9 + j58.9$	(ヘ)	3.3
(ト)	$68.3 + j60.6$	(チ)	$-2.3 - j58.3$	(リ)	2.5
(ヌ)	$-58.9 + j26.9$	(ル)	0.7	(ヲ)	$19.4 - j37.5$
(ワ)	$-66.0 - j2.3$	(カ)	$22.8 - j39.3$	(ヨ)	6.6

―攻略ポイント―

問題11と同様に，Y形平衡負荷を△形に変換して解けばよい．

解説　(1) スイッチを開くとき，△形不平衡負荷で無効電力を発生させるのは，線間電圧 $\dot{E}_{bc}$ が印加されるコンデンサ（$-j4\,\Omega$）のみであるから，無効電力の大きさ Q は

$$Q = \frac{100^2}{4} = 2\,500\ \text{var} = \mathbf{2.5}\ \text{kvar}$$

(2)～(4) Y形平衡負荷を△変換するときの端子ab間のインピーダンス $\dot{Z}_{ab}$ は，Y結線時の各相インピーダンスを $\dot{Z}_a$，$\dot{Z}_b$，$\dot{Z}_c$ とすれば，次式となる．

$$\dot{Z}_{ab} = \frac{\dot{Z}_a\dot{Z}_b + \dot{Z}_b\dot{Z}_c + \dot{Z}_c\dot{Z}_a}{\dot{Z}_c} = \frac{(-j2)^2 + (-j2)^2 + (-j2)^2}{-j2} = -j6\,\Omega \cdots\cdots ①$$

そして，Y形負荷は平衡しているので，$\dot{Z}_{bc} = \dot{Z}_{ca} = \dot{Z}_{ab} = -j6\,\Omega$ となる．

△形不平衡負荷とY形平衡負荷の端子ab間のインピーダンス $\dot{Z}_{ab}'$ は，△形不

平衡負荷の抵抗6 Ωと式①の $-j6$ Ωが並列接続されているから，コンダクタンスやアドミタンスの形にして和をとり，その逆数とすればよい．

$$\dot{Z}_{ab}' = \frac{1}{\dfrac{1}{6}+\dfrac{1}{-j6}} = \frac{-j6}{1-j} = \frac{-j6(1+j)}{(1-j)(1+j)} = 3-j3\ \Omega$$

同様に，bc相間およびca相間のインピーダンス $\dot{Z}_{bc}'$，$\dot{Z}_{ca}'$ も同様に計算すれば

$$\dot{Z}_{bc}' = \frac{1}{\dfrac{1}{-j4}+\dfrac{1}{-j6}} = -j2.4\ \Omega,\quad \dot{Z}_{ca}' = \frac{1}{\dfrac{1}{6}+\dfrac{1}{-j6}} = 3-j3\ \Omega$$

そこで，これらの合成インピーダンスに流れる各線間電流 $\dot{I}_{ab}'$，$\dot{I}_{bc}'$，$\dot{I}_{ca}'$ は

$$\dot{I}_{ab}' = \frac{\dot{E}_{ab}}{\dot{Z}_{ab}'} = \frac{100}{3-j3} = \frac{100(3+j3)}{(3-j3)(3+j3)} = \frac{50}{3}(1+j) \fallingdotseq 16.667+j16.667\ \mathrm{A}$$

$$\dot{I}_{bc}' = \frac{\dot{E}_{bc}}{\dot{Z}_{bc}'} = \frac{100a^2}{-j2.4} = \frac{100\left(-\dfrac{1}{2}-j\dfrac{\sqrt{3}}{2}\right)}{-j2.4} \fallingdotseq 36.084-j20.833\ \mathrm{A}$$

$$\dot{I}_{ca}' = \frac{\dot{E}_{ca}}{\dot{Z}_{ca}'} = \frac{100a}{3-j3} = \frac{100\left(-\dfrac{1}{2}+j\dfrac{\sqrt{3}}{2}\right)}{3-j3} \fallingdotseq -22.767+j6.100\ \mathrm{A}$$

したがって，各相電流 $\dot{I}_a$，$\dot{I}_b$，$\dot{I}_c$ は

$$\dot{I}_a = \dot{I}_{ab}' - \dot{I}_{ca}' \fallingdotseq (16.667+j16.667)-(-22.767+j6.100) \fallingdotseq \mathbf{39.4+j10.6}\ \mathrm{A}$$

$$\dot{I}_b = \dot{I}_{bc}' - \dot{I}_{ab}' \fallingdotseq (36.084-j20.833)-(16.667+j16.667) \fallingdotseq \mathbf{19.4-j37.5}\ \mathrm{A}$$

$$\dot{I}_c = \dot{I}_{ca}' - \dot{I}_{bc}' \fallingdotseq (-22.767+j6.100)-(36.084-j20.833)$$

$$\fallingdotseq \mathbf{-58.9+j26.9}\ \mathrm{A}$$

(5) 問題図の回路において，有効電力として消費される素子は△形不平衡負荷のab間およびca間の抵抗6 Ωの二つであるから，回路全体で消費される有効電力 P は

$$P = \frac{|\dot{E}_{ab}|^2}{R_{ab}} + \frac{|\dot{E}_{ca}|^2}{R_{ca}} = \frac{100^2}{6} + \frac{|100a|^2}{6} = 2\times\frac{100^2}{6} = 3\,333\ \mathrm{W} \fallingdotseq \mathbf{3.3}\ \mathrm{kW}$$

解答　**(1) (リ)　(2) (ハ)　(3) (ヲ)　(4) (ヌ)　(5) (ヘ)**

問題 15　Y結線不平衡三相回路の電流・中性点電圧　(H27-B5)

次の文章は，三相交流回路に関する記述である．ただし，a は複素数で $a=e^{j\frac{2}{3}\pi}$ とする．

図1に示すように，対称三相交流電圧源にアドミタンスが $\dot{Y}_a$, $\dot{Y}_b$, $\dot{Y}_c$ のY形不平衡負荷を接続した．負荷と電源の中性点を結ぶ中性線のアドミタンスを $\dot{Y}_n$ とする．$\dot{E}_a=100\,\mathrm{V}\angle 0°$ であり，相回転は $\dot{E}_a$, $\dot{E}_b$, $\dot{E}_c$ の順（$\dot{E}_b=a^2\dot{E}_a$, $\dot{E}_c=a\dot{E}_a$）とする．Y形不平衡負荷のアドミタンス $\dot{Y}_a$, $\dot{Y}_b$, $\dot{Y}_c$ は以下の形とする．

$$\begin{pmatrix}\dot{Y}_a\\ \dot{Y}_b\\ \dot{Y}_c\end{pmatrix}=\begin{pmatrix}\dot{Y}_0+\Delta\dot{Y}\\ \dot{Y}_0+a\Delta\dot{Y}\\ \dot{Y}_0+a^2\Delta\dot{Y}\end{pmatrix},\quad \Delta\dot{Y}\neq 0 \quad\cdots\cdots ①$$

ここで，$1+a+a^2=0$, $a^3=1$ に注意する．

ミルマンの定理と式①を使うと，Y形負荷の中性点電位 $\dot{V}_n$ と中性線電流 $\dot{I}_n$ の式は

$$\dot{V}_n=\boxed{\ (1)\ },\quad \dot{I}_n=\boxed{\ (1)\ }\times\dot{Y}_n \quad\cdots\cdots ②$$

となる．

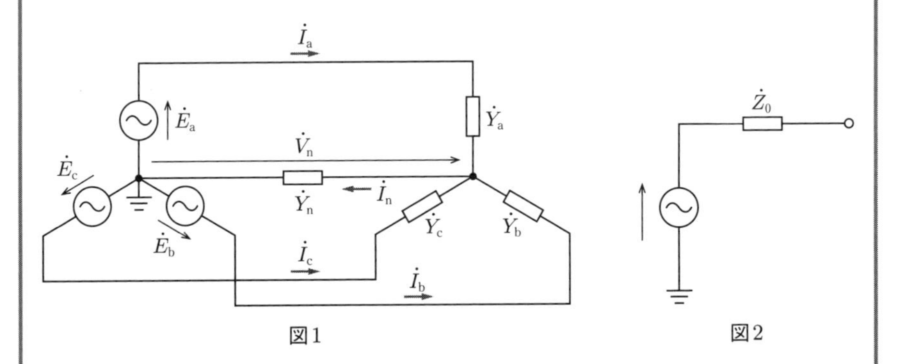

図1　図2

図1の三相回路の中性点間を短絡または開放したところ，以下の結果を得た．

(a)　中性点間を短絡すると（$\dot{Y}_n=\infty$），中性線電流は $\dot{I}_n=30a$〔A〕となった．

(b)　中性点間を開放すると（$\dot{Y}_n=0$），Y形負荷の中性点電位は $\dot{V}_n=100a$〔V〕となった．

式②に（a）と（b）の結果を適用すると，$(\dot{Y}_0, \Delta\dot{Y})=$ （2） となる．

図1の回路を $\dot{Y}_n$ から見た等価回路を図2のように表すと，（a）および（b）から $\dot{Z}_0=$ （3） 〔Ω〕となる．したがって，図1の回路の中性線で消費する電力が最大となるのは $\dot{Y}_n=$ （4） 〔S〕のときである．そのとき，中性線で消費する電力は （5） 〔W〕である．

解答群

（イ）300　（ロ）$\dfrac{10a}{3}$　（ハ）$\dfrac{3a}{10}$　（ニ）$\dfrac{3\dot{E}_a\Delta\dot{Y}}{\dot{Y}_0+3\dot{Y}_n}$

（ホ）$\left(\dfrac{1}{10}, \dfrac{a}{10}\right)$　（ヘ）250　（ト）$\left(\dfrac{1}{10}, \dfrac{1}{10}\right)$　（チ）$\left(\dfrac{1}{10}, \dfrac{a^2}{10}\right)$

（リ）$\dfrac{10}{3}$　（ヌ）750　（ル）$\dfrac{3a^2}{10}$　（ヲ）$\dfrac{3\dot{E}_a\Delta\dot{Y}}{3\dot{Y}_0+\dot{Y}_n}$

（ワ）$\dfrac{3}{10}$　（カ）$\dfrac{10a^2}{3}$　（ヨ）$\dfrac{3\dot{E}_a\dot{Y}_n}{3\dot{Y}_0+\Delta\dot{Y}}$

―攻略ポイント―

Y結線の非対称三相回路は中性点電位を計算するのに，ミルマンの定理またはノートンの定理を用いる．ノートンの定理は次のように表すことができる．

「回路網の中の任意の2端子a，bを短絡したときに流れる電流 J_0 と同じ電流源と，回路網の中の電圧源をすべて短絡（ただし電流源は開放）したときの端子a，bから見た回路網内部の合成コンダクタンスを G_0 とすれば，端子a，bにコンダクタンス G を接続したときの端子a，bの電圧 V は

$$V=\frac{J_0}{G_0+G}$$

である」

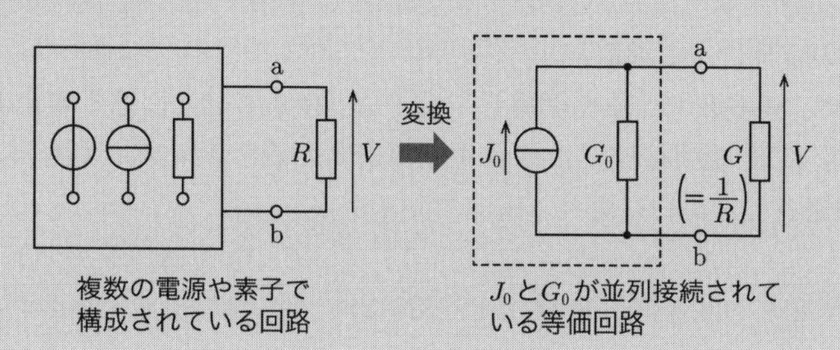

解図1　ノートンの定理

解説　(1) 図１を解図２のように電圧源を電流源に変換し，ミルマンの定理を適用する．

$$\dot{V}_n = \frac{\dot{E}_a\dot{Y}_a + \dot{E}_b\dot{Y}_b + \dot{E}_c\dot{Y}_c + 0\times\dot{Y}_n}{\dot{Y}_a + \dot{Y}_b + \dot{Y}_c + \dot{Y}_n}$$

$$= \frac{\dot{E}_a\dot{Y}_a + \dot{E}_b\dot{Y}_b + \dot{E}_c\dot{Y}_c}{\dot{Y}_a + \dot{Y}_b + \dot{Y}_c + \dot{Y}_n}$$

$$\dot{I}_n = \dot{Y}_n\dot{V}_n$$

ここで，問題中の式①を代入すれば

$$\dot{V}_n = \frac{\dot{E}_a(\dot{Y}_0 + \Delta\dot{Y}) + a^2\dot{E}_a(\dot{Y}_0 + a\Delta\dot{Y}) + a\dot{E}_a(\dot{Y}_0 + a^2\Delta\dot{Y})}{(\dot{Y}_0 + \Delta\dot{Y}) + (\dot{Y}_0 + a\Delta\dot{Y}) + (\dot{Y}_0 + a^2\Delta\dot{Y}) + \dot{Y}_n}$$

$$= \frac{\dot{E}_a\dot{Y}_0(1 + a + a^2) + 3\dot{E}_a\Delta\dot{Y}}{3\dot{Y}_0 + \Delta\dot{Y}(1 + a + a^2) + \dot{Y}_n} = \boldsymbol{\frac{3\dot{E}_a\Delta\dot{Y}}{3\dot{Y}_0 + \dot{Y}_n}}$$

$$\dot{I}_n = \dot{V}_n\dot{Y}_n = \boldsymbol{\frac{3\dot{E}_a\Delta\dot{Y}}{3\dot{Y}_0 + \dot{Y}_n}}\dot{Y}_n$$

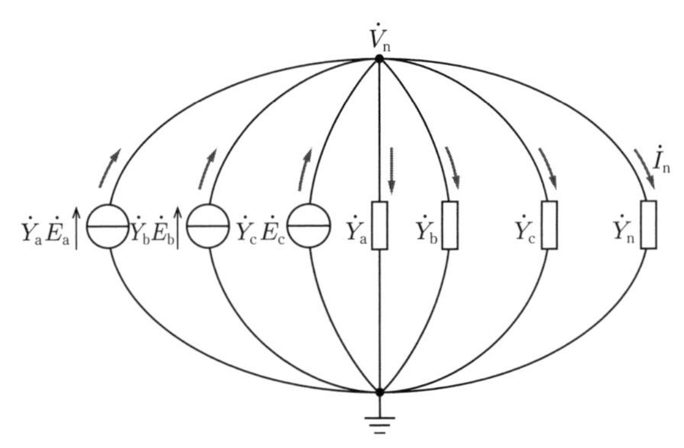

解図２　ミルマンの定理の適用

［ノートンの定理による別解］

解図３は，図１の中性線を開放し，端子 A，B から見た回路を電流源 I_0' とアドミタンス $\dot{Y}_0'$ を並列接続した等価電流源回路で表したものである．I_0' は端子 A，B を短絡させた場合に流れる電流であるから

$$\dot{I}_0' = \dot{E}_a\dot{Y}_a + \dot{E}_b\dot{Y}_b + \dot{E}_c\dot{Y}_c = \dot{E}_a(\dot{Y}_0 + \Delta\dot{Y}) + a^2\dot{E}_a(\dot{Y}_0 + a\Delta\dot{Y}) + a\dot{E}_a(\dot{Y}_0 + a^2\Delta\dot{Y})$$

$$= \dot{E}_a\dot{Y}_0(1 + a + a^2) + 3\dot{E}_a\Delta\dot{Y} = 3\dot{E}_a\Delta\dot{Y}$$

アドミタンス $\dot{Y}_0'$ は，端子 A，B から回路側をみたときのアドミタンスなので，電圧源を短絡して

$$\dot{Y}_0' = \dot{Y}_a + \dot{Y}_b + \dot{Y}_c = (\dot{Y}_0 + \Delta\dot{Y}_0) + (\dot{Y}_0 + a\Delta\dot{Y}_0) + (\dot{Y}_0 + a^2\Delta\dot{Y}_0)$$
$$= 3\dot{Y}_0 + \Delta\dot{Y}_0(1 + a + a^2) = 3\dot{Y}_0$$

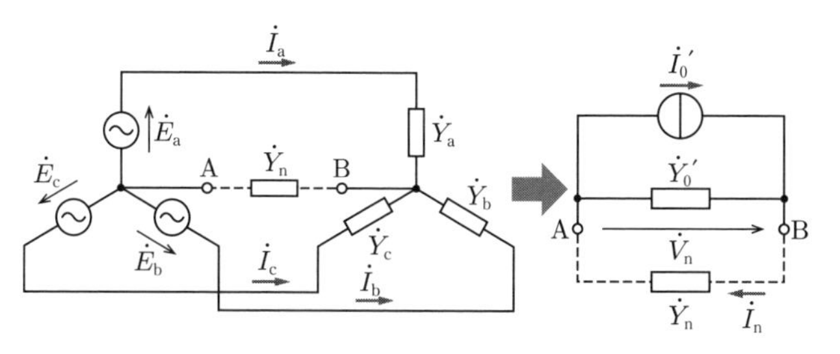

解図３　ノートンの定理を適用する場合

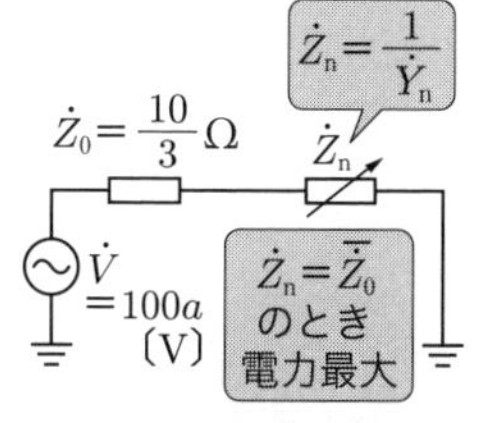

解図４　可変インピーダンス挿入回路

したがって，中性点電位 $\dot{V}_n$ および中性線電流 $\dot{I}_n$ は解図 3 より次式となる．

$$\dot{V}_n = \frac{\dot{I}_0'}{\dot{Y}_0' + \dot{Y}_n} = \boldsymbol{\frac{3\dot{E}_a\Delta\dot{Y}}{3\dot{Y}_0 + \dot{Y}_n}},\quad \dot{I}_n = \dot{Y}_n\dot{V}_n = \boldsymbol{\frac{3\dot{E}_a\Delta\dot{Y}}{3\dot{Y}_0 + \dot{Y}_n}}\dot{Y}_n$$

(2)　中性点間を短絡したときの中性線電流 $\dot{I}_n$ は

$$\lim_{\dot{Y}_n\to\infty}\dot{I}_n = \lim_{\dot{Y}_n\to\infty}\frac{3\dot{E}_a\Delta\dot{Y}}{3\dot{Y}_0 + \dot{Y}_n}\dot{Y}_n = \lim_{\dot{Y}_n\to\infty}\frac{3\dot{E}_a\Delta\dot{Y}}{\dfrac{3\dot{Y}_0}{\dot{Y}_n} + 1} = 3\dot{E}_a\Delta\dot{Y} = 30a$$

$$\therefore\quad \Delta\dot{Y} = \frac{30a}{3\dot{E}_a} = \frac{30a}{3\times 100} = \boldsymbol{\frac{a}{10}}\,〔\mathrm{S}〕$$

また，中性点間を開放したときのＹ形負荷の中性点電位 $\dot{V}_n$ は

$$\dot{V}_n = \lim_{\dot{Y}_n\to 0}\frac{3\dot{E}_a\Delta\dot{Y}}{3\dot{Y}_0 + \dot{Y}_n} = \frac{\dot{E}_a\Delta\dot{Y}}{\dot{Y}_0} = 100a$$

$$\therefore\quad \dot{Y}_0 = \frac{\dot{E}_a\Delta\dot{Y}}{100a} = \frac{100\times\dfrac{a}{10}}{100a} = \boldsymbol{\frac{1}{10}}\,\mathrm{S}$$

(3)　題意から，中性点間を開放したときの電圧が $100a$〔V〕であり，短絡したときの電流が $30a$〔A〕であるから，図 2 の等価回路において，$\dot{Z}_0 = \dfrac{100a}{30a} = \boldsymbol{\dfrac{10}{3}}\,\Omega$

(4)　(5)　解図 4 の回路で，可変インピーダンス $\dot{Z}_n$ を変化させたとき，$\dot{Z}_n$ にて消費する電力は $\dot{Z}_n = \overline{\dot{Z}_0}$ のとき，すなわち $\mathrm{Re}(\dot{Z}_n) = \mathrm{Re}(\dot{Z}_0)$，$\mathrm{Im}(\dot{Z}_n) = -\mathrm{Im}(\dot{Z}_0)$ のとき，最大となる(交流回路における最大電力供給定理)．ここでは，$\dot{Z}_0$ が抵抗分だけであるから，$\dot{Z}_n = 10/3\,\Omega$，$\dot{Y}_n = 1/\dot{Z}_n = \boldsymbol{3/10}\,\mathrm{S}$ である．したがって，消費電

力 P は

$$P = \left|\frac{\dot{V}}{\dot{Z}_0 + \dot{Z}_{\rm n}}\right|^2 {\rm Re}(\dot{Z}_{\rm n}) = \left|\frac{100a}{\frac{10}{3}+\frac{10}{3}}\right|^2 \times \frac{10}{3} = \mathbf{750}\ \mathrm{W}$$

解答　**(1)（ヲ）　(2)（ホ）　(3)（リ）　(4)（ワ）　(5)（ヌ）**

問題 16　Y形不平衡負荷におけるテブナンの定理適用と最大電力

（R2-B5）

次の文章は，三相交流回路に関する記述である．

図１のように，インダクタ L と可変抵抗 R から構成されるＹ形不平衡負荷に対称三相交流電源が接続されている．線間電圧の大きさは $|\dot{E}_{\rm ab}| = |\dot{E}_{\rm bc}| = |\dot{E}_{\rm ca}| = E$，電源の角周波数は ω である．

図１において，端子 A-B から見たテブナンの等価回路を考えれば，図２の等価回路が得られる．図２の等価回路において，インピーダンス $\dot{Z}=$ [(1)] であり，電源の電圧の大きさ $|\dot{V}|=$ [(2)] である．

図２において，可変抵抗 R を流れる電流 $\dot{I}_{\rm R}$ の大きさ $|\dot{I}_{\rm R}|=$ [(3)] となる．可変抵抗 R で消費される有効電力 $P_{\rm R}=$ [(4)] であり，[(5)] の条件が成立するとき，$P_{\rm R}$ は最大となる．

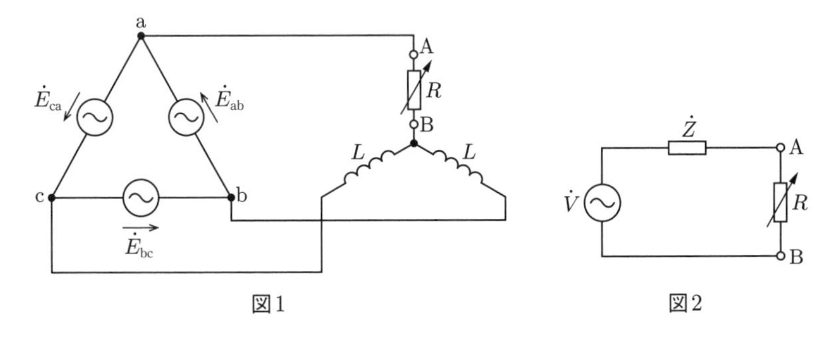

図１　　　図２

解答群

（イ）$j2\omega L$　　（ロ）$\dfrac{\frac{E}{\sqrt{3}}}{\sqrt{R^2+(\omega L)^2}}$　　（ハ）$\dfrac{\frac{E}{2}}{\sqrt{R^2+(2\omega L)^2}}$

(ニ)　$R=2\omega L$　　(ホ)　$\dfrac{E}{2}$　　(ヘ)　$\dfrac{\frac{\sqrt{3}E}{2}}{\sqrt{R^2+\left(\frac{\omega L}{2}\right)^2}}$

(ト)　$\dfrac{\frac{RE^2}{3}}{R^2+(\omega L)^2}$　　(チ)　$R=\omega L$　　(リ)　$R=\dfrac{\omega L}{2}$

(ヌ)　$\dfrac{\frac{3RE^2}{4}}{R^2+\left(\frac{\omega L}{2}\right)^2}$　　(ル)　$\dfrac{\frac{RE^2}{4}}{R^2+(2\omega L)^2}$　　(ヲ)　$\dfrac{E}{\sqrt{3}}$

(ワ)　$j\omega L$　　(カ)　$\dfrac{\sqrt{3}E}{2}$　　(ヨ)　$j\dfrac{\omega L}{2}$

―攻略ポイント―

三相交流回路においてもテブナンの定理は適用できる.

解説　(1)　端子 A–B から見たテブナンの定理における等価回路のインピーダンス $\dot{Z}$ は，解図 1 のように電圧源を短絡すれば，インダクタの並列回路であるから

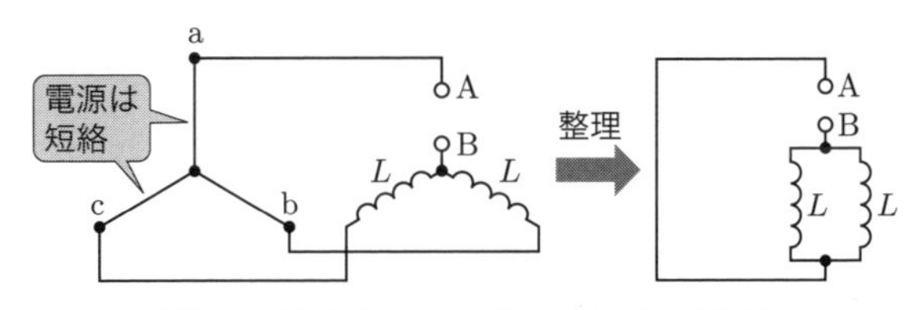

解図 1　端子 A–B から見たインピーダンス

$$\dot{Z}=\frac{1}{\frac{1}{j\omega L}+\frac{1}{j\omega L}}=j\frac{\boldsymbol{\omega L}}{\boldsymbol{2}} \quad \cdots\cdots ①$$

(2)　可変抵抗 R を取り除いたときに，端子 A–B の開放端子電圧 $\dot{V}$ は，点 c の電位を基準にすれば，点 A，B の電位が $\dot{V}_A=-\dot{E}_{ca}$，$\dot{V}_B=\dot{E}_{bc}/2$ なので，線間電圧 $\dot{E}_{bc}$ を位相の基準にとって $\dot{E}_{bc}=E$ とすれば

$$\dot{V}=\dot{V}_A-\dot{V}_B=-\dot{E}_{ca}-\frac{\dot{E}_{bc}}{2}=-Ee^{-j\frac{2}{3}\pi}-\frac{E}{2}$$

$$=-E\left(-\frac{1}{2}-j\frac{\sqrt{3}}{2}\right)-\frac{E}{2}=j\frac{\sqrt{3}}{2}E \quad \cdots\cdots ②$$

$$\therefore \quad |\dot{V}| = \boldsymbol{\frac{\sqrt{3}}{2}E}$$

(3) 図2のテブナンの等価回路の $\dot{Z}$, $\dot{V}$ に式①, 式②を代入すれば

$$\dot{I}_{\mathrm{R}} = \frac{\dot{V}}{\dot{Z}+R} = \frac{j\dfrac{\sqrt{3}}{2}E}{j\dfrac{\omega L}{2}+R} \qquad \therefore \quad |\dot{I}_{\mathrm{R}}| = \boldsymbol{\frac{\dfrac{\sqrt{3}}{2}E}{\sqrt{R^2+\left(\dfrac{\omega L}{2}\right)^2}}} \cdots\cdots ③$$

(4) 可変抵抗 R で消費される有効電力 P_{R} は, 式③を用いて

$$P_{\mathrm{R}} = R|\dot{I}_{\mathrm{R}}|^2 = R\frac{\left(\dfrac{\sqrt{3}}{2}E\right)^2}{R^2+\left(\dfrac{\omega L}{2}\right)^2} = \boldsymbol{\frac{\dfrac{3RE^2}{4}}{R^2+\left(\dfrac{\omega L}{2}\right)^2}} \cdots\cdots ④$$

(5) 式④で求めた有効電力の式において, 変数は R であるから, 式を変形すれば

$$P_{\mathrm{R}} = \frac{\dfrac{3E^2}{4}}{R+\left(\dfrac{\omega L}{2}\right)^2\cdot\dfrac{1}{R}}$$

有効電力を最大化するためには, 分子は一定なので, 上式の分母を最小化すればよい. 分母 $= f(R) = R+\left(\dfrac{\omega L}{2}\right)^2\dfrac{1}{R}$ とおいて微分し, $1-\left(\dfrac{\omega L}{2}\right)^2\dfrac{1}{R^2}=0$ を求める. すなわち, $\boldsymbol{R=\dfrac{\omega L}{2}}$ のとき, 分母は最小となって, 有効電力 P_{R} は最大となる（分母を最小化するとき, 微分ではなく, 最小の定理や相加・相乗平均の考え方を使ってもよい.

解答　**(1)（ヨ）　(2)（カ）　(3)（ヘ）　(4)（ヌ）　(5)（リ）**

問題 17　非対称三相電源と平衡三相負荷における電圧・電流　（H30–A2）

　次の文章は, 非対称三相起電力を平衡三相負荷に接続した回路に関する記述である. ただし, 電圧, 電流およびアドミタンスの単位は, それぞれ〔V〕,〔A〕および〔S〕とする.

　一般に非対称三相起電力（$\dot{V}_{\mathrm{a}}, \dot{V}_{\mathrm{b}}, \dot{V}_{\mathrm{c}}$）は図1に示すように対称三相起電力

$(\dot{V}_0, \dot{V}_1, \dot{V}_2)$ を用いて表すことができる．ここで，$\dot{V}_0, \dot{V}_1, \dot{V}_2$ は $\dot{V}_a, \dot{V}_b, \dot{V}_c$ から，

$$\begin{pmatrix}\dot{V}_0\\ \dot{V}_1\\ \dot{V}_2\end{pmatrix}=\frac{1}{3}\begin{pmatrix}1 & 1 & 1\\ 1 & a & a^2\\ 1 & a^2 & a\end{pmatrix}\begin{pmatrix}\dot{V}_a\\ \dot{V}_b\\ \dot{V}_c\end{pmatrix}$$

で導かれる．ただし，$a=e^{j\frac{2\pi}{3}}$ である．

図2に示す非対称三相起電力 $(\dot{V}_a, \dot{V}_b, \dot{V}_c)$ に $\dot{Y}=\dfrac{1}{10}$ の平衡三相負荷を接続した回路を考える．$\dot{V}_a=100$，$\dot{V}_b=80a^2$，$\dot{V}_c=120a$ のとき，$\dot{V}_0$，$\dot{V}_1$，$\dot{V}_2$ はそれぞれ，$\dot{V}_0=$ (1) ，$\dot{V}_1=$ (2) ，$\dot{V}_2=-j\dfrac{20\sqrt{3}}{3}$ となる．このときの線電流は，零相分 $\dot{V}_0$ と正相分 $\dot{V}_1$ と逆相分 $\dot{V}_2$ の重ね合わせの理を用いることで求めることができる．零相分 $\dot{V}_0$ のみが存在する場合には点a′，点b′，点c′ は等電位となるため回路に電流は流れず各線電流は零となる．一方，正相分 $\dot{V}_1$ のみが存在する場合の各線電流は，$\dot{I}_{a1}=$ (2) $\dot{Y}$，$\dot{I}_{b1}=$ (2) $\dot{Y}a^2$，$\dot{I}_{c1}=$ (2) $\dot{Y}a$ となる．同様に，逆相分 $\dot{V}_2$ のみが存在する場合の各線電流は，$\dot{I}_{a2}=\dot{Y}\dot{V}_2=-j\dfrac{2\sqrt{3}}{3}$，$\dot{I}_{b2}=\dot{Y}a\dot{V}_2=1+j\dfrac{\sqrt{3}}{3}$，$\dot{I}_{c2}=\dot{Y}a^2\dot{V}_2=-1+j\dfrac{\sqrt{3}}{3}$ となる．これより，図2の $\dot{I}_a$ と $\dot{I}_b$ は

$$\dot{I}_a=\dot{I}_{a1}+\dot{I}_{a2}=\boxed{\;(3)\;}$$

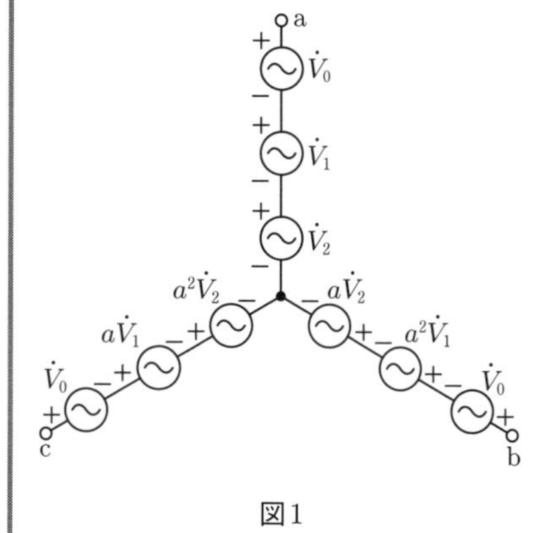

図1

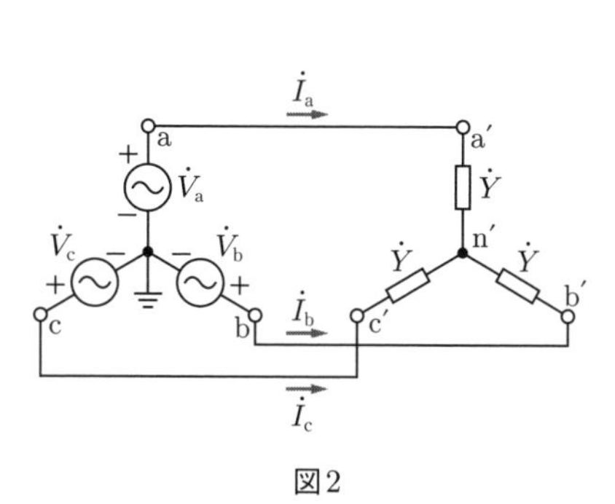

図2

$$\dot{I}_b = \dot{I}_{b1} + \dot{I}_{b2} = -4 - j\frac{14\sqrt{3}}{3}$$

と求められる．また，点n′でのキルヒホッフの電流則より，$\dot{I}_a + \dot{I}_b + \dot{I}_c =$ ［(4)］ であることを考慮すると，$\dot{I}_c =$ ［(5)］ が求められる．

解答群

(イ)　$j20\sqrt{3}$　(ロ)　$14 + j\frac{16\sqrt{3}}{3}$　(ハ)　10　(ニ)　−100

(ホ)　$100 - j\frac{2\sqrt{3}}{3}$　(ヘ)　$10 - j\frac{2\sqrt{3}}{3}$　(ト)　100　(チ)　1

(リ)　$j\frac{40\sqrt{3}}{3}$　(ヌ)　$j\frac{20\sqrt{3}}{3}$　(ル)　300

(ヲ)　$-6 + j\frac{16\sqrt{3}}{3}$　(ワ)　$-6 - j\frac{20\sqrt{3}}{3}$　(カ)　0

(ヨ)　$-10 - j\frac{2\sqrt{3}}{3}$

―攻略ポイント―

電源が非対称の場合には，対称座標法により，零相分，正相分，逆相分に分解し，それぞれについて計算を行って，再びそれらを合成すればよい．

解説　(1) 設問の中で，a・b・c相から零相・正相・逆相に変換する対称座標法の関係式が与えられている．これに基づいて計算する．ベクトルオペレータ a および a^2 は

$$a = e^{j\frac{2}{3}\pi} = \cos\frac{2}{3}\pi + j\sin\frac{2}{3}\pi = -\frac{1}{2} + j\frac{\sqrt{3}}{2},\quad a^2 = e^{j\frac{4}{3}\pi} = \cos\frac{4}{3}\pi + j\sin\frac{4}{3}\pi$$

$$= -\frac{1}{2} - j\frac{\sqrt{3}}{2}$$

であるから，零相電圧 $\dot{V}_0$ は，$\dot{V}_a = 100$，$\dot{V}_b = 80a^2$，$\dot{V}_c = 120a$ を零相電圧の式へ代入し

$$\dot{V}_0 = (\dot{V}_a + \dot{V}_b + \dot{V}_c)/3 = (100 + 80a^2 + 120a)/3$$

$$= \left\{100 + 80 \times \left(-\frac{1}{2} - j\frac{\sqrt{3}}{2}\right) + 120 \times \left(-\frac{1}{2} + j\frac{\sqrt{3}}{2}\right)\right\} \times \frac{1}{3} = \boldsymbol{j\frac{20\sqrt{3}}{3}}$$

(2) (1) と同様に，正相電圧 $\dot{V}_1$ は

$$\dot{V}_1 = (\dot{V}_a + a\dot{V}_b + a^2\dot{V}_c)/3 = (100 + 80a^3 + 120a^3)/3 = \mathbf{100} \qquad (\because \quad a^3 = 1)$$

(3)（2）の結果を用いた $\dot{I}_{a1}$ と設問中の $\dot{I}_{a2}$ を用いれば

$$\dot{I}_a = \dot{I}_{a1} + \dot{I}_{a2} = \dot{Y}\dot{V}_1 + \dot{Y}\dot{V}_2 = \frac{1}{10} \times 100 + \frac{1}{10} \times \left(-j\frac{20\sqrt{3}}{3}\right) = \mathbf{10 - j\frac{2}{3}\sqrt{3}}$$

(4) 図 2 の中性点 n′ は非接地であるから

$$\dot{I}_a + \dot{I}_b + \dot{I}_c = \mathbf{0}$$

(5)（4）の式を変形すれば

$$\dot{I}_c = -(\dot{I}_a + \dot{I}_b) = -\left(10 - j\frac{2\sqrt{3}}{3} - 4 - j\frac{14\sqrt{3}}{3}\right) = \mathbf{-6 + j\frac{16\sqrt{3}}{3}}$$

(1)（ヌ）　(2)（ト）　(3)（ヘ）　(4)（カ）　(5)（ヲ）

詳細解説 4　対称座標法

電力系統における故障計算のように，不平衡な電圧・電流の計算を行うのに，これを三つの平衡な対称成分に分解し，それぞれについて計算を行い，再びそれらを合成して結果を得る方法が**対称座標法**である．

三相回路に同一周波数の非対称三相電圧 $\dot{E}_a$，$\dot{E}_b$，$\dot{E}_c$ が印加されている場合，a（$= e^{j2\pi/3}$）をベクトルオペレータとして，式(2・20)の電圧成分 $\dot{E}_0$，$\dot{E}_1$，$\dot{E}_2$ を定義する．逆に，零相・正相・逆相から a・b・c 相への変換は式(2・21)のようになる．

$$\begin{pmatrix} \dot{E}_0 \\ \dot{E}_1 \\ \dot{E}_2 \end{pmatrix} = \frac{1}{3}\begin{pmatrix} 1 & 1 & 1 \\ 1 & a & a^2 \\ 1 & a^2 & a \end{pmatrix}\begin{pmatrix} \dot{E}_a \\ \dot{E}_b \\ \dot{E}_c \end{pmatrix} \quad (2・20), \qquad \begin{pmatrix} \dot{E}_a \\ \dot{E}_b \\ \dot{E}_c \end{pmatrix} = \begin{pmatrix} 1 & 1 & 1 \\ 1 & a^2 & a \\ 1 & a & a^2 \end{pmatrix}\begin{pmatrix} \dot{E}_0 \\ \dot{E}_1 \\ \dot{E}_2 \end{pmatrix} \quad (2・21)$$

式(2・21)から，$\dot{E}_0$ は各相に同じ大きさ，同じ位相で含まれているので，**零相電圧成分**という．また，$\dot{E}_1$，$a^2\dot{E}_1$，$a\dot{E}_1$ は，正の相回転（時計の針と同じ方向）を示す対称三相電圧であるから，**正相電圧成分**という．さらに，$\dot{E}_2$，$a\dot{E}_2$，$a^2\dot{E}_2$ は，相回転が正相とは逆の対称三相電圧であるから，**逆相電圧成分**という．$\dot{E}_0$，$\dot{E}_1$，$\dot{E}_2$ をまとめて**対称分電圧**という（図 2・13(a)～(c)参照）．

次に，電流の場合も同様に，三相回路に同一周波数の任意の三相不平衡相電流 $\dot{I}_a$，$\dot{I}_b$，$\dot{I}_c$ が流れているとする．式(2・22)のように対称分電流 $\dot{I}_0$，$\dot{I}_1$，$\dot{I}_2$ を定義する．逆に，零相・正相・逆相から a・b・c 相への変換は式(2・23)のようになる．

$$\begin{pmatrix} \dot{I}_0 \\ \dot{I}_1 \\ \dot{I}_2 \end{pmatrix} = \frac{1}{3}\begin{pmatrix} 1 & 1 & 1 \\ 1 & a & a^2 \\ 1 & a^2 & a \end{pmatrix}\begin{pmatrix} \dot{I}_a \\ \dot{I}_b \\ \dot{I}_c \end{pmatrix} \quad (2・22), \qquad \begin{pmatrix} \dot{I}_a \\ \dot{I}_b \\ \dot{I}_c \end{pmatrix} = \begin{pmatrix} 1 & 1 & 1 \\ 1 & a^2 & a \\ 1 & a & a^2 \end{pmatrix}\begin{pmatrix} \dot{I}_0 \\ \dot{I}_1 \\ \dot{I}_2 \end{pmatrix} \quad (2・23)$$

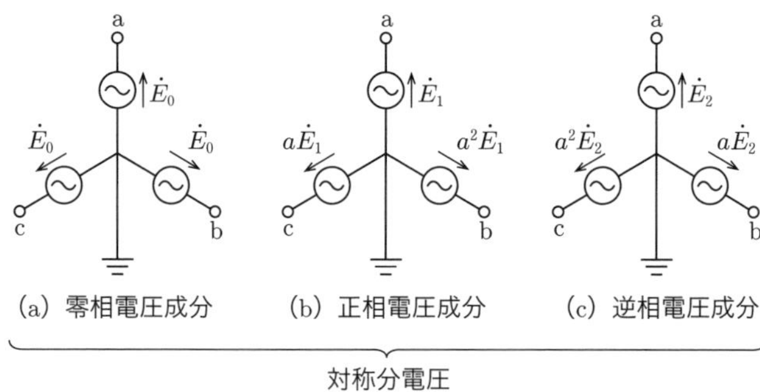

(a) 零相電圧成分　(b) 正相電圧成分　(c) 逆相電圧成分

対称分電圧

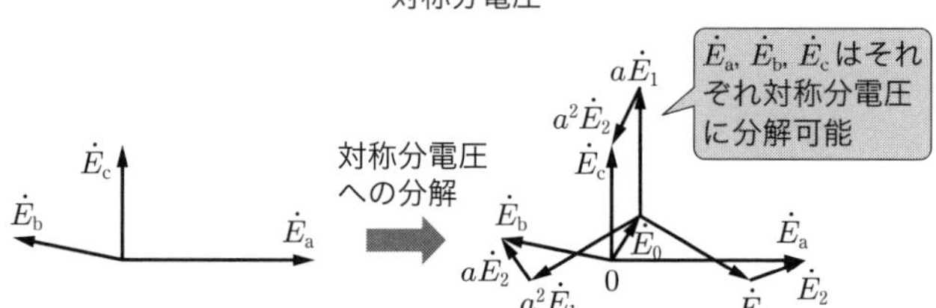

(d) 非対称三相電圧から対称分電圧への分解

図2・13　対称分電圧および非対称三相電圧の分解

対称座標法は，電圧あるいは電流の成分を，式(2・20)や式(2・22)のような変換によって対称分電圧（$\dot{E}_0, \dot{E}_1, \dot{E}_2$）あるいは対称分電流（$\dot{I}_0, \dot{I}_1, \dot{I}_2$）で表し，対称分ごとに独立して回路計算を行ってそれぞれの結果を重ね合わせることにより，実際の電圧や電流を求める手法である．図 2・13(d)は，対称座標法により非対称三相電圧を対称分電圧に分解するイメージである．

問題 18　非対称三相電源と不平衡三相負荷の中性点電圧　(R4–A4)

次の文章は，三相交流回路に関する記述である．

図１の回路は，不平衡三相電源に不平衡三相負荷が接続されたＹ結線不平衡三相回路である．

ミルマンの定理より，図１の回路は交流電流源 $\dot{J}_1$，$\dot{J}_2$，$\dot{J}_3$ および三相負荷のアドミタンス $\dot{Y}_1=\dfrac{1}{\dot{Z}_1}$，$\dot{Y}_2=\dfrac{1}{\dot{Z}_2}$，$\dot{Y}_3=\dfrac{1}{\dot{Z}_3}$ を用いて，図２に示す等価回路に変換できる．ただし，図２の等価回路において，交流電流源 $\dot{J}_m=$ (1) ，$m=1,2,3$ である．

図１の中性点 N_1-N_2 間の電圧を $\dot{V}_4$ とすれば，図１の各相の線電流 $\dot{I}_m=$

（2），$m=1, 2, 3$ となる．また，図2の等価回路から電圧 $\dot{V}_4=$ （3） となる．ただし，電圧 $\dot{V}_4$ は図1および図2の向きを正とする．

図1において，電源電圧を平衡三相である $\dot{V}_1=100$ V，$\dot{V}_2=100e^{-j\frac{2}{3}\pi}$〔V〕，$\dot{V}_3=100e^{-j\frac{4}{3}\pi}$〔V〕とし，三相負荷のインピーダンス $\dot{Z}_1=j$〔Ω〕，$\dot{Z}_2=1$ Ω，$\dot{Z}_3=1$ Ω とする．このとき，中性点 N_1-N_2 間の電圧 $\dot{V}_4=$ （4） 〔V〕となる．なお，$\dot{V}_2+\dot{V}_3=$ （5） となることに注意せよ．

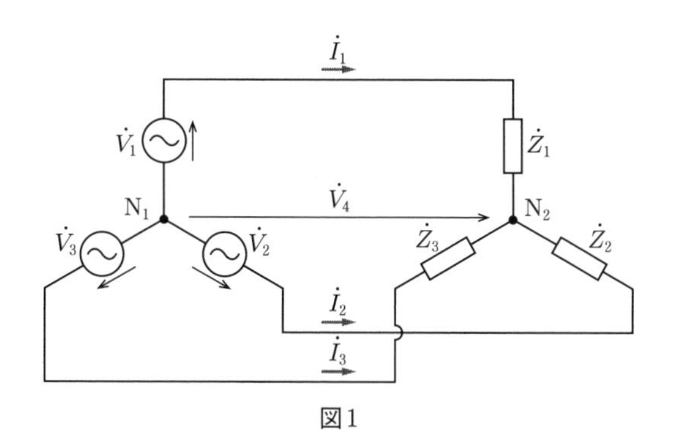

図1

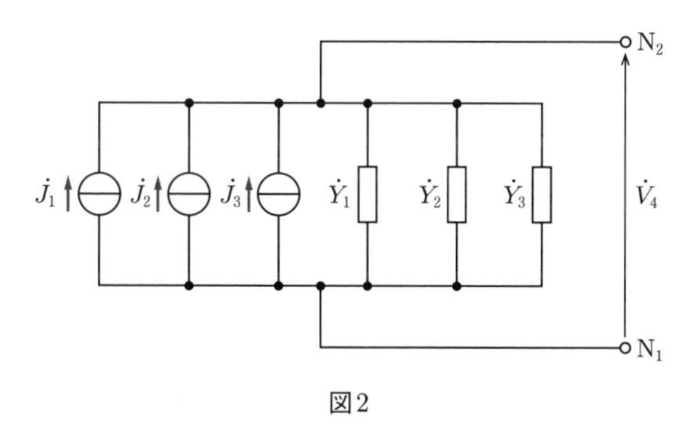

図2

解答群

（イ）$-\dfrac{100+j100}{2+j}$　（ロ）$\dot{Y}_m\dot{V}_m$　（ハ）$(\dot{V}_m-\dot{V}_4)\dot{Y}_m$

（ニ）$\dot{V}_1+\dot{V}_2+\dot{V}_3$　（ホ）$\sqrt{\dot{Y}_m\dot{V}_m}$　（ヘ）$-\dot{V}_1$

（ト）$\dfrac{\dot{Y}_1\dot{V}_1+\dot{Y}_2\dot{V}_2+\dot{Y}_3\dot{V}_3}{\dot{Y}_1+\dot{Y}_2+\dot{Y}_3}$　（チ）$-\dfrac{100-j100}{2-j}$　（リ）$\dot{V}_1$

（ヌ）$(\dot{V}_1+\dot{V}_2+\dot{V}_3)\dot{Y}_m$　（ル）0　（ヲ）$(\dot{V}_m+\dot{V}_4)\dot{Y}_m$

（ワ）$-\dfrac{100+j100}{2-j}$　（カ）$\dfrac{\dot{Y}_m\dot{V}_m}{2}$　（ヨ）$\dfrac{\dot{Y}_1+\dot{Y}_2+\dot{Y}_3}{\dot{Y}_1\dot{V}_1+\dot{Y}_2\dot{V}_2+\dot{Y}_3\dot{V}_3}$

― 攻略ポイント ―

本問のように，Y－Y結線の非対称三相交流回路（中性線なし）では，ミルマンの定理により，中性点電圧を求めればよい．これにより各相の電流分布が計算できる．

解説　(1) 解図のように，電圧源回路は電流源回路に等価変換するとき，次式が成り立つ．

$$\dot{V}=\dot{J}\dot{Z},\ \ \dot{J}=\dot{Y}\dot{V}$$

したがって，図2の電流源 $\dot{J}_m$ は次式となる．

$$\dot{J}_m=\boldsymbol{\dot{Y}_m\dot{V}_m}\quad(m=1, 2, 3)\ \cdots\cdots ①$$

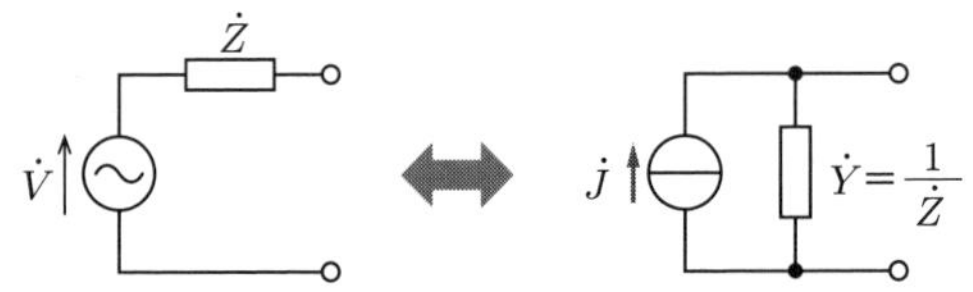

解図　電圧源回路と電流源回路の等価変換

(2) 図1の回路にキルヒホッフの第2法則を適用すれば

$$\dot{Z}_m\dot{I}_m=\dot{V}_m-\dot{V}_4$$

$$\therefore\quad \dot{I}_m=\frac{\dot{V}_m-\dot{V}_4}{\dot{Z}_m}=\boldsymbol{(\dot{V}_m-\dot{V}_4)\dot{Y}_m}\quad(m=1, 2, 3)$$

(3) 図2の回路にキルヒホッフの第1法則を適用すれば

$$\dot{Y}_1\dot{V}_4+\dot{Y}_2\dot{V}_4+\dot{Y}_3\dot{V}_4=\dot{J}_1+\dot{J}_2+\dot{J}_3\qquad\therefore\quad \dot{V}_4(\dot{Y}_1+\dot{Y}_2+\dot{Y}_3)=\dot{J}_1+\dot{J}_2+\dot{J}_3\cdots ②$$

式②に式①を代入して $\dot{V}_4$ を求めれば

$$\dot{V}_4=\boldsymbol{\frac{\dot{Y}_1\dot{V}_1+\dot{Y}_2\dot{V}_2+\dot{Y}_3\dot{V}_3}{\dot{Y}_1+\dot{Y}_2+\dot{Y}_3}}\ \cdots\cdots ③$$

すなわち，式③はミルマンの定理を表している．

(4) (5) 題意から，$\dot{Y}_1=1/\dot{Z}_1=1/j=-j$，$\dot{Y}_2=1/\dot{Z}_2=1/1=1$，$\dot{Y}_3=1/\dot{Z}_3=1/1=1$ となるので，これらを式③に代入すれば

$$\dot{V}_4=\frac{-j\dot{V}_1+\dot{V}_2+\dot{V}_3}{-j+1+1}=\frac{-j\dot{V}_1+\dot{V}_2+\dot{V}_3}{2-j}\ \cdots\cdots ④$$

となる．ここで，電源電圧は三相対称なので，$\dot{V}_1+\dot{V}_2+\dot{V}_3=0$ であり，これを変形して

$$\dot{V}_2+\dot{V}_3=\boldsymbol{-\dot{V}_1}\ \cdots\cdots ⑤$$

となる．式⑤を式④に代入すれば

$$\dot{V}_4 = \frac{-j\dot{V}_1 - \dot{V}_1}{2-j} = -\frac{(1+j)\times 100}{2-j} = -\frac{\mathbf{100+}j\mathbf{100}}{\mathbf{2-}j}$$

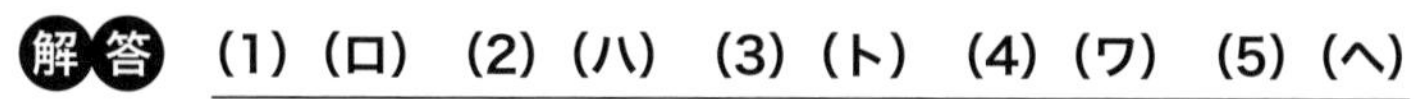

3　過渡現象

問題 19　RL 直列回路の過渡現象，ラプラス変換　(R5-A4)

次の文章は，電気回路の過渡現象に関する記述である．

図の回路において，時刻 $t<0$ ではスイッチ S は開いており，回路は定常状態にある．この回路において，図に示すように回路の電流を $i(t)$ とし，$t=0$ でスイッチ S を閉じるものとすると，$t\geqq 0$ においては次式の回路方程式が成り立つ．

$$L\frac{\mathrm{d}i(t)}{\mathrm{d}t}+R_1 i(t)=V \cdots\cdots ①$$

スイッチ S を閉じた直後の回路の電流を $i(0)$ とし，式①の両辺をラプラス変換すれば，次式を得る．ただし，$i(t)$ のラプラス変換を $I(s)$ と表記する．

$$\boxed{\quad(1)\quad}=\frac{V}{s} \cdots\cdots ②$$

ここで，$i(0)=\boxed{\quad(2)\quad}$ であることから，ラプラス変換された回路方程式である式②より，次式を得る．

$$I(s)=\boxed{\quad(3)\quad}+\frac{L}{sL+R_1}\cdot\frac{V}{R_1+R_2} \cdots\cdots ③$$

式③の両辺を逆ラプラス変換すれば，$t\geqq 0$ における $i(t)$ は，次式となる．

$$i(t)=\boxed{\quad(4)\quad}+\frac{V}{R_1+R_2}\mathrm{e}^{-\frac{t}{\tau}} \cdots\cdots ④$$

ただし，時定数 $\tau=\boxed{\quad(5)\quad}$ である．

解答群

(イ)　$\dfrac{V}{R_2}$　　(ロ)　$\dfrac{V}{R_2}(1-\mathrm{e}^{-\frac{t}{\tau}})$

(ハ)　$\dfrac{V}{R_1}(1-\mathrm{e}^{-\frac{t}{\tau}})$　　(ニ)　$\dfrac{L}{R_1}$

(ホ)　$\dfrac{V}{R_1+R_2}(1-\mathrm{e}^{-\frac{t}{\tau}})$

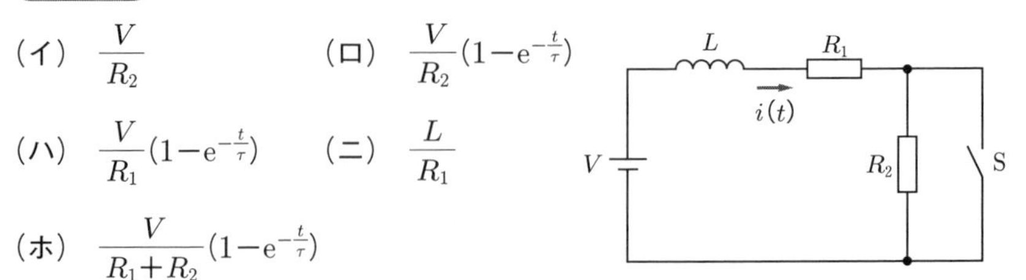

（ヘ） $\dfrac{L}{R_1+R_2}$　　（ト） $\dfrac{V}{R_1+R_2}$

（チ） $\dfrac{R_1}{L}$　　（リ） $L[sI(s)-I(s)]+R_1 i(0)$

（ヌ） $\dfrac{V}{R_1}$　　（ル） $\dfrac{V}{s(sL+R_2)}$

（ヲ） $L[sI(s)+i(0)]+R_1 I(s)$　　（ワ） $\dfrac{V}{s(sL+R_1+R_2)}$

（カ） $\dfrac{V}{s(sL+R_1)}$　　（ヨ） $L[sI(s)-i(0)]+R_1 I(s)$

―攻略ポイント―

RL 直列回路の過渡現象をラプラス変換により解く基本的な問題である．ラプラス変換，部分分数展開，逆ラプラス変換といった基本事項をおさえる．（詳細解説5を参照）

解説　(1) 問題図のように，回路の電流を $i(t)$ とすれば，時刻 $t≧0$ において問題中の式①が成り立つ．そこで，スイッチを閉じた直後の回路の電流を $i(0)$ とし，式①をラプラス変換すると

$$\boldsymbol{L\{sI(s)-i(0)\}+R_1 I(s)}=\frac{V}{s}$$

(2) スイッチを閉じる直前の定常状態では，インダクタンスの電圧は $L\dfrac{\mathrm{d}i(t)}{\mathrm{d}t}=0$ なので回路の電流 $i(0^-)$ は $i(0^-)=V/(R_1+R_2)$ である．そして，スイッチを閉じた直後では，インダクタンスを流れる電流は連続で急変できないから

$$i(0)=i(0^-)=\boldsymbol{V/(R_1+R_2)}$$

(3) 問題中の式②に (2) の結果を代入すれば

$$L\left\{sI(s)-\frac{V}{R_1+R_2}\right\}+R_1 I(s)=\frac{V}{s}$$

$$\therefore\quad I(s)=\frac{\dfrac{V}{s}+L\cdot\dfrac{V}{R_1+R_2}}{sL+R_1}=\boldsymbol{\frac{V}{s(sL+R_1)}}+\frac{L}{sL+R_1}\cdot\frac{V}{R_1+R_2}$$

(4) (5) 問題中の式③の第一項 $\dfrac{V}{s(sL+R_1)}$ を部分分数に展開するため

$\dfrac{V}{s(sL+R_1)}=\dfrac{A}{s}+\dfrac{B}{sL+R_1}$ (A, B は定数) とおけば

$$A=\left[s\cdot\frac{V}{s(sL+R_1)}\right]_{s=0}=\left[\frac{V}{sL+R_1}\right]_{s=0}=\frac{V}{R_1}$$

$$B=\left[(sL+R_1)\cdot\frac{V}{s(sL+R_1)}\right]_{s=-\frac{R_1}{L}}=\left[\frac{V}{s}\right]_{s=-\frac{R_1}{L}}=-L\frac{V}{R_1}$$

$$\therefore\quad \frac{V}{s(sL+R_1)}=\frac{\dfrac{V}{R_1}}{s}+\frac{-L\dfrac{V}{R_1}}{sL+R_1}$$

したがって，問題中の式③は全体として次式となる．

$$I(s)=\frac{\dfrac{V}{R_1}}{s}-\frac{L\dfrac{V}{R_1}}{sL+R_1}+\frac{L}{sL+R_1}\cdot\frac{V}{R_1+R_2}$$

$$=\frac{V}{R_1}\left(\frac{1}{s}-\frac{1}{s+\dfrac{R_1}{L}}\right)+\frac{V}{R_1+R_2}\cdot\frac{1}{s+\dfrac{R_1}{L}}$$

上式を逆ラプラス変換すれば

$$i(t)=\mathcal{L}^{-1}\{I(s)\}=\boldsymbol{\frac{V}{R_1}\left(1-e^{-\frac{R_1}{L}t}\right)}+\frac{V}{R_1+R_2}e^{-\frac{R_1}{L}t},\ \text{時定数}\ \boldsymbol{\tau=\frac{L}{R_1}}$$

解答　**(1)（ヨ）　(2)（ト）　(3)（カ）　(4)（ハ）　(5)（ニ）**

詳細解説 5　過渡現象とラプラス変換

(1) 過渡現象を解析するためのラプラス変換

電気回路の過渡現象において，電圧や電流を時間の関数のまま求めようとすると，複雑な微分方程式を解くことになって計算に手間がかかる場合がある．このため，時間関数（t 関数）から別の関数（s 関数）に一旦変換（**ラプラス変換**）して計算し，その後，時間関数に逆変換（**逆ラプラス変換**）することによって電圧や電流の時間関数を求めるという数学的手法をよく用いる．

時間関数を $f(t)$，それに対応する s 関数を $F(s)$ として，ラプラス変換と逆ラプラス変換の関係を整理したのが図 2･14 である．ラプラス変換は $\mathcal{L}[f(t)]=F(s)$，逆ラプ

ラス変換は $\mathcal{L}^{-1}[F(s)] = f(t)$ と表される．

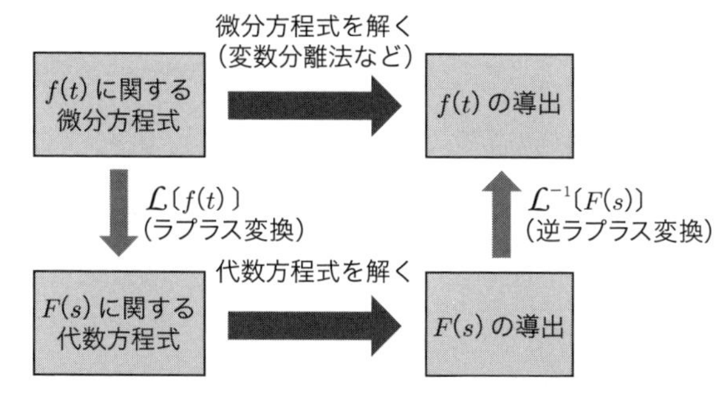

図2･14　ラプラス変換と逆ラプラス変換の関係

（2）ラプラス変換の定義とラプラス変換表

ラプラス変換は次式で定義される．

$$\boldsymbol{F(s) = \int_0^{\infty} f(t) e^{-st} dt} \qquad (2\cdot24)$$

式(2･24)に基づいて代表的な関数のラプラス変換をした例を下記に示す．また，表2･1にラプラス変換表を示す．このラプラス変換表を覚えておけば効率的に計算できる．

(a) 時間関数 $f(t) = 1$ の場合

$$\boldsymbol{F(s)} = \int_0^{\infty} f(t) e^{-st} dt = \int_0^{\infty} 1 \cdot e^{-st} dt = \frac{1}{-s}\left[e^{-st}\right]_0^{\infty} = \boldsymbol{\frac{1}{s}}$$

(b) 時間関数 $f(t) = e^{-at}$ の場合

$$\boldsymbol{F(s)} = \int_0^{\infty} e^{-at} e^{-st} dt = \int_0^{\infty} e^{-(s+a)t} dt = \frac{1}{-(s+a)}\left[e^{-(s+a)t}\right]_0^{\infty} = \boldsymbol{\frac{1}{s+a}}$$

(c) 時間関数 $f(t) = e^{j\omega t}$ の場合

$$F(s) = \int_0^{\infty} e^{j\omega t} e^{-st} dt = \int_0^{\infty} e^{-(s-j\omega)t} dt = \frac{1}{-(s-j\omega)}\left[e^{-(s-j\omega)t}\right]_0^{\infty} = \frac{1}{s-j\omega}$$

$$\frac{1}{s-j\omega} = \frac{s+j\omega}{(s-j\omega)(s+j\omega)} = \frac{s}{s^2+\omega^2} + j\frac{\omega}{s^2+\omega^2}$$

一方，$\mathcal{L}[e^{j\omega t}] = \mathcal{L}[\cos\omega t + j\sin\omega t] = \mathcal{L}[\cos\omega t] + j\mathcal{L}[\sin\omega t]$ で，上の二つの式を比較すれば

$$\boldsymbol{\mathcal{L}[\cos\omega t] = \frac{s}{s^2+\omega^2},\quad \mathcal{L}[\sin\omega t] = \frac{\omega}{s^2+\omega^2}}$$

(d) 微分法則 $\dfrac{\mathrm{d}f(t)}{\mathrm{d}t}$ の場合

$$\boldsymbol{F(s)} = \int_0^\infty f'(t)\mathrm{e}^{-st}\mathrm{d}t = \left[f(t)\mathrm{e}^{-st}\right]_0^\infty - \int_0^\infty f(t)\cdot(-s)\mathrm{e}^{-st}\mathrm{d}t = \boldsymbol{sF(s)-f(0)}$$

(3) 初期値の定理と最終値の定理

時間関数 $f(t)$ に対応する s 関数を $F(s)$ とするとき，$f(t)$ の初期値 $f(0)$ は

$$\boldsymbol{f(0)=\lim_{s\to\infty} sF(s)} \quad (2\cdot25)$$

で求められる．これを**初期値の定理**という．この定理は時間関数 $f(t)$ の初期値 $f(0)$ をラプラス変換から求める方法である．同様に，$f(t)$ の最終値 $f(\infty)$ は

$$\boldsymbol{f(\infty)=\lim_{s\to 0} sF(s)} \quad (2\cdot26)$$

で求められる．これを**最終値の定理**という．この定理は時間関数 $f(t)$ の最終値 $f(\infty)$ をラプラス変換から求める方法である．

表 2･1　ラプラス変換表

t 関数		s 関数
ステップ関数	1	$\dfrac{1}{s}$
ランプ関数	t	$\dfrac{1}{s^2}$
指数関数	e^{-at}	$\dfrac{1}{s+a}$
三角関数	$\sin\omega t$	$\dfrac{\omega}{s^2+\omega^2}$
	$\cos\omega t$	$\dfrac{s}{s^2+\omega^2}$
双曲線関数	$\sinh\omega t$	$\dfrac{\omega}{s^2-\omega^2}$
	$\cosh\omega t$	$\dfrac{s}{s^2-\omega^2}$
相似法則	$f(at)$	$\dfrac{1}{a}F\left(\dfrac{s}{a}\right)$
推移法則	$f(t-a)$	$\mathrm{e}^{-as}F(s)$
	$\mathrm{e}^{-at}f(t)$	$F(s+a)$
微分法則	$\dfrac{\mathrm{d}f(t)}{\mathrm{d}t}$	$sF(s)-f(0)$
積分法則	$\int f(t)\,\mathrm{d}t$	$\dfrac{F(s)}{s}+\dfrac{1}{s}\int_{-\infty}^0 f(t)\,\mathrm{d}t$

(4) 部分分数分解

部分分数分解とは，分数の積の形をした式を，分数の和の形に変形することをいう．前述のラプラス変換の結果は分数の積になることが多いが，これを逆ラプラス変換するために，部分分数分解によって，分数の和の形に変形する．問題 19 の解説で使用した手法が効率的であるから，紹介する．

例えば，式(2･27)の左辺（これを $F(s)$ とする）を部分分数分解するために，右辺の未知係数 A，B を決めなければならない．右辺の分母を通分して，右辺と左辺の分子どうしが等しいという恒等式から求めればよい．

$$\frac{1}{(s+\alpha)(s+\beta)} = \frac{A}{s+\alpha}+\frac{B}{s+\beta} \quad (2\cdot27)$$

さらに効率的な手法としては，式(2･27)は恒等式なので，s に適当な値を代入して，A，B のいずれかを消去しながら求める手法がある．具体的には，まず式(2･27)の両

辺に $(s+\alpha)$ を掛けると

$$\frac{s+\alpha}{(s+\alpha)(s+\beta)}=\frac{1}{s+\beta}=A+\frac{B(s+\alpha)}{s+\beta} \tag{2・28}$$

となるから，$s=-\alpha$ を代入すれば右辺の第2項は消えて $\dfrac{1}{-\alpha+\beta}=A$ となる．式(2・27)に $(s+\alpha)$ を掛けて $s=-\alpha$ を代入する操作を次式で表す．

$$\boldsymbol{A}=[(\boldsymbol{s}+\boldsymbol{\alpha})\boldsymbol{F}(\boldsymbol{s})]_{s=-\alpha}=\left[\frac{1}{s+\beta}\right]_{s=-\alpha}=\frac{1}{\beta-\alpha} \tag{2・29}$$

同様に，式(2・27)の両辺に $(s+\beta)$ を掛けたうえで $s=-\beta$ を代入すれば

$$\boldsymbol{B}=[(\boldsymbol{s}+\boldsymbol{\beta})\boldsymbol{F}(\boldsymbol{s})]_{s=-\beta}=\left[\frac{1}{s+\alpha}\right]_{s=-\beta}=\frac{-1}{\beta-\alpha} \tag{2・30}$$

$$\therefore\quad \frac{1}{(s+\alpha)(s+\beta)}=\frac{1}{\beta-\alpha}\left(\frac{1}{s+\alpha}-\frac{1}{s+\beta}\right) \tag{2・31}$$

このように未知係数を決定することにより，部分分数分解を行う．

問題20　RL 直列回路にパルス電圧を印加したときの過渡現象（H23-A4）

次の文章は，回路の過渡現象に関する記述である．

図1(a)の方形パルス電圧 $e(t)$（パルス幅 a，大きさ E_0）を図1(b)に示す抵抗 R とインダクタンス L の直列回路に加えたときに流れる電流 $i(t)$ をラプラス変換によって求め，その波形の概略を描きたい．ただし，回路の初期電流は零とする．

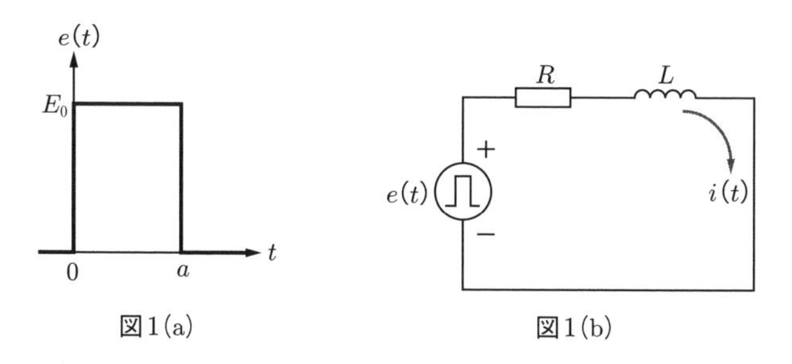

図1(a)　　図1(b)

図1(b)よりキルヒホッフの電圧則に従って回路方程式を求め，これをラプラス変換すると [(1)] が得られる．ただし，$I(s)=\mathcal{L}[i(t)]$，$E(s)=\mathcal{L}[e(t)]$（$\mathcal{L}[\ \ ]$は，ラプラス変換を表す．）とする．次に，$e(t)$ は単位ス

テップ関数 $u(t)$ を用いて表すことができ，これをラプラス変換すると $E(s)$ ＝ (2) となる．これを式 (1) に代入し，$I(s)$ を求めると (3) となる．以上より，$I(s)$ を部分分数に展開し，逆ラプラス変換を行うことにより $i(t)$ は (4) と求められる．

一例として，$R=1\,\Omega$，$L=100\,\mathrm{mH}$，$E_0=10\,\mathrm{V}$，$a=1\,\mathrm{s}$ として，この波形の概略を描くと (5) となる．

なお，$\mathcal{L}[f(t)]=F(s)$ とすると，次の関係が成り立つ．

$$\mathcal{L}[f(t-\alpha)]=F(s)\mathrm{e}^{-\alpha s}$$

$$\mathcal{L}[f(t)\mathrm{e}^{\beta t}]=F(s-\beta)$$

ただし，$\alpha>0$，$f(t)=0\,(t<0)$ とする．

解答群

（イ）　$I(s)=\dfrac{E(s)}{R}+\dfrac{E(s)}{sL}$

（ロ）　$\dfrac{E_0}{R}\left[(1-\mathrm{e}^{-\frac{R}{L}t})u(t)-(1-\mathrm{e}^{-\frac{R}{L}(t-a)})u(t-a)\right]$

（ハ）　$E(s)=RI(s)-sLI(s)$

（ニ）　$\dfrac{E_0}{R}\left[(1-\mathrm{e}^{-\frac{L}{R}t})u(t)-(1-\mathrm{e}^{-\frac{L}{R}(t-a)})u(t-a)\right]$

（ホ）　$\dfrac{E_0}{s}(1-\mathrm{e}^{-as})$

（ヘ）　$\dfrac{E_0}{R}\left[(1-\mathrm{e}^{-RLt})u(t)-(1-\mathrm{e}^{-RL(t-a)})u(t-a)\right]$

（ト）　$\dfrac{E_0(1-\mathrm{e}^{-as})}{Ls\left(s+\dfrac{R}{L}\right)}$

（チ）　$E_0(1-\mathrm{e}^{-as})$

（リ）　$\dfrac{E_0(1-\mathrm{e}^{-as})}{s\left(s+\dfrac{R}{L}\right)}$

（ヌ）　$\dfrac{E_0}{s}$

（ル）　$E(s)=RI(s)+sLI(s)$

（ヲ）　$\dfrac{E_0(1-\mathrm{e}^{-as})}{L\left(s+\dfrac{R}{L}\right)}$

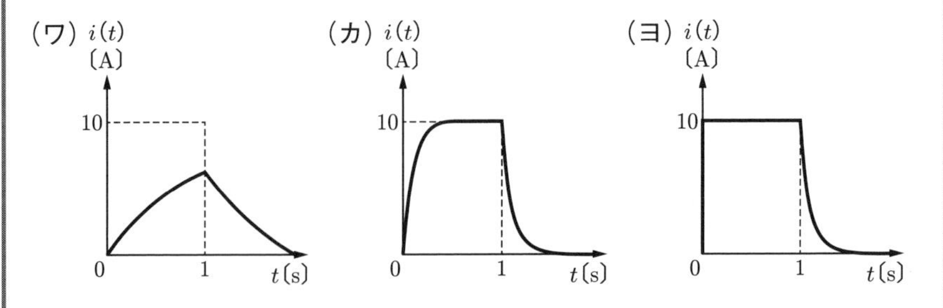

―攻略ポイント―

パルス電圧を 2 つのステップ関数の差で表現したうえで，ラプラス変換を用いて回路方程式を解けばよい．

 (1) 図 1(b)の回路図より，回路方程式は次式となる．

$$e(t) = Ri(t) + L\frac{\mathrm{d}i(t)}{\mathrm{d}t}$$

これをラプラス変換すると

$$E(s) = RI(s) + sLI(s) - Li(0) \quad \cdots\cdots ①$$

ここで，$i(0)$は，回路の初期電流が 0 であり，インダクタンスの電流は連続なので $i(0) = 0$ となる．これを式①へ代入し

$$\boldsymbol{E(s) = RI(s) + sLI(s)} \quad \cdots\cdots ②$$

となる．

(2) 単位ステップ関数 $u(t)$は $t<0$ で $u(t) = 0$，$t>0$ で $u(t) = 1$ となる関数だから，図 1(a)の方形パルス電圧 $e(t)$は，$t = 0$ で立ち上がる $E_0u(t)$と，$t = a$ で立ち上がる $E_0u(t-a)$との差により，$e(t) = E_0\{u(t) - u(t-a)\}$と表現することができる．ここで，$\mathcal{L}[u(t)] = U(s) = 1/s$，$\mathcal{L}[u(t-a)] = U(s)\mathrm{e}^{-as} = \mathrm{e}^{-as}/s$ となるため，$e(t)$をラプラス変換すれば

$$\mathcal{L}[e(t)] = E(s) = \boldsymbol{\frac{E_0}{s}(1-e^{-as})}$$

(3) 上記の結果を式②へ代入すれば，ラプラス変換した回路方程式は

$$\frac{E_0}{s}(1-e^{-as}) = I(s)(R+sL)$$

$$\therefore \quad I(s) = \frac{E_0(1-\mathrm{e}^{-as})}{s(R+sL)} = \boldsymbol{\frac{E_0(1-\mathrm{e}^{-as})}{Ls\left(s+\frac{R}{L}\right)}} \quad \cdots\cdots ③$$

(4) ここで，式③を部分分数展開するために，$I(s)$の第 1 項を $I_1(s)$とし

$$I_1(s) = \frac{E_0}{Ls\left(s+\frac{R}{L}\right)} = \frac{A}{s} + \frac{B}{s+\frac{R}{L}} \quad \cdots\cdots ④$$

とおいて，A，B を求めると

$$A = \Big[sI_1(s)\Big]_{s=0} = \frac{E_0}{R},\quad B = \left[\left(s+\frac{R}{L}\right)I_1(s)\right]_{s=-\frac{R}{L}} = -\frac{E_0}{R}$$

$$I(s) = \frac{E_0(1-e^{-as})}{Ls\left(s+\frac{R}{L}\right)}$$

$$= \frac{E_0}{R}\frac{1}{s} - \frac{E_0}{R}\left(\frac{1}{s+\frac{R}{L}}\right) - \left\{\frac{E_0}{R}\frac{1}{s}e^{-as} - \frac{E_0}{R}\left(\frac{1}{s+\frac{R}{L}}\right)e^{-as}\right\}$$

$\mathcal{L}^{-1}[1/s] = u(t)$, $\mathcal{L}^{-1}[s+R/L] = e^{-\frac{R}{L}t}$, $\mathcal{L}^{-1}[F(s)e^{-as}] = f(t-a)$を用いて逆ラプラス変換すれば

$$i(t) = \mathcal{L}^{-1}[I(s)] = \boldsymbol{\frac{E_0}{R}\left[\left(1-e^{-\frac{R}{L}t}\right)u(t)-\left(1-e^{-\frac{R}{L}(t-a)}\right)u(t-a)\right]}$$

(5) $R = 1\,\Omega$, $L = 0.1\,\mathrm{H}$とすれば，時定数$L/R = 0.1\,\mathrm{s}$となる．したがって，電流値は0.1 sで定常電流$E_0/R = 10\,\mathrm{A}$の63 %（$1-e^{-1} = 0.632$），時定数の5倍の0.5 sで定常電流10 A近くとなり，波形の概略としては**（カ）**が正しい．

(1)（ル）　(2)（ホ）　(3)（ト）　(4)（ロ）　(5)（カ）

問題21　*RL*並列回路の過渡現象とエネルギー　（R2-A4）

次の文章は，回路の過渡現象に関する記述である．

図の回路は，直流電圧源E，抵抗r及びR，インダクタンスLのコイルで構成されている．時刻$t<0$でスイッチは開いており，コイルの磁束は零とする．$t=0$でスイッチを閉じた．

$t \geqq 0$における抵抗Rの電圧$v(t)$はコイルの電圧と等しいので，コイルの電流を$i(t)$とおくと，$v(t) =$ (1) である．したがって，回路の閉路E-r-R-Eの電圧平衡の式は以下の式となる．

$$E = r\left[\frac{1}{R}\boxed{(1)}+i(t)\right]+\boxed{(1)} \quad \cdots\cdots ①$$

ここで，回路の時定数をτとすると，式①より$\tau =$ (2) である．時定数τを使うと，$t \geqq 0$での抵抗Rの電圧$v(t)$とコイルの電流$i(t)$の式は，それぞれ，

$v(t) = v(0)e^{-t/\tau}$，ただし，$v(0) =$ (3)

$i(t) = i(\infty)(1-e^{-t/\tau})$，ただし，$i(\infty) =$ (4)

と表せる．

$t=0$ から回路が定常状態となるまでに，抵抗 R が消費するエネルギーを J_{R}，定常状態でコイルが保有する磁気エネルギーを J_{L} とおくと，

$$J_{\mathrm{R}}=\int_0^{\infty}\frac{1}{R}v(t)^2\,\mathrm{d}t=\frac{1}{R}v(0)^2\int_0^{\infty}\mathrm{e}^{-2t/\tau}\mathrm{d}t=\frac{1}{R}v(0)^2\frac{\tau}{2}$$

$$J_{\mathrm{L}}=\frac{1}{2}Li(\infty)^2$$

となる．J_{R} と J_{L} に (2)，(3)，(4) の式を代入すると，$\dfrac{J_{\mathrm{R}}}{J_{\mathrm{L}}}$ は (5) となる．

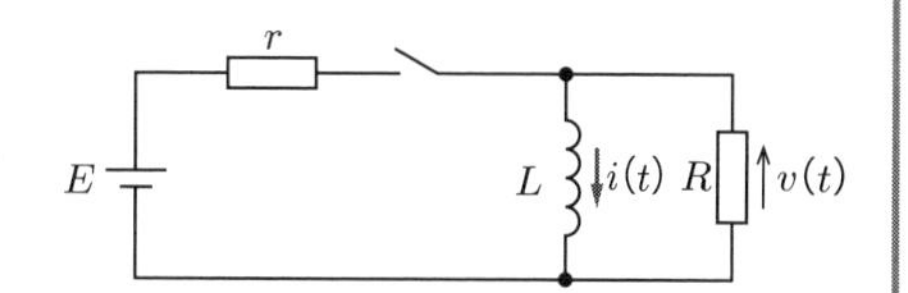

解答群

(イ) E　(ロ) $\dfrac{J_{\mathrm{R}}}{J_{\mathrm{L}}}=1$　(ハ) $\dfrac{J_{\mathrm{R}}}{J_{\mathrm{L}}}=\dfrac{R}{r}$　(ニ) $L\dfrac{R+r}{Rr}$

(ホ) $\dfrac{E}{R}$　(ヘ) $\dfrac{L}{r}$　(ト) $L\dfrac{\mathrm{d}}{\mathrm{d}t}i(t)$　(チ) $\dfrac{ER}{R+r}$

(リ) $\dfrac{E}{r}$　(ヌ) $\dfrac{L}{R}$　(ル) $Li(t)$　(ヲ) $\dfrac{1}{L}\displaystyle\int_0^t i(\theta)\,\mathrm{d}\theta$

(ワ) $\dfrac{Er}{R}$　(カ) $\dfrac{E}{Rr}(R+r)$　(ヨ) $\dfrac{J_{\mathrm{R}}}{J_{\mathrm{L}}}=\dfrac{r}{R+r}$

―攻略ポイント―

RL 並列回路の微分方程式をラプラス変換または変数分離法により解く．ラプラス変換，変数分離法の両者を使いこなせるようにしておく．

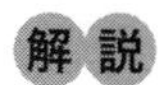
(1) 題意より $v(t)=\boldsymbol{L\dfrac{di(t)}{dt}}$

(2) 回路図を見れば，キルヒホッフの法則から，問題中の式①が成立することは理解できるであろう．$t<0$ においてスイッチは開いており，コイルの磁束は零であるから，$i(0)=0$ である．そして，問題中の式①をラプラス変換すれば

$$\frac{E}{s}=\frac{rL}{R}\{sI(s)-i(0)\}+rI(s)+L\{sI(s)-i(0)\}$$

$i(0)=0$ を代入して上式を整理すれば

$$\frac{L(r+R)}{R}sI(s)+rI(s)=\frac{E}{s}$$

$$\therefore\quad I(s)=\frac{E}{s}\cdot\frac{1}{\frac{L(r+R)}{R}s+r}=\frac{RE}{L(r+R)}\cdot\frac{1}{s}\cdot\frac{1}{s+\frac{rR}{L(r+R)}}$$

$$\therefore\quad I(s)=\frac{E}{r}\left\{\frac{1}{s}-\frac{1}{s+\frac{rR}{L(r+R)}}\right\}$$

逆ラプラス変換すると

$$i(t)=\mathcal{L}^{-1}\{I(s)\}=\frac{E}{r}\{1-\mathrm{e}^{-\frac{rR}{L(r+R)}t}\}=\frac{E}{r}\left\{1-\mathrm{e}^{-\frac{t}{L\frac{R+r}{Rr}}}\right\}$$

したがって，時定数 τ は $\boldsymbol{\tau=L\frac{R+r}{Rr}}$

［別解：変数分離法に基づいて問題中の式①の微分方程式を解く手法］

問題中の式①を変形すれば

$$\frac{E}{r}=L\frac{R+r}{Rr}\cdot\frac{\mathrm{d}i(t)}{\mathrm{d}t}+i(t)\qquad\therefore\quad\frac{\mathrm{d}i(t)}{\frac{E}{r}-i(t)}=\frac{Rr}{L(R+r)}\mathrm{d}t\cdots\cdots\cdots\cdots①$$

式①を両辺積分すると次式となる．

$$\ln\left(\frac{E}{r}-i(t)\right)=-\frac{Rr}{L(R+r)}t+C\quad(C\text{は定数})$$

$$\therefore\quad i(t)=\frac{E}{r}-A\mathrm{e}^{-\frac{Rr}{L(R+r)}t}\cdots\cdots\cdots\cdots②$$

ここで，式②において，C を積分定数とし，$A=\mathrm{e}^C$ としている．式②に $i(0)=0$ を代入すれば，$A=E/r$ となるため，$i(t)$ は次式となる．

$$i(t)=\frac{E}{r}\{1-\mathrm{e}^{-\frac{Rr}{L(R+r)}t}\}\cdots\cdots\cdots\cdots③$$

(3) スイッチを入れた瞬時は，コイルの電流 $i(t)$ は急変できず，そのインピーダンスは∞で開放状態と考えればよい．このため，回路は，抵抗 r と抵抗 R の直列回路に直流電源 E を印加した回路と同じであるから，$v(0)=\frac{E}{R+r}\cdot R=\boldsymbol{\frac{ER}{R+r}}$

(なお，$v(t)=L\frac{\mathrm{d}i(t)}{\mathrm{d}t}=L\cdot\frac{E}{r}\cdot\frac{Rr}{L(R+r)}\mathrm{e}^{-\frac{Rr}{L(R+r)}t}=\frac{ER}{R+r}\mathrm{e}^{-\frac{Rr}{L(R+r)}t}$ から，$v(0)$

$= \dfrac{ER}{R+r}$ と求まる．）

(4) コイルは $t \to \infty$ では $L\dfrac{\mathrm{d}i(t)}{\mathrm{d}t} = 0$ となり，短絡状態とみなせばよいから，抵抗 R は短絡されているのと同じである．したがって，$i(\infty) = \boldsymbol{E/r}$（なお，式③からも，$i(\infty) = E/r$ であることは自明である．）

(5) 題意の式に基づき，(2)，(3)，(4) の結果を代入すれば

$$\frac{J_{\mathrm{R}}}{J_{\mathrm{L}}} = \frac{\dfrac{1}{R}v(0)^2\dfrac{\tau}{2}}{\dfrac{1}{2}Li(\infty)^2} = \frac{\dfrac{1}{R}\left(\dfrac{ER}{R+r}\right)^2\tau}{L\cdot\left(\dfrac{E}{r}\right)^2} = \frac{1}{RL}\cdot\frac{L(R+r)}{Rr}\cdot\left(\frac{ER}{R+r}\right)^2\left(\frac{r}{E}\right)^2$$

$$= \boldsymbol{\frac{r}{R+r}}$$

(1)（ト）　(2)（ニ）　(3)（チ）　(4)（リ）　(5)（ヨ）

問題22　*RC* 回路の過渡現象とエネルギー　(R1-B6)

次の文章は，電気回路の過渡現象に関する記述である．

図の回路は，時刻 $t<0$ ではスイッチ $\mathrm{S_1}$ は閉じており，スイッチ $\mathrm{S_2}$ は開いている．また，回路は定常状態にあり，キャパシタ C_2 の電荷は零である．この回路において，時刻 $t=0$ でスイッチ $\mathrm{S_1}$ を開き，同時にスイッチ $\mathrm{S_2}$ を閉じるものとする．

キャパシタ C_1，C_2 の電荷をそれぞれ $q_1(t)$，$q_2(t)$ とすれば，時刻 $t \geqq 0$ における $q_1(t)$，$q_2(t)$ には次式が成り立つ．

$q_1(t) + q_2(t) =$ [(1)] ……………… ①

抵抗 R_2 の電圧を $v_{\mathrm{R2}}(t)$ とし，キャパシタ C_1，C_2 の電圧をそれぞれ $v_{\mathrm{C1}}(t)$，$v_{\mathrm{C2}}(t)$ とすれば，時刻 $t \geqq 0$ においては，キルヒホッフの電圧則に従う次式が成り立つ．

$v_{\mathrm{R2}}(t) - v_{\mathrm{C1}}(t) + v_{\mathrm{C2}}(t) = 0$ ……………… ②

ここで，$v_{\mathrm{C1}}(t) =$ [(2)]，$v_{\mathrm{C2}}(t) =$ [(3)]，$i(t) = \dfrac{\mathrm{d}q_2(t)}{\mathrm{d}t}$，及び式①より，式②はキャパシタ C_2 の電荷 $q_2(t)$ を用いて次式のように表現できる．

$$R_2\frac{\mathrm{d}q_2(t)}{\mathrm{d}t}+(\boxed{\quad(4)\quad})q_2(t)-V=0 \cdots\cdots ③$$

回路の初期条件を考慮して，式③の微分方程式を解けば，

$$q_2(t)=\boxed{\quad(5)\quad}(1-\mathrm{e}^{-t/T})$$

を得る．ただし，時定数 $T=\boxed{\quad(6)\quad}$ である．

時刻 $t=\infty$ の定常状態においては，キャパシタ C_1 の電圧 $v_{\mathrm{C1}\infty}$ とキャパシタ C_2 の電圧 $v_{\mathrm{C2}\infty}$ は等しく，$v_{\mathrm{C1}\infty}=v_{\mathrm{C2}\infty}=\boxed{\quad(7)\quad}$ となる．

時刻 $t<0$ において，二つのキャパシタ C_1 及び C_2 に蓄積されていた総エネルギーは $\boxed{\quad(8)\quad}$ である．この総エネルギーの一部は時刻 $t\geqq 0$ において回路の $\boxed{\quad(9)\quad}$ で消費され，時刻 $t=\infty$ において二つのキャパシタ C_1 及び C_2 に蓄積されている総エネルギーは，時刻 $t<0$ において蓄積されていた総エネルギーに比べて $\boxed{\quad(10)\quad}$ だけ減少する．

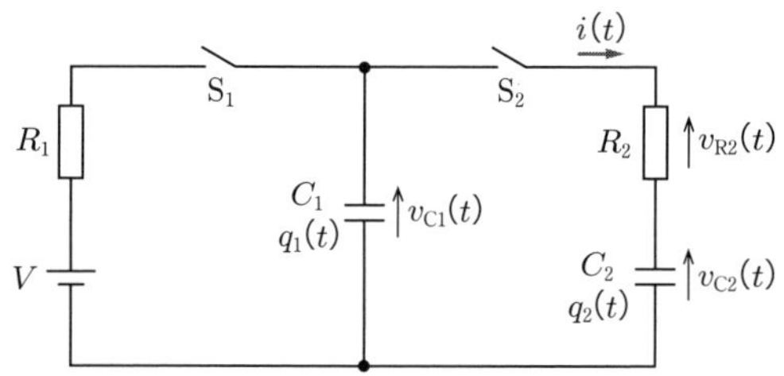

解答群

(イ)	$\dfrac{C_1C_2}{C_1+C_2}R_1$	(ロ)	$\dfrac{C_1-C_2}{C_1C_2}$	(ハ)	C_2V		
(ニ)	$\dfrac{C_1C_2}{C_1+C_2}V$	(ホ)	$\dfrac{1}{2}\dfrac{C_1C_2}{C_1+C_2}V^2$	(ヘ)	R_1	(ト)	C_1V
(チ)	0	(リ)	$\dfrac{C_1C_2}{C_1+C_2}V^2$	(ヌ)	$\dfrac{1}{2}C_1V^2$	(ル)	R_2
(ヲ)	$\dfrac{C_1+C_2}{C_1C_2}V$	(ワ)	$\dfrac{C_1}{C_1+C_2}V$	(カ)	$\dfrac{1}{2}C_2V^2$		
(ヨ)	$\dfrac{q_1(t)}{C_1}$	(タ)	$\dfrac{C_1+C_2}{C_1C_2}$	(レ)	$\dfrac{C_1C_2}{C_1+C_2}R_2$		
(ソ)	$\dfrac{C_2}{C_1+C_2}V$	(ツ)	V	(ネ)	$\dfrac{q_2(t)}{C_2}$		

— 攻略ポイント —

RC 並列回路の過渡現象をラプラス変換により解く．コンデンサの電荷 q，静電容量 C，電圧 v の間には $q=Cv$ の関係がある．電荷の微分が電流（$i=\mathrm{d}q/\mathrm{d}t$）であることを利用して，キルヒホッフの法則から微分方程式を立てればよい．

解説　(1) 題意より，$t=0^-$では，解図1のように，キャパシタ C_1 には電圧 V が印加されていて定常状態にあるから，キャパシタ C_1 に蓄えられている電荷 $q_1(0)=C_1V$ となる．

一方，$t\geqq 0$ のとき，回路は解図2となる．そして，スイッチ S_2 を閉じる直前，キャパシタ C_2 の電荷は零であるから，$q_2(0)=0$ である．

したがって，$t\geqq 0$ において，キャパシタ C_1，C_2 の電荷の合計は変わらないので

$$q_1(t)+q_2(t)=q_1(0)+q_2(0)=\boldsymbol{C_1V} \cdots\cdots ①$$

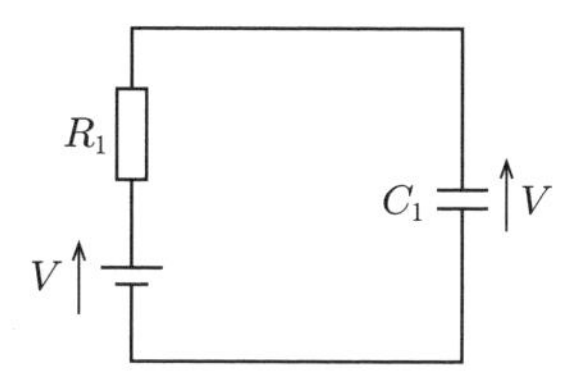

解図1　$t=0^-$における等価回路

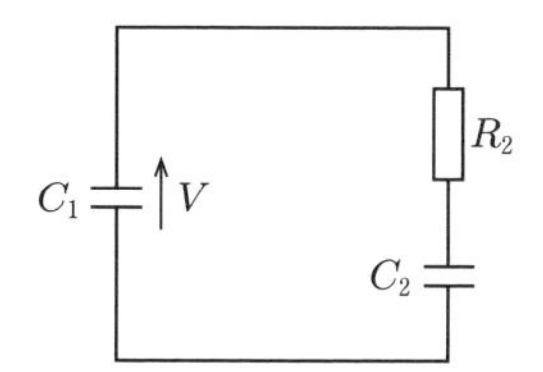

解図2　$t\geqq 0$ 以降の等価回路

(2) (3) $t\geqq 0$ では，各キャパシタンスで（電荷）＝（静電容量）×（電圧）の関係が成立するから

$$v_{\mathrm{C1}}(t)=\boldsymbol{\frac{q_1(t)}{C_1}} \qquad v_{\mathrm{C2}}(t)=\boldsymbol{\frac{q_2(t)}{C_2}}$$

(4) 題意の通りキルヒホッフの法則から問題中の式②が成立するので，この式に $v_{\mathrm{R2}}(t)=R_2i(t)$，(2) で求めた結果をそれぞれ代入すれば

$$R_2i(t)-\frac{q_1(t)}{C_1}+\frac{q_2(t)}{C_2}=0 \cdots\cdots ②$$

式②に，$i(t)=\mathrm{d}q_2(t)/\mathrm{d}t$，式①を変形した $q_1(t)=C_1V-q_2(t)$ を代入して

$$R_2\frac{\mathrm{d}q_2(t)}{\mathrm{d}t}-\frac{C_1V-q_2(t)}{C_1}+\frac{q_2(t)}{C_2}=0$$

$$\therefore\quad R_2\frac{\mathrm{d}q_2(t)}{\mathrm{d}t}+\boldsymbol{\frac{C_1+C_2}{C_1C_2}}q_2(t)-V=0 \cdots\cdots ③$$

(5) (6) 式③の微分方程式をラプラス変換すると

$$R_2\{sQ_2(s)-q_2(0)\}+\frac{C_1+C_2}{C_1C_2}Q_2(s)-\frac{V}{s}=0 \quad (ただし q_2(0)=0)$$

$$\therefore \quad Q_2(\mathrm{s})=\frac{VC_1C_2}{s(C_1C_2R_2s+C_1+C_2)}=\frac{\dfrac{V}{R_2}}{s\left(s+\dfrac{C_1+C_2}{C_1C_2R_2}\right)}$$

$$=\frac{A}{s}+\frac{B}{s+\dfrac{C_1+C_2}{C_1C_2R_2}} \cdots\cdots ④$$

これを部分分数展開して式④の係数 A, B を決めるために，式(2･27)～式(2･31)の手法を使えば

$$A=[sQ_2(s)]_{s=0}=\frac{C_1C_2V}{C_1+C_2},\quad B=\left[\left(s+\frac{C_1+C_2}{C_1C_2R_2}\right)Q_2(s)\right]_{s=-\frac{C_1+C_2}{C_1C_2R_2}}$$

$$=-\frac{C_1C_2V}{C_1+C_2}$$

$$\therefore \quad Q_2(s)=\frac{\dfrac{C_1C_2}{C_1+C_2}V}{s}-\frac{\dfrac{C_1C_2}{C_1+C_2}V}{s+\dfrac{C_1+C_2}{C_1C_2R_2}}$$

これを逆ラプラス変換すれば

$$q_2(t)=\mathcal{L}^{-1}[Q_2(s)]=\boldsymbol{\frac{C_1C_2}{C_1+C_2}V}\{1-\mathrm{e}^{-t/T}\},\quad T=\boldsymbol{\frac{C_1C_2}{C_1+C_2}R_2}$$

(7) 題意から，$t=\infty$のとき，C_1 と C_2 の電圧が等しくなるから，$v_{C1\infty}=v_{C2\infty}$となる．さらに，式①から $q_1(\infty)+q_2(\infty)=C_1V$で，$q_1(\infty)=C_1v_{C1\infty}$，$q_2(\infty)=C_2v_{C2\infty}$を代入して整理すると，$C_1v_{C1\infty}+C_2v_{C2\infty}=C_1V$となる．

したがって，$v_{C1\infty}=v_{C2\infty}=\boldsymbol{\dfrac{C_1}{C_1+C_2}V}$

(8) $t<0$ のとき，キャパシタ C_1 と C_2 の電圧はそれぞれ V, 0 であるから，二つのキャパシタに蓄えられていた総エネルギー$W_1=\dfrac{1}{2}C_1V^2+\dfrac{1}{2}C_2\times0^2=\boldsymbol{\dfrac{1}{2}C_1V^2}$

(9) (10) $t=\infty$のとき，$v_{C1\infty}=v_{C2\infty}=C_1V/(C_1+C_2)$ であるから，C_1 と C_2 に蓄

えられている総エネルギー$W_2=\frac{1}{2}(C_1+C_2)\left\{\frac{C_1V}{C_1+C_2}\right\}^2=\frac{C_1{}^2}{2(C_1+C_2)}V^2$

したがって，総エネルギーの差 W_1-W_2 が抵抗 $\boldsymbol{R_2}$ で消費されるエネルギーであるから

$$W_1-W_2=\frac{1}{2}C_1V^2-\frac{C_1{}^2}{2(C_1+C_2)}V^2=\boldsymbol{\frac{C_1C_2}{2(C_1+C_2)}V^2}$$

(1) (ト)　(2) (ヨ)　(3) (ネ)　(4) (タ)　(5) (ニ)
(6) (レ)　(7) (ワ)　(8) (ヌ)　(9) (ル)　(10) (ホ)

問題 23　電圧源・電流源を含む *RC* 回路の過渡現象　(H25-A3)

次の文章は，*RC* 回路に関する記述である．

図のようにスイッチ S_1，S_2 と直流電圧源 E，直流電流源 I，抵抗 R，r，静電容量 C が接続されている．静電容量 C の両端の電圧を図のように定める．

時間 $t<0$ では，スイッチ S_1 は b 側，スイッチ S_2 は d 側であり，回路は定常状態である．$t=0$ において S_1 を a 側，S_2 を c 側に切り替えた．

$t>0$ における静電容量 C の両端の電圧 v_C の時間的変化について考える．このとき，R の両端の電圧と C の両端の電圧は等しいこと，及び初期値を考慮すると，

$v_C=$ [(1)]

となる．

v_C が 0 V になった時刻 T_1 において S_1 を a 側から b 側に切り替えた．

$T_1=$ [(2)]

となる．

$t>T_1$ における v_C は，電圧源による過渡応答と電流源による過渡応答との重ね合わせになるので，

$v_C=$ [(3)] $+$ [(1)]

となり，$t=\infty$ における v_C は [(4)] となる．[(4)] >0 のとき，v_C の変化の様子を表す図は [(5)] である．

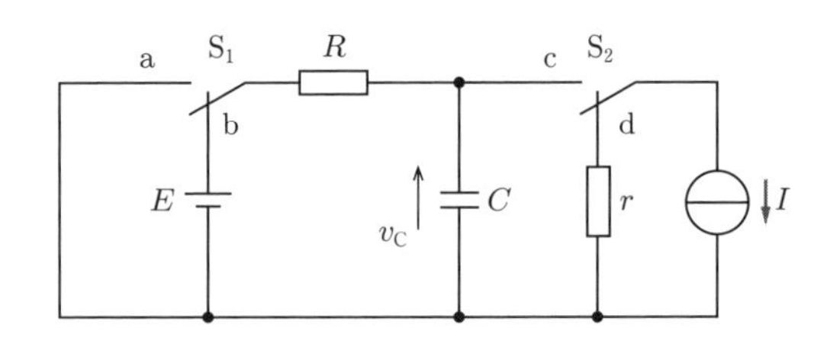

解答群

（イ）　$E-\dfrac{I}{C}t$　　（ロ）　$CR\ln\left(1+\dfrac{E}{RI}\right)$

（ハ）　$-RI+(RI+E)\mathrm{e}^{-\frac{t}{CR}}$　　（ニ）　$CR\ln\left|\dfrac{RI}{RI-E}\right|$

（ホ）　$E(1-\mathrm{e}^{-\frac{t}{CR}})$　　（ヘ）　$RI-E$　　（ト）　$E(1-\mathrm{e}^{-\frac{t-T_1}{CR}})$

（チ）　$E\mathrm{e}^{-\frac{t-T_1}{CR}}$　　（リ）　$E-RI$　　（ヌ）　$E-RI(1-\mathrm{e}^{-\frac{t}{CR}})$

（ル）　$\dfrac{EC}{I}$　　（ヲ）　$E-RI+\dfrac{I}{C}$

（ワ）

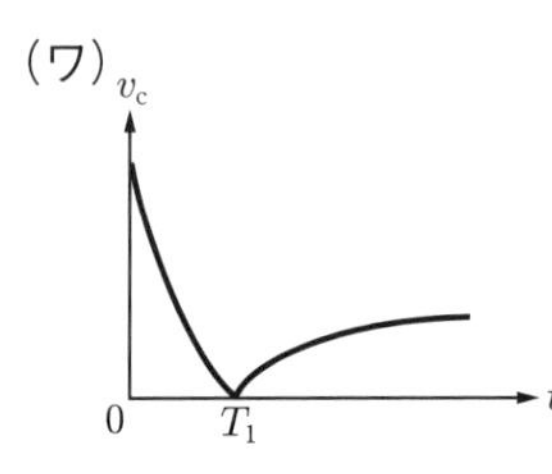

（カ）

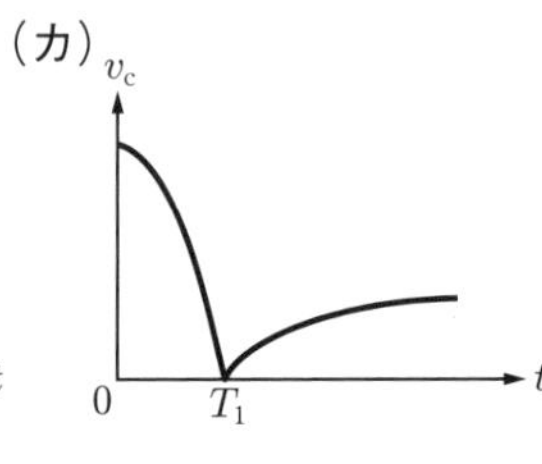

（ヨ）

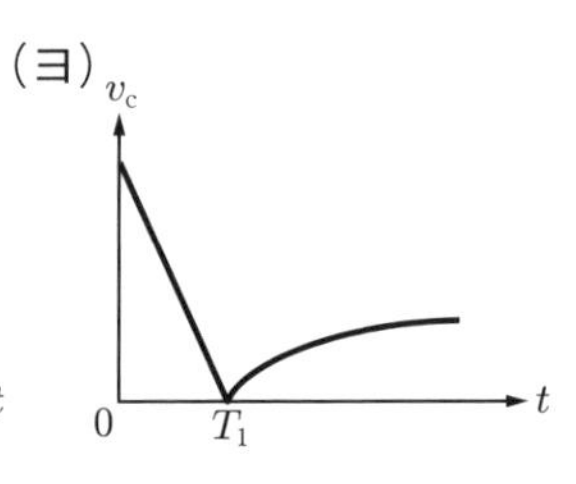

― 攻略ポイント ―

RC 並列回路の過渡現象をラプラス変換して解いてもよいが，定数係数線形常微分方程式に関しては特性方程式を解いて特性根を求め，一般解は定常解と過渡解の和で表されることを使えば，微分方程式の解をほぼ暗算で求めることができる．この手法を解説する．

解説　(1) 静電容量 C のコンデンサに蓄えられる電荷 q とその電圧 v_C には $q=Cv_C$ の関係がある．そして，コンデンサの電荷 q の時間的変化率 $\mathrm{d}q/\mathrm{d}t$ は，コンデンサに流れ込む電流に等しいから，$i=\frac{\mathrm{d}q}{\mathrm{d}t}=C\frac{\mathrm{d}v_C}{\mathrm{d}t}$

題意から，$t=0$ でスイッチ S_1 を a 側，スイッチ S_2 を c 側に切り換えると，解図 1 の回路となる．解図 1 の向きに電流をとれば，点 A においてキルヒホッフの第 1 法則を適用して $i_R+i+I=0$

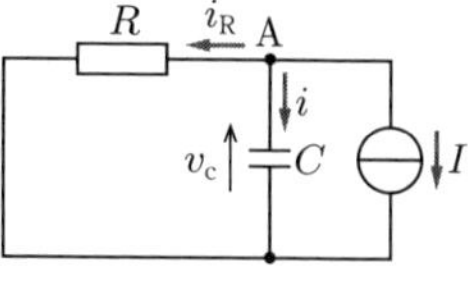

解図1　$t \geqq 0$ の等価回路

$$\frac{v_C}{R}+C\frac{\mathrm{d}v_C}{\mathrm{d}t}+I=0$$

$$\therefore \quad CR\frac{\mathrm{d}v_C}{\mathrm{d}t}+v_C+RI=0 \cdots\cdots ①$$

式①は，詳細解説 6 に示すように定数係数線形 1 階微分方程式であるから，式①の一般解は，過渡解と定常解の和で求められる．そこで，$v_C+RI=K\mathrm{e}^{\lambda t}$（$K$ は定数）とおけば，式①は $\mathrm{d}v_C/\mathrm{d}t=\lambda K\mathrm{e}^{\lambda t}$ ゆえ，

$$CR(\lambda K\mathrm{e}^{\lambda t})+K\mathrm{e}^{\lambda t}=0 \qquad \therefore \quad CR\lambda+1=0 \quad (\because \quad K\mathrm{e}^{\lambda t}\neq 0)$$

$$\therefore \quad \lambda=-\frac{1}{CR}$$

このように特性方程式と特性根が求められたので，式①の一般解は $v_C+RI=K\mathrm{e}^{-t/CR}$ となる．これを変形すれば，式②となる．すなわち，式①の微分方程式の一般解は，式②の第一項に相当する定常解と第二項に相当する過渡解の和として表されている．

$$v_C=-RI+K\mathrm{e}^{-\frac{t}{CR}} \cdots\cdots ②$$

次に，初期条件を使って，式②の定数 K を決める．初期条件は，$t=0^-$ においてスイッチ S_1, S_2 が b, d 側あるとき，コンデンサ C は直流電源 E から充電されて，その電圧 $v_C=E$ である．そこで，式②に $t=0$, $v_C=E$ を代入すれば $E=-RI+K$ となり，$K=RI+E$ と求められる．したがって，最終的には式①の微分方程式の解は次式となる．

$$v_C=\boldsymbol{-RI+(RI+E)\mathrm{e}^{-\frac{t}{CR}}} \cdots\cdots ③$$

(2) 題意から，$t=T_1$ のとき $v_C=0$ となるから，これを式③へ代入して

$$0=-RI+(RI+E)\mathrm{e}^{-T_1/CR} \qquad \therefore \quad \mathrm{e}^{-T_1/CR}=\frac{RI}{RI+E}$$

$$-\frac{T_1}{CR}=\ln\frac{RI}{RI+E} \qquad \therefore \quad T_1=-CR\ln\frac{RI}{RI+E}=\boldsymbol{CR\ln\left(1+\frac{E}{RI}\right)}$$

(3) 題意から，$t=T_1$ のとき，スイッチ S_1 を a 側から b 側に切り替えるので，問

題図の回路は解図2(a)のとおりとなる．そして，これは重ね合わせの定理から，電圧源だけの回路，電流源だけの回路として解図2(b)，解図2(c)を重ね合わせればよい．

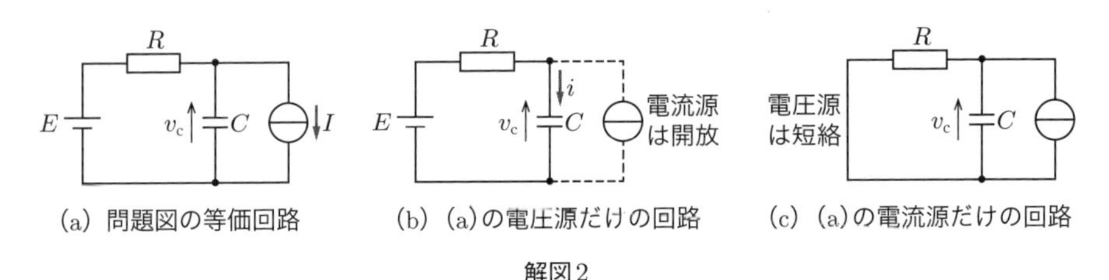

(a) 問題図の等価回路　(b) (a)の電圧源だけの回路　(c) (a)の電流源だけの回路

解図2

まず，解図2(c)の電圧源を短絡して電流源だけの回路は，スイッチS_1をb側に切り替える前のa側にあるときと同じ状態であるから，電圧v_Cの解は式③で表している．

一方，電流源を開放して電圧源だけの回路とした解図2(b)の回路は，次のように解く．コンデンサの電圧をv_Cとすれば，直流電源から抵抗RやコンデンサCに流れる電流iは$i = C\dfrac{\mathrm{d}v_C}{\mathrm{d}t}$と表せるから，キルヒホッフの第2法則から，次式が成り立つ．

$$E = Ri + v_C \qquad \therefore \quad E = RC\frac{\mathrm{d}v_C}{\mathrm{d}t} + v_C \cdots\cdots ④$$

この解法として，詳細解説6に示すように，過渡解と定常解の和として求める．過渡解として$K\mathrm{e}^{\lambda t}$を想定すれば，特性方程式は$RC\lambda + 1 = 0$となり，特性根λは$\lambda = -\dfrac{1}{CR}$と求められる．このため，過渡解は$K\mathrm{e}^{-t/CR}$である．一方，定常解は直流電源Eからコンデンサが充電されると，$v_C = E$となる（式④において，$\mathrm{d}v_C/\mathrm{d}t = 0$とおいてもよい）．

したがって，式④の微分方程式の一般解は，過渡解と定常解の和として次式で表せる．

$$v_C(t) = K\mathrm{e}^{-t/CR} + E \cdots\cdots ⑤$$

ここで，初期条件として，$t = T_1$のときに$v_C = 0$であるから，これを式⑤へ代入すれば

$$0 = K\mathrm{e}^{-T_1/CR} + E \qquad \therefore \quad K = -E\mathrm{e}^{T_1/CR} \cdots\cdots ⑥$$

そこで，式④の微分方程式の解は式⑦となる．

$$v_C(t) = -Ee^{T_1/CR}e^{-t/CR} + E = E(1-e^{-\frac{t-T_1}{CR}}) \quad \cdots\cdots ⑦$$

したがって，$t>T_1$ における電圧 v_C は電圧源 E による過渡応答と電流源 I による過渡応答の重ね合わせであるから，式③と式⑦を足し合わせ，式⑧のようになる．

$$v_C(t) = -RI + (RI+E)e^{-\frac{t}{CR}} + \boldsymbol{E(1-e^{-\frac{t-T_1}{CR}})} \quad \cdots\cdots ⑧$$

(4) 式⑧に $t=\infty$ を代入すれば，$v_C = \boldsymbol{E-RI}$ となる．

(5) $0 \leqq t \leqq T_1$ では式③が成り立ち，$T_1 \leqq t$ では式⑧が成り立つので，指数関数の形状に注意すれば，**(ワ)** が正しい．

解答　**(1) (ハ)　(2) (ロ)　(3) (ト)　(4) (リ)　(5) (ワ)**

詳細解説 6　定数係数線形 1 階微分方程式における特性方程式を用いた解法

定数係数線形 1 階微分方程式に関しては，微分方程式を変数分離して積分しなくても，簡単に解ける．まず，定数係数線形 1 階微分方程式とは，式(2･32)の形をしており，t に関する関数 $y(t)$ やその微分に関する項の係数がすべて定数である 1 階微分の微分方程式をいう．1 階微分は，$\mathrm{d}y/\mathrm{d}t$ だけで $\mathrm{d}^2y/\mathrm{d}t^2$ を含まない．電験に出題される電気回路の過渡現象は，これに該当することがほとんどである．電気回路では，式(2･32)の左辺は，抵抗，コイル，コンデンサの素子における電圧または電流，右辺は電源の電圧や電流を表すことが多い．

$$a\frac{\mathrm{d}y}{\mathrm{d}t} + by = c \quad (a, b, c \text{は定数で，} a \neq 0, b \neq 0) \tag{2･32}$$

定数係数線形 1 階微分方程式の場合，一般解は過渡解と定常解の和で表されることが知られている．そこで，一般解として，$y = y_t$(過渡解) $+ y_s$(定常解) として，式(2･32)に代入すれば

$$a\left(\frac{\mathrm{d}y_t}{\mathrm{d}t} + \frac{\mathrm{d}y_s}{\mathrm{d}t}\right) + b(y_t + y_s) = c \tag{2･33}$$

ここで，定常解における $dy_s/dt = 0$ に着眼すれば，式(2･33)は，過渡解に関する方程式の式(2･34)と定常解に関する方程式の式(2･35)に分解できる．

$$a\frac{\mathrm{d}y_t}{\mathrm{d}t} + by_t = 0 \tag{2･34}$$

$$by_s = c \quad \left(\because \quad \frac{\mathrm{d}y_s}{\mathrm{d}t} = 0\right) \tag{2･35}$$

過渡解 y_t は $y_t = Ke^{\lambda t}$ となることが知られているので，これを式(2･34)へ代入し

$$aK\lambda e^{\lambda t} + bKe^{\lambda t} = 0 \qquad \therefore \quad \boldsymbol{a\lambda + b = 0} \tag{2・36}$$

となる．式(2・36)を**特性方程式**といい，その解 $\lambda = -b/a$ を**特性根（固有値）**という．そこで，過渡解 y_t は $y_t = Ke^{-\frac{b}{a}t}$ と書ける．

次に，定常解は，式(2・35)から，$y_s = c/b$ と求められる．したがって，一般解は，過渡解と定常解の和として表すことができるので，次式となる．

$$y = y_t + y_s = Ke^{-\frac{b}{a}t} + \frac{c}{b} \tag{2・37}$$

ここで，式(2・37)の定数 K は初期条件を利用して決定し，最終的に解を求める．

他方，上記の解法は次のように考えても良い．式(2・32)の微分方程式を次式のように変形する．

$$a\frac{dy}{dt} + by - c = 0 \tag{2・38}$$

ここで，

$$by - c = K'e^{\lambda t} \tag{2・39}$$

とおいて，式(2・38)の微分方程式に代入すれば

$$a\left(\frac{K'}{b}\lambda e^{\lambda t}\right) + K'e^{\lambda t} = 0 \qquad \therefore \quad a\lambda + b = 0 \qquad \therefore \quad \lambda = -\frac{b}{a} \tag{2・40}$$

となる．つまり，式(2・36)と同じ特性方程式・特性根が求められる．この特性根 $\lambda = -b/a$ を式(2・39)へ代入して変形（ただし $K' = bK$）すれば，式(2・37)と同一になる．つまり，この場合，式(2・39)と置いた段階で，$y -$（定常解）=（過渡解）として解いているのである．

直流電源の場合には，式(2・32)の右辺の c は定数となるが，交流電源の場合には，式(2・32)の右辺は関数 $f(t)$ となる．この場合，一般解が過渡解と定常解の和で表せることは成立するので，定常解の算出に際してフェーザ表示により計算をすれば，基本的には式(2・33)～式(2・37)と同じプロセスを行えばよい．

問題 24　RC 回路の過渡現象　(R4-B5)

次の文章は，RC 回路の過渡現象に関する記述である．

図のように，一次側と二次側に直流電圧源 E が接続された抵抗 R と静電容量 C，スイッチからなる回路を考える．時刻 $t<0$ ではスイッチは開いており，回路は定常状態にあるものとする．時刻 $t=0$ でスイッチを閉じた．

節点 a と節点 b において，キルヒホッフの電流則を適用すると，$t \geqq 0$ で静

電容量 C を流れる電流 $i(t)$ と三つの抵抗 R をそれぞれ流れる電流 $i_1(t)$, $i_2(t)$, $i_3(t)$ との関係は,

$$i(t)=i_1(t)+\boxed{\ (1)\ }\ \cdots\cdots ①$$

となる．式①の左辺に静電容量 C の電圧 $v(t)$ と電流 $i(t)$ の関係式 $i(t)=C\dfrac{\mathrm{d}}{\mathrm{d}t}v(t)$ を代入し，右辺を $v(t)$ と E の式に書き直すと,

$$C\frac{\mathrm{d}}{\mathrm{d}t}v(t)=\boxed{\ (2)\ }\ \cdots\cdots ②$$

を得る．回路の初期条件から $v(t)$ の初期値 $v(0)$ を決定すると，式②の解は,

$$v(t)=\boxed{\ (3)\ }\ \cdots\cdots ③$$

となる．

このとき，節点 a と節点 b の電位に注意すると，直流電圧源 E から流れる電流 $i_1(t)$ と $i_2(t)$ は，$t=0$ では $\boxed{\ (4)\ }$ であり，式①より静電容量 C の電流 $i(t)$ は，$t=0$ では $i(0)=\boxed{\ (5)\ }$ となることが分かる．

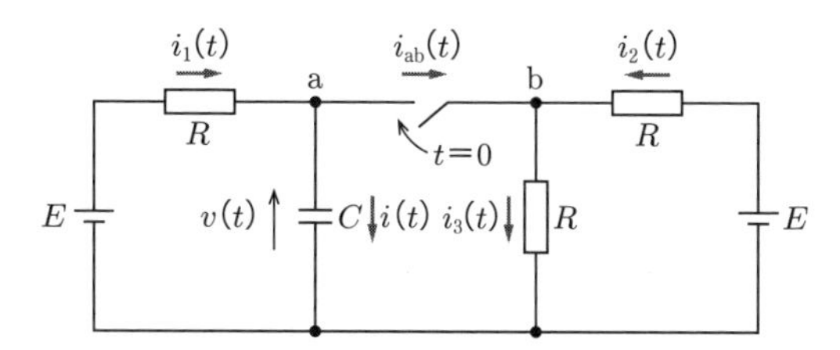

解答群

(イ) $i_1(0)=i_2(0)=0$

(ロ) $-\dfrac{3}{R}v(t)+\dfrac{3E}{R}$

(ハ) $E\mathrm{e}^{-\frac{3}{CR}t}+\dfrac{2E}{3}(1-\mathrm{e}^{-\frac{3}{CR}t})$

(ニ) $i_1(0)=i_2(0)=\dfrac{E}{3R}$

(ホ) $-\dfrac{E}{R}$

(ヘ) $\dfrac{E}{3}\mathrm{e}^{-\frac{3}{CR}t}+E(1-\mathrm{e}^{-\frac{3}{CR}t})$

(ト) $i_3(t)-i_2(t)$

(チ) $i_2(t)+i_3(t)$

(リ) $\dfrac{E}{2}\mathrm{e}^{-\frac{3}{CR}t}+\dfrac{E}{3}(1-\mathrm{e}^{-\frac{3}{CR}t})$

(ヌ) $\dfrac{E}{3R}$

(ル) $-\dfrac{3}{R}v(t)+\dfrac{E}{R}$

(ヲ) $-\dfrac{3}{R}v(t)+\dfrac{2E}{R}$

(ワ) $\dfrac{2E}{3R}$

(カ) $i_2(t)-i_3(t)$

(ヨ) $i_1(0)=0$ かつ $i_2(0)=\dfrac{E}{2R}$

― 攻略ポイント ―

電気回路の過渡現象を求めるとき，変数分離して微分方程式を解くか，ラプラス変換して解くか，一般解が定常解と過渡解の和で表せることを利用して解くか，問題に応じて適用しやすい手法で解く．

解説　(1) 節点 a，b において，キルヒホッフの電流則を適用すれば

$$i_1(t) = i(t) + i_{ab}(t)$$

$$i_2(t) = -i_{ab}(t) + i_3(t)$$

上式の両辺の和をとれば

$$i_1(t) + i_2(t) = i(t) + i_3(t)$$

$$\therefore \quad i(t) = i_1(t) + \boldsymbol{i_2(t) - i_3(t)} \quad \cdots\cdots ①$$

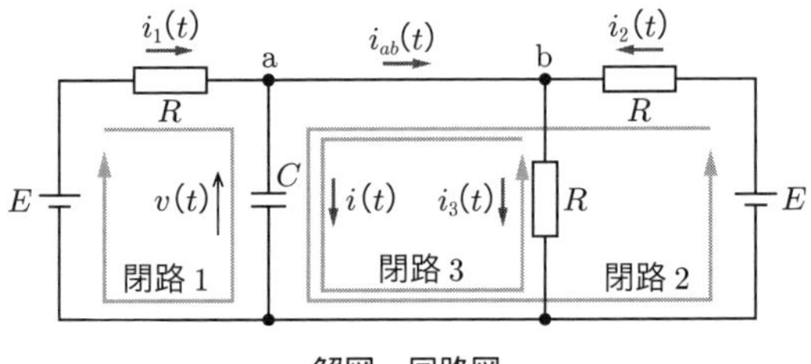

解図　回路図

(2) 解図の閉路 1，2，3 においてキルヒホッフの電圧則を適用すれば

$$E = v(t) + Ri_1(t) \qquad \therefore \quad i_1(t) = \frac{E - v(t)}{R} \quad \cdots\cdots ②$$

$$E = v(t) + Ri_2(t) \qquad \therefore \quad i_2(t) = \frac{E - v(t)}{R} \quad \cdots\cdots ③$$

$$v(t) = Ri_3(t) \qquad \therefore \quad i_3(t) = \frac{v(t)}{R} \quad \cdots\cdots ④$$

静電容量 C を流れる電流は $i(t) = C\mathrm{d}v(t)/\mathrm{d}t$ で，これと式②～式④を式①に代入すれば

$$C\frac{\mathrm{d}v(t)}{\mathrm{d}t} = \frac{E - v(t)}{R} + \frac{E - v(t)}{R} - \frac{v(t)}{R}$$

$$\therefore \quad C\frac{\mathrm{d}v(t)}{\mathrm{d}t} = \boldsymbol{-\frac{3}{R}v(t) + \frac{2E}{R}} \quad \cdots\cdots ⑤$$

(3) $t<0$ ではスイッチが開いており，回路は定常状態なのでコンデンサ C に流れる電流は 0 であり，電圧 $v(0)$ は直流電源電圧 E と等しい．したがって，$v(0) =$

E である．

式⑤の微分方程式はラプラス変換して解いてもよいが，ここでは，定数係数の線形微分方程式の一般解は定常解と過渡解の和で表されることを活用する．まず，定常解は $\mathrm{d}v(t)/\mathrm{d}t=0$ とすれば，$v(t)=2E/3$ である．次に，過渡解に関しては，詳細解説6の考え方から，特性方程式が $\lambda C+3/R=0$ となるから，$\lambda=-3/(CR)$ となる．そこで，過渡解は $A\mathrm{e}^{-\frac{3}{CR}t}$（$A$ は定数）となる．したがって，一般解は，定常解と過渡解の和として，次式で表される．

$$v(t)=\frac{2}{3}E+A\mathrm{e}^{-\frac{3}{CR}t} \quad\cdots⑥$$

式⑥で，初期条件の $v(0)=E$ を適用すれば，$A=E/3$ であるから，$v(t)$ は

$$v(t)=\frac{2}{3}E+\frac{E}{3}\mathrm{e}^{-\frac{3}{CR}t}=\boldsymbol{E\mathrm{e}^{-\frac{3}{CR}t}+\frac{2}{3}E(1-\mathrm{e}^{-\frac{3}{CR}t})} \quad\cdots⑦$$

(4) $t=0$ のときの電圧源 E から流れる電流 $i_1(0)$ および $i_2(0)$ は，式②，式③より

$$\boldsymbol{i_1(0)=i_2(0)}=\frac{E-v(0)}{R}=\frac{E-E}{R}=\boldsymbol{0} \quad\cdots⑧$$

(5) 式①より，$t=0$ において $i(0)=i_1(0)+i_2(0)-i_3(0)$

これに式⑧，式④，初期条件の $v(0)=E$ を代入すれば

$$i(0)=i_1(0)+i_2(0)-i_3(0)=0+0-\frac{E}{R}=\boldsymbol{-\frac{E}{R}}$$

解答　**(1)（カ）　(2)（ヲ）　(3)（ハ）　(4)（イ）　(5)（ホ）**

問題 25　***RLC* 回路における振動現象**　(H30–A3)

次の文章は，回路の過渡現象に関する記述である．

図の回路は，時刻 $t<0$ ではスイッチSは開いており，キャパシタ C の電荷 q は0である．

時刻 $t=0$ でスイッチSを閉じると，時刻 $t\geqq 0$ では電圧に関する以下の二つの微分方程式

$$L\frac{\mathrm{d}i_{\mathrm{L}}}{\mathrm{d}t}+\boxed{\quad(1)\quad}=E \quad\cdots①$$

$$L\frac{\mathrm{d}i_\mathrm{L}}{\mathrm{d}t} - \boxed{(2)} = 0 \cdots\cdots\cdots\cdots\cdots ②$$

が成立する．

上記の式①及び式②から，インダクタ L の電流 i_L に関する微分方程式

$$\boxed{(3)} + L\frac{\mathrm{d}i_\mathrm{L}}{\mathrm{d}t} + Ri_\mathrm{L} = E$$

を得る．

したがって，抵抗 R の電圧 v_R が振動的となる条件は，

$$\boxed{(4)} < 0$$

で与えられる．

また，スイッチSを閉じて十分時間が経過し，回路が定常状態になった時のキャパシタ C の電荷は，

$$q = \boxed{(5)}$$

となる．

S
R
v_R
E
C
i_C
L
i_L

解答群

(イ) $\frac{1}{2}CE^2$　(ロ) CE　(ハ) $R(i_\mathrm{L}+i_\mathrm{C})$

(ニ) $L-4R^2C$　(ホ) Ri_L　(ヘ) Ri_C

(ト) $\frac{1}{RC}\int i_\mathrm{C}\mathrm{d}t$　(チ) 0　(リ) $RLC\frac{\mathrm{d}^2 i_\mathrm{L}}{\mathrm{d}t^2}$

(ヌ) $\int i_\mathrm{C}\mathrm{d}t$　(ル) $4R^2C-L$　(ヲ) $LC\frac{\mathrm{d}^2 i_\mathrm{L}}{\mathrm{d}t^2}$

(ワ) $4R^2C+L$　(カ) $\frac{1}{C}\int i_\mathrm{C}\mathrm{d}t$　(ヨ) $RC\frac{\mathrm{d}^2 i_\mathrm{L}}{\mathrm{d}t^2}$

ー攻略ポイントー

RLC 回路の微分方程式は2階型（$\mathrm{d}^2y/\mathrm{d}t^2$ の項がある）となる．回路の電流や電圧に関して，その微分方程式における特性方程式の特性根が共役複素根なら減衰振動，二つの実根なら過制動，実数同根なら臨界制動になって，過渡現象が異なる．

解説　(1) 問題図のように，i_L，i_C を設定すると，キルヒホッフの第2法則より

$$E = v_R + L\frac{di_L}{dt} \cdots\cdots ①$$

ここで，$v_R = R\ (i_L + i_C)$ の関係があるので，これを式①へ代入して

$$L\frac{di_L}{dt} + \boldsymbol{R(i_L + i_C)} = E \cdots\cdots ②$$

(2) キャパシタ C の電荷を q とすれば，キャパシタ C とインダクタ L は並列接続で両端の電圧が等しいこと，$q = \int i_C dt$ を用いれば

$$\frac{q}{C} = L\frac{di_L}{dt} \qquad \therefore \quad L\frac{di_L}{dt} = \boldsymbol{\frac{1}{C}\int i_C dt} \cdots\cdots ③$$

(3) 式③を時間 t で微分すると

$$L\frac{d^2 i_L}{dt^2} = \frac{i_C}{C} \cdots\cdots ④$$

式④を i_C について解き，これを式①へ代入すれば

$$\boldsymbol{RLC\frac{d^2 i_L}{dt^2}} + L\frac{di_L}{dt} + Ri_L = E \cdots\cdots ⑤$$

(4) v_R は式④から i_L で表すことができる．

$$v_R = R(i_L + i_C) = R\left(i_L + LC\frac{d^2 i_L}{dt^2}\right) = RLC\frac{d^2 i_L}{dt^2} + Ri_L$$

この式から，i_L が振動的になるとき，v_R も振動的になる．したがって，振動条件は式⑤の微分方程式における特性方程式 $RLC\lambda^2 + L\lambda + R = 0$ の根が共役複素根をもつことである．

すなわち，λ に関する二次方程式の判別式 D が負になればよいから

$$D = L^2 - 4(RLC)\cdot R < 0 \qquad \therefore \quad \boldsymbol{L - 4R^2C < 0} \cdots\cdots ⑥$$

(5) 時間が十分に経過して回路が定常状態になったとき，式⑤において，$d^2i_L/dt^2 = 0$，$di_L/dt = 0$ であるから，$i_L = E/R$ となる．これを式③へ代入すると，回路が定常状態になったときのキャパシタ C の電荷 q は **0** となる．

(参考) 式⑤の微分方程式の特性方程式は $RLC\lambda^2 + L\lambda + R = 0$ であり，これを解くと

$$\lambda = \frac{-L \pm \sqrt{L^2 - 4R^2LC}}{2RLC} = \frac{-L \pm L\sqrt{1 - \frac{4R^2C}{L}}}{2RLC}$$

$$= -\frac{1}{2RC}\left(1 \mp \sqrt{1 - \frac{4R^2C}{L}}\right)$$

となる．そこで，式⑤の一般解は，過渡解と定常解との和として次式で表すことができる．

$$i_{\mathrm{L}} = K_1 \mathrm{e}^{-\frac{1}{2RC}(1-\sqrt{1-4R^2C/L})t} + K_2 \mathrm{e}^{-\frac{1}{2RC}(1+\sqrt{1-4R^2C/L})t} + \frac{E}{R} \quad (K_1,\ K_2 \text{は定数})$$

ここで，i_{L} が振動的であるためには，式⑥が成立しなければならず，このとき，指数関数の指数の実部が $-\dfrac{1}{2RC}$ で常に負なので，減衰しながら振動し，i_{L} は E/R に収束する．一方，$L-4R^2C \geqq 0$ の場合も，実部は $-\dfrac{1}{2RC}\left(1 \mp \sqrt{1-\dfrac{4R^2C}{L}}\right) < 0$ で常に負なので，i_{L} は $i_{\mathrm{L}} = E/R$ に収束する．

解答　**(1) (ハ)　(2) (カ)　(3) (リ)　(4) (ニ)　(5) (チ)**

詳細解説 7　*RLC* 直列回路の過渡現象

図 2･15 の *RLC* 直列回路において，時刻 $t = 0$ でスイッチ S を閉じ，直流電圧 E を加えたときの電流に関しては，次の関係式が成り立つ．

$$L\frac{\mathrm{d}i}{\mathrm{d}t} + Ri + \frac{1}{C}\int i\mathrm{d}t = E \qquad (2\cdot41)$$

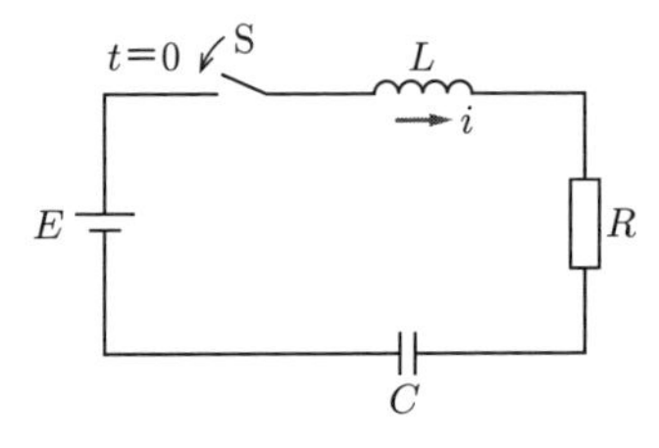

図2･15　*RLC* 直列回路

式(2･41)の微分方程式をラプラス変換すると

$$L\{sI(s) - i(0)\} + RI(s) + \frac{\frac{I(s)}{s} + \frac{q(0)}{s}}{C} = \frac{E}{s} \qquad (2\cdot42)$$

ここで，$i(0) = 0$，$q(0) = 0$ を上式に代入して，式を整理すれば

$$I(s) = \frac{E}{s\left(sL + R + \frac{1}{sC}\right)} \qquad (2\cdot43)$$

分母は

$$s\left(sL+R+\frac{1}{sC}\right)=L\left(s^2+\frac{R}{L}s+\frac{1}{LC}\right)=L\left[\left(s+\frac{R}{2L}\right)^2+\left\{\frac{1}{LC}-\left(\frac{R}{2L}\right)^2\right\}\right] \tag{2・44}$$

と変形できるから，下記の 3 ケースに分けることができる．

(1) ケース 1：$\frac{1}{LC}-\left(\frac{R}{2L}\right)^2>0$ すなわち $\frac{R}{2}<\sqrt{\frac{L}{C}}$ の場合

$\alpha=\frac{R}{2L}$ とおいて式(2・44)の｛　｝内を $\omega^2=\frac{1}{LC}-\left(\frac{R}{2L}\right)^2$ とすれば

$$I(s)=\frac{E}{L\{(s+\alpha)^2+\omega^2\}}=\frac{E}{L}\cdot\frac{1}{(s+\alpha)^2+\omega^2}=\frac{E}{\omega L}\cdot\frac{\omega}{(s+\alpha)^2+\omega^2} \tag{2・45}$$

となる．表 2・1 の推移法則と三角関数を見ながら，逆ラプラス変換すれば

$$\boldsymbol{i(t)}=\frac{E}{\omega L}\mathcal{L}^{-1}\left[\frac{\omega}{(s+\alpha)^2+\omega^2}\right]=\frac{E}{\omega L}\mathrm{e}^{-\alpha t}\mathcal{L}^{-1}\left[\frac{\omega}{s^2+\omega^2}\right]$$

$$=\frac{E}{\omega L}\mathrm{e}^{-\alpha t}\sin\omega t=\boldsymbol{\frac{E}{\sqrt{\frac{L}{C}-\left(\frac{R}{2}\right)^2}}\mathrm{e}^{-\frac{R}{2L}t}\sin\sqrt{\frac{1}{LC}-\left(\frac{R}{2L}\right)^2}\,t} \tag{2・46}$$

電流の時間的変化を図示すれば図 2・16 となる．外部から振動性の起電力を加えなくても生じる振動現象を**自由振動**といい，その周波数 ω_0 を**固有周波数**という．固有周波数 f_0 は $f_0=\omega/2\pi$ であるから，上記 ω を活用し，次式となる．

$$\boldsymbol{f_0=\frac{\omega_0}{2\pi}=\frac{1}{2\pi}\sqrt{\frac{1}{LC}-\left(\frac{R}{2L}\right)^2}} \tag{2・47}$$

(2) ケース 2：$\frac{1}{LC}-\left(\frac{R}{2L}\right)^2<0$ すなわち $\frac{R}{2}>\sqrt{\frac{L}{\mathrm{C}}}$ の場合

$\gamma^2=\left(\frac{R}{2L}\right)^2-\frac{1}{LC}$ とおけば，式(2・43)，式(2・44)より

$$I(s)=\frac{E}{L\{(s+\alpha)^2-\gamma^2\}}=\frac{E}{L}\cdot\frac{1}{(s+\alpha)^2-\gamma^2}=\frac{E}{\gamma L}\cdot\frac{\gamma}{(s+\alpha)^2-\gamma^2} \tag{2・48}$$

表 2・1 の推移法則と双曲線関数を見ながら，逆ラプラス変換すれば

$$\boldsymbol{i(t)}=\frac{E}{\gamma L}\mathcal{L}^{-1}\left[\frac{\gamma}{(s+\alpha)^2-\gamma^2}\right]=\frac{E}{\gamma L}\mathrm{e}^{-\alpha t}\mathcal{L}^{-1}\left[\frac{\gamma}{s^2-\gamma^2}\right] \tag{2・49}$$

$$\boldsymbol{=\frac{E}{\gamma L}\mathrm{e}^{-\alpha t}\sinh\gamma t=\frac{E}{\sqrt{\left(\frac{R}{2}\right)^2-\frac{L}{C}}}\mathrm{e}^{-\frac{R}{2L}t}\sinh\sqrt{\left(\frac{R}{2L}\right)^2-\frac{1}{LC}}\,t}$$

となる．ここで，

$$\sinh \gamma t = \frac{e^{\gamma t} - e^{-\gamma t}}{2} \tag{2・50}$$

である．電流の時間的変化を図示すれば図2・17となる．

(3) ケース3：$\dfrac{1}{LC} = \left(\dfrac{R}{2L}\right)^2$ すなわち $\dfrac{R}{2} = \sqrt{\dfrac{L}{C}}$ の場合

式(2・44)の｛　　｝内が0であるから，式(2・43)は

$$I(s) = \frac{E}{L(s+\alpha)^2} = \frac{E}{L} \cdot \frac{1}{(s+\alpha)^2} \tag{2・51}$$

となる．表2・1の推移法則とランプ関数を活用し，逆ラプラス変換すれば

$$\boldsymbol{i(t)} = \frac{E}{L}\mathcal{L}^{-1}\left[\frac{1}{(s+\alpha)^2}\right] = \frac{E}{L}e^{-\alpha t}\mathcal{L}^{-1}\left[\frac{1}{s^2}\right] = \boldsymbol{\frac{E}{L}te^{-\frac{R}{2L}t}} \tag{2・52}$$

となる．電流の時間的変化を図示すれば図2・18となる．

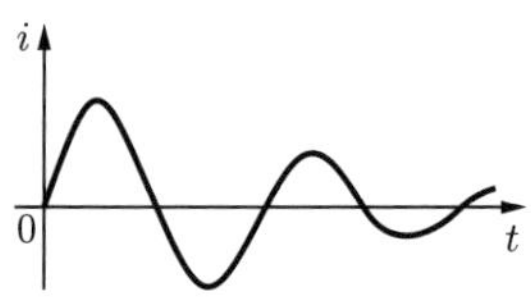

図2・16　ケース1の電流変化

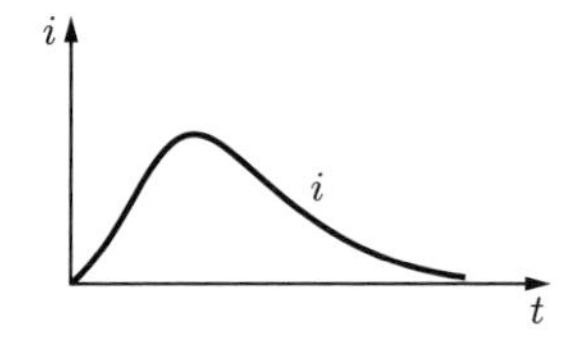

図2・17　ケース2の電流変化

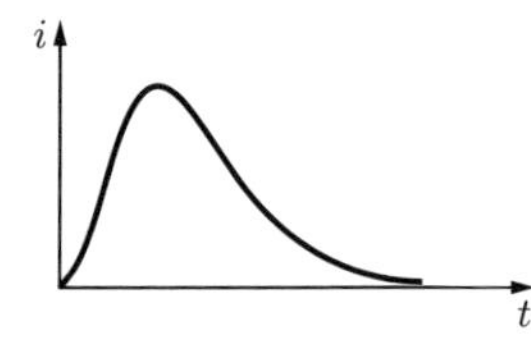

図2・18　ケース3の電流変化

問題26　*RL* 直列回路への交流電圧印加時の過渡現象　(R3-B5)

次の文章は，交流回路の過渡現象に関する記述である．

図の RL 回路において，時刻 $t<0$ ではスイッチSは開いている．時刻 $t=0$ でスイッチSを閉じ，回路に正弦波交流電圧 $v(t)=V_m \sin(\omega t+\theta)$ が印加されるものとする．

回路の電流を $i(t)$ とすれば，時刻 $t \geqq 0$ では次式の回路方程式が成立する．

$\boxed{(1)} + Ri(t) = V_m \sin(\omega t+\theta)$ ……………………………… ①

時刻 $t \geqq 0$ における電流 $i(t)$ は，式①の定常解 $i_s(t)$ と過渡解 $i_T(t)$ の和として与えられる．

定常解 $i_s(t)$ は，正弦波交流回路の定常電流として，

$i_s(t) = \dfrac{V_m}{\sqrt{R^2+(\omega L)^2}} \sin(\omega t+\theta-\phi)$ ……………………………… ②

となる．ただし，$\phi =$ (2) である．

一方，過渡解 $i_{\mathrm{T}}(t)$ は，式①の右辺を 0 とした場合の解であるので，任意定数を K とすれば次式となる．

$$i_{\mathrm{T}}(t) = K \times \boxed{(3)} \quad \cdots\cdots ③$$

したがって，電流 $i(t)$ の一般解は，式②及び式③より，次式で与えられる．

$$i(t) = i_s(t) + i_{\mathrm{T}}(t) = \frac{V_{\mathrm{m}}}{\sqrt{R^2 + (\omega L)^2}} \sin(\omega t + \theta - \phi) + K \times \boxed{(3)} \cdots ④$$

時刻 $t=0$ における回路の電流 $i(0)=0$ であることに注意すれば，式④より任意定数 K は次式で与えられる．

$$K = \boxed{(4)} \quad \cdots\cdots ⑤$$

以上より，時刻 $t \geqq 0$ における回路の電流 $i(t)$ は，次式で与えられる．

$$i(t) = \frac{V_{\mathrm{m}}}{\sqrt{R^2 + (\omega L)^2}} \sin(\omega t + \theta - \phi) + \boxed{(4)} \times \boxed{(3)} \cdots\cdots ⑥$$

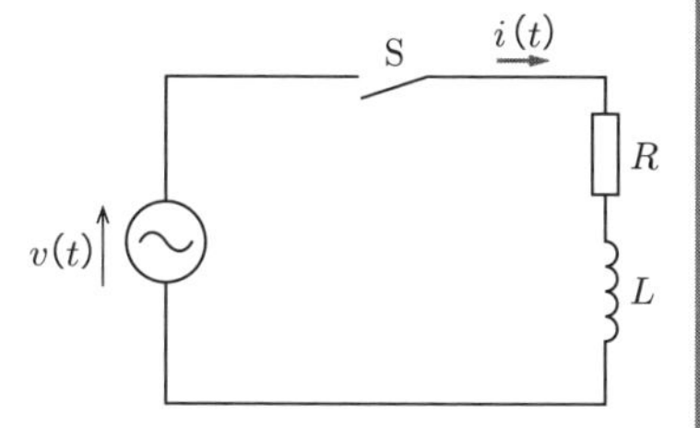

なお，式⑥において $\theta - \phi =$ (5) が成立する場合には，時刻 $t \geqq 0$ における回路の電流 $i(t)$ は定常角 $i_s(t)$ のみで表される．

解答群

(イ) $\tan^{-1}\dfrac{1}{\omega LR}$　(ロ) $\mathrm{e}^{-\frac{1}{RL}t}$　(ハ) 0　(ニ) $\tan^{-1}\dfrac{\omega L}{R}$

(ホ) $\mathrm{e}^{-\frac{R}{L}t}$　(ヘ) $\omega L i(t)$　(ト) $\tan^{-1}\dfrac{R}{\omega L}$　(チ) $\dfrac{\mathrm{d}i(t)}{\mathrm{d}t}$

(リ) $\dfrac{\pi}{4}$　(ヌ) $L\dfrac{\mathrm{d}i(t)}{\mathrm{d}t}$　(ル) $\dfrac{\pi}{2}$　(ヲ) $\mathrm{e}^{-\frac{L}{R}t}$

(ワ) $\dfrac{-V_{\mathrm{m}}}{\sqrt{R^2 + (\omega L)^2}} \sin(\theta - \phi)$　(カ) $\dfrac{V_{\mathrm{m}}}{\sqrt{R^2 + (\omega L)^2}} \sin(\theta - \phi)$

(ヨ) $\dfrac{V_{\mathrm{m}}}{\sqrt{R^2 + (\omega L)^2}} \sin(\theta + \phi)$

ー攻略ポイントー

RL 直列回路に交流電源を印加するときの過渡現象も，詳細解説 6 に示すように，式(2･32)の右辺が定数ではなく正弦波になるだけであり，一般解は定常解と過渡解の和で表すことができる．定常解はフェーザ表示により交流計算すればよい．

解説　(1) インダクタンス L のコイルに電流 $i(t)$ が流れるときの電圧 $v_{\mathrm{L}}(t)$ は $v_{\mathrm{L}}(t)=L\dfrac{\mathrm{d}i(t)}{\mathrm{d}t}$ であるから，題意と問題図を踏まえ，キルヒホッフの第二法則より

$$v(t)=\boldsymbol{L\frac{\mathrm{d}i(t)}{\mathrm{d}t}}+Ri(t)=V_{\mathrm{m}}\sin(\omega t+\theta)$$

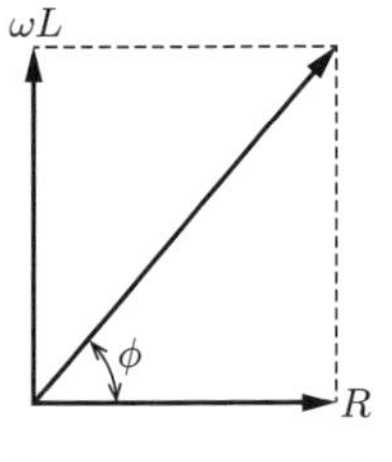

解図１　ベクトル図

(2) 図の交流回路のインピーダンス $\dot{Z}$ は $\dot{Z}=R+j\omega L$ であるから，インピーダンスのベクトル図は解図１のようになる．

$$\tan\phi=\frac{\omega L}{R}\qquad\therefore\quad \phi=\boldsymbol{\tan^{-1}\frac{\omega L}{R}}$$

(3) 次に，過渡解を求めるのに，式①の右辺を0にすればよいから，次式となる．

$$L\frac{\mathrm{d}i(t)}{\mathrm{d}t}+Ri(t)=0$$

この解を $i_{\mathrm{T}}(t)=K\mathrm{e}^{\lambda t}$（ただし K は定数）とおけば，$LK\lambda\mathrm{e}^{\lambda t}+RK\mathrm{e}^{\lambda t}=0$ となる．すなわち，特性方程式は $L\lambda+R=0$ で，特性根 λ は $\lambda=-R/L$ である．すなわち，過渡解は $i_{\mathrm{T}}(t)=\boldsymbol{K\mathrm{e}^{-\frac{R}{L}t}}$ となる．

(4) したがって，式①の微分方程式の一般解は，定常解と過渡解の和として次式となる．

$$i(t)=\frac{V_{\mathrm{m}}}{\sqrt{R^2+(\omega L)^2}}\sin(\omega t+\theta-\phi)+K\mathrm{e}^{-\frac{R}{L}t}$$

ここで，初期条件として，$t=0$，$i(0)=0$ を代入すれば

$$0=\frac{V_{\mathrm{m}}}{\sqrt{R^2+(\omega L)^2}}\sin(\theta-\phi)+K\qquad\therefore\quad K=\boldsymbol{\frac{-V_{\mathrm{m}}}{\sqrt{R^2+(\omega L)^2}}\sin(\theta-\phi)}$$

(5) $i(t)$ が定常解の $i_{\mathrm{s}}(t)$ のみで表されるということは，過渡解 $i_{\mathrm{T}}(t)$ は t によらず零になるということであり，これは $K=0$ の条件を求めればよいことになる．

$$\frac{-V_{\mathrm{m}}}{\sqrt{R^2+(\omega L)^2}}\sin(\theta-\phi)=0\qquad\therefore\quad\sin(\theta-\phi)=0\qquad\therefore\quad\theta-\phi=\boldsymbol{0}$$

解答　**(1)（ヌ）　(2)（ニ）　(3)（ホ）　(4)（ワ）　(5)（ハ）**

問題27　*RC* 直列回路への交流電圧印加時の過渡解　（H21-A3）

次の文章は，回路の過渡現象に関する記述である．

図の回路において，時刻 $t=0$ でスイッチ SW を投入した後の電流 $i(t)$ をラプラス変換を用いて求めたい．ただし，最大電圧 $E_m=100\ \mathrm{V}$，静電容量 $C=0.001\ \mathrm{F}$，抵抗 $R=100\ \Omega$，角周波数 $\omega=10\ \mathrm{rad/s}$ とし，C の初期電荷を 0 C とする．また，$u(t)$ は単位ステップ関数とする．

この回路を解析するに当たり，計算を簡単化するため交流電源 $E_m\cos\omega t$ を複素交流電源 $E_m\mathrm{e}^{j\omega t}$ に置き換えて考える．過渡現象を解析するための回路は $t>0$ の状態の回路であるから，スイッチを投入した状態でキルヒホッフの電圧則を適用することにより，回路に流れる複素電流 $i^*(t)$ に関する方程式 [(1)] が得られる．複素電流 $i^*(t)$ のラプラス変換を $I^*(s)$ で表し，式 [(1)] の両辺をラプラス変換し，s 領域の方程式を求めることにより $I^*(s)=$ [(2)] が得られる．さらにこれに各素子と電源に与えられた数値を代入し部分分数に展開すると $I^*(s)=$ [(3)] となる．次に [(3)] をラプラス変換することにより $i^*(t)$ は [(4)] と求められる．電流 $i(t)$ は $i^*(t)$ の実部であるから $i(t)=$ [(5)] となる．

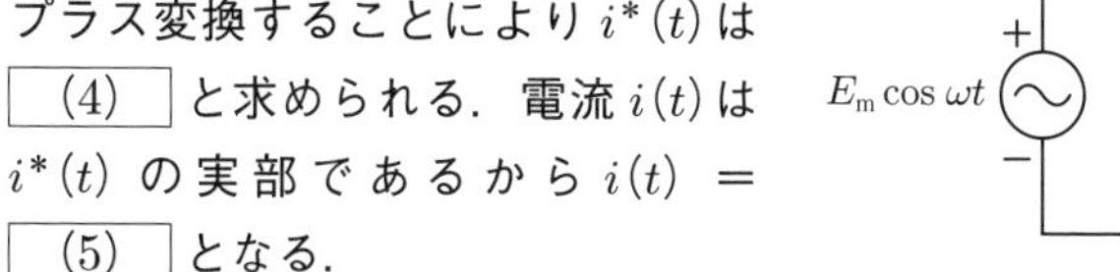

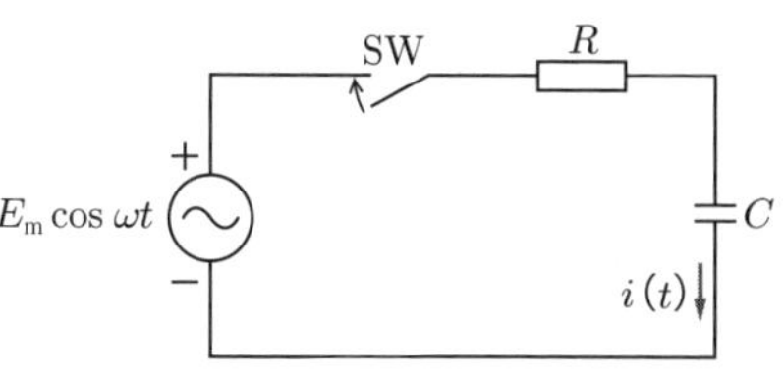

解答群

(イ)　$E_\mathrm{m}\mathrm{e}^{j\omega t}\cdot u(t)=Ri^*(t)-\dfrac{1}{C}\displaystyle\int_0^t i^*(t')\,\mathrm{d}t'$

(ロ)　$\dfrac{E_\mathrm{m}}{R}\cdot\dfrac{s}{(s+j\omega)\left(s-\dfrac{1}{RC}\right)}$　　(ハ)　$\dfrac{1}{1-j}\cdot\dfrac{1}{s-j10}+\dfrac{1}{1+j}\cdot\dfrac{1}{s+10}$

(ニ)　$\dfrac{1}{1+j}\mathrm{e}^{-j10t}\cdot u(t)-\dfrac{1}{1+j}\mathrm{e}^{10t}\cdot u(t)$

(ホ)　$\dfrac{1}{\sqrt{2}}\cos\left(10t-\dfrac{\pi}{4}\right)\cdot u(t)+\dfrac{1}{2}\mathrm{e}^{-10t}\cdot u(t)$

(ヘ)　$E_\mathrm{m}\mathrm{e}^{j\omega t}\cdot u(t)=Ri^*(t)+\dfrac{1}{C}\displaystyle\int_0^t i^*(t')\,\mathrm{d}t'$

(ト)　$\dfrac{E_\mathrm{m}}{R}\cdot\dfrac{s}{(s+j\omega)\left(s+\dfrac{1}{RC}\right)}$　　(チ)　$\dfrac{1}{1+j}\cdot\dfrac{1}{s+j10}+\dfrac{1}{1-j}\cdot\dfrac{1}{s+10}$

（リ）　$\dfrac{1}{1-j}\mathrm{e}^{j10t}\cdot u(t)+\dfrac{1}{1+j}\mathrm{e}^{-10t}\cdot u(t)$

（ヌ）　$\dfrac{1}{\sqrt{2}}\cos\left(10t-\dfrac{\pi}{4}\right)\cdot u(t)+\dfrac{1}{2}\mathrm{e}^{10t}\cdot u(t)$

（ル）　$E_{\mathrm{m}}\mathrm{e}^{j2\omega t}\cdot u(t)=Ri^*(t)+\dfrac{1}{C}\displaystyle\int_0^t i^*(t')\,\mathrm{d}t'$

（ヲ）　$\dfrac{E_{\mathrm{m}}}{R}\dfrac{s}{(s-j\omega)\left(s+\dfrac{1}{RC}\right)}$　　（ワ）　$\dfrac{1}{1-j}\cdot\dfrac{1}{s+j10}+\dfrac{1}{1+j}\cdot\dfrac{1}{s-10}$

（カ）　$\dfrac{j}{1-j}\mathrm{e}^{-j10t}\cdot u(t)+\dfrac{1}{1+j}\mathrm{e}^{-10t}\cdot u(t)$

（ヨ）　$\dfrac{1}{\sqrt{2}}\cos\left(10t+\dfrac{\pi}{4}\right)\cdot u(t)+\dfrac{1}{2}\mathrm{e}^{-10t}\cdot u(t)$

ー攻略ポイントー

今度は，RC 直列回路の過渡現象に関して，ラプラス変換を用いて過渡現象を解析するケースである．今回の問題の計算手法を取る理由も解説に記す．表 2·1 のラプラス変換表を覚えるとともに，効率的にラプラス変換・逆ラプラス変換できるように慣れる．

解説　(1) 問題図において，時刻 $t=0$ でスイッチ SW を投入するということは，単位ステップ関数の定義（$t<0$ では 0，$0\leqq t$ では 1）を考慮すると，スイッチを投入した状態で電源 $e=E_{\mathrm{m}}\cos\omega t\cdot u(t)$ を印加すると考えればよい．問題図の RC 直列回路にこの電源を印加するとき，コンデンサ C の初期電荷が零であるから，キルヒホッフの第2法則より

$$Ri(t)+\frac{1}{C}\int_0^t i(t')\,\mathrm{d}t'=E_{\mathrm{m}}\cos\omega t\cdot u(t)\quad\cdots\cdots①$$

式①を表2·1のラプラス変換表に基づいてラプラス変換すれば，$\displaystyle\int_{-\infty}^0 i(t')\,\mathrm{d}t'=0$（初期電荷は0）を考慮し，

$$RI(s)+\frac{1}{Cs}I(s)=\frac{s}{s^2+\omega^2}E_{\mathrm{m}}$$

これから代数的に $I(s)$ を求めて逆ラプラス変換することも可能であるが，効率

的な計算手法が問題文中に示されている．すなわち，交流電源を $E_{\mathrm{m}}\mathrm{e}^{j\omega t}$ に置き換えて考える．この場合，余弦波交流電源 $E_{\mathrm{m}}\cos\omega t$ を実部，正弦波交流電源 $E_{\mathrm{m}}\sin\omega t$ を虚部とする電源である．

$$E_{\mathrm{m}}\mathrm{e}^{j\omega t}=E_{\mathrm{m}}\cos\omega t+jE_{\mathrm{m}}\sin\omega t \cdots\cdots ②$$

解図1のように，複素交流電源を印加して求めた複素電流 $i^*(t)$ は，重ね合わせの定理より，余弦波交流電源を印加したときの電流 $i(t)$（実部）と，正弦波交流電源を印加したときの電流 $i'(t)$（虚部）の和になる．

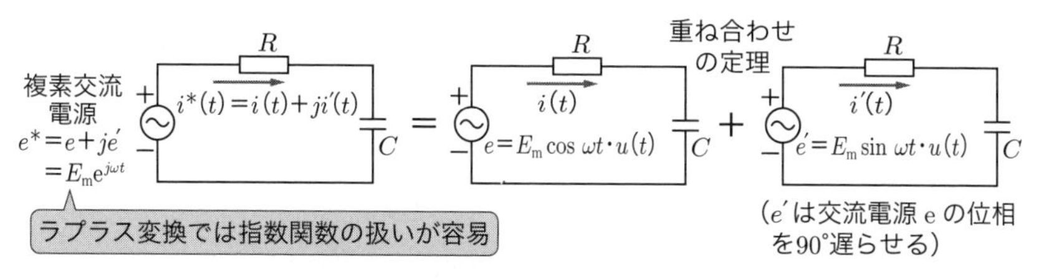

解図1　複素交流電源による取り扱い

したがって，複素交流電源に対する式①の方程式は次式のように書き換えることができる．

$$\boldsymbol{E_{\mathrm{m}}\mathrm{e}^{j\omega t}\cdot u(t)=Ri^*(t)+\frac{1}{C}\int_0^t i^*(t')\mathrm{d}t'} \cdots\cdots ③$$

(2)　表2･1のラプラス変換表を思い出しながら，これをラプラス変換すると

$$\frac{1}{s-j\omega}E_{\mathrm{m}}=RI^*(s)+\frac{1}{Cs}\left(I^*(s)+\int_{-\infty}^{0}i^*(t')\mathrm{d}t'\right)$$

ここで，C の初期電荷は0なので，$\int_{-\infty}^{0}i^*(t')\mathrm{d}t'=0$ であるから

$$\frac{1}{s-j\omega}E_{\mathrm{m}}=RI^*(s)+\frac{1}{Cs}I^*(s)$$

$$\therefore\quad I^*(s)=\frac{E_{\mathrm{m}}}{(s-j\omega)\left(R+\frac{1}{Cs}\right)}=\boldsymbol{\frac{E_{\mathrm{m}}}{R}\cdot\frac{s}{(s-j\omega)\left(s+\frac{1}{RC}\right)}} \cdots\cdots ④$$

式④に問題文の条件を代入して，部分分数展開を行うと

$$I^*(s)=\frac{100}{100}\times\frac{s}{(s-j10)\left(s+\frac{1}{100\times0.001}\right)}=\frac{s}{(s-j10)(s+10)}$$

$$= \frac{A}{s-j10} + \frac{B}{s+10}$$

ここで，

$$A = [(s-j10)I^*(s)]_{s=j10} = \frac{j10}{j10+10} = \frac{1}{1-j},$$

$$B = [(s+10)I^*(s)]_{s=-10} = \frac{-10}{-10-j10} = \frac{1}{1+j}$$

$$\therefore \quad I^*(s) = \mathbf{\frac{1}{1-j} \cdot \frac{1}{s-j10} + \frac{1}{1+j} \cdot \frac{1}{s+10}} \quad \cdots\cdots ⑤$$

そこで，式⑤を逆ラプラス変換すると，次式となる．

$$i^*(t) = \mathcal{L}^{-1}[I^*(s)] = \boldsymbol{\frac{1}{1-j} \mathrm{e}^{j10t} \cdot u(t) + \frac{1}{1+j} \mathrm{e}^{-10t} \cdot u(t)} \quad \cdots\cdots ⑥$$

この式⑥は，$t<0$ では 0 であるから，右辺第１項，第２項には単位ステップ関数 $u(t)$ を乗じている．式⑥を整理すれば次式となる．

$$i^*(t) = \frac{1}{\sqrt{2}\mathrm{e}^{-j\frac{\pi}{4}}} \mathrm{e}^{j10t} \cdot u(t) + \frac{1}{\sqrt{2}\mathrm{e}^{j\frac{\pi}{4}}} \mathrm{e}^{-10t} \cdot u(t)$$

$$= \frac{1}{\sqrt{2}} \mathrm{e}^{j\left(10t+\frac{\pi}{4}\right)} \cdot u(t) + \frac{\mathrm{e}^{-10t}}{\sqrt{2}} \mathrm{e}^{-j\frac{\pi}{4}} \cdot u(t) \quad \cdots\cdots ⑦$$

したがって，電源は複素交流電源の実部であるから，電流 $i(t)$ は式⑦の実部を取って

$$i(t) = \mathrm{Re}[i^*(t)] = \frac{1}{\sqrt{2}} \cos\left(10t + \frac{\pi}{4}\right) \cdot u(t) + \frac{\mathrm{e}^{-10t}}{\sqrt{2}} \cdot \cos\frac{\pi}{4} \cdot u(t)$$

$$= \boldsymbol{\frac{1}{\sqrt{2}} \cos\left(10t + \frac{\pi}{4}\right) \cdot u(t) + \frac{1}{2} \mathrm{e}^{-10t} \cdot u(t)}$$

解答　**(1)（ヘ）　(2)（ヲ）　(3)（ハ）　(4)（リ）　(5)（ヨ）**

4　分布定数回路

問題 28　3本の線路を接続した分布定数回路　（H24-A3）

次の文章は，分布定数回路に関する記述である．

図のように，特性インピーダンスがそれぞれ Z_1，Z_2 と Z_3 の3本の無損失線路が接続されている．Z_1 と Z_2，Z_3 の関係を求めたい．線路間に電気的・磁気的結合はなく，また，A，B，C それぞれの端子では反射がないものとする．

A，B それぞれの端子から接続点 D に向かって波頭が階段状で波高値 E の電圧波が進入したとき，以下の現象が見られた．

(a)　図1のようにA端子のみから電圧波が進入したとき，接続点Dで反射が生じた．

(b)　図2のようにB端子のみから電圧波が進入したとき，接続点Dでは反射が生じなかった．

現象 (a) に対して，A端子からの入射波による電流 i，接続点Dでの反射により生じる電圧 E_1，電流 i_1，また，Z_2 側，Z_3 側への透過波による電圧 E_2，電流 i_2，電圧 E_3，電流 i_3 を図のようにとる．電流は入射波が接続点Dに向かって進行する方向及び透過波が接続点Dから離れる方向を正とする．

接続点Dの電圧，電流の関係はそれぞれ次式で表される．

$$\left.\begin{aligned} E+E_1&=E_2=E_3 \\ i+i_1&=i_2+i_3 \end{aligned}\right\} \cdots\cdots ①$$

ここで $Y_1=\dfrac{1}{Z_1}$，$Y_2=\dfrac{1}{Z_2}$，$Y_3=\dfrac{1}{Z_3}$ とおき，それらを用いて E_1，E_2 と E の関係を表すと，次のようになる．

$$\left.\begin{aligned} E_1&=\boxed{(1)}\times E \\ E_2&=\boxed{(2)}\times E \end{aligned}\right\} \cdots\cdots ②$$

次に現象 (b) について考える．接続点Dで反射が生じないことから，Y_2 は Y_1 と Y_3 を用いると次式で表される．

$$Y_2=\boxed{(3)} \cdots\cdots ③$$

現象（a）において反射が生じたときの接続点Ｄの電位が $\frac{2}{3}E$ であったとき，Z_2，Z_3 と Z_1 の関係は次のようになる．

$$\left.\begin{aligned} Z_2 &= \boxed{\ (4)\ } \\ Z_3 &= \boxed{\ (5)\ } \end{aligned}\right\} \cdots\cdots ④$$

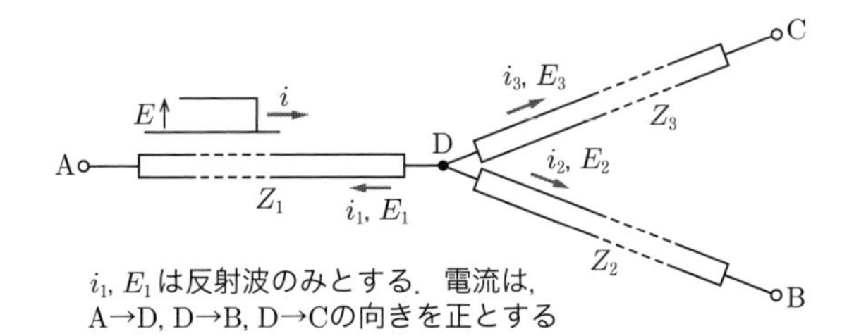

図１

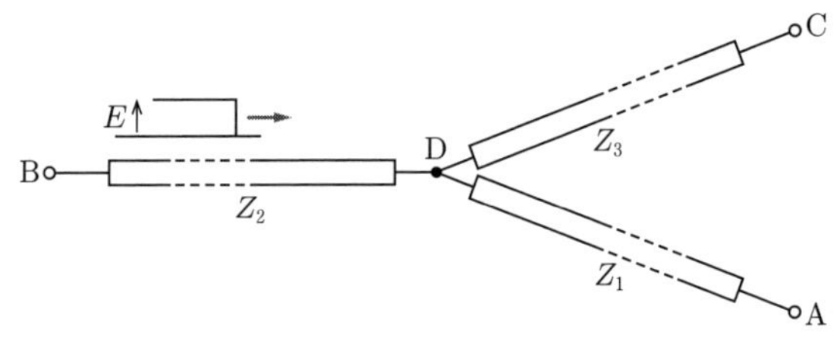

図２

解答群

（イ）$\frac{1}{2}Z_1$　（ロ）$\frac{Y_1+Y_3}{Y_1Y_3}$　（ハ）$2Z_1$

（ニ）$\frac{Y_1+Y_2+Y_3}{Y_1-Y_2-Y_3}$　（ホ）$\frac{2Y_1}{Y_1+Y_2+Y_3}$　（ヘ）$\frac{3}{2}Z_1$

（ト）$\frac{Y_1Y_3}{Y_1+Y_3}$　（チ）$\frac{2Y_1}{Y_1-Y_2-Y_3}$　（リ）Y_1+Y_3

（ヌ）$\frac{1}{\sqrt{2}}Z_1$　（ル）$\frac{Y_1-Y_2-Y_3}{Y_1+Y_2+Y_3}$　（ヲ）$3Z_1$

（ワ）$\frac{2Y_2Y_3}{Y_1Y_2+Y_2Y_3+Y_3Y_1}$　（カ）$\frac{2}{3}Z_1$　（ヨ）$\frac{Y_2Y_3-Y_1(Y_2+Y_3)}{Y_1Y_2+Y_2Y_3+Y_3Y_1}$

一攻略ポイント一

分布定数回路における入射波・反射波・透過波に関する進行波の問題であり，頻出テーマである．解法は決まっているので，詳細解説 8 や本書の過去問題を通じて慣れておく．

解説　(1) 現象 (a) に関して，接続点Dの電圧・電流の関係式は，問題中の式①で与えられている．ここで，電流は入射波が接続点Dに向かって進行する方向を正と定義するので，接続点Dへの流入電流和が $i+i_1$ となっている．

$i=Y_1E$，$i_1=-Y_1E_1$，$i_2=Y_2E_2$，$i_3=Y_3E_3$ を問題中の式①の下式へ代入して

$$Y_1E-Y_1E_1=Y_2E_2+Y_3E_3 \quad \cdots\cdots ①$$

式①の右辺の E_2，E_3 の代わりに，問題中の式①の上式の $E+E_1$ を代入すると

$$Y_1E-Y_1E_1=Y_2(E+E_1)+Y_3(E+E_1)=(Y_2+Y_3)E+(Y_2+Y_3)E_1$$

$$\therefore \quad \boldsymbol{E_1=\frac{Y_1-Y_2-Y_3}{Y_1+Y_2+Y_3}E} \quad \cdots\cdots ②$$

(2) 問題中の式①の上式に式②を代入すれば

$$E_2=E+E_1=E+\frac{Y_1-Y_2-Y_3}{Y_1+Y_2+Y_3}E=\frac{\boldsymbol{2Y_1}}{\boldsymbol{Y_1+Y_2+Y_3}}E$$

(3) 現象 (b) について，図2から，接続点Dの電圧・電流の関係式は次式となる．

B端子から入射する電圧波 E の電流を i とし，Z_1 側への透過波による電圧 E_1，電流 i_1，Z_3 側への透過波による電圧 E_3，電流 i_3 とする．

$$E=E_1=E_3 \qquad i=i_1+i_3 \quad \cdots\cdots ③$$

$i=Y_2E$，$i_1=Y_1E_1$，$i_3=Y_3E_3$ を式③の電流に関する式に代入すれば

$$Y_2E=Y_1E_1+Y_3E_3 \quad \cdots\cdots ④$$

さらに，式④の右辺の E_1，E_3 の代わりに，式③の電圧に関する式の E を代入すれば

$$Y_2E=Y_1E_1+Y_3E_3=(Y_1+Y_3)E \qquad \therefore \quad Y_2=\boldsymbol{Y_1+Y_3} \quad \cdots\cdots ⑤$$

(4) (5) 現象 (a) において反射が生じたときの接続点Dの電位が $2E/3$ であるから，問題中の式①より

$$E+E_1=\frac{2}{3}E \qquad \therefore \quad E_1=-\frac{1}{3}E \quad \cdots\cdots ⑥$$

式⑥を式②へ代入し，式を変形すると

$$\frac{Y_1-Y_2-Y_3}{Y_1+Y_2+Y_3}E=-\frac{1}{3}E \qquad \therefore \quad -3(Y_1-Y_2-Y_3)=Y_1+Y_2+Y_3$$

$$\therefore \quad Y_2 = 2Y_1 - Y_3 \cdots\cdots ⑦$$

式⑤と式⑦から Y_2 を消去すれば，$Y_1 + Y_3 = 2Y_1 - Y_3$ となって，$Y_1 = 2Y_3$ すなわち $Z_3 = \mathbf{2Z_1}$ となる．また，これから，$Y_3 = Y_1/2$ を式⑤へ代入し，$Y_2 = 3Y_1/2$ すなわち $Z_2 = \mathbf{\dfrac{2}{3}Z_1}$ となる．

解答　**(1)（ル）　(2)（ホ）　(3)（リ）　(4)（カ）　(5)（ハ）**

詳細解説８　分布定数回路と進行波

(1) 分布定数回路

分布定数回路は，回路素子が空間的に分布している電気回路のことをいう．これに対比をなすのが通常扱う**集中定数回路**である．送電線は，亘長が数百 km 以上の長距離送電線は分布定数回路として取り扱う．分布定数回路は，電線路の各点で電圧や電流が異なり，それらが位置の関数になることが特徴である．

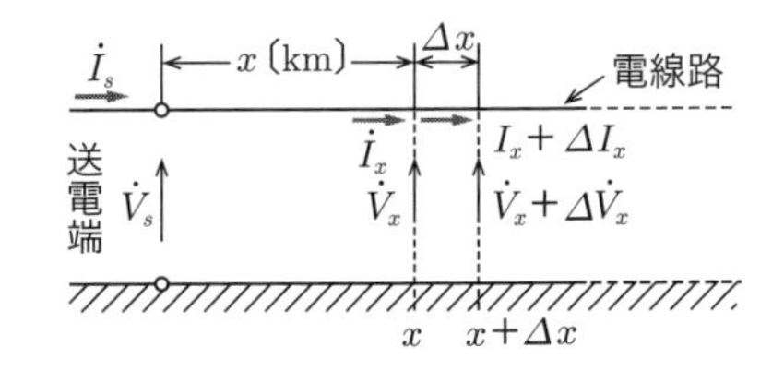

図2・19　分布定数回路

図 2・19 のような電線路において，分布定数が電線路単位長当たりの直列抵抗 R〔Ω/km〕，直列インダクタンス L〔H/km〕，電線路と大地間の単位長当たりの並列漏れコンダクタンス G〔S/km〕，並列静電容量 C〔F/km〕とする．このとき，直列インピーダンス $\dot{Z}$ は $\dot{Z} = R + j\omega L$〔Ω/km〕，並列アドミタンス $\dot{Y}$ は $\dot{Y} = G + j\omega C$〔S/km〕となる．

図 2・19 において，送電端から x〔km〕の位置における電圧，電流を $\dot{V}_x$，$\dot{I}_x$ とし，それから微小距離 Δx だけ先の $x + \Delta x$〔km〕の位置における電圧，電流を $\dot{V}_x + \Delta\dot{V}_x$，$\dot{I}_x + \Delta\dot{I}_x$ とすれば，次式が成り立つ．

$$\Delta\dot{V}_x = -\dot{Z}\dot{I}_x\Delta x \quad (2\cdot53)$$

$$\Delta\dot{I}_x = -\dot{Y}\dot{V}_x\Delta x \quad (2\cdot54)$$

上の両式を Δx で割って極限を取れば，次の微分方程式が得られる

$$\frac{\mathrm{d}\dot{V}_x}{\mathrm{d}x} = -\dot{Z}\dot{I}_x \quad (2\cdot55)$$

$$\frac{\mathrm{d}\dot{I}_x}{\mathrm{d}x} = -\dot{Y}\dot{V}_x \quad (2\cdot56)$$

さらに，上式の両辺を x で微分すれば，次式となる．

$$\frac{\mathrm{d}^2\dot{V}_x}{\mathrm{d}x^2} = -\dot{Z}\frac{\mathrm{d}\dot{I}_x}{\mathrm{d}x} = \dot{Z}\dot{Y}\dot{V}_x \tag{2・57}$$

$$\frac{\mathrm{d}^2\dot{I}_x}{\mathrm{d}x^2} = -\dot{Y}\frac{\mathrm{d}\dot{V}_x}{\mathrm{d}x} = \dot{Z}\dot{Y}\dot{I}_x \tag{2・58}$$

上式は x に関する 2 階の常微分方程式であるから，解を $\dot{V}_x = \dot{A}\mathrm{e}^{\dot{\gamma}x}$ とおいて，これを式(2・57)へ代入すれば

$$\dot{\gamma}^2\dot{V}_x = \dot{Z}\dot{Y}\dot{V}_x \qquad \therefore \quad \dot{\gamma} = \pm\sqrt{\dot{Z}\dot{Y}} \tag{2・59}$$

したがって，電圧 $\dot{V}_x$ の一般解は次式で表すことができる．

$$\boldsymbol{\dot{V}_x = \dot{A}_1\mathrm{e}^{-\dot{\gamma}x} + \dot{A}_2\mathrm{e}^{\dot{\gamma}x} \quad (\dot{\gamma} = \sqrt{\dot{Z}\dot{Y}})} \tag{2・60}$$

また，電流 $\dot{I}$ の一般解は，上式を式(2・55)に代入すれば

$$\boldsymbol{\dot{I}_x} = -\frac{1}{\dot{Z}}\cdot\frac{\mathrm{d}\dot{V}}{\mathrm{d}x} = \frac{\dot{\gamma}}{\dot{Z}}\dot{A}_1\mathrm{e}^{-\dot{\gamma}x} - \frac{\dot{\gamma}}{\dot{Z}}\dot{A}_2\mathrm{e}^{\dot{\gamma}x} = \boldsymbol{\frac{1}{\dot{Z}_0}(\dot{A}_1\mathrm{e}^{-\dot{\gamma}x} - \dot{A}_2\mathrm{e}^{\dot{\gamma}x})} \tag{2・61}$$

$$\boldsymbol{\dot{Z}_0 = \sqrt{\frac{\dot{Z}}{\dot{Y}}} = \sqrt{\frac{j\omega L + R}{j\omega C + G}}} \tag{2・62}$$

となる．

一方，境界条件としては，送電端で電圧が $\dot{V}_s$，電流が $\dot{I}_s$ と与えられているので，式(2・60)，式(2・61)に $x = 0$ を入れると

$$\dot{V}_s = \dot{A}_1 + \dot{A}_2 \qquad \dot{Z}_0\dot{I}_s = \dot{A}_1 - \dot{A}_2 \tag{2・63}$$

となる．これを $\dot{A}_1$，$\dot{A}_2$ の連立方程式とみなして解けば

$$\dot{A}_1 = \frac{1}{2}\dot{V}_s + \frac{1}{2}\dot{Z}_0\dot{I}_s \qquad \dot{A}_2 = \frac{1}{2}\dot{V}_s - \frac{1}{2}\dot{Z}_0\dot{I}_s \tag{2・64}$$

したがって，これらを式(2・60)，式(2・61)に代入すれば

$$\dot{V}_x = \frac{\dot{V}_s + \dot{Z}_0\dot{I}_s}{2}\mathrm{e}^{-\dot{\gamma}x} + \frac{\dot{V}_s - \dot{Z}_0\dot{I}_s}{2}\mathrm{e}^{\dot{\gamma}x} \tag{2・65}$$

$$\dot{I}_x = \frac{1}{\dot{Z}_0}\left\{\frac{\dot{V}_s + \dot{Z}_0\dot{I}_s}{2}\mathrm{e}^{-\dot{\gamma}x} - \frac{\dot{V}_s - \dot{Z}_0\dot{I}_s}{2}\mathrm{e}^{\dot{\gamma}x}\right\} \tag{2・66}$$

$$\cosh x = \frac{\mathrm{e}^x + \mathrm{e}^{-x}}{2}, \quad \sinh x = \frac{\mathrm{e}^x - \mathrm{e}^{-x}}{2} \tag{2・67}$$

という公式を使えば

$$\boldsymbol{\begin{pmatrix}\dot{V}_x \\ \dot{I}_x\end{pmatrix} = \begin{pmatrix}\cosh\dot{\gamma}x & -\dot{Z}_0\sinh\dot{\gamma}x \\ -\dfrac{1}{\dot{Z}_0}\sinh\dot{\gamma}x & \cosh\dot{\gamma}x\end{pmatrix}\begin{pmatrix}\dot{V}_s \\ \dot{I}_s\end{pmatrix}} \tag{2・68}$$

そして，この逆行列を求めれば，送電端側の電圧・電流の式が得られる．

$$\begin{pmatrix}\dot{\boldsymbol{V}}_s\\ \dot{\boldsymbol{I}}_s\end{pmatrix}=\begin{pmatrix}\cosh\dot{\gamma}\boldsymbol{x} & \dot{\boldsymbol{Z}}_0\sinh\dot{\gamma}\boldsymbol{x}\\ \dfrac{1}{\dot{\boldsymbol{Z}}_0}\sinh\dot{\gamma}\boldsymbol{x} & \cosh\dot{\gamma}\boldsymbol{x}\end{pmatrix}\begin{pmatrix}\dot{\boldsymbol{V}}_x\\ \dot{\boldsymbol{I}}_x\end{pmatrix} \tag{2・69}$$

ここで，送電線の亘長を l とし，受電端電圧，電流を $\dot{V}_r$，$\dot{I}_r$ とおけば，上式は四端子分布定数回路として扱うことができる．

$$\begin{pmatrix}\dot{\boldsymbol{V}}_s\\ \dot{\boldsymbol{I}}_s\end{pmatrix}=\begin{pmatrix}\cosh\dot{\gamma}\boldsymbol{l} & \dot{\boldsymbol{Z}}_0\sinh\dot{\gamma}\boldsymbol{l}\\ \dfrac{1}{\dot{\boldsymbol{Z}}_0}\sinh\dot{\gamma}\boldsymbol{l} & \cosh\dot{\gamma}\boldsymbol{l}\end{pmatrix}\begin{pmatrix}\dot{\boldsymbol{V}}_r\\ \dot{\boldsymbol{I}}_r\end{pmatrix} \tag{2・70}$$

送電線において，送・受電端の電圧・電流は次の四端子回路と見なせる．

$$\begin{pmatrix}\dot{V}_s\\ \dot{I}_s\end{pmatrix}=\begin{pmatrix}\dot{A} & \dot{B}\\ \dot{C} & \dot{D}\end{pmatrix}\begin{pmatrix}\dot{V}_r\\ \dot{I}_r\end{pmatrix}=\begin{pmatrix}\cosh\dot{\gamma}l & \dot{Z}_0\sinh\dot{\gamma}l\\ \dfrac{1}{\dot{Z}_0}\sinh\dot{\gamma}l & \cosh\dot{\gamma}l\end{pmatrix}\begin{pmatrix}\dot{V}_r\\ \dot{I}_r\end{pmatrix} \tag{2・71}$$

なお，$\dot{A}\dot{D}-\dot{B}\dot{C}=(\cosh\dot{\gamma}l)^2-(\sinh\dot{\gamma}l)^2=1$ の関係がある．

さらに，式(2・71)で，抵抗 R とコンダクタンス G が無視できるときには $\dot{\gamma}=j\omega\sqrt{LC}$，$\dot{Z}_0=\sqrt{\dfrac{L}{C}}$ なので

$$\begin{pmatrix}\dot{\boldsymbol{V}}_s\\ \dot{\boldsymbol{I}}_s\end{pmatrix}=\begin{pmatrix}\cos\omega\sqrt{\boldsymbol{LC}}\,\boldsymbol{l} & j\sqrt{\dfrac{\boldsymbol{L}}{\boldsymbol{C}}}\sin\omega\sqrt{\boldsymbol{LC}}\,\boldsymbol{l}\\ j\sqrt{\dfrac{\boldsymbol{C}}{\boldsymbol{L}}}\sin\omega\sqrt{\boldsymbol{LC}}\,\boldsymbol{l} & \cos\omega\sqrt{\boldsymbol{LC}}\,\boldsymbol{l}\end{pmatrix}\begin{pmatrix}\dot{\boldsymbol{V}}_r\\ \dot{\boldsymbol{I}}_r\end{pmatrix} \tag{2・72}$$

となる．

さて，分布定数回路の基礎方程式の一般解は，式(2・60)に示すように，$\dot{V}_x=\dot{A}_1\mathrm{e}^{-\dot{\gamma}x}+\dot{A}_2\mathrm{e}^{\dot{\gamma}x}$，$\dot{\gamma}=\sqrt{\dot{Z}\dot{Y}}$ で表されるが，$x\to\infty$ では第１項が無限小，第２項が無限大となる．しかし，送電端より無限大の点で電圧や電流が無限大になることはないので，無限長線路を扱う場合は第２項の積分定数 $\dot{A}_2$ を零とすればよい．したがって，無限長線路の基礎方程式は

$$\dot{V}_x=\dot{A}\mathrm{e}^{-\dot{\gamma}x}\quad(\dot{A}=\dot{A}_1\text{とする}) \tag{2・73}$$

$$\dot{I}_x=\frac{1}{\dot{Z}_0}\dot{A}_1\mathrm{e}^{-\dot{\gamma}x}=\dot{A}\sqrt{\frac{\dot{Y}}{\dot{Z}}}\,\mathrm{e}^{-\dot{\gamma}x} \tag{2・74}$$

式(2・73)と式(2・74)との比を取れば

$$\frac{\dot{V}_x}{\dot{I}_x}=\sqrt{\frac{\dot{Z}}{\dot{Y}}} \tag{2・75}$$

つまり，x に関係なく，線路上の任意の点の電圧と電流との比は常に一定になる．

無限長線路上の1点における $\dot{V}_x/\dot{I}_x$ を $\dot{Z}_0$ とすれば

$$\dot{\boldsymbol{Z}}_0=\sqrt{\frac{\dot{\boldsymbol{Z}}}{\dot{\boldsymbol{Y}}}}=\sqrt{\frac{\boldsymbol{R}+\boldsymbol{j}\boldsymbol{\omega}\boldsymbol{L}}{\boldsymbol{G}+\boldsymbol{j}\boldsymbol{\omega}\boldsymbol{C}}} \tag{2・76}$$

となる．この $\dot{Z}_0$ を線路の**特性インピーダンス（サージインピーダンス）**という．$\dot{Z}_0$ は損路損失が小さく，$R\ll\omega L$，$G\ll\omega C$ の場合には近似的に次式となる．

$$\dot{\boldsymbol{Z}}_0=\sqrt{\frac{\boldsymbol{j}\boldsymbol{\omega}\boldsymbol{L}}{\boldsymbol{j}\boldsymbol{\omega}\boldsymbol{C}}}=\sqrt{\frac{\boldsymbol{L}}{\boldsymbol{C}}} \tag{2・77}$$

また，$\dot{\gamma}$ を線路の**伝搬定数**といい，次式で表す．

$$\dot{\boldsymbol{\gamma}}=\sqrt{\dot{\boldsymbol{Z}}\dot{\boldsymbol{Y}}}=\boldsymbol{\alpha}+\boldsymbol{j}\boldsymbol{\beta} \tag{2・78}$$

$\dot{\gamma}$ は，線路損失が小さく，$R\ll\omega L$，$G\ll\omega C$ の場合は近似的に次式となる．特に，$R=G=0$ のとき，**無損失線路**という．

$$\dot{\boldsymbol{\gamma}}=\boldsymbol{j}\boldsymbol{\omega}\sqrt{\boldsymbol{LC}} \tag{2・79}$$

さらに，式(2・78)を式(2・73)に代入すれば

$$\dot{V}_x=\dot{A}\mathrm{e}^{-\dot{\gamma}x}=\dot{A}\mathrm{e}^{-(\alpha+j\beta)x}=\dot{A}\mathrm{e}^{-\alpha x}\mathrm{e}^{-j\beta x} \tag{2・80}$$

となる．式(2・80)は送電端から受電端に向かう**進行波**を意味しており，$\mathrm{e}^{-\alpha x}$ は振幅のみに関係し，送電端から受電端に向かうにつれて指数関数的に振幅が減少することを表している．また，βx は x の増加に伴う位相の変化を表している．これから，α を**減衰定数**，β を**位相定数**という．

式(2・80)において，線路損失が小さく，$R\ll\omega L$，$G\ll\omega C$ の場合には，$\alpha=0$，$\beta=\omega\sqrt{LC}$ となるから，距離 x だけ進めば位相角が $\omega\sqrt{LC}\,x$ だけ遅れる．一方，交流の位相は，ωt〔rad〕だけ変化するので，位相が同じ位置では $\omega\sqrt{LC}\,x=\omega t$ の関係が成り立つ．つまり，進行波は，周波数に関係なく，次式の伝搬速度 u で x が増大する方向に移動する．

$$u=\frac{\mathrm{d}x}{\mathrm{d}t}=\frac{1}{\sqrt{LC}}\ \text{〔km/s〕} \tag{2・81}$$

このようなことを総合して一般化すれば，式(2・65)の第1項は送電端側から受電端側に向かう電圧の進行波を示し，その係数の $(\dot{V}_\mathrm{s}+\dot{Z}_0\dot{I}_\mathrm{s})/2$ は送電端における入射成分の大きさと位相角を表している．また，式(2・66)において，電流の第1項は受電端に向かう電圧の進行に伴う電流の進行成分を表し，電圧を特性インピーダンス $\dot{Z}_0$ で割ったものになっていることが理解できるであろう．

式(2・65)の第2項は，x の大きくなる方向，つまり送電端側から受電端側に近づくにつれて大きさが増加する方向であるから，逆に言えば，受電端側から送電端側に向かう電圧の進行波を表している．$x=0$ における値 $(\dot{V}_\mathrm{s}-\dot{Z}_0\dot{I}_\mathrm{s})/2$ は送電端における反

射成分の大きさと位相角を示す．電流の第2項はそれに伴う電流の反射成分であり，大きさは電圧の反射成分を特性インピーダンスで割ったものであるが，符号がマイナスになっている点に注意を要する．

(2) 進行波

図2･20のように，分布定数回路に高電圧を印加するとき，電圧進行波（サージ電圧）e_i〔V〕と電流進行波（サージ電流）i_i〔A〕はサージインピーダンス Z_1〔Ω〕との間に

$$e_i = Z_1 i_i \tag{2･82}$$

の関係が成り立つ．

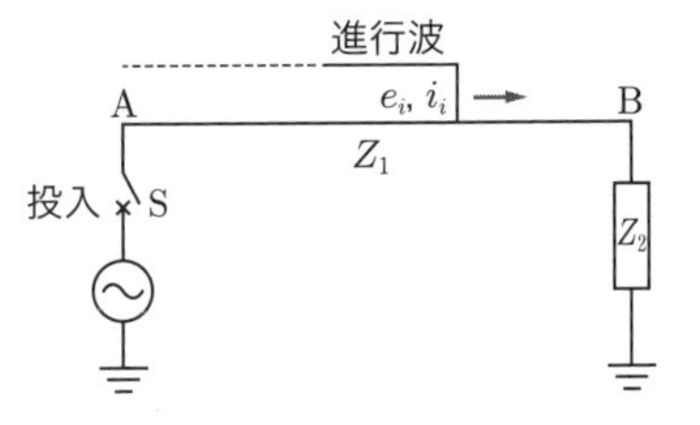

図2･20　進行波

この進行波が，図2･21のように，サージインピーダンス Z_1 の線路から，サージインピーダンス Z_2 の他の線路との接続点または負荷に達するとする．この場合，侵入してきた電圧入射波 e_i，電流入射波 i_i は一部が電圧反射波 e_r，電流反射波 i_r となって戻り，残りが電圧透過波 e_t，電流透過波 i_t となってサージインピーダンス Z_2 の線路または負荷へ進むと考えればよい．

電流は入射波が接続点Bに向かって進行する方向，透過波が接続点Bから離れる方向を正とする

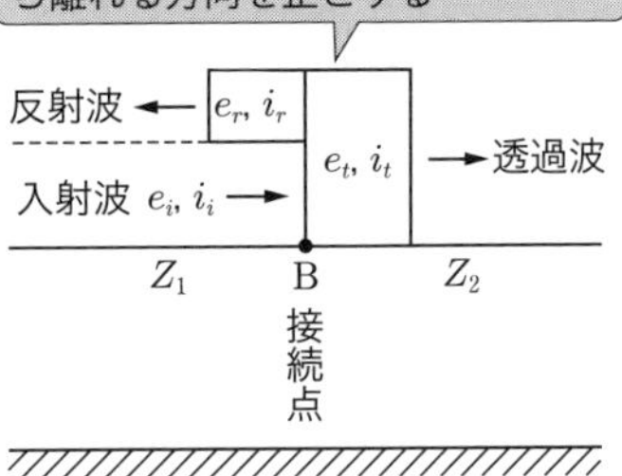

図2･21　反射波と透過波

このとき，接続点Bにおいて，①両側の電圧が等しいこと，②電流は連続であること，の二つの条件が成り立つ．したがって，接続点Bにおいて

$$e_i + e_r = e_t \tag{2･83}$$

$$i_i + i_r = i_t \tag{2･84}$$

が成立する．さらに，電圧と電流の間には式(2･85)の関係があるから

$$i_i = e_i/Z_1,\ \ i_r = -e_r/Z_1,\ \ i_t = e_t/Z_2 \tag{2･85}$$

となる．式(2･85)を式(2･84)へ代入し，これに(2･83)を代入して整理すれば

$$\frac{e_i}{Z_1} - \frac{e_r}{Z_1} = \frac{e_t}{Z_2} = \frac{e_i + e_r}{Z_2} \qquad \therefore\ \ \boldsymbol{\frac{e_r}{e_i} = \frac{Z_2 - Z_1}{Z_1 + Z_2} = m_{vr}} \tag{2･86}$$

となる．この m_{vr} を**電圧反射係数**という．また，電圧透過波 e_t は

$$\boldsymbol{e_t} = e_i + e_r = e_i + \frac{Z_2 - Z_1}{Z_1 + Z_2} e_i = \boldsymbol{\frac{2Z_2}{Z_1 + Z_2} e_i} \tag{2･87}$$

となる．

一方，式(2･85)を式(2･83)へ代入し，これに式(2･84)を代入して整理すれば

$$Z_1 i_i - Z_1 i_r = Z_2 i_t = Z_2(i_i + i_r) \qquad \therefore \quad \frac{\boldsymbol{i_r}}{\boldsymbol{i_i}} = -\frac{\boldsymbol{Z_2 - Z_1}}{\boldsymbol{Z_1 + Z_2}} = \boldsymbol{m_{ir}} = -\boldsymbol{m_{vr}} \quad (2･88)$$

となる．この m_{ir} が**電流反射係数**であり，電圧反射係数と符号が反転している．

ここで，接続点Bで開放されていてここが終端になる場合を考えてみる．この場合，$Z_2 = \infty$ であるから，式(2･86)を $m_{vr} = \dfrac{1 - Z_1/Z_2}{Z_1/Z_2 + 1}$ と変形し，$Z_2 \to \infty$ とすれば，$m_{vr} = 1$，同様に式(2･88)から，$m_{ir} = -1$ となる．つまり，電圧反射波は電圧入射波と同符号であり，電流反射波は電流入射波とは異符号となる．そこで，終端での電圧波は，重ね合わせの定理から，電圧入射波の2倍となり，終端での電流は入射波と反射波の差を取ればよいから，零となる．これを図示したのが図2･22である．

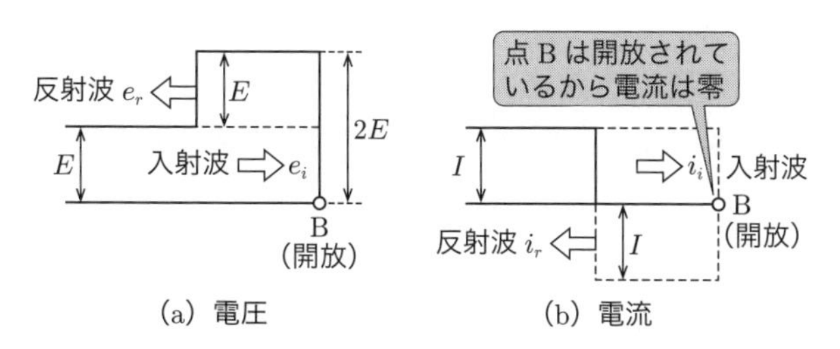

(a) 電圧　　(b) 電流

図2･22　接続点が開放のケース

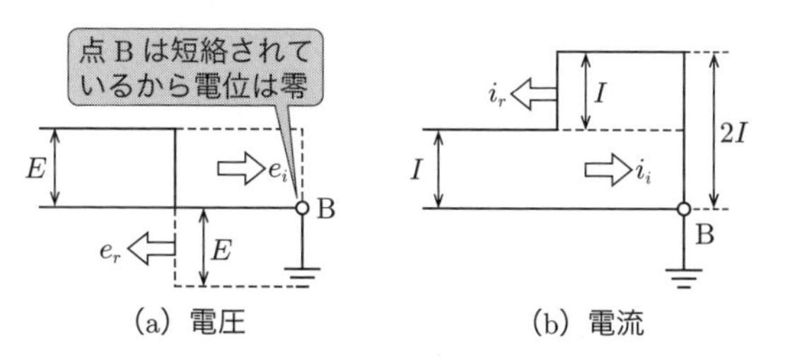

(a) 電圧　　(b) 電流

図2･23　接続点が短絡のケース

一方，接続点Bが短絡されているケースでは，式(2･86)と式(2･88)で $Z_2 = 0$ とおけば，電圧反射波 $m_{vr} = -1$，電流反射波 $m_{ir} = 1$ となる．つまり，電圧反射波は電圧入射波とは異符号，電流反射波は電流入射波と同符号になる．そこで，図2･23に示すように，接続点Bにおいて，電圧波は重ね合わせの定理により打ち消されて零になる（接続点Bは短絡されているので，電位は常に零である）．

他方，図2･21の接続点Bの左側の線路の特性インピーダンス Z_1 と右側の線路の特性インピーダンス Z_2 が等しい場合には，式(2･86)や式(2･88)で $Z_1 = Z_2$ とすれば，電

圧反射係数および電流反射係数がともに0となるから，電圧，電流ともに反射は起きない．このように特性インピーダンスを一致させることを**整合（マッチング）**という．

問題29　2本の線路と抵抗が接続された分布定数回路　(H27-B6)

次の文章は，分布定数回路に関する記述である．

図のように，特性インピーダンスがそれぞれ Z_1，Z_2 の2本の無損失線路と抵抗が接続されている．線路間に電気的・磁気的結合はなく，また，A，B それぞれの端子では反射がないものとする．

A端子から接続点Cに向かって波頭が階段状で波高値 E の電圧波が進入したときについて考える．A端子からの入射波による電流 i，接続点Cでの反射により生じる電圧 E_1，電流 i_1，それぞれの抵抗に流れる電流 i_3，i_4，Z_2 側への透過波による電圧 E_2，電流 i_2 を図のようにとる．電流は入射波が接続点Cに向かって進行する方向及び透過波が接続点Dから離れる方向を正とする．

接続点Cの電圧，電流の関係はそれぞれ次式で表される．

$$E+E_1=\boxed{\quad(1)\quad} \cdots\cdots ①$$

$$i+i_1=i_3=i_2+i_4 \cdots\cdots ②$$

式①及び式②と，$E_1=-Z_1i_1$ であることを考慮すれば，$i_2=\boxed{\quad(2)\quad}\times i_3$ となる．

ここで，接続点CよりB側を見たインピーダンスを Z とすると，

$$E+E_1=Zi_3 \cdots\cdots ③$$

となる．i_1 を i，Z_1，Z を用いて表すと，

$$i_1=\boxed{\quad(3)\quad}$$

となる．E_2 は E，Z_1，R_1，Z を用いて，

$$E_2=\boxed{\quad(4)\quad}$$

となる．ここで $E_1=\dfrac{1}{2}E$ となるときの抵抗 R_1 を Z_1，Z_2，R_2 を用いて表すと，$R_1=\boxed{\quad(5)\quad}$ となる．

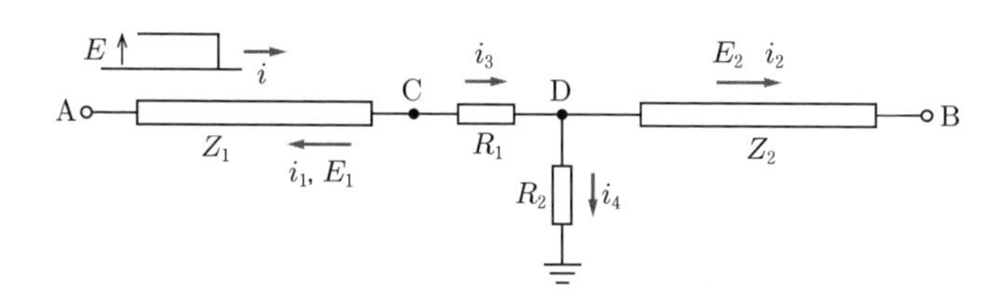

i_1, E_1 は反射波のみとする.

電流は A → C, C → B, D →接地の向きを正とする.

解答群

(イ)	$\dfrac{2(Z_1-R_1)}{Z_1-Z}E$	(ロ)	$\dfrac{Z_1+Z}{Z-Z_1}i$	(ハ)	$R_1i_3+E_2$
(ニ)	$\dfrac{Z_2}{R_2+Z_2}$	(ホ)	$\dfrac{Z_1+Z}{Z_1-Z}i$	(ヘ)	$\dfrac{Z_1-Z}{Z_1+Z}i$
(ト)	$\dfrac{R_2}{R_2+Z_2}$	(チ)	$\dfrac{1}{3}Z_1-\dfrac{R_2Z_2}{R_2+Z_2}$	(リ)	$\dfrac{2(Z-R_1)}{Z-Z_1}E$
(ヌ)	E_2	(ル)	R_1i_3	(ヲ)	$\dfrac{2(Z-R_1)}{Z_1+Z}E$
(ワ)	$Z_1-\dfrac{R_2Z_2}{3(R_2+Z_2)}$	(カ)	$\dfrac{Z_2}{R_1+Z_2}$	(ヨ)	$3Z_1-\dfrac{R_2Z_2}{R_2+Z_2}$

― 攻略ポイント ―

入射波・反射波・透過波に関する進行波の考え方は，詳細解説 8 で詳しく説明しているので，練習問題として取り組んでほしい.

解説 (1) (2) 問題図において，接続点 C および D の電圧・電流の関係式は次式となる.

$$E+E_1=\boldsymbol{R_1i_3+E_2} \quad \cdots\cdots ①$$

$$i+i_1=i_3=i_2+i_4 \quad \cdots\cdots ②$$

接続点 D の透過波 E_2, 抵抗 R_2 における電圧・電流の関係式として，$E_2=Z_2i_2$, $E_2=R_2i_4$ が成り立つから，これらを式②へ代入すれば

$$i_3=i_2+i_4=i_2+\frac{E_2}{R_2}=i_2+\frac{Z_2i_2}{R_2}=\left(\frac{R_2+Z_2}{R_2}\right)i_2 \qquad \therefore \quad i_2=\boldsymbol{\frac{R_2}{R_2+Z_2}}i_3$$

$$\cdots\cdots ③$$

(3) 接続点Ｃより B 側を見たインピーダンスを Z とするとき，次式が成り立つ.

$$E+E_1=Zi_3 \cdots\cdots ④$$

$$i+i_1=i_3 \cdots\cdots ⑤$$

ここで，$i=E/Z_1$，$i_1=-E_1/Z_1$ であるから，式④は次式となる.

$$Z_1 i-Z_1 i_1=Zi_3 \cdots\cdots ⑥$$

式⑥に式⑤を代入すれば

$$Z_1 i-Z_1 i_1=Z(i+i_1) \qquad \therefore \quad i_1=\boldsymbol{\frac{Z_1-Z}{Z_1+Z}i} \cdots\cdots ⑦$$

(4) 接続点Ｃより B 側を見たインピーダンスが Z なので，点Ｃの電圧は Zi_3 であり，抵抗 R_1 の電圧降下を差し引けば，接続点Ｄから B 点に向かう透過波の電圧に等しくなるから

$$E_2=Zi_3-R_1 i_3 \qquad \therefore \quad E_2=(Z-R_1)i_3 \cdots\cdots ⑧$$

式⑧に式⑤と式⑦を代入すれば

$$E_2=(Z-R_1)(i+i_1)=(Z-R_1)\left(i+\frac{Z_1-Z}{Z_1+Z}i\right)=\frac{2(Z-R_1)Z_1}{Z_1+Z}i \cdots\cdots ⑨$$

式⑨に $E=Z_1 i$ の関係式を代入して

$$E_2=\frac{2(Z-R_1)Z_1 i}{Z_1+Z}=\boldsymbol{\frac{2(Z-R_1)}{Z_1+Z}E} \cdots\cdots ⑩$$

(5) 式①に，式⑤，式⑦，式⑩，$E=Z_1 i$ を代入すれば

$$E+E_1=R_1 i_3+E_2=R_1\left(i+\frac{Z_1-Z}{Z_1+Z}i\right)+\frac{2(Z-R_1)}{Z_1+Z}E$$

$$=\frac{2Z_1R_1 i+2(Z-R_1)E}{Z_1+Z}=\frac{2ZE}{Z_1+Z} \cdots\cdots ⑪$$

題意より，反射波 $E_1=E/2$ であるから，式⑪に代入すれば

$$E+\frac{E}{2}=\frac{2ZE}{Z_1+Z} \qquad 3Z_1+3Z=4Z \qquad \therefore \quad Z=3Z_1 \cdots\cdots ⑫$$

ここで，問題図の回路から，接続点Ｃから B 側を見たときのインピーダンスは Z で，これは，抵抗 R_1 と，サージインピーダンス Z_2 と抵抗 R_2 の並列部分とが直列接続になっているから

$$Z=R_1+\frac{Z_2R_2}{Z_2+R_2} \cdots\cdots ⑬$$

式⑬を式⑫へ代入すれば

$$R_1 + \frac{R_2 Z_2}{R_2 + Z_2} = 3Z_1 \qquad \therefore \quad R_1 = \boldsymbol{3Z_1 - \frac{R_2 Z_2}{R_2 + Z_2}}$$

解答　(1)(ハ)　(2)(ト)　(3)(ヘ)　(4)(ヲ)　(5)(ヨ)

問題 30　変成器が接続された分布定数回路　(H16-A4)

次の文章は，分布定数回路に関する記述である．

図のように，長さ l，特性インピーダンス Z，伝搬速度 u の無損失分布定数回路がある．始端 A はスイッチ S を介して，内部抵抗 r の直流電圧源 E に結ばれ，終端 B には抵抗 R が理想変成器（変成比 1：n）を介して接続されている．時刻 $t=0$ にスイッチ S を閉じた直後の始端電圧は $v_A=$ (1) である．この電圧は電圧波となって伝搬し，この電圧波が終端 B に到達するのは時刻 $t=$ (2) のときである．そのときの終端 B における電圧反射係数は (3) である．終端 B で反射された電圧波の波頭が線路中央の点 P に達する時刻は $t=$ (4) である．この瞬間における中点 P の電圧 v_P は (5) となる．

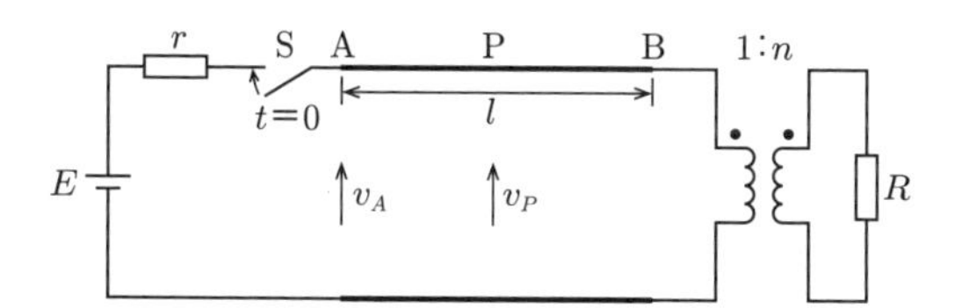

解答群

(イ) $\dfrac{R+n^2Z}{R-n^2Z}$　(ロ) $\dfrac{RE}{Z+r}$　(ハ) $\dfrac{2ZE}{(Z+r)(R+nZ)}$

(ニ) $\dfrac{2RZE}{(Z+r)(R+n^2Z)}$　(ホ) $\dfrac{4l}{3u}$　(ヘ) $\dfrac{4l}{u}$

(ト) $\dfrac{2l}{3u}$　(チ) $\dfrac{R-n^2Z}{R+n^2Z}$　(リ) $\dfrac{ZE}{Z+r}$

(ヌ) $\dfrac{2l}{u}$　(ル) $\dfrac{2RE}{R-n^2Z}$　(ヲ) $\dfrac{R-nZ}{R+nZ}$

(ワ) $\dfrac{rE}{Z+r}$　(カ) $\dfrac{l}{u}$　(ヨ) $\dfrac{3l}{2u}$

―攻略ポイント―

変成器が接続された分布定数回路も，詳細解説8で詳しく説明している進行波の考え方に基づいて解くことができる．

解説　(1) スイッチSを閉じた直後の分布定数回路の始端電圧を v_A，始端Aを流れる電流を i_A とすれば，問題図から，直流電圧源 E の内部抵抗 r による電圧降下 ri_A を生じるので

$$v_A = E - ri_A \quad \cdots\cdots ①$$

一方，分布定数回路の特性インピーダンスは Z であるから，

$$v_A = Zi_A \quad \cdots\cdots ②$$

が成り立つ．式①と式②から，i_A を消去すれば

$$v_A = E - \frac{r}{Z}v_A \qquad \therefore \quad v_A = \boldsymbol{\frac{ZE}{Z+r}} \quad \cdots\cdots ③$$

(2) 電圧波の伝搬速度は u で分布定数回路の距離が l であるから，電圧波が終端Bに到達するのは，時刻 $t = \boldsymbol{l/u}$ のときである．

(3) 解図1のように，終端Bにおける入射波の電圧を v_i，反射波の電圧を v_r，終端Bから理想変成器に流れ込む電流を i とする．理想変成器の変成比が1：n であり，二次側に抵抗 R が接続されているので，変成器一次側から見たインピーダンスは R/n^2 となる．したがって，解図1の電圧・電流の関係式は

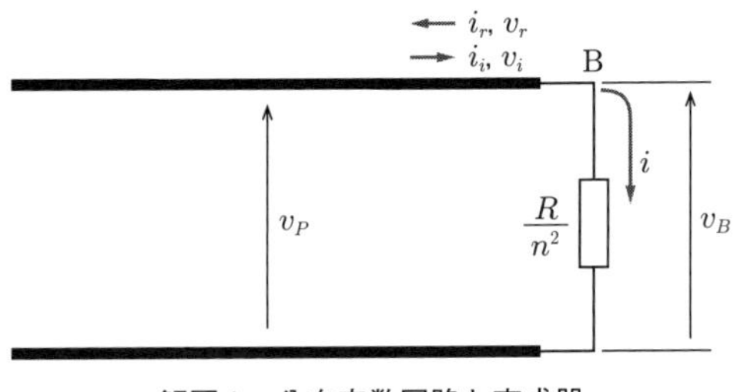

解図1　分布定数回路と変成器

$$\left.\begin{aligned} v_i + v_r &= \frac{R}{n^2}i \\ \frac{v_i}{Z} - \frac{v_r}{Z} &= i \end{aligned}\right\} \quad \cdots\cdots ④$$

が成り立つ．式④を v_i と v_r について解けば

$$v_i = \frac{1}{2}\left(\frac{R}{n^2} + Z\right)i, \quad v_r = \frac{1}{2}\left(\frac{R}{n^2} - Z\right)i \quad \cdots\cdots ⑤$$

したがって，終端Bにおける電圧反射係数 $m_v = v_r/v_i$ は，式⑤より

$$m_{\mathrm{v}} = \frac{v_r}{v_i} = \frac{\dfrac{1}{2}\left(\dfrac{R}{n^2} - Z\right)i}{\dfrac{1}{2}\left(\dfrac{R}{n^2} + Z\right)i} = \boldsymbol{\frac{R - n^2 Z}{R + n^2 Z}} \quad \cdots\cdots⑥$$

(4) PB 間の距離は $l/2$ なので，終端 B で反射された電圧波の波頭が線路中央の点 P に達するのに要する時間は $l/(2u)$ である．したがって，スイッチ S を閉じてから，電圧波が分布定数回路を進んで点 B で反射し点 P に達する時刻 t は

$$t = \frac{l}{u} + \frac{l}{2u} = \boldsymbol{\frac{3l}{2u}}$$

(5) (4) の時刻瞬間における中央の点 P での電圧 v_P は，重ね合わせの定理より，入射波に相当する電圧波 v_i と反射波の電圧波 v_r との和になる．式⑥を利用して

$$v_P = v_i + v_r = v_i + \frac{R - n^2 Z}{R + n^2 Z} v_i = \frac{2R}{R + n^2 Z} v_i \quad \cdots\cdots⑦$$

ここで，解図 1 の分布定数回路の入射波に相当する電圧波 v_i は，式③の v_A に相当するから

$$v_P = \frac{2R}{R + n^2 Z} v_i = \frac{2R}{R + n^2 Z} v_A = \boldsymbol{\frac{2RZE}{(Z + r)(R + n^2 Z)}}$$

(1) (リ)　(2) (カ)　(3) (チ)　(4) (ヨ)　(5) (ニ)

問題 31　分布定数回路における過渡現象　(H28-B6)

次の文章は，分布定数回路に関する記述である．

図のように特性インピーダンスが Z の半無限長無損失線路の終端 A に，負荷として抵抗 r とインダクタンス L のコイルが接続されている．

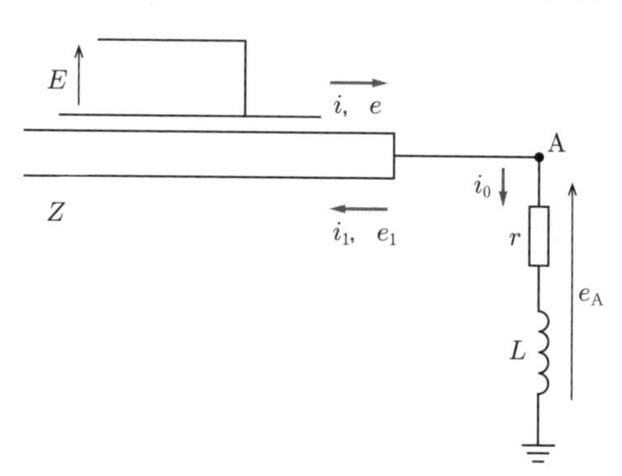

波頭がステップ状で波高値 E の電圧波 e と，それに伴い波高値 I の電流 i が図の左側から終端 A に向かって入射した．入射波は時刻 $t = 0$ のとき終端 A に達した．このとき

の終端 A での電流 i と反射による電流 i_1 及び負荷に流れる電流 i_0 との関係及び負荷の両端の電圧 e_A を求めたい．電流 i_1，電流 i_0 及び電圧 e_A，終端 A での反射により生じる電圧 e_1 を図のようにとる．電流は入射波が終端 A に向かって進行する方向を正とする．

入射波到達後において，終端 A での電圧，電流の関係は次式で表される．

$$e+e_1=Zi+(-Zi_1)=e_A$$

$$i+i_1=i_0$$

e_A と i_0 の関係は次式で表される．

$$e_A=\boxed{(1)}$$

これらの式より，i_0 の時間的変化を表す微分方程式が得られる．この式を初期値を考慮して解くと，

$$i_0=\boxed{(2)}$$

となり，時間的変化を表す図は $\boxed{(3)}$ である．

また，e_A を E を用いて表すと次式となり，

$$e_A=\boxed{(4)}$$

その時間的変化を表す図は $\boxed{(5)}$ である．

解答群

（イ）$\dfrac{2E}{r+Z}\left[1-e^{-\frac{r+Z}{L}t}\right]$　（ロ）$\dfrac{2E}{r+Z}\left[r+Ze^{-(r+Z)Lt}\right]$

（ハ）$L\dfrac{\mathrm{d}i_0}{\mathrm{d}t}+ri_0$　（ニ）$2E\left[\dfrac{r}{Z}+e^{-\frac{r+Z}{L}t}\right]$

（ホ）$\dfrac{2E}{r+Z}\left[r+Ze^{-\frac{r+Z}{L}t}\right]$　（ヘ）$L\dfrac{\mathrm{d}i_0}{\mathrm{d}t}$　（ト）$\dfrac{2E}{Z}\left[1-e^{-\frac{r+Z}{L}t}\right]$

（チ）$\dfrac{2E}{r+Z}\left[1-e^{-(r+Z)Lt}\right]$　（リ）$\dfrac{1}{L}\dfrac{\mathrm{d}i_0}{\mathrm{d}t}+ri_0$

（ヌ）

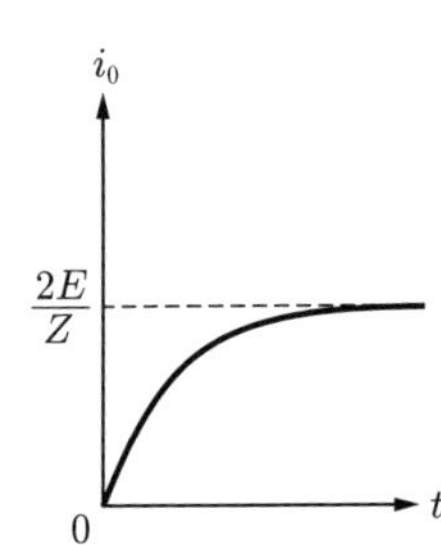

（ル）

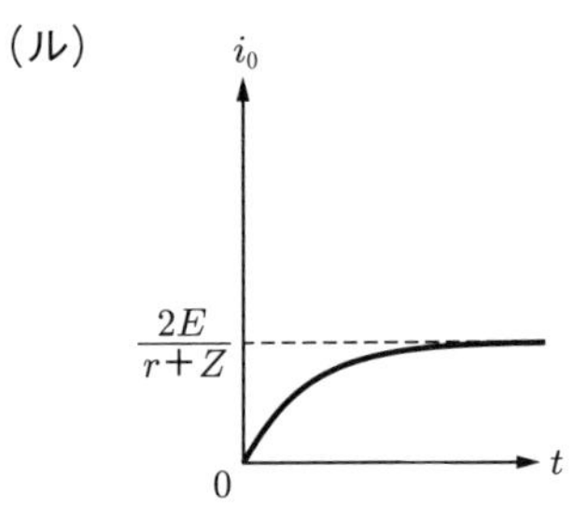

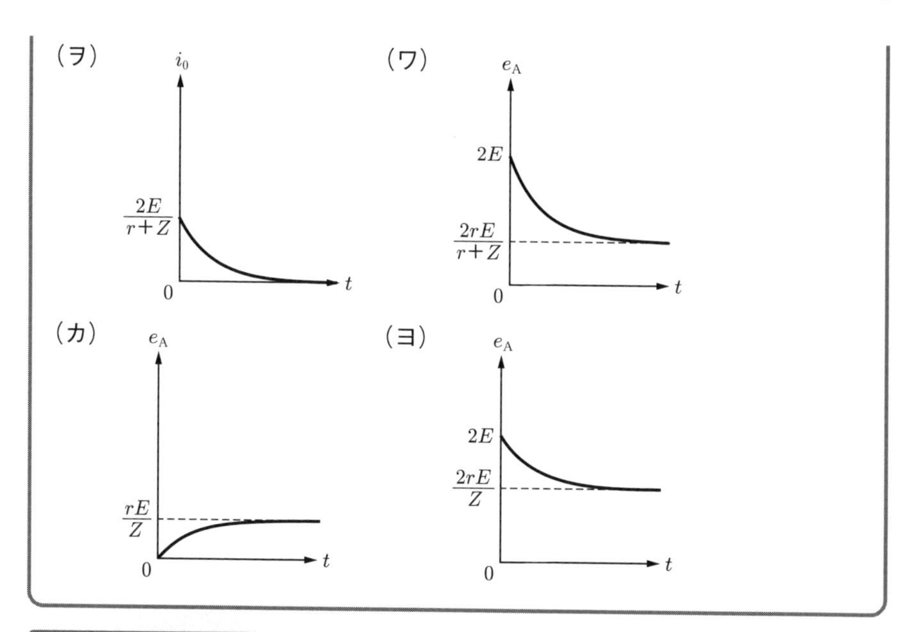

— 攻略ポイント —

分布定数回路の終端にコイルがあり，そのコイルにおける過渡現象を扱っている．進行波の考え方および過渡現象の総復習として取り組もう．

解説 (1) 問題図と題意から

$$\boldsymbol{e_A = ri_0 + L\frac{di_0}{dt}} \quad \cdots\cdots ①$$

(2) 問題文に示されているように，終端Aでの電圧・電流の関係式は次式となる．

$$e + e_1 = Zi + (-Zi_1) = e_A \quad \cdots\cdots ②$$

$$i + i_1 = i_0 \quad \cdots\cdots ③$$

式③を $i_1 = i_0 - i$ と変形し，これと式①を式②に代入すれば

$$Zi - Z(i_0 - i) = ri_0 + L\frac{di_0}{dt} \qquad \therefore \quad 2Zi = L\frac{di_0}{dt} + (r+Z)i_0 \quad \cdots\cdots ④$$

ここで，$e = Zi = E$ であるから

$$L\frac{di_0}{dt} + (r+Z)i_0 = 2E \quad \cdots\cdots ⑤$$

式⑤の微分方程式の一般解は，過渡解と定常解の和で表すことができることを活用する．特性根を λ とすると，特性方程式は $L\lambda + r + Z = 0$ となるから，特性

根は$\lambda=-\dfrac{r+Z}{L}$となる．したがって，過渡解i_{0t}は，定数をKとして

$$i_{0t}=K\mathrm{e}^{\lambda t}=K\mathrm{e}^{-\frac{r+Z}{L}t}\cdots\cdots ⑥$$

となる．次に，定常解i_{0s}は，式⑤の微分方程式において$\mathrm{d}i_0/\mathrm{d}t=0$とすれば

$$(r+Z)i_{0s}=2E \qquad \therefore \quad i_{0s}=\frac{2E}{r+Z}\cdots\cdots ⑦$$

このため，一般解は，過渡解の式⑥と定常解の式⑦との和として

$$i_0=K\mathrm{e}^{-\frac{r+Z}{L}t}+\frac{2E}{r+Z}\cdots\cdots ⑧$$

ここで，$t=0$のときに$i_0=0$から，式⑧は$K+\dfrac{2E}{r+Z}=0$となり，$K=-\dfrac{2E}{r+Z}$となる．したがって，式⑤の微分方程式の解は

$$i_0=\boldsymbol{\frac{2E}{r+Z}(1-\mathrm{e}^{-\frac{r+Z}{L}t})}\cdots\cdots ⑨$$

(3)　式⑨から，i_0の時間的変化は，$t=0$で$i_0=0$から指数関数的に増加し，$t=\infty$で$i_0=\dfrac{2E}{r+Z}$の一定値に収束していく選択肢の**（ル）**が正しい．

(4)　式①に式⑨を代入して式を変形すれば

$$e_{\mathrm{A}}=\frac{2E}{r+Z}\left\{r(1-\mathrm{e}^{-\frac{r+Z}{L}t})+L\cdot\frac{r+Z}{L}\mathrm{e}^{-\frac{r+Z}{L}t}\right\}=\boldsymbol{\frac{2E}{r+Z}\{r+Z\mathrm{e}^{-\frac{r+Z}{L}t}\}}\cdots ⑩$$

(5)　式⑩から，e_{A}の時間的変化は，$t=0$で$e_{\mathrm{A}}=2E$から指数関数的に減少し，$t=\infty$で$e_{\mathrm{A}}=\dfrac{2rE}{r+Z}$の一定値に収束する選択肢の**（ワ）**が正しい．

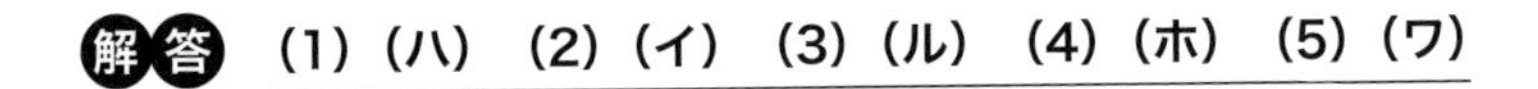

第 3 章

電子理論

[学習のポイント]

◯電験 1 種一次試験の電子理論に関しては，真空電子理論と固体電子理論の分野が必須問題として出題され，電子回路が選択問題として出題される傾向にある.

◯まず，真空電子理論に関しては，一様な電界中の電子の運動，一様な磁界中の電子の運動，熱電子の放出が重要な分野である．いずれも，最近の過去問題または典型的な過去問題を採用して，理解を深めるよう配慮している．これらの分野は，電験 2 種でも取り上げられる分野であるが，電験 1 種の場合は運動方程式や微分方程式から解を求めていく点に大きな違いがある.

◯固体電子理論に関しては，本書では pn 接合ダイオード，バイポーラトランジスタ，MOS 形 FET に分けているが，半導体の電気伝導，pn 接合の整流現象などを扱う分野である．この分野に関しては，電験 1 種の問題は電験 2 種の問題よりも専門的である場合が多い．本書では，詳細解説を通じて，1 種受験者が学ぶべき事項を詳しく解説している.

◯電子回路は，バイポーラトランジスタ，MOS 形 FET，演算増幅器，負帰還増幅回路，発振回路などが重要な分野である．この分野における 1 種の問題は，2 種の問題レベルと比較的近い．本書で選定した過去問題の演習を通じて，電子回路の理解をより深めておく.

1　真空電子理論

問題１　真空中の電界下での電子の運動と電流　(H30-A4)

次の文章は，真空中の電界下で運動する単一電子による電流に関する記述である．なお，電子の質量を m_0，電荷量を $-e(e>0)$ とする．

図のように，間隔 d で配置した平行板電極 A，B 間に一定の電圧 V（$V>0$ とする）が印加されている．また，電極に垂直な座標軸 x を図に示す方向に定め，電極間の中点を $x=0$ と定める．ただし，電極間に生じる電界は電極に垂直で一様とみなしてよい．時刻 $t=0$ において，一個の電子が位置 $x=0$ に静止しているものとする．時刻 $t>0$ における電子の

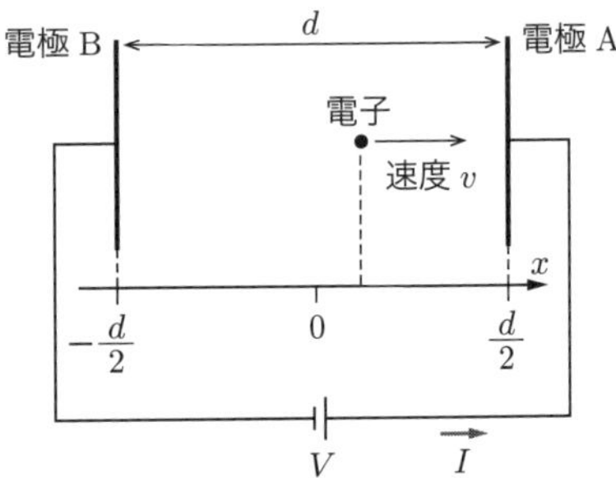

位置を $x\left(x<\dfrac{d}{2}\right)$ とし，電界から受ける力を d，V 等で表すと，ニュートンの運動方程式から微分方程式 $\dfrac{\mathrm{d}^2x}{\mathrm{d}t^2}=$ ［(1)］ が得られる．初期条件を用いてこれを解くことにより，電子の速度 $v=\dfrac{\mathrm{d}x}{\mathrm{d}t}$ は，時間 t の関数として $v=$ ［(2)］ と表され，位置 x の関数として $v=$ ［(3)］ と表される．

電子が速度 v で運動しているとき，微小時間 Δt の間に電界から得るエネルギーは，電子が電界から受けている力と Δt の間に移動する距離とを乗じて，［(4)］ である．一方，このエネルギーは，電圧 V の直流電源から微小時間 Δt の間に電流 I が流れ出ることにより供給されることから，電流 I を d，v 等で表すと ［(5)］ と表される．

解答群

（イ）$\dfrac{V}{m_0 d}\sqrt{2ex}$　（ロ）$\dfrac{2eV}{m_0 d}t$　（ハ）$eVv\Delta t$　（ニ）$\dfrac{eV}{m_0 d}$

(ホ)　$\dfrac{e}{dv}$　(ヘ)　$\dfrac{V}{d}\sqrt{\dfrac{2e}{m_0}x}$　(ト)　$\dfrac{e}{d}v$　(チ)　$\dfrac{eV}{d}v\Delta t$

(リ)　$\dfrac{V}{m_0d}t$　(ヌ)　$\dfrac{2eV}{m_0d}$　(ル)　$\dfrac{eV}{m_0d}t$　(ヲ)　$\dfrac{eV}{d}\Delta t$

(ワ)　$\sqrt{\dfrac{2eV}{m_0d}x}$　(カ)　$\dfrac{ed}{v}$　(ヨ)　$\dfrac{eV}{2m_0d}$

ー攻略ポイントー

ある位置 x にいる物体が x 軸方向に運動しているとき，速度 v は $v=\dfrac{\mathrm{d}x}{\mathrm{d}t}$ となる．また，加速度 a は $a=\dfrac{\mathrm{d}v}{\mathrm{d}t}=\dfrac{\mathrm{d}^2x}{\mathrm{d}t^2}$ となる．ある力 F を受けている質量 m の物体の運動は $F=ma=m\dfrac{\mathrm{d}^2x}{\mathrm{d}t^2}$ という運動方程式で表される．

解説　(1) 電極間の電界 E は $E=V/d$ である．このとき，電子が電界から受ける力 F は $F=eE=eV/d$ となる．したがって，運動方程式は次式となる．

$$F=m_0\frac{\mathrm{d}^2x}{\mathrm{d}t^2}=\frac{eV}{d}\qquad\therefore\quad\frac{\mathrm{d}^2x}{\mathrm{d}t^2}=\boldsymbol{\frac{eV}{m_0d}}\cdots\cdots①$$

(2) 式①の微分方程式を積分すれば

$$v=\frac{\mathrm{d}x}{\mathrm{d}t}=\int\left(\frac{\mathrm{d}^2x}{\mathrm{d}t^2}\right)\mathrm{d}t=\int\left(\frac{eV}{m_0d}\right)\mathrm{d}t=\frac{eV}{m_0d}t+C_1\cdots\cdots②$$

となる．ここで，C_1 は積分定数である．初期条件は，時刻 $t=0$ において位置 $x=0$ に静止しているから，$v=0$ である．このため，積分定数 $C_1=0$ である．したがって，これを式②に代入すれば

$$v=\boldsymbol{\frac{eV}{m_0d}t}\cdots\cdots③$$

(3) 式③をさらに t で積分すれば

$$x=\int v\mathrm{d}t=\int\left(\frac{eV}{m_0d}t\right)\mathrm{d}t=\frac{eV}{2m_0d}t^2+C_2\cdots\cdots④$$

となる．ここで，C_2 は積分定数である．初期条件は，時刻 $t=0$ において $x=0$ であるから，積分定数 $C_2=0$ である．したがって，これを式④に代入すれば次式となる．

$$x=\frac{eV}{2m_0d}t^2 \qquad \therefore \quad t=\sqrt{\frac{2m_0d}{eV}x} \cdots\cdots ⑤$$

式⑤を式③に代入して t を消去すれば

$$v=\frac{eV}{m_0d}\sqrt{\frac{2m_0d}{eV}x}=\sqrt{\frac{\boldsymbol{2eV}}{\boldsymbol{m_0d}}\boldsymbol{x}}$$

(4) 速度 v で微小距離 Δt だけ移動する場合，この距離は $v\Delta t$ である．題意より，電子が電界から受けるエネルギー ΔE は次式となる．

$$\Delta E=Fv\Delta t=\frac{\boldsymbol{eV}}{\boldsymbol{d}}\boldsymbol{v\Delta t} \cdots\cdots ⑥$$

(5) 微小時間 Δt の間に電源から供給されるエネルギーは $VI\Delta t$ となる．これが式⑥と等しいから

$$VI\Delta t=\frac{eV}{d}v\Delta t \qquad \therefore \quad I=\frac{\boldsymbol{e}}{\boldsymbol{d}}\boldsymbol{v}$$

解答　**(1)（ニ）　(2)（ル）　(3)（ワ）　(4)（チ）　(5)（ト）**

詳細解説 1　静磁界中の電子の運動

本問は，静電界中の電子の運動を扱っており，内容的には電験２種・３種でもよく出題されている．しかし，１種では微積分を用いて体系化した出題になっている．そこで，静磁界中の電子の運動も電験２種・３種でよく出題されるが，１種向けに，微分方程式を用いて整理しておく．

図3･1のように，磁束密度 $\boldsymbol{B}$ の磁界の中に，電流 $\boldsymbol{I}$ が流れている線状導体が磁界に対して角度 θ で置かれているとき，その区間 l の受ける力 F は次式となる．

$$\boldsymbol{F}=(\boldsymbol{I}\times\boldsymbol{B})l \qquad F=IBl\sin\theta \tag{3･1}$$

いま，導体中の電流を，電荷 q の無数の荷電粒子が速度 v で流れていると考える．このとき，区間 l 中の荷電粒子の数を N とすれば

$$I=\frac{Nqv}{l} \tag{3･2}$$

となる．したがって，式(3･1)，式(3･2)から，１個の荷電粒子の受ける力 F の大きさは

$$F=qvB\sin\theta \tag{3･3}$$

あるいは，電子の場合，$q=-e$ についてベクトル的に表せば次式となる．

$$\boldsymbol{F}=-e(\boldsymbol{v}\times\boldsymbol{B}) \tag{3･4}$$

式(3･3)や式(3･4)に示すように，磁界と垂直に運動する電子が最も大きい力を受けること，磁界による力は常に電子の運動方向に対して垂直に作用するので，電子の運動方向を変化させるのみで運動速度の大きさには変化を与えないことが理解できるであろう．

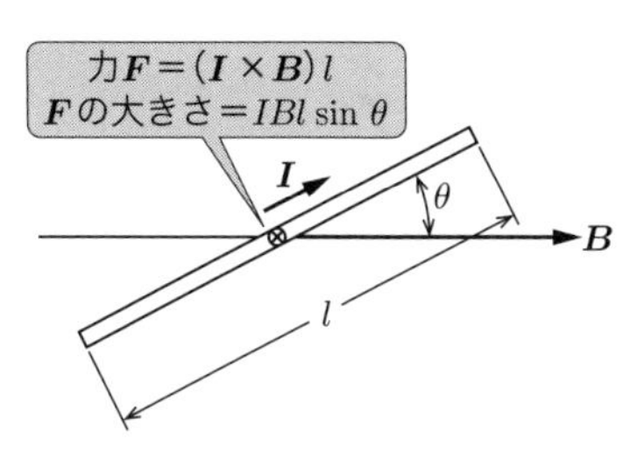

図3･1　磁界中の電流素片が受ける力

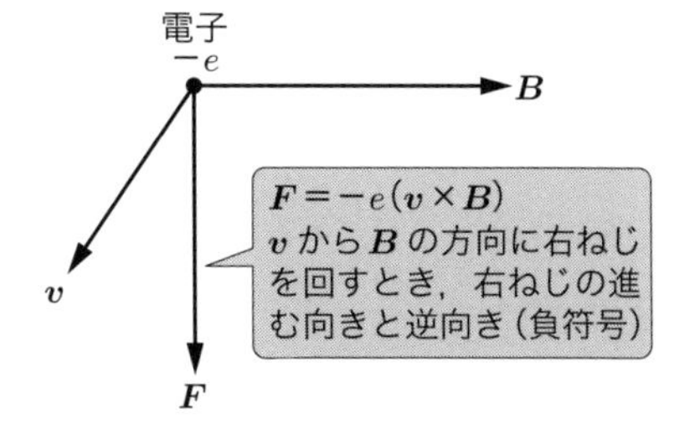

図3･2　磁界中を運動する電子に働く力

さて，式(3･4)に基づいて運動方程式で表すと，空間中の任意の１点を表すベクトルを $\boldsymbol{s}$，電子の静止質量を m，$\eta = e/m$ とすれば

$$\frac{\mathrm{d}^2\boldsymbol{s}}{\mathrm{d}t^2} = -\eta(\boldsymbol{v}\times\boldsymbol{B}) \tag{3･5}$$

となる．これを直角座標で表すと，次式となる．

$$\left.\begin{aligned}&\frac{\mathrm{d}^2x}{\mathrm{d}t^2} = \eta\left(B_y\frac{\mathrm{d}z}{\mathrm{d}t} - B_z\frac{\mathrm{d}y}{\mathrm{d}t}\right),\quad \frac{\mathrm{d}^2y}{\mathrm{d}t^2} = \eta\left(B_z\frac{\mathrm{d}x}{\mathrm{d}t} - B_x\frac{\mathrm{d}z}{\mathrm{d}t}\right),\\ &\frac{\mathrm{d}^2z}{\mathrm{d}t^2} = \eta\left(B_x\frac{\mathrm{d}y}{\mathrm{d}t} - B_y\frac{\mathrm{d}x}{\mathrm{d}t}\right)\end{aligned}\right\} \tag{3･6}$$

ここで，磁界が z 軸方向に一様である場合を想定すれば，$B_x = B_y = 0$ だから，式(3･6)の運動方程式は次式で表すことができる．

$$\frac{\mathrm{d}^2x}{\mathrm{d}t^2} = -\eta B_z\frac{\mathrm{d}y}{\mathrm{d}t},\quad \frac{\mathrm{d}^2y}{\mathrm{d}t^2} = \eta B_z\frac{\mathrm{d}x}{\mathrm{d}t},\quad \frac{\mathrm{d}^2z}{\mathrm{d}t^2} = 0 \tag{3･7}$$

電子は，時刻 t において原点にあり，速度 v_0 で z 軸と角度 θ をなす方向に x–z 面を運動する場合を考える．式(3･7)の第１式，第２式を積分して

$$\frac{\mathrm{d}x}{\mathrm{d}t} = -\eta B_z(y + C_1)$$

$$\frac{\mathrm{d}y}{\mathrm{d}t} = \eta B_z(x + C_2) \tag{3･8}$$

となる．ここで，C_1，C_2 は積分定数である．

磁界は電子の運動エネルギーを増減させないから

$$\left(\frac{\mathrm{d}x}{\mathrm{d}t}\right)^2+\left(\frac{\mathrm{d}y}{\mathrm{d}t}\right)^2+\left(\frac{\mathrm{d}z}{\mathrm{d}t}\right)^2={v_0}^2 \tag{3·9}$$

しかるに，$(\mathrm{d}z/\mathrm{d}t)^2={v_{0z}}^2={v_0}^2\cos^2\theta$ だから

$$\left(\frac{\mathrm{d}x}{\mathrm{d}t}\right)^2+\left(\frac{\mathrm{d}y}{\mathrm{d}t}\right)^2={v_0}^2(1-\cos^2\theta)={v_0}^2\sin^2\theta={v_{0x}}^2$$

この式に，式(3·8)を代入すれば

$$(x+C_2)^2+(y+C_1)^2=\left(\frac{v_{0x}}{\eta B_z}\right)^2 \tag{3·10}$$

となる．これは x–y 平面内での半径 $v_{0x}/(\eta B_z)$ の円運動を表している．そして，初期条件を考慮すれば，$C_1=-v_{0x}/(\eta B_z)$，$C_2=0$ となる．実際にはこれに z 方向の等速直線運動が重畳するので，図3·3のらせん運動になる．

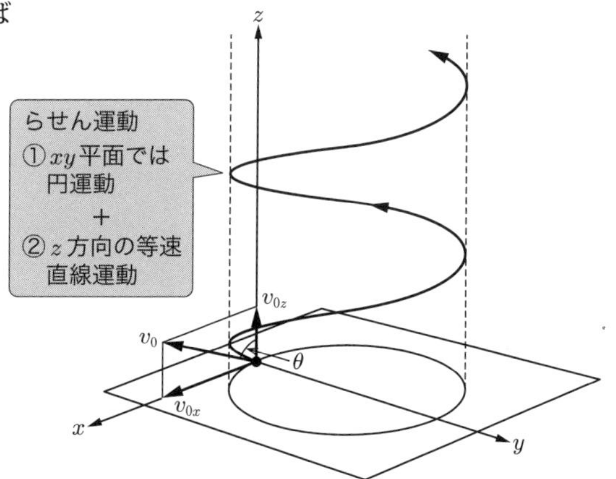

図3·3　一様磁界中の電子の運動

問題2　真空中の交流電界から力を受けた電子の運動　（R4–B6）

次の文章は，真空中において交流電界から力を受けた電子の運動に関する記述である．

真空中で図のように，位置 $x=-d$ の電子源から電子が初速度 v_i で一定の時間間隔 Δt ごとに x 軸の正方向に次々と放出されている状況を考える．n 番目に放出される電子の放出時刻を $t=n\Delta t$ と定義する．ただし，$n=0$，1，2，... である．また，電子間に働くクーロン反発などの相互作用は無視し，電子の質量は一定とする．

領域A（$-d\leqq x\leqq 0$）には，x 軸の負方向に，$E=E_0\sin(\omega t)$ の電界が印加されており，電子の電荷を $-e(e>0)$ とすると，電子は電界から力を受けて運動する．電子の質量を m とすると，運動の第2法則より電子の速度 v に関して，次の方程式が成り立つ．

$$\frac{\mathrm{d}v}{\mathrm{d}t} = \boxed{\ (1)\ } \sin(\omega t) \cdots\cdots ①$$

電子が領域Aを通過する時間が十分短いとみなせる場合，電子が領域Aの右端（$x=0$）に到達した際の速度 v_{x0} は，通過時間 δt を用いて次のように表される．

$$v_{\mathrm{x0}} = v_{\mathrm{i}} + \frac{\mathrm{d}v}{\mathrm{d}t}\delta t \cdots\cdots ②$$

したがって，n 番目に放出された電子の $x=0$ における速度 v_{n} は，式①に $t=n\Delta t$ を代入して左辺の $\dfrac{\mathrm{d}v}{\mathrm{d}t}$ を式②に代入すると，次の式で表される．ただし，$\delta t = \dfrac{d}{v_{\mathrm{i}}}$ と仮定する．

$$v_{\mathrm{n}} = v_{\mathrm{i}} + \boxed{\ (2)\ } \sin(\omega n\Delta t) \cdots\cdots ③$$

n 番目に放出された電子は，$x>0$ の領域では速度 v_{n} で等速直線運動するので，時刻 t における電子の位置 x_{n} は，次のように表される．なお，通過時間 δt は無視する．

$$x_{\mathrm{n}} = v_{\mathrm{n}}(t - n\Delta t) \cdots\cdots ④$$

式③の $\omega n\Delta t$ が十分小さい場合には，sin 関数は次のように近似できる．

$$\sin(\omega n\Delta t) \fallingdotseq \omega n\Delta t \cdots\cdots ⑤$$

遅れ時間 $n\Delta t$ に比例した大きさの電界で加速されるため，後から出発した電子が先に出発した電子に追いつくことができる．追いつく位置を求めよう．

式③に式⑤を適用して式④に代入し，Δt の2乗の項を無視すると次式を得る．

$$x_{\mathrm{n}} \fallingdotseq v_{\mathrm{i}}t + (\boxed{\ (3)\ })n\Delta t \cdots\cdots ⑥$$

式⑥に，$\boxed{\ (3)\ } = 0$ となる条件を課すと，ある時刻 $t = \boxed{\ (4)\ }$ において，x_{n} が n に依存しないことが導かれる．このことは，式⑤を満たす複数の n の電子群が，同じ時刻に，同一の位置に集群することを意味する．この集群位置は，$x_{\mathrm{n}} \fallingdotseq \boxed{\ (5)\ }$ である．このようにして電子流に密度の濃淡が形成される．この現象は，高周波発振や増幅などの機能を有する電子管等に応用されている．

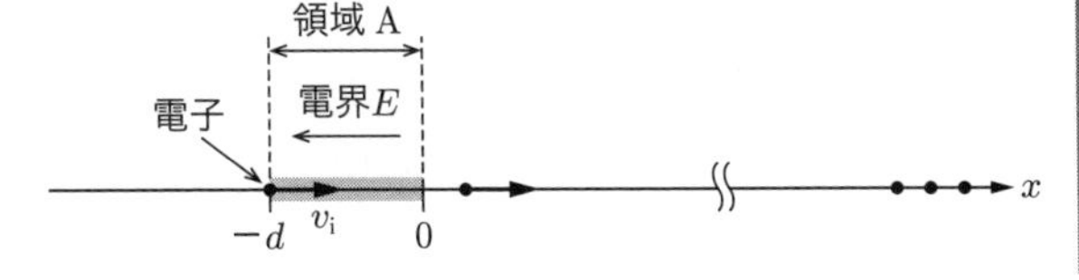

解答群

（イ）$\dfrac{eE_0d}{mv_\mathrm{i}}-\omega t$　（ロ）$\dfrac{eE_0d}{v_\mathrm{i}}$　（ハ）$\dfrac{eE_0v_\mathrm{i}}{md}\omega t-v_\mathrm{i}$

（ニ）$\dfrac{E_0}{em}$　（ホ）$\dfrac{eE_0d}{mv_\mathrm{i}}$　（ヘ）$\dfrac{mv_\mathrm{i}^2}{eE_0d\omega}$

（ト）$\dfrac{md}{eE_0\omega}$　（チ）$\dfrac{eE_0}{m}$　（リ）eE_0

（ヌ）$\dfrac{eE_0v_\mathrm{i}}{md}$　（ル）$\dfrac{mv_\mathrm{i}^3}{eE_0d\omega}$　（ヲ）$\dfrac{mv_\mathrm{i}^2d}{eE_0\omega}$

（ワ）$\dfrac{mv_\mathrm{i}}{eE_0d\omega}$　（カ）$\dfrac{eE_0d}{mv_\mathrm{i}}\omega t-v_\mathrm{i}$　（ヨ）$\dfrac{mv_\mathrm{i}}{eE_0d\omega^2}$

—攻略ポイント—

問題1の攻略ポイントに示す力学の基本知識と電界の基本事項を理解する．問題文中にヒントが示されているので，その誘導にしたがって丁寧に解いていく．

解説　(1) 電子に働く力 F は，電界 E が $E=E_0\sin(\omega t)$ であるから

$F=eE=eE_0\sin(\omega t)$

となる．したがって，電子の運動方程式は次式となる．

$$m\frac{\mathrm{d}v}{\mathrm{d}t}=F=eE_0\sin(\omega t)\qquad\therefore\quad\frac{\mathrm{d}v}{\mathrm{d}t}=\boldsymbol{\frac{eE_0}{m}}\sin(\omega t)\quad\cdots\cdots①$$

(2) 式①に $t=n\Delta t$ を代入すれば

$$\frac{\mathrm{d}v}{\mathrm{d}t}=\frac{eE_0}{m}\sin(\omega n\Delta t)\quad\cdots\cdots②$$

となる．題意より，n 番目に放出された電子の $x=0$ における速度 v_n は，問題中の式②の $\mathrm{d}v/\mathrm{d}t$ に式②を代入するとともに，$\delta t=d/v_\mathrm{i}$ と仮定しているので

$$v_\mathrm{n}=v_\mathrm{i}+\frac{eE_0}{m}\sin(\omega n\Delta t)\delta t=v_\mathrm{i}+\boldsymbol{\frac{eE_0d}{mv_\mathrm{i}}}\sin\,(\omega n\Delta t)\quad\cdots\cdots③$$

(3) 式③において，問題中の式⑤の近似式 $\sin(\omega n\Delta t)\fallingdotseq\omega n\Delta t$ を適用すれば

$$v_\mathrm{n}\fallingdotseq v_\mathrm{i}+\frac{eE_0d}{mv_\mathrm{i}}\omega n\Delta t$$

となる．そこで，これを問題中の式④に代入し，Δt の2乗の項を無視すれば

$$x_{\rm n} \fallingdotseq \left(v_{\rm i} + \frac{eE_0 d}{mv_{\rm i}}\omega n\Delta t\right)(t - n\Delta t) \fallingdotseq v_{\rm i}t + \left(\boldsymbol{\frac{eE_0 d}{mv_{\rm i}}\omega t - v_{\rm i}}\right)n\Delta t \cdots\cdots ④$$

(4) 題意より

$$\frac{eE_0 d}{mv_{\rm i}}\omega t - v_{\rm i} = 0 \qquad \therefore \quad t = \boldsymbol{\frac{mv_{\rm i}^2}{eE_0 d\omega}} \cdots\cdots ⑤$$

(5) 題意に示すように，式④の第二項が零となる条件下では，$x_{\rm n} = v_{\rm i}t$ となるから，これに式⑤を代入すればよい．

$$\frac{x_{\rm n}}{v_{\rm i}} = \frac{mv_{\rm i}^2}{eE_0 d\omega} \qquad \therefore \quad x_n = \boldsymbol{\frac{mv_{\rm i}^3}{eE_0 d\omega}}$$

(1)（チ） (2)（ホ） (3)（カ） (4)（ヘ） (5)（ル）

問題3 平行平板電極間の熱電子放出 (R2-B6)

次の文章は，真空中の電子電流に関する記述である．

真空中で金属を加熱すると，熱エネルギーを得た電子が真空中に飛び出してくる熱電子放出を生じる．図は，電極 A から均一に熱電子が放出され，直流電圧 V_0（>0）によって，電極 A から距離 L の位置にある電極 B に引き寄せられ，時間的に一定の電流密度 J が流れている様子を表している．図中の x 座標上の位置 x における電子の平均速度を $v(x)$，電荷密度を $\rho(x)$ とし，電位を $V(x)$ とする．ただし，$V(0) = 0$，$V(L) = V_0$ と定める．簡単のため，電子の速度は x 成分のみを持つものとし，また，電荷密度，電位は共に x 軸に垂直な面内で一様であるものと仮定する．電極は十分広く，端部効果は無視するものとする．この時，位置 x における電流密度 J は，電子の速度 $v(x)$ と電荷密度 $\rho(x)$ を用いて，次のように表される．

$$J = \boxed{\ (1)\ } \cdots\cdots ①$$

また，$V(x)$ と $\rho(x)$ の関係は，ポアソン方程式より以下のように表される．

$$\frac{{\rm d}^2 V(x)}{{\rm d}x^2} = -\frac{\rho(x)}{\varepsilon_0} \cdots\cdots ②$$

ただし，ε_0 は真空の誘電率である．位置 x における電子の運動エネルギーは，電子の質量 m 及び速度 $v(x)$ を用いて $\boxed{\ (2)\ }$ と表される．放出直後の速度を $v(0) = 0$ と近似すると，力学的エネルギー保存則より，

$$\boxed{\ (2)\ } = eV(x) \cdots\cdots ③$$

が成り立つ．ただし，e は電気素量を表す．式①〜③より $v(x)$ と $\rho(x)$ を消去すると，電流密度の大きさ $|J|$ と，電位 $V(x)$ の関係は，次式で表される．

$$|J| = \boxed{\ (3)\ } \sqrt{V(x)} \left| \frac{\mathrm{d}^2 V(x)}{\mathrm{d}x^2} \right| \quad \cdots\cdots ④$$

定常状態では，J は位置 x によらず一定でなければならない（電流連続）．また，放出される電子の数が増加すると，電極Aの近傍が負に帯電するため，$x=0$ における電界 $-\dfrac{\mathrm{d}V(x)}{\mathrm{d}x}$ が0に近づくことで電子放出が制限される．これらの条件を満たす電位分布は，α，β を正の実定数として，$V(x) = \alpha x^{\beta}$ のように表され，式④が x によらない条件として x の指数部を零とすると，$\beta = \boxed{\ (4)\ }$ と求められる．また，$V(L) = \alpha L^{\beta} = V_0$ から α が求まり，電流密度の大きさと印加電圧との関係として，$|J| \propto V_0^{\gamma}$，$\gamma = \boxed{\ (5)\ }$ が導かれる．この関係は，熱電子放出電流を外部印加電圧により制御する基本原理となっている．

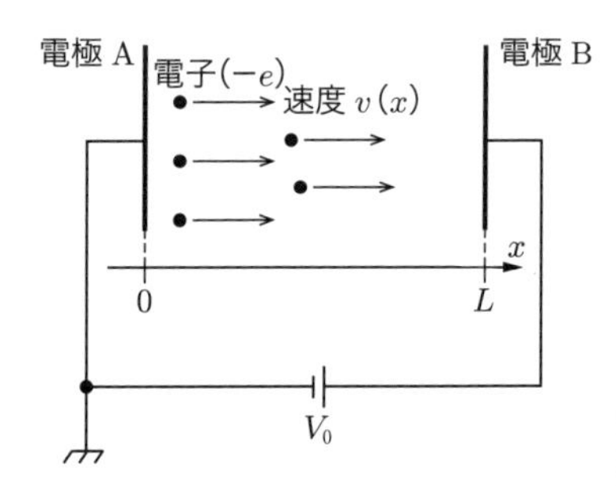

解答群

(イ) $\dfrac{1}{2}$	(ロ) $mv(x)$	(ハ) $\dfrac{1}{2}\rho(x)v(x)^2$
(ニ) $\varepsilon_0\sqrt{\dfrac{2e}{m}}$	(ホ) $\dfrac{2}{3}$	(ヘ) $\dfrac{5}{3}$
(ト) 2	(チ) $\dfrac{1}{2}mv(x)^2$	(リ) $\rho(x)v(x)$
(ヌ) $\varepsilon_0\sqrt{\dfrac{2m}{e}}$	(ル) $\dfrac{4}{3}$	(ヲ) $\dfrac{1}{2}m^2v(x)$
(ワ) $\dfrac{3}{2}$	(カ) $\dfrac{1}{2}\rho(x)v(x)$	(ヨ) $\sqrt{\dfrac{2\varepsilon_0}{m}}$

―攻略ポイント―

熱電子放出電流を外部電圧により制御する基本原理を誘導する問題である．落ち着いて問題を読めば，解答が誘導されるようになっていることがわかる．

解説　(1) 電流は，ある面を単位時間当たりに通過する電荷量であるから，位置 x における電流密度 J は

$$J = \boldsymbol{\rho(x)v(x)} \quad \cdots\cdots ①$$

(2) 運動エネルギーの定義から，運動エネルギーE は $E = \boldsymbol{\dfrac{1}{2}mv(x)^2}$ である．

(3) 問題中の式②を変形すれば

$$\rho(x) = -\varepsilon_0 \frac{\mathrm{d}^2 V(x)}{\mathrm{d}x^2} \quad \cdots\cdots ②$$

題意より，放出直後の速度 $v(0) = 0$ と近似すれば，力学的エネルギー保存則より，位置 x における電子の運動エネルギーは，電子が電界から得たエネルギーに等しいから

$$\frac{1}{2}mv(x)^2 = eV(x) \quad \cdots\cdots ③$$

式①に式②，式③を代入して整理すれば次式となる．

$$J = -\varepsilon_0 \frac{\mathrm{d}^2 V(x)}{\mathrm{d}x^2} \cdot \sqrt{\frac{2eV(x)}{m}}$$

$$\therefore \quad |J| = \varepsilon_0 \sqrt{\frac{2eV(x)}{m}} \cdot \left| \frac{\mathrm{d}^2 V(x)}{\mathrm{d}x^2} \right| = \boldsymbol{\varepsilon_0 \sqrt{\frac{2e}{m}}} \sqrt{V(x)} \left| \frac{\mathrm{d}^2 V(x)}{\mathrm{d}x^2} \right| \quad \cdots\cdots ④$$

(4) 題意より $V(x) = \alpha x^\beta$ なので，これを式④に代入して

$$|J| = \varepsilon_0 \sqrt{\frac{2e}{m}} \sqrt{\alpha x^\beta} \left| \alpha\beta(\beta-1)x^{\beta-2} \right| = \varepsilon_0 \sqrt{\frac{2e}{m}} \left| \alpha\beta(\beta-1) \right| \sqrt{\alpha x^{3\beta-4}} \quad \cdots\cdots ⑤$$

これが x の値によらず一定となるためには，題意より x の指数部が0になればよい．

$$3\beta - 4 = 0 \qquad \therefore \quad \beta = \boldsymbol{\frac{4}{3}}$$

(5) (4) の結果を用いれば，$\alpha = V_0/L^\beta = V_0/L^{4/3}$ となるから，この α と β を式⑤に代入すると

$$|J| = \varepsilon_0 \sqrt{\frac{2e}{m}} \left| \frac{V_0}{L^{4/3}} \times \frac{4}{3} \times \left(\frac{4}{3} - 1 \right) \right| \sqrt{\frac{V_0}{L^{4/3}}} = \frac{4}{9} \cdot \frac{\varepsilon_0}{L^{4/3}} \sqrt{\frac{2e}{mL^{4/3}}} \cdot V_0^{\frac{3}{2}} \propto V_0^{\gamma}$$

$$\therefore \quad \gamma = \boldsymbol{\frac{3}{2}}$$

解答　(1) (リ)　(2) (チ)　(3) (ニ)　(4) (ル)　(5) (ワ)

詳細解説2　二極真空管と空間電荷効果

問題3は，熱電子放出電流を外部印加電圧により制御する基本原理を扱っている．これは，平行平面二極管の空間電荷制限状態下での陽極電流を与える式を導出しており，ラングミュア・チャイルドの式または3/2乗法則と呼ばれるものである．電験1種では，平成22年に二極真空管の基本原理を問う定性的な問題が出題されているため，その問題も解けるよう，この詳細解説では，二極真空管を説明する．

初期の二極管は平面上の電極としていたが，その後，図3･4(a)の同軸円筒状の二極管が用いられるようになった．同図(b)は，加熱線（ヒータ）の表面をそのまま陰極として用いる場合で，このような二極管を**直熱形**という．直熱形の陰極は**フィラメント**ともいう．同図(c)は，陰極の内部に別のヒータをもつ**傍熱形**を表す．

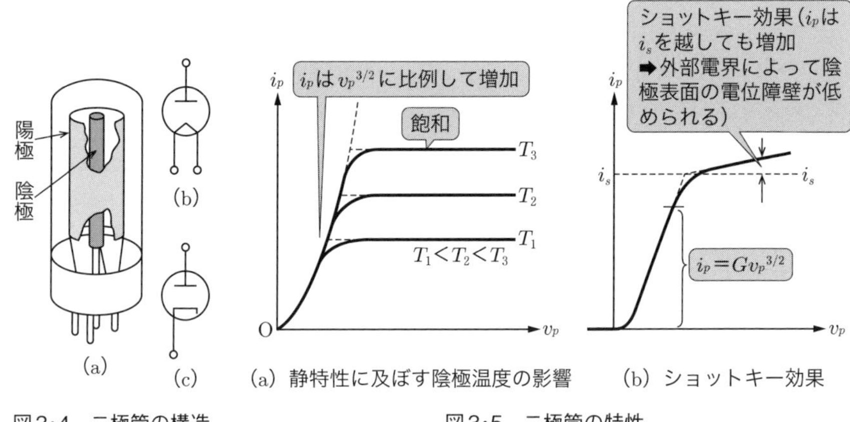

図3･4　二極管の構造と表示

図3･5　二極管の特性

二極管の陽極電圧 v_p（陰極に対する電圧）と陽極電流 i_p の関係を実測すると，図3･5のような特性が得られる．$v_p<0$ の範囲では，放出された電子が押し戻されるので，電流はほとんど流れない．$v_p>0$ の範囲では，$|v_p|$ があまり大きくない範囲では次式が成り立つ．

$$i_p = Gv_p{}^{3/2} \qquad (3\cdot11)$$

式(3･11)の比例定数 G は**パービアンス**と呼ばれ，電極の形状と間隔だけで決まる定数である．式(3･11)の関係は，陰極からはいくらでも電子が放出されるが，陰極・陽極間の負の空間電荷（電子）の存在によってその間の電位が低下し，そのために陽極電流 i_p が電位差 v_p で決まるある大きさに抑えられると考えられる．そして，このように i_p が $v_p{}^{3/2}$ に比例する v_p の範囲を**空間電荷制限領域**，空間電荷（電子）がこのように電流を抑制する作用を**空間電荷効果**と呼んでいる．

次に，v_p が次第に高くなり，陽極電流 i_p が陰極の電子放出能力 i_s（飽和電流）に達すると，i_p は $v_p^{3/2}$ に比例して増加することはできず，v_p を増やしても i_p はほぼ一定値にとどまる．飽和電流 i_s の大きさは，陰極の材料と陰極温度 T_c，陰極面積 S から決まり，

$$\boldsymbol{i_s = AST_c^2 \exp(-e\phi/kT_c)} \qquad (3\cdot12)$$

で与えられる．k はボルツマン定数（1.38×10^{-23} J/K），e は電子の電荷（1.602×10^{-19} C），A は定数（1.20×10^6 A/m^{2}K^2）であり，ϕ は陰極表面の材料と状態で決まる**仕事関数**である．仕事関数 ϕ の値が小さいほど，低い陰極温度でも大きい電子放出能力をもつ．

実際には，図 3･5(b)のように，二極管の v_p-i_p 特性（静特性）を測定すると，i_p は i_s を越しても，ゆるやかに増加する．この効果は，外部電界によって陰極表面の電位障壁が低められることによるもので，**ショットキー効果**と呼ばれている．

問題 4　マイクロ波真空管　(H23-B6)

次の文章は，クライストロンと呼ばれるマイクロ波真空管に関する記述である．

単位電荷を q，電子の質量を m とすると，エネルギーqV_0 をもって一様な速度で一方向に進む電子ビームの速度は，$v_0=\sqrt{\dfrac{2qV_0}{m}}$ で表される．この電子ビームが，図のように，穴が空いた 2 枚の電極板 A，B の間を通過する．2 枚の電極板 A-B 間に $V_1 \sin\omega t$ の交流電圧が印加されているとする．電極板 A-B 間を通過する時間が，交流電圧の周期に対して無視できるほど短いとすると，電子の速度は 2 枚の電極板を通過した後に [(1)] となる．したがって，電子ビームが速度変調される．交流電圧の振幅 V_1 は上記の V_0 より十分小さいと仮定し，（注）に示した近似式を用いると，電極板 B を通過後の電子の速度は [(2)] となる．ここで，電極板 B を出たあとも電子が走行を続けるとすると，一番遅い電子に一番速い電子が追いつく集群が起こる．電子同士の反発などは無視すると，一番遅い電子が電極板 B を出てから次の速い電子がそこを出るまでの時間 Δt は [(3)] である．遅い電子が出てから時間 t が経ったところで最初の集群が起こるとしよう．集群を起こしたところの位置では遅い電子の走行距離と速い電子の走行距離が等しいことから

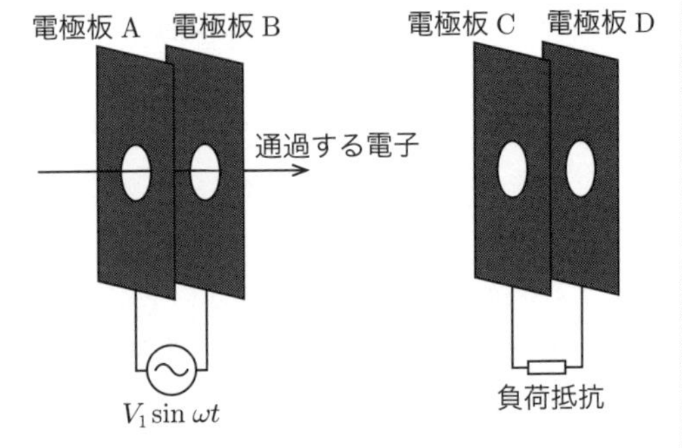

[(4)] という Δt を用いた関係が導出できる．さらに Δt と $\frac{V_1}{V_0}$ の積は微小で無視できるとすると，集群の起こる位置の電極板Bからの距離は [(3)] を用いて [(5)] と近似できる．図のように，集群する位置に穴が空いた2枚の電極板C，Dを置いて，その間に負荷抵抗を挿入し発生する誘導電流を取り出すと，集群して電子密度の濃くなった部分と薄くなった部分が繰り返し通過することから，時間変化する電流が取り出せる．

（注）$\sqrt{1+x} \fallingdotseq 1+\frac{x}{2}$（ただし，$|x| \ll 1$）

解答群

（イ）$\sqrt{\frac{2q(V_0+V_1 \sin \omega t)}{m}}$　（ロ）$\frac{\pi}{2\omega}$　（ハ）$\frac{\pi}{2\omega} \cdot \frac{V_0}{V_1} v_0$

（ニ）$v_0\left(1+\frac{V_1}{2V_0}\right)(t-\Delta t)=v_0\left(1-\frac{V_1}{2V_0}\right)t$

（ホ）$v_0(t-\Delta t)=v_0\left(1-\frac{V_1}{2V_0}\right)t$　（ヘ）$v_0\left(1+\frac{2V_1}{V_0}\sin \omega t\right)$

（ト）$\frac{\pi}{\omega} \cdot \frac{V_0}{V_1} v_0$　（チ）$\sqrt{\frac{q(V_0+V_1 \sin \omega t)}{2m}}$

（リ）$\sqrt{\frac{q(V_0+V_1 \sin \omega t)}{m}}$　（ヌ）$\frac{2\pi}{\omega}$　（ル）$\frac{\pi}{\omega}$

（ヲ）$v_0\left(1+\frac{V_1}{2V_0}\sin \omega t\right)$　（ワ）$\frac{2\pi}{\omega} \cdot \frac{V_0}{V_1} v_0$

（カ）$v_0\left(1+\frac{V_1}{V_0}\sin \omega t\right)$　（ヨ）$v_0\left(1+\frac{V_1}{2V_0}\right)(t-\Delta t)=v_0 t$

一攻略ポイント一

電界中で電子が運動するときに受け取るエネルギーが運動エネルギーと等しいことを理解したうえで，問題を丁寧に読んで，解き進めればよい．

解説 (1) 質量 m，速度 v_0 で運動する電子の運動エネルギー E は次式で表される．

$$E = mv_0^2/2 \quad \cdots\cdots ①$$

ある任意の2地点を考え，その間の電位差が V_0 のとき，その電界中に電子（1個当たりの電荷 q）を置けば，静電力を受ける．この静電力により電子が2地点間を移動するときに受け取るエネルギーは qV_0 である．エネルギー的にみると，これは式①の運動エネルギーに等しいので

$$qV_0 = mv_0^2/2 \qquad \therefore \quad v_0 = \sqrt{2qV_0/m} \quad \cdots\cdots ②$$

さて，電子ビームが穴の開いた電極板A–Bの間を通過し，その極板間に $V_1 \sin \omega t$ の交流電圧が印加されている場合，電極板A–B間を通過する時間が交流電圧の周期に対して無視できるほど短いとすれば，通過する間は電極間の電界は一定と考えることができる．このため，通過後の電子のエネルギー E' は次式となる．

$$E' = E + qV_1 \sin \omega t = q(V_0 + V_1 \sin \omega t) \quad \cdots\cdots ③$$

そこで，そのときの電子の速度 v_0' は，式③を式②に代入すれば，次のようになる．

$$v_0' = \sqrt{\frac{\boldsymbol{2q(V_0 + V_1 \sin \omega t)}}{\boldsymbol{m}}}$$

(2) 題意より，交流電圧の振幅 V_1 が V_0 より十分小さければ，次式のように近似できる．

$$v_0' = \sqrt{\frac{2qV_0}{m}\left(1 + \frac{V_1}{V_0}\sin \omega t\right)} = \sqrt{\frac{2qV_0}{m}} \times \sqrt{1 + \frac{V_1}{V_0}\sin \omega t}$$

$$\fallingdotseq \boldsymbol{v_0\left(1 + \frac{V_1}{2V_0}\sin \omega t\right)} \quad \cdots\cdots ④$$

(3) 電極板を通過した後の電子の速度は，電極板の通過時点の交流電圧により周期的に変動し

一番早い電子の速度

$$v_{0\max} \fallingdotseq v_0\left(1 + \frac{V_1}{2V_0} \times 1\right) = v_0\left(1 + \frac{V_1}{2V_0}\right) \quad \cdots\cdots ⑤$$

第3章 電子理論

一番遅い電子の速度

$$v_{0\min} \fallingdotseq v_0\left\{1+\frac{V_1}{2V_0}\times(-1)\right\}=v_0\left(1-\frac{V_1}{2V_0}\right)\cdots\cdots ⑥$$

となる．一番遅い電子が電極板Bを出てから次の一番早い電子が電極板Bを出るまでの時間は，周期の1/2に等しいので

$$\Delta t=\frac{T}{2}=\frac{1}{2f}=\frac{1}{2\times(\omega/2\pi)}=\frac{\boldsymbol{\pi}}{\boldsymbol{\omega}}\cdots\cdots ⑦$$

(4)　一番遅い電子が出てから時間 t が経過したときに最初の集群が起こるとすると，一番早い電子が時間 $(t-\Delta t)$ で進む距離と，一番遅い電子が時間 t で進む距離とは等しいから

$$\boldsymbol{v_0\left(1+\frac{V_1}{2V_0}\right)(t-\Delta t)=v_0\left(1-\frac{V_1}{2V_0}\right)t}\cdots\cdots ⑧$$

さらに，題意より，Δt と V_1/V_0 の積は微小なので無視すれば

$$t-\Delta t+\frac{V_1}{2V_0}t \fallingdotseq t-\frac{V_1}{2V_0}t \qquad \therefore \quad t=\frac{V_0}{V_1}\cdot\Delta t\cdots\cdots ⑨$$

式⑨を式⑧に代入すると，集群の起こる位置 x は

$$x=v_0\left(1-\frac{V_1}{2V_0}\right)\cdot\frac{V_0}{V_1}\Delta t \fallingdotseq v_0\cdot\frac{V_0}{V_1}\Delta t=\frac{\boldsymbol{\pi}}{\boldsymbol{\omega}}\cdot\frac{\boldsymbol{V_0}}{\boldsymbol{V_1}}\boldsymbol{v_0}$$

$$\left(\because \quad V_1 \ll V_0 \text{ より } \frac{V_1}{2V_0}\ll 1\right)$$

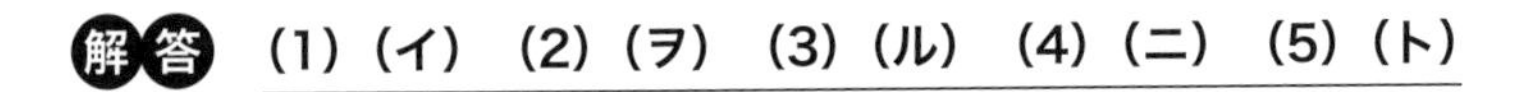

2　pn 接合ダイオード

問題 5　pn 接合ダイオードの拡散と電流　（H25-A4）

次の文章は，pn 接合ダイオードの電流に関する記述である．

pn 接合ダイオードにおいて，平衡状態での n 形半導体の正孔濃度を p_{n0}，温度を T，ボルツマン定数を k，単位電荷を q とする．p 形半導体の正孔濃度は n 形半導体の電子濃度よりも十分大きく p 形半導体の電子による拡散電流は無視できるものとする．pn 接合部での空乏層が終わったところからの n 形半導体内の位置を x とする．

電流が流れる方向に電圧 $V>0$ が印加されると，$x=0$ での n 形半導体の正孔濃度は $p_n(0)=p_{n0}\exp\left(\frac{qV}{kT}\right)$ となる．

この正孔濃度は n 形半導体内を拡散していくと同時に再結合により平衡状態に落ち着くが，位置 x での正孔濃度 $p_n(x)$ は拡散長 L_p を使って $p_n(x)-p_{n0}=[p_n(0)-p_{n0}]\exp\left(-\frac{x}{L_p}\right)$ となる．正孔濃度の濃度勾配は位置 x により変わり，x で微分することで $\frac{\mathrm{d}p_n(x)}{\mathrm{d}x}=$ (1) と求められる．この式の左辺に，負号，拡散定数 D_p 及び電荷を乗ずると，正孔による拡散電流は (2) で表され，位置 x の関数となる．x の増加に伴い拡散電流は再結合によって減少し，この減少分は電子によるドリフト電流成分となる．よって正孔により流れる電流は，拡散電流の最大値 (3) と等しく，かつ $p_n(0)$ は V の関数となるので，これを代入すると (4) が正孔による電流となる．

電圧 V が負の場合を考える．この場合も同様の式が使えるが，電圧 V の絶対値がある程度大きな値では正孔による電流は (5) となり，電圧に対して依存性を持たない逆方向飽和電流になることがわかる．

解答群

（イ）$-\frac{qp_{n0}D_p}{L_p}\exp\left(-\frac{x}{L_p}\right)$　　（ロ）$-q\frac{p_{n0}D_p}{L_p}$

（ハ）　$L_\mathrm{p} p_\mathrm{n}(0) \exp\left(-\dfrac{x}{L_\mathrm{p}}\right)$　（ニ）　$q\dfrac{p_\mathrm{n0} D_\mathrm{p}}{L_\mathrm{p}}\left[\exp\left(\dfrac{qV}{kT}\right)-1\right]$

（ホ）　$q\dfrac{D_\mathrm{p}}{L_\mathrm{p}}[p_\mathrm{n}(0)-p_\mathrm{n0}]$　（ヘ）　$q\dfrac{D_\mathrm{p}}{L_\mathrm{p}}p_\mathrm{n}(0)$

（ト）　$-\dfrac{1}{L_\mathrm{p}}[p_\mathrm{n}(0)-p_\mathrm{n0}]\exp\left(-\dfrac{x}{L_\mathrm{p}}\right)$　（チ）　$-\dfrac{p_\mathrm{n0} L_\mathrm{p}}{D_\mathrm{p}}$

（リ）　$qD_\mathrm{p} p_\mathrm{n}(0)$　（ヌ）　$-\dfrac{qp_\mathrm{n0} D_\mathrm{p}}{L_\mathrm{p}}\dfrac{\mathrm{d}p_\mathrm{n}(x)}{\mathrm{d}x}$

（ル）　$-\dfrac{1}{L_\mathrm{p}}p_\mathrm{n0}\exp\left(-\dfrac{x}{L_\mathrm{p}}\right)$　（ヲ）　$-qD_\mathrm{p}\dfrac{\mathrm{d}p_\mathrm{n}(x)}{\mathrm{d}x}$　（ワ）　0

（カ）　$q\dfrac{p_\mathrm{n0} D_\mathrm{p}}{L_\mathrm{p}}\exp\left(\dfrac{qV}{kT}\right)$　（ヨ）　$qp_\mathrm{n0} D_\mathrm{p}\exp\left(\dfrac{qV}{kT}\right)$

― 攻略ポイント ―

pn 接合ダイオードといった半導体で流れる電流は，ドリフト電流，拡散電流に基づく．詳細解説 3 でも説明するが，重要な概念なので，十分に学習する．

解説　(1) p 形半導体と n 形半導体を接合すると，拡散現象が起こり，解図 1 のように，p 形半導体の正孔は n 形半導体に移動する一方で，n 形半導体の電子は p 形半導体へ移動する．このため，接合面付近では，正孔と電子が再結合してキャリヤが消滅し，キャリヤが存在しない領域（空乏層）ができる．そして，空乏層の p 形領域には，それまで存在していた正孔がなくなるので，負に帯電した原子だけが残る．一方，空乏層の n 形領域にはそれまでに存在していた電子がなくなるので，正に帯電した原子だけが残る．電気的な正負の偏りによって，空乏層内の p 形領域と n 形領域には電位差が生じ，キャリヤの移動を妨げる電界が発生する．

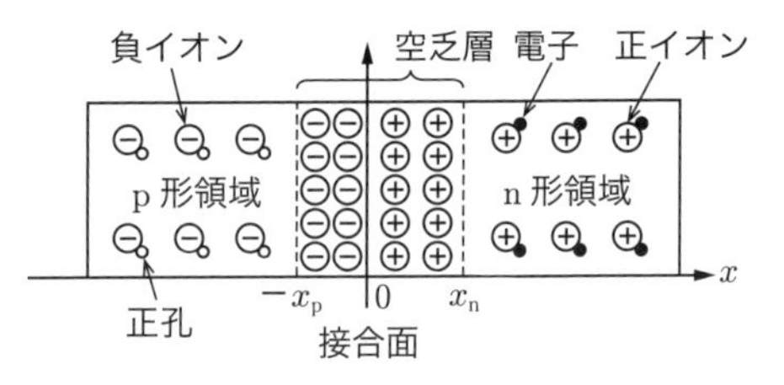

解図 1　pn 接合の空乏層

pn 接合の拡散現象は，拡散により生じる電位差による電界がキャリヤを引き戻すクーロン力と，拡散によってキャリヤを移動させる力とが釣り合ったときに止まる．これが熱平衡状態である．正孔濃度は，n 形半導体内を拡散すると同時に，再結合によって平衡状態に落ち着く．題意より，位置 x での正孔濃度 $p_n(x)$ は，拡散長 L_p を用いて $p_n(x)-p_{n0}=[p_n(0)-p_{n0}]\exp(-x/L_p)$ で表されるので，これを x で微分すれば

$$\frac{\mathrm{d}p_n(x)}{\mathrm{d}x}=-\frac{1}{L_p}[p_n(0)-p_{n0}]\exp\left(-\frac{x}{L_p}\right) \quad\cdots\cdots ①$$

(2) 題意より，正孔による拡散電流 i_p は，負の符号，拡散定数 D_p，電荷 q を乗ずるので

$$i_p=-qD_p\frac{\mathrm{d}p_n(x)}{\mathrm{d}x} \quad\cdots\cdots ②$$

(3) 式①を式②に代入すれば，正孔による拡散電流 i_p は次式となる．

$$i_p=q\frac{D_p}{L_p}\cdot[p_n(0)-p_{n0}]\exp\left(-\frac{x}{L_p}\right) \quad\cdots\cdots ③$$

したがって，式③の拡散電流の最大値 I_p は次式となる．

$$I_p=q\frac{D_p}{L_p}[p_n(0)-p_{n0}] \quad\cdots\cdots ④$$

(4) 題意より，電流が流れる方向に電圧 $V>0$ が印加されると，$x=0$ での n 形半導体の正孔濃度は $p_n(0)=p_{n0}\exp(qV/kT)$ で与えられるから，これを式④に代入すると

$$I_p=q\frac{D_p}{L_p}\left[p_{n0}\exp\left(\frac{qV}{kT}\right)-p_{n0}\right]=q\frac{p_{n0}D_p}{L_p}\left[\exp\left(\frac{qV}{kT}\right)-1\right] \quad\cdots\cdots ⑤$$

(5) 電圧 V が負の場合で電圧 V の絶対値がある程度大きな値のとき，$V\gg\frac{kT}{q}$ であることから，式⑤の $\exp(qV/kT)$ を無視することができる．したがって，電流 I_p は次式となる．

$$I_p=-qp_{n0}D_p/L_p$$

解答　(1)（ト）　(2)（ヲ）　(3)（ホ）　(4)（ニ）　(5)（ロ）

詳細解説 3　半導体における電流やエネルギー帯

(1) 真性半導体・p 形半導体・n 形半導体

真性半導体は，半導体の純度を極めて高くしたものである．真性半導体の共有結合は弱く，電子や正孔といったキャリヤにより，電気伝導が行われる．高純度の Si や Ge の真性半導体は電子と正孔は同数であるが，不純物を微量に混ぜることによって，

電子や正孔の数や比率を変えることができる．

不純物として3価の原子（In（インジウム），B（ほう素），Ga（ガリウム）など）を混ぜると，4価のSiやGeと結合する電子が1個不足する．この価電子の不足により正孔が生じ，これが電気伝導の役目を果たす．この場合，結晶全体としては多数の正孔が存在する．正孔が電子よりも多い半導体を**p形半導体**といい，p形半導体を作るために加えた3価の不純物を**アクセプタ**という．p形半導体では，正孔が多数キャリヤである．正孔がIn（インジウム）から離れると，In自体はイオン化されたアクセプタになり，負の固定電荷となる．

一方，不純物として5価の原子（As（ひ素），P（りん），Sb（アンチモン）など）を混ぜると，4価のSiやGeと結合して，なお1個の電子が余分になる．この余った電子は結合から外れて自由電子となり，これが電気伝導の役目を果たす．結晶全体としては多数の自由電子が存在することになる．自由電子が正孔の数よりも多い半導体を**n形半導体**といい，n形半導体を作るために加えた5価の不純物を**ドナー**という．n形半導体では，電子が多数キャリヤである．電子がAs（ひ素）から離脱すると，As原子はイオン化されたドナーとなり，正の固定電荷となる．

p形半導体やn形半導体では，結晶中のSi原子を，Ⅲ族（Inなど）やⅤ族（Asなど）の原子で置き換えているが，この置換を**ドーピング**という．半導体にドーピングされる不純物を**ドーパント**という．

(2) pn 積一定の法則

平衡状態にある**半導体の正孔濃度 p と電子濃度 n には，pn 積一定という関係が成り立つ**．真性半導体のキャリヤ密度を n_i とすると

$$\boldsymbol{pn = n_i^2} \qquad (3\cdot13)$$

が成り立つ．ドーピング濃度は〔m^{-3}〕や〔cm^{-3}〕が用いられる．例えば，$n_i = 1.5\times10^{16}\ m^{-3}$ のとき，P（りん）を $5\times10^{23}\ m^{-3}$ ドープした半導体を考える．りんはドナーとなるのでn形半導体であり，電子密度 $n \fallingdotseq N_D = 5\times10^{23}\ m^{-3}$ となる．また，正孔密度 p は式(3・13)より $p \fallingdotseq n_i^2/N_D = (1.5\times10^{16})^2/(5\times10^{23}) = 4.5\times10^8\ m^{-3}$ となる．

(3) 半導体における電流密度

半導体など固体中で電流が発生するのは，下記のドリフト電流，拡散電流に基づく．

①ドリフト電流

固体中に電子や正孔といったキャリヤが存在するとき，固体に電界をかけると，電荷が動いて電流が流れる．この電流を**ドリフト電流**という．ドリフト電流密度は，電界の強さ，キャリヤ密度，キャリヤ移動度に比例する．ここで，**移動度**とは，キャリヤが1 V/mの電界によって受ける速度である．半導体中の電子および正孔の移動度を

μ_n, μ_p〔$\mathrm{m^2/(V \cdot s)}$〕，電界の強さを E〔V/m〕とすると，電子と正孔の平均速度 v_n, v_p は

$$\boldsymbol{v_\mathrm{n} = \mu_\mathrm{n} E}\ \text{〔m/s〕}, \quad \boldsymbol{v_\mathrm{p} = \mu_\mathrm{p} E}\ \text{〔m/s〕} \tag{3・14}$$

となる．また，キャリヤの密度を n_n，n_p〔$\mathrm{m^{-3}}$〕とすれば，電子および正孔による電流密度 J_n，J_p はそれぞれ

$$\boldsymbol{J_\mathrm{n} = q n_\mathrm{n} v_\mathrm{n}}\ \text{〔A/m²〕}, \quad \boldsymbol{J_\mathrm{p} = q n_\mathrm{p} v_\mathrm{p}}\ \text{〔A/m²〕} \tag{3・15}$$

となる．したがって，半導体中の電流密度 J は式(3・14)，式(3・15)から

$$\boldsymbol{J = J_\mathrm{n} + J_\mathrm{p} = q n_\mathrm{n} v_\mathrm{n} + q n_\mathrm{p} v_\mathrm{p} = (q n_\mathrm{n} \mu_\mathrm{n} + q n_\mathrm{p} \mu_\mathrm{p}) E = \sigma E}\ \text{〔A/m²〕} \tag{3・16}$$

となる．上式の σ は半導体の導電率〔S/m〕を表す．n 形半導体の場合は $n \gg p$ なので

$$\textbf{抵抗率}\quad \boldsymbol{\rho = \frac{1}{\sigma} = \frac{1}{q n_\mathrm{n} \mu_\mathrm{n}}}\ \text{〔Ω・m〕} \tag{3・17}$$

一方，p 形半導体の場合，$n \ll p$ なので

$$\textbf{抵抗率}\quad \boldsymbol{\rho = \frac{1}{\sigma} = \frac{1}{q n_\mathrm{p} \mu_\mathrm{p}}}\ \text{〔Ω・m〕} \tag{3・18}$$

②拡散電流

半導体において，電子の濃度が空間的に変化していると，**拡散**により電子は濃度の濃い方向から，薄い方向へ移動する．正孔も同様である．例えば，水にインクを垂らすと，拡散によって全体に広がる．これは，インクが濃度の薄い水側に拡散して移動するためである．拡散のしやすさを表す物性値に**拡散係数**がある．拡散係数 D は，キャリヤの移動度 μ と温度 T に依存し，k をボルツマン定数（絶対温度とエネルギーを結び付ける定数で，温度 T のときに電子のもつ熱エネルギーの大きさは kT で表される）として

$$\boldsymbol{D = \frac{kT}{q} \mu} \tag{3・19}$$

が成り立つ．これを**アインシュタインの関係式**と呼ぶ．仮に，キャリヤである電子の濃度が場所ごとに分布があり，位置 x におけるキャリヤ密度関数 $n(x)$ で表されたときに電子の拡散電流密度 J_n は，電子の拡散係数を D_n としたとき

$$\boldsymbol{J_\mathrm{n} = q D_\mathrm{n} \frac{dn}{dx}} \tag{3・20}$$

となる．

③エネルギー帯

固体のように原子間の距離が近いとき，電子が持つエネルギーは，ある幅の帯域（バンド）によって区分された中の値だけが可能となる．これを**許容帯**といい，許容帯と許容帯の間を**禁制帯（禁止帯）**という．その禁制帯の幅を**禁制帯幅**または**バンド**

第3章 電子理論

ギャップという．

許容帯の中に入りうる電子の数には限度があり，すべて詰まった許容帯は**充満帯**といい，この中の電子は動けない．さらに，一番上の充満帯を**価電子帯**という．他方，一部空いている許容帯を**伝導帯**といい，電子は外部からエネルギーを得て移動することができる．

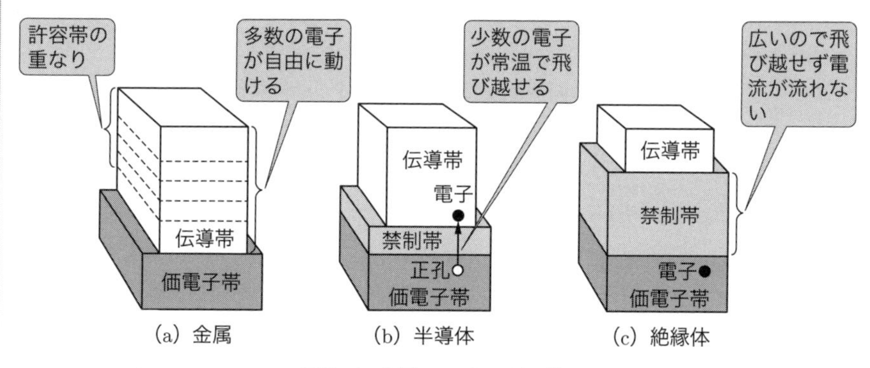

図3･6　固体のエネルギー帯

導体，半導体，絶縁体の区分は，図3･6に示すように，エネルギー帯の構造によるものである．これらの図を**エネルギーバンド図**または**バンド図**という．まず，導体（金属）においては，事実上すべての価電子が伝導帯に上がっている．温度が上昇してもその数は増加しない．温度が上昇すると，電子が結晶格子の熱運動に妨げられて動きにくくなるため，導電率はむしろ若干低下する．

一方，半導体の場合には，十分低い温度では，ほとんど全部の価電子が価電子帯にあり，電気伝導に寄与しない．しかし，温度が高くなると，温度によって決まる割合で一部の電子が禁制帯を飛び越えて伝導帯に励起され，自由に動き回って電気伝導に寄与する．価電子帯には**正孔**が残され，これも電気伝導に寄与する．したがって，半導体では，熱的な励起によって電子正孔対が発生し，導電率が増加する．つまり，半導体の抵抗率は高温では低く，低温では高いのであって，**半導体の抵抗率の温度係数は負**となる．そして，禁制帯幅は，Ge において 0.7 eV 程度，Si において 1.1 eV 程度である．

他方，ダイヤモンドでは禁制帯幅が 5.4 eV もあり，その絶縁性は高い．

図3･7に示すように，n 形半導体では，わずかのエネルギーによって電子が伝導帯に励起されるということは伝導帯の底からわずかに下がったところに，P や As によって作られた**ドナー準位**があると考えればよい．また，p 形半導体では，In や B に

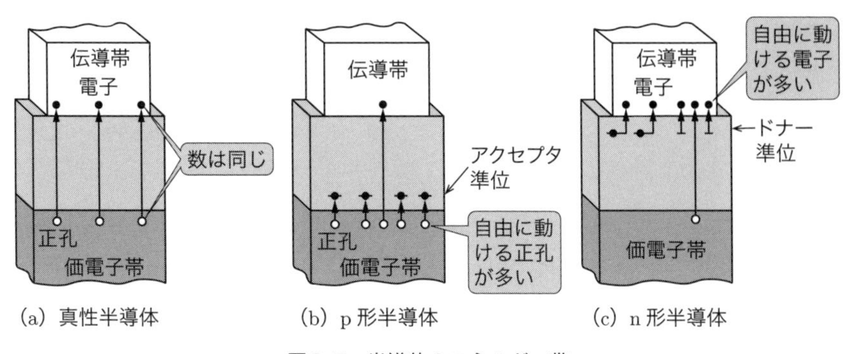

(a) 真性半導体　(b) p 形半導体　(c) n 形半導体

図3·7　半導体のエネルギー帯

よって作られた新しい不純物準位（**アクセプタ準位**）が価電子帯の上端のすぐ上にあるため，わずかのエネルギーが価電子帯の電子に与えられると，電子はこのアクセプタ準位に上がり，あとに自由に動き回れる正孔を残す．

問題 6　PIN ダイオードの空間電荷密度と電界　(R1-A4)

次の文章は，半導体 PIN ダイオードに関する記述である．

PIN ダイオードは，図 1 のように，n 形半導体（n 層），真性半導体（i 層），p 形半導体（p 層）により構成される．半導体中のキャリヤ（電子と正孔）の拡散と再結合により，各層の境界付近には，キャリヤが存在しない空乏層が形成される．n 層の不純物濃度 N_D は場所によらず一定とし，全ての不純物が一価にイオン化していると仮定する．幅 W_n の空乏層の左端を x 座標の原点とする $0 \leqq x \leqq W_n$ の領域の空間電荷密度 ρ は，電気素量を $e(>0)$ とすると，$\rho = eN_D$ となる．幅 W_i の真性半導体領域では $\rho = 0$ と仮定し，また，p 層の不純物濃度 N_A は一定とすると，幅 W_p の空乏層領域における空間電荷密度 ρ は，$\rho =$ (1) と表される．

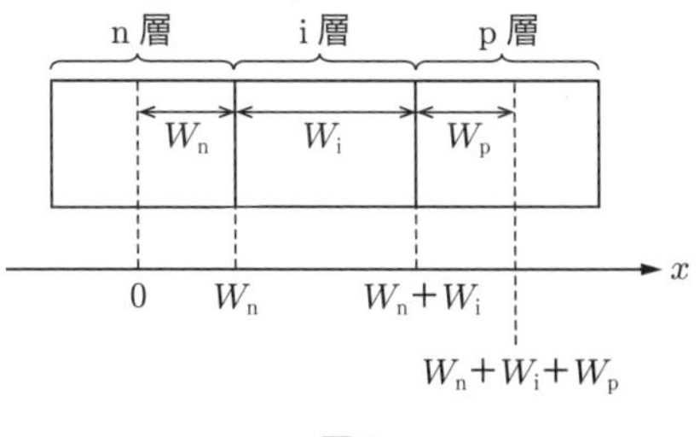

図1

ガウスの法則の一般式は，電界ベクトル E を用いて次式のように表される．

$$\mathrm{div}\, E = \frac{\rho}{\varepsilon} \quad \cdots\cdots ①$$

ただし，ε は誘電率である．電界ベクトル E の x 軸方向成分を，座標 x の関数として表した $E(x)$ を用いて，全空間電荷領域 $0 \leqq x \leqq W_n + W_i + W_p$ の電界分布 $E(x)$ を求める．ここで，半導体の誘電率 ε は n，i，p 層で同一とする．

式①を1次元で表した微分方程式 (2) $= \dfrac{\rho}{\varepsilon}$ を解くと，n 層の空間電荷領域 $0 \leqq x \leqq W_n$ における $E(x)$ は，$E(x) =$ (3) と表される．ただし，両端 $x = 0$ 及び $x = W_n + W_i + W_p$ では，電界 $E(x) = 0$ と仮定し，境界 $x = W_n$ 及び $x = W_n + W_i$ では電界 $E(x)$ が連続となる条件を課すものとする．結果として，i 層の領域 $W_n \leqq x \leqq W_n + W_i$ における $E(x)$ は，$E(x) =$ (4) と表される．全空間電荷領域における電界 $E(x)$ の概略は図2の (5) の図で示される．

PIN ダイオードは，i 層による高電界の緩和や，高効率な光キャリヤ生成などの特徴を活かして，高耐圧整流器や高効率な光検出器，太陽電池などに幅広く応用されている．

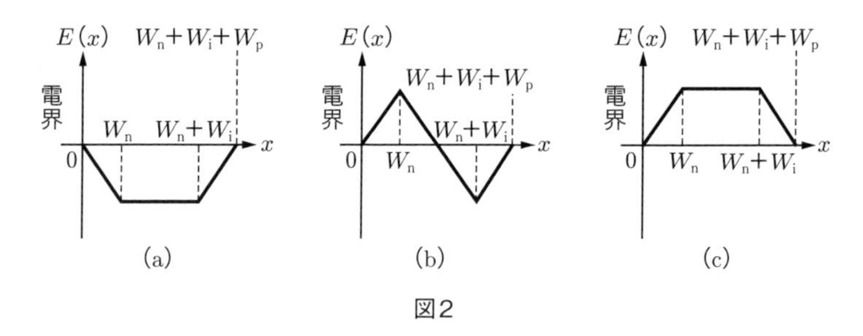

図2

解答群

(イ) $\dfrac{eN_D}{\varepsilon}W_i$　(ロ) c　(ハ) $\dfrac{eN_D}{\varepsilon}x$　(ニ) a

(ホ) $-\dfrac{eN_D}{\varepsilon}x$　(ヘ) $\dfrac{dE(x)}{dx}$　(ト) $\dfrac{eN_D}{\varepsilon}x^2$　(チ) $\dfrac{d^2E(x)}{dx^2}$

(リ) $-eN_A$　(ヌ) $-e\sqrt{N_A N_D}$　(ル) $\dfrac{eN_D}{\varepsilon}W_n$　(ヲ) b

(ワ) $-\dfrac{dE(x)}{dx}$　(カ) eN_A　(ヨ) $-\dfrac{eN_D}{\varepsilon}W_n$

―攻略ポイント―

pn 接合ダイオードにおけるキャリヤのふるまいと空乏層における電界（詳細解説 4 で説明）を理解していれば，その応用で解くことができる．

解説　(1) pn 接合ダイオードでは，問題 5 の解図 1 あるいは下記の詳細解説 4 に示すように，拡散現象により，キャリヤのない空乏層ができ，電界が生じている．PIN ダイオードは，実際には p 形層と n 形層の間に n^- 形層を挿入して構成される．この n^- 形層は不純物濃度が非常に小さいことを表すため，素子では i 形層（intrinsic layer；真性半導体）とし，PIN ダイオードと呼ばれる．解図 1 のように，PIN ダイオードは，順電圧では可変抵抗のように働き，逆電圧ではコンデンサの振る舞いをする．ちなみに，高濃度の不純物をドーピングする場合は，n^+ 形層と記載することもある．今回の問題では n^+ 層と i 層とが接合しているので，解図 2 のように，自由電子が i 層に拡散することにより，空乏層には正電荷だけが残される．同様に，反対側の i 層と p 層でもキャリヤの移動が起こり，p 層の空乏層には負電荷だけが残される．したがって，題意より，p 層の空間電荷密度 ρ は次式で表すことができる．

$$\rho = -eN_A$$

空乏層では，キャリヤの移動を押

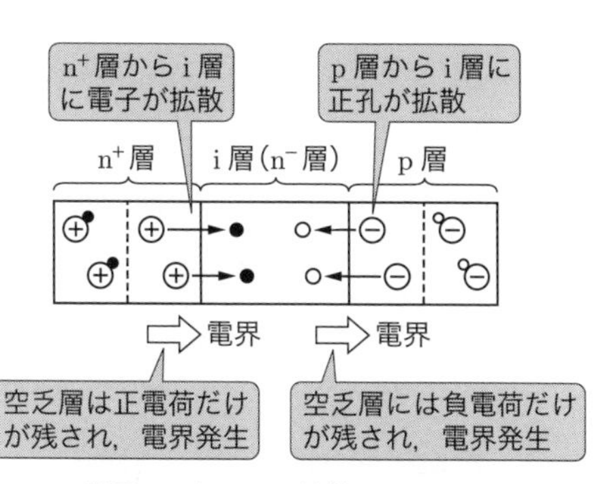

解図2　キャリヤ拡散による電界

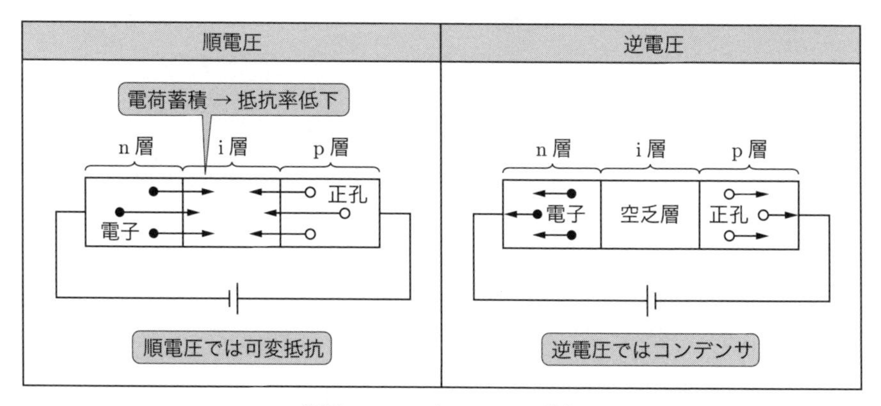

解図1　PIN ダイオードの動作

し戻す方向に電界が発生するので，どちらの接合面でも同じ向きに電界が発生する．

(2) 問題文中の式①は，次式のように書き換えることができる．

$$\mathrm{div}\,\boldsymbol{E} = \frac{\mathrm{d}E(x)}{\mathrm{d}x} + \frac{\mathrm{d}E(y)}{\mathrm{d}y} + \frac{\mathrm{d}E(z)}{\mathrm{d}z} = \frac{\rho}{\varepsilon} \cdots\cdots ①$$

このガウスの定理は，接合面に垂直な方向に電界が発生し，式①より，一次元では次式で表せる．

$$\frac{\mathbf{d}\boldsymbol{E}(\boldsymbol{x})}{\mathbf{d}\boldsymbol{x}} = \frac{\rho}{\varepsilon}$$

(3) 題意より，n 層の空乏層における空間電荷密度を用いれば

$$\frac{\mathrm{d}E(x)}{\mathrm{d}x} = \frac{\rho}{\varepsilon} = \frac{eN_{\mathrm{D}}}{\varepsilon} \qquad \therefore \quad E(x) = \frac{\boldsymbol{eN}_{\mathbf{D}}}{\boldsymbol{\varepsilon}}\boldsymbol{x} \cdots\cdots ②$$

（∵　題意より，$x = 0$ で $E(x) = 0$ となるから，積分定数 = 0）

(4) i 層の空間電荷密度は零であるから，ガウスの定理より，電界の傾きを求めると

$$\frac{\mathrm{d}E(x)}{\mathrm{d}x} = \frac{\rho}{\varepsilon} = 0$$

題意より，境界面で電界が連続であるから，n 層と i 層の接合面の電界は i 層内部の電界と同じ大きさになる．したがって，$W_{\mathrm{n}} \leqq x \leqq W_{\mathrm{n}} + W_{\mathrm{i}}$ の電界 $E(x)$ は，式②に $x = W_{\mathrm{n}}$ を代入して

$$E(x) = E(W_{\mathrm{n}}) = \frac{\boldsymbol{eN}_{\mathbf{D}}}{\boldsymbol{\varepsilon}}\boldsymbol{W}_{\mathbf{n}}$$

(5) p 層空乏層の空間電荷密度を用いて，ガウスの定理により電界の傾きを求めると

$$\frac{\mathrm{d}E(x)}{\mathrm{d}x} = \frac{\rho}{\varepsilon} = \frac{-eN_{\mathrm{A}}}{\varepsilon}$$

電解 $E(x)$ のグラフは，n 層では式②のように傾きが正であり，p 層では上式のように傾きが負となる．

さらに，題意により，両端（$x = 0$，$W_{\mathrm{n}} + W_{\mathrm{i}} + W_{\mathrm{p}}$）では電界が零であることを考えれば，p 層空乏層においては (4) で求めた電界から 0 に下がるため，全空間電荷領域における電界を表しているのは図 2 の **c** のグラフとなる．

解答　**(1)（リ）　(2)（ヘ）　(3)（ハ）　(4)（ル）　(5)（ロ）**

詳細解説 4 pn 接合ダイオードと空乏層の電界

(1) pn 接合ダイオード

半導体素子の基本となるのが，p 形半導体と n 形半導体を接合した **pn 接合**である．pn 接合ができると，p 形領域の正孔は n 形領域に拡散し，n 形領域の自由電子は p 形領域に拡散する．拡散によってもう一方の領域に移動したキャリヤを**注入キャリヤ**という．拡散によって移動する正孔と自由電子が接合面付近で出会うとキャリヤの再結合によってキャリヤが消滅し，接合面付近にはキャリヤが存在しない領域ができる．この領域を**空乏層**という．空乏層にはいずれのキャリヤも存在しないため，電流が流れにくい性質をもつ．ここで，半導体内で正孔と自由電子が出会うと，正電荷と負電荷が打ち消し合って，両者が消滅するが，これが**キャリヤの再結合**である．半導体では，キャリヤの発生と再結合が同時に行われる．この際，キャリヤが再結合した分だけキャリヤの発生が行われるため，半導体内のキャリヤの総数は変わらない．

第3章 電子理論

空乏層の p 形領域では，図 3･8 に示すように，それまで存在していた正孔がなくなるので，負に帯電した原子だけが残る．

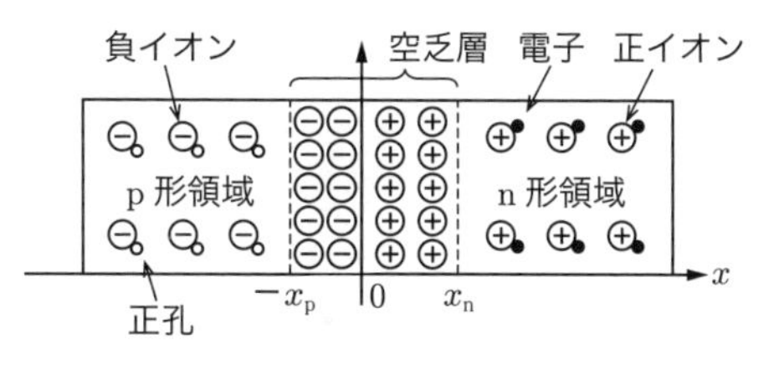

図3･8 pn 接合の空乏層

一方，空乏層の n 形領域では，それまでに存在していた自由電子がなくなるので，正に帯電した原子だけが残る．電気的な正負の偏りによって，空乏層内の p 形領域と n 形領域には電位差が生じ，キャリヤの移動を妨げる電界が発生する．

(2) 空乏層の電界強度と電位分布

次に，空乏層の電界強度や電位分布を計算する．

図 3･9 で，p 形半導体のドーピング濃度を N_A，n 形半導体のドーピング濃度を N_D としたときの空乏層内部の電界を求める．空乏層ができたときの p 形半導体の空乏層幅を x_p，n 形半導体の空乏層幅を x_n とする．空乏層ができあがるときに，電子と正孔は 1：1 で再結合するため，空乏層内部の固定電荷の数は p 側と n 側で同一になる．つまり

$$x_p N_A = x_n N_D \tag{3･21}$$

の関係が成立する．図 3･9 において，ガウスの定理（微分形）によれば

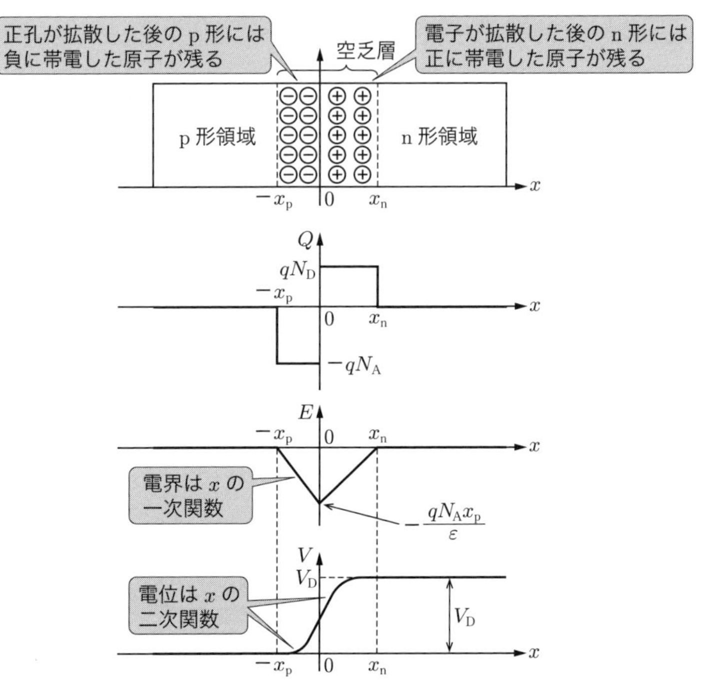

図3･9　pn 接合の空乏層における電界強度と電位分布

$$\left.\begin{aligned}\frac{\mathrm{d}E}{\mathrm{d}x} &= -\frac{qN_A}{\varepsilon} \quad (-x_p \leqq x \leqq 0)\\ \frac{\mathrm{d}E}{\mathrm{d}x} &= \frac{qN_D}{\varepsilon} \quad (0 \leqq x \leqq x_n)\end{aligned}\right\} \tag{3･22}$$

式(3･22)は x 成分の積分で解ける．特に，$x \geqq x_n$ と $x \leqq -x_p$ の領域では，電界は零になることを考慮する．これは，空乏層自体が面上の電荷の二重層であり，この電荷を足し合わせると正味零になり，外部には電気力線が出ないためである．電界分布は次式となる．

$$\left.\begin{aligned}E &= -\frac{qN_A}{\varepsilon}(x + x_p)\\ E &= \frac{qN_D}{\varepsilon}(x - x_n)\end{aligned}\right\} \tag{3･23}$$

$x = 0$ で電界強度は

$$E = -\frac{qN_A}{\varepsilon}x_p = -\frac{qN_D}{\varepsilon}x_n \tag{3・24}$$

となる．電界が負となるのは，電界の向きが x 軸とは反対方向だからである．

次に，電位の分布は，上式をさらに 1 回積分して，符号を逆転すればよい．

$$\left.\begin{aligned} V(x) &= \frac{qN_A}{2\varepsilon}(x+x_p)^2 & (-x_p \leqq x \leqq 0) \\ V(x) &= -\frac{qN_D}{2\varepsilon}(x-x_n)^2 + V_D & (0 \leqq x \leqq x_n) \end{aligned}\right\} \tag{3・25}$$

積分に伴う定数部分に際しては，図 3・9 の電位分布の境界条件（$x=-x_p$ で $V=0$，$x=x_n$ で $V=V_D$）を考慮している．また，$V(+0)=V(-0)$から

$$-\frac{qN_D}{2\varepsilon}{x_n}^2 + V_D = \frac{qN_A}{2\varepsilon}{x_p}^2 \qquad \therefore \quad V_D = \frac{qN_A}{2\varepsilon}{x_p}^2 + \frac{qN_D}{2\varepsilon}{x_n}^2 \tag{3・26}$$

が成り立つから，式(3・21)とあわせて解けば

$$x_p = \sqrt{\frac{2\varepsilon N_D}{qN_A(N_A+N_D)}V_D}\ ,\quad x_n = \sqrt{\frac{2\varepsilon N_A}{qN_D(N_A+N_D)}V_D} \tag{3・27}$$

となる．空乏層の厚さ d は $d=x_p+x_n$ である．バイアス電圧 V_b をかけるとき

$$\left.\begin{aligned} \boldsymbol{x_p} &= \sqrt{\frac{2\varepsilon N_D}{qN_A(N_A+N_D)}(V_D-V_b)} \\ \boldsymbol{x_n} &= \sqrt{\frac{2\varepsilon N_A}{qN_D(N_A+N_D)}(V_D-V_b)} \end{aligned}\right\} \tag{3・28}$$

となる．順バイアスなら $V_b>0$ で空乏層が狭くなるし，逆バイアスなら $V_b<0$ で空乏層が拡大する．式(3・28)からわかるように，空乏層はドーピング濃度の低い方に広がりやすい．また，空乏層はバイアス電圧の 1/2 乗に比例する．

一方，式(3・26)の V_D は，**電位障壁**と呼ばれる．また，拡散によって生じるため，**拡散電位**ということもあるし，半導体内部に生じる電位なので，**内蔵電位（ビルトインポテンシャル）**ともいう．このように拡散して電位障壁が生じ，最終的には熱平衡状態に落ち着く．

(3) pn 接合とエネルギー準位

pn 接合付近のエネルギー準位を考える．図 3・10(a)は，p 形半導体と n 形半導体が独立に存在する場合のバンド図を示す．このバンド図で，伝導帯や価電子帯にはそれぞれ電子密度や正孔密度の分布イメージも示している．また，**フェルミ準位**とは，実際には電子がその位置には存在できないが，存在確率が 50 % とみなせる位置をいう．次に，これらの半導体を接合すると，図 3・10(b)に示すように，キャリヤの移動が起

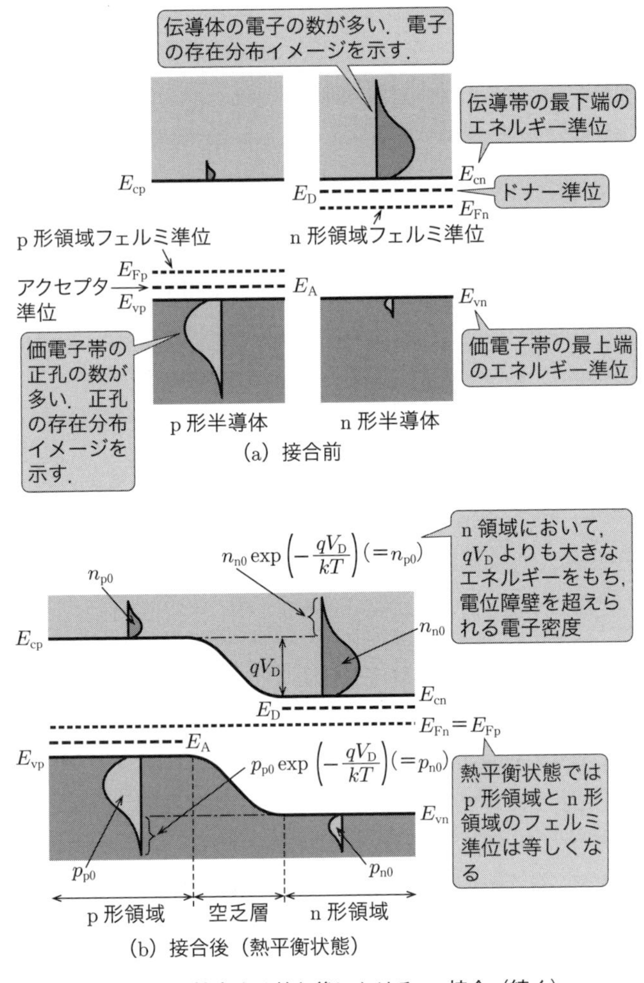

図3·10　接合する前と後における pn 接合（続く）

こり，最終的にはp形領域とn形領域のフェルミ準位が一致して熱平衡状態に達する．

熱平衡状態における p 形領域の電子密度 n_{p0} および n 形領域の電子密度 n_{n0} は，状態密度関数を用いて計算すると，次式になることが知られている．（ただし，k はボルツマン定数，T は絶対温度，N_c は伝導帯における電子の有効状態密度）

$$n_{p0} = N_c \exp\left(-\frac{E_{cp}-E_{Fp}}{kT}\right),\quad n_{n0} = N_c \exp\left(-\frac{E_{cn}-E_{Fn}}{kT}\right) \tag{3·29}$$

ここで，図 3·10(b)のように，電位障壁を V_D とすれば，$E_{cn}=E_{cp}-qV_D$ および $E_{Fp}=$

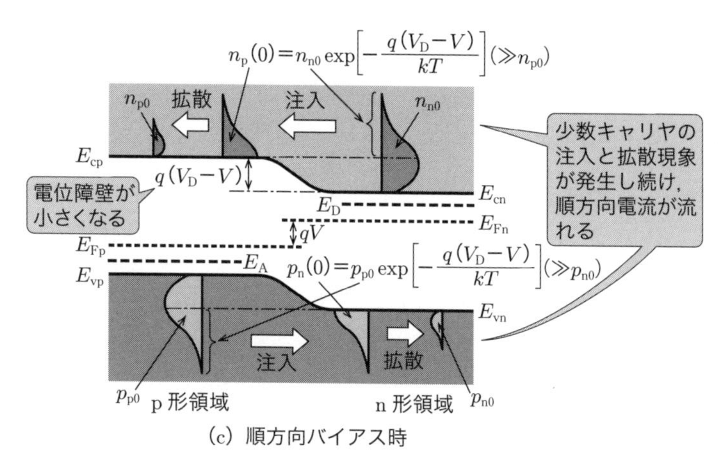

(c) 順方向バイアス時

図3・10　接合する前と後における pn 接合（続き）

E_{Fn} が成立するので，これらを式(3・29)に代入すれば

$$\boldsymbol{n_{p0}=N_c\exp\left\{-\frac{(E_{cn}+qV_D)-E_{Fn}}{kT}\right\}=N_c\exp\left(-\frac{E_{cn}-E_{Fn}}{kT}\right)\exp\left(-\frac{qV_D}{kT}\right)}$$

$$\boldsymbol{=n_{n0}\exp\left(-\frac{qV_D}{kT}\right)} \qquad (3\cdot30)$$

となる．すなわち，式(3・30)は，n 形領域において，qV_D よりも大きなエネルギーをもち，電位障壁を超えることができる電子の密度を表している．

さて，この pn 接合に順方向バイアス電圧 V を印加すると，この分だけ pn 接合内部の電位障壁が低くなって，V_D-V となる．これに伴って，n 形領域の電子や p 形領域の正孔の一部は，電位障壁のエネルギーを超えるので，n 形領域の電子は p 形領域へ，p 形領域の正孔は n 形領域へ移動する．これを**少数キャリヤの注入**という．そして，注入された少数キャリヤと，もともと各領域に存在していた少数キャリヤには密度差があるため，その差を均一にするよう，拡散現象が発生して電流が流れる．このように順方向バイアスが印加されていると，各領域には少数キャリヤが注入され続け，拡散現象が発生し，電流が流れ続けることになる．これが**順方向電流**である．

順方向バイアス電圧が V のとき，n 形領域と p 形領域の伝導帯のエネルギーの差は $q(V_D-V)$ であるから，電位障壁 V_D-V を超えて n 形領域から p 形領域の空乏層の始点までたどり着く電子のキャリヤ密度，すなわち p 形領域に注入される電子密度を $n_p(0)$ とすれば，式(3・30)より

$$n_p(0) = n_{n0}\exp\left\{-\frac{q(V_D - V)}{kT}\right\} = n_{n0}\exp\left(-\frac{qV_D}{kT}\right)\cdot\exp\left(\frac{qV}{kT}\right)$$

$$= n_{p0}\exp\left(\frac{qV}{kT}\right) \tag{3・31}$$

と表される．これは，もともとp形領域に存在した少数キャリヤである電子密度 n_{p0} よりも非常に大きく，その密度差は Δn は次式となる．正孔でも同様の式が成り立つ．

$$\Delta n = n_p(0) - n_{p0} = n_{p0}\left\{\exp\left(\frac{qV}{kT}\right) - 1\right\} \tag{3・32}$$

逆に，逆方向バイアス電圧 V を印加する場合，電位障壁が $V_D + V$ となって高くなるから，電流はほとんど流れない．

なお，図3・10(b)のバンド図の見方として，バンド図が下に傾いている方が電位は高い．そして，電界は傾きの登る方向と考えればよい．したがって，電子は伝導帯が下る方向に動くし，正孔は価電子帯の登る方向に動く．

問題7　半導体に光を照射した際の電気伝導　(H29-A4)

次の文章は，半導体に光を照射した際に生じる電気伝導に関する記述である．

長さ L の真性半導体試料に，上方から光を均一に照射したところ，場所によらず均一に，単位時間，単位体積当たり g 個の電子-正孔対が生成した．ここで試料の厚さは十分薄く，光吸収に伴う厚さ方向の電子-正孔対密度の変化は無視できるものとする．

いま，熱平衡状態における試料の電子密度を n_0，正孔密度を p_0 とし，光照射により生成した電子密度の増加分を Δn，正孔密度の増加分を Δp とするとき，Δn と Δp の大きさの関係を式で表すと，(1) である．光照射により生成した電子のうち，単位時間，単位体積当たり $\frac{\Delta n}{\tau}$ 個が正孔と再結合して消滅する場合を考える．この τ は再結合までの時間の目安であり，(2) と呼ばれる．定常状態では電子ー正孔対の生成と消滅の割合は釣り合うことから，$\Delta n =$ (3) となる．

ここで図のように半導体試料の両端に電極を取り付け，電圧 V を印加する．このとき，試料中には長さ方向に一様な電界 $E =$ (4) が発生し，電子と正孔は電界 E からの力を受けて定常状態に達すると，E に比例したそれぞれ一定の平均速度で運動する．この比例係数を電子，正孔についてそれぞれ μ_e，μ_h とし，正孔の電荷量を q とすると，この運動による電流密度を計算することができる．光照射時の電流密度から，光を照射していないときの電流密度を差し引いて，光生成キャリアのみによる電流密度の大きさを求めると，(5) となる．これは，太陽電池や光検出器の基本原理として広く応用されている．

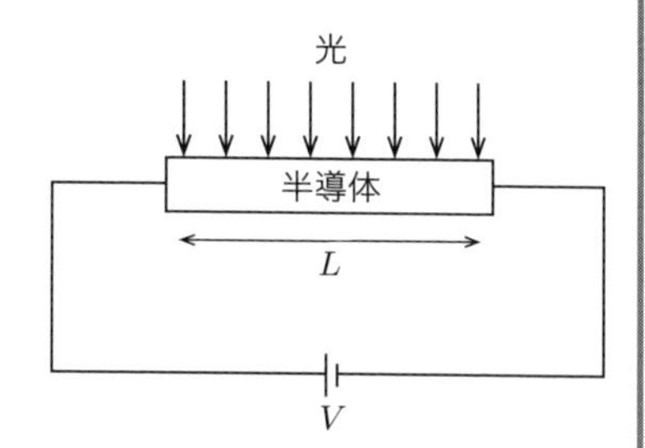

解答群

(イ) $\dfrac{q\tau gV(\mu_h-\mu_e)}{L}$　(ロ) キャリア寿命　(ハ) $\dfrac{g}{\tau}$

(ニ) $\Delta n\Delta p=n_0p_0$　(ホ) $\dfrac{V}{2L}$　(ヘ) $\dfrac{V}{L}$

(ト) 緩和時間　(チ) $\Delta n\Delta p=(n_0+p_0)\sqrt{n_0p_0}$　(リ) $\dfrac{1}{\tau g}$

(ヌ) $\dfrac{2V}{L}$　(ル) $\dfrac{q\tau gV(\mu_h+\mu_e)}{L}$　(ヲ) 回復時間

(ワ) $\Delta n=\Delta p$　(カ) τg　(ヨ) $\dfrac{q\tau gV(\mu_h-\mu_e)}{2L}$

―攻略ポイント―

本問は，半導体に光を照射したときに生じる電気伝導を扱っており，太陽電池の原理である．詳細解説 3，4 を理解していれば，解くことができるであろう．

解説 (1) 真性半導体試料に光照射を行ってキャリヤを熱励起させる場合，励起前の電子密度 n および正孔密度 p は等しく，励起後に電子密度が Δn，正孔密度が Δp だけ増加した後でも等しいから

$$n+\Delta n=p+\Delta p=n+\Delta p \qquad \therefore \quad \boldsymbol{\Delta n=\Delta p}$$

(2) 光照射により生成した電子が正孔と再結合して消滅するまでの時間を**キャリヤ寿命**という．

(3) 題意より，定常状態では，単位時間，単位体積当たりに生成するキャリヤの数 g と，再結合して消滅するキャリヤの数は釣り合うことから，$g=\Delta n/\tau$ が成り

立つ．したがって，$\Delta n = \boldsymbol{\tau g}$ となる．

(4) 長さ L の半導体試料の両端に電極を取り付けて電圧 V を印加しているので，試料中の電界の大きさ E は一様で $E = \boldsymbol{V/L}$ となる．

(5) 正孔と電子はそれぞれ電界により運動し，それが電流密度になる．そこで，正孔と電子それぞれの総電荷と速度を掛け合わせて，合計すればよい（詳細解説3における半導体のドリフト電流の項目を参照する．）．

$$i = q\Delta p \cdot \mu_h E + q\Delta n \cdot \mu_e E = \boldsymbol{\frac{q\tau g V(\mu_h + \mu_e)}{L}} \quad (\because \quad \Delta p = \Delta n = \tau g)$$

解答　(1)（ワ）　(2)（ロ）　(3)（カ）　(4)（ヘ）　(5)（ル）

問題8　半導体の熱電効果　(R5-B6)

次の文章は，半導体の熱電効果に関する記述である．

図のように，両端に電極を取り付けた長さ L の p 型半導体を考える．電極端子は開放とする．ここで，左端の電極を加熱したところ，$x=0$ における半導体の温度が $T+\Delta T(\Delta T>0)$ に上昇し，右端（$x=L$）における温度は T で定常状態になった．左端の温度上昇に伴い，$x=0$ における正孔濃度が増大することで濃度勾配が生じ，正孔が x 軸の正の方向に拡散する．その結果，右端電極の電位が左端電極に対して ΔV だけ上昇する．このように温度差 ΔT が生じることによって電位差 ΔV が発生する現象を［ (1) ］効果と呼び，$\dfrac{\Delta V}{\Delta T}$ は［ (1) ］係数と呼ばれる．以下でこの係数を求めよう．

半導体内の位置 x における正孔濃度を p，拡散定数を D_h，正孔の電荷量を $e(>0)$ とすると，正孔による拡散電流密度は，

$$-eD_h \frac{\mathrm{d}p}{\mathrm{d}x} \cdots\cdots ①$$

と表される．また，半導体内の電界を E，正孔の移動度を μ_h とすると，正孔によるドリフト電流密度は，

$$ep\mu_h E \cdots\cdots ②$$

と表される．ただし E は，x 軸の正方向を正にとるものとする．p 型半導体では電子濃度は小さいので電子電流の寄与は無視し，電界 E は半導体内で一定と仮定する．この場合 E は，ΔV と L を用いて，$E=-$［ (2) ］と表され

る．両端子が開放されている場合，式①と式②で表される電流密度の総和は 0 となることから，

$$\frac{\mathrm{d}p}{\mathrm{d}x}=-\boxed{\ (3)\ }\,p \qquad ③$$

が得られる．ただしアインシュタインの関係式 $D_{\mathrm{h}}=\frac{k_{\mathrm{B}}T}{e}\mu_{\mathrm{h}}$ と $\boxed{\ (2)\ }$ を用いて，$\boxed{\ (3)\ }$ を D_{h}，μ_{h}，E を用いずに表した．なお k_{B} はボルツマン定数を表す．

一方，p は温度 T の関数でもあるから，$\frac{\mathrm{d}p}{\mathrm{d}x}=\frac{\mathrm{d}p}{\mathrm{d}T}\frac{\mathrm{d}T}{\mathrm{d}x}$ と表される．ΔT を十分小さいと仮定して $\frac{\mathrm{d}T}{\mathrm{d}x}\fallingdotseq-\frac{\Delta T}{L}$ を代入すると，

$$\frac{\mathrm{d}p}{\mathrm{d}x}=-\frac{\mathrm{d}p}{\mathrm{d}T}\frac{\Delta T}{L} \qquad ④$$

式③と式④の右辺が等しいとおいた式から，$\frac{\Delta V}{\Delta T}$ を求めると，

$$\frac{\Delta V}{\Delta T}=\boxed{\ (4)\ }\,\frac{1}{p}\frac{\mathrm{d}p}{\mathrm{d}T} \qquad ⑤$$

正孔濃度 p と温度 T の関係は，次のように与えられる．

$$p=UT^{\frac{3}{2}}\exp\left(-\frac{eV_{\mathrm{F}}}{k_{\mathrm{B}}T}\right) \qquad ⑥$$

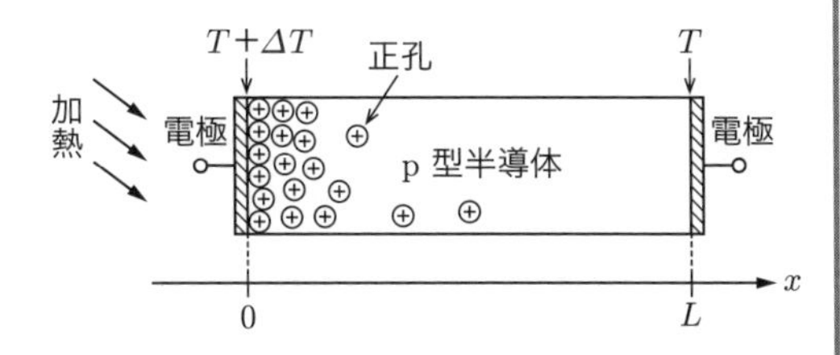

ただし，U，V_{F} は定数と仮定する．式⑥を式⑤に代入すると

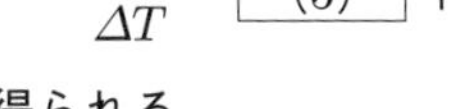

$$\frac{\Delta V}{\Delta T}=\boxed{\ (5)\ }+\frac{V_{\mathrm{F}}}{T}$$

が得られる．

解答群

(イ) $\frac{k_{\mathrm{B}}T}{e}\frac{L}{\Delta V}$　(ロ) $\frac{2}{3}\frac{e}{k_{\mathrm{B}}}$　(ハ) $\frac{L}{\Delta V}$　(ニ) $\frac{e}{k_{\mathrm{B}}T}$

(ホ) $\frac{3}{2}\frac{k_{\mathrm{B}}}{e}$　(ヘ) ゼーベック　(ト) $\frac{e}{k_{\mathrm{B}}T}\frac{\Delta V}{L}$

(チ) トムソン　(リ) $ek_{\mathrm{B}}T$　(ヌ) $L\cdot\Delta V$　(ル) ペルチエ

第3章　電子理論

（ヲ）$\dfrac{\Delta V}{L}$　（ワ）$\dfrac{2}{3}\dfrac{k_B}{e}$　（カ）$\dfrac{k_B T}{e}\dfrac{\Delta V}{L}$　（ヨ）$\dfrac{k_B T}{e}$

―攻略ポイント―

ゼーベック効果の定義は電験3種でも出題されることがあるから，覚えているであろう．本節の詳細解説3を理解していれば，問題の誘導に従って丁寧に計算すればよい．

解説　(1) 半導体において片端を加熱するとその高温側のキャリヤの運動エネルギーが大きくなるため，低温側に拡散する．この結果，導体の両端に温度差 ΔT に比例した電位差 ΔV が発生し，これを熱起電力という．この現象を**ゼーベック**効果といい，単位温度差を与えたときに生じる熱起電力 $\Delta V/\Delta T$ を**ゼーベック**係数という．

(2) 題意より，電界 E は半導体内で一定としているので，電位差 ΔV，距離 L の条件下では

$$E = -\boldsymbol{\Delta V/L} \quad \cdots\cdots ①$$

(3) 題意より，p型半導体では電子電流の寄与は無視し，両端子が開放されている場合，問題中の式①の拡散電流密度と問題中の式②のドリフト電流密度の総和は0になることから

$$-eD_h\frac{dp}{dx} + ep\mu_h E = 0 \qquad \therefore \quad \frac{dp}{dx} = \frac{\mu_h E}{D_h}p \quad \cdots\cdots ②$$

式②に，アインシュタインの関係式 $D_h = k_B T\mu_h/e$ と式①を代入し

$$\frac{dp}{dx} = \frac{\mu_h(-\Delta V/L)}{k_B T\mu_h/e}p = -\frac{\boldsymbol{e}}{\boldsymbol{k_B T}}\frac{\boldsymbol{\Delta V}}{\boldsymbol{L}}p \quad \cdots\cdots ③$$

(4) 式③と問題中の式④を比較し，右辺が等しいとおけば，式④が得られる．

$$-\frac{e}{k_B T}\frac{\Delta V}{L}p = -\frac{dp}{dT}\frac{\Delta T}{L} \qquad \therefore \quad \frac{\Delta V}{\Delta T} = \frac{\boldsymbol{k_B T}}{\boldsymbol{e}}\cdot\frac{1}{p}\cdot\frac{dp}{dT} \quad \cdots\cdots ④$$

(5) 問題中の式⑥を T で微分すれば

$$\frac{dp}{dT} = \left(UT^{\frac{3}{2}}\right)'\exp\left(-\frac{eV_F}{k_B T}\right) + UT^{\frac{3}{2}}\left\{\exp\left(-\frac{eV_F}{k_B T}\right)\right\}'$$

$$= \frac{3}{2}UT^{\frac{1}{2}}\exp\left(-\frac{eV_F}{k_B T}\right) + UT^{\frac{3}{2}}\frac{eV_F}{k_B T^2}\exp\left(-\frac{eV_F}{k_B T}\right) \quad \cdots\cdots ⑤$$

そこで，問題中の式⑥と式⑤を式④に代入すれば

$$\frac{\Delta V}{\Delta T}=\frac{k_{\mathrm{B}}T}{e}\cdot\frac{1}{UT^{\frac{3}{2}}\exp\left(-\dfrac{eV_{\mathrm{F}}}{k_{\mathrm{B}}T}\right)}\cdot\left\{\frac{3}{2}UT^{\frac{1}{2}}\exp\left(-\frac{eV_{\mathrm{F}}}{k_{\mathrm{B}}T}\right)+UT^{\frac{3}{2}}\,\frac{eV_{\mathrm{F}}}{k_{\mathrm{B}}T^{2}}\exp\left(-\frac{eV_{\mathrm{F}}}{k_{\mathrm{B}}T}\right)\right\}$$

$$=\frac{k_{\mathrm{B}}T}{e}\left\{\frac{3}{2}\cdot\frac{1}{T}+\frac{eV_{\mathrm{F}}}{k_{\mathrm{B}}T^{2}}\right\}=\boldsymbol{\frac{3}{2}\,\frac{k_{\mathrm{B}}}{e}}+\frac{V_{\mathrm{F}}}{T}$$

解答　(1)（へ）　(2)（ヲ）　(3)（ト）　(4)（ヨ）　(5)（ホ）

第3章 電子理論

3　バイポーラトランジスタ

問題9　バイポーラトランジスタのキャリヤ密度　(H27-A4)

次の文章は，npn バイポーラトランジスタに関する記述である．ただし，k はボルツマン定数，T は温度，q は単位電荷である．

半導体の正孔のキャリヤ密度 p と電子のキャリヤ密度 n には平衡状態で pn 積一定という関係が成立し，さらに $p=n$ では物質で決まる定数である真性キャリヤ密度 n_i を用いて $p=n=n_i$ となる．そこで，不純物ドーピング密度と同じになる多数キャリヤ密度が決まると平衡時の少数キャリヤ密度も決まる．

npn バイポーラトランジスタのベースドーピング密度は N_B である．すると平衡時のベースの少数キャリヤ密度は $n_{B0}=$ (1) となる．ここで，エミッタを接地し，ベースは電圧 V_B に，コレクタは電圧 V_C にバイアスしたとし，$0<V_B<V_C$ とする．ベース層厚が W のとき，$x=0$ をエミッタ側端，$x=W$ をコレクタ側端とするベース内の位置 x の関数としてベース層内少数キャリヤ密度を $n_B(x)$ と表すものとする．エミッタに隣接した場所でのベース層内少数キャリヤ密度はエミッタ側から注入される電子により非平衡となり，$n_B(0)=$ (2) となる．同様にコレクタに隣接した場所でのベース層内少数キャリヤ密度は通常のバイアス条件では，コレクタへ電子が急速に流れ出ることにより $n_B(W)=0$ とみなせる．

ベース層内でキャリヤ密度に非平衡があるので，電子は拡散してエミッタ側からコレクタ側へ向かう．ベース中の再結合を無視できるとすると密度勾配は一定になり，$n_B(x)=$ (3) と表され，密度勾配は (4) となる．電子の流れは，密度勾配に拡散定数 D_{nB} を掛けたものとなり，ベースから流れ出た電子の流れはそのままコレクタ電流となるので，電子の流れに電子の電荷 $-q$ を掛けるとコレクタ電流密度は (5) となる．

解答群

(イ)　$\dfrac{n_B(0)(W-x)}{W}$　　(ロ)　$-\dfrac{n_{B0}}{W}$　　(ハ)　$n_{B0}\exp\left(\dfrac{qV_B}{kT}\right)$

(ニ)　$qD_{nB}n_B(0)$　(ホ)　$-\frac{n_B(0)}{W}$　(ヘ)　$-\frac{N_B}{W}$

(ト)　$n_{B0}\exp\left(\frac{qV_C}{kT}\right)$　(チ)　$n_{B0}\exp\left\{\frac{q(V_B-V_C)}{kT}\right\}$

(リ)　$\frac{n_i^2}{N_B}$　(ヌ)　$\frac{qD_{nB}n_B(0)}{W}$　(ル)　n_i　(ヲ)　N_B

(ワ)　$\frac{qn_B(0)}{W}$　(カ)　$\frac{n_B(0)x}{W}$　(ヨ)　$n_B(0)\exp\left(\frac{W-x}{W}\right)$

第3章　電子理論

— 攻略ポイント —

詳細解説 3，4 で述べている半導体の pn 積一定の法則，キャリヤ密度や拡散電流の式を思い出しながら，解く．

解説　(1) 平衡状態にある半導体の正孔濃度 p と電子濃度 n には pn 積一定という関係が成り立つ．真性半導体のキャリヤ密度を n_i とすると，次式が成立する．

$$pn = n_i^2 \cdots\cdots ①$$

npn バイポーラトランジスタのベースドーピング密度は N_B であり，ベースの少数キャリヤ密度を n_{B0} とすると，$N_B = p$，$n_{B0} = n$ なので，式①に代入すれば

$$N_B \cdot n_{B0} = n_i^2 \qquad \therefore \quad n_{B0} = \boldsymbol{\frac{n_i^2}{N_B}}$$

(2) 題意より，エミッタを接地し，ベースは電圧 V_B に，コレクタは電圧 V_C にバイアスしている．エミッタ層からベース層へ電子が流れ込み，ベース層のエミッタ層側部分の少数キャリヤは急増するが，この少数キャリヤ密度 $n_B(0)$ は，元の少数キャリヤ密度 n_{B0} を用いて，次式で与えられる．詳細解説 4 の pn 接合と空乏層の電界，式(3･31)と式(3･32)を参照する．

$$n_B(0) = \boldsymbol{n_{B0}\cdot\exp\left(\frac{qV_B}{kT}\right)}$$

(3) (2) と同様に，題意より，コレクタに隣接した場所（$x = W$）でのベース層内の少数キャリヤ密度は，コレクタへ電子が流れ出ることにより，$n_B(W) = 0$ である．題意より，電子は拡散によりエミッタ側からコレクタ側へ向かう中で，ベース中の再結合を無視し，密度勾配を一定と考えるから

$$n_B(x) = \boldsymbol{\frac{n_B(0)(W-x)}{W}} \cdots\cdots ②$$

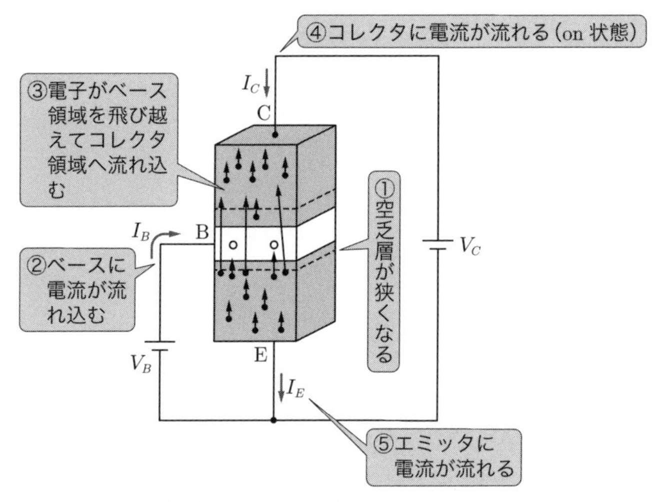

解図　npn 形バイポーラトランジスタ

(4) 密度勾配は，式②を微分して

$$\frac{dn_{\mathrm{B}}(x)}{dx}=\boldsymbol{\frac{-n_{\mathrm{B}}(0)}{W}}$$

(5) 題意より，電子の流れは密度勾配に拡散定数 D_{nB} を掛けたものとなり，ベースから流れ出た電子の流れはそのままコレクタ電流となり，これに電子の電荷を掛ければよいから，コレクタ電流密度 J_{c} は次式となる．（式(3･20)を参照）

$$J_{\mathrm{c}}=-qD_{\mathrm{nB}}\frac{dn_{\mathrm{B}}}{dx}=\boldsymbol{\frac{qD_{\mathrm{nB}}n_{\mathrm{B}}(0)}{W}}$$

解答　**(1)（リ）　(2)（ハ）　(3)（イ）　(4)（ホ）　(5)（ヌ）**

問題 10　エミッタ接地増幅回路の計算と電圧増幅度　（R4-B7）

次の文章は，エミッタ接地増幅回路に関する記述である．

図１に示す回路において，まず $v_{\mathrm{in}}=0$ として各節点のバイアス電位を求める．バイポーラトランジスタのベース電流 I_{B} が十分に小さく零とみなせるとき，ベース電位 V_{B} は［(1)］となる．バイポーラトランジスタのベース・エミッタ間電圧を V_{BE} とすると，エミッタ電位 V_{E} は［(1)］$-V_{\mathrm{BE}}$ となり，コレクタ電位 V_{C} は，V_{E} を用いて［(2)］となる．

次に，図1に微小な交流電圧 v_{in} を入力した際のコレクタ電位の変化量 v_C を求める．図2は図1の交流等価回路である．図2の破線部はバイポーラトランジスタの交流等価回路であり，h_{ie} と h_{fe} はそれぞれバイポーラトランジスタの出力短絡入力インピーダンスとエミッタ接地電流増幅率である．また，各容量は，信号の周波数においてインピーダンスが十分に小さいため短絡とみなせるとする．v_{in} を加えた際のコレクタ電位の変化量 v_C は，図2の v_C を求めることで [(3)] $\times v_{in}$ と求まる．増幅回路の出力電圧 v_{out} は v_C と等しいため，増幅回路の電圧増幅率 $\dfrac{v_{out}}{v_{in}}$ は [(3)] となる．

v_{in} として正弦波電圧を加える場合を考える．ここで，図1の回路はコレクタ電位が V_E から V_{CC} の間にあるとき，ひずみなく動作するとする．図1の回路に v_{in} を加えた際のコレクタ電位は V_C+v_C であるから，v_{out} として振幅 V_1 の正弦波電圧をひずみなく出力するためには，V_C は [(4)] を満たさなければならない．次に，一定の振幅の正弦波電圧 v_{in} を加えた状態で，出力電圧波形を観察しながら，R_C を $V_C=\dfrac{V_{CC}+V_E}{2}$ となる値から徐々に増加させた．R_C の増加に伴い出力電圧の振幅は増加するが，V_C は [(2)] であるため，R_C を更に増加させると，やがて正弦波状の出力電圧波形は [(5)] ひずむ．

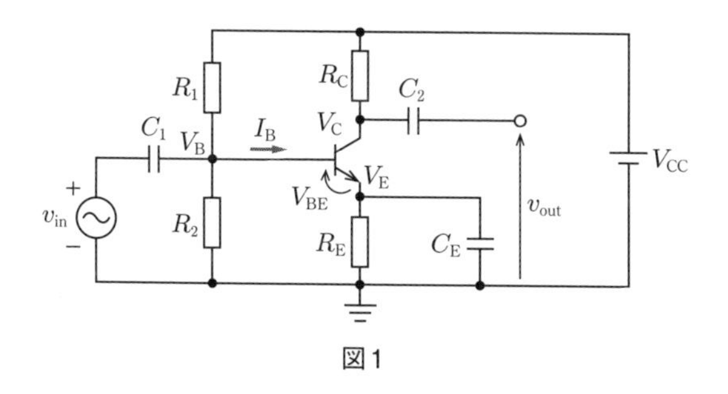

図1

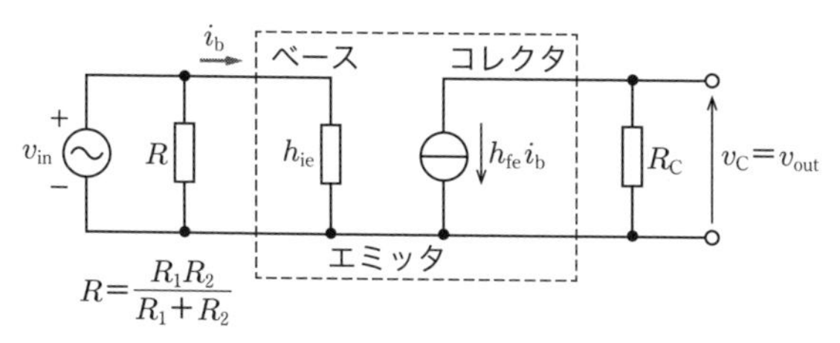

図2

解答群

(イ) V_{BE}	(ロ) $\dfrac{R_2}{R_1+R_2}V_{CC}$	(ハ) 上側から
(ニ) $-h_{ie}h_{fe}R_C$	(ホ) 下側から	(ヘ) $V_E-V_1 \leqq V_C \leqq V_{CC}-V_1$
(ト) $V_{CC}-\dfrac{R_C}{R_E}V_E$	(チ) $-\dfrac{h_{fe}R_C}{h_{ie}}$	(リ) $V_E+V_1 \leqq V_C \leqq V_{CC}-V_1$
(ヌ) $\dfrac{R_C}{R_E}V_E$	(ル) $\dfrac{R_1}{R_1+R_2}V_{CC}$	(ヲ) $V_E \leqq V_C \leqq V_{CC}$
(ワ) $-\dfrac{h_{ie}R_C}{h_{fe}}$	(カ) $V_{CC}-R_CV_E$	(ヨ) 上側と下側が同時に

―攻略ポイント―

エミッタ接地増幅回路は，バイアス回路を構成する直流回路と増幅したい交流信号を扱う交流回路を分離して考えることができる．直流に対しては，図１の３つのコンデンサを開放して考えればよい．一方，交流に対しては，３つのコンデンサと直流電源を短絡させて R_1 や R_C を下に折り返してトランジスタの簡略化した等価回路を適用すれば図２となる．

解説　(1) 題意より，ベース電流が十分に小さく零とみなせるから，R_1 を流れる電流はすべて R_2 を流れると考えればよい．したがって，解図１のように，バイアス回路を構成する直流回路に関しては，直流電源電圧と R_1 および R_2 の直列回路部分の閉路をみて，V_B は V_{CC} を R_1 と R_2 で分圧するから

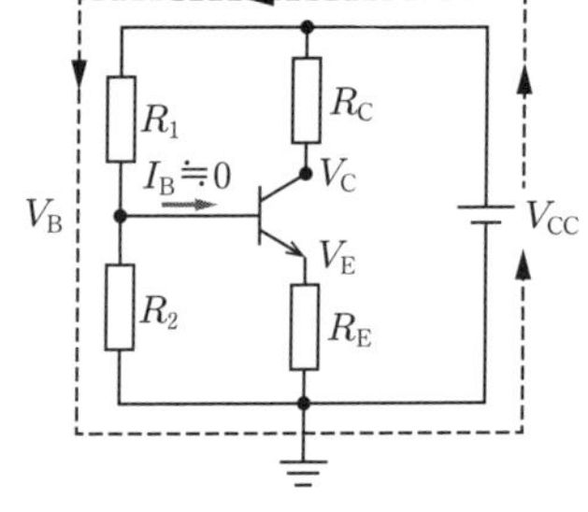

解図１　直流バイアス回路

$$V_B = \boldsymbol{\frac{R_2}{R_1+R_2}V_{CC}}$$

(2) R_E を流れるエミッタ電流 I_E は $I_E = V_E/R_E$ となる．題意より，$I_B = 0$ とみなせるから，R_C を流れるコレクタ電流 I_C がこのエミッタ電流 I_E に等しい．すなわち，$I_C = I_E = V_E/R_E$ である．したがって，電源電圧とコレクタおよびエミッタの閉路をみて，コレクタ電圧 V_C は

$$V_C = V_{CC} - R_CI_C = \boldsymbol{V_{CC} - \frac{R_C}{R_E}V_E} \quad \cdots\cdots ①$$

(3) 交流電圧に対しては図2が等価回路である．ベース電流 i_b は $i_b = v_{in}/h_{ie}$ であるから，コレクタ電流 i_c は $i_c = h_{fe} i_b = h_{fe} v_{in}/h_{ie}$ となる．したがって，コレクタ電圧 v_C は

$$v_C = -R_C i_c = -\frac{h_{fe} R_C}{h_{ie}} v_{in} \cdots\cdots ②$$

(4) 題意より，コレクタ電位が V_E から V_{CC} の間にあるとき，回路はひずみなく動作するので，解図2のような関係が成立すればよい．

$V_C + V_1 \leqq V_{CC}$,　$V_E \leqq V_C - V_1$

$\therefore$　$\boldsymbol{V_E + V_1 \leqq V_C \leqq V_{CC} - V_1}$

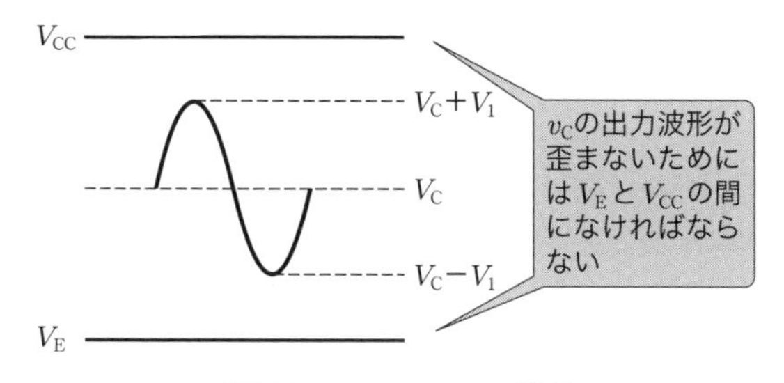

解図2　V_{CC}，V_E，V_C の関係

(5) 式②より，R_C を増加させると，出力電圧の振幅 V_C は増加する．一方，式①より，R_C を増加させると，V_C は，最初の V_{CC} と V_E の中間値から徐々に下がっていき，V_E に近づく．したがって，先に波形に歪みが見られるようになるのは波形の**下側**である．

解答　(1) (ロ)　(2) (ト)　(3) (チ)　(4) (リ)　(5) (ホ)

詳細解説5　トランジスタ増幅回路の動作と等価回路

(1) バイポーラトランジスタの基本増幅回路

図3･11は，npn形トランジスタを使ったエミッタ接地増幅回路の基本形であり，各部の電圧・電流波形を示す．ベース側に正弦波入力電圧 v_i を加え，コレクタ側から増幅された正弦波出力 v_{ce} を取り出す．各部の波形は，直流の電圧・電流を中心値とし，交流分が変化する．この変化の中心になる直流電圧・電流をトランジスタの**バイアス電圧**，**バイアス電流**といい，単に**バイアス**ともいう．

エミッタ接地増幅回路は，図3･12のように，直流の回路と交流分（信号分）の回

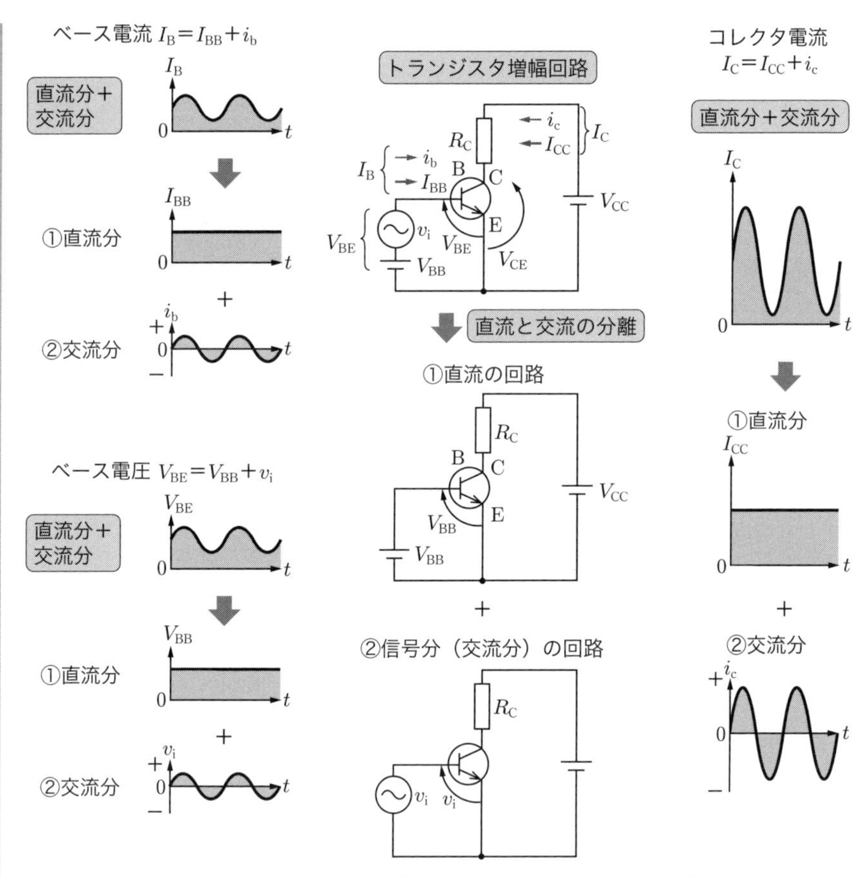

図3･11　エミッタ接地増幅回路と各部の電圧・電流波形

路に分離することができる．

図 3･11 のエミッタ接地形増幅回路において，まず直流回路だけを取り出すと，図 3･12(a)となる．このとき，トランジスタのコレクタ–エミッタ間電圧 V_{CE} は

$$V_{CE} = V_{CC} - V_{RC} = V_{CC} - R_C I_{CC} \tag{3･33}$$

である．これを変形すれば

$$\boldsymbol{I_{CC} = \frac{V_{CC}}{R_C} - \frac{V_{CE}}{R_C}} \tag{3･34}$$

となる．これをトランジスタの $V_{CE} - I_{CC}$ 特性曲線上に描くと，図 3･13 のようになる．この直線を**負荷線**という．図 3･12 の回路において，入力電圧 $v_i = 0$ V のとき，ベース電流 $I_{BB} = 15\ \mu$A が流れているとすれば，図 3･13 の出力特性曲線上の $I_{BB} = 15\ \mu$A

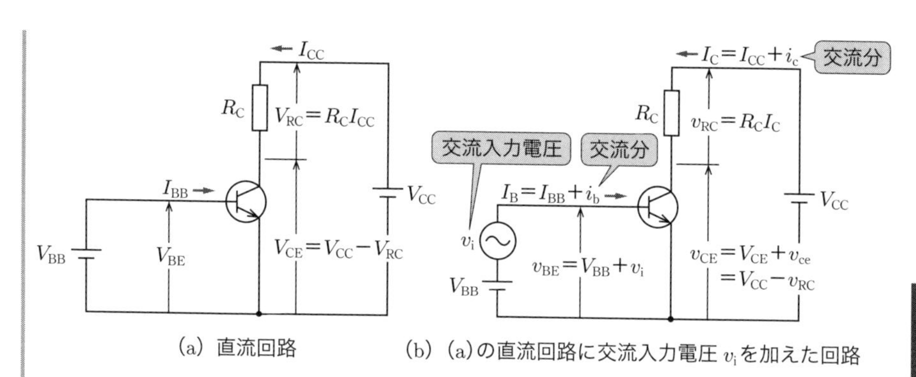

図3・12　エミッタ接地増幅回路における直流分と交流分の分離

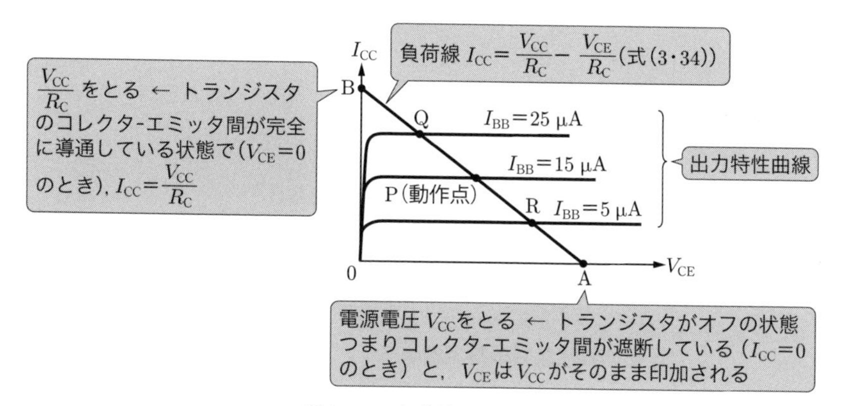

図3・13　負荷線と動作点

における特性曲線と負荷線との交点 P が**動作点**となる.

次に，図 3・12(b)のように，ベースに交流入力電圧 v_i を加えると，ベースにはベース電流 I_B（＝直流分 I_{BB}＋交流分 i_b）が流れ，コレクタにはコレクタ電流 I_C（＝直流分 I_{CC}＋交流分 i_c）が流れるため

$$v_{CE}=V_{CC}-v_{RC}=V_{CC}-R_C(I_{CC}+i_c) \tag{3・35}$$

となる．ここで，$v_{CE}=V_{CE}$(直流分)$+v_{ce}$(交流分)であり，これを式(3・35)へ代入すれば

$$V_{CE}+v_{ce}=V_{CC}-R_CI_{CC}-R_Ci_c \tag{3・36}$$

となる．この式において，式(3・33)を考慮すれば，交流分のみでは

$$\boldsymbol{v_{ce}=-R_Ci_c} \tag{3・37}$$

となる．つまり，v_{ce} を交流の出力電圧 v_o とすれば，この大きさは抵抗 R_C の値を大き

くすることにより，ベースに加えられた交流の入力電圧 v_i より大きくすることができる．つまり，エミッタ接地増幅回路は，電流が h_{fe} 倍されることに加えて，電圧も増幅することができる．なお，式(3･37)における負の符号は，v_{ce} と $R_C i_c$ の位相が 180° 異なる（逆位相になる）ことを示す．

(2) h 定数によるトランジスタの等価回路

図 3･14 のようにトランジスタを四端子網と考え，入力側交流電圧および電流を v_1，i_1，出力側電圧および電流を v_2，i_2 とする．このとき，v_1，i_2 を四つの定数を用いて書き表すと次式が得られる．

図3･14　トランジスタの四端子回路

$$\boldsymbol{v_1 = h_i i_1 + h_r v_2} \tag{3･38}$$

$$\boldsymbol{i_2 = h_f i_1 + h_o v_2} \tag{3･39}$$

上式における四つの定数 h_i，h_r，h_f，h_o をトランジスタの ***h* パラメータ**といい，それぞれ次の意味を持つ．

$$\boldsymbol{h_i = \left(\frac{v_1}{i_1}\right)_{v_2=0}}$$ **：出力端短絡時の入力インピーダンス〔Ω〕**

$$\boldsymbol{h_r = \left(\frac{v_1}{v_2}\right)_{i_1=0}}$$ **：入力端開放時の電圧帰還率**

$$\boldsymbol{h_f = \left(\frac{i_2}{i_1}\right)_{v_2=0}}$$ **：出力端短絡時の電流増幅率**

$$\boldsymbol{h_o = \left(\frac{i_2}{v_2}\right)_{i_1=0}}$$ **：入力端開放時の出力アドミタンス〔S〕**

さらに，図 3･15 のようにエミッタ接地回路において，トランジスタの h パラメータを使うと

$$\boldsymbol{v_b = h_{ie} i_b + h_{re} v_c} \tag{3･40}$$

$$\boldsymbol{i_c = h_{fe} i_b + h_{oe} v_c} \tag{3･41}$$

と書ける．この h パラメータはトランジスタの特性曲線において図 3･16 の意味をもつ．

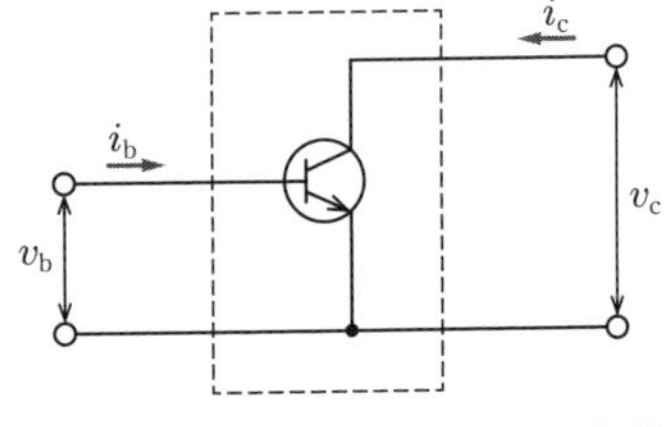

図3･15　トランジスタの入出力電圧・電流

さて，式(3･40)，式(3･41)を回路図に書き表したものが図 3･17 で，これをトランジスタのエミッタ接地における ***h* パラメータ π 形等価回路**という．

一般に，$h_{re}v_c$ は $h_{ie}i_b$ に比べて非常に小さく，また並列抵抗 $1/h_{oe}$ の値は，出力端に接続する負荷抵抗に比べて極めて大きいので，これらを省略すると，図 3･18 のよう

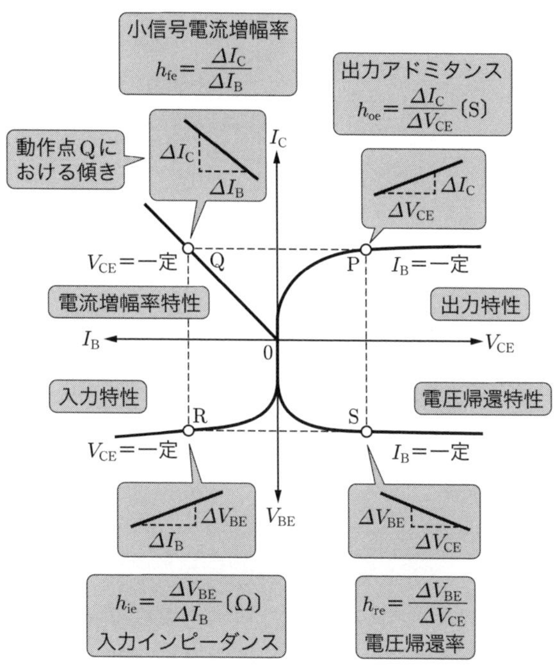

図3･16　トランジスタの静特性と h パラメータ

な**簡略化した等価回路**が得られる．

さらに，図 3･19 のトランジスタ回路において，交流等価回路を導く．

図 3･19 において，コンデンサ C_1 と C_2 は**結合コンデンサ（カップリングコンデンサ）**と呼ばれ，それぞれの入力信号と出力信号から直流分をカットする．また，コンデンサ C_3 は**バイパスコンデンサ**と呼ばれ，交流分に対して安定抵抗 R_E を短絡させるために挿入している．

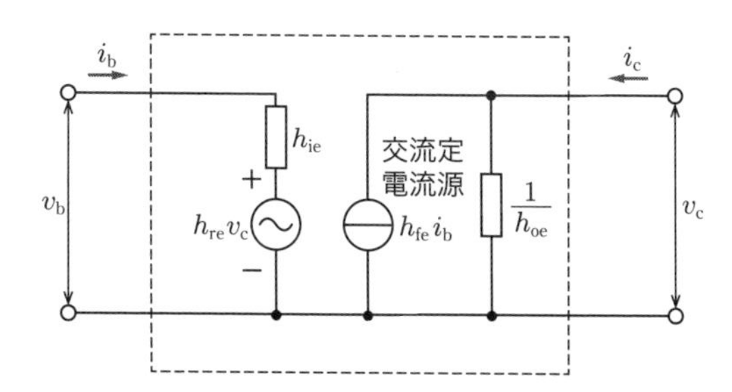

図3･17　h パラメータ π 形等価回路

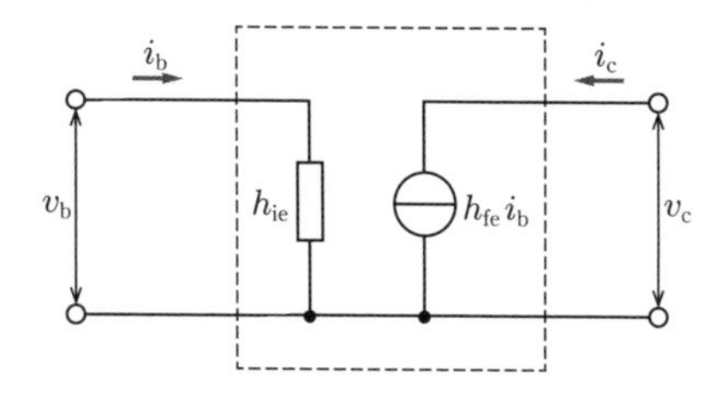

図3･18　簡略化した等価回路

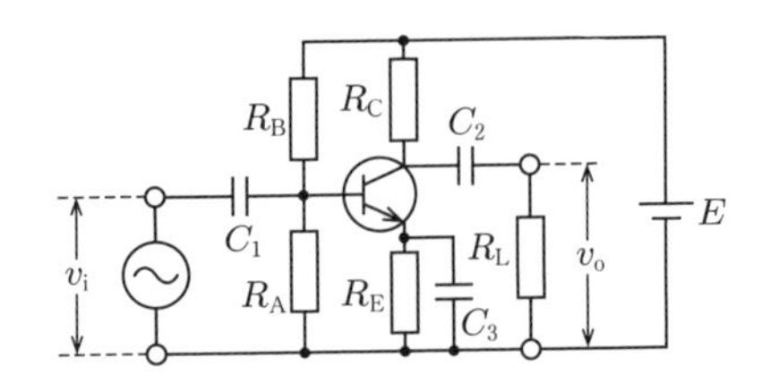

図3・19　小信号増幅回路

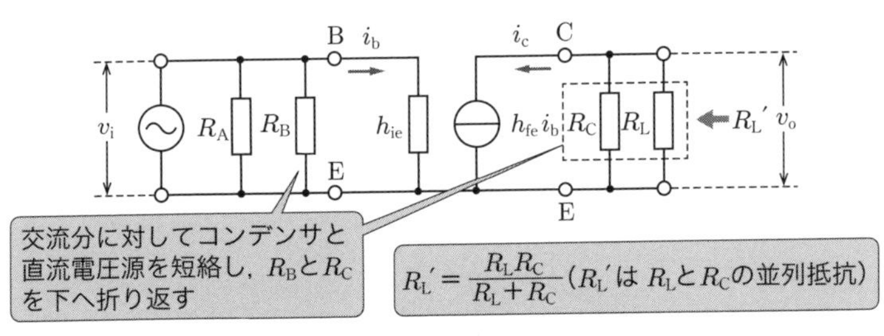

図3・20　　図3・19の交流等価回路

そこで，交流信号に対してコンデンサC_1，C_2，C_3と直流電圧源Eは短絡されていると考えることができるため，R_B，R_Cを下へ折り返し，図3・18の等価回路を適用すると，図3・20のようになる．このとき，$i_b = v_i/h_{ie}$，$i_c = h_{fe}i_b$から，電流増幅度と電圧増幅度は次式となる．

電流増幅度　$$\boldsymbol{A_i = \frac{i_c}{i_b} = h_{fe}} \qquad (3・42)$$

電圧増幅度　$$\boldsymbol{A_v = \frac{v_{ce}}{v_{be}} = \frac{R_L' i_c}{h_{ie} i_b} = R_L' \frac{h_{fe}}{h_{ie}} \quad \left(R_L' = \frac{R_L R_C}{R_L + R_C} \right)} \qquad (3・43)$$

問題11　バイポーラトランジスタ増幅回路の電圧利得と入力抵抗
（H21-B7）

次の文章は，図1に示すバイポーラトランジスタを用いた増幅回路に関する記述である．ただし，図1は，増幅回路の交流成分のみを考慮しており，バイポーラトランジスタの交流等価回路は図2で表されるものとする．

R_fが$0\,\Omega$のとき，図1の増幅回路の入力抵抗は$\frac{v_{in}}{i_{in}} =$ (1) であり，電

圧利得は $\dfrac{v_{out}}{v_{in}}=-g_mR_L$ である．

次に，R_f が $0\,\Omega$ でなく，正の値のときを考える．バイポーラトランジスタのベース・エミッタ間の抵抗 R_i に流れる電流は，電流源 g_mv_{be} の電流よりも十分小さく無視できるものとすると，

$$i_f=g_m\times(\boxed{(2)})$$

と表すことができる．また，$v_e=R_fi_f$ なので

$$v_e=\boxed{(3)}\times v_{in}$$

となる．これらの結果を使うと，電圧利得 $\dfrac{v_{out}}{v_{in}}$ が求められる．$A=g_mR_L$ とおくと，電圧利得は

$$\frac{v_{out}}{v_{in}}=\frac{-A}{1+AH}$$

と表される．ただし，

$$H=\boxed{(4)}$$

である．さらに，$i_{in}=\dfrac{\boxed{(2)}}{R_i}$ であるので，入力抵抗は

$$\frac{v_{in}}{i_{in}}=R_i\times(\boxed{(5)})$$

となる．

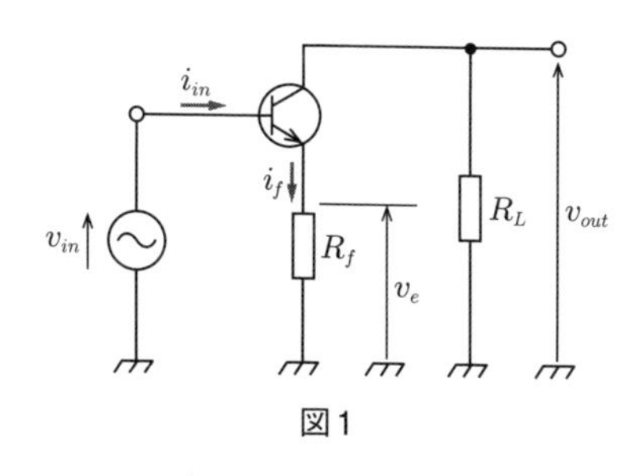

図1

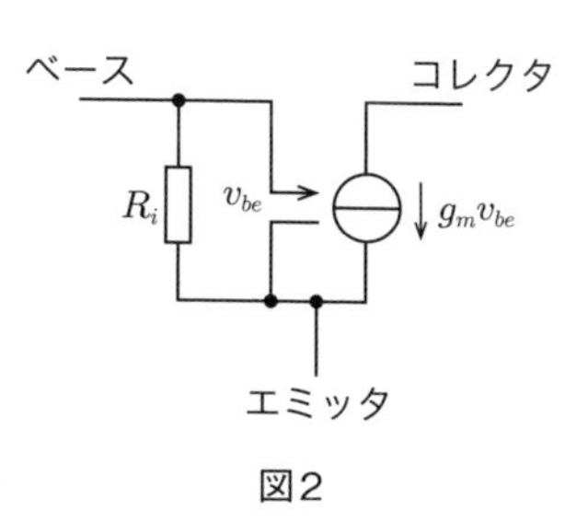

図2

解答群

（イ）$-1+AH$　（ロ）$1-AH$　（ハ）$\dfrac{g_mR_L}{1+g_mR_f}$　（ニ）v_e-v_{out}

（ホ）$\dfrac{g_mR_f}{1+g_mR_f}$　（ヘ）R_f　（ト）$v_{in}-v_e$　（チ）$\dfrac{R_f}{R_L}$

（リ）$\dfrac{R_i}{R_L}$　（ヌ）$\dfrac{R_L}{R_f}$　（ル）$v_{in}-v_{out}$　（ヲ）R_L

（ワ）$\dfrac{g_m R_i}{1+g_m R_f}$　（カ）R_i　（ヨ）$1+AH$

―攻略ポイント―

詳細解説５のバイポーラトランジスタの増幅回路について理解していれば，問題の誘導に従って丁寧に計算を進め，電圧利得や入力抵抗を求めることができる．

解説　(1) $R_f=0$ のとき，図１の増幅回路の入力抵抗は，図２の等価回路を参照すればベース–エミッタ間の抵抗 R_i に等しい．したがって，$v_{in}/i_{in}=\boldsymbol{R_i}$ となる．

そして，この条件では，入力電圧 $v_{in}=v_{be}$ である．コレクタ電流 i_c は電流源 $g_m v_{be}$ に等しく，$i_c=g_m v_{be}$ である．これが負荷抵抗 R_L を流れるので，出力電圧 v_{out} は極性に注意して $v_{out}=-i_c R_L=-g_m v_{be} R_L$ となる．そこで，電圧増幅度は

$$\frac{v_{out}}{v_{in}}=-\frac{g_m v_{be} R_L}{v_{be}}=-g_m R_L$$

(2) (3) R_f が正の値のとき，ベース–エミッタ間の電圧 v_{be} は $v_{in}-v_e$ である．題意より，ベース–エミッタ間の抵抗 R_i に流れる電流は，電流源 $g_m v_{be}$ よりも十分に小さく無視できるので，電流 i_f は次式で表すことができる．

$$i_f=g_m v_{be}=g_m(\boldsymbol{v_{in}-v_e}) \quad\cdots\cdots ①$$

そして，$v_e=R_f i_f$ であるから，式①を代入すれば

$$v_e=R_f i_f=g_m R_f\ (v_{in}-v_e) \qquad (1+g_m R_f)\ v_e=g_m R_f v_{in}$$

$$\therefore\quad v_e=\frac{\boldsymbol{g_m R_f}}{\boldsymbol{1+g_m R_f}}v_{in} \quad\cdots\cdots ②$$

(4) (5) コレクタ電流 i_c は電流源 $g_m v_{be}$ に等しく，$i_c=g_m(v_{in}-v_e)$ だから

$$v_{out}=-R_L i_c=-g_m(v_{in}-v_e)R_L=-g_m\left(v_{in}-\frac{g_m R_f}{1+g_m R_f}\times v_{in}\right)R_L$$

$$=-\left(1-\frac{g_m R_f}{1+g_m R_f}\right)g_m R_L\times v_{in}=-\frac{1+g_m R_f-g_m R_f}{1+g_m R_f}\times g_m R_L v_{in}$$

$$=-\frac{g_m R_L}{1+g_m R_f}\times v_{in}$$

$$\therefore\quad \frac{v_{out}}{v_{in}}=-\frac{g_m R_L}{1+g_m R_f} \quad\cdots\cdots ③$$

ここで，$A = g_m R_L$，$H = \boldsymbol{R_f / R_L}$ とおけば，式③は次式となる．

$$\frac{v_{out}}{v_{in}} = \frac{-A}{1 + A\dfrac{R_f}{R_L}} = \frac{-A}{1+AH} \quad \cdots\cdots ④$$

さらに，$i_{in} = (v_{in} - v_e)/R_i$ であるから，これに式②を代入して

$$i_{in} = \frac{v_{in} - \dfrac{g_m R_f}{1 + g_m R_f} \times v_{in}}{R_i} = \frac{v_{in}}{R_i}\left(1 - \frac{g_m R_f}{1 + g_m R_f}\right) = \frac{v_{in}}{R_i} \cdot \frac{1}{1 + g_m R_f}$$

$$= \frac{v_{in}}{R_i} \cdot \frac{1}{1+AH} \quad \cdots\cdots ⑤$$

したがって，入力抵抗は，式⑤から，次のように求めることができる．

$$\frac{v_{in}}{i_{in}} = R_i \times (\boldsymbol{1 + AH})$$

解答　**(1)（カ）　(2)（ト）　(3)（ホ）　(4)（チ）　(5)（ヨ）**

問題 12　トランジスタ増幅回路の入力インピーダンスと出力電圧　（H29-B7）

次の文章は，トランジスタを用いた回路に関する記述である．

図 1 の回路において全てのコンデンサは信号周波数で短絡とみなせ，トランジスタの交流等価回路は図 2 で表されるものとする．

まず，図 1 の回路の入力電流 i_{in} を零とし，各節点の電位を求める．R_1 を流れる電流よりベース電流が十分小さいとみなせる場合，ベースの電位 V_{B} は $\boxed{\quad(1)\quad}$ となる．また，このときのコレクタ電流を I_{C0} とするとコレクタ電位 V_{C} は $\boxed{\quad(2)\quad}$ となる．通常，トランジスタは活性領域（順能動領域）で用いられるため，各素子値は V_{C} と V_{B} とエミッタ電位 V_{E} が $\boxed{\quad(3)\quad}$ となるように選ばれる．

次に，図 2 を用いて図 1 の小信号等価回路を描くと図 3 が得られる．図 3 において入力電流 i_{in} は i_1 と i_{e} に分流するが，図 3 中の破線から右側の回路の入力インピーダンスが $\boxed{\quad(4)\quad}$ となることを考慮すると i_{e} を求めることができる．出力電圧 v_{out} は，R_{C} と R_{L} の並列抵抗に αi_{e} が流れることにより生じるため，出力電圧 v_{out} は $\boxed{\quad(5)\quad}$ と求められる．

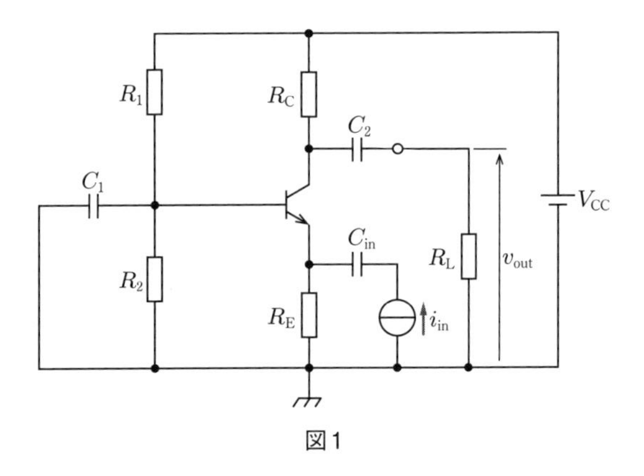

図1

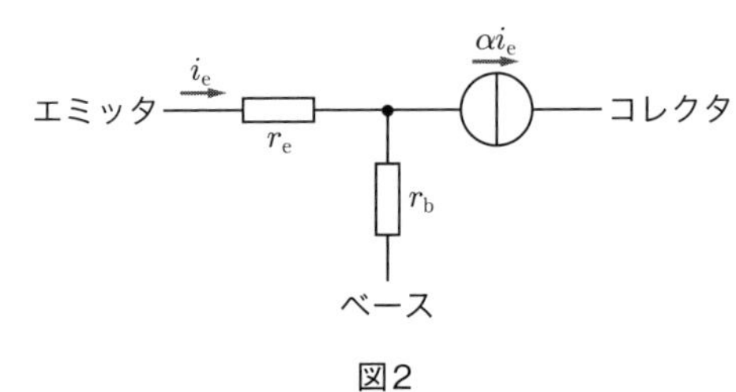

図2

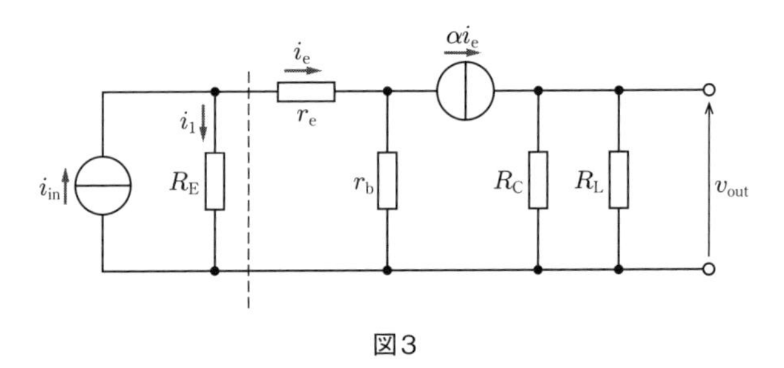

図3

解答群

（イ）　$R_C I_{C0}$

（ロ）　$r_e + (1-\alpha) r_b$

（ハ）　$\dfrac{\alpha R_E}{r_e + R_E + (1-\alpha) r_b} \dfrac{R_C R_L}{R_C + R_L} i_{in}$

（ニ）　$\dfrac{R_2}{R_1 + R_2} V_{CC}$

（ホ）　$R_E I_{C0}$

（ヘ）　$V_C > V_B$ かつ $V_B > V_E$

（ト）　$V_B > V_C$ かつ $V_B > V_E$

（チ）　r_e

（リ）　$\dfrac{\alpha R_E}{r_e + r_b + R_E} \dfrac{R_C R_L}{R_C + R_L} i_{in}$

（ヌ）　$V_C > V_B$ かつ $V_E > V_B$

(ル)　$r_e + r_b$　　(ヲ)　$\dfrac{-\alpha R_E}{r_e + R_E + (1-\alpha) r_b} \dfrac{R_C R_L}{R_C + R_L} i_{in}$

(ワ)　$\dfrac{R_1}{R_1 + R_2} V_{CC}$　　(カ)　$\dfrac{R_1 R_2}{R_1 + R_2} i_{in}$　　(ヨ)　$V_{CC} - R_C I_{C0}$

―攻略ポイント―

トランジスタ増幅回路は，バイアス回路を構成する直流回路と交流信号を扱う交流回路を分離して考える．直流回路に対しては，図1の3つのコンデンサを開放して考える．交流信号に対しては，3つのコンデンサと直流電源を短絡させ，トランジスタの簡略化した等価回路を適用すれば図3となる．

解説　(1) 題意より，ベース電流は，抵抗 R_1 を流れる電流より十分に小さいとみなせるため，抵抗 R_1 を流れる電流はそのまま抵抗 R_2 を流れると考えればよい．トランジスタ増幅回路においてバイアス回路を構成する直流回路だけに着目するとき，3つのコンデンサを開放すれば，解図1の直流バイアス回路になる．したがって，直流電源電圧と R_1 および R_2 の直列回路部分の閉路をみて，ベース電位 V_B は，V_{CC} を R_1 と R_2 とで分圧するから

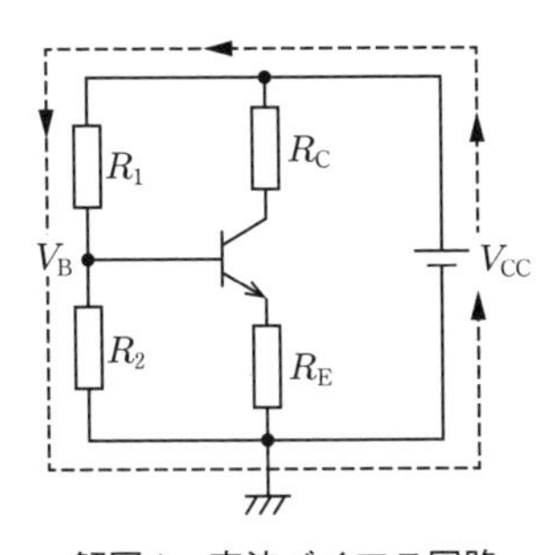

解図1　直流バイアス回路

$$V_B = \boldsymbol{\frac{R_2}{R_1 + R_2} V_{CC}}$$

(2) コレクタ電流 I_{C0} は，コレクタ抵抗 R_C に流れる電流であるから，コレクタ電位 V_C は

$$V_C = \boldsymbol{V_{CC} - R_C I_{C0}}$$

(3) トランジスタは，通常，活性領域で用いられる．そして，トランジスタを動作させる（npn トランジスタのベースからエミッタの矢印の向きに電流を流す）ためには，直流電源を接続し，ベースからエミッタに電流を流し，コレクタからエミッタに増幅した電流を流す．したがって，ベース電位 V_B，コレクタ電位 V_C，エミッタ電位 V_E の間には $\boldsymbol{V_C > V_B}$ **かつ** $\boldsymbol{V_B > V_E}$ の関係が成り立つように素子を選定する．

(4) 交流信号を扱うときは，図1の回路において3つのコンデンサと直流電圧源を短絡し，抵抗 R_1 と抵抗 R_C を下に折り返して図2のトランジスタの等価回路を

適用すると，図３になる．図３の回路において破線より右側だけを抜き出した回路が解図２である．抵抗 r_b に流れる電流は $(1-\alpha)i_e$ であるから，入力端子にかかる電圧を v とすれば

$$v = i_e r_e + (1-\alpha) i_e r_b$$

したがって，入力インピーダンス Z_{in} は

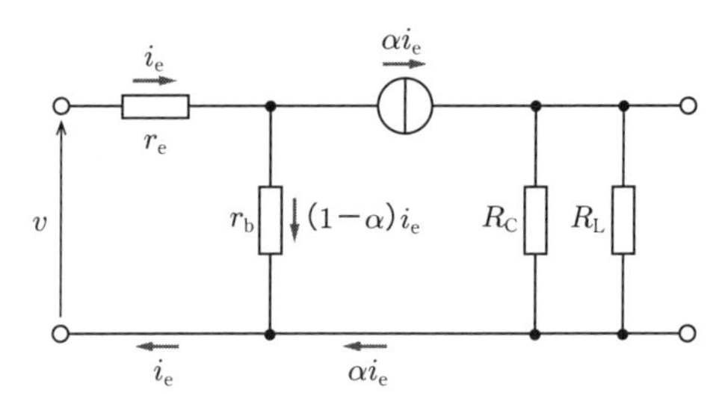

解図２　破線より右側の回路

$$Z_{in} = \frac{v}{i_e} = \boldsymbol{r_e + (1-\alpha) r_b} \quad \cdots\cdots ①$$

(5) 解図２より，出力電圧 v_{out} は，電流 αi_e が抵抗 R_C と R_L 並列部分を流れるから

$$v_{out} = \frac{R_C R_L}{R_C + R_L} \alpha i_e \quad \cdots\cdots ②$$

となる．図３で，電流 i_e は，電流 i_{in} が抵抗 R_E と入力インピーダンス Z_{in} に分流して入力インピーダンス側に流れる分であるから，式①を活用して

$$i_e = \frac{R_E}{R_E + Z_{in}} i_{in} = \frac{R_E}{R_E + r_e + (1-\alpha) r_b} i_{in} \quad \cdots\cdots ③$$

したがって，式③を式②に代入すれば，次式となる．

$$v_{out} = \frac{R_C R_L}{R_C + R_L} \alpha \frac{R_E}{R_E + r_e + (1-\alpha) r_b} i_{in} = \boldsymbol{\frac{\alpha R_E}{r_e + R_E + (1-\alpha) r_b} \frac{R_C R_L}{R_C + R_L} i_{in}}$$

解答　**(1)（ニ）　(2)（ヨ）　(3)（へ）　(4)（ロ）　(5)（ハ）**

問題 13　トランジスタ増幅回路の縦続接続時における電圧増幅度

（H19-B7）

次の文章は，トランジスタ増幅回路に関する記述である．ただし，答に小数点以下が生じた場合，小数点以下を四捨五入して整数値として表しなさい．また，数値は絶対値ではなく，符号も含めて解答しなさい．

図１のトランジスタ増幅回路において，v_{in} は入力交流信号電圧，v_{o1} は出力交流信号電圧である．ただし，すべてのコンデンサは交流信号周波数にお

いて短絡と見なせ，トランジスタの交流等価回路は図2で表されるとする．

図1において，A—A′より右をみた回路の入力抵抗は $R_{in}=$ (1) 〔kΩ〕である．また，電圧増幅度は $\dfrac{v_{o1}}{v_{in}}=$ (2) 倍である．

次に，図1の回路を図3のように2段縦続接続した．ただし，v_{o2}，v_{o3} はそれぞれ1段目，2段目の交流出力信号電圧である．このとき，1段目の電圧増幅度は $\dfrac{v_{o2}}{v_{in}}=$ (3) 倍となり，また，2段目の電圧増幅度は $\dfrac{v_{o3}}{v_{o2}}=$ (4) 倍である．したがって，図3の回路全体の電圧増幅度は $\dfrac{v_{o3}}{v_{in}}=$ (5) 倍となる．

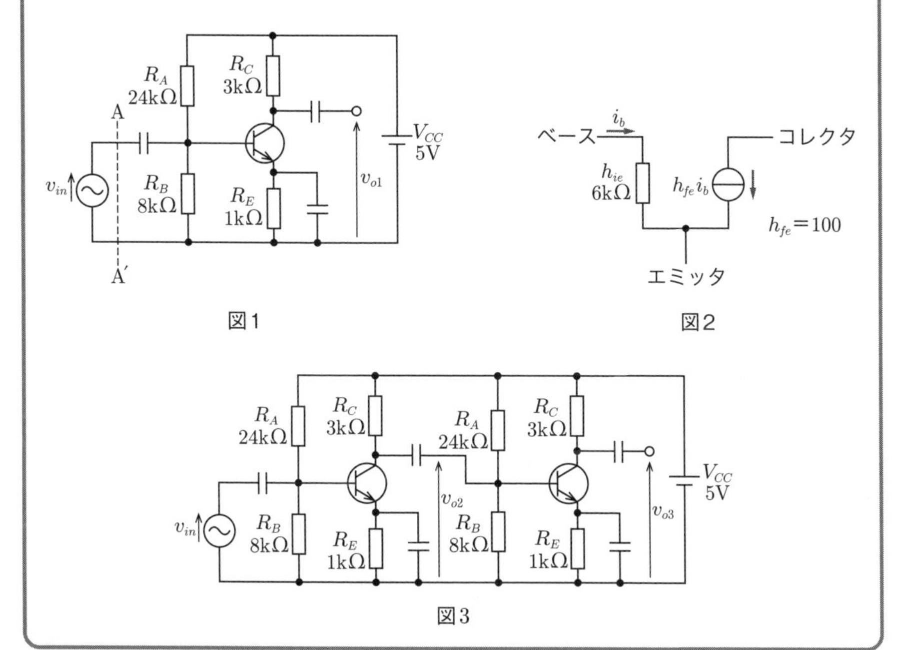

図1　図2

図3

ー攻略ポイントー

エミッタ接地増幅回路では，交流信号に対して，3つのコンデンサと直流電源を短絡させて R_A や R_C を下に折り返してトランジスタの簡略化した等価回路を適用する．さらに，2段縦続接続した回路では，一段目の増幅回路の出力抵抗が変化することに留意する．

解説　(1) 図１のトランジスタ増幅回路において，交流信号分に対しては３つのコンデンサと直流電源を短絡し，抵抗 R_A と R_C を下に折り返すとともに，図２のトランジスタの交流等価回路を適用すれば，解図１の等価回路となる．解図１から，入力抵抗 R_i は

$$R_i = \frac{1}{\dfrac{1}{R_A}+\dfrac{1}{R_B}+\dfrac{1}{h_{ie}}} = \frac{1}{\dfrac{1}{24}+\dfrac{1}{8}+\dfrac{1}{6}} = \mathbf{3}\ \mathrm{k\Omega}$$

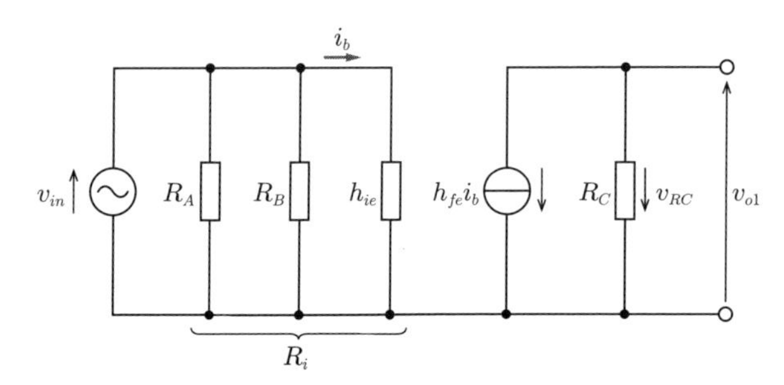

解図１　交流分等価回路

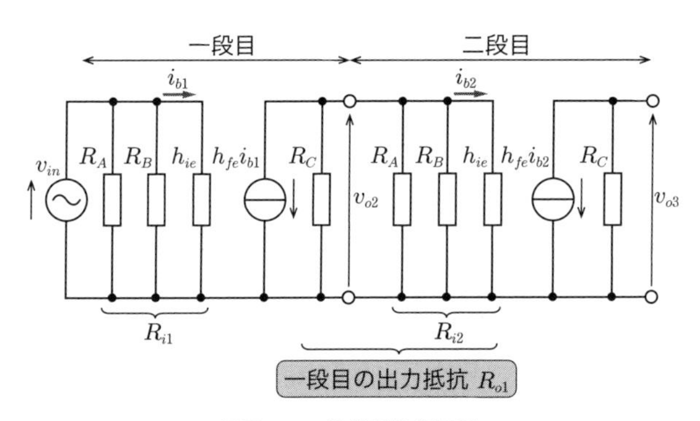

解図２　２段縦続接続回路

(2) 解図１において，ベース電流 i_b は交流入力電圧が v_{in} であるから

$$i_b = \frac{v_{in}}{h_{ie}} \quad \cdots\cdots ①$$

となる．このベース電流によってコレクタ側の電流源には $h_{fe}i_b$ の電流が流れる．これがコレクタ抵抗 R_C に流れるため，出力電圧 v_{o1} は，極性に注意しながら，式①を活用すれば

$$v_{o1} = -v_{RC} = -h_{fe} i_b R_C = -\frac{h_{fe}}{h_{ie}} R_C v_{in}$$

$$\therefore \quad \frac{v_{o1}}{v_{in}} = -\frac{h_{fe}}{h_{ie}} R_C = -\frac{100}{6} \times 3 = \mathbf{-50}\text{倍}$$

(3) 2段縦続接続したトランジスタ増幅回路の交流等価回路は，解図2となる．この図に示すように，一段目の出力抵抗 R_{o1} は次式となる．

$$R_{o1} = \frac{1}{\dfrac{1}{R_C} + \dfrac{1}{R_A} + \dfrac{1}{R_B} + \dfrac{1}{h_{ie}}} = \frac{1}{\dfrac{1}{3} + \dfrac{1}{24} + \dfrac{1}{8} + \dfrac{1}{6}} = 1.5\ \mathrm{k\Omega}$$

解図2において一段目のトランジスタのベース電流 i_{b1} は

$i_{b1} = v_{in}/h_{ie}$ ……………………………………………………………②

である．一段目のトランジスタの出力電圧 v_{o2} は，極性が反転するから

$$v_{o2} = -\frac{h_{fe}}{h_{ie}} R_{o1} v_{in}$$

$$\therefore \quad \frac{v_{o2}}{v_{in}} = -\frac{h_{fe}}{h_{ie}} R_{o1} = -\frac{100}{6} \times 1.5 = \mathbf{-25}\ \text{倍}$$

(4) 二段目のトランジスタは，一段目のトランジスタと同じ回路である．したがって，二段目の電圧増幅度 v_{o3}/v_{o2} は，(2) の結果を活用すれば，**−50** 倍である．

(5) $v_{o2}/v_{in} = -25$ 倍，$v_{o3}/v_{o2} = -50$ 倍であるから，図3の回路全体の電圧増幅度 v_{o3}/v_{in} は

$$\frac{v_{o3}}{v_{in}} = \frac{v_{o2}}{v_{in}} \cdot \frac{v_{o3}}{v_{o2}} = -25 \times (-50) = \mathbf{1\,250}\ \text{倍}$$

(1) 3　(2) −50　(3) −25　(4) −50　(5) 1 250

問題 14　トランジスタ増幅回路の増幅とダーリントン接続　(R3-B7)

次の文章は，バイポーラトランジスタに関する記述である．

バイポーラトランジスタの各端子を流れる電流を図1のように定義するとき，コレクタ電流 I_C とエミッタ電流 I_E 及びベース電流 I_B の間には，

$I_\mathrm{C} = \alpha I_\mathrm{E}$ ……………………………………………………………①

$I_\mathrm{C} = \beta I_\mathrm{B}$ ……………………………………………………………②

の関係がある．ここで α と β はそれぞれベース接地電流増幅率とエミッタ接地電流増幅率である．バイポーラトランジスタの α の大きさは［(1)］．

トランジスタを流れる電流は，

$$I_E = I_B + I_C \quad \cdots\cdots ③$$

であるから，エミッタ電流 I_E をベース電流 I_B と α を用いて表すと，

$$I_E = \boxed{(2)}\ I_B \quad \cdots\cdots ④$$

となる．式①，式②及び式④より，α は β を用いて，

$$\alpha = \boxed{(3)} \quad \cdots\cdots ⑤$$

とかける．

次に，図2に示す回路の $\dfrac{I_C'}{I_B'}$ を求める．このとき Tr1 及び Tr2 のベース接地電流増幅率はそれぞれ α_1 及び α_2 であり，エミッタ接地電流増幅率を β_1 及び β_2 とすると，

$$\frac{I_C'}{I_B'} = \frac{I_{C1}+I_{C2}}{I_B'} = \beta_1 + \beta_2 \frac{I_{B2}}{I_B'} = \beta_1 + \beta_2 \frac{I_{E1}}{I_B'} \quad \cdots\cdots ⑥$$

となる．ここで Tr_1 に式④及び式⑤の関係を考慮すると，

$$\frac{I_C'}{I_B'} = \boxed{(4)} \quad \cdots\cdots ⑦$$

が得られる．図2の接続はダーリントン接続と呼ばれ，図2は式⑦で表される大きなエミッタ接地電流増幅率を有する等価的なトランジスタとして用いられる．図2の回路についても等価的なエミッタ接地電流増幅率 β' とベース接地電流増幅率 α' の間には式⑤の関係が成り立つ．このことから，図2の回路の等価的なベース接地電流増幅率 α' は α_1 及び α_2 を用いて，

$$\alpha' = \frac{I_C'}{I_E'} = \boxed{(5)}$$

とかける．

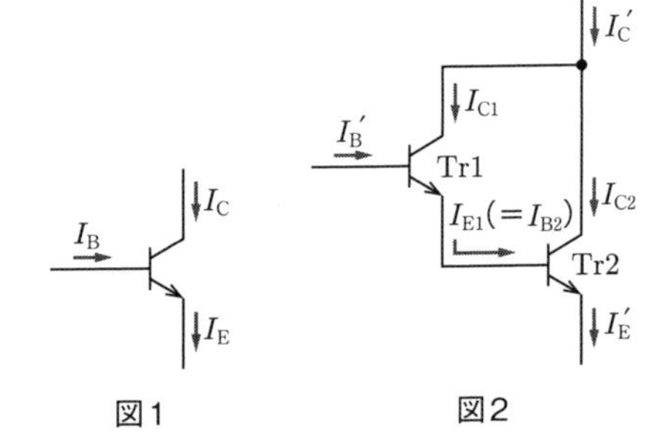

図1　図2

解答群

(イ)　ちょうど1である　(ロ)　1より大きい　(ハ)　1より小さい

(ニ)　$\dfrac{\alpha_1\alpha_2}{(1-\alpha_1)(1-\alpha_2)}$　(ホ)　$\dfrac{\beta}{1+\beta}$　(ヘ)　$\beta_1+\beta_2$

(ト) $\dfrac{\beta}{\beta-1}$	(チ) $2\beta_1\beta_2$	(リ) $\beta_1+\beta_2+\beta_1\beta_2$
(ヌ) $1-\alpha$	(ル) $\dfrac{1}{1-\alpha}$	(ヲ) $\alpha_1+\alpha_2-\alpha_1\alpha_2$
(ワ) $\dfrac{1}{\alpha-1}$	(カ) $\dfrac{1}{1-\beta}$	(ヨ) $\dfrac{\alpha_1}{1-\alpha_1}+\dfrac{\alpha_2}{1-\alpha_2}$

第3章 電子理論

ー攻略ポイントー

トランジスタ増幅回路において，ベース接地電流増幅率 $\alpha=I_C/I_E$，エミッタ接地電流増幅率 $\beta=I_C/I_B=I_C/(I_E-I_C)=(I_C/I_E)/\{1-(I_C/I_E)\}=\alpha/(1-\alpha)$ の関係がある．$\alpha=0.95$～0.995 程度，$\beta=20$～200 程度の値である．一方，ダーリントン接続は問題文・回路図をよく見て丁寧に計算する．

解説 (1) (2) 図1におけるトランジスタの各電流はエミッタの矢印の方向に電流が流れるから，問題中の式③の関係がある．問題中の式①を問題中の式③に代入すれば

$$I_E=I_B+\alpha I_E \quad \therefore \quad I_E=\frac{\mathbf{1}}{\mathbf{1-\alpha}}I_B \quad \cdots\cdots ①$$

式①は，非常に小さなベース電流 I_B を大きなエミッタ電流 I_E（コレクタ電流 I_C）に増幅するため，$1/(1-\alpha)$ は大きな値となる．すなわち，α は **1より小さい**．

(3) 問題中の式①を変形して $I_E=I_C/\alpha$，問題中の式②を変形して $I_B=I_C/\beta$ となるから，これらを式①に代入すれば

$$\frac{I_C}{\alpha}=\frac{1}{1-\alpha}\cdot\frac{I_C}{\beta},\quad \beta=\frac{\alpha}{1-\alpha} \qquad \therefore \quad \alpha=\frac{\boldsymbol{\beta}}{\mathbf{1}+\boldsymbol{\beta}} \quad \cdots\cdots ②$$

(4) 問題中の式⑥に問題中の式④，問題中の式⑤を代入すれば

$$\frac{I_C'}{I_B'}=\beta_1+\beta_2\frac{I_{E1}}{I_B'}=\beta_1+\beta_2\frac{1}{1-\alpha_1}=\beta_1+\beta_2\frac{1}{1-\dfrac{\beta_1}{1+\beta_1}}=\boldsymbol{\beta_1+\beta_2+\beta_1\beta_2}$$

(5) (4) で求めたものが β' であり，β_1，β_2 を α_1，α_2 を用いて表せば

$$\beta_1=\frac{\alpha_1}{1-\alpha_1},\quad \beta_2=\frac{\alpha_2}{1-\alpha_2}$$

となる．題意より，α' と β' の間にも式②の関係が成り立つので

$$\alpha' = \frac{\beta'}{1+\beta'} = \frac{\beta_1+\beta_2+\beta_1\beta_2}{1+\beta_1+\beta_2+\beta_1\beta_2} = \frac{\dfrac{\alpha_1}{1-\alpha_1}+\dfrac{\alpha_2}{1-\alpha_2}+\dfrac{\alpha_1\alpha_2}{(1-\alpha_1)(1-\alpha_2)}}{1+\dfrac{\alpha_1}{1-\alpha_1}+\dfrac{\alpha_2}{1-\alpha_2}+\dfrac{\alpha_1\alpha_2}{(1-\alpha_1)(1-\alpha_2)}}$$

$$= \boldsymbol{\alpha_1+\alpha_2-\alpha_1\alpha_2}$$

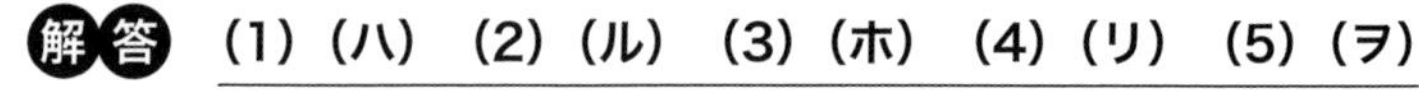

4 MOS 形 FET（電界効果トランジスタ）

問題 15 MOS 形 FET のキャリヤ濃度・電界・電流密度 （H24-A4）

次の文章は，n チャネルの MOS トランジスタに関する記述である．なお，SiO_2 の誘電率 3.4×10^{-13} F･cm^{-1}，単位電荷 1.6×10^{-19} C，シリコンでの電子移動度 1.0×10^{3} cm^{2}･V^{-1}･s^{-1} を計算に用いること．

MOS トランジスタでは，ゲート電圧 V_G をしきい値電圧 V_T より大きくするとチャネルが反転状態になる．ゲート電圧としきい値電圧間の電位差（V_G-V_T）をオーバードライブ電圧と呼ぶ．電子の熱分布を無視すれば，MOS 構造を SiO_2 を絶縁物とした平行平板コンデンサとして考えることができる．このとき，反転状態にある単位面積当たりの電子の面電荷密度は，面積当たりの容量とオーバードライブ電圧との積となる．SiO_2 の膜厚が 1.0×10^{-6} cm であるとした場合，反転層にある電子の面電荷密度を -5.0×10^{-7} C･cm^{-2} とするために必要なオーバードライブ電圧は （1） 〔V〕である．この面電荷密度は電子のキャリア濃度にすると （2） 〔cm^{-2}〕である．

いまドレーン-ソース間の電圧が小さいときチャネル内の電子がドレーンへ向かうための電界の大きさは一様と考えてよいとする．チャネルの長さが 5.0×10^{-4} cm，ドレーン-ソース間電圧が 0.10 V であるとすれば，チャネル内の電子がドレーンへ向かうための電界の大きさは （3） 〔V･cm^{-1}〕である．ここで，電子の速度は，電子移動度と電界の積となることから，電子の速度は （4） 〔cm･s^{-1}〕となる．

電流密度は，流れる電荷密度と速度の積で表されることから，オーバードライブ電圧が （1） 〔V〕で，ドレーン-ソース間電圧が 0.10 V のときに MOS トランジスタに流れる単位幅当たりの電流密度は （5） 〔A･cm^{-1}〕となる．

解答群

（イ）	-3.1×10^{12}	（ロ）	-1.5×10^{0}	（ハ）	3.1×10^{-7}
（ニ）	1.0×10^{-4}	（ホ）	2.0×10^{-2}	（ヘ）	1.0×10^{-1}
（ト）	1.5×10^{0}	（チ）	2.0×10^{0}	（リ）	5.0×10^{0}
（ヌ）	2.0×10^{1}	（ル）	2.0×10^{2}	（ヲ）	1.0×10^{4}

（ワ）　2.0×10^5　　（カ）　2.0×10^6　　（ヨ）　3.1×10^{12}

―攻略ポイント―

MOS 形 FET（電界効果トランジスタ）の動作原理（詳細解説 6 を参照）を念頭に置きながら，問題文にヒントや誘導が示されているので，それにしたがって解いていく．

解説　(1) MOS 形 FET（電界効果トランジスタ）は SiO_2 を絶縁物とした平行平板コンデンサとして考えることができるので，並行平板コンデンサの単位面積当たりの静電容量 C は，ε を SiO_2 の誘電率〔$F\cdot cm^{-1}$〕，d を SiO_2 の膜厚〔cm〕とすれば

$$C = \frac{\varepsilon S}{d} = \frac{\varepsilon}{d}\ \text{〔F〕}$$

このコンデンサの単位面積当たりの電子の面電荷密度を σ〔$C\cdot cm^{-2}$〕，オーバードライブ電圧を $(V_G - V_T)$〔V〕とすれば，題意より，$\sigma = C\cdot(V_G - V_T)$ となる．

$$V_G - V_T = \frac{\sigma}{C} = \frac{\sigma}{\varepsilon/d} = \frac{d\sigma}{\varepsilon} = \frac{1.0\times10^{-6}\times5.0\times10^{-7}}{3.4\times10^{-13}} = 1.47 \rightarrow \mathbf{1.5\times10^0}\ \text{V}$$

(2) 電子 1 個当たりの電荷は，$e = 1.6\times10^{-19}$ C なので，電子のキャリヤ濃度 n_e は

$$n_e = \frac{\sigma}{e} = \frac{5.0\times10^{-7}}{1.6\times10^{-19}} = 3.125\times10^{12} \rightarrow \mathbf{3.1\times10^{12}}\ \text{cm}^{-2}$$

(3) ドレーン-ソース間の電圧 V が 0.10 V でチャネルの長さが 5.0×10^{-4} cm なので，電界の大きさ E は一様で，$E = 0.10/(5.0\times10^{-4}) = \mathbf{2.0\times10^2}\ \text{V}\cdot\text{cm}^{-1}$

(4) 題意より，電子の速度 v は電子移動度 μ と電界 E との積であるから，

$$v = \mu E = 1.0\times10^3\times2.0\times10^2 = \mathbf{2.0\times10^5}\ \text{cm}\cdot\text{s}^{-1}$$

(5) 単位チャネル幅当たりで考えれば，毎秒，速度 v〔$cm\cdot s^{-1}$〕× チャネル幅 1 cm 内に存在する電荷が移動することになるから，単位チャネル幅当たりの電流密度 i は

$$i = \sigma\times(v\times1) = 5.0\times10^{-7}\times(2.0\times10^5\times1) = \mathbf{1.0\times10^{-1}}\ \text{A}\cdot\text{cm}^{-1}$$

解答　**(1)（ト）　(2)（ヨ）　(3)（ル）　(4)（ワ）　(5)（ヘ）**

詳細解説 6 MOS 形 FET（Metal-Oxide-Semiconductor［金属-酸化物-半導体］の三層構造）

(1) MOS 形 FET の構造と基本的な考え方

まずは，MOS 形 FET の構造と動作の概要を復習するため，電験 2・3 種向けの説明をする．

図 3•21 に MOS 形 FET の原理図を示す．p 形半導体基板にソース（S）とドレイン（D）の二つの電極を設け，その下に n 形不純物を拡散させて n 形部分をつくる．また，ソースとドレインの間に，基板と絶縁層である SiO_2 層を隔ててゲート（G）電極を設ける．

図 3•21(b)は，n チャネル MOS 形 FET において，ゲート-ソース間電圧 V_{GS}，ドレイン-ソース間電圧 V_{DS} を加えたときの動作原理である．V_{GS} を加えると，p 形基板に**反転層**が形成され，この状態で V_{DS} を加えるとドレイン電流 I_D が流れる．さらに，V_{DS} を増加すると，図 3•22 に示すように，ドレイン電流 I_D はある値で飽和する．一方，V_{DS} を一定にして，ゲート電圧 V_{GS} を増やしていくとチャネル幅が広がり，I_D が増加する（図 3•23 を参照）．すなわち，MOS 形 FET は，ゲート電圧を変化させることにより反転層を変化させ，ドレイン電流を変化させる電圧制御素子である．なお，

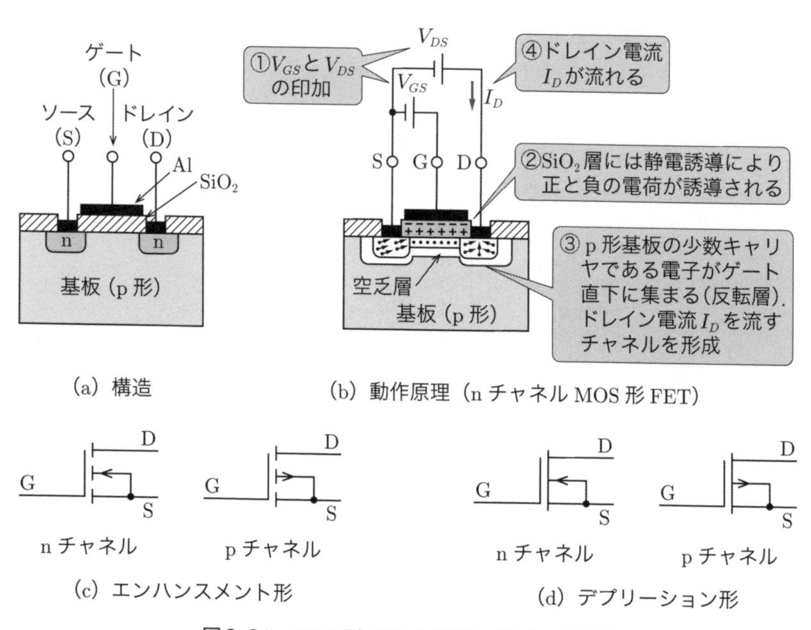

図3•21 MOS 形 FET の構造・原理・図記号

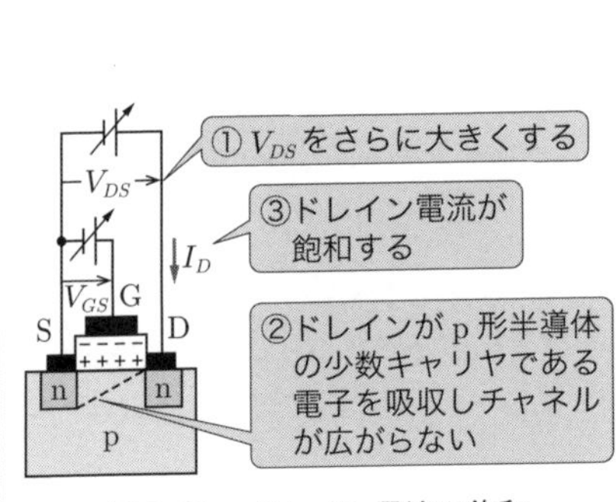

図3･22　ドレイン電流の飽和

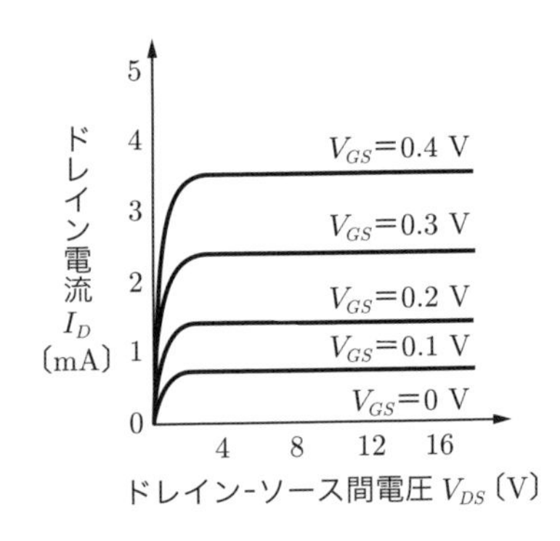

図3･23　nチャネルエンハンスメント形MOS形FETの特性

この例は，ゲートに正電圧を加えてチャネルを構成する**エンハンスメント形**である．

このほかに，あらかじめチャネルが構成されており，ゲート-ソース間電圧V_{GS}を負に大きくしていってI_Dが減少する特性をもったFETを**デプリーション形**という．

(2) バンド図から見たMOS形FETの原理

さて，次に，電験1種向けのエネルギーバンド図をベースにした原理と動作を説明する．

①フラットバンド状態

金属・酸化物（絶縁体）・半導体（p形）を接合させた後のバンド図を図3･24(a)に示す．縦軸は電子のエネルギーを表しており，上に行くほど電子のエネルギーが高くなっている．ϕ_m，ϕ_sはそれぞれ金属，半導体の仕事関数を表し，真空準位（V_L）とフェルミ準位（E_f）との差で表される．

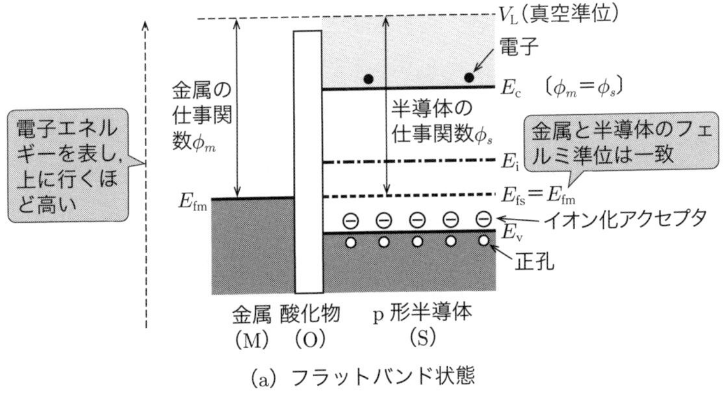

(a) フラットバンド状態

図3･24　MOS形FETのバンド図（続く）

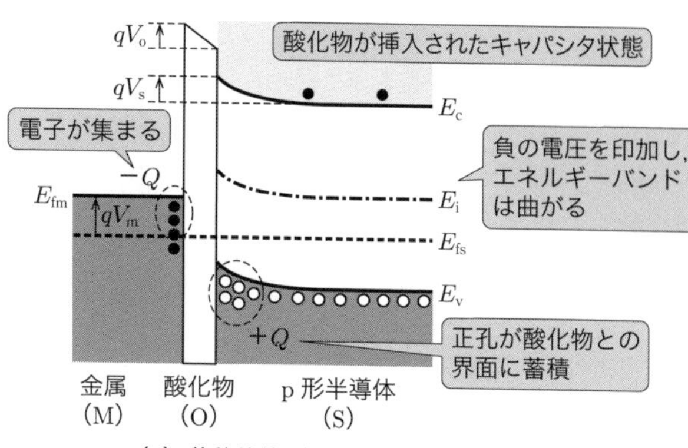

（b）蓄積状態（$V<0$）

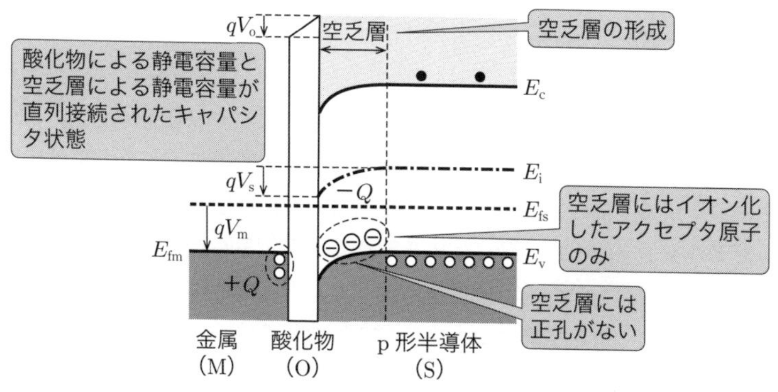

（c）空乏状態（$0<V<V_T$）

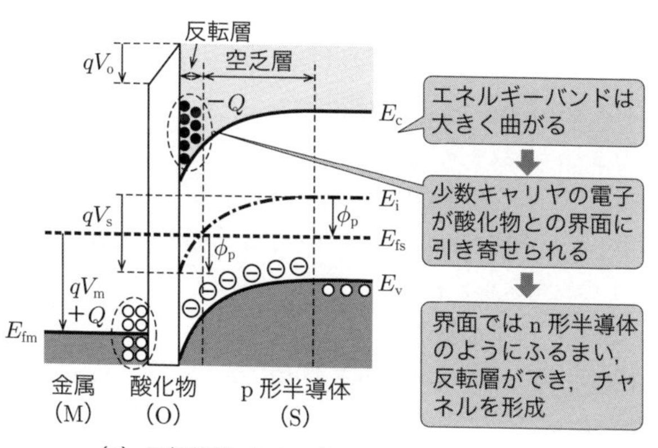

（d）反転状態（$V>V_T$）

図3･24　MOS 形 FET のバンド図（続き）

いま，金属と半導体の仕事関数（$\phi_m = \phi_s$）は等しいと仮定する．このとき，金属・酸化物（絶縁体）・半導体を接合する前から，金属と半導体のフェルミ準位 E_{fm} と E_{fs} は一致しているので，接合後もエネルギーバンドは曲がらない．この状態を**フラットバンド状態**という．

②蓄積状態

金属に負の電圧を印加すると，図3･24(b)のバンド図になる．縦軸に電子のエネルギーをとっているので，金属側のフェルミ準位は上がり，半導体側のフェルミ準位は下がる．電圧の印加により，半導体のエネルギーバンドは曲がり，p形半導体の多数キャリヤである正孔が酸化物との界面に蓄積する．これを**蓄積状態**という．金属側に負の電圧を印加しているので，金属と酸化物との界面には電子が集まる．そこで，半導体は界面において正の電極のようにふるまうから，蓄積状態は酸化物が挿入されたキャパシタと考えることができる．

③空乏状態

金属側に，しきい値よりも低い正の電圧（$0 < V < V_T$）を印加すると，図3･24(c)のバンド図になる．同図のように，金属側のフェルミ準位が下がり，半導体側のフェルミ準位が上がる．そこで，半導体と酸化物との界面付近の正孔がいなくなり，イオン化したアクセプタ原子だけが存在する**空乏層**が生ずる．このイオン化したアクセプタ原子は負の電荷をもつので，酸化物を挟んで反対側の金属表面には正の電荷が誘起される．この状態を**空乏状態**という．この空乏状態では，酸化物による静電容量と空乏層による静電容量が直列に接続されたキャパシタと考えればよい．

④反転状態

金属側に，しきい値よりも高い電圧（$V > V_T$）を印加すると，図3･24(d)のバンド図になる．このとき，半導体のエネルギーバンドが大きく曲がることで，少数キャリヤである電子が酸化物との界面に引き寄せられる．高い電圧が印加されて電子が界面に集まると，多数キャリヤである正孔の密度よりも電子の密度が大きくなるため，界面ではあたかもn形半導体のようにふるまう．この状態を**反転状態**という．そして，少数キャリヤ密度の方が大きくなっている領域を**反転層**という．この反転層がMOS形FETのチャネルを形成する．

(3) MOS形FETの動作

上述のように，ゲート-ソース間電圧 V_{GS} をしきい値電圧 V_T よりも高くすることにより，反転状態となるので，nチャネルエンハンスメント形MOS形FETは，ソース-ドレイン間にあたかもn形半導体のような特性を有するチャネルが形成され，ソース-ドレイン間が導通状態となる．（図3･25(a)参照）MOS形FETを駆動させるためには，$V_{GS}>V_T$ としなければならない．その上で，ソース–ドレイン間電圧 V_{DS} を増加させると，次の 3 つのふるまいをする．

①線形領域

V_{DS} を 0 から徐々に増加させれば，図 3･25(a)のように，初めのうち，チャネルはほぼ一様な状態を保っている．抵抗も一様であるから，ドレイン電流 I_D は V_{DS} に概ね比例する．しかし，V_{DS} が大きくなってくると，ドレイン付近の電子密度が減少し，抵抗も増加するので，図 3･25(b)のように，ドレイン側のチャネルが狭まった状態となって，ドレイン電流 I_D は飽和し始める．

②ピンチオフ

V_{DS} がある電圧に達すると，ドレイン端でチャネルが消滅する．これを**ピンチオフ**といい，このときの電圧 V_P を**ピンチオフ電圧**という．そして，チャネルが消滅した先端部分 P を**ピンチオフ点**という．

③飽和領域

V_{DS} がピンチオフ電圧 V_P よりも大きくなると，ピンチオフ点はドレイン端から少しずつソース側に移動し，チャネルは空乏層によって途切れてしまう．しかし，空乏層

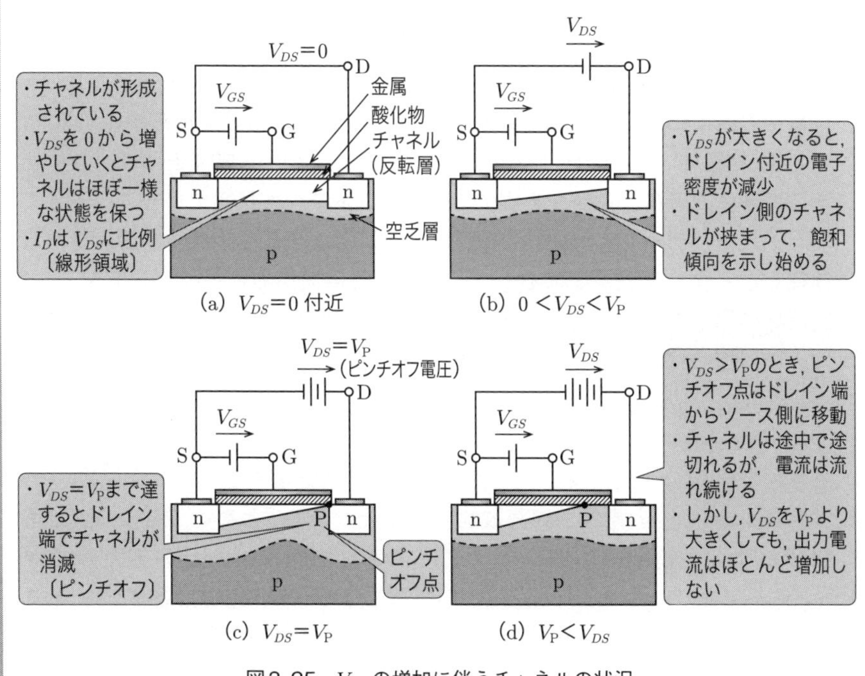

図3･25　V_{DS} の増加に伴うチャネルの状況

は絶縁性を有するわけではないため，電流は流れ続けるものの，ほとんど増加しない．すなわち，ドレイン電流は横ばいで飽和する．これを**飽和領域**という．

以上を踏まえて，図 3･23 の n チャネルエンハンスメント形 MOS 形 FET の伝達特性と出力特性を図 3･26 に示す．

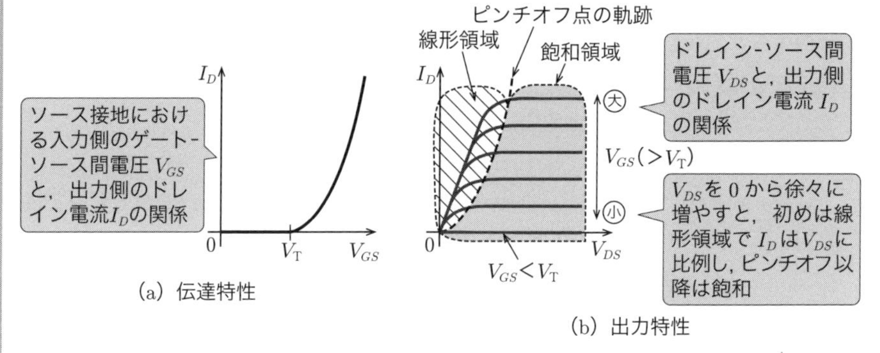

図3･26　n チャネルエンハンスメント形 MOS 形 FET の伝達特性と出力特性

問題 16　MIS 構造半導体の空乏層の電界と電位　（H26-B6）

次の文章は，MIS 構造においてのしきい値に関する記述である．なお，ε_0 は真空の誘電率，ε_S は半導体の比誘電率，ε_{OX} は絶縁体の比誘電率とする．

金属-絶縁物-p 形半導体からなる MIS 構造において，電圧を印加しないときに半導体内のバンドが一直線であるフラットバンド状態になっているとする．そこからゲートに正方向に電圧を加えると，正孔は半導体表面近傍から存在しなくなり空乏層になる．このとき p 形半導体のキャリヤ濃度を N_A，空乏層の厚さを l_D とすると，空乏層内の厚さ方向 x における電位 ϕ の勾配は，絶縁物-半導体の界面を $x=0$ として

$$\frac{\mathrm{d}\phi}{\mathrm{d}x}=\frac{qN_A}{\varepsilon_S\varepsilon_0}(x-l_D)$$

で与えられる．$x=l_D$ において電位が零として式を解くと $\phi(x)=$ ［(1)］ と表され，$x=0$ での電位（表面電位）は $\phi_S=$ ［(2)］ となる．ここで，空乏状態となった領域でのアクセプタによる単位面積当たりの電荷は $Q=-qN_Al_D$ であり，この電荷が絶縁物内に電位差を作る．絶縁物層厚を t_{ox} とすると，この電位差は ［(3)］ である．［(2)］ と ［(3)］ の和がゲート電圧である．

ゲートに印加される電圧が大きくなると，表面電位 ϕ_S も大きくなる．図右側に示すように p 形半導体での平衡状態（$x=\infty$）においてフェルミ準位 E_f と真性フェルミ準位 $E_i(\infty)$ の差の電位がフェルミポテンシャル ϕ_F であるが，表面電位 ϕ_S が $2\phi_F$ となった図のようなバンド構造のときに，電子の濃度は半導体の濃度 N_A と等しくなる．このときのゲート電圧をしきい値と呼ぶ．しきい値よりもゲート電圧が大きくなっても，それに伴い増える電荷は半導体表面の電荷のみであり，空乏層の厚さは変化しない．このしきい値で最大になる空乏層厚さ l_{Dm} は （4） である．しきい値は，表面電位に厚さ l_{Dm} の空乏層の電荷が絶縁層に作る電位差を足したものとなり，（5） となる．

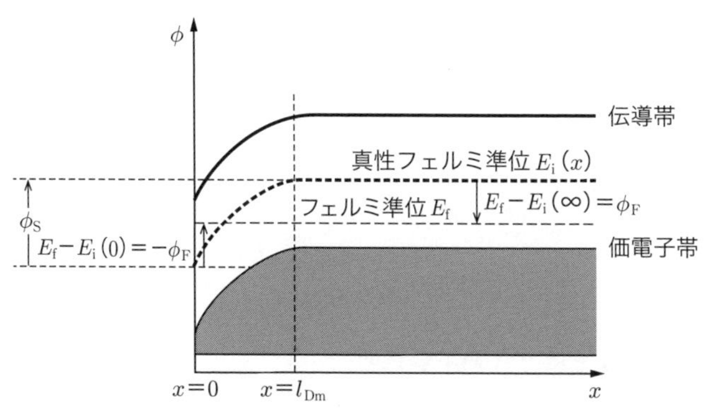

しきい値でのバンド構造の模式図

解答群

（イ）$\dfrac{Qt_{OX}}{\varepsilon_{OX}\varepsilon_0}$　（ロ）$\sqrt{\dfrac{\phi_F\varepsilon_{OX}\varepsilon_0}{qN_A}}$　（ハ）$\dfrac{qN_A}{2\varepsilon_S\varepsilon_0}(x-l_D)^2$

（ニ）$\dfrac{qN_A}{\varepsilon_S\varepsilon_0}x^2$　（ホ）$2\phi_F+\dfrac{qN_A l_{Dm} t_{OX}}{\varepsilon_{OX}\varepsilon_0}$　（ヘ）$\dfrac{qN_A}{2\varepsilon_S\varepsilon_0}l_D$

（ト）$\dfrac{qN_A}{\varepsilon_S\varepsilon_0}l_D{}^2$　（チ）$\dfrac{qN_A}{2\varepsilon_S\varepsilon_0}l_D{}^2$　（リ）$\dfrac{Q\varepsilon_{OX}\varepsilon_0}{t_{OX}}$

（ヌ）$2\phi_F+\dfrac{qN_A l_{Dm} t_{OX}}{2\varepsilon_{OX}\varepsilon_0}$　（ル）$\dfrac{qN_A}{2\varepsilon_S\varepsilon_0}(x-l_D)$　（ヲ）$\sqrt{\dfrac{4\phi_F\varepsilon_{OX}\varepsilon_0}{qN_A}}$

（ワ）$\dfrac{Qt_{OX}}{2\varepsilon_{OX}\varepsilon_0}$　（カ）$2\phi_F+\dfrac{qN_A l_{Dm}\varepsilon_{OX}\varepsilon_0}{t_{OX}}$　（ヨ）$\sqrt{\dfrac{4\phi_F\varepsilon_S\varepsilon_0}{qN_A}}$

—攻略ポイント—

詳細解説4を参考にしつつ，与えられた微分方程式や境界条件をもとに，丁寧に計算していく．

解説　(1) 空乏層内の厚さ方向 x における電位 ϕ の勾配は，題意より

$$\frac{\mathrm{d}\phi}{\mathrm{d}x}=\frac{qN_{\mathrm{A}}}{\varepsilon_{\mathrm{S}}\varepsilon_0}(x-l_{\mathrm{D}})$$

であるから，これを積分して電位 $\phi(x)$ を求める．積分定数を C とすれば

$$\phi(x)=\int\frac{qN_{\mathrm{A}}}{\varepsilon_{\mathrm{S}}\varepsilon_0}(x-l_{\mathrm{D}})\mathrm{d}x=\frac{qN_{\mathrm{A}}}{2\varepsilon_{\mathrm{S}}\varepsilon_0}(x-l_{\mathrm{D}})^2+C$$

ここで，$x=l_{\mathrm{D}}$ のとき，$\phi=0$ という条件から

$$\phi(l_{\mathrm{D}})=\frac{qN_{\mathrm{A}}}{2\varepsilon_{\mathrm{S}}\varepsilon_0}(l_{\mathrm{D}}-l_{\mathrm{D}})^2+C=0 \qquad \therefore\ C=0$$

$$\therefore\ \phi(x)=\boldsymbol{\frac{qN_{\mathrm{A}}}{2\varepsilon_{\mathrm{S}}\varepsilon_{\mathrm{o}}}(x-l_{\mathrm{D}})^2} \cdots\cdots ①$$

(2) 表面電位 ϕ_{S} は式①において $x=0$ を代入すれば，$\phi_{\mathrm{S}}=\boldsymbol{\frac{qN_{\mathrm{A}}}{2\varepsilon_{\mathrm{S}}\varepsilon_0}l_{\mathrm{D}}{}^2}$

(3) 解図のように，金属とp形半導体間は絶縁物を挟んだ並行平板コンデンサと考えればよい．絶縁体内の電界の大きさ E は $E=Q/(\varepsilon_{\mathrm{OX}}\varepsilon_0)$ であるから，この電界が作り出す絶縁体の電位差 V は

$$V=Et_{\mathrm{OX}}=\boldsymbol{\frac{Qt_{\mathrm{OX}}}{\varepsilon_{\mathrm{OX}}\varepsilon_0}}$$

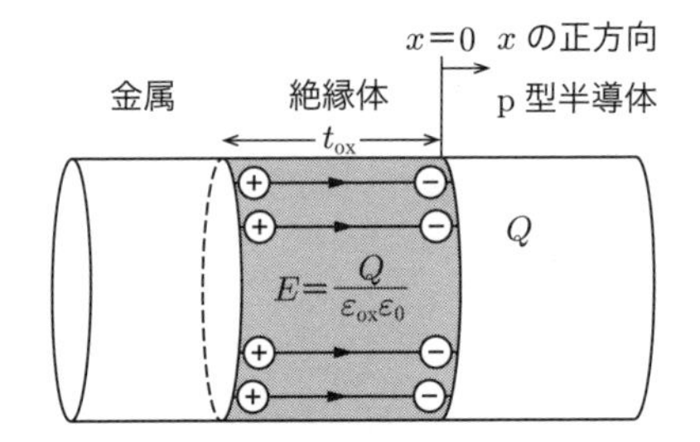

解図　絶縁体内に生じる電界

(4) 題意より，表面電位 ϕ_{S} がフェルミポテンシャル ϕ_{F} の2倍（$2\phi_{\mathrm{F}}$）と等しいから

$$\phi_{\mathrm{S}}=\frac{qN_{\mathrm{A}}l_{\mathrm{Dm}}{}^2}{2\varepsilon_{\mathrm{S}}\varepsilon_0}=2\phi_{\mathrm{F}} \qquad \therefore\ l_{\mathrm{Dm}}=\boldsymbol{\sqrt{\frac{4\varepsilon_{\mathrm{S}}\varepsilon_0\phi_{\mathrm{F}}}{qN_{\mathrm{A}}}}}$$

(5) 題意より $Q=-qN_{\mathrm{A}}l_{\mathrm{D}}$ であるから，(3) の結果に代入して電位差 $V=\left|\frac{Qt_{\mathrm{OX}}}{\varepsilon_{\mathrm{OX}}\varepsilon_0}\right|$ $=\frac{qN_{\mathrm{A}}l_{\mathrm{D}}t_{\mathrm{OX}}}{\varepsilon_{\mathrm{OX}}\varepsilon_0}$ となる．したがって，しきい値 T は，表面電位 ϕ_{S}（$\phi_{\mathrm{S}}=2\phi_{\mathrm{F}}$）に，厚さ l_{Dm} の空乏層の電荷が絶縁層に作る電位差 V を足したものであるから，

$$T = 2\phi_F + V = \boldsymbol{2\phi_F + \frac{qN_A l_{Dm} t_{OX}}{\varepsilon_{OX}\varepsilon_0}}$$

解答　(1)（ハ）　(2)（チ）　(3)（イ）　(4)（ヨ）　(5)（ホ）

問題 17　MOS 形 FET の動作点と電圧増幅度　（H17–B7）

次の文章は，MOSFET を用いた増幅回路に関する記述である．

文中の［　　］に当てはまる語句，記号または数値を記入しなさい．

図 1 の回路は［(1)］接地増幅回路であり，そのゲート-ソース間直流バイアス電圧は，V_{GS}＝［(2)］〔V〕である．MOSFET の静特性上に直流負荷線を描くと，図 2 の線分 AB となる．ただし，MOSFET の静特性では，ドレーン-ソース間電圧 V_{DS} がある電圧以上では，ドレーン電流 I_D は V_{DS} に無関係に一定（横軸に平行）になるものとする．

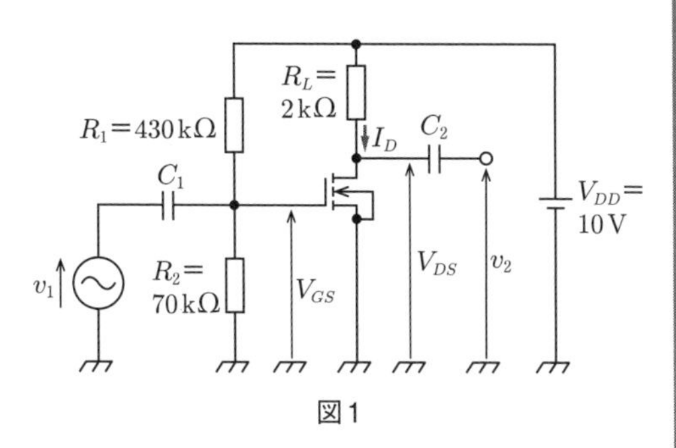

図1

この直流負荷線とゲート-ソース間直流バイアス電圧より，V_{DS}, I_D の直流バイアス点は，図 2 の点［(3)］である．このバイアス点の近傍で MOSFET の相互コンダクタンス g_m は［(4)］〔S〕となる．したがって，図 1 の回路の電圧増幅度は $\dfrac{v_2}{v_1}$＝［(5)］倍となる．ただし，入出力の交流信号に対して，各コンデンサは短絡とみなせるものとする．

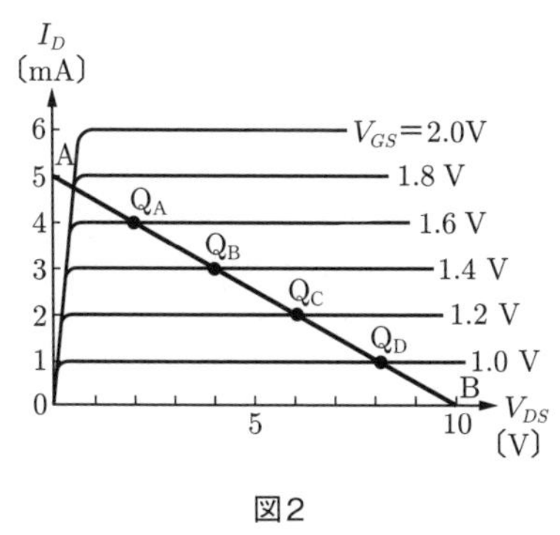

図2

―攻略ポイント―

MOS 形 FET（電界効果トランジスタ）の動作点やふるまいを計算する基本的な問題である．

解説　(1) 図１の回路は，交流信号の入出力の接地端子と MOSFET のソースとが共通に接続されたソース接地形増幅回路である．MOSFET は，その構造上，ゲート電極に流入する電流が極めて小さいという特徴をもっているので，ほとんどの場合，**ソース**接地形で使用される．つまり，ゲートを入力，ドレーンを出力，ソースを入出力の共通端子とする．

(2) MOSFET の直流バイアス電圧を求めるときは，直流回路を想定するので，図１の回路のコンデンサを開放すれば，解図１の等価回路となる．

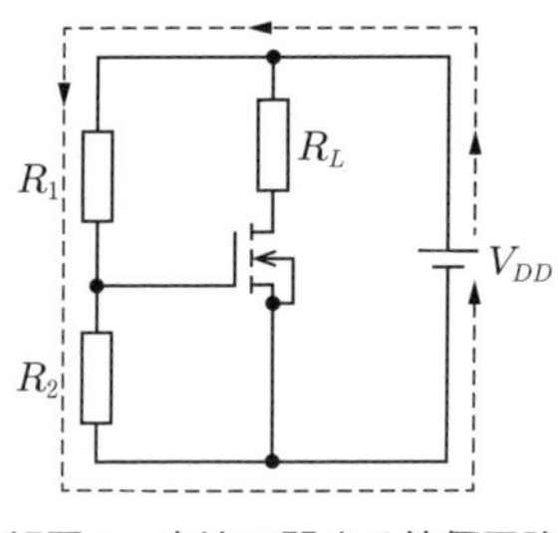

解図１　直流に関する等価回路

そこで，ゲート–ソース間直流バイアス電圧 V_{GS} は電源電圧 V_{DD} が抵抗 R_1 と R_2 で分圧されるから

$$V_{GS} = \frac{R_2}{R_1 + R_2} V_{DD} = \frac{70 \times 10}{430 + 70} = \mathbf{1.4}\ \mathrm{V}$$

(3) (2) で求めた直流バイアス $V_{GS} = 1.4$ V のとき，MOSFET の静特性と直流負荷線 AB との交点すなわち動作点は $\mathbf{Q_B}$ である．

(4) 題意より，交流信号に対して２つのコンデンサは短絡とみなせるので，交流信号に対しても負荷は R_L であるから，動作点 $\mathbf{Q_B}$ を中心に図２の直線 AB 上を動くと考えればよい．

そこで，解図２のように，入力信号として，例えば ±0.2 V 変化する交流信号 $v_1 (= v_{gs})$ を印加すると，ゲート–ソース間電圧は $V_{GS} = 1.4$ V を中心に 1.6〜1.2 V の間で変化し，解図２の負荷線の Q_A〜Q_C の間を動く．このとき，ドレーン電流は 3 mA の直流バイアス電流 I_D を中心に ±1 mA 変化する交流信号 i_d が重畳された $I_D + i_d$ となる．V_{DS} は 2〜6 V の変化をするが，出力部には結合コンデンサがあるため，直流分はカットされる．直流分出力は 4 V であるから，出力 v_2 は −2〜 +2 V の変化をすることになる．そこで，バイアス点 Q_B の近傍での MOSFET の相互コンダクタンス g_m は

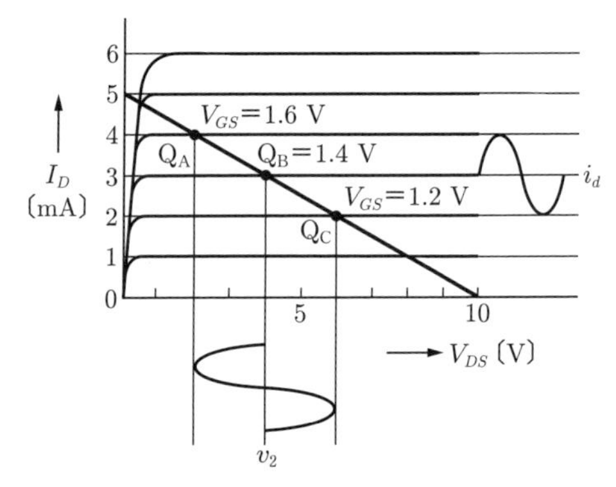

解図２　交流信号印加時の応動

$$g_m = \frac{i_d}{v_{gs}} = \frac{(4-2) \times 10^{-3}}{1.6 - 1.2} = \mathbf{5 \times 10^{-3}}\ \mathrm{S}$$

(5) 問題中の図 1 の回路から，交流出力電圧 v_2 は

$$v_2 = -i_d R_L$$

したがって，図 1 の回路の電圧増幅度 v_2/v_1 は次式となる．

$$\frac{v_2}{v_1} = -\frac{i_d R_L}{v_{gs}} = -g_m R_L = -5\times10^{-3}\times2\times10^3 = \mathbf{-10}\text{ 倍}$$

(1) ソース　(2) 1.4　(3) Q_B　(4) 0.005　(5) −10

問題 18 MOS 形 FET における増幅と出力電圧 (H26-B7)

次の文章は，図 1 に示す MOSFET と抵抗を用いた回路に関する記述である．ただし，MOSFET のゲート-ソース間電圧 V_{GS} とドレーン-ソース間電圧 V_{DS} は図 2 のとおりに定義され，両者が

$$V_{DS} \geqq V_{GS} - V_T > 0 \quad \cdots\cdots ①$$

を満足するとき，ドレーン電流 I_D は

$$I_D = K(V_{GS} - V_T)^2 \quad \cdots\cdots ②$$

で表されるものとする．ここで，K や V_T は MOSFET の特性を表す定数であり，また，ゲート電流 I_G は常に零であるとする．

図 1 の回路において，MOSFET の K と V_T をそれぞれ，$K = 40\ \mu\text{S/V}$，$V_T = 0.50\ \text{V}$ とし，抵抗 R_L を 50 kΩ，電源電圧 V_{DD} を 3.0 V とする．

まず，入力信号 v_{in} が 0.0 V のときを考える．図 1 の MOSFET が式①の関係を満足するためには，V_B は ［ (1) ］〔V〕$\geqq V_B >$ ［ (2) ］〔V〕でなければならない．

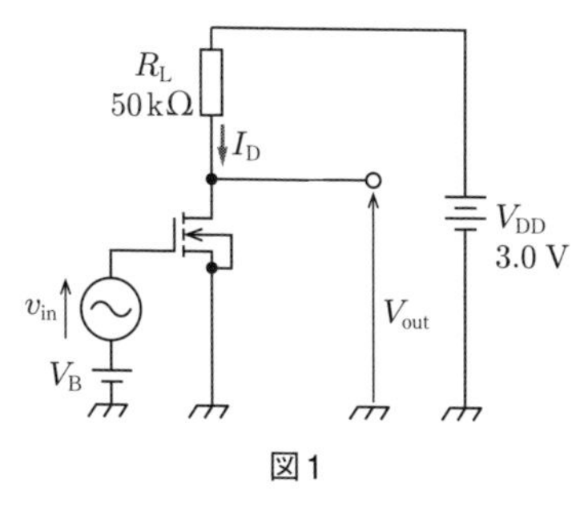

図1

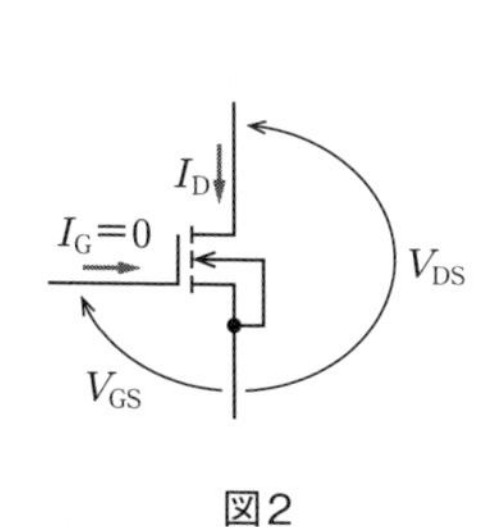

図2

次に，v_{in} の大きさが十分に小さいとき，V_{out} は

$$V_{out} = V_{DD} - R_L K(V_B + v_{in} - V_T)^2 \quad \cdots\cdots ③$$

となる．

ここで，v_{in} が 0.0 V のときの V_{out} を V_0 とし，v_{in} を加えたときに V_{out} が V_0 から変化した分を $\Delta V_{out} = V_{out} - V_0$ とする．式③から ΔV_{out} を求めると，式③において v_{in} の大きさが十分に小さいので v_{in} の2乗の項を無視すると，ΔV_{out} は［(3)］となる．

以上の結果を踏まえて，V_B を 1.0 V とすると，V_0 は［(4)］〔V〕となる．このとき，ΔV_{out} を出力信号とすれば，図1の回路の増幅率 $\dfrac{\Delta V_{out}}{v_{in}}$ が［(5)］であることが分かる．

解答群

(イ)　0.25	(ロ)　1.5	(ハ)　2.0	(ニ)　−2.0
(ホ)　4.0	(ヘ)　0.0	(ト)　3.0	(チ)　$-2R_L K V_B v_{in}$
(リ)　−4.0	(ヌ)　0.50	(ル)　2.5	(ヲ)　$2R_L K(V_B - V_T)v_{in}$
(ワ)　−0.50	(カ)　$-2R_L K(V_B - V_T)v_{in}$		(ヨ)　1.0

―攻略ポイント―

MOS形FET（電界効果トランジスタ）の動作原理（詳細解説6を参照）を念頭に置きながら，問題文にヒントや誘導が示されているので，それにしたがって解いていく．

解説　(1)(2)　$v_{in} = 0$ V のとき，$V_{GS} = V_B$ となる．これと $V_T = 0.5$ V を問題中の式①の $V_{GS} - V_T > 0$ に代入すれば，$V_B - 0.5 > 0$ となり，$V_B > 0.5$ V となる．

一方，$V_{DS} \geqq V_{GS} - V_T$ であるから，これに $V_{DS} = V_{DD} - I_D R_L$ を代入し

$$V_{DD} - I_D R_L \geqq V_{GS} - V_T \quad \cdots\cdots ①$$

となる．式①に問題中の式②を代入し，$V_{GS} = V_B$ とすれば，次式が成り立つ．

$$V_{DD} - KR_L(V_B - V_T)^2 \geqq V_B - V_T \quad \cdots\cdots ②$$

これに問題文で与えられた数値を代入すれば

$$3 - 40 \times 10^{-6} \times 50 \times 10^3 (V_B - 0.5)^2 \geqq V_B - 0.5$$

$$\therefore \quad 2(V_B - 0.5)^2 + (V_B - 0.5) - 3 \leqq 0$$

$$\therefore \quad \{(V_B - 0.5) - 1\}\{2(V_B - 0.5) + 3\} \leqq 0 \qquad \therefore \quad V_B \leqq 1.5 \quad (\because \quad V_B > 0.5)$$

したがって，MOSFETが問題中の式①の関係を満たすためには **1.5** V $\geqq V_B >$ **0.5** V でなければならない．V_T はしきい値電圧と呼ばれ，半導体中の不純物の量によって決まる定数である．また，詳細解説6に示すように，$V_{DS} \geqq V_{GS} - V_T$ とな

る領域は飽和領域であり，$V_{DS}=V_{GS}-V_T$ となる V_{DS} がピンチオフ電圧である．飽和領域では，問題中の式②に示すように，I_D は V_{GS} によって決まるが，V_{DS} の値には関係しない．そこで，ドレーン-ソース間は定電流源として働く．一方，$V_{DS}<V_{GS}-V_T$ となる領域が線形領域であり，I_D は V_{GS} だけでなく V_{DS} の値によっても変化する．

(3)　問題中の式③を展開すれば

$$V_{out}=V_{DD}-R_L K\{(V_B-V_T)^2+2(V_B-V_T)v_{in}+v_{in}^2\}$$

となる．v_{in} が十分小さいことから v_{in}^2 に関する項を無視すれば，v_{in} を加えたことによる V_{out} の変化分 ΔV_{out} は

$$\boldsymbol{\Delta V_{out}=-2R_L K(V_B-V_T)v_{in}} \cdots\cdots ③$$

(4)(5)　$V_B=1.0$ V とする場合，式③に問題中の条件の数値を代入すると

$$V_0=V_{out}=V_{DD}-R_L K(V_B+v_{in}-V_T)^2=3.0-2(1.0+0.0-0.5)^2=\mathbf{2.5}\text{ V}$$

となる．このとき，図 1 の回路の増幅率は，式③を利用して

$$\frac{\Delta V_{out}}{v_{in}}=-2R_L K(V_B-V_T)=-2\times 50\times 10^3\times 40\times 10^{-6}\times(1.0-0.5)=\mathbf{-2.0}$$

解答　**(1)（ロ）　(2)（ヌ）　(3)（カ）　(4)（ル）　(5)（ニ）**

問題 19　MOS 形 FET を用いた直流動作回路　(H22-B7)

次の文章は，図 1 に示す MOSFET を用いた直流で動作する回路に関する記述である．ただし，MOSFET のゲート・ソース間電圧 V_{GS} とドレーン・ソース間電圧 V_{DS} は図 2 のとおりに定義され，しきい電圧を V_T とするとき，ドレーン電流 I_D は

$$I_D=K(V_{GS}-V_T)^2 \cdots\cdots ①$$

で表されるものとする．ここで，K は比例定数であり，式①が成り立つためにはゲート・ソース間電圧 V_{GS} とドレーン・ソース間電圧 V_{DS} は

$$V_{DS} \geqq V_{GS}-V_T>0 \cdots\cdots ②$$

を満たさなければならない．また，ゲート電流は常に零である．

図 1 の回路において，2 個の MOSFET の K と V_T がそれぞれ等しく，$V_B=0.50$ V，$V_{DD}=3.0$ V，$V_T=0.30$ V とする．

まず，MOSFET M_1 について式②の関係を満足するためには，入力電圧 V_{in} は [(1)]〔V〕以下でなければならない．次に，MOSFET M_2 が式②の関係

を満足するためには，出力電圧 V_{out} は　(2)　〔V〕以上でなければならない．

いま，入力電圧 V_{in} が　(1)　〔V〕以下で，出力電圧 V_{out} が　(2)　〔V〕以上であると仮定する．さらに，出力電流 I_{out} が 0 A であるとすると，$I_{D1}=I_{D2}$ が成り立つ．この式と式①から $V_{in}-V_{out}$ が　(3)　〔V〕又は　(4)　〔V〕と求められる．ただし，$V_{in}-V_{out}$ が　(4)　〔V〕の場合，MOSFET M_1 について式②の関係が成り立たないので，$V_{in}-V_{out}$ は　(3)　〔V〕でなければならない．このことから，V_{in} が 1.5 V のとき V_{out} は　(5)　〔V〕であることがわかる．

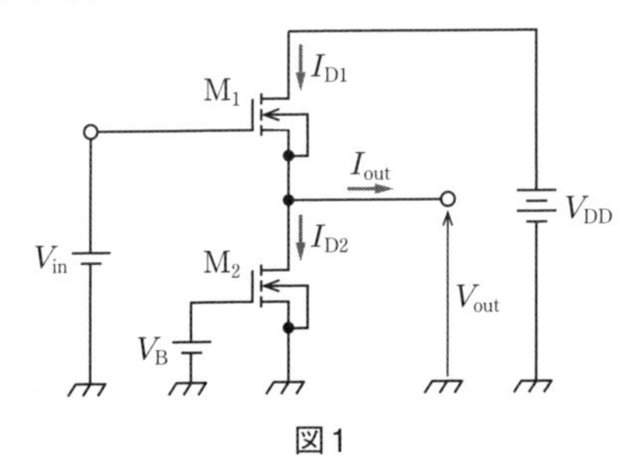

図1

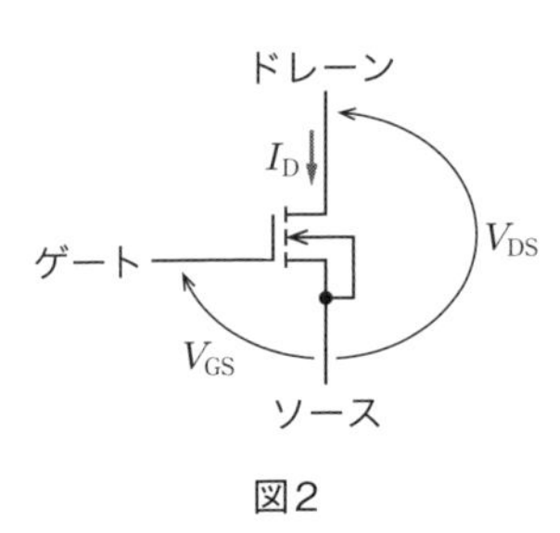

図2

解答群

(イ)　0.40　(ロ)　3.0　(ハ)　0.60　(ニ)　0.10　(ホ)　1.0
(ヘ)　3.3　(ト)　0.80　(チ)　1.3　(リ)　0.30　(ヌ)　0.90
(ル)　0.50　(ヲ)　2.0　(ワ)　0.70　(カ)　2.7　(ヨ)　0.20

ー攻略ポイントー

MOS 形 FET（電界効果トランジスタ）の動作原理（詳細解説 6 を参照）を念頭に置きながら，問題文にヒントや誘導が示されているので，それにしたがって解いていく．

解説　(1) MOSFET M_1 のドレーン-ソース間電圧を V_{DS1}，ゲート-ソース間電圧を V_{GS1} とすれば，問題中の式②より，次式を満たさなければならない．

$$V_{DS1} \geqq V_{GS1} - V_T \quad \cdots\cdots ①$$

さらに，図1の回路図から

$$V_{GS1} = V_{in} - V_{out} \quad \cdots\cdots ②$$

であるため，式②を式①に代入して

$$V_{DS1} \geqq V_{in} - V_{out} - V_T \qquad \therefore \quad V_{in} \leqq V_{DS1} + V_{out} + V_T \quad \cdots\cdots ③$$

となる．ここで，図1の回路図から

$V_{DS1}+V_{out}=V_{DD}$ ……………④

であるため，式④を式③に代入すれば

$V_{in} \leqq V_{DD}+V_T \quad \therefore \quad V_{in} \leqq 3.0+0.3 \quad \therefore \quad V_{in} \leqq \mathbf{3.3}$

(2) 次に，MOSFET M_2について着目する．ドレーン−ソース間電圧をV_{DS2}，ゲート−ソース間電圧をV_{GS2}とすれば，図1の回路図から

$V_{out}=V_{DS2}, \quad V_B=V_{GS2}$ ……………⑤

が成り立つ．ここで，問題中の式②に式⑤を代入すれば，出力電圧V_{out}は

$V_{out} \geqq V_B-V_T \quad \therefore \quad V_{out} \geqq 0.5-0.3 \quad \therefore \quad V_{out} \geqq \mathbf{0.2}$

(3)～(5) 題意より，出力電流$I_{out}=0$のとき，図1から，$I_{D1}=I_{D2}$が成り立つので，これに問題中の式①を代入すれば

$K(V_{GS1}-V_T)^2=K(V_{GS2}-V_T)^2$ ……………⑥

そして，式⑥に式⑤を代入し，電圧V_{GS1}に着目して整理すると，次式のようになる．

$(V_{GS1}-0.3)^2=(V_B-0.3)^2 \quad \therefore \quad V_{GS1}-0.3=\pm(V_B-0.3)=\pm(0.5-0.3)$

$\therefore \quad V_{GS1}=0.5,\ 0.1$

すなわち，これらの結果を式②に代入すれば

$V_{in}-V_{out}=\mathbf{0.5},\ \mathbf{0.1}$

ここで，まず，$V_{GS1}=0.1\ \mathrm{V}$の場合，これを問題中の式②に代入すれば

$V_{DS1} \geqq V_{GS1}-V_T=0.1-0.3=-0.2<0$

となって，問題中の式②は成り立たない．

一方，$V_{GS1}=0.5\ \mathrm{V}$の場合，これを問題中の式②に代入すれば

$V_{DS1} \geqq V_{GS1}-V_T=0.5-0.3=0.2>0$

となって，問題中の式②は成り立つ．したがって，$V_{in}=1.5\ \mathrm{V}$のとき，V_{out}は

$V_{out}=V_{in}-V_{GS1}=1.5-0.5=\mathbf{1.0}\ \mathrm{V}$

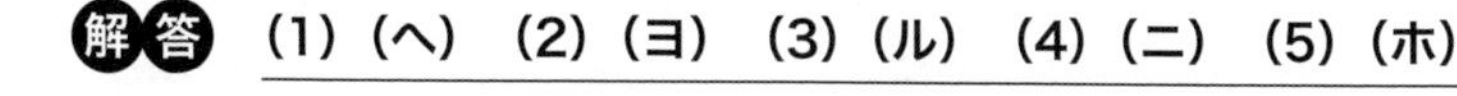

5　演算増幅器・負帰還増幅回路・発振回路

問題 20　バイポーラトランジスタによる差動増幅回路　（H24-B7）

次の文章は，差動増幅回路に関する記述である．ただし，図1から図3は交流成分のみを考慮しており，バイポーラトランジスタの交流等価回路は図4で表されるものとする．

ここで，r_b はエミッタを接地してベースからバイポーラトランジスタをみたときの抵抗値，β はエミッタ接地電流増幅率であり，ベース電流の β 倍がコレクタ電流になることを表している．

図1の差動増幅回路において入力電圧 v_{in1} と v_{in2} を

$$v_{in1} = v_c + v_d \quad \cdots\cdots ①$$

$$v_{in2} = v_c - v_d \quad \cdots\cdots ②$$

と表すことができる．ただし，v_c と v_d はそれぞれ同相入力電圧，差動入力電圧であり，

$$v_c = \frac{v_{in1} + v_{in2}}{2} \quad \cdots\cdots ③$$

$$v_d = \frac{v_{in1} - v_{in2}}{2} \quad \cdots\cdots ④$$

である．

v_c だけが存在する場合は図2の回路を，v_d だけが存在する場合は図3の回路をそれぞれ解析し，さらに重ね合わせの理を用いれば，v_{in1} と v_{in2} を入力した場合の解析結果を得ることができる．図2の出力電圧 v_{outc} は

$$v_{outc} = \boxed{(1)} \times v_c \quad \cdots\cdots ⑤$$

であり，図3の出力電圧 v_{outd} は

$$v_{outd} = \boxed{(2)} \times v_d \quad \cdots\cdots ⑥$$

である．これらの式に，$R_L = R_S = 1.0\ \mathrm{k\Omega}$，$r_b = 5.0\ \mathrm{k\Omega}$，$\beta = 49$ を代入し，重ね合わせの理を用いると，v_{in1} と v_{in2} を入力したとき，図1の v_{out1} と v_{out2} はそれぞれ

$$v_{out1} = \boxed{(3)} \times v_{in1} + \boxed{(4)} \times v_{in2} \quad \cdots\cdots ⑦$$

$$v_{out2} = \boxed{(4)} \times v_{in1} + \boxed{(3)} \times v_{in2} \quad \cdots\cdots ⑧$$

となる．さらに，$v_{out}=v_{out\,1}-v_{out\,2}$ とすると，v_{out} は

$$v_{out}=\boxed{(5)}\cdots\cdots⑨$$

となる．

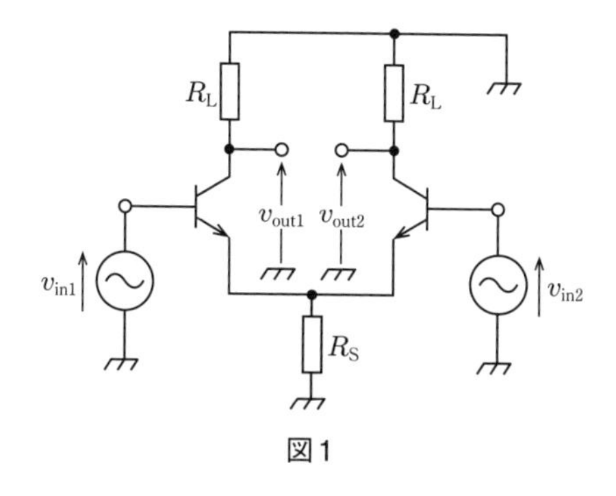

図1

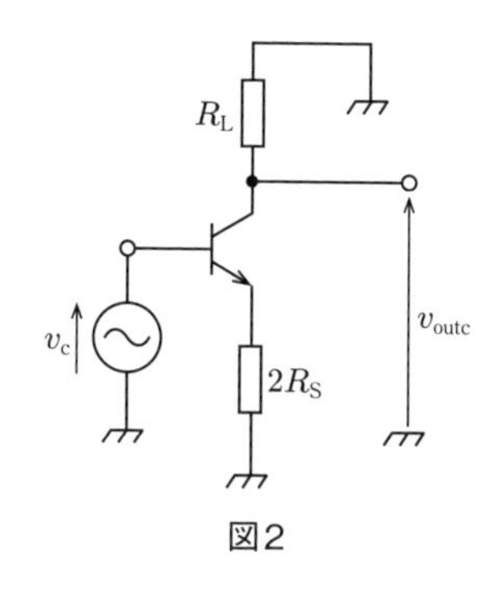

図2

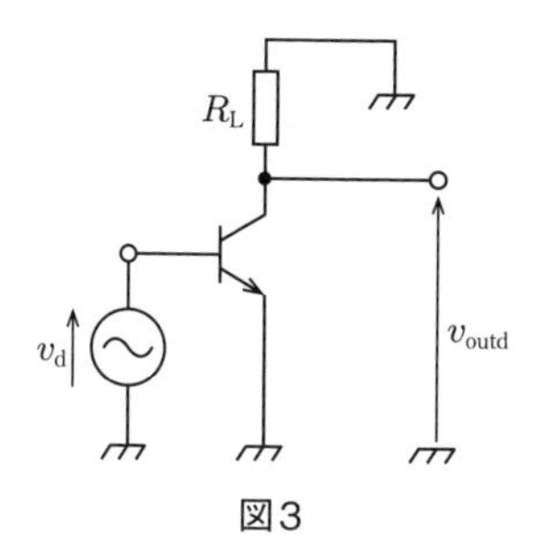

図3

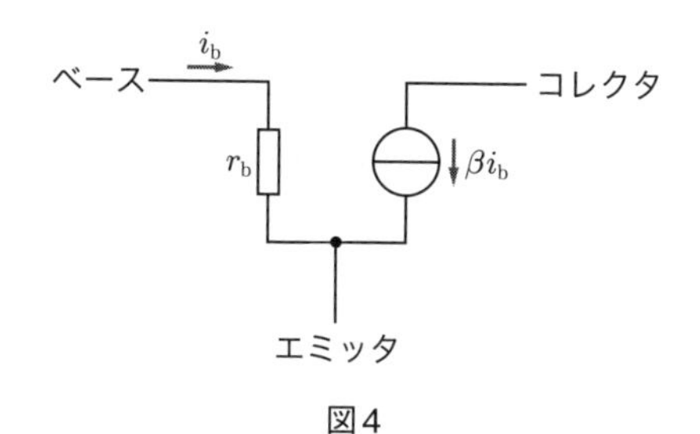

図4

解答群

（イ）$9.8v_{in\,1}-9.8v_{in\,2}$　（ロ）-4.7　（ハ）$\dfrac{-\beta R_L}{r_b+(1+\beta)R_S}$

（ニ）5.1　（ホ）$-9.8v_{in\,1}+9.8v_{in\,2}$　（ヘ）-5.1

（ト）$\dfrac{-\beta R_L}{2(1+\beta)R_S}$　（チ）$\dfrac{-\beta R_L}{r_b}$　（リ）$\dfrac{-\beta R_L}{(1+\beta)R_S}$

（ヌ）9.8　（ル）$9.8v_{in\,1}+9.8v_{in\,2}$　（ヲ）0.47

（ワ）$\dfrac{-\beta R_L}{2r_b+(1+\beta)R_S}$　（カ）4.7　（ヨ）$\dfrac{-\beta R_L}{r_b+2(1+\beta)R_S}$

―攻略ポイント―

差動増幅回路は，解図１のように，二つの入力端子に加えられた信号の差 v_i を増幅して，二つの出力端子に電圧の差 v_o として出力する回路である．このように入力信号の差を増幅するので，v_{i1} と v_{i2} に共通に含まれる成分は出力として現れないことから，温度変化による影響を受けにくい回路である．

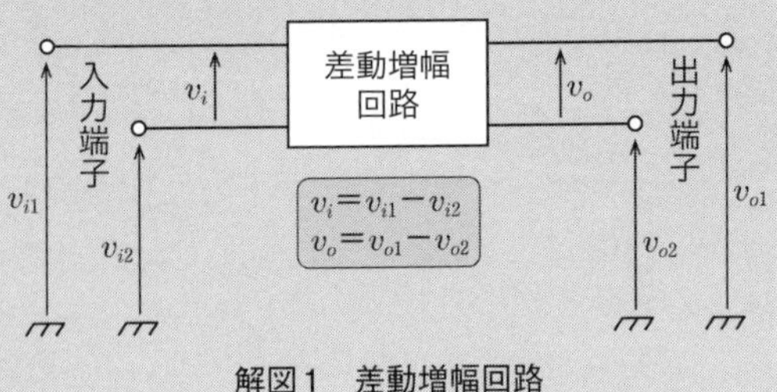

解図１　差動増幅回路

解説　(1) 図４のバイポーラトランジスタの交流等価回路を用いれば，同相入力電圧 v_c だけが存在する場合の等価回路は解図２となる．同相入力電圧 v_c はベース抵抗 r_b と抵抗 $2R_S$ の電圧降下の和と等しいので

$$v_c = i_b r_b + 2R_S \times (1+\beta) i_b \qquad \therefore \quad i_b = \frac{v_c}{r_b + 2(1+\beta) R_S}$$

出力電圧 v_{outc} は，抵抗 R_L の電圧降下に等しいから

$$v_{outc} = -\beta i_b R_L = \frac{-\boldsymbol{\beta R_L}}{\boldsymbol{r_b + 2(1+\beta) R_s}} \times v_c \cdots\cdots ①$$

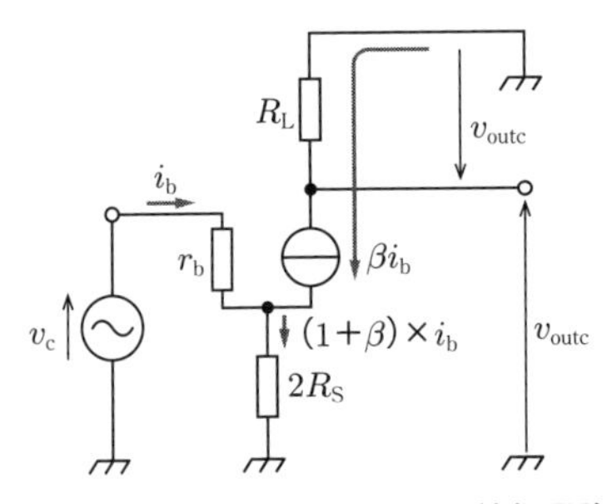

解図２　図４を考慮した図２の等価回路

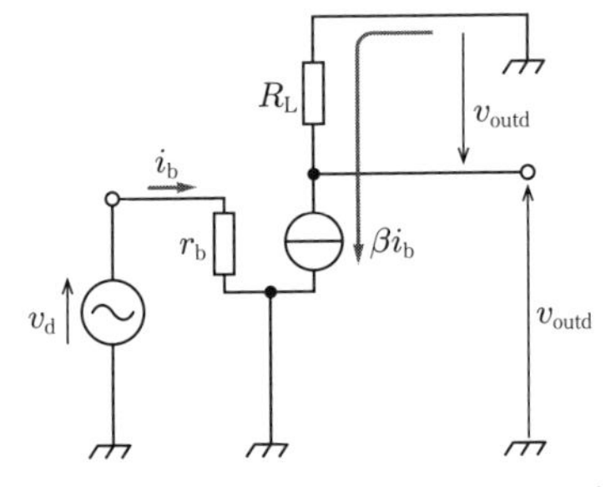

解図３　図４を考慮した図３の等価回路

同相入力電圧 v_c のみを考える場合，図１で入力電圧が等しければエミッタ抵抗 R_S を流れる電流 I_E は各入力側から半分ずつ，すなわち $I_E/2$ ずつ供給される．このため，同じ電圧降下 ΔV_E を得るために，$\Delta V_E = R_S I_E = 2R_S \times (I_E/2)$ から，２倍

の大きさのエミッタ抵抗を２つ並列接続した回路と等価になる．したがって，図２のように半分だけを解析すればよい．

(2) 差動入力電圧 v_d だけが存在する場合の交流分等価回路は解図３となる．同図より，差動入力電圧 v_d はベース抵抗 r_b の電圧降下に等しいので，$v_d = i_b r_b$ となり，$i_b = v_d/r_b$ である．そこで，出力電圧 v_{outd} は抵抗 R_L の電圧降下に等しいので

$$v_{outd} = -\beta i_b R_L = \frac{\boldsymbol{-\beta R_L}}{\boldsymbol{r_b}} \times v_d \cdots\cdots ②$$

差動入力電圧 v_d のみを考える場合，図１で入力電圧が逆相なので，エミッタ抵抗 R_S に向かって左側および右側から流れてくる電流は同じ大きさで逆位相となるから，そのまま右側に流れる．つまり，左側からの電流 $I_E/2$ はそのまま右側に流れる．したがって，エミッタ抵抗 R_S には電流が流れないので，図３のようにエミッタ抵抗を短絡させた回路の半分だけを解析すればよい．

(3) v_{in1}，v_{in2} を入力したとき，式①と式②に，問題中の式③，式④，$\beta = 49$，$r_b = 5.0\,\mathrm{k\Omega}$，$R_L = R_S = 1.0\,\mathrm{k\Omega}$ を代入すれば

$$v_{outc} = \frac{-\beta R_L}{r_b + 2(1+\beta) R_S} \frac{v_{in1} + v_{in2}}{2} = \frac{-49 \times 1.0}{5.0 + 2(1+49) \times 1.0} \frac{v_{in1} + v_{in2}}{2}$$

$$= \frac{-49}{210}(v_{in1} + v_{in2}) \cdots\cdots ③$$

$$v_{outd} = \frac{-\beta R_L}{r_b} \frac{v_{in1} - v_{in2}}{2} = \frac{-49 \times 1.0}{5.0} \frac{v_{in1} - v_{in2}}{2} = \frac{-49}{10}(v_{in1} - v_{in2}) \cdots ④$$

v_{out1} は，重ね合わせの定理より，$v_{in1} = v_c + v_d$ の入力時に，$v_{out1} = v_{outc} + v_{outd}$ が成り立つので，式③と式④を代入して

$$v_{out1} = \frac{-49}{210}(v_{in1} + v_{in2}) + \frac{-49}{10}(v_{in1} - v_{in2})$$

$$= \left(-\frac{49}{210} - \frac{49}{10}\right) v_{in1} + \left(-\frac{49}{210} + \frac{49}{10}\right) v_{in2}$$

$$= \left(-\frac{49 + 21 \times 49}{210}\right) v_{in1} + \left(-\frac{49 - 21 \times 49}{210}\right) v_{in2}$$

$$= \left(-\frac{22 \times 49}{210}\right) v_{in1} + \left(-\frac{-20 \times 49}{210}\right) v_{in2} \fallingdotseq \boldsymbol{-5.1} \times v_{in1} + \boldsymbol{4.7} \times v_{in2}$$

v_{out2} は，重ね合わせの定理より，$v_{in2} = v_c - v_d$ の入力時に，$v_{out2} = v_{outc} - v_{outd}$ が成り立つので，式③と式④を代入して

$$v_{out2} = \frac{-49}{210}(v_{in1} + v_{in2}) - \frac{-49}{10}(v_{in1} - v_{in2})$$

$$= \left(-\frac{49}{210} + \frac{49}{10}\right)v_{in1} + \left(-\frac{49}{210} - \frac{49}{10}\right)v_{in2}$$

$$\fallingdotseq \mathbf{4.7}v_{in1} \mathbf{- 5.1}v_{in2}$$

(5) 差動増幅回路の出力電圧 v_{out} は，題意より，$v_{out} = v_{out1} - v_{out2}$ となるよう回路構成するから

$$v_{out} = v_{out1} - v_{out2} = -5.1v_{in1} + 4.7v_{in2} - (4.7v_{in1} - 5.1v_{in2}) = \mathbf{-9.8v_{in1} + 9.8v_{in2}}$$

解答　**(1)（ヨ）　(2)（チ）　(3)（ヘ）　(4)（カ）　(5)（ホ）**

問題 21　MOS 形 FET による差動増幅回路　（H16-B7）

次の文章は，差動増幅回路に関する記述である．

図 1 は MOSFET を用いた差動増幅回路である．MOSFET Q_1，Q_2 は互いに等しい特性を持つものとする．図 2 は図 1 の小信号交流等価回路（g_m は MOSFET の相互コンダクタンス）である．図 2 において電圧 v_{o1}，v_{o2} はそれぞれ次のようになる．

$v_{o1} = -R_L g_m v_{gs1}$ ……………………………… ①

$v_{o2} = -R_L g_m v_{gs2}$ ……………………………… ②

v_{gs1}，v_{gs2} と v_1，v_2 及び v_e の関係は，

$v_{gs1} =$ [(1)] ……………………………… ③

$v_{gs2} =$ [(2)] ……………………………… ④

と表される．また，

$v_e = R_0 i_0 = R_0 \times$ ([(3)]) ……………………………… ⑤

であるから，式③，④を代入して，v_e と v_1，v_2 の関係を求めると，$g_m R_0 \gg 1.0$ のとき

$v_e \fallingdotseq$ [(4)] ……………………………… ⑥

となる．出力電圧を $v_o = v_{o1} - v_{o2}$ とすると，式①，②，③，④より

$v_o = -g_m R_L \times$ ([(5)]) ……………………………… ⑦

となる．

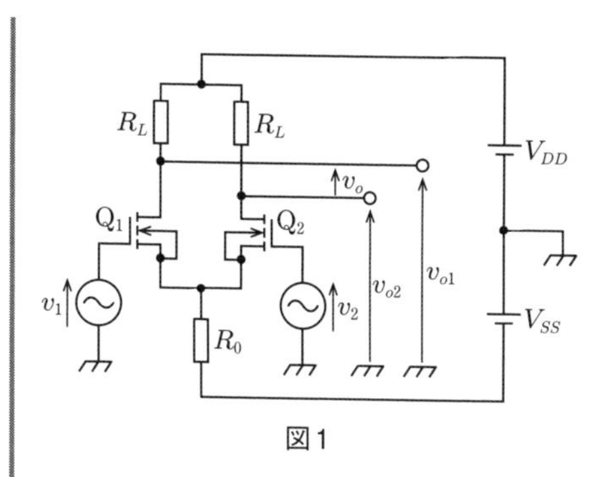

図1

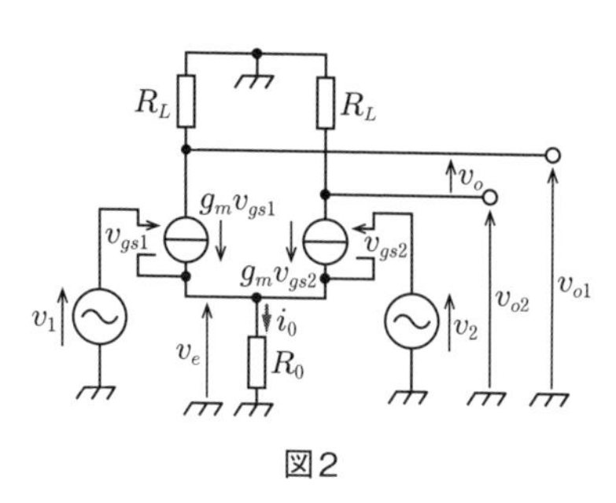

図2

解答群

(イ) $g_m v_{gs1} - g_m v_{gs2}$	(ロ) $v_1 + v_e$	(ハ) $v_2 + 2v_e$
(ニ) $v_2 - v_e$	(ホ) $g_m v_{gs1} + g_m v_{gs2}$	(ヘ) $2(v_1 + v_2)$
(ト) $2(v_1 - v_2)$	(チ) $4(v_1 - v_2)$	(リ) $g_m v_{gs2} - g_m v_{gs1}$
(ヌ) $v_1 + 2v_e$	(ル) $v_1 + v_2$	(ヲ) $v_1 - v_e$
(ワ) $v_1 - v_2$	(カ) $v_2 + v_e$	(ヨ) $\frac{1}{2}(v_1 + v_2)$

— 攻略ポイント —

電解効果トランジスタを用いた差動増幅回路に関しても，問題 20 のバイポーラトランジスタの差動増幅回路と同様に考えればよい．出力電圧の差は入力電圧の差を反転増幅するような形で表される．

解説 (1)(2) 図 2 の小信号交流等価回路から，電圧 v_{gs1}，v_{gs2} は次式となる．

$$v_{gs1} = \boldsymbol{v_1 - v_e}, \quad v_{gs2} = \boldsymbol{v_2 - v_e}$$

(3) 図 2 から，抵抗 R_0 を流れる電流 i_0 は，電流源 $g_m v_{gs1}$ および $g_m v_{gs2}$ の和になるので，$i_0 = g_m v_{gs1} + g_m v_{gs2}$ となる．そして，電圧 v_e は次式となる．

$$v_e = R_0 i_0 = R_0 \boldsymbol{g_m(v_{gs1} + v_{gs2})} \quad \cdots\cdots ①$$

(4) そこで，問題中の式③と式④を式①に代入すれば

$$v_e = g_m R_0(v_1 - v_e + v_2 - v_e)$$

$$\therefore \quad \left(2 + \frac{1}{g_m R_0}\right) v_e = v_1 + v_2$$

ここで，題意より，$g_m R_0 \gg 1.0$ と仮定しているから，v_e は

$$2v_e \fallingdotseq v_1 + v_2 \qquad \therefore \quad v_e \fallingdotseq \boldsymbol{\frac{1}{2}(v_1+v_2)} \cdots\cdots ②$$

(5) 出力電圧 v_o は，図２から $v_o = v_{o1} - v_{o2}$ で，これに問題中の式①～式④を代入すれば

$$v_o = v_{o1} - v_{o2} = -R_L g_m(v_{gs1} - v_{gs2}) = -g_m R_L\{(v_1 - v_e) - (v_2 - v_e)\}$$
$$= -g_m R_L(v_1 - v_2) \cdots\cdots ③$$

すなわち，式③から，図１の回路の差動電圧利得は $-g_m R_L$ であることがわかる．そして，出力電圧の差は，入力電圧の差を反転増幅しているともいえる．

(1)（ヲ）　(2)（ニ）　(3)（ホ）　(4)（ヨ）　(5)（ワ）

問題 22　演算増幅器の電圧増幅度と周波数特性　(H27-B7)

次の文章は，演算増幅器を用いた回路に関する記述である．ただし，演算増幅器の電圧増幅度（差動利得）は周波数とは無関係に無限大であり，また，入力インピーダンスは無限大，出力インピーダンスは零とする．入力信号源 v_1 と v_2 は角周波数 ω の正弦波電圧源である．

図の回路において，$v_2=0$ のとき，演算増幅器の出力電圧 $v_0=$ [(1)] $\times v_1$ と表される．一方，$v_1=0$ のとき，演算増幅器の出力電圧 $v_0=$ [(2)] $\times v_2$ と表される．さらに，これらのことから，$v_1=v_2$ とすると，演算増幅器の出力電圧 $v_0=$ [(3)] $\times v_1$ となることが分かる．$v_1=v_2$ のとき，入力信号の角周波数 ω を零（直流）から無限大まで変化させて，電圧増幅度 $\dfrac{v_0}{v_1}$ の変化を調べると，電圧増幅度の絶対値は [(4)] である．また，電圧増幅度の $\omega=0$ における位相と ω が無限大のときの位相との差は [(5)] 度である．

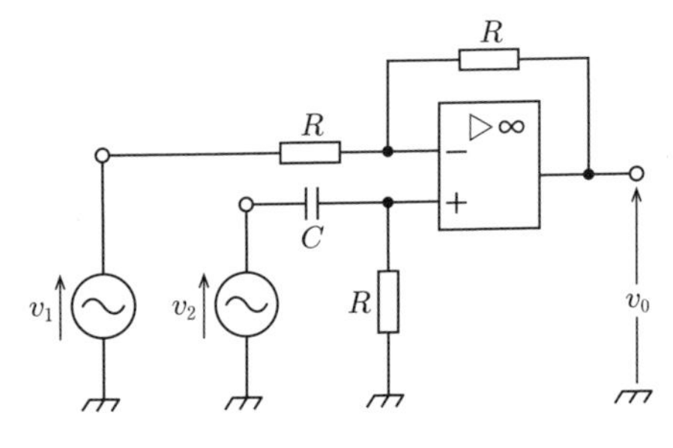

解答群

（イ）$\dfrac{2}{1+j\omega CR}$　（ロ）90　（ハ）-2　（ニ）$\dfrac{2j\omega CR}{1+j\omega CR}$

(ホ) $\dfrac{1}{1+j\omega CR}$　(ヘ) $\dfrac{j\omega CR}{1+j\omega CR}$　(ト) $\dfrac{-1+j\omega CR}{1+j\omega CR}$

(チ) 180　(リ) 2　(ヌ) 360　(ル) 0.5

(ヲ) 1　(ワ) 0　(カ) −1　(ヨ) $\dfrac{1-j\omega CR}{1+j\omega CR}$

― 攻略ポイント ―

演算増幅器に関しては，電圧増幅度が∞，入力インピーダンスは∞，出力インピーダンスは 0 なので，①演算増幅器の－端子と＋端子の電位が同じとみなせる仮想短絡（イマジナリショート），② 2 つの差動入力電流＝0 を活用すれば，問題を解くことができる．

解説　(1) 本問は，出力電圧 v_0 を求めるために，電源が 2 つあるので，重ね合わせの定理を用いている．まず，電圧源 $v_2=0$ のときの等価回路を解図 1 に示す．解図 1 のように電圧・電流を設定すれば，電流 i_1，i_0 は

$$i_1=\frac{v_1-v_b}{R},\quad i_0=\frac{v_0-v_b}{R} \cdots\cdots ①$$

一方，演算増幅器の差動入力端子＋への電流は零である．そこで，電圧 v_a は電圧 v_2 に対して静電容量 C と抵抗 R の直列回路の抵抗 R に印加される電圧であるが，$v_2=0$ より，$v_a=0$ となる．そして，仮想短絡の考え方より，$v_b=v_a=0$ となる．これを式①に代入すれば

$$i_1=\frac{v_1-0}{R}=\frac{v_1}{R},$$

$$i_0=\frac{v_0-0}{R}=\frac{v_0}{R} \cdots\cdots ②$$

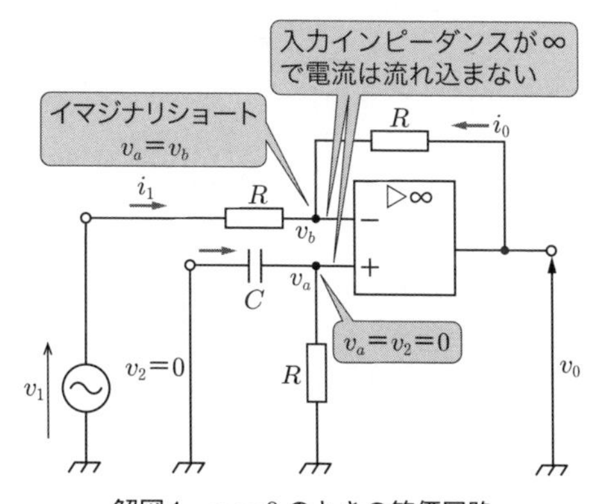

解図1　$v_2=0$ のときの等価回路

差動入力端子－への電流は 0 なので，解図 1 から，$i_1=-i_0$ である．これに式②を代入して

$$\frac{v_1}{R}=-\frac{v_0}{R}\qquad \therefore\ v_0=-v_1=\mathbf{-1}\times v_1 \cdots\cdots ③$$

(2) 一方，今度は電圧源 v_1 を短絡して $v_1 = 0$ のときの等価回路を解図２に示す．電圧 v_a は，解図２から，静電容量 C と抵抗 R の直列回路の抵抗 R に印加される電圧であるから

$$v_a = \frac{R}{R + \frac{1}{j\omega C}} v_2$$

$$= \frac{j\omega CR}{1 + j\omega CR} v_2 \cdots\cdots\cdots\cdots ④$$

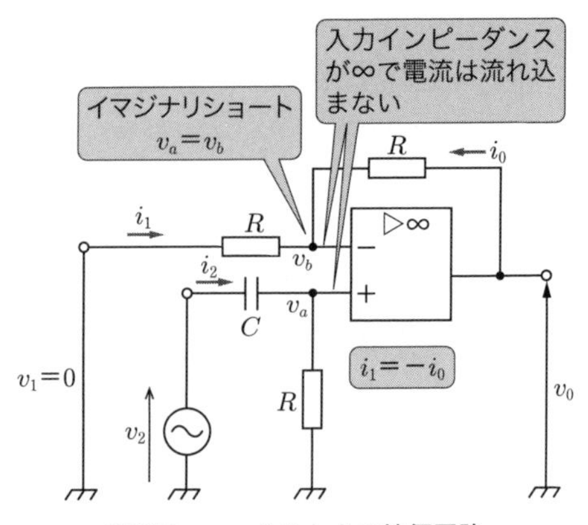

解図２　$v_1 = 0$ のときの等価回路

一方，電流 i_1，i_0 は，解図２を見れば次式が成り立つことがわかる．

$$i_1 = \frac{v_1 - v_b}{R} = \frac{0 - v_b}{R} = -\frac{v_b}{R}, \qquad i_0 = \frac{v_0 - v_b}{R} \cdots\cdots\cdots\cdots ⑤$$

解図２において，差動入力端子－への電流は０なので，$i_1 = -i_0$ であるから，式⑤を代入して

$$-\frac{v_b}{R} = -\frac{v_0 - v_b}{R} \qquad \therefore \quad v_0 = 2v_b \cdots\cdots\cdots\cdots ⑥$$

仮想短絡による $v_a = v_b$ の関係，式④を式⑥に代入すれば

$$v_0 = 2v_b = 2v_a = \boldsymbol{\frac{2j\omega CR}{1 + j\omega CR}} v_2 \cdots\cdots\cdots\cdots ⑦$$

(3) 問題図において，出力電圧 v_0 は，式③と式⑦を重ね合わせの定理により加算すれば求めることができる．さらに，$v_1 = v_2$ という条件であるから

$$v_0 = -v_1 + \frac{2j\omega CR}{1 + j\omega CR} v_2 = -v_1 + \frac{2j\omega CR}{1 + j\omega CR} v_1 = \boldsymbol{\frac{-1 + j\omega CR}{1 + j\omega CR}} v_1 \cdots\cdots\cdots ⑧$$

(4) 式⑧を変形すれば

$$\frac{v_0}{v_1} = \frac{-1 + j\omega CR}{1 + j\omega CR} \cdots\cdots\cdots\cdots ⑨$$

さらに，式⑨について，指数関数を用いて表現すれば

$$\frac{v_0}{v_1} = \frac{-1 \times (1 - j\omega CR)}{1 + j\omega CR} = \frac{e^{j\pi} \times \sqrt{1 + (\omega CR)^2} e^{-j\theta}}{\sqrt{1 + (\omega CR)^2} e^{j\theta}} = e^{j(\pi - 2\theta)} \cdots\cdots\cdots ⑩$$

（ただし　$\theta = \tan^{-1}(\omega CR)$）

したがって，電圧増幅度の絶対値は，式⑩より

$$\left|\frac{v_0}{v_1}\right| = \mathbf{1}$$

上式から，電圧増幅度の絶対値は，周波数に関係なく，1倍になる．

(5) まず，$\omega = 0$（直流）のとき，式⑨，式⑩を活用して

$$\frac{v_0}{v_1} = \frac{-1+j\omega CR}{1+j\omega CR} = \frac{-1+0}{1+0} = -1 = e^{j\pi} \cdots\cdots ⑪$$

他方，$\omega = \infty$のとき，式⑨，式⑩を活用して

$$\frac{v_0}{v_1} = \frac{-\dfrac{1}{\omega}+jCR}{\dfrac{1}{\omega}+jCR} = \frac{jCR}{jCR} = 1 = e^{j0} \cdots\cdots ⑫$$

したがって，電圧増幅度の $\omega = 0$ と $\omega = \infty$ のときの位相差 $\varphi_0 - \varphi_\infty$ は，式⑪，⑫より

$$\varphi_0 - \varphi_\infty = \pi - 0 = \pi = \mathbf{180°}$$

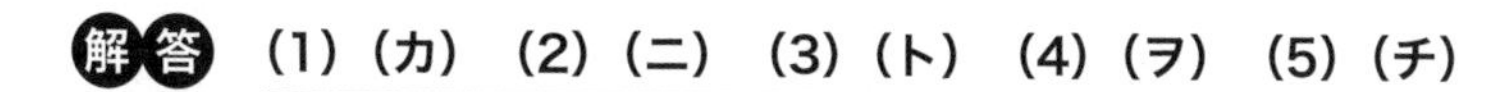

詳細解説7　演算増幅器

(1) 演算増幅器の基本的な考え方

演算増幅器は，トランジスタやFETによる差動増幅回路に何段かの増幅回路等を加えたアナログICであり，高性能な差動増幅回路といえる．これは，信号の増幅やアナログ信号の加算・減算等の演算ができ，**オペアンプ**とも呼ばれている．演算増幅器は，図3･27に示すように，反転入力と非反転入力の二つの入力端子と一つの出力端子をもっている．理想的な演算増幅器は次の特徴をもつ．

① 電圧増幅度 $A_o = \infty$ である．

② 入力インピーダンス $Z_i = \infty$ である．

③ 出力インピーダンス $Z_o = 0$ である．

④ 帯域は0〜∞である．

⑤ 差動増幅器であって，安定した帰還がかけられる．

⑥ 入力 $V_i = 0$ のとき出力 $V_o = 0$ であって雑音がない．

以上のような理想的回路を想定するとき，これを図3･27のようなブロック図で表すとともに，この等価回路を示す．

演算増幅器は，電圧増幅度が非常に大きいので，負帰還をかけて使用するのが一般的である．負帰還は，出力端子から反転入力端子へ電圧を戻すことによってかける．

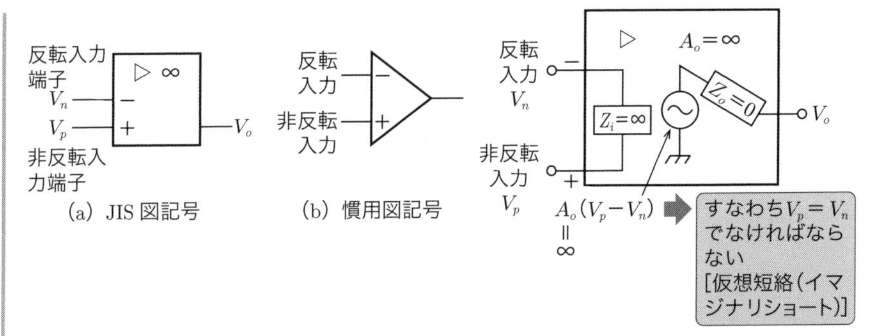

図3･27　演算増幅器の図記号と等価回路

(2) 演算増幅器を活用した演算回路

①加算回路

図 3･28 に示すように，**加算回路**は複数の入力電圧を足し合わせた電圧を出力する回路である．同図で，$v_s=0$ で，反転入力端子に電流は流れ込まないので，

$i_f=i_1+i_2+i_3=v_1/R_1+v_2/R_2+v_3/R_3$ であり，出力電圧 v_o は R_f の電圧降下分と等しいので

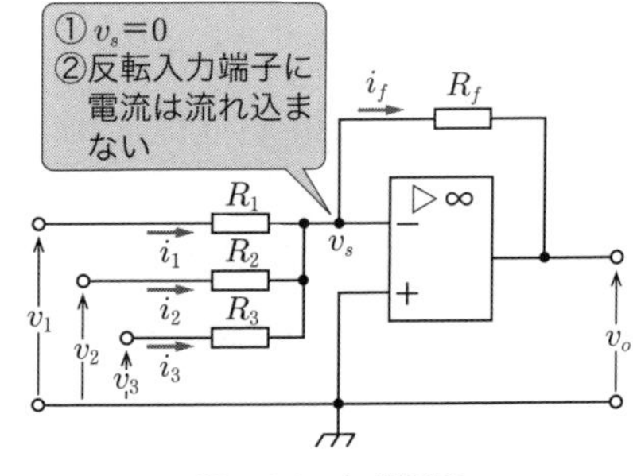

図3･28　加算回路

$$v_o=-i_fR_f=-\left(\frac{v_1}{R_1}+\frac{v_2}{R_2}+\frac{v_3}{R_3}\right)R_f \qquad (3･44)$$

ここで，R_1，R_2，R_3 をすべて同じ大きさの R_f とすれば，次式となる．

$$\boldsymbol{v_o=-(v_1+v_2+v_3)} \qquad (3･45)$$

つまり，入力電圧 v_1，v_2，v_3 の和に比例した出力電圧 v_o を得る．

②減算回路

図 3･29 に示すように，**減算回路**は 2 つの入力電圧の差の値の電圧を出力する回路である．同図のように電圧，電流を仮定すれば，非反転入力端子に電流は流れ込まず，電流 i_2 は抵抗 R_3 と R_4 を流れるため，a 点の電位 v_a は

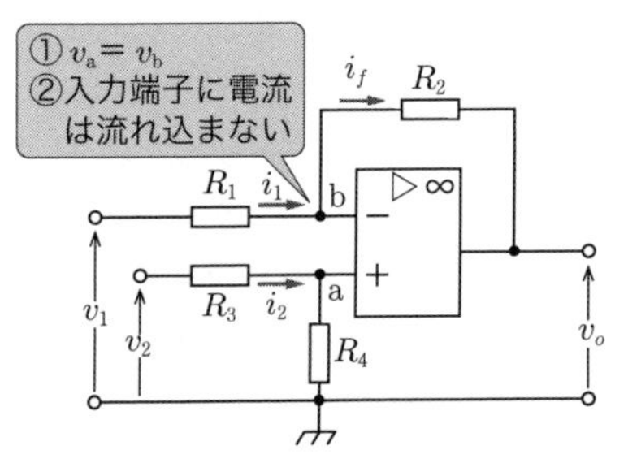

図3･29　減算回路

$$v_{\mathrm{a}} = \frac{R_4}{R_3 + R_4} v_2 \tag{3・46}$$

となる．一方，反転入力端子にも電流は流れ込まないので，電流 i_1 は抵抗 R_1 と R_2 を流れる．

$$\frac{v_1 - v_{\mathrm{b}}}{R_1} = \frac{v_{\mathrm{b}} - v_o}{R_2} \tag{3・47}$$

式(3・46)，式(3・47)および $v_{\mathrm{a}} = v_{\mathrm{b}}$ を解けば

$$v_o = -\frac{R_2}{R_1} v_1 + \left(1 + \frac{R_2}{R_1}\right) \frac{R_4}{R_3 + R_4} v_2 = -\frac{R_2}{R_1} \left\{ v_1 - \left(\frac{1 + \frac{R_1}{R_2}}{1 + \frac{R_3}{R_4}} \right) v_2 \right\} \tag{3・48}$$

となる．この式(3・48)で，$R_1/R_2 = R_3/R_4$ の関係があれば，出力電圧 v_o は

$$\boldsymbol{v_o = -\frac{R_2}{R_1}(v_1 - v_2)} \tag{3・49}$$

となるため，電圧の減算が行われることになる．

③微分回路

図3・30のように，**微分回路**は，入力に方形パルスを加えると，出力に微分波形を得られる．演算増幅器の理想的な特性より，$v_s = 0$，$i = 0$ であるから

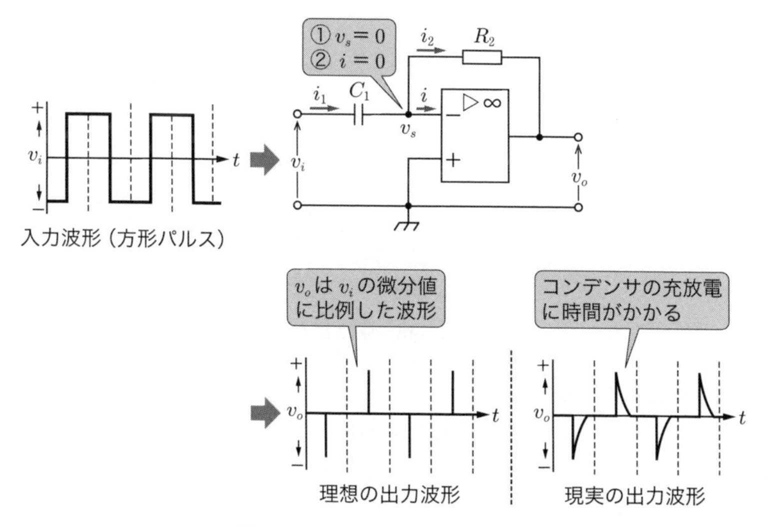

図3・30　微分回路と入出力波形

$$i_1 = i_2 = \frac{dC_1(v_i - v_s)}{dt} = C_1 \frac{dv_i}{dt} \tag{3・50}$$

したがって，$v_s = 0$ であり，出力電圧 v_o は R_2 の電圧降下分であるから

$$\boldsymbol{v_o = -R_2 i_2 = -R_2 C_1 \frac{dv_i}{dt}} \tag{3・51}$$

④積分回路

図 3・31 のように，**積分回路**は，入力に方形パルスを加えると，出力に三角パルス波形を得られる．演算増幅器の理想的な特性より，$v_s = 0$，$i = 0$ であるから

$$i_1 = i_2 = \frac{v_i}{R_1} \tag{3・52}$$

したがって，出力電圧は C_2 の電圧降下分であるから

$$\boldsymbol{v_o = -\frac{1}{C_2} \int i_2 dt = -\frac{1}{C_2 R_1} \int v_i dt} \tag{3・53}$$

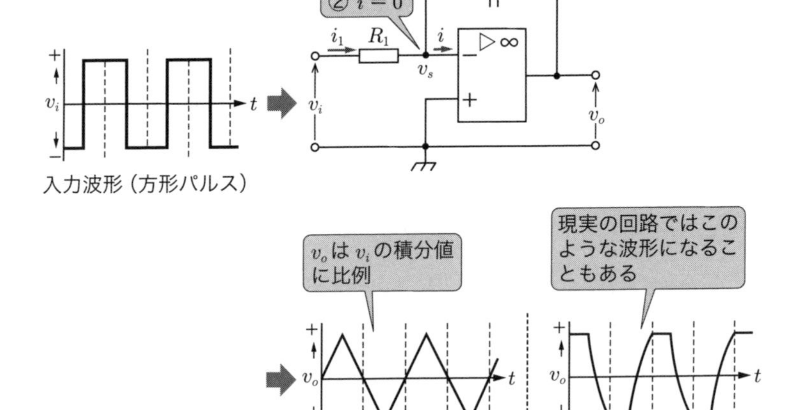

図3・31　積分回路と入出力波形

(3) 演算増幅器の周波数特性

理想的な演算増幅器の周波数帯域は無限大であるが，現実の演算増幅器は直流～数 MHz が一般的である．高周波を扱えないことが演算増幅器の弱点の一つである．演算増幅器の周波数特性は，図 3・32 のように，横軸が周波数 f，縦軸が開放電圧利得 G_o

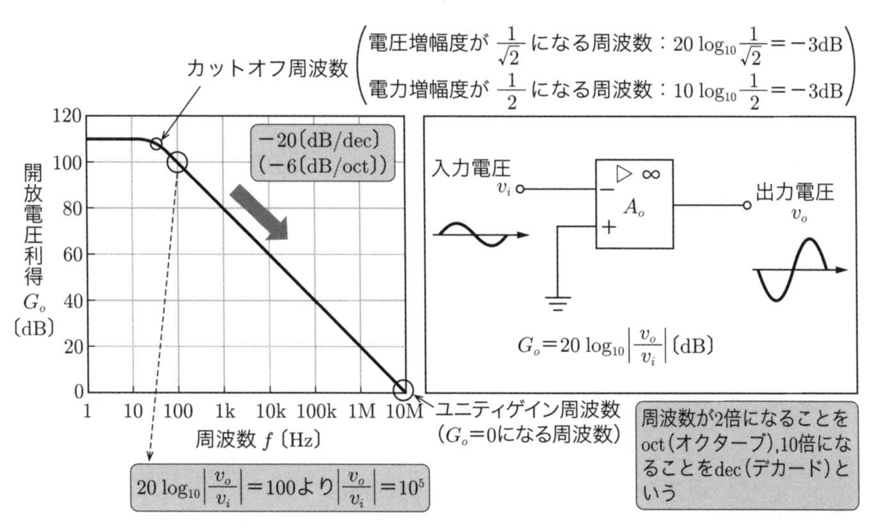

図3･32　演算増幅器の周波数特性

のグラフで表される．周波数特性は，入力電圧（振幅 v_i）を演算増幅器の反転入力端子に印加し，入力電圧の振幅を一定にしたまま，周波数 f を変化させたときの出力電圧（振幅 v_o）を求めることで得られる．**開放電圧利得（オープンループゲイン）**は次式で定義され，単位は〔**dB（デシベル）**〕である．

$$\boldsymbol{G_o=20\log_{10}\left|\frac{v_o}{v_i}\right|}\text{〔dB〕} \quad (3･54)$$

図3･32を見れば，周波数 f が100 Hzのとき開放電圧利得は100 dBであるから，$100=20\log_{10}\left|\frac{v_o}{v_i}\right|$ より，$\left|\frac{v_o}{v_i}\right|=10^5$ となる．つまり，出力電圧の振幅は入力電圧の振幅の 10^5 倍になる．

そして，図3･32を見れば，現実の演算増幅器は，周波数10 Hzを超えたあたりから，開放電圧利得が低下する．まず，周波数 $f=1$ Hzにおけるゲインから3 dB下がった周波数を**カットオフ周波数**または**遮断周波数**という．3 dB下がるというのは，$20\log_{10}1/\sqrt{2}\fallingdotseq-3$ dBなので，電圧出力が $1/\sqrt{2}$ 倍になることに相当する．そして，同図では，周波数 f が100 Hzのときは開放電圧利得が100 dB，周波数 f が1 000 Hzのときは開放電圧利得が80 dBとなっており，周波数 f が10倍になると開放電圧利得 G_o が−20 dBとなるため，−20 dB/decの傾きで減少する．周波数が2倍になると開放電圧利得が−6 dBになるため，−6 dB/octの傾きで減少するともいう．さらに，

図3・32で，入力電圧の周波数を上げていくと，開放電圧利得が減少して0 dBになるが，このときの周波数を**ユニティゲイン周波数**という．同図では，ユニティゲイン周波数は10 MHzである．入力電圧の周波数がユニティゲイン周波数以上になれば，開放電圧利得が0以下となるため，増幅作用はなくなる．

一方，周波数fと電圧増幅度$|v_o/v_i|$との積は常に一定となる．この積のことを**利得帯域幅積（GB積）**という．例えば，入力電圧の周波数が100 Hzのときは電圧増幅度$|v_o/v_i|$は10^5となっている．周波数が1 kHzのとき，電圧増幅度$|v_o/v_i|$は10^4になる．（式(3・54)から，$80 = 20\log_{10}|v_o/v_i|$を解けば電圧増幅度$|v_o/v_i|$が$10^4$になる．）このように入力電圧の周波数$f$が10倍になると電圧増幅度$|v_o/v_i|$が1/10倍になっており，周波数$f$と電圧増幅度$|v_o/v_i|$との積は一定になる．

問題23　演算増幅器3個を用いた差動増幅器　(H28-B7)

次の文章は，演算増幅器を用いた回路に関する記述である．ただし，演算増幅器の電圧増幅度（差動利得）と入力インピーダンスはそれぞれ無限大であり，出力インピーダンスは零であるとする．

まず，入力電圧としてV_1のみが存在し，V_2が零のときを考える．このとき，B点の電位は［(1)］となる．これより破線で囲まれた部分回路1は，V_1を入力とした非反転増幅回路として動作することが分かる．このときのC点の電位V_C'は［(2)］$\times V_1$となる．また，A点の電位はV_1であり，V_2は零であるため，演算増幅器2はA点を入力端子とした反転増幅回路として動作する．つまり，D点の電位V_D'は［(3)］$\times V_1$となる．

次に，入力電圧としてV_2のみが存在し，V_1が零であるときのC点の電位V_C''とD点の電位V_D''を求める．V_C''とV_D''は先の結果と回路の対称性を考慮すると求められる．

最後に，V_1とV_2の両方が存在するときのC点の電位V_CとD点の電位V_Dは，重ねの理を用いることでそれぞれ［(4)］と求まる．

一点鎖線で囲まれた部分回路2はV_CとV_Dを入力とする減算回路であり，出力電圧V_{out}は$V_{out} = \dfrac{R_3}{R_2} \times (V_C - V_D)$である．

以上の結果から図の回路は，出力電圧V_{out}が［(5)］$\times (V_1 - V_2)$で表される差動増幅回路であることが分かる．

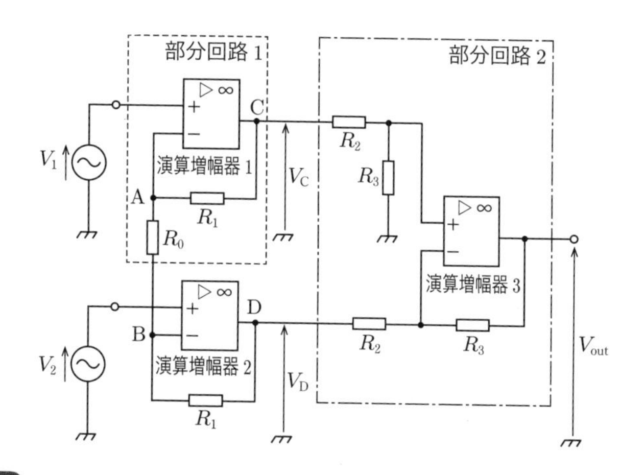

解答群

(イ) $-\frac{R_3}{R_2}\left(\frac{R_0+R_1}{R_0}\right)$　(ロ) $V_C{}'-V_C{}''$ と $V_D{}'-V_D{}''$

(ハ) $\frac{R_3}{R_2}\left(\frac{R_0+2R_1}{R_0}\right)$　(ニ) $-\frac{R_2}{R_3}\left(\frac{R_0+2R_1}{R_0}\right)$

(ホ) $-V_1$　(ヘ) 0　(ト) V_1　(チ) $\frac{R_1}{R_0}$　(リ) $-\frac{R_1R_3}{R_0R_2}$

(ヌ) $V_C{}'+V_C{}''$ と $V_D{}'+V_D{}''$　(ル) $-\frac{R_1}{R_0}$

(ヲ) $V_C{}'+V_D{}'$ と $+V_C{}''+V_D{}''$　(ワ) $\frac{R_0+R_1}{R_0}$

(カ) $\frac{R_0+2R_1}{R_0}$　(ヨ) $-\frac{R_0}{R_1}$

― 攻略ポイント ―

本問は，電源が 2 つあるので，重ね合わせの定理を適用すればよい．例えば，入力電圧 V_1 のみ存在し，$V_2=0$ として解く．逆に，入力電圧 V_2 のみが存在し，$V_1=0$ として解く．これらの結果を加え合わせる．

解説　(1) 演算増幅器 2 におけるイマジナリショートの考え方から，V_2 が零なので，V_B も **0** である．

(2) 演算増幅器 1 を見れば，イマジナリショートから，A 点の電位は V_1，B 点の電位は零のときには，A 点と B 点の間には電流 i_{AB}' が流れる．

$$i_{AB}' = \frac{V_1 - 0}{R_0} = \frac{V_1}{R_0} \cdots\cdots ①$$

演算増幅器 1 の入力端子－への電流は零なので，i_{AB}' は C 点から抵抗 R_1，R_0 を通って電位が零の B 点に流れてくるから，C 点の電位 V_C' は，式①を活用し

$$V_C' = i_{AB}'(R_0 + R_1) = \boldsymbol{\frac{R_0 + R_1}{R_0}} V_1$$

(3) 演算増幅器 2 の入力端子－への電流も零なので，電流 i_{AB}' は抵抗 R_1 を通って D 点に流れ込む．したがって，D 点の電位 V_D' は，B 点の電位が演算増幅器 2 のイマジナリショートの考え方から零なので，式①を活用し

$$V_D' = 0 - i_{AB}'R_1 = \boldsymbol{-\frac{R_1}{R_0}} V_1$$

(4) V_1 が零で V_2 のみ存在するときは，演算増幅器 1 と演算増幅器 2 に関連する回路は対称であるから，(2) や (3) の結果を活用して

$$V_C'' = -\frac{R_1}{R_0} V_2, \quad V_D'' = \frac{R_0 + R_1}{R_0} V_2$$

したがって，入力電圧 V_1 と V_2 がともに存在するときの C 点の電位 V_C および D 点の電位 V_D は重ね合わせの定理により，次式のようになる．

$$V_C = \boldsymbol{V_C' + V_C''} = \frac{R_0 + R_1}{R_0} V_1 - \frac{R_1}{R_0} V_2 \cdots\cdots ②$$

$$V_D = \boldsymbol{V_D' + V_D''} = -\frac{R_1}{R_0} V_1 + \frac{R_0 + R_1}{R_0} V_2 \cdots\cdots ③$$

(5) 題意から，部分回路 2 の出力電圧 V_{out} は $V_{out} = \frac{R_3}{R_2}(V_C - V_D)$ であるから，式②，式③を代入し

$$V_{out} = \frac{R_3}{R_2}\left\{\left(\frac{R_0 + R_1}{R_0} + \frac{R_1}{R_0}\right)V_1 - \left(\frac{R_1}{R_0} + \frac{R_0 + R_1}{R_0}\right)V_2\right\}$$

$$= \boldsymbol{\frac{R_3}{R_2}\left(\frac{R_0 + 2R_1}{R_0}\right)(V_1 - V_2)}$$

(参考) 題意で与えられている部分回路 2 の出力電圧 V_{out} は次のように求めることができる．

演算増幅器 3 の＋端子(非反転入力端子)の電位 V_+ は $V_+ = V_C \frac{R_3}{R_2 + R_3}$，－端子(反

転入力端子)の電位 V_- は $V_- = (V_D - V_{out})\dfrac{R_3}{R_2+R_3} + V_{out}$ であり，$V_+ = V_-$ なので

$$V_C\frac{R_3}{R_2+R_3} = (V_D - V_{out})\frac{R_3}{R_2+R_3} + V_{out}$$

$$\therefore\quad V_C R_3 = (V_D - V_{out})R_3 + (R_2+R_3)V_{out}$$

$$\therefore\quad V_{out} = \frac{R_3}{R_2}(V_C - V_D)$$

　**(1)（ヘ）　(2)（ワ）　(3)（ル）　(4)（ヌ）　(5)（ハ）**

問題 24　演算増幅器による低域通過フィルタ　(R5–B7)

次の文章は，演算増幅器を用いた回路に関する記述である．ただし，演算増幅器は理想的な特性であるとし，入力電圧の角周波数は ω とする．

まず，図の回路の電圧増幅度 $\dfrac{V_{out}}{V_{in}}$ を求める．図中の I_1，I_2，I_3 は入力電圧 V_{in}，出力電圧 V_{out}，節点 a の電位 V_a を用いてそれぞれ

$$I_1 = \frac{V_{in} - V_a}{R} \quad\cdots\cdots\text{①}$$

$$I_2 = \frac{V_{out} - V_a}{\boxed{(1)}} \quad\cdots\cdots\text{②}$$

$$I_3 = \boxed{(2)} \times V_{out} \quad\cdots\cdots\text{③}$$

と表せる．一方，I_3 は V_a を用いると

$$I_3 = \frac{V_a}{R + \dfrac{1}{j\omega C_2}} \quad\cdots\cdots\text{④}$$

と表されるから，式③と式④より V_a と V_{out} の関係が得られる．この関係を用いると式①及び式②から V_a が消去できる．$I_3 = I_1 + I_2$ であることを考慮すると，式①，式②及び式③より回路の電圧増幅度 $\dfrac{V_{out}}{V_{in}}$ は，$j\omega$ を変数として

$$\frac{V_{out}}{V_{in}} = \boxed{(3)} \quad\cdots\cdots\text{⑤}$$

と書ける．

一般に，２次の低域通過フィルタの $\dfrac{V_{\text{out}}}{V_{\text{in}}}$ は，回路のよさ Q と遮断角周波数 ω_{C} を用いて，

$$\frac{V_{\text{out}}}{V_{\text{in}}}=\frac{{\omega_{\text{C}}}^2}{(j\omega)^2+\dfrac{\omega_{\text{C}}}{Q}(j\omega)+{\omega_{\text{C}}}^2}\quad\cdots\cdots⑥$$

の形で表される．式⑤と式⑥の比較より，図の回路は，Q と遮断周波数 f_{C} がそれぞれ $Q=$ [(4)] と $f_{\text{C}}=\dfrac{\omega_{\text{C}}}{2\pi}=\dfrac{1}{2\pi R\sqrt{C_1C_2}}$ で表される２次の低域通過フィルタであることが分かる．

$R=10\,\text{k}\Omega$ のとき，図の回路を $Q=\dfrac{1}{\sqrt{2}}$，$f_{\text{C}}=1\,\text{kHz}$ の低域通過フィルタとするためには，C_1 は [(5)] F とすれば良い．

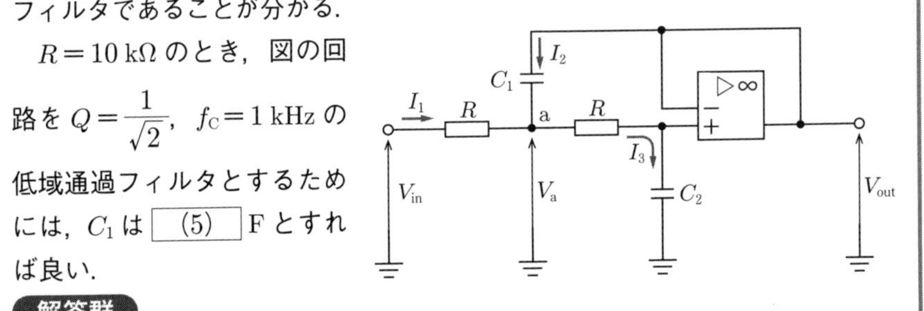

解答群

（イ）$j\omega C_1$　（ロ）$\dfrac{1}{j\omega C_1}$　（ハ）R

（ニ）$\dfrac{1}{R}$　（ホ）11.2×10^{-9}　（ヘ）$\dfrac{1}{2}\sqrt{\dfrac{C_2}{C_1}}$

（ト）$\dfrac{1}{2}\sqrt{\dfrac{1}{C_1C_2}}$　（チ）$\dfrac{1}{j\omega C_2}$　（リ）22.5×10^{-6}

（ヌ）22.5×10^{-9}　（ル）$\dfrac{1}{2}\sqrt{\dfrac{C_1}{C_2}}$　（ヲ）$j\omega C_2$

（ワ）$\dfrac{1}{(j\omega)^2+\dfrac{2}{C_1R}(j\omega)+\dfrac{1}{C_1C_2R^2}}$　（カ）$\dfrac{1}{C_1C_2R^2(j\omega)^2+2C_1R(j\omega)+1}$

（ヨ）$\dfrac{1}{C_1C_2R^2(j\omega)^2+2C_2R(j\omega)+1}$

一攻略ポイント一

演算増幅器に関しては，電圧増幅度が∞，入力インピーダンスは∞，出力インピーダンスは0なので，①演算増幅器の－端子と＋端子の電位が同じとみなせる仮想短絡（イマジナリショート），②2つの差動入力電流＝0を活用すれば，問題を解くことができる．

解説　(1)　コンデンサ C_1 を流れる電流 I_2 は

$$I_2 = j\omega C_1(V_{\mathrm{out}} - V_{\mathrm{a}}) = \frac{V_{\mathrm{out}} - V_{\mathrm{a}}}{\dfrac{1}{j\omega C_1}} \quad \cdots\cdots ①$$

(2)　演算増幅器は理想的な特性であるから，イマジナリショートの考え方により，＋端子（非反転入力端子）の電位は－端子（反転入力端子）の電位 V_{out} に等しいから

$$\frac{1}{j\omega C_2} I_3 = V_{\mathrm{out}} \qquad \therefore \quad I_3 = j\omega C_2 V_{\mathrm{out}} \quad \cdots\cdots ②$$

(3)　式②と問題中の式④の右辺は等しいので

$$j\omega C_2 V_{\mathrm{out}} = \frac{V_{\mathrm{a}}}{R + \dfrac{1}{j\omega C_2}}$$

$$\therefore \quad V_{\mathrm{a}} = j\omega C_2 V_{\mathrm{out}}\left(R + \frac{1}{j\omega C_2}\right) = (j\omega C_2 R + 1) V_{\mathrm{out}} \quad \cdots\cdots ③$$

$I_3 = I_1 + I_2$ に問題中の式①～③を代入すれば

$$j\omega C_2 V_{\mathrm{out}} = \frac{V_{\mathrm{in}} - V_{\mathrm{a}}}{R} + j\omega C_1(V_{\mathrm{out}} - V_{\mathrm{a}})$$

$$\therefore \quad j\omega(C_2 - C_1) V_{\mathrm{out}} = \frac{V_{\mathrm{in}}}{R} - \left(\frac{1}{R} + j\omega C_1\right) V_{\mathrm{a}}$$

ここに，式③を代入すれば

$$j\omega(C_2 - C_1) V_{\mathrm{out}} = \frac{V_{\mathrm{in}}}{R} - \left(\frac{1}{R} + j\omega C_1\right)(j\omega C_2 R + 1) V_{\mathrm{out}}$$

$$\therefore \quad V_{\mathrm{in}} = R\left\{j\omega(C_2 - C_1) + \left(\frac{1}{R} + j\omega C_1\right)(j\omega C_2 R + 1)\right\} V_{\mathrm{out}}$$

$$= \{C_1 C_2 R^2 (j\omega)^2 + 2C_2 R(j\omega) + 1\} V_{\mathrm{out}}$$

$$\therefore \quad \frac{V_{out}}{V_{in}} = \frac{\mathbf{1}}{\boldsymbol{C_1C_2R^2(j\omega)^2+2C_2R(j\omega)+1}} \cdots\cdots ④$$

(4) 式④を問題中の式⑥の形に変形すると

$$\frac{V_{out}}{V_{in}} = \frac{{\omega_C}^2}{(j\omega)^2 + \dfrac{\omega_C}{Q}(j\omega) + {\omega_C}^2} = \frac{\dfrac{1}{C_1C_2R^2}}{(j\omega)^2 + \dfrac{2}{C_1R}(j\omega) + \dfrac{1}{C_1C_2R^2}} \cdots\cdots ⑤$$

であるから，遮断角周波数 ω_C は

$$ {\omega_C}^2 = \frac{1}{C_1C_2R^2} \qquad \therefore \quad \omega_C = \frac{1}{R\sqrt{C_1C_2}} \cdots\cdots ⑥$$

式⑤の分母の第2項は等しいので，次式が成り立つ．

$$\frac{\omega_C}{Q} = \frac{2}{C_1R} \qquad \therefore \quad Q = \frac{\omega_C C_1 R}{2} \cdots\cdots ⑦$$

さらに，式⑥を式⑦に代入すれば

$$Q = \frac{\omega_C C_1 R}{2} = \frac{1}{2}\cdot\frac{1}{R\sqrt{C_1C_2}}\cdot C_1R = \frac{\mathbf{1}}{\mathbf{2}}\sqrt{\frac{\boldsymbol{C_1}}{\boldsymbol{C_2}}}$$

(5) 式⑦および $\omega_C = 2\pi f_C$ より

$$C_1 = \frac{2Q}{R\omega_C} = \frac{2Q}{R\times 2\pi f_C} = \frac{Q}{\pi R f_C} = \frac{\dfrac{1}{\sqrt{2}}}{\pi\times 10\times 10^3\times 1\times 10^3}$$

$$= 0.225\times 10^{-7} \rightarrow \mathbf{22.5\times 10^{-9}}\ \mathrm{F}$$

解答　**(1)（ロ）　(2)（ヲ）　(3)（ヨ）　(4)（ル）　(5)（ヌ）**

問題25　演算増幅器におけるオフセット　(R2–B7)

次の文章は，演算増幅器を用いた回路に関する記述である．

図1の回路において演算増幅器が理想的であるとき，演算増幅器の入力端子には電流が流れず，出力電圧 V_{out} は [(1)] V_{in} となる．

次に，演算増幅器の入力端子に直流電流 I_B が流れる場合を考える．ただし，演算増幅器のその他の特性は理想的であるとする．このとき，図2のように回路の入力端子を接地し $V_{in}=0$ としても出力電圧は零とならず $V_{out\text{-}off}$ となる．この $V_{out\text{-}off}$ を求める．図2の非反転入力端子の電位 V_+ は，直流電流 I_B

により，

$$V_+ = \boxed{(2)} \cdots\cdots ①$$

となる．一方，反転入力端子の電位 V_- は，R_1 と R_2 からなる回路において I_B と $V_{out\text{-}off}$ の重ねの理を考えることで，

$$V_- = \boxed{(3)}\ I_B + \frac{R_1}{R_1+R_2} V_{out\text{-}off} \cdots\cdots ②$$

と得られる．$V_+ = V_-$ であることを用いて式①及び式②から V_+ と V_- を消去すると，

$$V_{out\text{-}off} = \boxed{(4)} \cdots\cdots ③$$

が得られる．式③は演算増幅器の入力端子に直流電流 I_B が流れると入力電圧が零であっても出力電圧に直流電圧（オフセット電圧）が現れることを示している．式③より，$V_{out\text{-}off}$ を I_B によらず常に零とするためには，

$$R_3 = \boxed{(5)}$$

とすれば良いことが分かる．

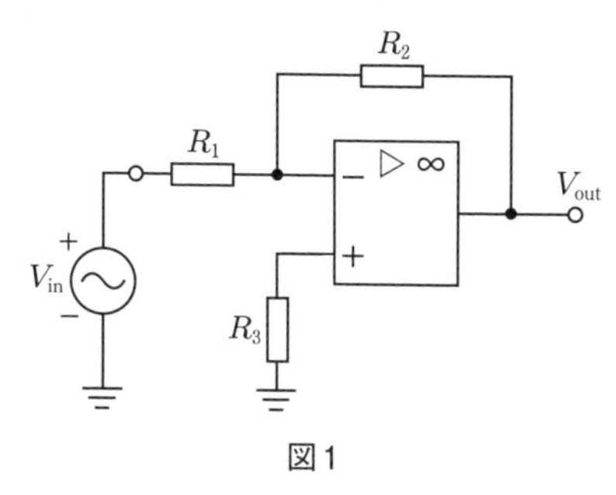

図1

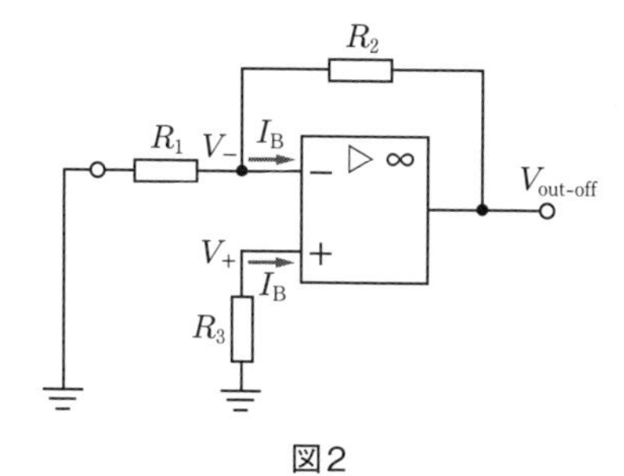

図2

解答群

(イ) $-R_2 I_B$　(ロ) $-R_1$　(ハ) $\frac{R_1+R_2}{R_1}(R_1+R_2-R_3)I_B$

(ニ) R_1+R_2　(ホ) R_1　(ヘ) $-\frac{R_2}{R_1}$　(ト) $-\frac{R_1R_2}{R_1+R_2}$

(チ) $-\frac{R_1}{R_2}$　(リ) $\frac{R_1R_2}{R_1+R_2}$　(ヌ) $\frac{R_1+R_2}{R_1}\left(\frac{R_1R_2}{R_1+R_2}-R_3\right)I_B$

(ル) $-(R_1+R_2)$　(ヲ) $\frac{R_1+R_2}{R_1}$　(ワ) $-R_3 I_B$

(カ) $-R_1 I_B$　(ヨ) $\frac{R_1+R_2}{R_1}(R_1-R_3)I_B$

—攻略ポイント—

図２において，演算増幅器の入力端子に流入する電流 I_B を電流源，出力電圧 $V_{out\text{-}off}$ を電圧源に置き換えた等価回路を描いた上で，重ね合わせの定理を適用することがポイントである．

解説　(1) 図１において，演算増幅器が理想的で入力端子に電流が流れないので，抵抗 R_3 にも電流は流れない．したがって，$V_+ = 0$ である．

抵抗 R_1 に流れる電流を I_{in} とすれば，イマジナリショートの考え方により $V_- = V_+ = 0$ となるので，$I_{in} = V_{in}/R_1$ となる．題意より，電流 I_{in} は演算増幅器の反転入力端子には流入せず，R_2 に流れるので

$$V_{out} = V_- - R_2 I_{in} = 0 - R_2 \frac{V_{in}}{R_1} = -\frac{\boldsymbol{R_2}}{\boldsymbol{R_1}} V_{in}$$

(2) 図２の回路図を見れば，$V_+ = 0 - R_3 I_B = \boldsymbol{-R_3 I_B}$ ……………… ①

(3) 入力端子に流入する電流 I_B を電流源に，出力電圧 $V_{out\text{-}off}$ を電圧源に置き換えた等価回路が解図１である．ここで，重ね合わせの定理を用いるため，電流源を開放して電圧源だけとした等価回路（解図２），電圧源を短絡して電流源だけとした等価回路（解図３）を個別に考え，合計すればよい．

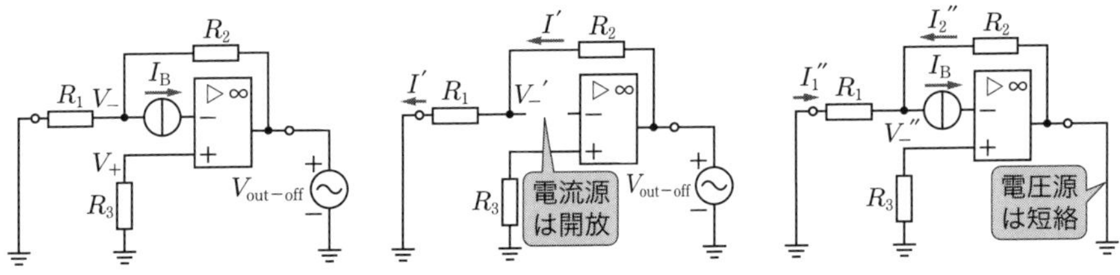

解図１　等価回路　　解図２　電圧源だけの回路　　解図３　電流源だけの回路

まず，解図２において，電圧源 $V_{out\text{-}off}$ に抵抗 R_2 と R_1 が直列に接続されており，電位 V_-' はこれらの抵抗により分圧されているから，次式となる．

$$V_-' = \frac{R_1}{R_1 + R_2} V_{out\text{-}off} \quad \cdots\cdots ②$$

一方，解図３において，$I_B = I_1'' + I_2''$ となるから，次式が成り立つ．

$$V_-'' = -R_1 I_1'' = -R_2 I_2'' = -R_2(I_B - I_1'')$$

$$\therefore \quad I_1'' = \frac{R_2}{R_1 + R_2} I_B \qquad \therefore \quad V_-'' = -\frac{R_1 R_2}{R_1 + R_2} I_B \quad \cdots\cdots ③$$

したがって，重ね合わせの定理より，解図１の電位 V_- は，式②と式③より

$$V_- = V_-' + V_-'' = -\frac{\boldsymbol{R_1 R_2}}{\boldsymbol{R_1 + R_2}} I_B + \frac{R_1}{R_1 + R_2} V_{out\text{-}off} \quad \cdots\cdots ④$$

(4) 題意より，$V_+ = V_-$ であるから，これに式①と式④を代入すれば

$$-R_3 I_B = -\frac{R_1 R_2}{R_1 + R_2} I_B + \frac{R_1}{R_1 + R_2} V_{out\text{-}off}$$

$$\therefore \quad V_{out\text{-}off} = \frac{\boldsymbol{R_1 + R_2}}{\boldsymbol{R_1}} \left(\frac{\boldsymbol{R_1 R_2}}{\boldsymbol{R_1 + R_2}} - \boldsymbol{R_3} \right) \boldsymbol{I_B} \quad \cdots\cdots ⑤$$

(5) $V_{out\text{-}off}$ を I_B によらず常に零とするためには，式⑤の（　　）内が零になればよい．

$$\frac{R_1 R_2}{R_1 + R_2} - R_3 = 0 \qquad \therefore \quad R_3 = \frac{\boldsymbol{R_1 R_2}}{\boldsymbol{R_1 + R_2}}$$

解答　(1)（ヘ）　(2)（ワ）　(3)（ト）　(4)（ヌ）　(5)（リ）

問題 26　演算増幅器を用いた電圧増幅回路の周波数特性　(H25-B7)

次の文章は，演算増幅器を用いた回路に関する記述である．ただし，すべての抵抗の値は等しく，R とし，また，入力信号源 v_1 は角周波数 $\omega(\omega>0)$ の正弦波電圧源である．

図の回路において，演算増幅器の入力端子には電流が流れ込まないことから非反転入力端子の電位 v_a は

$v_a =$ [(1)] $(v_1 + v_2)$

であり，v_2 は

$v_2 =$ [(2)] v_b

となる．また，演算増幅器の性質から $v_a = v_b$ なので，v_2 を

$v_2 =$ [(3)] v_1

と求めることができる．

[(3)] の偏角は [(4)]〔°〕であり，[(3)] の絶対値が１となる角周波数 ω は [(5)] である．

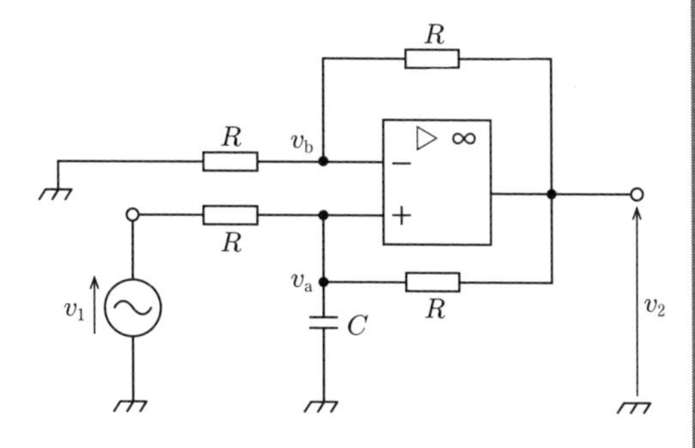

解答群

（イ）$\dfrac{-1}{2+j\omega CR}$　（ロ）2　（ハ）$\dfrac{1}{2+j\omega CR}$　（ニ）90

（ホ）$\dfrac{1}{CR}$　（ヘ）-90　（ト）$\dfrac{1}{1+j2\omega CR}$　（チ）$\dfrac{1}{j2\omega CR}$

（リ）$\dfrac{2}{j\omega CR}$　（ヌ）-45　（ル）$\dfrac{1}{j\omega CR}$　（ヲ）$\dfrac{1}{2CR}$

（ワ）1　（カ）$\dfrac{2}{CR}$　（ヨ）$\dfrac{1}{2}$

―攻略ポイント―

演算増幅器は，ゲインが大きいために差動入力端子の電位が等しいこと，入力インピーダンスが大きいので差動入力端子への流入電流は零であることを利用する．

解説　(1) 演算増幅器の入力インピーダンスは大きいから，入力端子＋には電流が流れ込まない．したがって，解図１に示すように，電流 i_1 は電流 i_2 と電流 i_3 に分流するため

$$i_1 = i_2 + i_3 \cdots\cdots ①$$

となる．ここで，解図１より次式が成り立つ．

$$i_1 = (v_1 - v_a)/R \cdots\cdots ②$$

$$i_2 = j\omega C v_a \cdots\cdots ③$$

$$i_3 = (v_a - v_2)/R \cdots\cdots ④$$

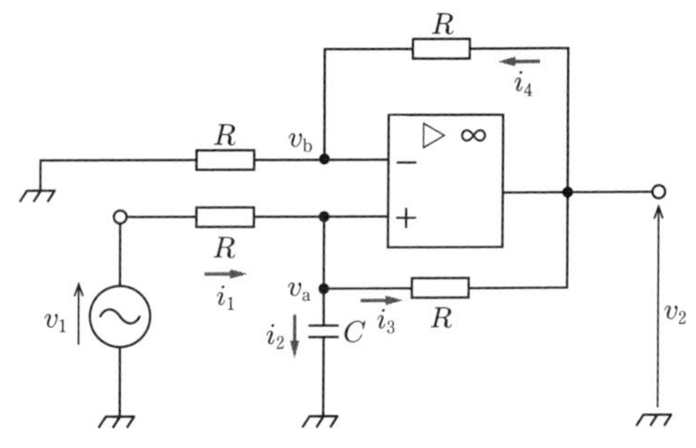

解図　回路における電流の設定

式②～式④を式①に代入すれば

$$\frac{v_1 - v_a}{R} = j\omega C v_a + \frac{v_a - v_2}{R} \qquad \therefore\ v_a = \frac{\mathbf{1}}{\mathbf{2+j\omega CR}}(v_1 + v_2) \cdots\cdots ⑤$$

(2) 解図より，$v_2 = i_4(R+R)$，$v_b = i_4 R$ となるから，v_2 は，i_4 を消去し

$$v_2 = 2i_4 R = \mathbf{2}v_b \cdots\cdots ⑥$$

(3) 演算増幅器は，ゲインが大きいため，入力端子＋と入力端子－がイマジナリショートとなり，$v_a = v_b$ となる．したがって，この関係式に式⑤および式⑥を代入すれば

$$\frac{1}{2+j\omega CR}(v_1+v_2)=\frac{v_2}{2} \qquad \frac{v_2}{2}-\frac{v_2}{2+j\omega CR}=\frac{v_1}{2+j\omega CR}$$

$$\frac{(2+j\omega CR-2)v_2}{2(2+j\omega CR)}=\frac{v_1}{2+j\omega CR} \qquad \therefore \quad v_2=\frac{\mathbf{2}}{\boldsymbol{j\omega CR}}v_1 \cdots\cdots\cdots ⑦$$

(4) 式⑦の右辺の係数から

$$\frac{2}{j\omega CR}=-j\frac{2}{\omega CR}=\frac{2}{\omega CR}\angle -90^\circ$$

となり，偏角としては**−90°** となる．

(5) $\left|\dfrac{2}{j\omega CR}\right|=1$ となる角周波数 ω は

$$\left|\frac{2}{j\omega CR}\right|=\frac{2}{\omega CR}=1 \qquad \therefore \quad \omega=\frac{\mathbf{2}}{\boldsymbol{CR}}$$

(1)（ハ）　(2)（ロ）　(3)（リ）　(4)（ヘ）　(5)（カ）

問題 27　負帰還増幅回路の電圧増幅度と遮断周波数　（R1−B7）

次の文章は，負帰還増幅回路に関する記述である．

図 1 は負帰還増幅回路の原理図である．A は増幅回路の電圧増幅度，β は帰還回路の帰還率，v_{in} は入力電圧，v_{out} は出力電圧を示す．この負帰還増幅回路の電圧増幅度は，

$$A_{\mathrm{F}}=\frac{v_{\mathrm{out}}}{v_{\mathrm{in}}}=\boxed{\ (1)\ }$$

と表される．さらに $A\beta$ が 1 に比べ十分に大きいとき，A_{F} は $\boxed{\ (2)\ }$ に近似できる．このことから負帰還増幅回路の電圧増幅度は A の変動の影響を受けにくいことが分かる．

次に，A が周波数 f を用いて，

$$A=\frac{A_0}{1+j\dfrac{f}{f_{\mathrm{c}}}}$$

で表されるとする．ここで，A_0 は増幅回路の直流における電圧増幅度であり，f_{c} は増幅回路の遮断周波数である．このとき A_{F} は，

$$A_F = \frac{v_{out}}{v_{in}} = \boxed{\quad(3)\quad}$$

と表される．これより，直流利得と遮断周波数の積（GB 積）が 1 MHz である増幅回路を用いて，直流利得 100 倍の負帰還増幅回路を構成したときの負帰還増幅回路の遮断周波数は $\boxed{\quad(4)\quad}$ Hz となることが分かる．

また，増幅回路の出力電圧に，ひずみに相当する電圧 v_d が図２のように加わるとき，v_{out} は A を用いて，

$$v_{out} = \boxed{\quad(1)\quad} v_{in} + \boxed{\quad(5)\quad} v_d$$

と表される．このことから負帰還増幅回路は出力電圧に生じるひずみを $\boxed{\quad(5)\quad}$ 倍にすることが分かる．

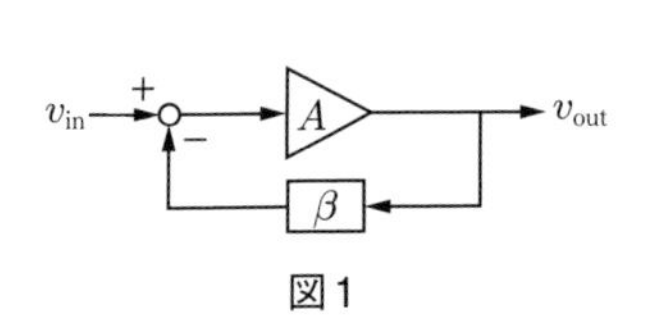

図１

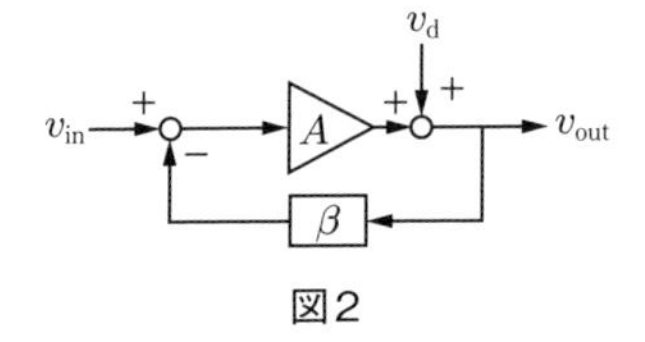

図２

解答群

（イ）10^2　　（ロ）$-\dfrac{1}{1+A\beta}$　　（ハ）$1+A\beta$

（ニ）$\dfrac{1}{1+A\beta}$　　（ホ）$-\dfrac{1}{\beta}$　　（ヘ）$\dfrac{A_0}{1+j\dfrac{f}{f_c}}$

（ト）$\dfrac{A}{1+A\beta}$　　（チ）$\dfrac{\dfrac{1}{1+A_0\beta}A_0}{1+j\dfrac{f}{(1+A_0\beta)f_c}}$　　（リ）$-\dfrac{A}{1+A\beta}$

（ヌ）β　　（ル）10^6　　（ヲ）$\dfrac{\beta}{1+A\beta}$

（ワ）$\dfrac{1}{\beta}$　　（カ）10^4　　（ヨ）$\dfrac{(1+A_0\beta)A_0}{1+j\dfrac{f}{\dfrac{1}{1+A_0\beta}f_c}}$

―攻略ポイント―

負帰還増幅回路の基本を問う出題である．ブロック図を数式化して帰還増幅回路の増幅度を算出できるように慣れておく．

解説　(1) 図 1 から，次式が成り立つ．

$$v_{\mathrm{out}} = A(v_{\mathrm{in}} - \beta v_{\mathrm{out}}) \qquad \therefore \quad (1 + A\beta)v_{\mathrm{out}} = Av_{\mathrm{in}}$$

$$\therefore \quad A_{\mathrm{F}} = \frac{v_{\mathrm{out}}}{v_{\mathrm{in}}} = \boldsymbol{\frac{A}{1+A\beta}} \quad \cdots\cdots ①$$

(2) 式①の分母について $A\beta \gg 1$ を適用すると

$$A_{\mathrm{F}} = \frac{A}{1+A\beta} \fallingdotseq \frac{A}{A\beta} = \boldsymbol{\frac{1}{\beta}}$$

(3) 式①に問題で与えられた A の式を代入すれば

$$A_{\mathrm{F}} = \frac{\dfrac{A_0}{1+j\dfrac{f}{f_{\mathrm{c}}}}}{1+\dfrac{A_0\beta}{1+j\dfrac{f}{f_{\mathrm{c}}}}} = \frac{A_0}{1+j\dfrac{f}{f_{\mathrm{c}}}+A_0\beta} = \boldsymbol{\frac{\dfrac{1}{1+A_0\beta}A_0}{1+j\dfrac{f}{(1+A_0\beta)f_{\mathrm{c}}}}}$$

(4) 直流利得（$A_0 = 100$）と遮断周波数 f_{c} の積である GB 積が 1 MHz であるから

$$A_0 f_{\mathrm{c}} = 1 \times 10^6 \qquad \therefore \quad f_{\mathrm{c}} = 1 \times 10^6 / A_0 = 1 \times 10^6 / 100 = \boldsymbol{10^4}$$

(5) 図 2 のブロック図から，数式にすれば

$$v_{\mathrm{out}} = A(v_{\mathrm{in}} - \beta v_{\mathrm{out}}) + v_{\mathrm{d}} \qquad \therefore \quad (1 + A\beta)v_{\mathrm{out}} = Av_{\mathrm{in}} + v_{\mathrm{d}}$$

$$\therefore \quad v_{\mathrm{out}} = \frac{A}{1+A\beta}v_{\mathrm{in}} + \boldsymbol{\frac{1}{1+A\beta}}v_{\mathrm{d}}$$

上式の第2項から，ひずみ電圧 v_{d} は負帰還増幅回路により，$1/(1 + A\beta)$ 倍になる．

(1)（ト）　(2)（ワ）　(3)（チ）　(4)（カ）　(5)（ニ）

詳細解説 8　負帰還増幅回路

増幅回路の出力信号の一部を入力側に戻すことを**帰還**または**フィードバック**といい，帰還がかけられた増幅回路を**帰還増幅回路**という．帰還増幅回路は，増幅回路と帰還回路とで構成される．図 3･33(a)に示すように，**正帰還増幅回路**は帰還させる信号が入力信号と同相の場合（正帰還）であり，発振回路に使われる．一方，負帰還増

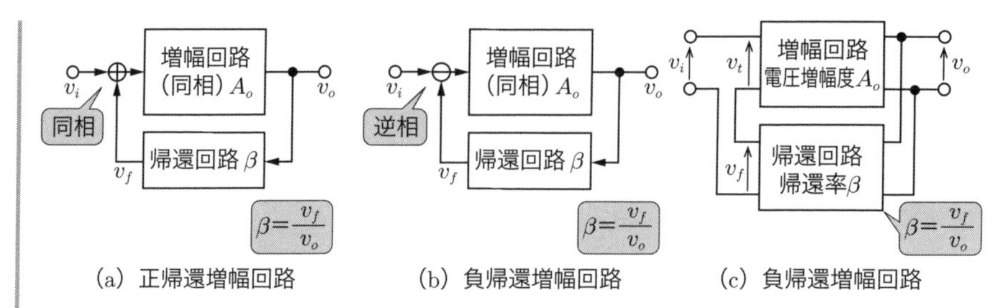

(a) 正帰還増幅回路　(b) 負帰還増幅回路　(c) 負帰還増幅回路

図3・33　正帰還増幅回路と負帰還増幅回路

幅回路は帰還させる信号が入力信号と逆相の場合（負帰還）であり，負帰還をかけると増幅回路が安定化する．

図3・33(b)，(c)において，負帰還増幅回路は，出力電圧 v_o の一部を帰還電圧 v_f として入力側に戻している．帰還電圧 v_f と出力電圧 v_o との比を**帰還率 β** という．図3・33(c)で，増幅回路の電圧増幅度 A_o，帰還回路の帰還率 $\beta(=v_f/v_o)$ を用いて，$v_o=A_o v_t$，$v_t=v_i-v_f$，$v_f=\beta v_o$ が成り立つから，$v_o=A_o v_t=A_o(v_i-v_f)=A_o(v_i-\beta v_o)=A_o v_i-A_o\beta v_o$ となる．これを変形すれば

$$\boldsymbol{v_o=\frac{A_o}{1+A_o\beta}v_i} \tag{3・55}$$

となる．したがって，負帰還増幅回路の電圧増幅度 A_v は

$$\boldsymbol{A_v=\frac{v_o}{v_i}=\frac{A_o}{1+A_o\beta}} \tag{3・56}$$

である．上式は，負帰還増幅回路の電圧増幅度 A_v は本来の電圧増幅度 A_o を $\dfrac{1}{1+A_o\beta}$ 倍していることを意味する．ここで，$A_o\beta\gg 1$ であれば，式(3・55)の分母の $1+A_o\beta \fallingdotseq A_o\beta$ となるから，式(3・56)は

$$A_v=\frac{A_o}{1+A_o\beta}\fallingdotseq\frac{A_o}{A_o\beta}=\frac{1}{\beta} \tag{3・57}$$

となる．すなわち，負帰還増幅回路の電圧増幅度 A_v は，本来の増幅回路の電圧増幅度 A_o とは無関係に決まる．言い換えれば，温度変化等によって増幅回路の A_o が変化しても，負帰還増幅回路の電圧増幅度 A_v はほとんど変化しない．このため，負帰還により，安定した増幅を行うことができる．同様に，増幅回路内部で発生するノイズは，負帰還により，電圧増幅度と同様に，$1/\beta$ に低減させることができる．

さらに，負帰還増幅回路全体の電圧増幅度 A_v に関して，A_o と比べれば

$$A_v - A_o = \frac{A_o}{1 + A_o\beta} - A_o = \frac{-A_o{}^2\beta}{1 + A_o\beta} < 0 \qquad (3\cdot58)$$

となるから，$A_v < A_o$ となる．つまり，電圧増幅度（利得）は低下する．

問題 28 ウィーンブリッジ発振回路の原理と発振条件 (H30–B7)

次の文章は，ウィーンブリッジ発振回路に関する記述である．ただし，図中の A は電圧利得 A 倍の増幅回路である．その入力インピーダンスは無限大，出力インピーダンスは零，入出力の位相差はないものとする．

図 1 の発振回路を×印で示した位置で切り開き，切り開いた位置の右側に電圧源 v_2 を接続した回路が図 2 である．図 2 中の R_1 と C_1 の並列接続のインピーダンスを $\dot{Z}_1$ とすると，$\dot{Z}_1$ は入力電圧 v_2 の角周波数 ω を用いて [(1)] と表される．一方，R_2 と C_2 の直列接続のインピーダンス $\dot{Z}_2$ は $R_2 - j\dfrac{1}{\omega C_2}$ となる．$\dot{v}_1$ は $\dot{v}_{\text{out}} = A\dot{v}_2$ を $\dot{Z}_1$ と $\dot{Z}_2$ とで分圧した電圧であることから，$\dfrac{\dot{v}_1}{\dot{v}_2}$ は [(2)] と求められる．この $\dfrac{\dot{v}_1}{\dot{v}_2}$ が図 1 の発振回路の一巡伝達関数である．回路は，一巡伝達関数の虚部が零となる角周波数で発振する（発振条件の周波数条件）ことから，図 1 の発振回路の発振角周波数は [(3)] となる．また，回路が発振状態を持続するためには発振周波数において，一巡伝達関数の実部が 1 以上（発振条件の電力条件）を満たさなければならないため，増幅回路の電圧利得 A は [(4)] でなければならない．$R_1 = R_2 = R$ 及び $C_1 = C_2 = C$ であるとき，演算増幅器を含む回路 [(5)] は，[(4)] の条件を満たす増幅回路 A として使用することができる．ただし，演算増幅器は理想的であるとする．

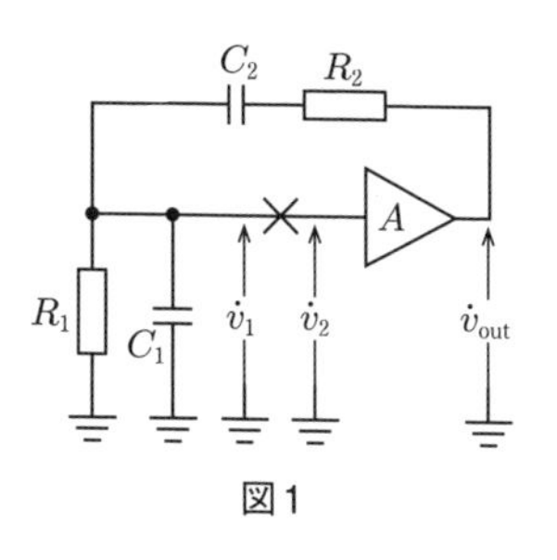

図1

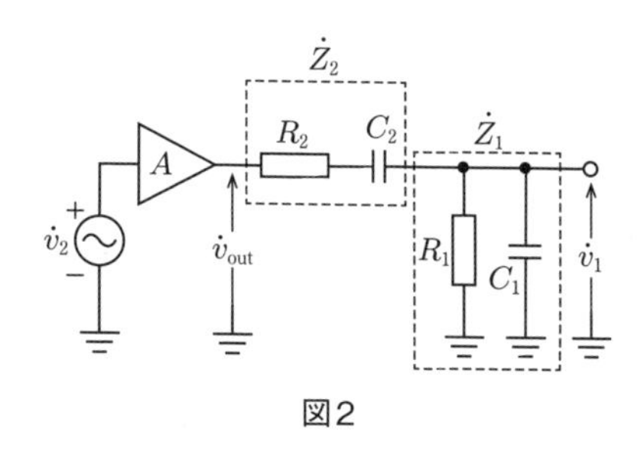

図2

解答群

(イ) $\dfrac{1}{R_1+j\omega C_1}$　　(ロ) $\dfrac{R_1A}{\left(R_1+R_2+\dfrac{C_1}{C_2}R_1\right)+j\left(\omega C_1R_1R_2-\dfrac{1}{\omega C_2}\right)}$

(ハ) $A \geqq 1+R_1R_2$　　(ニ) $A \geqq 1$

(ホ) $\dfrac{j\omega C_1R_1}{R_1+j\omega C_1}$　　(ヘ) $\dfrac{j\omega C_1R_1A}{\left(R_1R_2+\dfrac{C_1}{C_2}\right)+j\left(\dfrac{R_1}{\omega C_2}+\omega C_1R_1+\omega C_1R_2\right)}$

(ト) $\dfrac{1}{\sqrt{C_1C_2R_1R_2}}$　　(チ) $\dfrac{R_1}{1+j\omega C_1R_1}$

(リ) $\sqrt{\dfrac{R_1}{C_1C_2R_2}}$　　(ヌ) $\sqrt{\dfrac{R_1}{C_1C_2(R_1+R_2)}}$

(ル) $A \geqq 1+\dfrac{R_2}{R_1}+\dfrac{C_1}{C_2}$　　(ヲ) $\dfrac{A}{(1+R_1R_2)+j\left(\omega C_1R_2-\dfrac{R_1}{\omega C_2}\right)}$

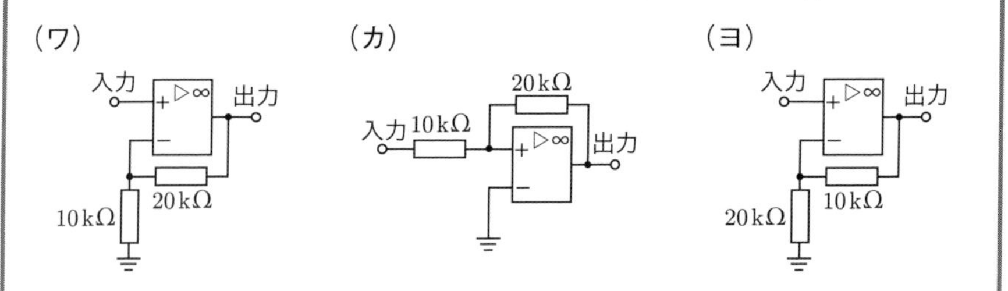

ー攻略ポイントー

演算増幅器を用いたウィーンブリッジ発振回路は平成20年にも出題されているので，十分に学習する．

解説　(1) R_1 と C_1 の並列インピーダンス $\dot{Z}_1$ は

$$\dot{Z}_1=\frac{R_1\times\dfrac{1}{j\omega C_1}}{R_1+\dfrac{1}{j\omega C_1}}=\boldsymbol{\frac{R_1}{1+j\omega C_1R_1}}$$

(2) 題意，図1，図2から，$\dot{v}_{\text{out}}$ および $\dot{v}_1$ は次式のように表すことができる．

$$\dot{v}_{\text{out}} = A\dot{v}_2,\quad \dot{v}_1 = \dot{v}_{\text{out}}\frac{\dot{Z}_1}{\dot{Z}_1+\dot{Z}_2} = A\dot{v}_2\frac{\dot{Z}_1}{\dot{Z}_1+\dot{Z}_2} \cdots\cdots ①$$

ここで，$\dot{Z}_1$ と $\dot{Z}_2$ は，図 2 から

$$\dot{Z}_1 = \frac{R_1}{1+j\omega C_1R_1},\quad \dot{Z}_2 = R_2 - j\frac{1}{\omega C_2}$$

となるので，これらを式①に代入すれば，一巡伝達関数 $\dot{v}_1/\dot{v}_2$ は

$$\frac{\dot{v}_1}{\dot{v}_2} = A\frac{\dot{Z}_1}{\dot{Z}_1+\dot{Z}_2} = A\frac{\dfrac{R_1}{1+j\omega C_1R_1}}{\dfrac{R_1}{1+j\omega C_1R_1}+R_2-j\dfrac{1}{\omega C_2}}$$

$$= \frac{\boldsymbol{R_1A}}{\boldsymbol{R_1+R_2+\dfrac{C_1}{C_2}R_1+j\left(\omega C_1R_1R_2-\dfrac{1}{\omega C_2}\right)}}$$

(3) 題意より，一巡伝達関数の虚部が零となる角周波数で発振するから，発振の周波数条件は

$$\omega C_1R_1R_2 - \frac{1}{\omega C_2} = 0 \qquad \therefore\ \omega^2 = \frac{1}{C_1C_2R_1R_2} \qquad \therefore\ \omega = \boldsymbol{\frac{1}{\sqrt{C_1C_2R_1R_2}}}$$

(4) 回路が発振を続けるための条件としては，発振周波数において一巡伝達関数の実部が 1 以上であることから

$$\frac{R_1A}{R_1+R_2+\dfrac{C_1}{C_2}R_1} \geqq 1 \qquad \therefore\ \boldsymbol{A} \geqq \frac{R_1+R_2+\dfrac{C_1}{C_2}R_1}{R_1} = \boldsymbol{1+\frac{R_2}{R_1}+\frac{C_1}{C_2}} \cdots\cdots ②$$

(5) $R_1 = R_2 = R$，$C_1 = C_2 = C$ のとき，これを式②に代入すれば，増幅回路 A の電圧利得 A は下式を満たす必要がある．

$$A \geqq 1+\frac{R}{R}+\frac{C}{C} = 3 \qquad \therefore\ A \geqq 3 \cdots\cdots ③$$

そこで，選択肢（ワ），（カ），（ヨ）の電圧利得を調べる．

まず，（ワ）の回路に関して，回路図から，演算増幅器のイマジナリショートの考え方を適用して $v_{\text{in}} = \dfrac{10}{10+20}v_{\text{out}}$ が成り立つ．これから，$v_{\text{out}}/v_{\text{in}} = 3$ となる．

一方，（カ）の回路に関して，回路図から，同様に，$v_{\text{in}} - \dfrac{10}{20+10}(v_{\text{in}}-v_{\text{out}}) = 0$ が

成り立つから，$v_{\mathrm{out}}/v_{\mathrm{in}} = -2$ となる．

他方，（ヨ）の回路に関して，同様に，$v_{\mathrm{in}} = \dfrac{20}{20+10}v_{\mathrm{out}}$ が成り立つから，$v_{\mathrm{out}}/v_{\mathrm{in}} = 1.5$ となる．

したがって，③の電圧利得条件を満たすのは，**（ワ）**の回路である．

解答　**(1)（チ）　(2)（ロ）　(3)（ト）　(4)（ル）　(5)（ワ）**

詳細解説 9　発振回路とウィーンブリッジ発振器

(1) 発振回路の発振条件

発振回路は，図3･34のように，正帰還増幅回路を応用したものである．

増幅回路の出力を帰還回路を通して入力側に正帰還させ，再び増幅しては入力側に正帰還させるという動作を繰り返すと，出力は徐々に増大し，外部から入力信号を加えることなく，ある周波数をもった持続的な出力信号が得られる．これが発振の原理である．

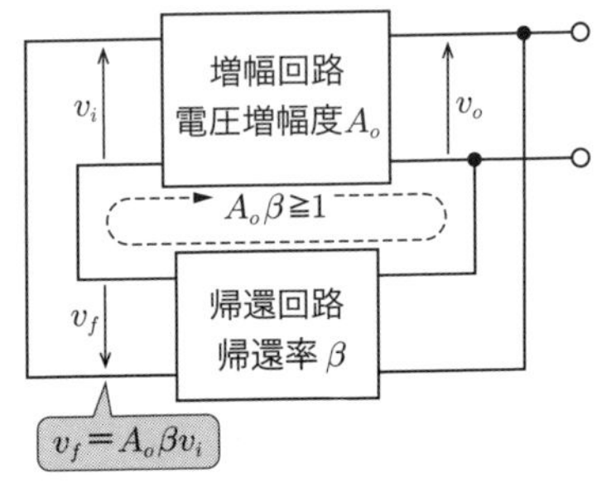

図3･34　発振回路

発振条件としては次の二つが必要である．

① **位相条件：v_i と v_f が同位相であること**

② **利得条件：増幅回路の電圧増幅度 A_o，帰還回路の帰還率 β とすれば**

$$A_o\beta \geqq 1 \quad (A_o = v_o/v_i, \quad \beta = v_f/v_o) \tag{3･59}$$

(2) ウィーンブリッジ発振回路

平成20年の電験1種一次試験に出題されているウィーンブリッジ発振回路は，図3･35の回路として出題されている．この回路の演算増幅器の非反転入力端子で切り離して，非反転入力端子に電圧源 v_1 を接続したのが図3･36である．この発振条件を求めてみよう．

まず，図3･36において，抵抗 R_b を流れる電流 $\dot{i}$ は，演算増幅器の入力インピーダンスが∞なので，反転入力端子に流入せず，すべて抵抗 R_a を通して流れる．

$$\dot{i} = \frac{\dot{v}_2}{R_a + R_b} \tag{3･60}$$

したがって，反転入力端子の電圧 $\dot{v}_-$ は，式(3･60)より

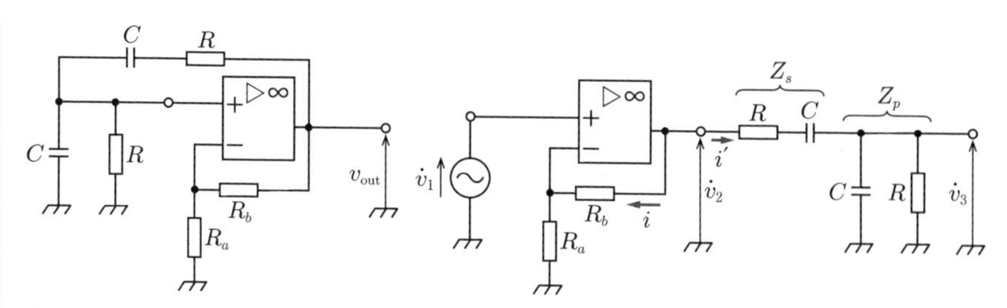

図3･35　ウィーンブリッジ発振回路　　図3･36　ウィーンブリッジ発振回路の等価回路

$$\dot{v}_- = \dot{i}R_a = \frac{R_a}{R_a + R_b}\dot{v}_2 \tag{3･61}$$

となる．そして，イマジナリショートの考え方より，

$$\dot{v}_1 = \dot{v}_+ = \dot{v}_- = \frac{R_a}{R_a + R_b}\dot{v}_2 \qquad \therefore \quad \frac{\dot{v}_2}{\dot{v}_1} = \frac{R_a + R_b}{R_a} \tag{3･62}$$

次に，図3･36の回路の $\dot{v}_2$ より右側の回路を見ると，$\dot{Z}_p$ の両端の電圧 $\dot{v}_3$ は，$\dot{v}_2$ をインピーダンス $\dot{Z}_s$ と $\dot{Z}_p$ とで分配しているから，$\dot{v}_3 = \frac{\dot{Z}_p}{\dot{Z}_s + \dot{Z}_p}\dot{v}_2$ となる．これを変形して，$\dot{Z}_s$ と $\dot{Z}_p$ のインピーダンスの式を代入すれば

$$\frac{\dot{v}_3}{\dot{v}_2} = \frac{\dot{Z}_p}{\dot{Z}_s + \dot{Z}_p} = \frac{\dfrac{R\dfrac{1}{j\omega C}}{R + \dfrac{1}{j\omega C}}}{R + \dfrac{1}{j\omega C} + \dfrac{R\cdot\dfrac{1}{j\omega C}}{R + \dfrac{1}{j\omega C}}} = \frac{j\omega CR}{1 - \omega^2C^2R^2 + j3\omega CR} \tag{3･63}$$

となる．回路が発振するための一つの条件として，$\dot{v}_2$ と $\dot{v}_3$ の位相差が零とならなければならない．したがって，式(3･63)は分子が虚数だけであるから，分母の実数部が零になればよい．

$$1 - \omega^2C^2R^2 = 0 \qquad \therefore \quad \omega^2 = \frac{1}{C^2R^2} \qquad \therefore \quad \omega = \frac{1}{CR} \tag{3･64}$$

このとき，$\frac{\dot{v}_3}{\dot{v}_2} = \frac{j\omega CR}{j3\omega CR} = \frac{1}{3}$ である．

さらに，式(3･64)の条件の下で，$\left|\frac{\dot{v}_3}{\dot{v}_1}\right| = 1$ であれば，回路は発振する．すなわち，

$$\left|\frac{\dot{v}_3}{\dot{v}_1}\right| = \left|\frac{\dot{v}_2}{\dot{v}_1}\right| \cdot \left|\frac{\dot{v}_3}{\dot{v}_2}\right| = 1 \tag{3・65}$$

の条件を満たせばよい．式(3・65)に式(3・62)，式(3・63)を代入すれば

$$\frac{R_a + R_b}{R_a} \times \frac{1}{3} = 1 \qquad \therefore \quad R_b = 2R_a \tag{3・66}$$

となる．つまり，この条件を満たせば，回路は発振する．

第 4 章

電気・電子計測

[学習のポイント]

○電気・電子計測は，電磁気，電気回路，電子理論を活用した分野である．第１章から第３章までの仕上げとして，取り組んでいただきたい．ただし，電験１種では，近年，出題数は多くない．

○よく出題される分野としては，不平衡負荷を持つ三相交流回路における電力測定，ブリッジに基づく抵抗やインピーダンス測定などである．本書の詳細解説には，インピーダンスを測定するための各種の交流ブリッジを紹介している．

○電力測定の問題に関しては，電力計が測定する電圧・電流を十分に把握したうえで，複素数で計算する手法，ベクトル図を描いて解く手法のどちらでもできるようにしておく．

○ブリッジに基づく抵抗やインピーダンス測定に関しては，ブリッジの平衡条件やキルヒホッフの法則を適用し，確実に計算する．

○電気・電子計測分野の計算問題は，計算手法が基礎レベルであり計算量も比較的少ないため，出題された場合には確実に得点できるようにしておく．

1　電力測定

問題１　対称三相交流回路における有効電力と無効電力の測定　（H20-A2）

次の文章は，三相交流回路に関する記述である．

図のように，実効値が 400 V である対称三相電源 $\dot{E}_{ab}=400\angle 0°$〔V〕，$\dot{E}_{bc}=400\angle -120°$〔V〕，$\dot{E}_{ca}=400\angle -240°$〔V〕が，△形の三相負荷に接続されている．この負荷において，抵抗は $R=24\,\Omega$，誘導リアクタンスは $X=7\,\Omega$ である．また，この回路には，実効値を指示する１個の理想的な交流電流計と２個の理想的な交流電圧計が図のように接続されている．このとき，電流計の指示値は［ (1) ］〔A〕，この負荷の三相有効電力は［ (2) ］〔kW〕，三相無効電力は［ (3) ］〔kvar〕となる．さらに，図の２個の電圧計の指示値は，$V_1=$［ (4) ］〔V〕及び $V_2=$［ (5) ］〔V〕である．

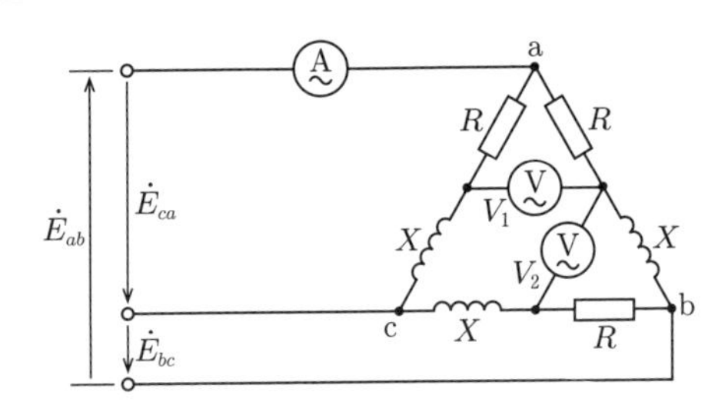

解答群

(イ)　173	(ロ)　112	(ハ)　27.7	(ニ)　48.0	(ホ)　5.38
(ヘ)　1.79	(ト)　6.14	(チ)　292	(リ)　9.23	(ヌ)　384
(ル)　16.0	(ヲ)　6.40	(ワ)　400	(カ)　321	(ヨ)　18.4

― 攻略ポイント ―

本問は，対称三相電源で三相平衡負荷であるから，(1)～(3) は電験２・３種でよく扱われるケースである．一方，電圧計を問題図のように挿入したケースは電験２・３種では出題されていない．回路図を描いて，各素子の電圧降下の向きに注意する．

解説　(1) 対称三相電源，三相平衡負荷なので，△結線負荷の相電流の大きさ

は等しく，線電流の大きさは相電流の大きさの$\sqrt{3}$倍である．電源$\dot{E}_{ab}$，$\dot{E}_{bc}$，$\dot{E}_{ca}$および負荷のインピーダンスは次式で表すことができる．

$$\dot{E}_{ab} = 400\ \text{V},\quad \dot{E}_{bc} = 400\angle -120^\circ = 400\left(-\frac{1}{2} - j\frac{\sqrt{3}}{2}\right)\ \text{V},$$

$$\dot{E}_{ca} = 400\angle -240^\circ = 400\left(-\frac{1}{2} + j\frac{\sqrt{3}}{2}\right)$$

$$\dot{Z} = R + jX = 24 + j7 = \sqrt{24^2 + 7^2}\angle\tan^{-1}\frac{7}{24} = 25\angle\tan^{-1}\frac{7}{24}\ \Omega$$

まず，ab 間の抵抗Rに流れる電流の大きさI_{ab}は

$$I_{ab} = |\dot{I}_{ab}| = \left|\frac{\dot{E}_{ab}}{\dot{Z}}\right| = \frac{400}{25} = 16\ \text{A}$$

したがって，電流計の指示値I_aは

$$I_a = |\dot{I}_{ab}| = \sqrt{3} \times I_{ab} = 16\sqrt{3} \doteqdot \mathbf{27.7}\ \text{A}$$

(2) 抵抗Rに流れる電流は，各相ともに同じであるから，三相有効電力P_3は

$$P_3 = 3{I_{ab}}^2R = 3 \times 16^2 \times 24 = 18\,432\ \text{W} \doteqdot \mathbf{18.4}\ \text{kW}$$

(3) 同様に，負荷の三相無効電力Q_3は，誘導リアクタンス$X = 7\ \Omega$であるから

$$Q_3 = 3{I_{ab}}^2X = 3 \times 16^2 \times 7 = 5\,376\ \text{var} \doteqdot \mathbf{5.38}\ \text{kvar}$$

(4) 電圧計の指示値を求めるのに，解図1のような回路図を描く．電圧計の測定する電圧$\dot{V}_1$は

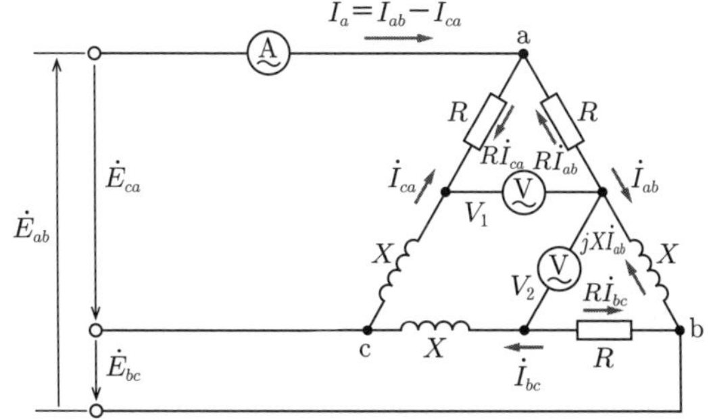

解図1　回路図

$$\begin{aligned}\dot{V}_1 &= R\dot{I}_{ca} + R\dot{I}_{ab} \\ &= R \times \frac{\dot{E}_{ca}}{\dot{Z}} + R \times \frac{\dot{E}_{ab}}{\dot{Z}} \\ &= (\dot{E}_{ca} + \dot{E}_{ab}) \times \frac{R}{\dot{Z}} \\ &= -\dot{E}_{bc} \times \frac{R}{\dot{Z}}\end{aligned}$$

$$V_1 = |\dot{V}_1| = E_{bc} \times \frac{R}{|\dot{Z}|} = 400 \times \frac{24}{25} = \mathbf{384}\ \text{V}$$

同様に，電圧$\dot{V}_2$は，解図1より

$$\dot{V}_2 = jX\dot{I}_{ab} + R\dot{I}_{bc} = jX \times \frac{\dot{E}_{ab}}{\dot{Z}} + R \times \frac{\dot{E}_{bc}}{\dot{Z}} = \frac{jX\dot{E}_{ab} + R\dot{E}_{bc}}{\dot{Z}}$$

$$= \frac{j7\times400+24\times400\times\left(-\frac{1}{2}-j\frac{\sqrt{3}}{2}\right)}{24+j7} = \frac{400\{-12+j(7-12\sqrt{3})\}}{24+j7}$$

電圧計の指示値 V_2 は，$\dot{V}_2$ の絶対値をとればよいから

$$V_2 = |\dot{V}_2| = \frac{400}{25}|-12+j(7-12\sqrt{3})| = \frac{400}{25}\sqrt{12^2+(7-12\sqrt{3})^2} \fallingdotseq \mathbf{292}\ \mathrm{V}$$

解答　**(1)（ハ）　(2)（ヨ）　(3)（ホ）　(4)（ヌ）　(5)（チ）**

問題2　ブロンデルの定理による三相交流回路の電力測定　(R5-B5)

次の文章は，三相交流回路に関する記述である．

図のように，対称三相交流電源が，R〔Ω〕及び $2R$〔Ω〕の抵抗で構成されたY形負荷に接続されている．線間電圧は $|\dot{E}_{ab}|=|\dot{E}_{bc}|=|\dot{E}_{ca}|=E$〔V〕であり，$\dot{E}_{ab}$ を基準フェーザとすれば，$\dot{E}_{ab}=E$，$\dot{E}_{bc}=E\mathrm{e}^{\mathrm{j}\frac{4}{3}\pi}$，$\dot{E}_{ca}=E\mathrm{e}^{\mathrm{j}\frac{2}{3}\pi}$ で表される．

一般に，n 相の多相交流回路の消費電力は，$(n-1)$ 個の単相電力計を用いて測定できる．これは［(1)］の定理と呼ばれる．$\mathrm{W_a}$ 及び $\mathrm{W_c}$ は，この定理に基づいて三相交流回路の消費電力を求める単相電力計で，内部損失や誤差が無い理想的なものである．なお，$\mathrm{W_a}$ は電流 $\dot{I}_a$ が矢印の向きに流れたときに，$\mathrm{W_c}$ は電流 $\dot{I}_c$ が矢印の向きに流れたときに正を指示するように接続されている．

まず，$\dot{I}_a$ の実効値 $|\dot{I}_a|$ を求めると［(2)］〔A〕が得られる．また，$\mathrm{W_a}$ の指示値は，$\dot{E}_{ab}$ に $\dot{I}_a$ の共役複素数を乗じた複素電力の実部を求めることで得られ，［(3)］〔W〕となる．

同様に，$\dot{I}_c$ の実効値 $|\dot{I}_c|$ 及び $\mathrm{W_c}$ の指示値は，それぞれ，［(4)］〔A〕及び［(5)］〔W〕となる．

以上から，図の三相交流回路で消費する電力は，［(1)］の定理より，［(3)］+［(5)］〔W〕となる．

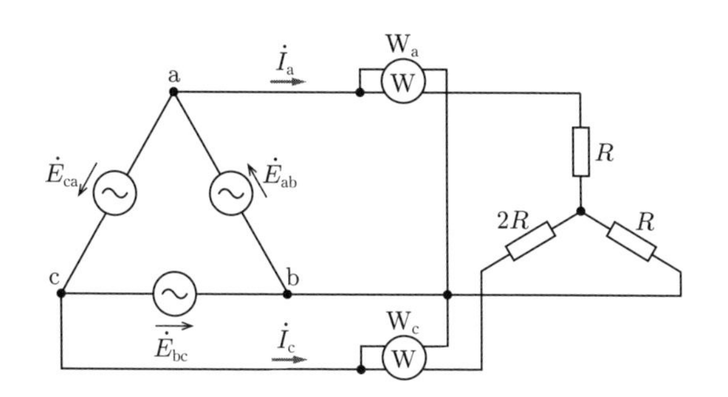

解答群

(イ)	$\dfrac{\sqrt{7}E}{5R}$	(ロ)	$\dfrac{E^2}{2R}$	(ハ)	$\dfrac{\sqrt{7}E^2}{5R}$	(ニ)	$-\dfrac{E^2}{2R}$
(ホ)	ブロンデル	(ヘ)	$\dfrac{3E^2}{2R}$	(ト)	$\dfrac{3E^2}{10R}$	(チ)	$\dfrac{\sqrt{7}E}{2R}$
(リ)	$\dfrac{\sqrt{3}E}{2R}$	(ヌ)	$\dfrac{3E}{10R}$	(ル)	$\dfrac{\sqrt{3}E}{5R}$	(ヲ)	$\dfrac{\sqrt{3}E^2}{5R}$
(ワ)	ノートン	(カ)	$\dfrac{E}{2R}$	(ヨ)	テブナン		

― 攻略ポイント ―

問題の誘導にしたがって，複素数を用いて電力を計算し，複素電力の実部をとればよい．遅れ無効電力を正として複素電力を計算する場合，電圧の複素数に，電流は共役複素数として乗じることに留意する．

解説　(1) n 相の多相交流回路の消費電力を $(n-1)$ 個の単相電力計を用いて測定する方法は**ブロンデルの定理**と呼ばれる．

(2) 電源が対称で負荷が不平衡であるから，キルヒホッフの法則を適用して，$\dot{I}_a$ を求める．$\dot{E}_{ab}$ を基準フェーザとし，ベクトルオペレータ $a = e^{j2\pi/3} = -\dfrac{1}{2} + j\dfrac{\sqrt{3}}{2}$ とすると，それぞれの線間電圧は $\dot{E}_{ab} = E$，$\dot{E}_{bc} = a^2 E$，$\dot{E}_{ca} = aE$ となる．

まず，対称三相交流電源の ab 相の線間電圧 $\dot{E}_{ab}$ と負荷側の a 相抵抗 R と b 相抵抗 R からなる閉回路に着目して，電圧降下の向きに注意し，キルヒホッフの第 2 法則を適用すれば

$$\dot{E}_{ab} = E = \dot{I}_a R - \dot{I}_b R \quad \cdots\cdots ①$$

また，対称三相交流電源の ca 相の線間電圧 $\dot{E}_{ca}$ と負荷側の c 相抵抗 $2R$ と a 相抵抗 R からなる閉回路に着目して，同様にキルヒホッフの第2法則を適用すれば

$$\dot{E}_{ca} = aE = -\dot{I}_a R + 2\dot{I}_c R \cdots\cdots ②$$

さらに，線電流に関して，負荷の中性点にキルヒホッフの第1法則を適用すれば

$$\dot{I}_a + \dot{I}_b + \dot{I}_c = 0 \cdots\cdots ③$$

式①，式②，式③を $\dot{I}_a$，$\dot{I}_b$，$\dot{I}_c$ に関する連立方程式とみて，$\dot{I}_a$ を求める．そこで，式①と式③から，$\dot{I}_b$ を消去すれば

$$E = 2\dot{I}_a R + \dot{I}_c R \cdots\cdots ④$$

そして，式④と式②から，$\dot{I}_c$ を消去すれば

$$(2-a)E = 5\dot{I}_a R \cdots\cdots ⑤$$

$$\therefore \quad \dot{I}_a = \frac{(2-a)E}{5R} = \left(2 + \frac{1}{2} - j\frac{\sqrt{3}}{2}\right) \times \frac{E}{5R} = \frac{1}{10}(5 - j\sqrt{3})\frac{E}{R} \cdots\cdots ⑥$$

式⑥の絶対値をとれば

$$|\dot{I}_a| = \frac{1}{10}\sqrt{5^2 + (\sqrt{3})^2}\,\frac{E}{R} = \boldsymbol{\frac{\sqrt{7}E}{5R}}$$

(3) 題意より，$\dot{E}_{ab}\overline{\dot{I}_a}$ の実部から W_a の指示値 P_a を求めることができるので

$$\dot{E}_{ab}\overline{\dot{I}_a} = E \times \frac{1}{10}(5 + j\sqrt{3})\frac{E}{R} = \left(\frac{1}{2} + j\frac{\sqrt{3}}{10}\right)\frac{E^2}{R}$$

$$P_a = \mathrm{Re}\{\dot{E}_{ab}\overline{\dot{I}_a}\} = \boldsymbol{\frac{E^2}{2R}}$$

(4) 式④と式⑤から，$\dot{I}_a$ を消去して $\dot{I}_c$ を求めれば

$$\dot{I}_c = \frac{E - 2\dot{I}_a R}{R} = \frac{E - 2R \times \dfrac{(2-a)E}{5R}}{R} = \frac{(1+2a)E}{5R} = \frac{(1 - 1 + j\sqrt{3})E}{5R}$$

$$= j\frac{\sqrt{3}E}{5R}$$

$$\therefore \quad |\dot{I}_c| = \boldsymbol{\frac{\sqrt{3}E}{5R}}$$

(5) 電力計に加わる電圧が $\dot{E}_{cb} = -\dot{E}_{bc} = -a^2 E$ となるから，$\dot{E}_{cb}\overline{\dot{I}_c}$ の実部より W_c の指示値 P_c を求めればよい．

$$\dot{E}_{cb}\overline{\dot{I}_c} = \left(\frac{1}{2} + j\frac{\sqrt{3}}{2}\right)E \times \left(-j\frac{\sqrt{3}E}{5R}\right) = \left(\frac{3}{10} - j\frac{\sqrt{3}}{10}\right)\frac{E^2}{R}$$

$$P_c = \mathrm{Re}\{\dot{E}_{cb}\overline{\dot{I}_c}\} = \frac{3E^2}{10R}$$

解答　**(1)（ホ）　(2)（イ）　(3)（ロ）　(4)（ル）　(5)（ト）**

詳細解説 1　ブロンデルの定理

相電圧，相電流を複素数表示する場合，進み無効電力を正にとれば

$$P + jQ = \overline{\dot{E}_a}\dot{I}_a + \overline{\dot{E}_b}\dot{I}_b + \overline{\dot{E}_c}\dot{I}_c \tag{4・1}$$

となる．電流の合計は $\dot{I}_a + \dot{I}_b + \dot{I}_c = 0$ であるため，式(4・1)から，$\overline{\dot{E}_c}(\dot{I}_a + \dot{I}_b + \dot{I}_c)$ を差し引いても値は変わらない．したがって，

$$\begin{aligned} P + jQ &= \overline{\dot{E}_a}\dot{I}_a + \overline{\dot{E}_b}\dot{I}_b + \overline{\dot{E}_c}\dot{I}_c - \overline{\dot{E}_c}(\dot{I}_a + \dot{I}_b + \dot{I}_c) \\ &= (\overline{\dot{E}_a} - \overline{\dot{E}_c})\dot{I}_a + (\overline{\dot{E}_b} - \overline{\dot{E}_c})\dot{I}_b \\ &= \overline{\dot{V}_{ac}}\dot{I}_a + \overline{\dot{V}_{bc}}\dot{I}_b \end{aligned} \tag{4・2}$$

となる．これは，図4・1に示すように，三相電力を測定するための電力計は2個でよいことを示す．これを**ブロンデルの定理**という．一般的に表せば，「n 条の電線で送られた電力は $n-1$ 個の電力計で測定することができる」．このブロンデルの定理は，非対称電源，不平衡負荷でも成り立つ．

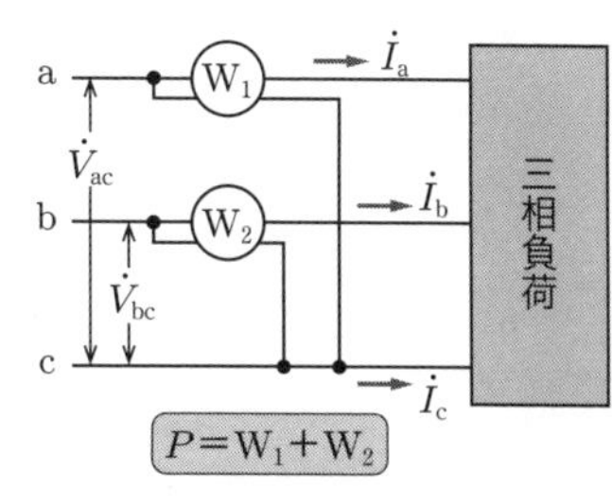

図4・1　ブロンデルの定理

問題 3　△形不平衡負荷を接続した回路の電力測定①　（H28-B5）

次の文章は，三相交流回路に関する記述である．ただし，$a = \mathrm{e}^{j\frac{2}{3}\pi}$ であり，$1 + a + a^2 = 0$ に注意する．

図に示すように，対称三相交流電圧源に△形不平衡負荷を接続し，単相電力計を2か所に接続した．$\dot{E}_a = 100\angle 0°$ V であり，相回転は $\dot{E}_a$，$\dot{E}_b$，$\dot{E}_c$ の順（$\dot{E}_b = a^2\dot{E}_a$，$\dot{E}_c = a\dot{E}_a$）とする．△形不平衡負荷のアドミタンスは $\dot{Y}_{ab} = \dot{Y}_{ca}$ であり，アドミタンス $\dot{Y}_{bc}$ は取り外し可能となっている．単相電力計の動作は理想的とし，その接続の仕方は指示が逆振れしない接続とする．このとき，以下の (a)，(b)，(c) の結果を得た．

(a)　アドミタンス $\dot{Y}_{bc}$ を除去したとき，線電流 $\dot{I}_a$ は $\dot{I}_a = -3a$〔A〕であった．

(b)　アドミタンス $\dot{Y}_{bc}$ を接続したとき，線電流 $\dot{I}_b$ は $\dot{I}_b = a$〔A〕であった．

(c)　単相電力計の指示 W_{ac} と W_{bc} のそれぞれの値は，(a) と (b) で同じ

であった．ただし，単相電力計の接続の仕方は，指示値 W_{ac} を読むときと指示値 W_{bc} を読むときでは，極性が逆となった．

(a) のとき，$\dot{Y}_{ab}=\dot{Y}_{ca}$ 及び $\dot{I}_a=(\dot{E}_a-\dot{E}_b)\dot{Y}_{ab}+(\dot{E}_a-\dot{E}_c)\dot{Y}_{ca}$ に注意すると，$\dot{Y}_{ab}=\dot{Y}_{ca}=$ (1) 〔S〕となる．図の三相回路の線電流 $\dot{I}_a$ の値は $\dot{Y}_{bc}$ と無関係であるから，単相電力計の指示値 W_{ac} は (a) でも (b) でも $W_{ac}=$ (2) W を示す．

$\dot{Y}_{bc}$ を除去することは，$\dot{Y}_{bc}=0$ S とすることと等価であるから，(a) のときの線電流 $\dot{I}_b$ は，$\dot{I}_b=(\dot{E}_b-\dot{E}_a)\dot{Y}_{ab}$ より $\dot{I}_b=$ (3) 〔A〕となる．(c) の結果からアドミタンス $\dot{Y}_{bc}$ は電力を消費しないことが分かる．したがって，図の△形不平衡負荷の消費電力は $\dot{Y}_{ab}$ と $\dot{Y}_{ca}$ から求めることができ，(a) でも (b) でも (4) W を得る．以上の結果と W_{ac} の値の大きさに注意すると，W_{bc} が指示するのは負荷から電源に戻る回生電力の値であることが分かる．したがって，(a) でも (b) でも $W_{bc}=$ (5) W を得る．W_{bc} の値は，(a) 又は (b) のときの線電流 $\dot{I}_b$ から求めることもできる．

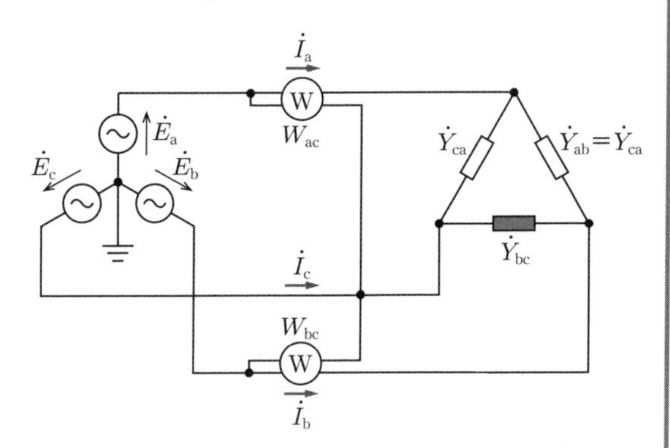

解答群

(イ)	300	(ロ)	$\sqrt{3}a^2$	(ハ)	150	(ニ)	0.01
(ホ)	$\sqrt{3}(a^2-1)$	(ヘ)	$a-1$	(ト)	600	(チ)	750
(リ)	200	(ヌ)	$-0.01a^2$	(ル)	450	(ヲ)	100
(ワ)	400	(カ)	$-0.01a$	(ヨ)	250		

— 攻略ポイント —

不平衡負荷のある三相交流回路の電力測定に関する問題は，電気計測の分野ではよく出題されるテーマなので，電力計が計測する電圧や電流をよく見てベクトル図を正確に描けるように学習する．

解説　(1) 題意，(a) の条件，$\dot{E}_b+\dot{E}_c=-\dot{E}_a$ より

$$\dot{I}_a=(\dot{E}_a-\dot{E}_b)\dot{Y}_{ab}+(\dot{E}_a-\dot{E}_c)\dot{Y}_{ca}=(2\dot{E}_a-\dot{E}_b-\dot{E}_c)\dot{Y}_{ab}$$

$$= 3\dot{E}_a\dot{Y}_{ab} = 300\dot{Y}_{ab} = -3a \qquad \therefore \quad \dot{Y}_{ab} = \boldsymbol{-0.01a}$$

(2) 単相電力形の指示値 W_{ac} に関する電圧・電流のベクトル図を書くと，解図１となる．これから，W_{ac} が指示する電力は

$$W_{ac} = |\dot{E}_a - \dot{E}_c|\cdot|\dot{I}_a|\cos\theta$$
$$= 100\sqrt{3} \times 3\cos 30° = \mathbf{450}\ \mathrm{W}$$

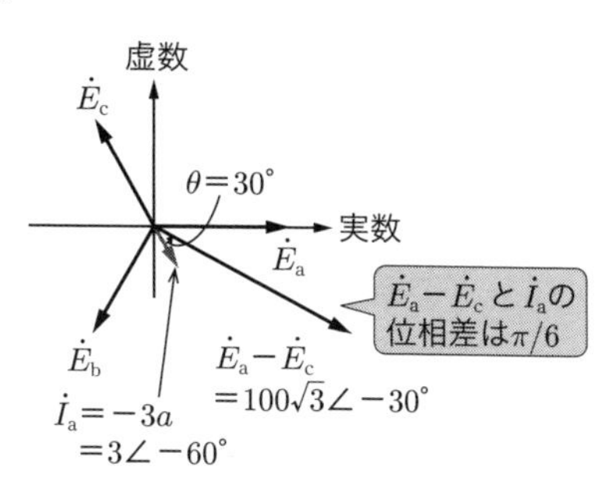

解図１　W_{ac} に関するベクトル図

(3) 問題文で与えられている式に条件の数値を代入すれば

$$\dot{I}_b = (\dot{E}_b - \dot{E}_a)\dot{Y}_{ab}$$
$$= 100(a^2 - 1)\cdot(-0.01a)$$
$$= -a^3 + a = \boldsymbol{a-1} \quad (\because \quad a^3 = 1)$$

(4) 条件の (c) の結果から，アドミタンス $\dot{Y}_{bc}$ は電力を消費しないということが分かるので，$\dot{Y}_{ab}$ および $\dot{Y}_{ca}$ の消費電力を合計すれば全体の消費電力 W となる．(1) の結果より，$\dot{Y}_{ab} = \dot{Y}_{ca} = -0.01a$ であるから，各アドミタンスの消費電力は同じである．そして，各アドミタンスの線間電圧は $100\sqrt{3}$ V なので，全体の消費電力 W は

$$W = 2|\dot{E}_a - \dot{E}_b|^2 \times \mathrm{Re}(\dot{Y}_{ab}) = 2 \times (100\sqrt{3})^2 \times \mathrm{Re}(-0.01\mathrm{a})$$
$$= -600 \times \mathrm{Re}\left(-\frac{1}{2} + j\frac{\sqrt{3}}{2}\right) = \mathbf{300}\ \mathrm{W}$$

(5) 題意から，単相電力計 W_{ac} が指示する電力は 450 W で，全体の消費電力 W が 300 W なので，これらの大きさに着目すれば，単相電力計 W_{bc} は負荷から電源に戻る回生電力の値を示している．

$$W_{bc} = -(W - W_{ac}) = -(300 - 450) = \mathbf{150}\ \mathrm{W}$$

なお，これは次のように考えて求めることもできる．解図２のように，条件の (b) で与えられた線電流 $\dot{I}_b = a$ を用いて，単相電力計 W_{bc} に関するベクトル図を書くことができる．

$$W_{bc} = |\dot{E}_b - \dot{E}_c|\cdot|\dot{I}_b|\cos\theta$$
$$= 100\sqrt{3} \times 1 \times \cos 210°$$
$$= 100\sqrt{3} \times \left(\frac{-\sqrt{3}}{2}\right) = -150\ \mathrm{W}$$

題意より，単相電力計は指示が逆振れしない接続とするため，極性を入れ替えるので，$W_{bc} =$ **150** W である．

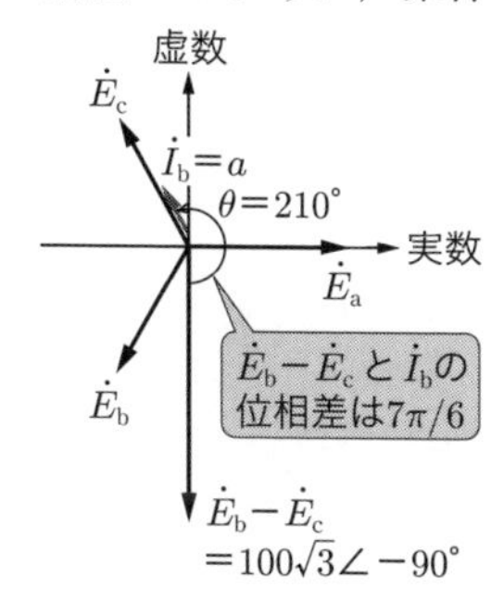

解図２　W_{bc} に関するベクトル図

 **(1)（カ）　(2)（ル）　(3)（へ）　(4)（イ）　(5)（ハ）**

問題 4　△形不平衡負荷を接続した回路の電力測定②　（H23-A3）

次の文章は，三相回路に関する記述である．

図に示すように，抵抗 R，容量性リアクタンス X，誘導性リアクタンス X からなる不平衡三相負荷と二つの単相電力計 1 と 2 を接続した回路がある．ただし，単相電力計は理想的とする．

端子 a，b，c に相回転が abc の順で線間電圧 V の対称三相電圧を印加した．このとき，$\dot{V}_{ab}$ を基準（$\dot{V}_{ab}=V\angle 0°$）とすると線電流 $\dot{I}_a$，$\dot{I}_b$，$\dot{I}_c$ はそれぞれ

$\dot{I}_a=$ (1)

$\dot{I}_b=$ (2)

$\dot{I}_c=$ (3)

となる．

次に，抵抗 R を変化させ，R を (4) にしたところ，対称三相の線電流 $\dot{I}_a$，$\dot{I}_b$，$\dot{I}_c$ が流れた．このとき，電力計 1，2 の指示 W_1，W_2 は (5) となる．

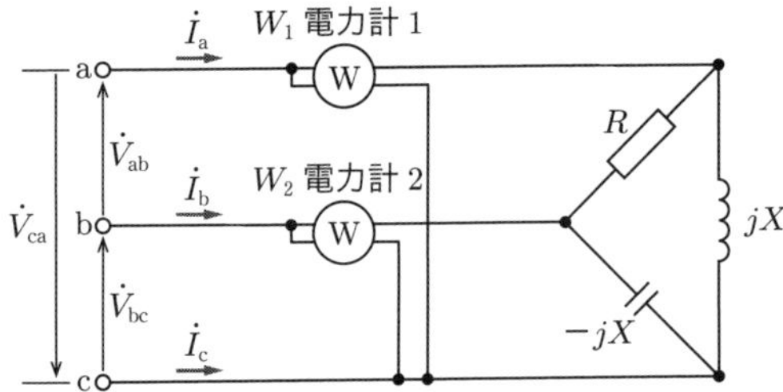

解答群

（イ）$\sqrt{3}X$

（ロ）$\left[\left(\frac{1}{R}-\frac{\sqrt{3}}{2X}\right)-j\frac{1}{X}\right]V$

（ハ）$\left[-\left(\frac{1}{R}-\frac{\sqrt{3}}{2X}\right)-j\frac{1}{2X}\right]V$

（ニ）$\frac{1}{\sqrt{3}}X$

（ホ）$\left[\left(\frac{1}{R}-\frac{\sqrt{3}}{2X}\right)+j\frac{1}{2X}\right]V$

（ヘ）$\frac{2}{\sqrt{3}}X$

（ト）$\left[-\left(\frac{1}{R}-\frac{\sqrt{3}}{2X}\right)+j\frac{1}{2X}\right]V$

（チ）$-j\frac{1}{X}V$

(リ) $W_1 = \frac{\sqrt{3}}{2X}V^2$, $W_2 = \frac{\sqrt{3}}{2X}V^2$　　(ヌ) $\left[-\left(\frac{1}{R} - \frac{\sqrt{3}}{2X}\right) - j\frac{1}{X}\right]V$

(ル) $W_1 = \frac{2\sqrt{3}}{X}V^2$, $W_2 = -\frac{\sqrt{3}}{X}V^2$　　(ヲ) $\left[\left(\frac{1}{R} - \frac{\sqrt{3}}{2X}\right) - j\frac{1}{2X}\right]V$

(ワ) $j\frac{1}{X}V$　　(カ) $W_1 = \frac{\sqrt{3}}{X}V^2$, $W_2 = 0$　　(ヨ) $j\frac{1}{2X}V$

― 攻略ポイント ―

三相回路の電力の測定は，ブロンデルの定理により，負荷の平衡，不平衡を問わず，電力計 2 個で測定できる二電力計法の応用である．

解説　(1) 抵抗 R，容量性リアクタンス X および誘導性リアクタンス X を流れる電流 $\dot{I}_{ab}$，$\dot{I}_{bc}$ および $\dot{I}_{ca}$ を解図 1 の向きに定めると，次式が成り立つ．

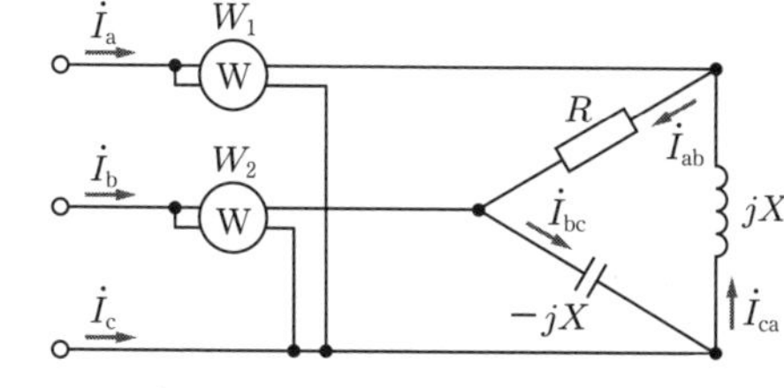

解図 1　回路における電流の設定

$$\dot{I}_{ab} = \frac{\dot{V}_{ab}}{R},\quad \dot{I}_{bc} = \frac{\dot{V}_{bc}}{-jX},$$

$$\dot{I}_{ca} = \frac{\dot{V}_{ca}}{jX}$$

そこで，$\dot{V}_{ab} = V$ を基準ベクトルにして

$$\dot{V}_{bc} = \dot{V}_{ab}\,\mathrm{e}^{-j\frac{2}{3}\pi} = \left(-\frac{1}{2} - j\frac{\sqrt{3}}{2}\right)V$$

$$\dot{V}_{ca} = \dot{V}_{ab}\,\mathrm{e}^{-j\frac{4}{3}\pi} = \left(-\frac{1}{2} + j\frac{\sqrt{3}}{2}\right)V$$

となる．各負荷に流れる電流 $\dot{I}_{ab}$，$\dot{I}_{bc}$，$\dot{I}_{ca}$ は次式となる．

$$\dot{I}_{ab} = \frac{V}{R}$$

$$\dot{I}_{bc} = \frac{1}{-jX}\left(-\frac{1}{2} - j\frac{\sqrt{3}}{2}\right)V = \left(\frac{\sqrt{3}}{2X} - j\frac{1}{2X}\right)V$$

$$\dot{I}_{ca} = \frac{1}{jX}\left(-\frac{1}{2} + j\frac{\sqrt{3}}{2}\right)V = \left(\frac{\sqrt{3}}{2X} + j\frac{1}{2X}\right)V$$

線電流 $\dot{I}_a$ はキルヒホッフの第 1 法則より

$$\dot{I}_{\mathrm{a}} = \dot{I}_{\mathrm{ab}} - \dot{I}_{\mathrm{ca}} = \left\{\frac{1}{R} - \left(\frac{\sqrt{3}}{2X} + j\frac{1}{2X}\right)\right\}V = \left[\left(\frac{\mathbf{1}}{\boldsymbol{R}} - \frac{\sqrt{\mathbf{3}}}{\mathbf{2}\boldsymbol{X}}\right) - \boldsymbol{j}\frac{\mathbf{1}}{\mathbf{2}\boldsymbol{X}}\right]\boldsymbol{V}$$

(2) 同様に，線電流 $\dot{I}_{\mathrm{b}}$ は，キルヒホッフの第1法則より

$$\dot{I}_{\mathrm{b}} = \dot{I}_{\mathrm{bc}} - \dot{I}_{\mathrm{ab}} = \left\{\left(\frac{\sqrt{3}}{2X} - j\frac{1}{2X}\right) - \frac{1}{R}\right\}V = \left\{\left(\frac{\sqrt{3}}{2X} - \frac{1}{R}\right) - j\frac{1}{2X}\right\}V$$

$$= \left[-\left(\frac{\mathbf{1}}{\boldsymbol{R}} - \frac{\sqrt{\mathbf{3}}}{\mathbf{2}\boldsymbol{X}}\right) - \boldsymbol{j}\frac{\mathbf{1}}{\mathbf{2}\boldsymbol{X}}\right]\boldsymbol{V}$$

(3) 同様に，線電流 $\dot{I}_{\mathrm{c}}$ は，キルヒホッフの第一法則より

$$\dot{I}_{\mathrm{c}} = \dot{I}_{\mathrm{ca}} - \dot{I}_{\mathrm{bc}} = \left\{\left(\frac{\sqrt{3}}{2X} + j\frac{1}{2X}\right) - \left(\frac{\sqrt{3}}{2X} - j\frac{1}{2X}\right)\right\}V = \boldsymbol{j}\frac{\mathbf{1}}{\boldsymbol{X}}\boldsymbol{V}$$

(4) 解図2のベクトル図に示すように，抵抗 R により変化するのは，$\dot{I}_{\mathrm{a}}$，$\dot{I}_{\mathrm{b}}$ の実部のみであり，虚部については一定で対称三相交流電流の条件を満たしている．そこで，実部については $\pm\{1/R - \sqrt{3}/(2X)\}V$ であるから，次式を満たせばよい．

$$\left(\frac{1}{R} - \frac{\sqrt{3}}{2X}\right)V = \frac{V}{X}\sin 60^\circ$$

$$= \frac{\sqrt{3}V}{2X} \qquad \therefore \quad \boldsymbol{R} = \frac{\boldsymbol{X}}{\sqrt{\mathbf{3}}}$$

解図2　各電流の位相関係

(5) 電力計 W_1 の指示値は，電圧コイルには $\dot{V}_{\mathrm{ac}}$ が加わり，電流コイルには $\dot{I}_{\mathrm{a}}$ が流れる．解図3に示すように，$\dot{V}_{\mathrm{ac}}$ と $\dot{I}_{\mathrm{a}}$ の位相角が 30° であるから

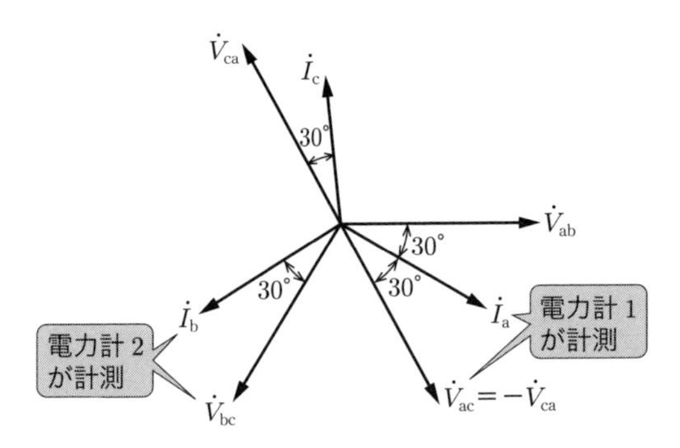

解図3　電圧・電流ベクトル

$$\boldsymbol{W_1} = |\dot{V}_{ac}||\dot{I}_a|\cos 30° = V \times \frac{V}{X} \times \frac{\sqrt{3}}{2} = \boldsymbol{\frac{\sqrt{3}}{2X}V^2}$$

一方，電力計 W_2 の指示値は，電圧コイルには $\dot{V}_{bc}$ が加わり，電流コイルには $\dot{I}_b$ が流れる．解図 3 より，$\dot{V}_{bc}$ と $\dot{I}_b$ の位相角が 30° であるから

$$\boldsymbol{W_2} = |\dot{V}_{bc}||\dot{I}_b|\cos 30° = V \times \frac{V}{X} \times \frac{\sqrt{3}}{2} = \boldsymbol{\frac{\sqrt{3}}{2X}V^2}$$

解答　**(1)（ヲ）　(2)（ハ）　(3)（ワ）　(4)（ニ）　(5)（リ）**

問題 5　Y形不平衡負荷を接続した回路の電力測定　(H24-B5)

次の文章は，三相交流回路に関する記述である．

図に示すように，対称三相交流電源にY形不平衡負荷及び 3 個の電力計を接続した．$\dot{E}_a = 100\angle 0°$〔V〕であり，相回転は $\dot{E}_a$，$\dot{E}_b$，$\dot{E}_c$ の順とする．このとき線電流 $\dot{I}_a$，$\dot{I}_b$ はそれぞれ $\dot{E}_a$，$\dot{E}_b$ と同相となり，$\dot{I}_a = 5\angle 0°$〔A〕であった．また，電力計の値は $W_a = 250$〔W〕，$W_b = 500$〔W〕，$W_{bc} = 1\,500$〔W〕であった．$a = e^{j\frac{2\pi}{3}}$ とおくと，線電流 $\dot{I}_b$ の条件から $\dot{I}_b = |\dot{I}_b| \times$ [(1)] である．$W_{bc} = \mathrm{Re}[(\dot{E}_b - \dot{E}_c)\overline{\dot{I}_b}]$ 及び $a^3 = 1$ を利用すると，$\dot{I}_b =$ [(2)]〔A〕となり，$\dot{I}_c$ も $\dot{I}_a$ と $\dot{I}_b$ から計算できる．このとき，各負荷の消費電力の総和は $\mathrm{Re}[(\dot{E}_a - \dot{V}_n)\overline{\dot{I}_a} + (\dot{E}_b - \dot{V}_n)\overline{\dot{I}_b} + (\dot{E}_c - \dot{V}_n)\overline{\dot{I}_c}] = \mathrm{Re}[($ [(3)] $)\overline{\dot{I}_a}] + W_{bc}$ となる．この式の右辺第一項の複素数の計算を行うと，$W_{bc} = 1\,500$〔W〕であるからY形負荷全体の消費電力は [(4)]〔W〕と求められる．

以上のことから，各負荷の消費電力と電流の大きさを考えることにより，各負荷の抵抗成分の総和 $\mathrm{Re}[\dot{Z}_a] + \mathrm{Re}[\dot{Z}_b] + \mathrm{Re}[\dot{Z}_c]$ は [(5)]〔Ω〕と求まる．

（注）$\mathrm{Re}[\dot{Z}]$ は複素数 $\dot{Z}$ の実部を表す．
$\overline{\dot{Z}}$ は複素数 $\dot{Z}$ の共役複素数を表す．

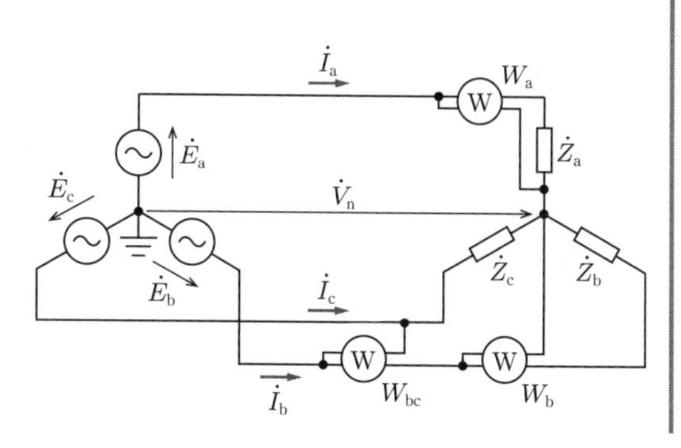

解答群

（イ）$50a$　（ロ）35
（ハ）2 200　（ニ）$20a$
（ホ）$\dot{E}_a - \dot{E}_b$
（ヘ）2 000

（ト）$\dot{E}_a-\dot{E}_c$　（チ）1　（リ）2 250　（ヌ）40　（ル）a^2
（ヲ）$\dot{E}_b-\dot{E}_c$　（ワ）$10a^2$　（カ）50　（ヨ）a

― 攻略ポイント ―

問題文の誘導にしたがって，丁寧に複素数計算を行う．また，電力計が計測する電圧や電流をよく見てベクトル図を正確に描く．

解説　(1) 題意より，電源電圧 $\dot{E}_a$，$\dot{E}_b$，$\dot{E}_c$ は対称三相交流であり，相回転は a，b，c であるから，$\dot{E}_a = 100$ V，$\dot{E}_b = a^2\dot{E}_a = -50-j50\sqrt{3}$ V，$\dot{E}_c = a\dot{E}_a = -50+j50\sqrt{3}$ V である．そして，$\dot{I}_a$ と $\dot{E}_a$，$\dot{I}_b$ と $\dot{E}_b$ が同相であるから，$\dot{I}_b = |\dot{I}_b|\times \boldsymbol{a^2}$ である．

(2) 題意から，$W_{bc} = \mathrm{Re}\{(\dot{E}_b-\dot{E}_c)\overline{\dot{I}_b}\}$ であるので，数値を代入すれば

$$W_{bc} = \mathrm{Re}\{(\dot{E}_b-\dot{E}_c)\overline{\dot{I}_b}\} = \mathrm{Re}\{(a^2\dot{E}_a-a\dot{E}_a)\cdot\overline{a^2|\dot{I}_b|}\}$$

$$= \mathrm{Re}\{(a^2\dot{E}_a-a\dot{E}_a)\cdot a|\dot{I}_b|\} = \mathrm{Re}\{\dot{E}_a(1-a^2)\cdot|\dot{I}_b|\}\quad(\because\ \overline{a^2}=a,\ a^3=1)$$

$$= \frac{3}{2}|\dot{E}_a|\cdot|\dot{I}_b| = 1\,500\ \mathrm{W}$$

$$|\dot{I}_b| = 1\,500\times\frac{2}{3|\dot{E}_a|} = 1\,500\times\frac{2}{3\times 100} = 10\ \mathrm{A}$$

ここで，(1) の結果を踏まえると，$\dot{I}_b = |\dot{I}_b|\times a^2 = \boldsymbol{10a^2}$

（別解）上記のように複素数計算をしても求められるが，解図のようなベクトル図を作成して求めてもよい．解図のベクトル図において，$(\dot{E}_b-\dot{E}_c)$ と $\dot{I}_b$ の位相角は $\pi/6$ であるから

$$W_{bc} = |\dot{E}_b-\dot{E}_c|\cdot|\dot{I}_b|\cos\frac{\pi}{6}$$

$$= 100\sqrt{3}\cdot|\dot{I}_b|\cdot\frac{\sqrt{3}}{2}$$

$$= 150|\dot{I}_b| = 1\,500\ \mathrm{W}$$

$$|\dot{I}_b| = 10\ \mathrm{A}$$

したがって，(1) の結果を用いて

$$\dot{I}_b = |\dot{I}_b|\times a^2 = \boldsymbol{10a^2}$$

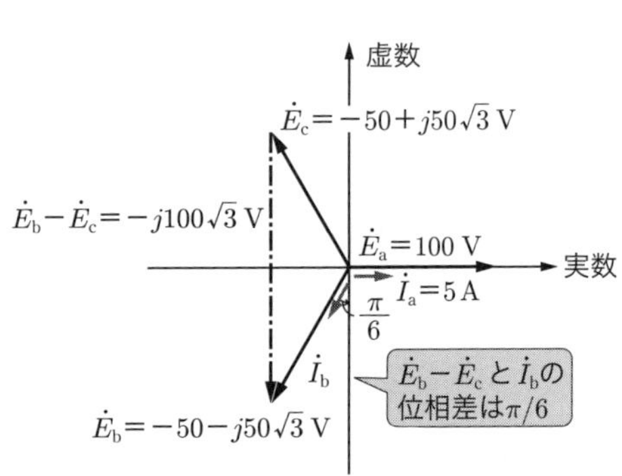

解図　ベクトル図

(3) 三相回路の各負荷の消費電力の総和 W は，題意で与えられた式を展開して

$$W = \mathrm{Re}\{(\dot{E}_a-\dot{V}_n)\overline{\dot{I}_a}+(\dot{E}_b-\dot{V}_n)\overline{\dot{I}_b}+(\dot{E}_c-\dot{V}_n)\overline{\dot{I}_c}\}$$

$$= \mathrm{Re}\{\dot{E}_a\overline{\dot{I}_a} + \dot{E}_b\overline{\dot{I}_b} + \dot{E}_c\overline{\dot{I}_c} - \dot{V}_n(\overline{\dot{I}_a} + \overline{\dot{I}_b} + \overline{\dot{I}_c})\} = \mathrm{Re}\{\dot{E}_a\overline{\dot{I}_a} + E_b\overline{\dot{I}_b} + \dot{E}_c\overline{\dot{I}_c}\}$$
$$= \mathrm{Re}\{\dot{E}_a\overline{\dot{I}_a} + \dot{E}_b\overline{\dot{I}_b} - \dot{E}_c\overline{\dot{I}_b} + \dot{E}_c(\overline{\dot{I}_b} + \overline{\dot{I}_c})\} = \mathrm{Re}\{(\dot{E}_a - \dot{E}_c)\overline{\dot{I}_a} + (\dot{E}_b - \dot{E}_c)\overline{\dot{I}_b}\}$$
$$= \mathrm{Re}\{(\boldsymbol{\dot{E}_a - \dot{E}_c})\overline{\dot{I}_a}\} + W_{bc} \quad (\because \quad \overline{\dot{I}_a} + \overline{\dot{I}_b} + \overline{\dot{I}_c} = 0,\ \overline{\dot{I}_b} + \overline{\dot{I}_c} = -\overline{\dot{I}_a})$$

(4) 上式に与えられた数値を代入すれば

$$W = \mathrm{Re}〔\{100 - (-50 + j50\sqrt{3})\} \times 5〕 + 1\,500 = \mathbf{2\,250}\ \mathrm{W}$$

(5) インピーダンス $\dot{Z}_a$, $\dot{Z}_b$, $\dot{Z}_c$ の抵抗分を個別に求めて，これらを合計すればよい.

まず，$\dot{Z}_a$ に着目すると，$W_a = \mathrm{Re}(\dot{Z}_a) \times |\dot{I}_a|^2 = 250$ W で，$|\dot{I}_a| = 5$ A であるから

$$\mathrm{Re}(\dot{Z}_a) = \frac{250}{|\dot{I}_a|^2} = \frac{250}{5^2} = 10\ \Omega$$

次に，$\dot{Z}_b$ に着目すると，$W_b = \mathrm{Re}(\dot{Z}_b) \times |\dot{I}_b|^2 = 500$ W で，$|\dot{I}_b| = 10$ A であるから

$$\mathrm{Re}(\dot{Z}_b) = \frac{500}{|\dot{I}_b|^2} = \frac{500}{10^2} = 5\ \Omega$$

最後に，$\dot{Z}_c$ に関しては，$\dot{Z}_c$ で消費される電力を W_c とすれば，W_c はY形不平衡負荷全体の消費電力から W_a と W_b を引いたものであるから

$$W_c = W - W_a - W_b = 2\,250 - 250 - 500 = 1\,500\ \mathrm{W}$$

電流 $\dot{I}_c$ は，$\dot{I}_a + \dot{I}_b + \dot{I}_c = 0$ という関係があるから，これを変形して

$$\dot{I}_c = -\dot{I}_a - \dot{I}_b = -5 - (-5 - j5\sqrt{3}) = j5\sqrt{3} \qquad \therefore \quad |\dot{I}_c| = 5\sqrt{3}\ \mathrm{A}$$

そこで，

$$\mathrm{Re}(\dot{Z}_c) = \frac{\dot{W}_c}{|\dot{I}_c|^2} = \frac{1\,500}{(5\sqrt{3})^2} = 20\ \Omega$$

したがって，各負荷の抵抗分の総和は

$$\mathrm{Re}(\dot{Z}_a) + \mathrm{Re}(\dot{Z}_b) + \mathrm{Re}(\dot{Z}_c) = 10 + 5 + 20 = \mathbf{35}\ \Omega$$

解答 (1)（ル） (2)（ワ） (3)（ト） (4)（リ） (5)（ロ）

問題 6 三相交流回路の電流と電力 （H21-A2）

次の文章は，三相交流回路に関する記述である.

図のように，実効値が 220 V である対称三相電源 $\dot{E}_{ab} = 220\angle 0°$〔V〕，$\dot{E}_{bc} = 220\angle -120°$〔V〕，$\dot{E}_{ca} = 220\angle -240°$〔V〕が，△形三相負荷と一つの可変抵抗からなる回路に接続されている．この△形三相負荷の各相のインピーダ

ンスは $\dot{Z}_{ab}=\dot{Z}_{bc}=66+j54$〔Ω〕，$\dot{Z}_{ca}=106+j50$〔Ω〕である．この回路には，実効値を指示する1個の理想的な交流電流計が図のように接続されており，その指示値を I とする．

いま，可変抵抗値を $R=0$〔Ω〕とした場合，電流計の指示値は，$I=$ (1) 〔A〕となり，負荷の三相電力は (2) 〔kW〕となる．

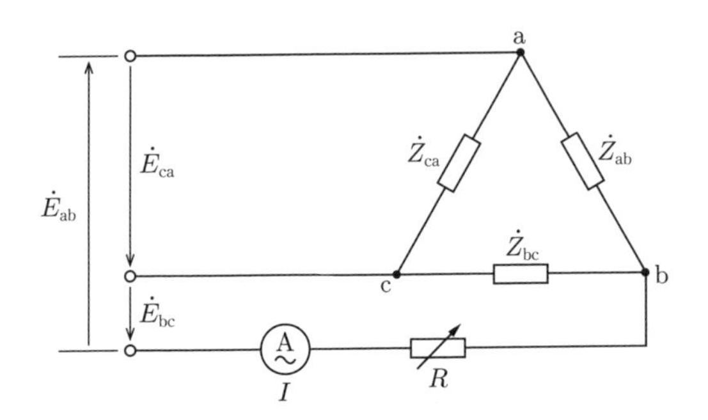

次に，可変抵抗を調整したところ，各線電流の大きさは同じ値となり，回路は全体で平衡状態となった．この場合，可変抵抗の調整値は，$R=$ (3) 〔Ω〕であり，電流計の指示値は，$I=$ (4) 〔A〕である．また，可変抵抗と△形三相負荷からなる回路の総電力は， (5) 〔kW〕である．

解答群

(イ) 6.29	(ロ) 0.396	(ハ) 3.63	(ニ) 15
(ホ) 4.47	(ヘ) 7.5	(ト) 0.461	(チ) 12
(リ) 1.25	(ヌ) 0.521	(ル) 1.19	(ヲ) 30
(ワ) 0.185	(カ) 8.36	(ヨ) 2.08	

—攻略ポイント—

△-△結線の対称三相電源・不平衡負荷の場合，各負荷に流れる電流 $\dot{I}_{ab}=\dot{E}_{ab}/\dot{Z}_{ab}$，$\dot{I}_{bc}=\dot{E}_{bc}/\dot{Z}_{bc}$，$\dot{I}_{ca}=\dot{E}_{ca}/\dot{Z}_{ca}$ を求めた上で，線電流 $\dot{I}_{a}=\dot{I}_{ab}-\dot{I}_{ca}$，$\dot{I}_{b}=\dot{I}_{bc}-\dot{I}_{ab}$，$\dot{I}_{c}=\dot{I}_{ca}-\dot{I}_{bc}$ を計算すればよい．なお，各負荷電流，各線電流ともに，大きさと位相差は異なる．

解説　(1) $\dot{I}_{ab}$，$\dot{I}_{bc}$，$\dot{I}_{ca}$ を解図1のように定め，$R=0$ とすれば

$$\dot{I}_{ab}=\frac{\dot{E}_{ab}}{\dot{Z}_{ab}}=\frac{220}{66+j54}=\frac{220(66-j54)}{(66+j54)(66-j54)}=\frac{55}{606}\times(22-j18)\ \cdots\cdots①$$

$$\dot{I}_{bc}=\frac{\dot{E}_{bc}}{\dot{Z}_{bc}}=\frac{220\times\left(-\frac{1}{2}-j\frac{\sqrt{3}}{2}\right)}{66+j54}=\frac{55}{606}\times\{(-11-9\sqrt{3})+j(9-11\sqrt{3})\}$$

……②

$$\dot{I}_{ca}=\frac{\dot{E}_{ca}}{\dot{Z}_{ca}}=\frac{220\times\left(-\frac{1}{2}+j\frac{\sqrt{3}}{2}\right)}{106+j50}=\frac{55}{3\,434}\times\{(25\sqrt{3}-53)+j(25+53\sqrt{3})\}$$

……③

したがって，電流計の指示値 $I(|\dot{I}_b|)$ は，キルヒホッフの第１法則より

$$\dot{I}=\dot{I}_b=\dot{I}_{bc}-\dot{I}_{ab}=\frac{55}{606}\times\{(-11-9\sqrt{3}-22)+j(9-11\sqrt{3}+18)\}$$

$$=\frac{55}{606}\times\{(-33-9\sqrt{3})+j(27-11\sqrt{3})\}$$

$$I=|\dot{I}|=4.468\fallingdotseq\mathbf{4.47}\ \mathrm{A}$$

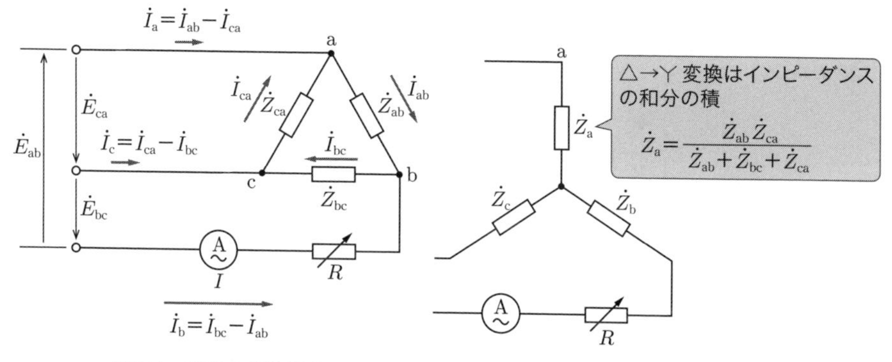

解図１　回路の電流設定

解図２　△-Y変換

(2) 負荷の三相電力は，各相の相電流 I_{ab}，I_{bc}，I_{ca} と各相の抵抗分から各相ごとの消費電力を求めて合計すればよい．まず，式①より，$|\dot{I}_{ab}|=2.58$ A，式②より，$|\dot{I}_{bc}|=2.58$ A，式③より，$|\dot{I}_{ca}|=1.877$ A となるから，三相電力 P は

$$P=\frac{|\dot{I}_{ab}|^2\times66+|\dot{I}_{bc}|^2\times66+|\dot{I}_{ca}|^2\times106}{1\,000}=\frac{2.58^2\times66\times2+1.877^2\times106}{1\,000}$$

$$\fallingdotseq\mathbf{1.25}\ \mathrm{kW}$$

(3)～(5) 解図２のように，△-Y変換した後のインピーダンス $\dot{Z}_a$，$\dot{Z}_b$，$\dot{Z}_c$ は

$$\dot{Z}_{\mathrm{a}}=\frac{\dot{Z}_{\mathrm{ca}}\cdot\dot{Z}_{\mathrm{ab}}}{\dot{Z}_{\mathrm{ab}}+\dot{Z}_{\mathrm{bc}}+\dot{Z}_{\mathrm{ca}}}=\frac{(106+j50)(66+j54)}{238+j158}$$

$$\dot{Z}_{\mathrm{b}}=\frac{\dot{Z}_{\mathrm{ab}}\cdot\dot{Z}_{\mathrm{bc}}}{\dot{Z}_{\mathrm{ab}}+\dot{Z}_{\mathrm{bc}}+\dot{Z}_{\mathrm{ca}}}=\frac{(66+j54)^2}{238+j158}$$

$$\dot{Z}_{\mathrm{c}}=\frac{\dot{Z}_{\mathrm{bc}}\cdot\dot{Z}_{\mathrm{ca}}}{\dot{Z}_{\mathrm{ab}}+\dot{Z}_{\mathrm{bc}}+\dot{Z}_{\mathrm{ca}}}=\frac{(66+j54)(106+j50)}{238+j158}$$

題意より，可変抵抗 R を調整すると各線電流は同じ値となり，回路が平衡状態となるから

$$\dot{Z}_{\mathrm{a}}=\dot{Z}_{\mathrm{c}}=\dot{Z}_{\mathrm{b}}+R$$

そこで，上式より，可変抵抗 R を求めると

$$R=\dot{Z}_{\mathrm{a}}-\dot{Z}_{\mathrm{b}}=\frac{66+j54}{238+j158}\times\{(106+j50)-(66+j54)\}$$

$$=\frac{33+j27}{119+j79}\times(40-j4)=\frac{12\times(11+j9)(10-j1)}{119+j79}$$

$$=\frac{12\times(119+j79)}{119+j79}=\mathbf{12}\,\Omega$$

このとき，インピーダンスおよびその絶対値は

$$\dot{Z}_{\mathrm{a}}=\frac{(106+j50)(66+j54)}{238+j158}=30+j18,\ |\dot{Z}_{\mathrm{a}}|=\sqrt{30^2+18^2}=6\sqrt{34}\,\Omega$$

であるから，電流計の指示値は

$$|\dot{I}|=\frac{220}{\sqrt{3}}\times\frac{1}{6\sqrt{34}}\doteqdot\mathbf{3.63}\,\mathrm{A}$$

となる．可変抵抗と△形三相負荷からなる回路の総電力 P_{total} は，各相の抵抗分だけを計算すれば

$$P_{\mathrm{total}}=3|\dot{I}|^2\times\mathrm{Re}\{\dot{Z}_{\mathrm{a}}\}=3\times3.63^2\times30\doteqdot\mathbf{1.19}\,\mathrm{kW}$$

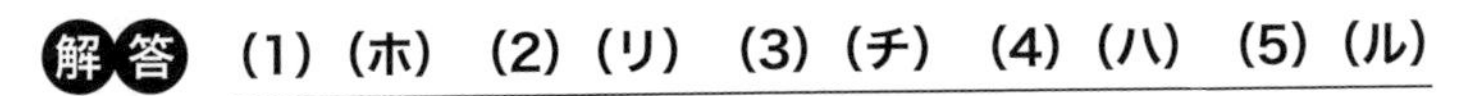

2　抵抗・インピーダンス測定

問題 7　ケルビンダブルブリッジによる低抵抗測定原理　(H21-A4)

次の文章は，ケルビンダブルブリッジに関する記述である．

図において，R_s は既知の抵抗，R_x は未知の抵抗，R は R_s と R_x を接続する導体の抵抗，E は直流電源の電圧，r は電源の内部抵抗とし，Ⓖは検出器であるとする．いま，R_1，R_2，R_3 及び R_4 を適当な値に調整し，検出器Ⓖの指示が零となりブリッジが平衡したとすると，R_1 と R_3，R_2 と R_4 及び R_s と R_x に流れる電流はそれぞれ等しくなり，以下の式が成立する．ただし，各電流は矢印の方向に流れるものとする．

$R_1 I_1 =$ (1) ……………… ①

$R_3 I_1 =$ (2) ……………… ②

また，I_2 は

$I_2 =$ (3) $\times I$ ……………… ③

したがって，式①～式③より，R_x は (4) となる．ここで，$\dfrac{R_3}{R_1}=\dfrac{R_4}{R_2}$ となるように各抵抗を調整すれば，R_x は (5) となる．

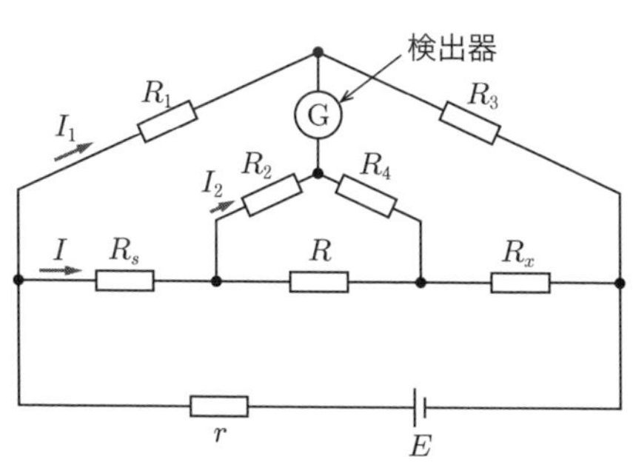

解答群

(イ) $\dfrac{R_3}{R_1}R_s$　　(ロ) $\dfrac{R_2}{R_3}R_s$

(ハ) $\dfrac{R}{R_2+R_4+R}$

(ニ) $R_sI+R_2I_2$

(ホ) $\dfrac{R_2}{R_3}R_s+\dfrac{R}{R_2+R_4}\left(\dfrac{R_2R_3}{R_1}-R_4\right)$　　(ヘ) $\dfrac{R_1}{R_3}R_s$　　(ト) $\dfrac{R}{R_2}$

(チ) $R_xI+R_4I_2$　　(リ) $R_sI+\dfrac{R_2+R_4+R}{R}I_2$

(ヌ) $R_xI+\dfrac{R_2+R_4+R}{R}I_2$　　(ル) $\dfrac{R_3}{R_1}R_s+\dfrac{R}{R_2+R_4+R}\left(\dfrac{R_2R_3}{R_1}-R_4\right)$

（ヲ）　$\dfrac{R_1}{R_3}R_s+\dfrac{R}{R_2+R_4+R}\left(\dfrac{R_2R_3}{R_1}-R_4\right)$

（ワ）　$R_sI+\dfrac{R_2}{R_2+R_4}I_2$　　（カ）　$R_xI+\dfrac{R_4}{R_2+R_4}I_2$　　（ヨ）　$\dfrac{R}{R_2+R_4}$

―攻略ポイント―

問題文の誘導にしたがって，キルヒホッフの法則を適用すればよい．求めるべき未知抵抗を見定めて，式の変形を的確に行う．

解説　(1) 検出器を流れる電流が零でブリッジが平衡しているから，抵抗 R_1 による電圧降下は，抵抗 R_s と R_2 による電圧降下の和に等しい．

$$R_1I_1=\boldsymbol{R_sI+R_2I_2} \quad\cdots\cdots ①$$

(2) 検出器を流れる電流が零でブリッジが平衡しているので，抵抗 R_3，R_4，R_x に流れる電流はそれぞれ I_1，I_2，I である．したがって，抵抗 R_3 の電圧降下は，抵抗 R_4 と R_x による電圧降下に等しいので

$$R_3I_1=\boldsymbol{R_xI+R_4I_2} \quad\cdots\cdots ②$$

(3) 抵抗 R_s を流れる電流 I は，抵抗 R_2 を流れる電流 I_2 と抵抗 R を流れる電流 $(I-I_2)$ に分流する．検出器に流れる電流は零であるから，抵抗 R_2 と R_4 による電圧降下は，抵抗 R による電圧降下に等しいから，$(R_2+R_4)I_2=R(I-I_2)$ となる．

$$\therefore\quad I_2=\frac{\boldsymbol{R}}{\boldsymbol{R_2+R_4+R}}I \quad\cdots\cdots ③$$

(4) (5) 式①～③において I_2 を消去するため，式③を式①に代入すれば

$$R_1I_1=\left(R_s+\frac{RR_2}{R_2+R_4+R}\right)I \quad\cdots\cdots ④$$

同様に，式③を式②に代入すれば

$$R_3I_1=\left(R_x+\frac{RR_4}{R_2+R_4+R}\right)I \quad\cdots\cdots ⑤$$

そこで，式④と式⑤の比を計算すれば

$$\frac{R_1}{R_3}=\frac{R_s+\dfrac{RR_2}{R_2+R_4+R}}{R_x+\dfrac{RR_4}{R_2+R_4+R}}$$

$$\therefore\quad R_1R_x+\frac{RR_1R_4}{R_2+R_4+R}=R_sR_3+\frac{RR_2R_3}{R_2+R_4+R}$$

この式を R_x について解けば

$$R_x=\frac{\boldsymbol{R_3}}{\boldsymbol{R_1}}\boldsymbol{R_s}+\frac{\boldsymbol{R}}{\boldsymbol{R_2+R_4+R}}\left(\frac{\boldsymbol{R_2R_3}}{\boldsymbol{R_1}}-\boldsymbol{R_4}\right)\cdots\cdots\text{⑥}$$

となる．そこで，式⑥の第２項の（　　）内を零とおけば

$$\frac{R_2R_3}{R_1}-R_4=0\cdots\cdots\text{⑦}$$

となる．そこで，式⑦から，$R_3/R_1=R_4/R_2$ となるよう抵抗値を選べば，未知の抵抗 R_x は，式⑦を式⑥に代入することにより，次式で求めることができる．

$$R_x=\frac{\boldsymbol{R_3}}{\boldsymbol{R_1}}\boldsymbol{R_s}\cdots\cdots\text{⑧}$$

式⑥と式⑧からわかるように，ケルビンダブルブリッジは，未知の抵抗 R_x と既知の抵抗 R_s の接続部分に存在する抵抗 R（接触抵抗やリード線の抵抗）の影響を受けずに測定でき，低抵抗を正確に測定することができる．

(1)（ニ）　(2)（チ）　(3)（ハ）　(4)（ル）　(5)（イ）

問題 8　自己インダクタンス測定に用いる交流ブリッジの平衡条件（H18–A4）

次の文章は，コイルの自己インダクタンス測定に用いる交流ブリッジの平衡条件に関する記述である．

図１において，コイルのインダクタンスを L，コイルの抵抗成分を R_a とする．また，C は静電容量，Ⓓは交流検出器であり，角周波数 ω の交流電圧が印加されている．ただし，図中の各抵抗は無誘導抵抗とする．

いま，図１の R_b，R_c，R_d からなるY接続を△接続に変換すると，図２のようなブリッジの回路が得られる．

ここで，Z_1，Z_2，Z_3 はそれぞれ，

$$Z_1=\frac{R_bR_d+R_bR_c+R_cR_d}{R_c},$$

$$Z_2=\boxed{\quad(1)\quad},\ Z_3=\boxed{\quad(2)\quad}$$

となる．一方，図３に示すように，図２の R_e，Z_3，C からなる△接続をY接

続に変換すると，$\dot{Z}_5 =$ [(3)] となる．

したがって，図1は図4のように表すことができ，交流ブリッジが平衡する条件は，$R_a =$ [(4)]，$L =$ [(5)] となる．

これにより，コイルの自己インダクタンスと抵抗成分が求められる．

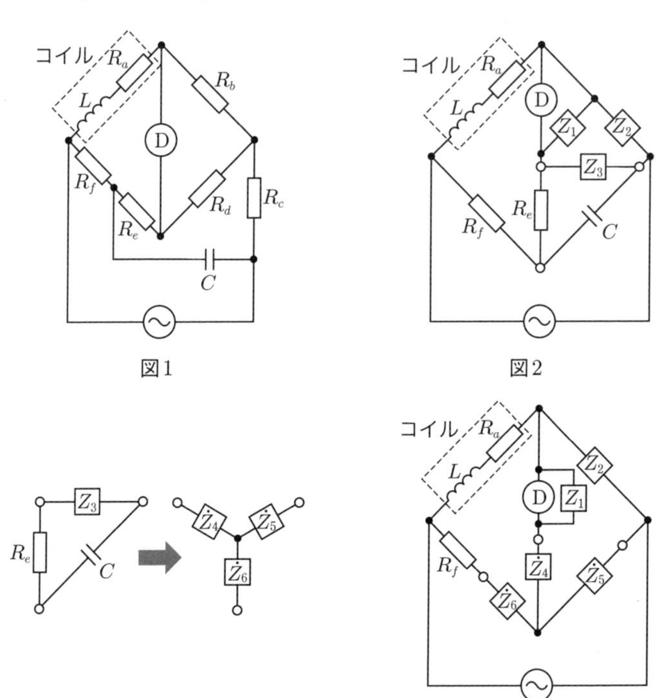

図1　図2　図3　図4

解答群

(イ) $\dfrac{j\omega C Z_3}{Z_3 + R_e + j\omega C}$　(ロ) $\dfrac{R_b(R_f + R_e)}{R_d}$　(ハ) $\dfrac{R_e Z_3}{Z_3 + R_e + \dfrac{1}{j\omega C}}$

(ニ) $\dfrac{R_b R_d + R_b R_c + R_c R_d}{R_b}$　(ホ) $\dfrac{R_b(R_f + R_e)}{R_e}$

(ヘ) $\dfrac{R_b R_d - R_b R_c - R_c R_d}{R_d}$　(ト) $\dfrac{R_f}{R_d} C[R_c(R_b + R_d) + R_b(R_d + R_e)]$

(チ) $\dfrac{R_b R_d + R_b R_c + R_c R_d}{R_d}$　(リ) $\dfrac{R_b R_d - R_b R_c - R_c R_d}{R_b}$

(ヌ) $\dfrac{R_c(R_f+R_e)}{R_b}$　　(ル) $\dfrac{R_bR_d+R_bR_c+R_cR_d}{R_e}$

(ヲ) $\dfrac{R_bR_d+R_bR_c+R_cR_d}{R_a}$　　(ワ) $\dfrac{R_c}{R_f}C[R_d(R_f+R_c)+R_b(R_d+R_e)]$

(カ) $\dfrac{\dfrac{Z_3}{j\omega C}}{Z_3+R_e+\dfrac{1}{j\omega C}}$　　(ヨ) $\dfrac{R_b}{R_e}C[R_f(R_e+R_d)+R_b(R_a+R_c)]$

―攻略ポイント―

問題文の誘導にしたがって，Y→△変換および△→Y変換を行い，ブリッジの平衡条件を適用すればよい．交流ブリッジは，解図のように，交流電源と4つのインピーダンス$\dot{Z}_1$，$\dot{Z}_2$，$\dot{Z}_3$，$\dot{Z}_4$，検出器Dを用いた回路である．平衡条件は$\dot{Z}_1\dot{Z}_4=\dot{Z}_2\dot{Z}_3$である．この式は，実部と虚部または絶対値と位相の2つの平衡条件を意味する．

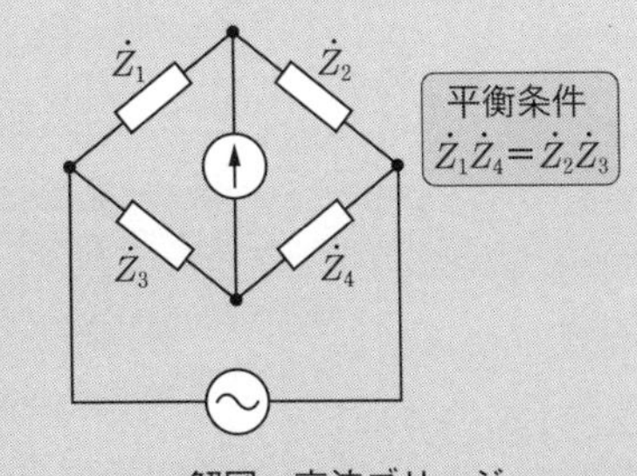

解図　交流ブリッジ

解説　(1) 図1の抵抗R_b，R_c，R_dはY接続なので，Y→△変換を行う．その公式より

$$Z_1=\frac{R_bR_c+R_cR_d+R_dR_b}{R_c},\quad Z_2=\boldsymbol{\frac{R_bR_c+R_cR_d+R_dR_b}{R_d}},$$

$$Z_3=\boldsymbol{\frac{R_bR_c+R_cR_d+R_dR_b}{R_b}}\ \cdots\cdots\cdots\ ①$$

(2) 図2および図3のZ_3，R_e，Cからなる△接続をY接続に変換すると，$\dot{Z}_5$，$\dot{Z}_6$は問題6の解図2のように和分の積であるから

$$\left.\begin{aligned}\dot{Z}_5 &= \frac{Z_3 \times \dfrac{1}{j\omega C}}{Z_3 + R_e + \dfrac{1}{j\omega C}} = \frac{\boldsymbol{\dfrac{Z_3}{j\omega C}}}{\boldsymbol{Z_3 + R_e + \dfrac{1}{j\omega C}}} \\ \dot{Z}_6 &= \frac{R_e \times \dfrac{1}{j\omega C}}{Z_3 + R_e + \dfrac{1}{j\omega C}} = \frac{\dfrac{R_e}{j\omega C}}{Z_3 + R_e + \dfrac{1}{j\omega C}}\end{aligned}\right\} \cdots\cdots ②$$

(3) すなわち，図1は図4のように表すことができるが，図4の交流ブリッジが平衡する条件は次式である．

$$(R_a + j\omega L)\dot{Z}_5 = Z_2(\dot{Z}_6 + R_f) \cdots\cdots ③$$

そこで，式②を式③に代入すれば

$$(R_a + j\omega L)\frac{\dfrac{Z_3}{j\omega C}}{Z_3 + R_e + \dfrac{1}{j\omega C}} = Z_2\left(\frac{\dfrac{R_e}{j\omega C}}{Z_3 + R_e + \dfrac{1}{j\omega C}} + R_f\right)$$

$$\therefore\quad (R_a + j\omega L)Z_3 = Z_2[R_e + R_f\{1 + j\omega C(Z_3 + R_e)\}]$$

上式の両辺の実部，虚数部をそれぞれ等しいとおけば

$$R_a Z_3 = Z_2(R_e + R_f),\ \omega L Z_3 = \omega C R_f Z_2(Z_3 + R_e) \cdots\cdots ④$$

したがって，式④と式①から

$$R_a = \frac{Z_2(R_e + R_f)}{Z_3} = \frac{R_b R_c + R_c R_d + R_d R_b}{R_d} \cdot \frac{R_b(R_e + R_f)}{R_b R_c + R_c R_d + R_d R_b}$$

$$= \boldsymbol{\frac{R_b(R_e + R_f)}{R_d}}$$

$$L = \frac{C R_f Z_2(Z_3 + R_e)}{Z_3} = \frac{C R_f R_b}{R_d}\left(\frac{R_b R_c + R_c R_d + R_d R_b}{R_b} + R_e\right)$$

$$= \boldsymbol{\frac{R_f}{R_d} C[R_c(R_b + R_d) + R_b(R_d + R_e)]}$$

解答　**(1)（チ）　(2)（ニ）　(3)（カ）　(4)（ロ）　(5)（ト）**

詳細解説 2　交流ブリッジ

図4･2の**交流ホイートストン形ブリッジ**の平衡条件は複素数表示のインピーダンス

により

$$\dot{Z}_1\dot{Z}_4 = \dot{Z}_2\dot{Z}_3 \qquad (4\cdot3)$$

となり，両辺の実数部と虚数部が同時に等しくならなければならない．または

$$\begin{aligned} Z_1Z_4 &= Z_2Z_3 \\ \angle\varphi_1+\varphi_4 &= \angle\varphi_2+\varphi_3 \end{aligned} \qquad (4\cdot4)$$

のように表され，大きさと位相角について平衡をとる必要がある．

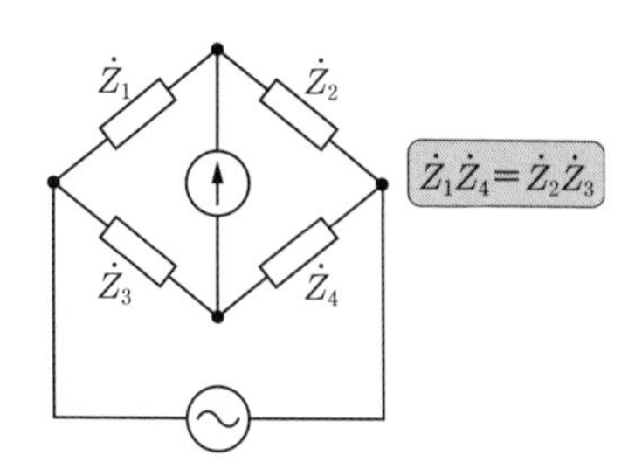

図4・2　交流ホイートストン形ブリッジ

（1）L を求めるブリッジ

①マクスウェルブリッジ（図4・3）

式(4・3)の平衡条件から

$$R_1R_4 = (R_2 + j\omega L)\left(\frac{R_3}{1+j\omega CR_3}\right)$$

$$R_1R_4 + j\omega CR_1R_3R_4 = R_2R_3 + j\omega LR_3$$

実数部，虚数部をそれぞれ等しいとおけば

$$R_2 = \frac{R_1}{R_3}R_4,\ \ L = CR_1R_4 \qquad (4\cdot5)$$

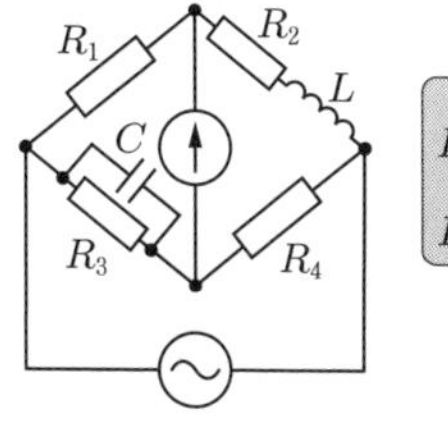

図4・3　マクスウェルブリッジ

②アンダーソンブリッジ（図4・4）

C，R_4，R_5 を△−Y変換してから，平衡条件を求めると

$$(R_1 + j\omega L)\left(\frac{\dfrac{R_4}{j\omega C}}{R_4 + R_5 + \dfrac{1}{j\omega C}}\right) = R_2\left(R_3 + \frac{R_4R_5}{R_4 + R_5 + \dfrac{1}{j\omega C}}\right)$$

$$\frac{L}{C}R_4 + \frac{R_1R_4}{j\omega C} = R_2\{R_3(R_4+R_5) + R_4R_5\} + \frac{R_2R_3}{j\omega C}$$

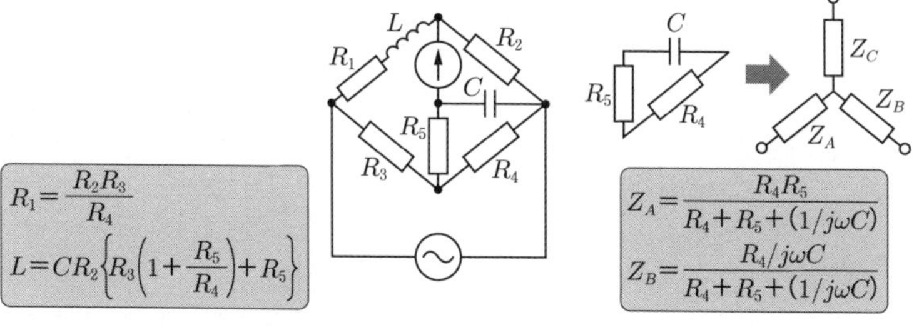

図4・4　アンダーソンブリッジ

上式において，実数部，虚数部をそれぞれ等しいとおけば

$$R_1 = \frac{R_2 R_3}{R_4},$$

$$L = CR_2\left\{R_3\left(1+\frac{R_5}{R_4}\right)+R_5\right\} \tag{4・6}$$

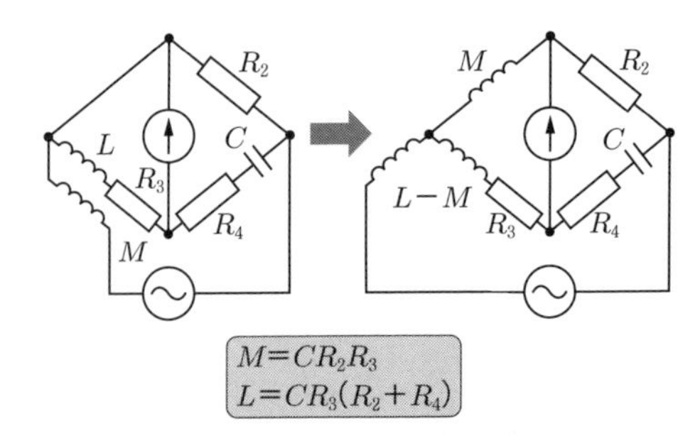

図 4・5　ケリーフォスターブリッジ

（2）M を求めるブリッジ

ケリーフォスターブリッジ（図 4・5）は，相互インダクタンス M を∨-Y変換してから，平衡条件を求めると

$$j\omega M\left(R_4+\frac{1}{j\omega C}\right) = R_2\{R_3 + j\omega(L-M)\}$$

$$\frac{M}{C} + j\omega M R_4 = R_2 R_3 + j\omega R_2 (L-M)$$

実数部，虚数部をそれぞれ等しいとおけば

$$\left.\begin{aligned} M &= CR_2R_3 \\ L &= CR_3(R_2+R_4) \end{aligned}\right\} \tag{4・7}$$

（3）C を求めるブリッジ

シェーリングブリッジ（図 4・6）は，平衡条件から

$$\left(R_1+\frac{1}{j\omega C_1}\right)\left(\frac{R_4}{1+j\omega C_4 R_4}\right) = R_2\frac{1}{j\omega C_3}$$

$$R_1 R_4 + \frac{R_4}{j\omega C_1} = \frac{C_4}{C_3}R_2 R_4 + \frac{R_2}{j\omega C_3}$$

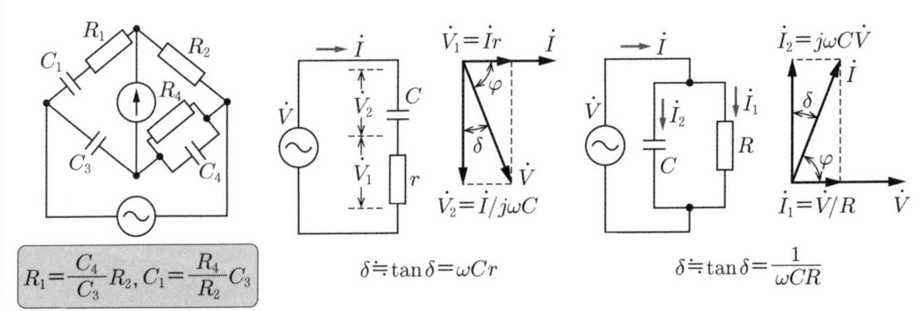

(a) シェーリングブリッジ　(b) 直列　(c) 並列

図 4・6　シェーリングブリッジと損失角

実数部，虚数部をそれぞれ等しいとおけば

$$R_1 = \frac{C_4}{C_3}R_2,\ \ C_1 = \frac{R_4}{R_2}C_3 \tag{4・8}$$

なお，コンデンサに損失があるとき，損失分を直列抵抗で表すときは図 4・6(b)のようになり，並列抵抗で表すときは同図(c)のようになる．損失は $VI\cos\varphi = VI\sin\delta$ であるが，δ が小さいとき，$\sin\delta \fallingdotseq \tan\delta \fallingdotseq \delta$ の関係があるから

$$\left.\begin{array}{ll}\text{直列抵抗の場合} & \delta \fallingdotseq \tan\delta = \dfrac{V_1}{V_2} = \omega Cr \\ \text{並列抵抗の場合} & \delta \fallingdotseq \tan\delta = \dfrac{I_1}{I_2} = \dfrac{1}{\omega CR}\end{array}\right\} \tag{4・9}$$

ここで，δ を**損失角**または**誘電損角**といい，損失角 δ の正接を**誘電正接 tan** $\boldsymbol{\delta}$ と表す．シェーリングブリッジでは，損失角 δ を次のように求める．

$$\boldsymbol{\delta = \omega C_1 R_1 = \omega C_4 R_4} \tag{4・10}$$

第 **4** 章　電気・電子計測

問題 9　Q メータを用いたコイルのインピーダンス測定　（H20–A4）

次の文章は，Q メータを用いたコイルのインピーダンス測定に関する記述である．

図は共振状態を利用してコイルのリアクタンス分と抵抗分を求める回路である．L 及び R は補助コイルのインダクタンス分及び抵抗分，L_x 及び R_x は被測定コイルのインダクタンス分及び抵抗分である．C は損失が無視できる可変コンデンサの静電容量であり，その値を直読することができる．また，電圧 V_i，角周波数 ω の交流電源が補助コイル，被測定コイル，可変コンデンサの直列回路に接続されている．ただし，Ⓥは理想的な電圧計で，C の両端の電圧 V_c と入力電圧 V_i との比で目盛りが刻まれており，コイルの Q の値 $\left(Q = \dfrac{V_c}{V_i}\right)$ が直読できるものとする．

いま，スイッチ S を投入し，C を調整して同調を取り共振状態が得られたときの C の値を C_1，Q の値を Q_1 とすれば，

$Q_1 =$ [(1)] ………………………………………… ①

となる．次に，スイッチ S を開放し，C を調整して同調を取り共振状態が得られたときの C の値を C_2，Q の値を Q_2 とすれば，

$Q_2 =$ [(2)] ………………………………………… ②

となる．したがって，式①及び式②から R_x は [(3)] である．また，これら二つの共振条件から L_x は [(4)] と表される．

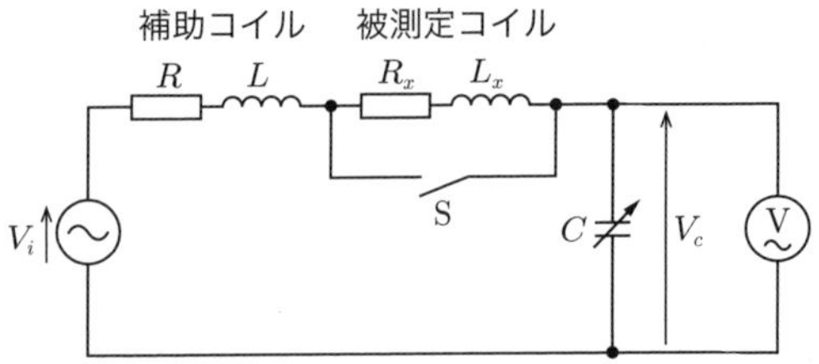

こうして求めた R_x 及び L_x より，被測定コイルの Q は [(5)] で求められる．

解答群

(イ) $\dfrac{C_1-C_2}{C_1Q_1-C_2Q_2}$　(ロ) $\dfrac{\omega^2C_1C_2}{C_1-C_2}$　(ハ) $\dfrac{C_1-C_2}{C_1C_2}$

(ニ) $\dfrac{\omega C_1C_2Q_1Q_2}{C_1Q_1-C_2Q_2}$　(ホ) $\dfrac{C_1Q_1-C_2Q_2}{C_1C_2}$　(ヘ) $\dfrac{Q_1Q_2}{C_1Q_1-C_2Q_2}$

(ト) $\dfrac{1}{C_1}$　(チ) $\dfrac{Q_1Q_2(C_1-C_2)}{C_1Q_1-C_2Q_2}$　(リ) $\dfrac{C_1Q_1-C_2Q_2}{\omega C_1C_2Q_1Q_2}$

(ヌ) $\dfrac{1}{\omega C_1R}$　(ル) $\dfrac{C_1-C_2}{\omega^2C_1C_2}$　(ヲ) $\omega C_2(R+R_x)$

(ワ) $\dfrac{1}{\omega C_2(R+R_x)}$　(カ) $\dfrac{1}{\omega C_2R_x}$　(ヨ) $\dfrac{1}{\omega^2C_1R}$

―攻略ポイント―

Q メータは，高周波でコイルやコンデンサを簡便に図る測定器であり，コイルとコンデンサの共振を利用する．問題の誘導にしたがい，共振条件を活用して解く．

解説　(1) スイッチ S を投入したとき，回路を流れる電流を $\dot{I}_1$ とすれば，問題図より

$$\dot{V}_i=\dot{I}_1\left(R+j\omega L+\frac{1}{j\omega C}\right)=\dot{I}_1\left\{R+j\left(\omega L-\frac{1}{\omega C}\right)\right\}\cdots\cdots①,\ \dot{V}_c=\frac{\dot{I}_1}{j\omega C}\cdots\cdots②$$

共振状態では，式①の虚数部が零になるので，共振状態の静電容量を C_1 とすれば

$$\omega L=\frac{1}{\omega C_1}\cdots\cdots③,\quad \dot{V}_i=R\dot{I}_1\cdots\cdots④$$

となる．したがって，Q_1 は，式②，式④から

$$Q_1=\frac{|\dot{V}_c|}{|\dot{V}_i|}=\frac{\dfrac{|\dot{I}_1|}{\omega C_1}}{R|\dot{I}_1|}=\boldsymbol{\frac{1}{\omega C_1 R}} \cdots\cdots ⑤$$

(2) スイッチSを開放したとき，同様に計算すればよい．式③，式④，式⑤において，Q_1 を Q_2，C_1 を C_2，L を $L+L_x$，R を $R+R_x$ に置き換えればよいので，共振条件と Q_2 は

$$\omega(L+L_x)=\frac{1}{\omega C_2} \cdots\cdots ⑥，\quad Q_2=\boldsymbol{\frac{1}{\omega C_2(R+R_x)}} \cdots\cdots ⑦$$

(3) 式⑦から，$R+R_x=1/(\omega C_2Q_2)$，式⑤から，$R=1/(\omega C_1Q_1)$ となるので

$$R_x=(R+R_x)-R=\frac{1}{\omega C_2Q_2}-\frac{1}{\omega C_1Q_1}=\boldsymbol{\frac{C_1Q_1-C_2Q_2}{\omega C_1C_2Q_1Q_2}}$$

(4) 式⑥から，$L+L_x=1/(\omega^2C_2)$，式③から $L=1/(\omega^2C_1)$ となるので

$$L_x=(L+L_x)-L=\frac{1}{\omega^2C_2}-\frac{1}{\omega^2C_1}=\boldsymbol{\frac{C_1-C_2}{\omega^2C_1C_2}}$$

(5) したがって，被測定コイルの Q は詳細解説の式(4･15)より

$$Q=\frac{\omega L_x}{R_x}=\frac{\omega\times\dfrac{C_1-C_2}{\omega^2C_1C_2}}{\dfrac{C_1Q_1-C_2Q_2}{\omega C_1C_2Q_1Q_2}}=\boldsymbol{\frac{Q_1Q_2(C_1-C_2)}{C_1Q_1-C_2Q_2}}$$

Qメータで使用する周波数は50 kHz～200 MHz程度で，コイルの測定のほか，コンデンサやケーブルの誘電体損も測定できる．

解答 (1)(ヌ) (2)(ワ) (3)(リ) (4)(ル) (5)(チ)

詳細解説3 共振と Q（尖鋭度，共振の鋭さ）

(1) 直列共振

図4･7の RLC 直列回路において，合成インピーダンス $\dot{Z}$ のリアクタンス分，すなわち虚数部が0となるとき，一定電圧のもとで電流 $|\dot{I}|$ が最大になる．この現象を**直列共振**という．

$$\dot{Z}=R+j\left(\omega L-\frac{1}{\omega C}\right) \tag{4･11}$$

の虚数部が0となるのは，$\omega L=1/(\omega C)$ のときであり，このときの ω を ω_0，周波数 f を f_0 とすれば

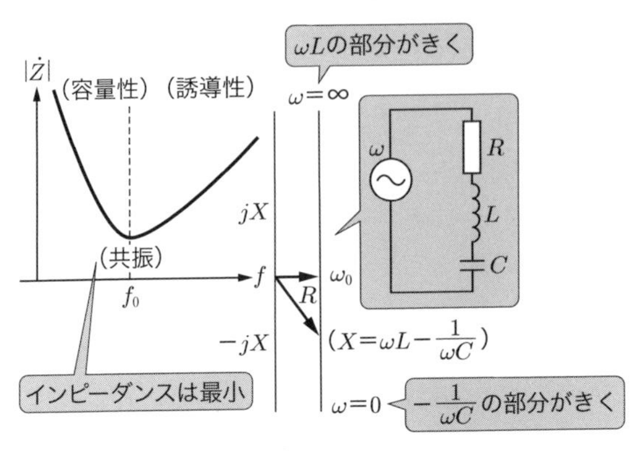

図4・7　$|\dot{Z}|$ の直列共振曲線

$$\boldsymbol{\omega_0 = \frac{1}{\sqrt{LC}},\ \ f_0 = \frac{1}{2\pi\sqrt{LC}}} \tag{4・12}$$

となる．上式の f_0 を**共振周波数**，ω_0 は**共振角周波数**という．周波数変化に対する $|\dot{Z}|$ の変化は図 4・7 のようになり，f_0 で最小となる．

定電圧 $\dot{V}$ を加えたとき，電流 $\dot{I}$ は

$$\dot{I} = \frac{\dot{V}}{R + j\left(\omega L - \dfrac{1}{\omega C}\right)} \tag{4・13}$$

であり，$|\dot{I}|$ の変化は図 4・8 のようになる．共振条件 $\omega = \omega_0$ のとき，$\omega_0 L - \dfrac{1}{\omega_0 C} = 0$ だから

$$\dot{V}_R = \dot{I}R = \dot{V},\ \ \dot{V}_L = j\omega_0 L\dot{I} = \frac{j\omega_0 L}{R}\dot{V},\ \ \dot{V}_C = \frac{1}{j\omega_0 C}\dot{I} = \frac{\dot{V}}{j\omega_0 CR} \tag{4・14}$$

となる．共振状態において L および C の両端の電圧 $V_L = V_C$ が電源電圧 V の何倍になるかを示す値 $Q = \dfrac{V_L}{V} = \dfrac{V_C}{V}$ を**尖鋭度（共振の鋭さ）**という．

$$\boldsymbol{Q = \frac{\omega_0 L}{R} = \frac{1}{\omega_0 CR}} \tag{4・15}$$

(2) 並列共振

図 4・9 の RLC 並列回路において，合成アドミタンス $\dot{Y}$ の虚数部が 0 となるとき，電

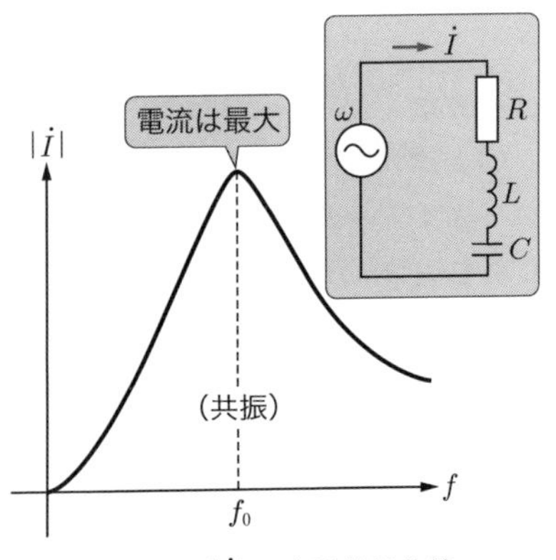

図4・8　$|\dot{I}|$ の直列共振曲線

流 $|\dot{I}|$ が最小になる．この現象を**並列共振**または**反共振**という．

$$\dot{Y}=\frac{1}{R}+j\left(\omega C-\frac{1}{\omega L}\right) \tag{4・16}$$

の虚数部が 0 となるのは，$\omega C=1/(\omega L)$ のときであり，このときの ω を ω_0，周波数 f を f_0 とすれば

$$\boldsymbol{\omega_0=\frac{1}{\sqrt{LC}},\quad f_0=\frac{1}{2\pi\sqrt{LC}}} \tag{4・17}$$

となる．上式の f_0 を**反共振周波数**，ω_0 は**反共振角周波数**という．周波数変化に対する $|\dot{Y}|$ の変化は図 4・9 のようになり，f_0 で最小となる．

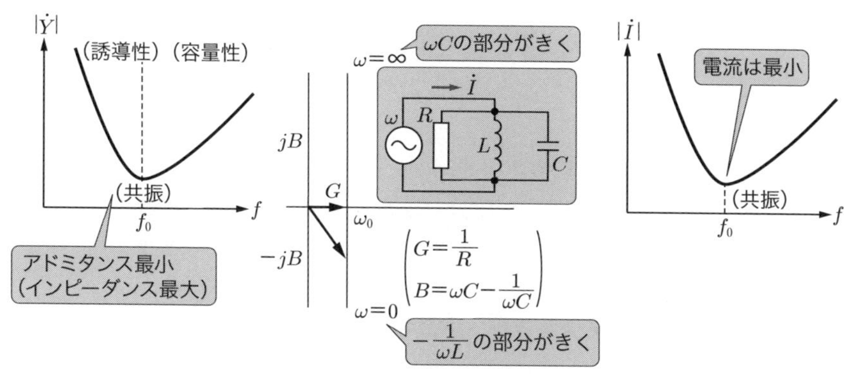

図4・9　$|\dot{Y}|$ の並列共振曲線

定電圧 $\dot{V}$ を加えると，電流 $\dot{I}=\dot{Y}\dot{V}$ であり，$|\dot{I}|$ の変化は $|\dot{Y}|$ と同じ形である．そして，共振時には

$$\dot{I}_R=\frac{\dot{V}}{R}=\dot{J},\quad \dot{I}_L=\frac{\dot{V}}{j\omega_0 L}=\frac{R}{j\omega_0 L}\dot{J},\quad \dot{I}_C=j\omega_0 C\dot{V}=j\omega_0 CR\dot{J} \tag{4・18}$$

となり

$$\textbf{尖鋭度（共振の鋭さ）}\boldsymbol{Q=\frac{R}{\omega_0 L}=\omega_0 CR} \tag{4・19}$$

とすれば，$|\dot{I}_L|=|\dot{I}_C|=QJ$ となり，電源電流の Q 倍が LC 間に流れる．

3　電気・電子応用計測

問題 10　可動コイル形直流電流計　（H17-A4）

次の文章は，可動コイル形直流電流計を用いた測定に関する記述である．

図のように，整流素子 D を用いて交流電源 e により蓄電池 B を充電している．充電は [(1)]〔V〕の条件のときに行われる．したがって，1 周期のうち充電が行われるのは [(2)] >0 が満たされる期間であるから，ωt が [(3)] の間は充電が行われる．可動コイル形直流電流計は 1 周期の [(4)] を示すことから，この電流計の指示は約 [(5)]〔A〕となる．

ただし，図において，

e：実効値 100 V，角周波数 ω〔rad/s〕の正弦波交流電源

D：整流素子（順方向電圧降下及び逆電流は無視できるものとする）

B：起電力 100 V の蓄電池（内部抵抗は無視できるものとする）

r：2 Ω の抵抗

Ⓐ：可動コイル形直流電流計（内部抵抗は無視できるものとする）

とする．

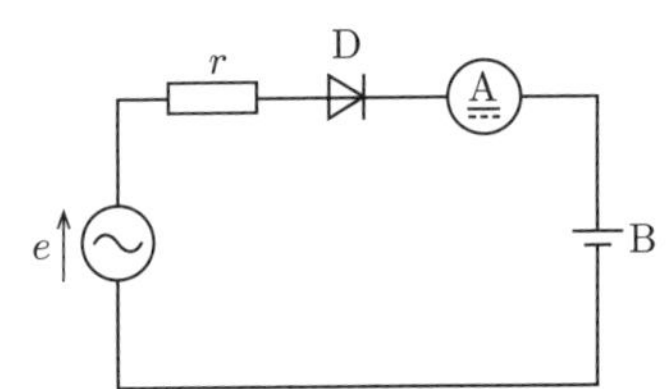

解答群

（イ）　実効値

（ロ）　$2\sin\omega t-\dfrac{1}{\sqrt{2}}$

（ハ）　$\sin\omega t-\dfrac{1}{\sqrt{2}}$

（ニ）　$e>\dfrac{100}{\sqrt{2}}$

（ホ）　$\dfrac{\pi}{3}$ を超え $\dfrac{2\pi}{3}$ 未満

（ヘ）　3.4

（ト）　$\sin\omega t+\dfrac{1}{\sqrt{2}}$

（チ）　波高値

（リ）　$\dfrac{\pi}{4}$ を超え $\dfrac{3\pi}{4}$ 未満

（ヌ）　16

（ル）　$e<100$

（ヲ）　平均値

（ワ）　$e>100$　　　（カ）　$\frac{\pi}{6}$を超え$\frac{5\pi}{6}$未満　　（ヨ）　1.3

— 攻略ポイント —

可動コイル形直流電流計は，コイル電流 i の平均値を指示する．平均値 I_a は，瞬時値の和の平均値であり，Tを周期として $I_a=\frac{1}{T}\int_0^T|i|dt$ で求める．一方，可動鉄片形，電流力計形，熱電形などは実効値を指示する計器である．実効値 I は，瞬時値の2乗和の平均値の平方根であるから，式で書くと，$I=\sqrt{\frac{1}{T}\int_0^T i^2 dt}$ となる．他方，整流形計器は，平均値指示の目盛値を1.11倍して実効値目盛としている．

解説　(1) 整流素子Dが導通して蓄電池Bが充電されるのは，$\boldsymbol{e>100}$ V の条件のときである．

(2) eは実効値が100 Vで角周波数ωの正弦波交流電源なので，$e=100\sqrt{2}\sin\omega t$ である．したがって，1周期のうち充電が行われるのは，$100\sqrt{2}\sin\omega t>100$，すなわち $\boldsymbol{\sin\omega t-\frac{1}{\sqrt{2}}>0}$ のときである．

(3) (2) の条件を満たすのは，$\boldsymbol{\frac{\pi}{4}<\omega t<\frac{3}{4}\pi}$ である．

(4) (5) 上記の期間に電流計を通過する電流 i は，問題図の回路から

$$i=\frac{e-100}{r}=\frac{1}{2}(100\sqrt{2}\sin\omega t-100)$$

可動コイル形電流計は，1周期の**平均値**を示す計器であるから，電流計の指示値Iは

$$I=\frac{1}{2\pi}\int_{\frac{\pi}{4}}^{\frac{3}{4}\pi} i\mathrm{d}(\omega t)=\frac{1}{2\pi}\int_{\frac{\pi}{4}}^{\frac{3}{4}\pi}\frac{1}{2}(100\sqrt{2}\sin\theta-100)\mathrm{d}\theta$$

$$=\frac{25}{\pi}\int_{\frac{\pi}{4}}^{\frac{3}{4}\pi}(\sqrt{2}\sin\theta-1)\mathrm{d}\theta=\frac{25}{\pi}[-\sqrt{2}\cos\theta-\theta]_{\frac{\pi}{4}}^{\frac{3}{4}\pi}$$

$$=\frac{25}{\pi}\left\{-\sqrt{2}\left(\cos\frac{3}{4}\pi-\cos\frac{\pi}{4}\right)-\left(\frac{3}{4}\pi-\frac{\pi}{4}\right)\right\}=\frac{25}{\pi}\left(2-\frac{\pi}{2}\right)\fallingdotseq\mathbf{3.4}\text{ A}$$

解答　**(1)（ワ）　(2)（ハ）　(3)（リ）　(4)（ヲ）　(5)（ヘ）**

第4章　電気・電子計測

問題 11　誘電正接の測定　(H16–B6)

次の文章は，誘電正接の計測に関する記述である．

図1のように絶縁体をはさんだコンデンサ（静電容量 C）に角周波数 ω の交流電圧 $\dot{V}=V\angle 0^\circ$ を印加したとき，絶縁体にはわずかな損失（図では抵抗 r で表してある）があるため，全電流 $\dot{I}$ は充電電流 $\dot{I}_c$ より位相角 δ だけ遅れる．この損失電力 W を C を用いて表すと $W=$ (1) $\times\tan\delta$ となり，誘電正接 $\tan\delta$ に比例する．

図2は静電容量 C_x，抵抗 R_x のコンデンサの $\tan\delta$ を測定する簡易シェーリングブリッジである．簡易シェーリングブリッジは，静電容量 C_s の標準コンデンサ，定抵抗 R，可変抵抗 R_s，スイッチ S，電圧計Ⓥによって構成されている．スイッチ S を1側に切り換え，簡易シェーリングブリッジに角周波数 ω の交流電圧 $\dot{V}=V\angle 0^\circ$ を印加したとき，$R_s \ll \dfrac{1}{\omega C_s}$，$R \ll \dfrac{1}{\omega C_x}$，$\tan\delta = \dfrac{1}{\omega C_x R_x} \ll 1$ の条件を満たしている場合，$R \ll R_x$ なので電圧計Ⓥの端子に現れる電圧 $\dot{V}_1$ は近似的に (2) と表すことができる．この $\dot{V}_1$ の大きさを最小にするための可変抵抗 R_s の値は (3) となり，その場合の電圧の大きさの最小値 $V_{1\min}$ は (4) となる．

次に，スイッチ S を2側に切り換え，電圧計の端子に現れる電圧の大きさ V_2 は近似的に (5) となる．

よって，$\dfrac{V_{1\min}}{V_2} = \dfrac{1}{\omega C_x R_x} = \tan\delta$ となり，$V_{1\min}$ と V_2 の比をとることにより $\tan\delta$ を求めることができる．

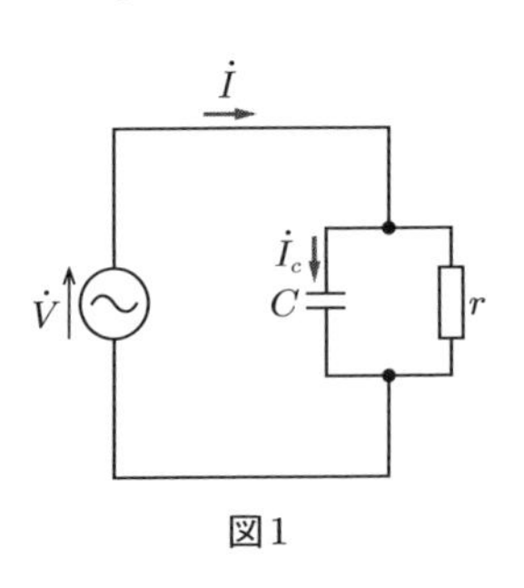

図1

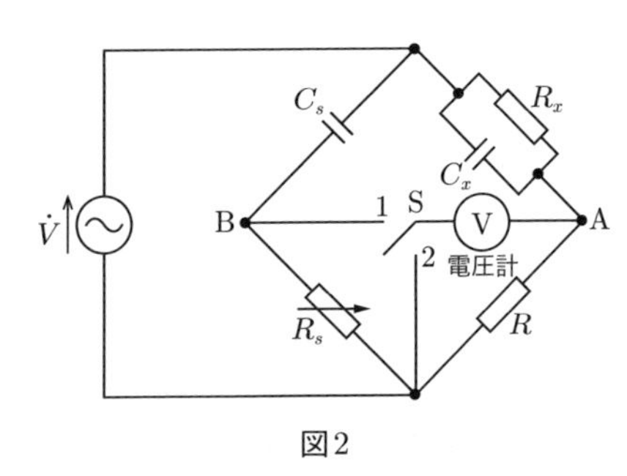

図2

解答群

(イ) $\dfrac{RV}{\omega C_x}$　(ロ) $\dfrac{C_x}{C_s}R$　(ハ) $\left[\dfrac{R}{R_x}+j\omega(C_sR-C_xR_s)\right]\dot{V}$

(ニ) $\dfrac{V^2}{\omega C}$　(ホ) $\dfrac{R_x}{R}V$　(ヘ) $\dfrac{C_x}{C_sR}$

(ト) $\left[\dfrac{R_x}{R}+j\omega(C_xR-C_sR_s)\right]\dot{V}$　(チ) ωC_xRV

(リ) $\left[\dfrac{R}{R_x}+j\omega(C_xR-C_sR_s)\right]\dot{V}$　(ヌ) $\dfrac{C_s}{C_x}R$　(ル) $\dfrac{1}{\omega CV^2}$

(ヲ) $\dfrac{R}{R_x+R}V$　(ワ) $\dfrac{R}{R_x}V$　(カ) $\dfrac{\omega C_x}{R}V$　(ヨ) ωCV^2

―攻略ポイント―

シェーリングブリッジ回路は，抵抗と静電容量の直列回路と並列回路がそれぞれ一つずつで対向しており，純抵抗，純静電容量が一つずつで構成されるブリッジ回路である（詳細解説 2 の図 4･6 を参照）．主に，コンデンサの静電容量，誘電正接 $\tan\delta$ を測定するために用いられる．簡易シェーリングブリッジは問題図の回路で構成されており，運搬が容易で直読式なので，取り扱いが便利である．問題の誘導にしたがって，フェーザの計算を行う．

解説　(1) 解図 1 は，図 1 の電圧 $\dot{V}$，全電流 $\dot{I}$，充電電流 $\dot{I}_c$，抵抗 r に流れる電流 $\dot{I}_r$ を表したベクトル図である．解図 1 において，$I\cos\theta = I_r$，$I_r = I_c\tan\delta$，$I_c = \omega CV$ であるから

$$W = VI\cos\theta = VI_r = VI_c\tan\delta$$
$$= \boldsymbol{\omega CV^2}\tan\delta$$

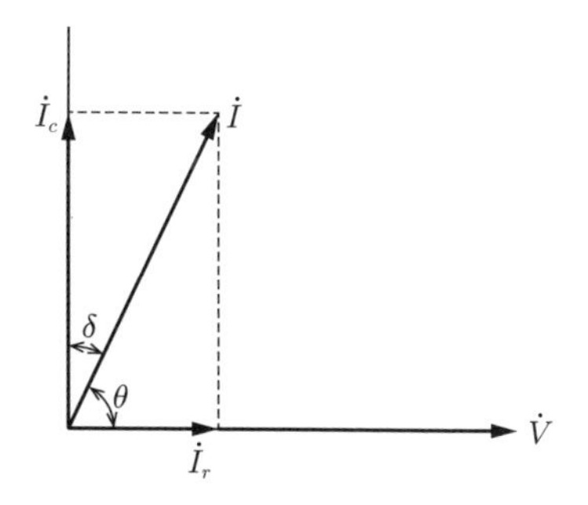

解図 1　ベクトル図

(2) 図 2 の簡易シェーリングブリッジ回路において，スイッチ S を 1 側に切り換えているとき，電圧計の電圧 $\dot{V}_1$ は $\dot{V}_1 = \dot{V}_A - \dot{V}_B$ である．解図 2 のように，$\dot{V}_A$，$\dot{V}_B$，$\dot{Z}_x$，$\dot{Z}_s$ をおけば，A 点の電位は電源電圧が右側の 2 つの辺にかかって抵抗 R で分圧したもの，B 点の電位は電源電圧が左側の 2 つの辺にかかって抵抗 R_s で分圧したものであるから

$$\dot{V}_1 = \dot{V}_{\mathrm{A}} - \dot{V}_{\mathrm{B}}$$

$$= \frac{R}{\dot{Z}_x + R}\dot{V} - \frac{R_s}{\dot{Z}_s + R_s}\dot{V} \quad \cdots\cdots ①$$

となる．ここで，$\dot{Z}_x$ は R_x と C_x の並列回路だから

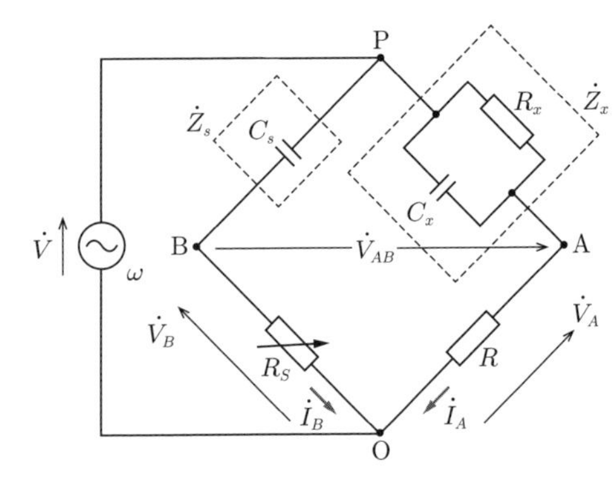

解図2　簡易シェーリングブリッジ

$$\dot{Z}_x = \frac{\dfrac{R_x}{j\omega C_x}}{R_x + \dfrac{1}{j\omega C_x}}$$

$$= \frac{R_x}{1 + j\omega C_x R_x}, \quad \dot{Z}_s = \frac{1}{j\omega C_s} \quad \cdots\cdots ②$$

式②の2つの式を式①に代入すれば

$$\dot{V}_1 = \left(\frac{R}{\dfrac{R_x}{1 + j\omega C_x R_x} + R} - \frac{R_s}{\dfrac{1}{j\omega C_s} + R_s}\right)\dot{V}$$

$$= \left(\frac{R(1 + j\omega C_x R_x)}{R_x + R + j\omega C_x R_x R} - \frac{j\omega C_s R_s}{1 + j\omega C_s R_s}\right)\dot{V}$$

$$= \left(\frac{\dfrac{R}{R_x} + j\omega C_x R}{1 + j\omega C_x R + \dfrac{R}{R_x}} - \frac{j\omega C_s R_s}{1 + j\omega C_s R_s}\right)\dot{V}$$

ここで，条件より，$R \ll R_x$ なので，$R/R_x \ll 1$ から

$$\dot{V}_1 \fallingdotseq \left(\frac{\dfrac{R}{R_x} + j\omega C_x R}{1 + j\omega C_x R} - \frac{j\omega C_s R_s}{1 + j\omega C_s R_s}\right)\dot{V}$$

また，題意より，$\omega C_x R \ll 1$，$\omega C_s R_s \ll 1$ なので，上式の分母はともに1だから

$$\dot{V}_1 \fallingdotseq \left(\frac{R}{R_x} + j\omega C_x R - j\omega C_s R_s\right)\dot{V} = \boldsymbol{\left\{\frac{R}{R_x} + j\omega(C_x R - C_s R_s)\right\}\dot{V}} \quad \cdots\cdots ③$$

(3)　式③の $\dot{V}_1$ の大きさを最小とするためには，虚数部＝0となればよいから

$$C_x R - C_s R_s = 0 \qquad \therefore \quad R_s = \boldsymbol{\frac{C_x}{C_s}R} \quad \cdots\cdots ④$$

(4)　可変抵抗が式④の値をとるとき，電圧の大きさ $V_{1\min}$ は，それを式③に代入す

れば

$$V_{1\min} = \left|\frac{R}{R_x}\dot{V}\right| = \frac{\boldsymbol{R}}{\boldsymbol{R_x}}\boldsymbol{V}$$

(5) スイッチSを2側に切り換えたとき，電圧計の電圧の大きさV_2は抵抗Rにかかる電圧の大きさであるから

$$\dot{V}_2 = \frac{R}{\dot{Z}_x + R}\dot{V} = \frac{R}{\dfrac{R_x}{1 + j\omega C_x R_x} + R}\dot{V} = \frac{\dfrac{R}{R_x} + j\omega C_x R}{1 + \dfrac{R}{R_x} + j\omega C_x R}\dot{V} \cdots\cdots\cdots ⑤$$

ここで，$R \ll R_x$，$\omega C_x R \ll 1$を用いれば，式⑤の分母は1となるから

$$\dot{V}_2 = \left(\frac{R}{R_x} + j\omega C_x R\right)\dot{V} = \frac{R}{R_x}(1 + j\omega C_x R_x)\dot{V}$$

さらに，$\tan\delta = \dfrac{1}{\omega C_x R_x} \ll 1$を用いれば

$$\dot{V}_2 \fallingdotseq \frac{R}{R_x} \times j\omega C_x R_x \dot{V} = j\omega C_x R\dot{V} \qquad \therefore \quad V_2 = |\dot{V}_2| = \boldsymbol{\omega C_x R V}$$

解答　(1)（ヨ）　(2)（リ）　(3)（ロ）　(4)（ワ）　(5)（チ）

問題 12　コンデンサ形計器用変圧器の原理　(H19-A4)

次の文章は，コンデンサ形計器用変圧器の原理に関する記述である．

図はコンデンサ形計器用変圧器の等価回路を表したものである．図において，C_1及びC_2は静電容量，rはリアクトルの抵抗，Lはリアクトルのインダクタンス，$\dot{Z}$は負荷のインピーダンスである．ただし，電源の角周波数はωとする．

図より，変圧比は電源電圧$\dot{V}$と負荷の電圧$\dot{V}_2$のそれぞれの大きさの比から求められる．

まず，負荷を開放して端子A-Bから電源側をみたインピーダンスを$\dot{Z}_0$とすると，$\dot{Z}_0$＝［(1)］となり，また，そのときの端子A-B間に現れる電圧を$\dot{V}_1$とすると，$\dot{V}_1$＝［(2)］×$\dot{V}$で表される．したがって，

$$\dot{V}_2 = \frac{\dot{Z}}{\dot{Z}_0 + r + j\omega L + \dot{Z}} \times \dot{V}_1 = \boxed{(3)} \times \dot{V}$$

となる．

ここで，L，C_1，C_2 を適宜選んで $\omega^2 L(C_1+C_2)=1$ の条件を満足させると，$\dot{V}_2$ は （4） $\times\dot{V}$ となる．また，リアクトルの抵抗は負荷のインピーダンスより十分小さいと仮定して $r \ll |\dot{Z}|$ とすれば，変圧比 k は $k=\dfrac{|\dot{V}|}{|\dot{V}_2|}$ より （5） となる，このことから C_1 及び C_2 を適切に選ぶことにより，高電圧を適当な大きさの低電圧に変換できることが分かる．

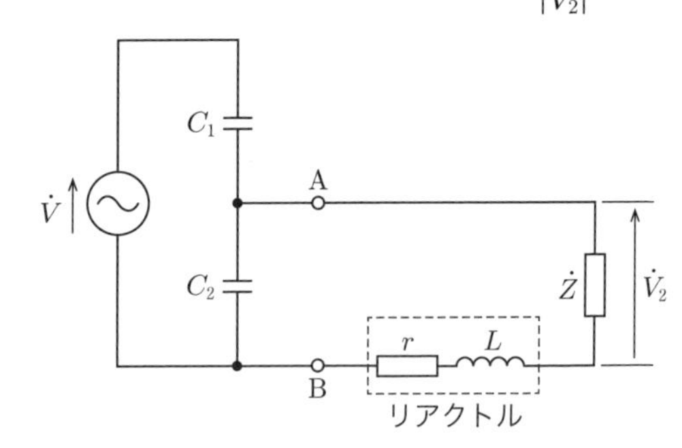

解答群

（イ）$\dfrac{C_1+C_2}{C_1}\times\dfrac{\dot{Z}}{1+r}$

（ロ）$\dfrac{C_1}{C_1+C_2}\times\dfrac{1}{1+\dfrac{r}{\dot{Z}}+j\dfrac{1}{\dot{Z}}\left\{\omega L-\dfrac{1}{\omega(C_1+C_2)}\right\}}$

（ハ）$\dfrac{C_2}{C_1+C_2}$　（ニ）$\dfrac{1}{j\omega C_1}$　（ホ）$\dfrac{C_1+C_2}{C_1}$

（ヘ）$\dfrac{C_1}{C_1+C_2}\times\dfrac{1}{1-\dfrac{r}{\dot{Z}}}$　（ト）C_2　（チ）$\dfrac{1}{j\omega(C_1+C_2)}$

（リ）$j\omega(C_1+C_2)$　（ヌ）$\dfrac{C_1}{C_1+C_2}\times\dfrac{1}{1-\dfrac{r}{\dot{Z}}+j\dfrac{1}{\dot{Z}}\left\{\omega L+\dfrac{1}{\omega(C_1+C_2)}\right\}}$

（ル）$\dfrac{C_1}{C_1+C_2}$　（ヲ）$\dfrac{C_2}{C_1}$　（ワ）$\dfrac{C_1}{C_1+C_2}\times\dfrac{1}{1+\dfrac{r}{\dot{Z}}}$

（カ）$\dfrac{C_1+C_2}{C_1}\times\dfrac{\dot{Z}}{1+r+j\left\{\omega L-\dfrac{1}{\omega(C_1+C_2)}\right\}}$　（ヨ）$\dfrac{C_1 r}{C_1+C_2}$

― 攻略ポイント ―

コンデンサ分圧を利用した計器用変圧器の原理を問う出題であるが，問題の誘導に

したがってフェーザの計算を確実に行えばよい．

解説　(1) 負荷を開放して端子 A–B から電源側を見たインピーダンス $\dot{Z}_0$ は，電圧源 $\dot{V}$ を短絡すれば，コンデンサ C_1 と C_2 とが並列に接続されているので，コンデンサ C_1 と C_2 のアドミタンスを足し合わせて逆数をとれば

$$\dot{Z}_0=\frac{1}{j\omega C_1+j\omega C_2}=\boldsymbol{\frac{1}{j\omega(C_1+C_2)}}$$

(2) 負荷を開放して端子 A–B に現れる開放端子電圧 $\dot{V}_1$ は，電源電圧 $\dot{V}$ をコンデンサ C_1 と C_2 のインピーダンスで按分すればよいから

$$\dot{V}_1=\frac{\dfrac{1}{j\omega C_2}}{\dfrac{1}{j\omega C_1}+\dfrac{1}{j\omega C_2}}\dot{V}=\boldsymbol{\frac{C_1}{C_1+C_2}}\dot{V}$$

(3) したがって，テブナンの定理より，解図 1 のような等価回路になる．ここで，インピーダンス $\dot{Z}$ の両端の電圧 $\dot{V}_2$ は

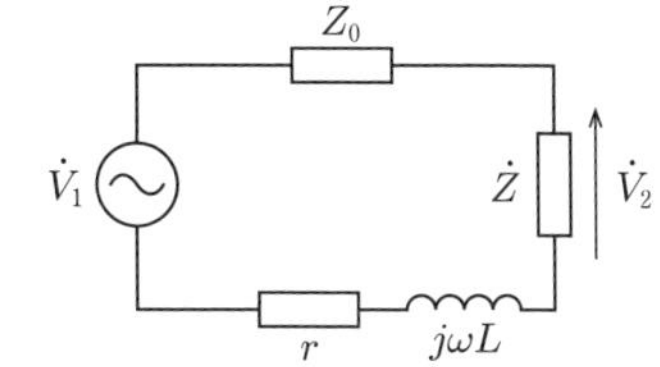

解図 1　問題図の等価回路

$$\dot{V}_2=\frac{\dot{Z}}{\dot{Z}_0+r+j\omega L+\dot{Z}}\dot{V}_1$$

$$=\frac{\dot{Z}}{\dfrac{1}{j\omega(C_1+C_2)}+r+j\omega L+\dot{Z}}\cdot\frac{C_1}{C_1+C_2}\dot{V}$$

$$=\boldsymbol{\frac{C_1}{C_1+C_2}\cdot\frac{1}{1+\dfrac{r}{\dot{Z}}+j\dfrac{1}{\dot{Z}}\left\{\omega L-\dfrac{1}{\omega(C_1+C_2)}\right\}}}\dot{V}\cdots\cdots\text{①}$$

(4) ここで，上式の分母の｛　　｝内を零とする条件，すなわち $\omega^2L(C_1+C_2)=1$ を満足するよう，L，C_1，C_2 を選ぶ．この場合，電圧 $\dot{V}_2$ は，式①より

$$\dot{V}_2=\boldsymbol{\frac{C_1}{C_1+C_2}\cdot\frac{1}{1+\dfrac{r}{\dot{Z}}}}\dot{V}\cdots\cdots\text{②}$$

(5) そして，$r\ll|\dot{Z}|$ が成り立てば，変圧比 k は，式②より

$$k=\frac{|\dot{V}|}{|\dot{V}_2|}=\boldsymbol{\frac{C_1+C_2}{C_1}}$$

このことから，C_1 および C_2 を適切に選べば，高電圧を適当な大きさの低電圧に

変換できる.

解答　(1)(チ)　(2)(ル)　(3)(ロ)　(4)(ワ)　(5)(ホ)

問題13　ホール効果測定　(R3-B6)

次の文章は，ホール効果測定に関する記述である.

図のように，板状の半導体（長さ L，幅 W，厚さ t）の A 面と B 面の間に電圧 V (>0) を印加する．半導体中のキャリヤが電界から力を受けて一定速度 v で運動している状況を考える．キャリヤが正の電荷量 q を持つ正孔の場合，正孔の濃度を p，移動度を μ_h と仮定すると，運動の方向は x 軸の正方向となり，$v=$ [(1)] と表されることから，回路を流れる電流 I は，$I=$ [(2)] と表される.

この半導体に，図の z 軸の正方向に磁束密度 B_z (>0) の磁界を印加すると，正孔がローレンツ力を受けることで，C 面の電位が D 面に対して [(3)] くなる．この電位差をホール電圧 V_H と定義する．定常状態では，V_H による電界から受ける力と，ローレンツ力が釣り合うことから，$V_H=$ [(4)] と表される．以上の関係を用いると，V_H と I を実測することにより μ_h と p が得られ，$p=$ [(5)] と算出される.

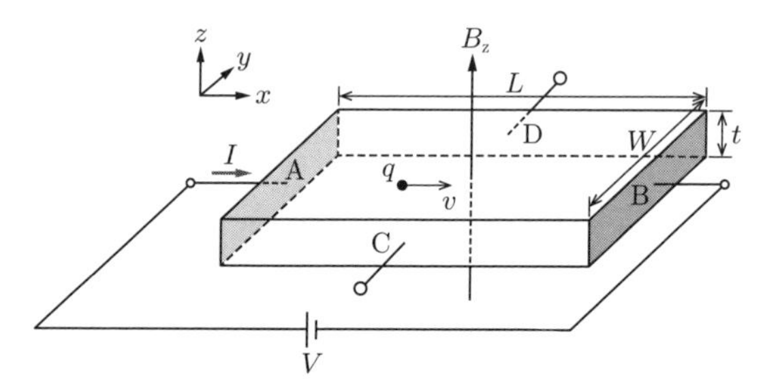

解答群

(イ) 高	(ロ) 等し	(ハ) $\dfrac{\mu_h V}{W}$	(ニ) $\dfrac{qp\mu_h V}{L}$
(ホ) 低	(ヘ) $\dfrac{qB_z}{t}\dfrac{I}{V_H}$	(ト) $\dfrac{\mu_h V}{L}$	(チ) $\dfrac{q\mu_h VB_zW}{L}$
(リ) $\dfrac{\mu_h VB_zW}{L}$	(ヌ) $\dfrac{B_z}{qt}\dfrac{I}{V_H}$	(ル) $\dfrac{B_z}{qt}\dfrac{V_H}{I}$	(ヲ) $\dfrac{qp\mu_h VtW}{L}$

(ワ) $\dfrac{qp\mu_{\mathrm{h}}VtL}{W}$　(カ) $\dfrac{\mu_{\mathrm{h}}L}{V}$　(ヨ) $\dfrac{\mu_{\mathrm{h}}VB_{\mathrm{z}}W}{Lt}$

―攻略ポイント―

正孔の（速度）＝（移動度）×（電界）で求められる．そして，半導体の中を動く正孔や電子は，速度が速いので，磁界の影響を受けて，通路を曲げられる．このときに作用する力 F は，電流を I，磁束密度を B とすると，$F = I \times B$ である．

解説　(1) 電荷 q を持つ正孔の速度 v は，電荷に印加される電界を E とすると，「第3章　電子理論」の詳細解説3の式(3･14)に示すように，$v = \mu_{\mathrm{h}}E$ である．ここで，電界 E は，題意より，$E = V/L$ であるから，速度 v は

$$v = \mu_{\mathrm{h}}E = \boldsymbol{\frac{\mu_{\mathrm{h}}V}{L}} \cdots\cdots ①$$

(2) 電流は，単位時間にある面を通過する電荷の総量である．本問では，半導体の断面積 S は $S = tW$，正孔の濃度は p なので，単位時間にこの面を通過する正孔の数は pvS である．したがって，正孔の数に，正孔の電荷量を乗じれば，電流 I となるから

$$I = qpvS = qp\frac{\mu_{\mathrm{h}}V}{L}tW = \boldsymbol{\frac{qp\mu_{\mathrm{h}}VtW}{L}} \cdots\cdots ②$$

(3) 正孔が受けるローレンツ力の向きは，フレミングの左手法則（または，電流の向きから磁界の向きに右ねじを回すとき，右ねじの進む向き）より，y 軸の負の方向である．したがって，正孔の軌道は y 軸の負の方向に曲げられ，C面に正孔が集まる．すなわち，C面の電位がD面に対して**高**くなる．

(4) 電界から受ける力とローレンツ力が釣り合うので，電界を E_{H} とすれば，$qE_{\mathrm{H}} = qvB_{\mathrm{z}}$ が成り立つ．電界 E_{H} は，ホール電圧 V_{H} を用いて $E_{\mathrm{H}} = V_{\mathrm{H}}/W$ と表すことができるので，これを釣り合いの式に代入すれば

$$q\frac{V_{\mathrm{H}}}{W} = qvB_{\mathrm{z}} \qquad \therefore \quad V_{\mathrm{H}} = vB_{\mathrm{z}}W \cdots\cdots ③$$

式③に式①を代入すれば

$$V_{\mathrm{H}} = vB_{\mathrm{z}}W = \boldsymbol{\frac{\mu_{\mathrm{h}}VB_{\mathrm{z}}W}{L}}$$

(5) 式③を変形すれば，$v = V_{\mathrm{H}}/(B_{\mathrm{z}}W)$ となり，これと $S = tW$ を式②に代入して

$$I = qpvS = qp\frac{V_{\mathrm{H}}}{B_{\mathrm{z}}W}tW = \frac{qpV_{\mathrm{H}}t}{B_{\mathrm{z}}} \qquad \therefore \quad p = \frac{\boldsymbol{B}_{\mathrm{z}}}{\boldsymbol{qt}} \cdot \frac{\boldsymbol{I}}{\boldsymbol{V}_{\mathrm{H}}}$$

解答　**(1)（ト）　(2)（ヲ）　(3)（イ）　(4)（リ）　(5)（ヌ）**

問題 14　磁気回路と磁界センサ　(H24-B6)

次の文章は，磁気回路に関する記述である．

図１に示すように，断面が半径 10 mm の円形で，内半径が 100 mm，外半径が 120 mm の環状鉄心があり，中心に 1 kA の電流が流れているとする．真空の透磁率を $\mu_0 = 4\pi \times 10^{-7}$〔H/m〕，鉄の比透磁率を 800 とするとき，環状鉄心中の磁束を求める．

環状鉄心の磁路長として，半径 110 mm の位置の円周の長さを考えると，環状鉄心の磁気抵抗 R_{m} は (1) 〔A/Wb〕である．よって，環状鉄心中の磁束 $\varPhi$ は (2) 〔Wb〕と求まる．

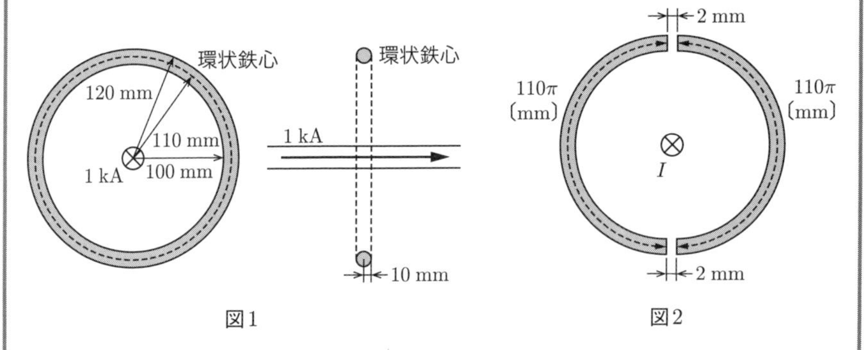

図1　　図2

次に，図２に示すようにこの環状鉄心を平均磁路長が 110π〔mm〕の二つの鉄心に分割し，2 mm の空げきを２箇所設ける．空げきの磁路も，半径 10 mm の円形の断面を想定し，磁束の膨らみや漏れは考慮しない．これにより，中心を流れる電流が 1 kA のときの環状鉄心中の磁束密度 B は (3) 〔T〕と求まる．

中心を流れる電流が増していくと，環状鉄心中の磁束密度はそれに比例して増加し，いずれ飽和する．環状鉄心の飽和磁束密度を 1.50 T とし，飽和磁束密度に達するまでは環状鉄心中の磁界は電流値に比例して増加していくとすると，中心を流れる電流 I が (4) 〔A〕のときに環状鉄心中の磁束密度は飽和磁束密度に達する．

　このような鉄心の空げき部に磁界を測定するセンサを配置することで電流を測定する方法が広く用いられている．例えば磁界センサとしては，[(5)]効果により磁界を測定するものなどが実用化されている．

　鉄心を用いず空心コイルを電流の周りに配置し，交流電流の電磁誘導による誘起電圧から電流波形を計測する[(6)]コイルなども，磁界から電流を測定する方法として普及している．

解答群

(イ)　5.81×10^{3}	(ロ)　2.28×10^{-4}	(ハ)　2.75
(ニ)　2.58×10^{-1}	(ホ)　3.14×10^{-1}	(ヘ)　ペテルゼン
(ト)　ペルチエ	(チ)　1.16×10^{4}	(リ)　4.52×10^{2}
(ヌ)　ホール	(ル)　2.21	(ヲ)　ポッケルス
(ワ)　1.45	(カ)　ヘルムホルツ	(ヨ)　2.19×10^{6}
(タ)　4.77×10^{3}	(レ)　ロゴウスキー	(ソ)　4.57×10^{-4}

―攻略ポイント―

前半は磁気回路に関する基礎的な計算問題である．ホール素子やロゴウスキーコイルは実用上重要なので，十分に理解しておく．

解説　(1) 鉄心の磁気抵抗 $R_{\rm m}$ は，磁路長を L，磁路の断面積を S，透磁率を μ とすると $R_{\rm m}=L/(\mu S)$ であるから，題意の数値を代入すれば

$$R_{\rm m}=\frac{L}{\mu S}=\frac{2\times110\pi\times10^{-3}}{800\times4\pi\times10^{-7}\times\pi(10\times10^{-3})^{2}}\fallingdotseq\mathbf{2.19\times10^{6}}\ \mathrm{A/Wb}$$

(2) 磁気回路において，(起磁力 F) = (電流 I) × (巻線数 n) $=1.00\times10^{3}\times1=1.00\times10^{3}$ となるから，磁束 Φ = 起磁力 F/磁気抵抗 $R_{\rm m}=1.00\times10^{3}/(2.19\times10^{6})\fallingdotseq\mathbf{4.57\times10^{-4}}\ \mathrm{Wb}$

(3) 鉄心に空げきを設けた場合，合計の磁気抵抗 R は，鉄心部分の磁気抵抗 $R_{\rm m}$ と空げき部分の磁気抵抗 $R_{\rm g}$ の直列接続とみなせばよい．そして，空げき部分の磁路の断面積は鉄心部分と同じであり，磁路長は鉄心の $4/(2\times110\times\pi)$ 倍，透磁率は 1/800 倍なので，磁気抵抗 $R_{\rm g}$ は $R_{\rm m}$ の $(4\times800)/(2\times110\times\pi)$ 倍となる．したがって，合計の磁気抵抗 R は

$$R=R_{\rm m}+R_{\rm g}=\left(1+\frac{4\times800}{2\times110\pi}\right)R_{\rm m}=5.63\times2.19\times10^{6}\fallingdotseq1.23\times10^{7}\ \mathrm{A/Wb}$$

そこで，磁束 Φ は

$$\Phi = \frac{F}{R} = \frac{1.00\times10^{3}}{1.23\times10^{7}} \fallingdotseq 8.13\times10^{-5}\ \mathrm{Wb}$$

となり，磁束 Φ を磁路の断面積 S で除して求まる磁束密度 B は

$$B = \frac{\Phi}{S} = \frac{8.13\times10^{-5}}{\pi(10\times10^{-3})^{2}} \fallingdotseq \mathbf{2.58\times10^{-1}}\ \mathrm{T}$$

(4) 磁束が飽和しない範囲で磁束密度 B は電流 I とは比例関係にあるので，$B = 1.5\ \mathrm{T}$ となる電流 I は

$$I = 1.00\times10^{3}\times\frac{1.5}{2.58\times10^{-1}} \fallingdotseq \mathbf{5.81\times10^{3}}\ \mathrm{A}$$

(5) 磁界を測定するセンサを配置して電流を測定する方法が広く用いられる．磁界センサとしては，問題13で取り上げたように，**ホール**効果を用いたホール素子がある．これは，半導体中を移動する電子または正孔がローレンツ力により向きを変え，起電力を生じることを利用するものである．また，**ロゴウスキーコイル**（または**ロゴスキーコイル**）は，解図に示すように，一次導体周辺に空心コイルを設置すると，一次電流の微分値に対応した電圧がコイル両端に誘起するので，これを積分することで一次電流を計測するものである．ノイズに弱いものの，鉄心を持たないため小形・軽量である．そして，鉄心の飽和やヒステリシスがないため，大電流や高周波の測定に適する．

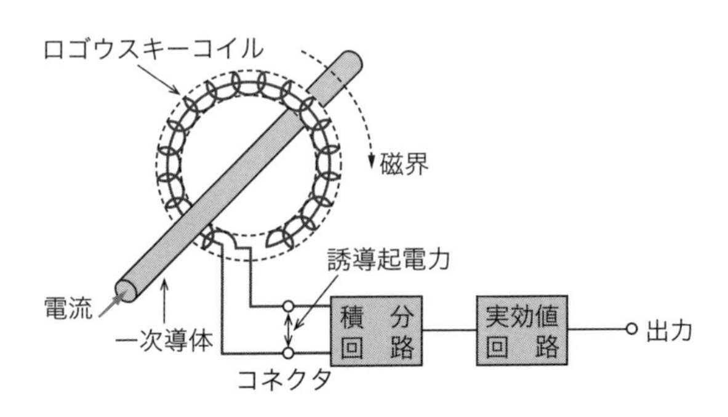

解図　ロゴウスキーコイルによる電流計測

解答　(1) (ヨ)　(2) (ソ)　(3) (ニ)　(4) (イ)　(5) (ヌ)　(6) (レ)

〈著者略歴〉
塩 沢 孝 則 （しおざわ　たかのり）
昭和61年　東京大学工学部電子工学科卒業
昭和63年　東京大学大学院工学系研究科電気工学専攻修士課程修了
昭和63年　中部電力株式会社入社
平成元年　第一種電気主任技術者試験合格
平成12年　技術士（電気電子部門）合格
　　　　　中部電力株式会社執行役員等を経て
現　　在　一般財団法人日本エネルギー経済研究所専務理事

- 本書の内容に関する質問は，オーム社ホームページの「サポート」から，「お問合せ」の「書籍に関するお問合せ」をご参照いただくか，または書状にてオーム社編集局宛にお願いします．お受けできる質問は本書で紹介した内容に限らせていただきます．なお，電話での質問にはお答えできませんので，あらかじめご了承ください．
- 万一，落丁・乱丁の場合は，送料当社負担でお取替えいたします．当社販売課宛にお送りください．
- 本書の一部の複写複製を希望される場合は，本書扉裏を参照してください．

JCOPY <出版者著作権管理機構 委託出版物>

徹底攻略
電験一種　一次試験　理論

2025年4月25日　　第1版第1刷発行

著　　者　塩 沢 孝 則
発 行 者　髙 田 光 明
発 行 所　株式会社 オーム社
　　　　　郵便番号　101-8460
　　　　　東京都千代田区神田錦町3-1
　　　　　電話　03(3233)0641(代表)
　　　　　URL　https://www.ohmsha.co.jp/

© 塩沢孝則 *2025*

印刷・製本　美研プリンティング
ISBN978-4-274-23342-5　Printed in Japan

本書の感想募集　https://www.ohmsha.co.jp/kansou/

本書をお読みになった感想を上記サイトまでお寄せください．
お寄せいただいた方には，抽選でプレゼントを差し上げます．

マジわからん シリーズ

「とにかくわかりやすい!」だけじゃなく **ワクワクしながら読める!**

と思ったときに読む本

田沼 和夫 著

四六判・208頁・定価（本体1800円【税別】）

Contents

Chapter 1
電気ってなんだろう？

Chapter 2
電気を活用するための電気回路とは

Chapter 3
身の周りのものへの活用法がわかる！
電気のはたらき

Chapter 4
電気の使われ方と
できてから届くまでの舞台裏

Chapter 5
電気を利用したさまざまな技術

モーターの「わからん」を **「わかる」に変える!**

と思ったときに読む本

森本 雅之 著

四六判・216頁・定価（本体1800円【税別】）

Contents

Chapter 1
モーターってなんだろう？

Chapter 2
モーターのきほん！　DCモーター

Chapter 3
弱点を克服！　ブラシレスモーター

Chapter 4
現在の主流！　ACモーター

Chapter 5
進化したACモーター

Chapter 6
ほかにもある！
いろんな種類のモーターたち

Chapter 7
モーターを選ぶための
一歩踏み込んだ知識

今後も続々、発売予定！

もっと詳しい情報をお届けできます.
◎書店に商品がない場合または直接ご注文の場合も
右記宛にご連絡ください.

ホームページ https://www.ohmsha.co.jp/
TEL／FAX TEL.03-3233-0643 FAX.03-3233-3440

（定価は変更される場合があります）

A-2302-179